Dipl.-HTL-Ing. Kurt Raich
Dipl.-HTL-Ing. Josef Rudiferia

Konstruktions-grundlagen

für Metalltechnik

Jugend & Volk

Mit Bescheid des Bundesministeriums für Bildung, Wissenschaft und Kultur Zl. 43.919/1-III/D/13/99 vom 12. Dezember 1999 als für den Unterrichtsgebrauch
an Berufsschulen für die Lehrberufe der Bereiche Metall (Blechverarbeitung, Installation, Gießerei, Mechanikerberufe, Schlosserberufe) und auch für die Lehrberufe der Bereiche Metallveredelung und Schmuckherstellung,
an Berufsschulen für den Lehrberuf Kunststoffverarbeitung
in den Unterrichtsgegenständen Fachzeichnen bzw. Fachzeichnen und Designentwicklung bzw. Designentwicklung und Fachzeichnen bzw. Computerunterstütztes Zeichnen und
an technischen, gewerblichen und kunstgewerblichen Fachschulen,
Fachrichtungen Maschinenbau und verwandte, Uhrmacher, Mechatronik, Mikromechanik, Flugtechnik, Büchsenmacher,
für die 1. und 2. Klasse,
an höheren technischen und gewerblichen Lehranstalten, Fachrichtungen Maschinenbau und verwandte sowie Wirtschaftsingenieurwesen,
für den I. und II. Jahrgang
im Unterrichtsgegenstand Konstruktionsübungen
geeignet erklärt.
Aktualisiert mit Bescheid GZ BMUKK-5.021/0012-B/8/2013 vom 26. Juni 2013.

KOPIERVERBOT

Wir weisen darauf hin, dass das Kopieren zum Schulgebrauch aus diesem Buch verboten ist – § 42 Absatz (3) der Urheberrechtsgesetznovelle 1996: „Die Befugnis zur Vervielfältigung zum eigenen Schulgebrauch gilt nicht für Werke, die ihrer Beschaffenheit und Bezeichnung nach zum Schul- oder Unterrichtsgebrauch bestimmt sind."

Für Anregungen und Verbesserungsvorschläge stehen Ihnen die Autoren unter folgenden E-Mail-Adressen zur Verfügung: k.raich@telfs.com j.rudiferia@aon.at

Mit freundlicher Unterstützung der Tiroler Innungen für Schlosser, Landmaschinenmechaniker und Schmiede sowie der Mechatroniker

Für den Bezug von Normen wenden Sie sich bitte an:
Austrian Standards Institute
Austrian Standards plus GmbH
1020 Wien, Heinestraße 38

Tel.: +43 1 213 00-300
Fax: +43 1 213 00-818
E-Mail: sales@austrian-standards.at

Schulbuch-Nr. **36**
Raich, Rudiferia
Konstruktionsgrundlagen für Metalltechnik (mit Projektarbeiten)
ISBN 978-3-7100-2824-3

Schulbuch-Nr. **175 931**
Raich, Rudiferia
Konstruktionsgrundlagen für Metalltechnik + E-Book (mit Projektarbeiten)
ISBN 978-3-7100-3444-2

Jugend & Volk
www.jugendvolk.at

Zeichnungen (CAD) und Projektfotos:
Dipl.-HTL-Ing. Kurt Raich, Dipl.-HTL-Ing. Josef Rudiferia
Drucktechnische Umsetzung der Zeichnungen:
Dipl.-Ing. Christoph Kottbauer u. Harald Weinberger
Lektorat: Mag. Karl Heinz Koiner
Umschlaggestaltung: Harald Weinberger
Satz: Peter Barosch KG

[2016 – 08005]

1 Grundlagen der technischen Kommunikation

Nur sehr einfache technische Sachverhalte können durch Schrift und Sprache vermittelt werden. In den meisten Fällen sind für eine Erfolg versprechende technische Kommunikation zusätzlich bildliche oder symbolische Darstellungen erforderlich. Damit aber der direkte Informationsaustausch und auch jener mit anderen Produktionsstätten gewährleistet ist, müssen die in **nationalen** und **internationalen Normen** festgelegten Regelungen eingehalten werden.

1.1 Übersicht der Kommunikationsmittel

Neben technischen Anleitungen oder Beschreibungen unterscheidet man bei der Darstellung der technischen Sachverhalte im Allgemeinen zwischen **technischen Zeichnungen, grafischen Darstellungen** und **Plänen**. Die Übertragung und Speicherung dieser technischen Kommunikationsmittel kann auf Papier oder mittels elektronischer Datenträger erfolgen.

1.1.1 Technische Zeichnungen

Der Terminus „Technische Zeichnung" hat eine weitläufige Bedeutung, da jede Darstellung von der Art ihrer Anfertigung, von ihrem Zweck oder von ihrem Inhalt betrachtet werden kann. Dementsprechend verlagern sich auch die Schwerpunkte einer Darstellung, abhängig von der Form, der Größe, der Funktion und des Zusammenbaues eines Werkstückes bzw. der gezeichneten Anlage. Grundsätzlich unterscheidet man:

Skizzen: sind vorwiegend freihändig gezeichnete Darstellungen, wobei die Wertigkeit auf annähernd proportionaler Wirklichkeit und Funktionsrichtigkeit liegt (Abschnitt 1.9.1).

Fertigungszeichnungen: beinhalten alle für die Fertigung erforderlichen Angaben, wie Maße, Werkstoff, Oberflächenangaben, Toleranzen usw. (Abschnitt 1.9.2).

Zusammenbauzeichnungen: zeigen das Zusammenwirken von Einzelteilen innerhalb einer Baugruppe oder technischen Anlage und erleichtern somit das Verständnis für die Funktion der Einzelteile (Abschnitt 1.9.3).

Explosionszeichnungen: verdeutlichen in räumlicher Darstellung den Zusammenhang einer Baugruppe; sie zeigen in wirklichkeitsnaher Auflistung die Einzelbauteile von Maschinen und Geräten und dienen als Montageanleitungen im Werkstättenbereich, aber auch als Zusammenbauhilfe für technisch weniger geschulte Personen (Bild 1).

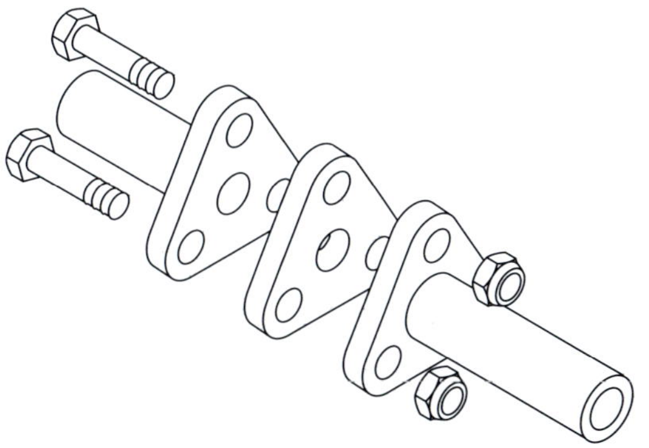

Bild 1

1.1.2 Grafische Darstellungen

Grafische Darstellungen dienen der bildhaften Veranschaulichung von statistischen Werten und von Zusammenhängen veränderlicher Größen. Diese Schaubilder ergeben eine sehr übersichtliche und verständliche Darstellung, wobei je nach Art und Umfang der zu vermittelnden Werte unterschiedliche Diagrammformen gewählt werden.

Grundsätzlich unterscheidet man:

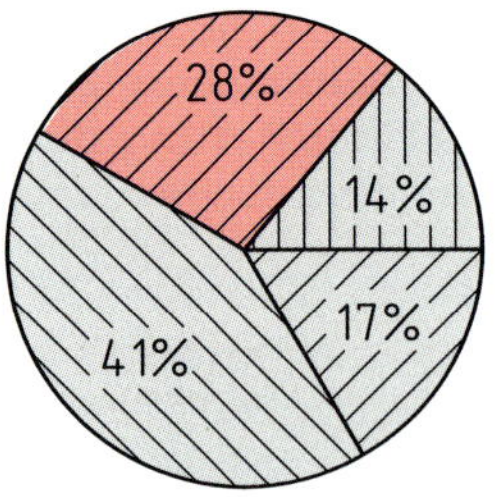

Bild 1

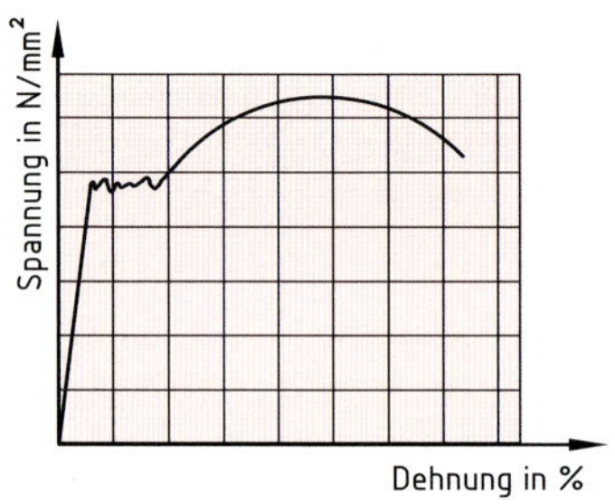

Bild 2

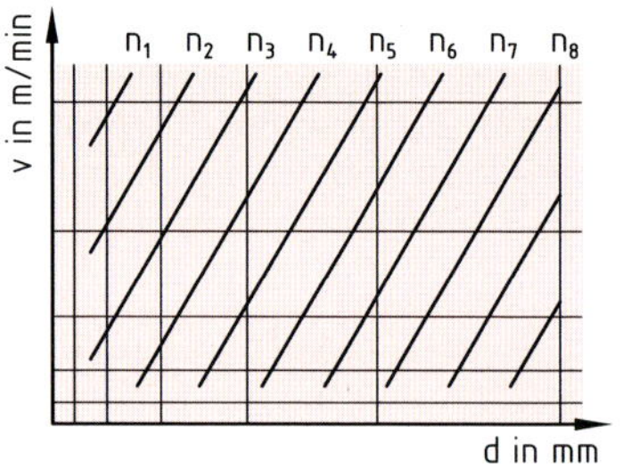

Bild 3

Flächendiagramme (Bild 1). Mit diesen Diagrammen lassen sich vor allem in Prozenten angegebene Werte vorteilhaft darstellen. Die anschaulichste Form ist das Kreisflächendiagramm, da der Vollkreis dem Wert von 100-% entspricht und die einzelnen Kreisausschnitte den anteiligen Wert im Verhältnis zum Ganzen zeigen.

Schaubilder (Bild 2). Diese Darstellungsart erlaubt ein schnelles Ablesen des Zusammenhanges zwischen zwei verschiedenen physikalischen Größen. Schaubilder können sowohl im kartesischen als auch im polaren Koordinatensystem dargestellt werden.

Nomogramme (Bild 3). Sie dienen der grafischen Darstellung von rechnerischen Zusammenhängen. Der Einsatz von Nomogrammen ist sehr vielseitig und erspart – unter der Voraussetzung, dass keine genauen mathematischen Werte verlangt sind – erheblichen Rechenaufwand. Anwendungsbereiche sind z. B. die Ermittlung von Drehzahlen, die Bestimmung von Durchflussquerschnitten usw.

Das Zeichnen von grafischen Darstellungen wird in weiterer Folge nicht behandelt.

1.1.3 Pläne und Schaltbilder

Pläne und Schaltbilder werden mit Hilfe von genormten Sinnbildern, Symbolen und Linien dargestellt. Der Anwendungsbereich liegt vor allem in der Darstellung von fluidtechnischen Schaltplänen (Abschnitt 11) sowie für Montagepläne in der Elektro-, Heizungs- und Installationstechnik.

1.2 Zeichengeräte

Voraussetzung für die Erstellung einer technisch sauberen Zeichnung sind geeignete, sorgfältig gehandhabte und gepflegte Zeichengeräte. Im Allgemeinen setzt sich eine Zeichenausstattung wie folgt zusammen:

Zeichenplatte

Sie dient als Zeichenblattunterlage, zur Zeichenblattfixierung und ermöglicht ein schnelles und problemloses Zeichnen. Für den schulischen Verwendungsbereich werden vorwiegend die Formatgrößen A4 oder A3 (Abschnitt 1.3) verwendet (Bild 1). Die in Gleitnuten geführte und fixierbare Zeichenschiene ist mit einer Messskala, einer Klemmvorrichtung und z.-T. auch mit einem Winkelmesser ausgestattet. Die Schiene dient zum Zeichnen **waagrechter** Linien, zum Parallelverschieben und zum Anlegen der Zeichendreiecke.

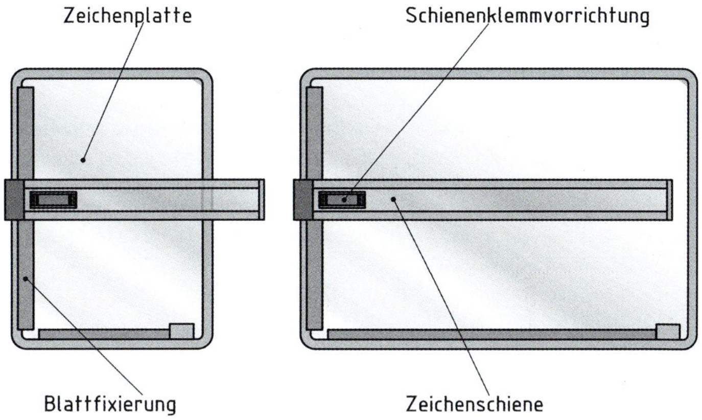

Bild 1

Zeichendreiecke

Sie werden zum Zeichnen beliebiger Linien, zum Messen, Parallelverschieben und Zeichnen von Winkeln verwendet. Für die praktische Zeichenarbeit sind ein ungleichschenkeliges Dreieck mit 30°/60°/90° und ein gleichschenkeliges mit 45°/45°/90° zu empfehlen. Statt des gleichschenkeligen Dreieckes ist die Verwendung eines **nicht zu kleinen Geometriedreieckes** sehr vorteilhaft, da damit nicht nur das Abschlagen aller Winkel möglich ist, sondern auf Grund der umfangreichen Markierungen und Hilfslinien am Dreieck der Zeichenaufwand vermindert wird.
Bei richtiger Kombination der zwei Zeichendreiecke können alle 15°-Winkel im vollen Kreis dargestellt werden (Bild 2).

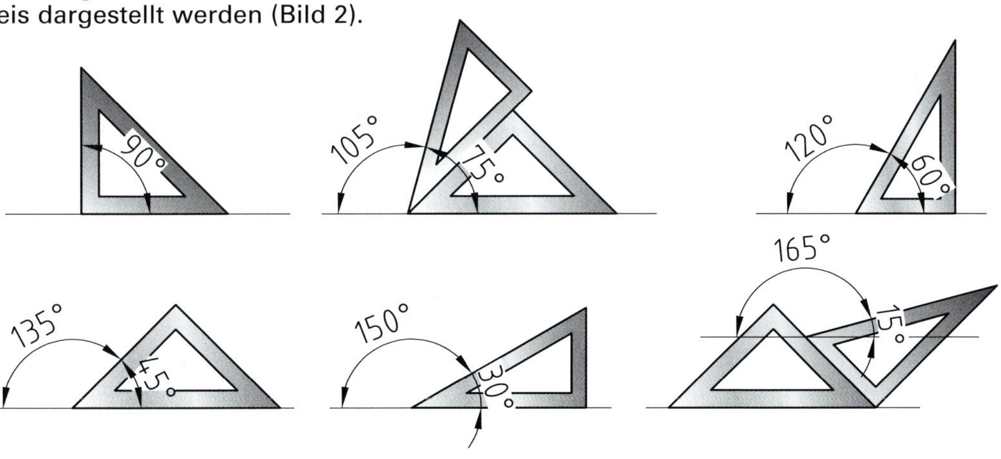

Bild 2

Bleistifte oder Zeichenstifte mit Druck- oder Druck-/Fallmechanik

Nachstehende Tabelle 1.1 zeigt eine Übersicht der nach **ÖNORM A 2137** genormten Härtegrade und Härtebezeichnungen von Grafitminen, wobei die Produktbezeichnungen der einzelnen Herstellerfirmen nicht immer genau übereinstimmen.

Grundsätzlich verwendet man

- **weiche Stifte (B, HB) zum Zeichnen von breiten Linien und zum Ausziehen und**
- **harte Stifte (2H, 3H) zum Zeichnen von schmalen Linien und zum Vorzeichnen.**

Da die Abnützung der Grafitmine relativ schnell erfolgt, müssen Bleistifte oft nachgespitzt werden. Vorteilhaft sind daher Zeichenstifte mit Druckmechanik, deren Minendicken den genormten Linienbreiten entsprechen.

Härtegrade der Qualitätsbleistifte																
6B	5B	4B	3B	2B	B	HB	F	H	2H	3H	4H	5H	6H	7H	8H	9H
Härtegrade nach Einteilung der Schulstifte																
			1	1,5	2	2,5	3	3,5	4	4,5	5					
Härtegrade nach EDV-Nummern																
06	05	04	03	02	01	00	10	11	12	13	14	15	16	17	18	19

B = black ⇒ schwarz **F = firm ⇒ fest** **H = hard ⇒ hart**

Tabelle 1.1

Zirkel

Da die Einstellung bzw. Handhabung des Zirkels relativ zeitaufwendig ist, wird der Zirkel immer mehr von Schablonen oder anderen Zeichenhilfen verdrängt. Trotzdem ist der Zirkel zur Teilung und Übertragung von Strecken, zur Konstruktion von Winkeln und Vielecken, zum Zeichnen von Kreisen und Kreisbögen usw. nach wie vor erforderlich. Bei korrekter Zirkeleinstellung muss die Stahlspitze etwas länger sein als die in Richtung Stahlspitze abgeschrägte Grafitmine (Bild 1).

Zeichenschablonen (Bild 2)

Auf Grund der bedeutend einfacheren Handhabung im Vergleich zum Zirkel ist die Verwendung von **Kreisschablonen** zum Ausziehen von kleinen Kreisen und Kreisbögen wesentlich effizienter. Zum Ausziehen nicht kreisförmiger Krümmungen, wie Korbbögen, Ellipsen und sonstiger Kurven, verwendet man **Kurvenlineale**. Zu empfehlen ist zusätzlich ein **Universalschulwinkel für Maschinenbau**, da mit dieser Zeichenhilfe der zeichnerische Aufwand, speziell bei Normschriftvorarbeiten, beim Zeichnen der Maßpfeile usw. sehr verkürzt werden kann.

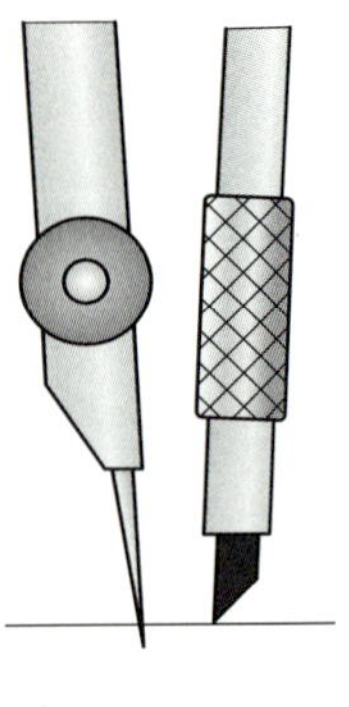

Bild 1

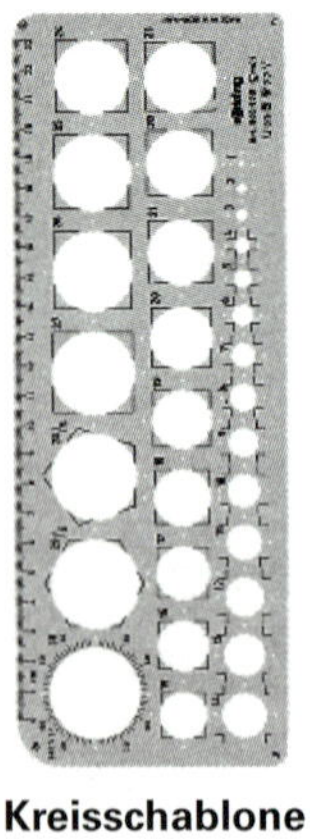

Kreisschablone

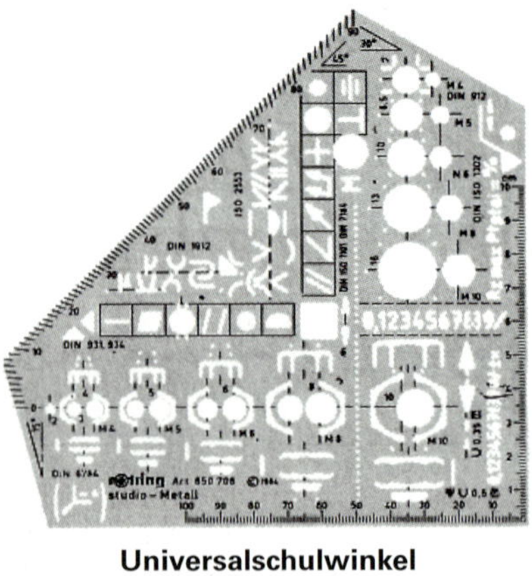

Universalschulwinkel

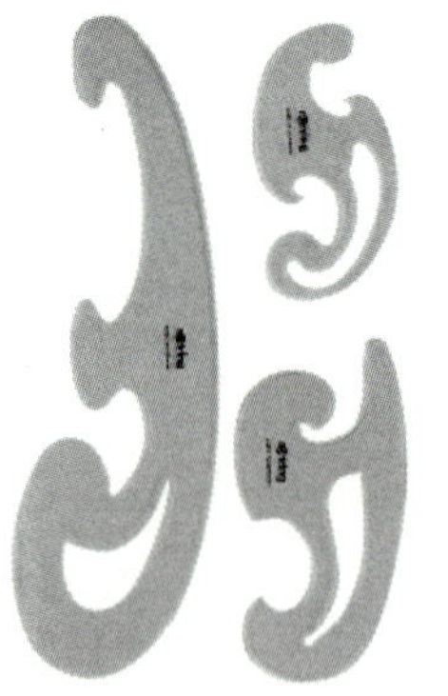

Kurvenlineale

Bild 2

1.3 Zeichenblattformate

Die Abmessungen der beschnittenen Zeichenblätter müssen mit den Formaten der Hauptreihe (ISO-A-Reihe) gemäß **ÖNORM EN ISO 216** übereinstimmen.
Die Ausgangsgröße aller Formate ist das A0-Blatt (A-Null-Blatt) mit einer Fläche von **genau 1 m²**. Da das Seitenverhältnis für alle genormten Zeichenblätter mit $1 : \sqrt{2}$ festgelegt ist, ergeben sich für das A0-Blatt die Seitenlängen von 841 × 1189 mm. Jede kleinere Blattgröße (A1, A2, A3, A4 usw.) entsteht durch fortlaufendes Halbieren des Ausgangsformates (Bild 1). Die Maße der handelsüblichen Blattformate zeigt Tabelle 1.2.

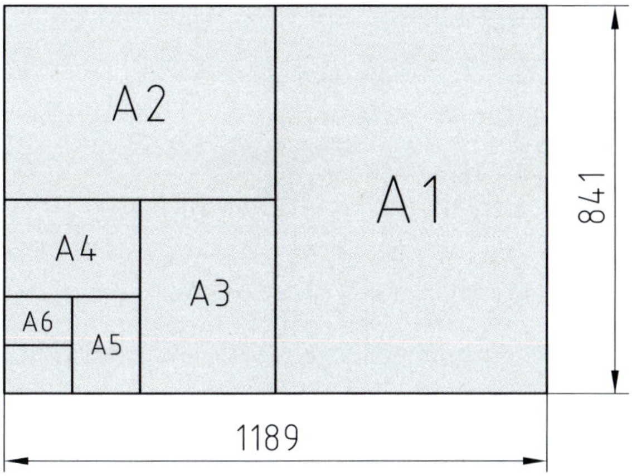

Bild 1

Format	Maße in mm
A0	841 × 1189
A1	594 × 841
A2	420 × 594
A3	297 × 420
A4	210 × 297
A5	148 × 210
A6	105 × 148

Tabelle 1.2

Je nach Form und Darstellung des Werkstückes können die Blätter sowohl in **Hochlage (Hochformat)** als auch in **Querlage (Querformat)** verwendet werden. Das A4-Format wird vorzugsweise hoch-, die anderen werden meist querformatig verwendet.
Für spezielle Sanitär-, Heizungs-, Kanal- und Elektroinstallationspläne werden auch **Streifenformate** verwendet. Diese erhält man durch Teilung von beliebigen Formaten in drei, vier oder acht gleiche Teile, und zwar **parallel** zur kurzen Seite. Ein Streifenformat mit der Bezeichnung 1/3 A4 entsteht durch Dreiteilung eines A4-Formates und misst 99 × 210 mm (Bild 2).

Hochformat Querformat Streifenformat

Bild 2

1.3.1 Zeichenblattrand

Der Zeichenblattrand ist bei allen Formaten an der Heftrandseite 20 mm, an den anderen Seiten nur 5 mm (Bild 2).
Für größere Formate ist zu empfehlen, Zeichenblätter mit vorgedruckten Faltmarken, Bezeichnungsfeldern, Mittenkennzeichnungen, Lochmarken usw. nach **ÖNORM EN ISO 5457** zu verwenden.

1.3.2 Falten von Zeichenblättern

Um Zeichenblätter in einem A4-Ordner ablegen zu können, ist es erforderlich, größere Formate zu falten. Dies trifft bei den Formaten A3, A2 und A1 zu, da A0-Blätter und größere Formate nicht abgeheftet werden.

Die Faltung erfolgt immer so, dass das Schriftfeld der Zeichnung **obenauf** liegt. Die Nummerierung in den nachfolgenden Abbildungen zeigt die Reihenfolge des bevorzugten Faltungsschemas (Bild 1).

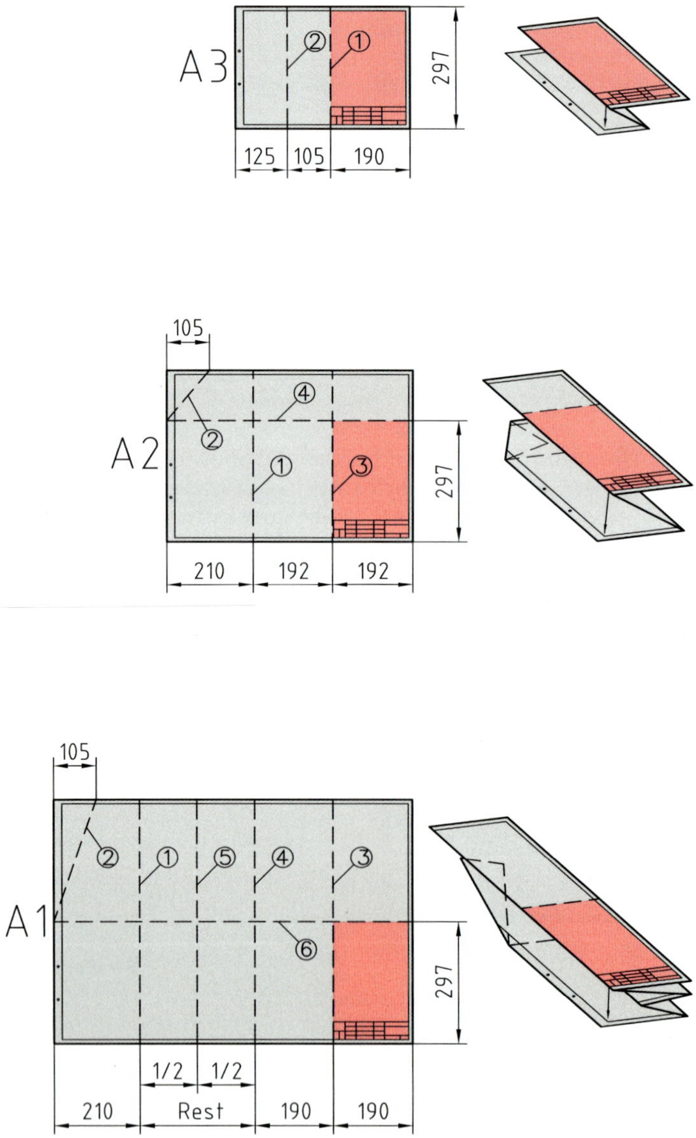

Bild 1

1.4 Schriftfeld

Das Schriftfeld einer technischen Zeichnung dient der Aufnahme von Textangaben. Es liegt immer in der **rechten unteren Ecke** der Zeichenfläche und schließt direkt an die Begrenzung der Zeichenfläche an (Bild 1). Die Eintragungen sind in Normschrift vorzunehmen.

Bild 1

Das Schriftfeld (Bild 2) setzt sich nach **ÖNORM EN ISO 7200** aus dem **Identifikationsfeld** und den **Feldern für Zusatzinformationen** zusammen.

Felder für Zusatzinformationen ⇐ | ⇒ Identifikationsfeld

Allgemeintoleranz ÖNORM EN 22768			Name	Datum	Firma/Schule	
		gezeichnet			Benennung	
Projektion	Maßstab	geprüft				
		freigegeben			Zeichnungs-Nr.	Index

Bild 2

Das **Identifikationsfeld** umfasst
- den Namen des gesetzlichen Eigentümers (Firma, Schule ...),
- den Titel der Zeichnung (Benennung) und
- die Registrier- oder Identifikationsnummer (Zeichnungsnummer, Index).

Diese drei Angaben sind im Identifikationsfeld von technischen Zeichnungen **vorgeschrieben**, wobei die Zeichnungsnummer in der rechten unteren Ecke stehen muss.

Die Zusatzinformationsfelder werden nur gezeichnet, wenn erst durch detaillierte Eintragungen in diesen Feldern das Verständnis der Zeichnung gegeben ist.

Die **Zusatzinformationsfelder** beinhalten Angaben über
- die Allgemeintoleranz,
- die Projektionsmethode,
- den Hauptmaßstab,
- das Datum der Zeichnungserstellung, -prüfung und -freigabe sowie
- die Namen der für die Zeichnung verantwortlichen Personen.

1.4.1 Eintragungen im Schriftfeld

Folgende Auflistung zeigt die in der Praxis bewährten Eintragungen im Identifikationsfeld und in den einzelnen Zusatzinformationsfeldern:

Firma/Schule. In diesem Feld ist der Name des gesetzlichen Eigentümers der Zeichnung anzugeben. Dies erfolgt meist in Verbindung mit einem Firmenemblem. Im schulischen Bereich wird die Schulbezeichnung eingetragen.

Benennung. Im Benennungsfeld steht das Zeichnungsthema, das möglichst kurz und aussagekräftig sein soll, wie Distanzbuchse, Achsbolzen, Druckfeder, Getriebegehäuse usw. Zu allgemeine Bezeichnungen wie Buchse, Bolzen, Feder oder Gussteil sollen vermieden werden.

Zeichnungsnummer. Die Identifizierung und Archivierung der Zeichnung erfolgt über die Zeichnungsnummer. Die Vergabe der Nummer wird meist betriebsintern geregelt und besteht aus einer mehrstelligen Zahlenkombination.

Index. Mit dem Index wird der Änderungsstand einer Zeichnung angegeben. In der Praxis kommen verschiedene Systeme zur Anwendung, wobei die Kennzeichnung durch fortlaufende Großbuchstaben üblich ist.

- 1. Ausgabe   Zeichnungs-Nr. 0012-08   Index **A**
- 2. Ausgabe, erste Änderung   Zeichnungs-Nr. 0012-08   Index **B**

usw.

Nach jeder erfolgten Änderungsfreigabe sind die nicht mehr aktuellen Zeichnungen dem Fertigungsprozess durch den Stempelvermerk „ungültig“ zu entziehen.

Gezeichnet, geprüft, freigegeben. In diesen Feldern steht das Datum der Erstellung, Prüfung und Freigabe der Zeichnung und der Name der jeweils dafür verantwortlichen Person.

Projektion. In diesem Feld ist die in der Zeichnung angewendete Projektionsmethode anzugeben (Abschnitt 3.2.2).

Allgemeintoleranz. Die in diesem Feld angegebene Allgemeintoleranz (z. B. mittel) gilt für alle Maße der Zeichnung, die keine gesonderte Toleranzangabe aufweisen.

Maßstab. Im Maßstabfeld ist der Hauptmaßstab der Zeichnung einzutragen. Zusätzlich verwendete Maßstäbe, z. B. für Detaildarstellungen, können in Klammer hinzugefügt werden.

1.4.2 Vereinfachtes Schriftfeld

Das im Abschnitt 1.4 beschriebene Schriftfeld wird in dieser umfangreichen Form immer nur dann verwendet, wenn es am Zeichenblatt vorgedruckt ist. Für den schulischen Gebrauch ist eine vereinfachte Ausführung ausreichend, da das Zeichnen des Schriftfeldes sehr zeitaufwendig ist. Bild 1 zeigt eine von vielen Varianten, **die je nach schulischen Anforderungen beliebig gestaltet und abgeändert werden sollen**. Für die Eintragungen im Schriftfeld wird die Normschriftgröße 7 bzw. 3,5 empfohlen.

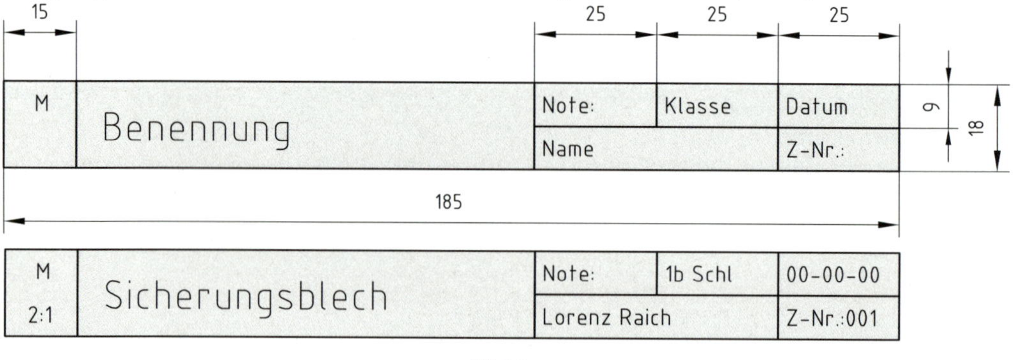

Bild 1

1.4.3 Stückliste

Zusammenbauzeichnungen erhalten zusätzlich zum Schriftfeld eine Stückliste, in der alle Einzelteile aufgelistet sind.

Die Stückliste schließt direkt an das Schriftfeld an, kann aber bei Platzmangel auch getrennt von der Zeichnung als eigenes Dokument erstellt sein. Die Zugehörigkeit zur Zeichnung wird durch die Benennung **„Stückliste zu Zeichnungs-Nr."** festgelegt. Der Index im Schriftfeld der Stückliste muss mit dem Index der Zusammenbauzeichnung übereinstimmen.

Die Eintragungen in die Stückliste (Bild 1) sind in Normschrift vorzunehmen.

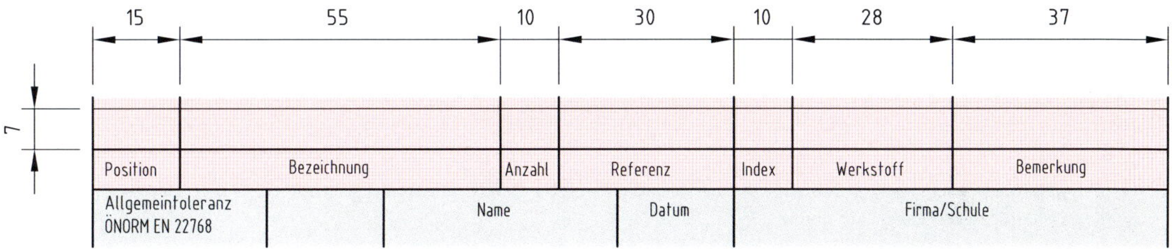

Bild 1

1.4.4 Eintragungen in die Stückliste

Nachstehende Auflistung gibt einen Überblick und gleichzeitig spezielle Hinweise zu den Eintragungsmöglichkeiten in die einzelnen Felder der Stückliste:

Position. Die Positionsnummern (Abschnitt 1.5) stellen die Verbindung zwischen der zeichnerischen Darstellung und der Stückliste her. Die Eintragungen in die Stückliste erfolgen in steigender Reihenfolge, beginnend mit Positionsnummer 1.

Bezeichnung. Die Bezeichnung leitet sich vom Verwendungszweck des Teiles ab, z. B. Auflager, Getriebewelle, Sechskantschraube M16×80.

Anzahl (Stück). In dieser Rubrik ist die Gesamtstückzahl der in der Darstellung verwendeten gleichen Bauteile anzugeben.

Referenz. Diese Spalte wird verwendet, um Einzelbauteile oder Teile, die nicht vollständig oder vereinfacht dargestellt sind, zu identifizieren. Diese Teile könnten auf anderen Zeichnungen abgebildet oder auch Normteile sein. Daher ist in dieser Spalte die Zeichnungsnummer der entsprechenden Fertigungszeichnung oder für Normteile die zugrunde liegende Norm einzutragen.

Index. Mit dem Index wird der Änderungsstand einer Zeichnung angegeben (siehe Seite 8).

Werkstoff. Metallische Werkstoffe sind mit der Kurzbezeichnung oder mit der Werkstoffnummer laut Tabellenbuch (z. B. S235JR oder 1.0037), andere Materialien im Wortlaut anzugeben.

Bemerkung. Dieses Feld enthält zusätzliche Angaben für die Weiterverarbeitung des Teiles, z. B. gehärtet, verzinkt, sandgestrahlt usw.

Abhängig von den betrieblichen Anforderungen kann die Stückliste weitere Angaben, wie Rohmaße, Gewicht, Fertigungszeit, Materialeinsatz, Kostensatz, Lieferant usw., enthalten.

1.5 Positionsnummern

In Zusammenbauzeichnungen ist jedem Einzelteil eine Positionsnummer zuzuordnen (Musterzeichnung Seite 18). Die Eintragung erfolgt nach **ÖNORM EN ISO 6433,** wobei folgende Ausführungsrichtlinien zu beachten sind:

- Alle Positionsnummern sind in **derselben Schriftart** und **Schriftgröße** auszuführen. Die Schriftgröße soll **doppelt so groß** wie die der Bemaßung gewählt werden.
- Die Positionsnummern sind **außerhalb** der Darstellung und so anzuordnen, dass sie horizontal in gleicher Höhe und vertikal untereinander stehen.
- In Zusammenbauzeichnungen erhalten Bauteile, die mehrfach in gleicher Ausführung vorkommen, dieselbe Positionsnummer.
- Die Reihenfolge der Positionsnummern **soll nicht beliebig gewählt**, sondern nach Möglichkeit entsprechend der Zusammenbaufolge oder nach Baugruppen geordnet werden.
- Die Positionsnummer ist mit dem bezeichneten Teil durch eine **Bezugslinie** zu verbinden. Diese beginnt mit einem **Punkt** in der Fläche des bezeichneten Teiles und ist als **schmale** Volllinie auszuführen.
- Bezugslinien dürfen sich **nicht schneiden** und sollen **schräg** aus der Darstellung herausgezogen werden.

1.6 Normung

Normung ist die in Zusammenarbeit von Hersteller, Händler und Verbraucher **festgelegte Vereinheitlichung** von Abmessungen, Benennungen und Qualitätsanforderungen von Ver- und Gebrauchsartikel. Dies garantiert die wirtschaftliche Fertigung in großen Stückzahlen, die Vermeidung von aufwendigen Lagerbeständen und die Erleichterung bei der Ersatzteilbeschaffung.

Normen sind verbindliche Regelungen im allgemeinen Geschäftsleben und Rechtswesen.

Sie sind daher die entscheidende Grundlage für eine technische Kommunikation und schaffen erst die Voraussetzungen für die heute in der Fertigungspraxis angestrebte Arbeitsteilung. Im Hinblick auf eine kostengünstige Produktion werden Werkstücke an mehreren Arbeitsplätzen und zum Teil sogar von anderen Betrieben hergestellt. Daher benötigt der Facharbeiter an der Werkzeugmaschine eine Fertigungszeichnung, die klare und eindeutige Aussagen enthält und die auch international verstanden wird. Diese Voraussetzung ist aber nur dann gegeben, wenn technische Zeichnungen nach **festgelegten Zeichennormen** gefertigt sind.

Der Inhalt dieser genormten Regelungen wird in Normblättern (Bild 1, Seite 11) veröffentlicht, wobei auf Grund der breiten Palette des Normungswesens die unterschiedlichen Themenbereiche in Normengruppen zusammengefasst sind. Diese sind durch Großbuchstaben, die dem Anfangsbuchstaben des genormten Bereiches entnommen sind, gekennzeichnet. Die wichtigsten Bereiche sind:

ÖNORM A	**A**llgemeines	**ÖNORM E**	**E**lektrotechnik
ÖNORM B	**B**auwesen	**ÖNORM M**	**M**aschinenbau
ÖNORM C	**C**hemie	**ÖNORM V**	**V**erkehrswesen

Werden Normen anderer Länder unverändert als ÖNORMEN übernommen, sind sie durch das Nachstellen der entsprechenden Kurzbezeichnung gekennzeichnet.

ÖNORM DIN	Deutsche Norm	**ÖNORM ISO**	Internationale Norm
ÖNORM EN	Europäische Norm	**ÖNORM EN ISO**	Internationale Norm

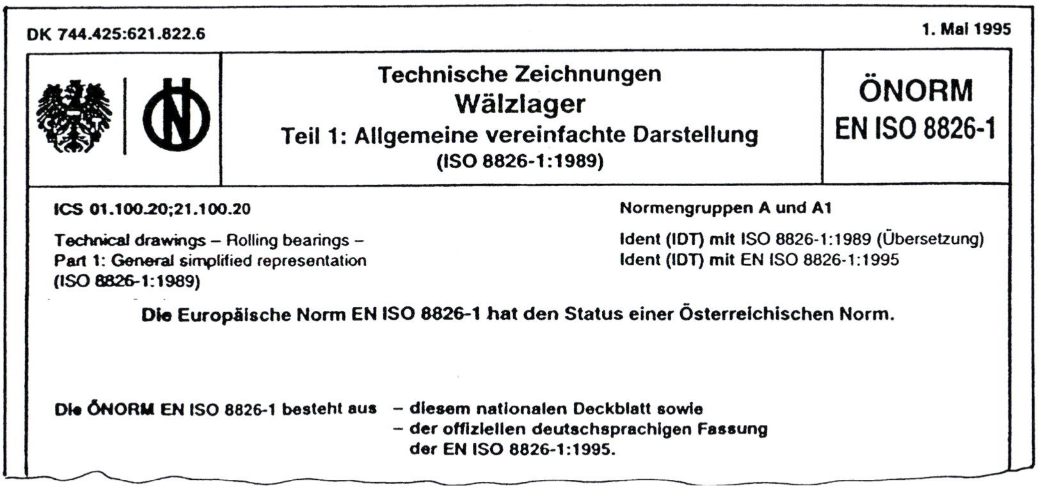

DK 744.425:621.822.6 | 1. Mai 1995

Technische Zeichnungen
Wälzlager
Teil 1: Allgemeine vereinfachte Darstellung
(ISO 8826-1:1989)

ÖNORM
EN ISO 8826-1

ICS 01.100.20;21.100.20

Normengruppen A und A1

Technical drawings – Rolling bearings –
Part 1: General simplified representation
(ISO 8826-1:1989)

Ident (IDT) mit ISO 8826-1:1989 (Übersetzung)
Ident (IDT) mit EN ISO 8826-1:1995

Die Europäische Norm EN ISO 8826-1 hat den Status einer Österreichischen Norm.

Die ÖNORM EN ISO 8826-1 besteht aus – diesem nationalen Deckblatt sowie
– der offiziellen deutschsprachigen Fassung der EN ISO 8826-1:1995.

Bild 1

1.7 Normschrift

Technische Zeichnungen und grafische Darstellungen werden mit Normschrift nach **ÖNORM EN ISO 3098** beschriftet. Sie gilt sowohl für Handbeschriftungsmethoden als auch für mit Schablone geschriebene Buchstaben. Die wesentlichsten Anforderungen an die Beschriftung einer technischen Zeichnungen liegen in der

- Lesbarkeit und
- Einheitlichkeit.

Um diese Anforderungen zu erfüllen, sollen die Buchstaben deutlich voneinander zu unterscheiden sein und der Abstand zwischen den Buchstaben soll mindestens der zweifachen Linienstärke entsprechen. Sowohl für Klein- als auch für Großbuchstaben ist die gleiche Linienstärke zu verwenden.

Die Normschrift ist nach der $\sqrt{2}$-Stufung mit den Nenngrößen 2,5 – 3,5 – 5 – 7 – 10 –14 und 20 mm (entspricht jeweils der Höhe der Großbuchstaben) festgelegt.

Vorzugsweise sollte die **Schriftform B**, vertikal (Bild 1, Seite 12) angewendet werden. Sie darf aber auch kursiv (Bild 2, Seite 12) unter einem Winkel von 15° nach rechts geneigt sein.

Die Linienabstände der am häufigsten verwendeten Normschriftgrößen können Bild 2, weitere Abmessungen der Tabelle 1.3, Seite 12 entnommen werden.

Schriftgröße 3,5 mm | **Schriftgröße 5 mm** | **Schriftgröße 7 mm**

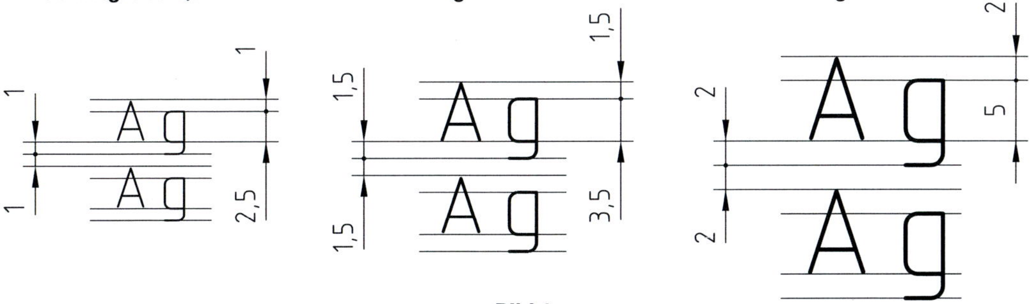

Bild 2

Schriftform B		Abmessungen in mm						
Höhe der Großbuchstaben	10/10	2,5	3,5	5	7	10	14	20
Höhe der Kleinbuchstaben	7/10	1,8	2,5	3,5	5	7	10	14
Linienbreite der Schrift	1/10	0,25	0,35	0,5	0,7	1	1,4	2
Abstand zwischen den Grundlinien bei mehrzeiligem Text		4	5,5	8	11	15	21	30

Tabelle 1.3

ABCDEFGHIJKLMNO
PQRSTUVWXYZ
abcdefghijklmnop
qrstuvwxyz
[(&?!":„ – = ± + x √ %)] Ø
1234567890 IV X

Bild 1: Schriftform B, vertikal

ABCDEFGHIJKLMNO
PQRSTUVWXYZ
abcdefghijklmnop
qrstuvwxyz
[(&?!":„ – = ± + x √ %)] Ø
1234567890 IV X

Bild 2: Schriftform B, kursiv

1.8 Maßstab

Im Allgemeinen sollen Werkstücke in natürlicher Größe gezeichnet werden. Da dies jedoch auf Grund der Werkstückgröße nicht immer möglich ist, muss entweder maßstäblich verkleinert oder vergrößert gezeichnet werden. In diesen Fällen ist der Maßstab so zu wählen, dass weder eine zu große noch eine zu kleine Abbildung entsteht.

Der Maßstab ist das Verhältnis der Darstellungsgröße zur tatsächlichen Größe des Werkstückes.

Die für technische Darstellungen empfohlenen Zeichnungsmaßstäbe sind nach **ÖNORM EN ISO 5455** festgelegt. In der nachstehenden Tabelle sind die Größenverhältnisse aufgelistet, wobei man grundsätzlich zwischen Vergrößerungsmaßstab, natürlichem Maßstab und Verkleinerungsmaßstab unterscheidet.

Vergrößerungsmaßstab			natürlicher Maßstab	Verkleinerungsmaßstab		
100:1	50:1	20:1				
10:1	5:1	2:1	**1:1**	1:2	1:5	1:10
				1:20	1:50	1:100

Für besondere Anwendungen oder bei Bedarf an noch größeren oder kleineren Maßstäben kann die empfohlene Reihe durch Dezimalpunktverschiebung in beide Richtungen beliebig erweitert werden.

1.8.1 Eintragung des Maßstabes in technischen Zeichnungen

Der bei einer Darstellung gewählte Maßstab hängt vom Zweck der Zeichnung und von der konstruktiven Gestaltung des Werkstückes ab. In jedem Fall soll die Wahl so getroffen werden, dass eine optisch ausgeglichene und noch deutlich lesbare Zeichnung entsteht.

Der verwendete Maßstab (Hauptmaßstab) ist im Schriftfeld der Zeichnung einzutragen. Kommen bei einer Darstellung **mehrere Maßstäbe zur Anwendung**, so werden die zusätzlichen Maßstäbe in der Nähe der Darstellung des maßstäblich gezeichneten Teiles eingetragen.

Die Kennzeichnung des Maßstabes erfolgt mit dem **Großbuchstaben M** und dem **nachgesetzten Größenverhältnis** zwischen Zeichnung und Wirklichkeit. Somit entsprechen bei einem Maßstab von:

M 5:1	⇒	**5 mm** auf der Zeichnung	=	**1 mm** am Werkstück (Original)
M 1:1	⇒	**1 mm** auf der Zeichnung	=	**1 mm** am Werkstück
M 1:5	⇒	**1 mm** auf der Zeichnung	=	**5 mm** am Werkstück (Wirklichkeit)

Bei **Verkleinerungen**, z. B. Montagezeichnungen, Teile aus dem Stahl- und Fahrzeugbau, ist der Maßstab so zu wählen, dass die zeichnerischen Details noch deutlich erkennbar sind und auch bemaßt werden können.

Bei **Vergrößerungen** wird empfohlen, den Gegenstand auch in natürlicher Größe darzustellen, um die wahren Größenverhältnisse klarzustellen. Dabei darf der in natürlicher Größe dargestellte Gegenstand vereinfacht (nur durch seinen Umriss) gezeichnet werden.

Die Bemaßung des Werkstückes erfolgt immer nach dem Originalmaß – gleichgültig in welchem Maßstab gezeichnet wird (Bild 1).

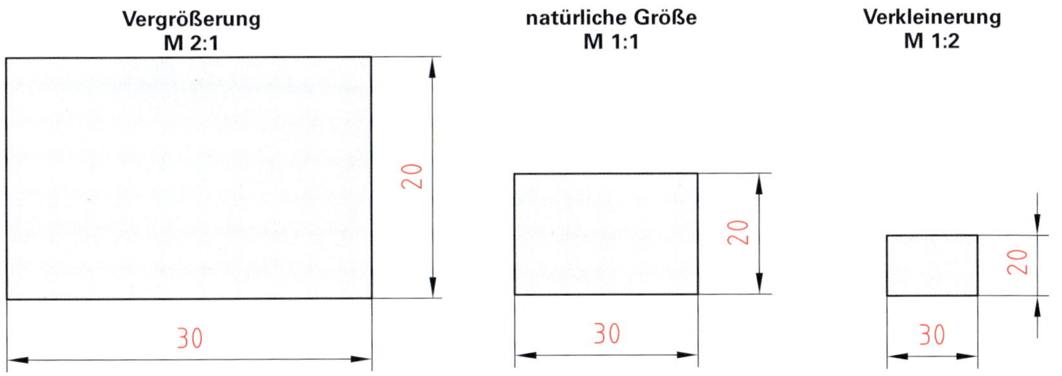

Bild 1

Der Zeichnungsmaßstab ist ein **linearer** Maßstab, das heißt, er bezieht sich nur auf Kanten. Da sich dadurch die Größe von gezeichneten Flächen immer mit dem Quadrat des gewählten Maßstabes verändert, erklärt sich auch die für unser Auge überdimensional erscheinende Größenveränderung bei Maßstabzeichnungen.

Winkelmaße werden bei Maßstabzeichnungen **nicht** beeinflusst.

ZÜ 1 Darstellung von Flächen in verschiedenen Maßstäben

Lernziel: *Zeichnen von Flächen in verschiedenen Maßstäben*

Wähle aus den fünf vorgegebenen plattenförmigen Werkstücken und zeichne diese in den Maßstäben **1:2**, **1:1** und **2:1**. Die Einteilung der Zeichnung ist nach der **Vorlage für ZÜ1** zu gestalten. Die Werkstücke sollen in der gegebenen Lage gezeichnet, aber nicht bemaßt werden. Das Außenmaß (Länge × Breite) der verkleinert dargestellten Flächen beträgt **in Wirklichkeit 70 × 50 mm**. Um das Größenverhältnis bei maßstäblicher Darstellung deutlicher zu veranschaulichen, soll eines der vorgegebenen Werkstücke in **allen drei Maßstäben** gezeichnet werden.
Das Schriftfeld ist nach Abschnitt 1.4.2 vollständig auszufüllen.

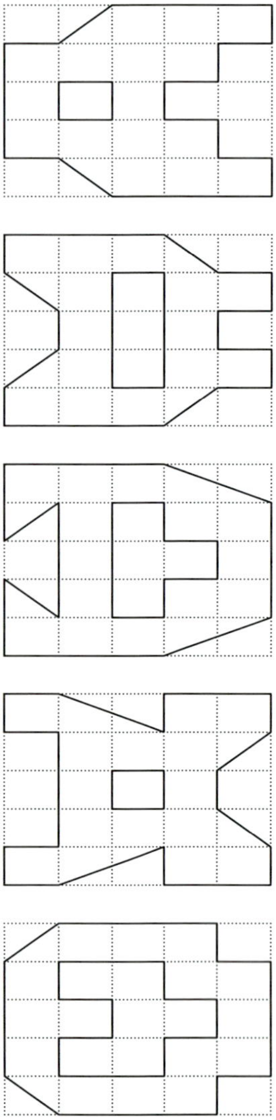

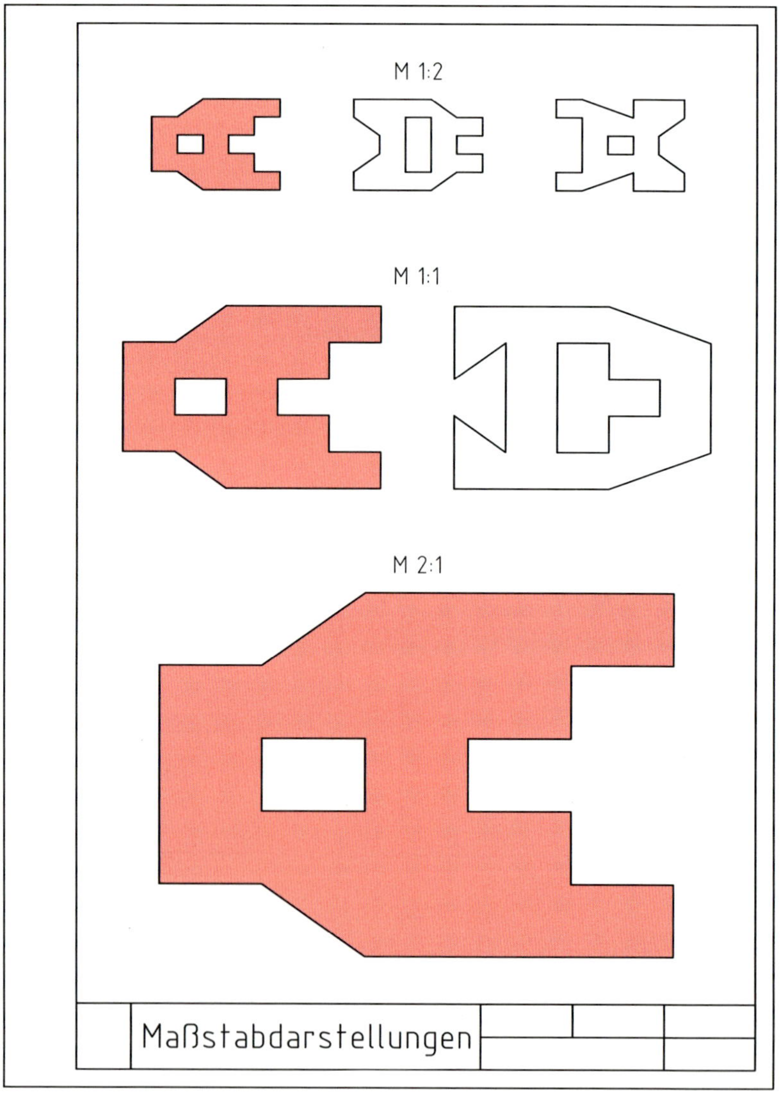

Vorlage für ZÜ 1

1.9 Zeichnungsarten

Um aus der Vielzahl von technischen Darstellungsmöglichkeiten – die Palette reicht von der einfachen Freihandzeichnung bis zu Planungs- und Fertigungszeichnungen für komplexe Anlagen aus dem Maschinen- und Apparatebau – die richtige Wahl treffen zu können, ist zunächst zu entscheiden, welchem Zweck eine Zeichnung dienen soll. Dabei ist auf die Wirtschaftlichkeit der Zeichnungserstellung besonderer Wert zu legen.
Bedingt durch den zeitlichen Rahmen und die geringen Möglichkeiten der praktischen Umsetzung im schulischen Bereich werden in der weiteren Folge nur die drei wichtigsten Zeichnungsarten besprochen.

1.9.1 Skizze

Dass in Produktionsbetrieben Zusammenbau-, Fertigungs- und Detailzeichnungen für die Herstellung von Werkstücken aller Art vorhanden sind, darf angenommen werden.
Im praktischen Berufsleben, speziell im Reparatur- und Montagebereich oder bei Anfertigung von einfachen Bau- und Zuschnittteilen, gibt es kaum schriftliche Unterlagen oder entsprechende Zeichnungen. Hier bildet eine **Skizze** die Basis der technischen Kommunikation zwischen Auftraggeber und Auftragnehmer.
In diesen Fällen genügt die **freihändig** gezeichnete, nicht unbedingt maßstäblich, aber doch dem Original angenäherte Darstellung. Die Skizze ist dabei gleichzeitig auch ein hilfreiches Mittel zur Unterstützung mündlicher Anleitungen.
Bei umfangreichen und konstruktiv anspruchsvollen Werkstücken dient die Skizze primär als Entwurfzeichnung oder bildliche Kommunikationshilfe und in der weiteren Folge als Grundlage für eine später auszuführende Fertigungszeichnung.
In der Praxis werden die aufwendig zu zeichnenden Maßpfeile vielfach durch Schrägstriche (Abschnitt 4.2.3) ersetzt.

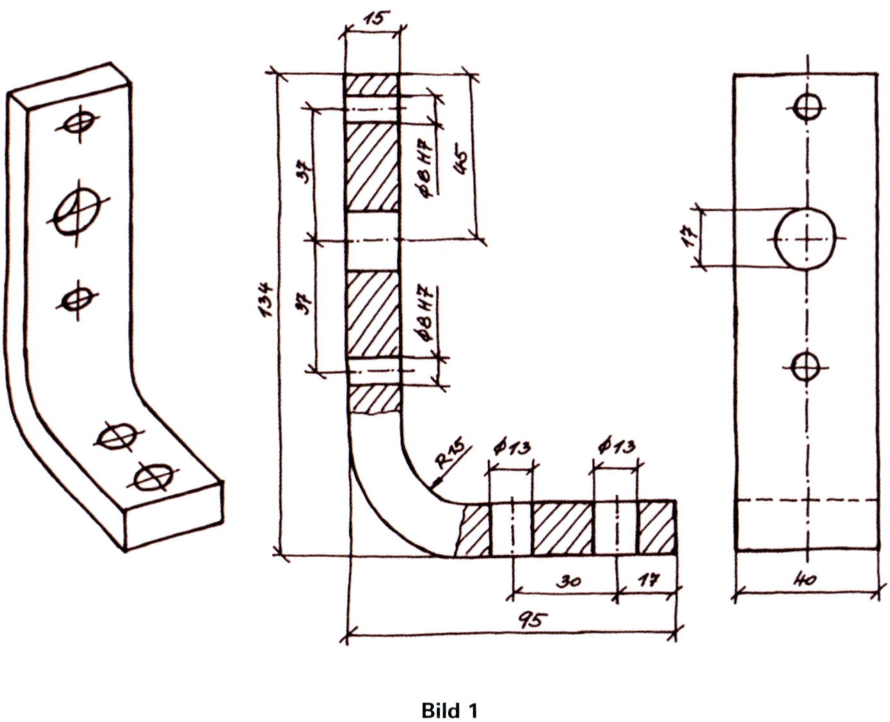

Bild 1

1.9.2 Fertigungszeichnung

Eine Fertigungszeichnung zeigt einzelne Bauteile mit allen für die Herstellung erforderlichen Angaben. Es ist zu beachten, dass die Eintragungen im Schriftfeld der Fertigungszeichnung mit jenen der entsprechenden Zusammenbauzeichnung übereinstimmen, z. B. Benennung, Anzahl, Werkstoff, Zeichnungsnummer usw.
Für **Normteile** werden keine Zeichnungen erstellt, da alle Maße und erforderlichen Angaben aus Normblättern entnommen werden können.

Eine **Fertigungszeichnung** (Bild 1, Seite 17) zeigt
- die zeichnerische Darstellung des Einzelteiles (möglichst in Fertigungslage),
- alle Fertigungsmaße mit Toleranzangaben und
- das Schriftfeld (eventuell auch eine Stückliste).

Sie kann aber auch
- Angaben über die Oberflächenqualität,
- Angaben über die Wärmebehandlung,
- Schweißsymbole,
- die Anzahl der zu fertigenden Teile und
- eine Legende (schriftliche Vermerke)

enthalten.

Letztlich ist es von der Funktion und Herstellungsart eines Werkstückes abhängig, welche der aufgelisteten Kriterien in eine Fertigungszeichnung eingetragen werden.

1.9.3 Zusammenbauzeichnung

Die Zusammenbauzeichnung ist die Darstellung einer technischen Konstruktion oder einer Anlage mit allen Einzelteilen. In dieser Zeichnung sollen vorrangig die Funktionsweise und das Zusammenwirken der einzelnen Bauteile klar erkennbar sein. Bemaßungstechnisch zeigt die Darstellung nur die Hauptmaße, wobei für bewegte Teile (Hebel, Schaltgestänge usw.) die Endlagen und damit der benötigte Platzbedarf klar ersichtlich sein sollen.

Die **Zusammenbauzeichnung** (Bild 1, Seite 18) zeigt
- die Gesamtdarstellung in einer Ansicht oder in mehreren Ansichten,
- die Hauptabmessungen (größte Länge, Breite und Höhe),
- die Abmessungen, die für das Funktionsverständnis erforderlich sind,
- die Positionsnummern,
- das Schriftfeld,
- die Stückliste und, wenn erforderlich,
- eine Legende (schriftliche Anmerkungen in der Nähe des Schriftfeldes).

1.9.4 Explosionszeichnung

Die Explosionszeichnung (Bild 1, Seite 19) ist eine Darstellung oder Grafik, die die Einzelteile einer komplexen Baugruppe perspektivisch und in ihre Einzelteile zerlegt darstellt. Dabei werden diese räumlich so voneinander getrennt, als würden sie nach einer Explosion auseinander fliegen.
Diese Darstellungsart kommt vorwiegend als Informationsgrafik bei Gebrauchsanweisungen und Ersatzteilkatalogen zur Anwendung. So werden aus diesen Zeichnungen speziell im Reparatur- und Austauschbereich die jeweils mit Positionsnummern dargestellten Einzelbauteile ermittelt. Darüber hinaus werden im Maschinen- und Kraftfahrzeugbau auf diese Art komplizierte Baugruppen für Montage und Demontage übersichtlich veranschaulicht.
Die perspektivische Darstellung einer Explosionszeichnung kann in einer Achse, in parallelen Achsen oder in Achsen unter einem beliebigen Winkel erfolgen.

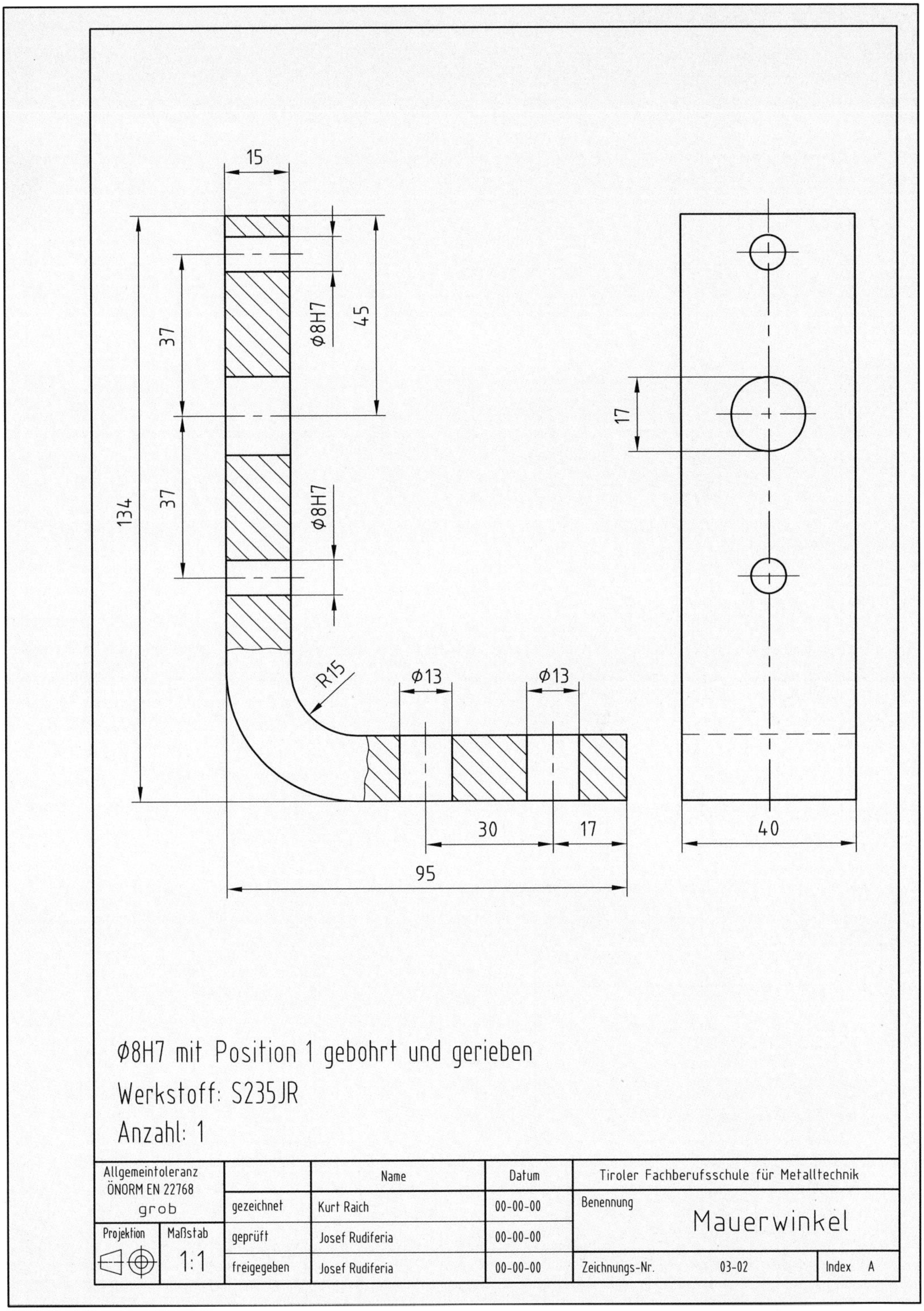

Bild 1: Muster einer Fertigungszeichnung

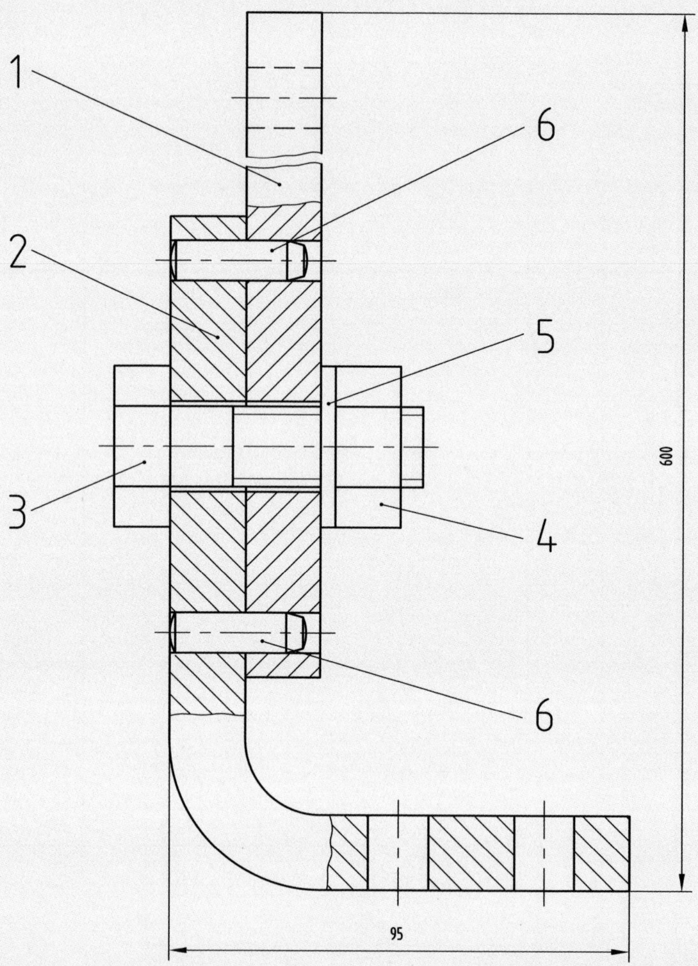

Position	Bezeichnung	Anzahl	Referenz	Index	Werkstoff	Rohmaß/Bemerkung
6	Zylinderstift 8x25-A	2	ÖNORM EN ISO 8734		100Cr4	
5	Scheibe 16	1	ÖNORM EN ISO 7091		200HV	verzinkt
4	Sechskantmutter M16-08	1	ÖNORM EN ISO 4032			verzinkt
3	Sechskantschraube M16x50-4.6	1	ÖNORM EN ISO 4014			verzinkt
2	Mauerwinkel	1	Z-Nr. 03-02	A	S235JR	40x15x204 feuerverzinkt
1	Schiene	1	Z-Nr. 03-01	A	S235JR	40x15x480 feuerverzinkt

Allgemeintoleranz ÖNORM EN 22768			Name	Datum	Tiroler Fachberufsschule für Metalltechnik
		gezeichnet	Kurt Raich	00-00-00	Benennung: Aufhängung
Projektion	Maßstab 1:1	geprüft	Josef Rudiferia	00-00-00	
		freigegeben	Josef Rudiferia	00-00-00	Zeichnungs-Nr. 03-00 — Index A

Bild 1: Muster einer Zusammenbauzeichnung

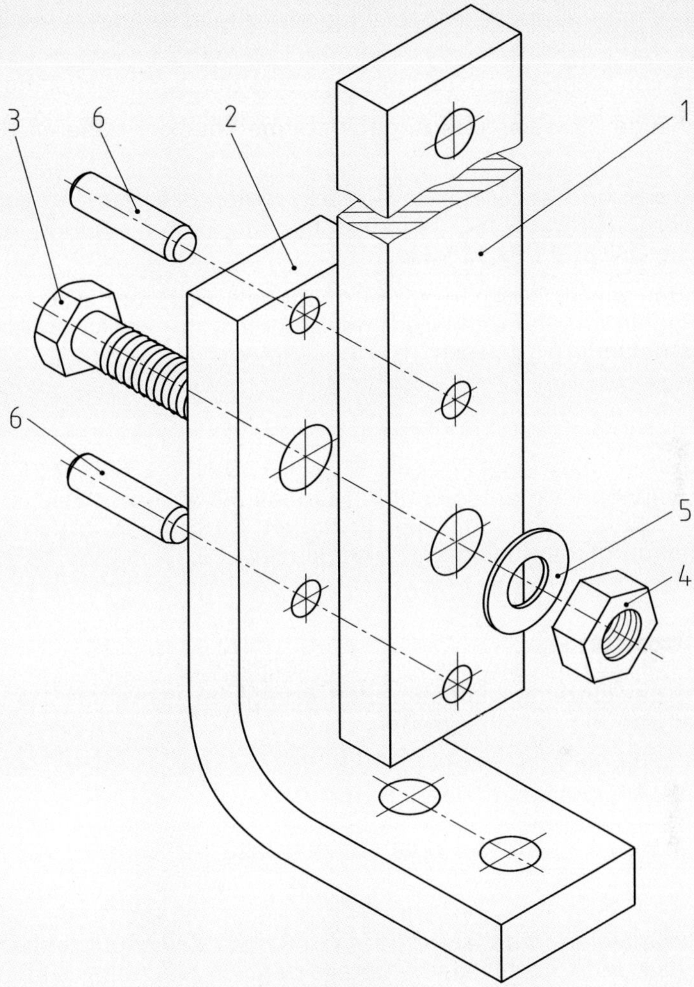

Position	Bezeichnung	Anzahl	Referenz	Index	Werkstoff	Rohmaß/Bemerkung
6	Zylinderstift 8x25-A	2	ÖNORM EN ISO 8734		100Cr4	
5	Scheibe 16	1	ÖNORM EN ISO 7091		200HV	verzinkt
4	Sechskantmutter M16-08	1	ÖNORM EN ISO 4032			verzinkt
3	Sechskantschraube M16x50-4.6	1	ÖNORM EN ISO 4014			verzinkt
2	Mauerwinkel	1	Z-Nr. 03-02	A	S235JR	40x15x204 feuerverzinkt
1	Schiene	1	Z-Nr. 03-01	A	S235JR	40x15x480 feuerverzinkt

Allgemeintoleranz ÖNORM EN 22768		Name	Datum	Tiroler Fachberufsschule für Metalltechnik
	gezeichnet	Kurt Raich	00-00-00	Benennung: Aufhängung
Projektion / Maßstab 1:1	geprüft	Josef Rudiferia	00-00-00	
	freigegeben	Josef Rudiferia	00-00-00	Zeichnungs-Nr. 03-00 / Index A

Bild 1: Muster einer Explosionszeichnung

2 Linien in Zeichnungen der mechanischen Technik

2.1 Allgemeines

Die Gestaltung von technischen Zeichnungen erfolgt ausnahmslos durch Linien.

Texte oder sonstige Hinweise und Angaben dienen nur der näheren Beschreibung einer Darstellung.

Die Bezeichnungen und die Maße der in technischen Zeichnungen verwendeten Linienarten sind in der **ÖNORM EN ISO 128-20** festgelegt, die Anwendung der entsprechenden Linien regelt die **ÖNORM ISO 128-24**.

Durch Anlehnung dieser Normen an internationale Normen ist sichergestellt, dass die nach diesen Regeln angefertigten Zeichnungen nicht nur in Österreich, sondern auch in anderen Industrieländern „gelesen“ werden können.

2.2 Linienarten

Grundsätzlich verwendet man sowohl in manuell als auch mit Zeichenautomaten angefertigten technischen Zeichnungen nur Volllinien, Strichlinien, Strich-Punktlinien, Strich-Zweipunktlinien und Freihandlinien (Zickzacklinien).

2.3 Linienbreiten

Die Abstufung der einzelnen Linienbreiten erfolgt im Verhältnis 1 : $\sqrt{2}$ und entspricht damit auch der Stufung der Blattgrößen.

Die Tabelle 2.1 zeigt die genormten Linienbreiten, wobei für technische Zeichnungen die markierten Linienbreiten zu verwenden sind.

Linienbreite in mm	0,13	0,18	0,25	0,35	0,5	0,7	1	1,4	2

Tabelle 2.1

Die angewendete Linienbreite ist von der Größe der Zeichnung abhängig und muss so gewählt sein, dass auch noch kleinste Details deutlich erkennbar sind.

2.4 Liniengruppen

In jeder Liniengruppe unterscheidet man zwischen **breiten** und **schmalen** Linien, die immer im Verhältnis von 2 : 1 stehen. Die Benennung der Liniengruppe erfolgt nach der breiten Linie, siehe Tabelle 2.2.

Für alle im gleichen Maßstab dargestellten Teile ist die gleiche Liniengruppe zu wählen, wobei die Norm für die Formate A4 bis A2 die Liniengruppe 0,5 und für alle größeren Formate die Liniengruppe 0,7 empfiehlt.

	breite Linien	**schmale** Linien	für Maß- und Textangaben sowie für grafische Symbole
Liniengruppe 0,5	0,5	0,25	0,35
Liniengruppe 0,7	0,7	0,35	0,5

Tabelle 2.2

2.5 Anwendung der Linien

Linien Benennung Darstellung	Linien-gruppe 0,5	 0,7	Anwendung
	Linienbreite		
Volllinie, breit	0,5	0,7	1 Sichtbare Kanten 2 Sichtbare Umrisse 3 Gewindespitzen 4 Grenze der nutzbaren Gewindelänge 5 Hauptdarstellungen in Diagrammen, Karten, Fließbildern 6 Systemlinien bei Metallbau-Konstruktionen – siehe Seite 279 7 Ansichtspfeillinien 8 Oberflächenstruktur (Rändel)
Volllinie, schmal	0,25	0,35	9 Imaginäre Linien bei Durchdringungen (Lichtkanten) 10 Maßlinien 11 Maßhilfslinien 12 Hinweis- und Bezugslinien 13 Schraffuren 14 Umrisse eingeklappter Schnitte 15 Kurze Mittellinien 16 Gewindegrund 17 Ursprungskreise (Koordinatenbemaßung), Maßlinienbegrenzung 18 Diagonalkreuze zur Kennzeichnung ebener Flächen 19 Biegelinien an Fertigteilen und Rohteilen (gestreckte Darstellung) 20 Umrahmungen von Einzelheiten 21 Kennzeichnung sich wiederholender Einzelheiten 22 Projektionslinien 23 Rasterlinien
Strichlinie, breit	0,5	0,7	24 Kennzeichnung von Bereichen mit *zulässiger* Oberflächen-behandlung, z. B. Wärmebehandlung
Strichlinie, schmal	0,25	0,35	25 Verdeckte Kanten 26 Verdeckte Umrisse
Strich-Punktlinie, breit	0,5	0,7	27 Kennzeichnung von Bereichen mit *(begrenzter) geforderter* Oberflächenbehandlung, z. B. Wärmebehandlung 28 Kennzeichnung von Schnittebenen
Strich-Punktlinie, schmal	0,25	0,35	29 Mittellinien 30 Symmetrielinien 31 Teilkreise von Verzahnungen 32 Lochkreise
Strich-Zweipunkt-linie, schmal	0,25	0,35	33 Umrisse benachbarter Teile 34 Endstellungen beweglicher Teile 35 Schwerlinien – siehe Seite 278 36 Umrisse alternativer Ausführungen 37 Umrahmung besonderer Bereiche oder Felder
Freihandlinie, schmal	0,25	0,35	38 Manuell dargestellte Begrenzung von Teilansichten oder unterbrochenen Ansichten und Schnitten, wenn die Begrenzung keine Symmetrie- oder Mittellinie ist
Zickzacklinie, schmal	0,25	0,35	Mit Zeichenautomaten dargestellte Begrenzung von Teilansichten oder unterbrochenen Ansichten und Schnitten, wenn die Begrenzung keine Symmetrie- oder Mittellinie ist

Tabelle 2.3

2.5.1 Beispiele für die Anwendung der Linien

Die folgenden Darstellungen zeigen Anwendungsbeispiele für die einzelnen Linienarten, wobei die Nummerierung dieser Linien mit der Anwendung in der Tabelle 2.3, Seite 21 übereinstimmt.

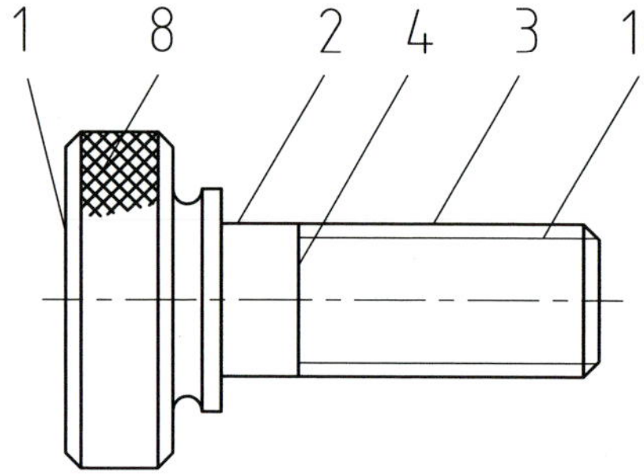

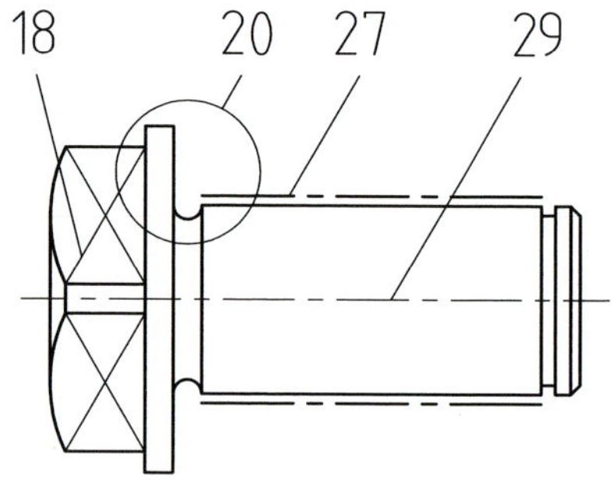

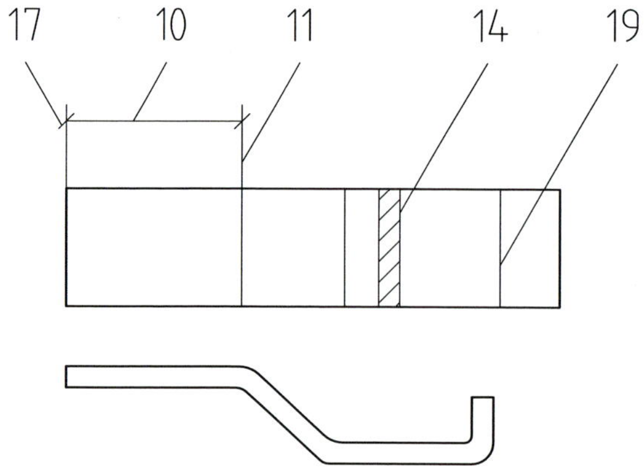

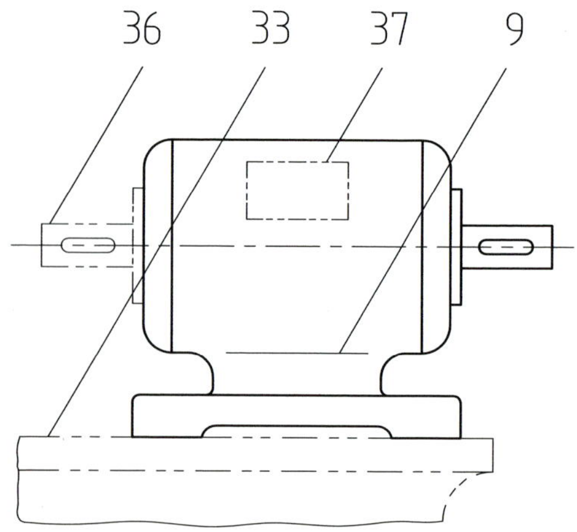

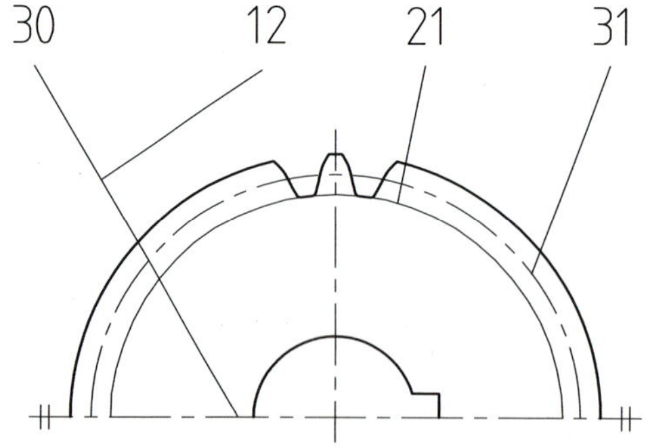

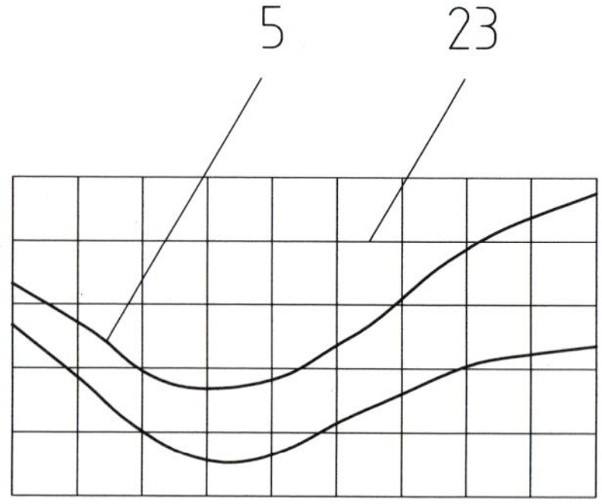

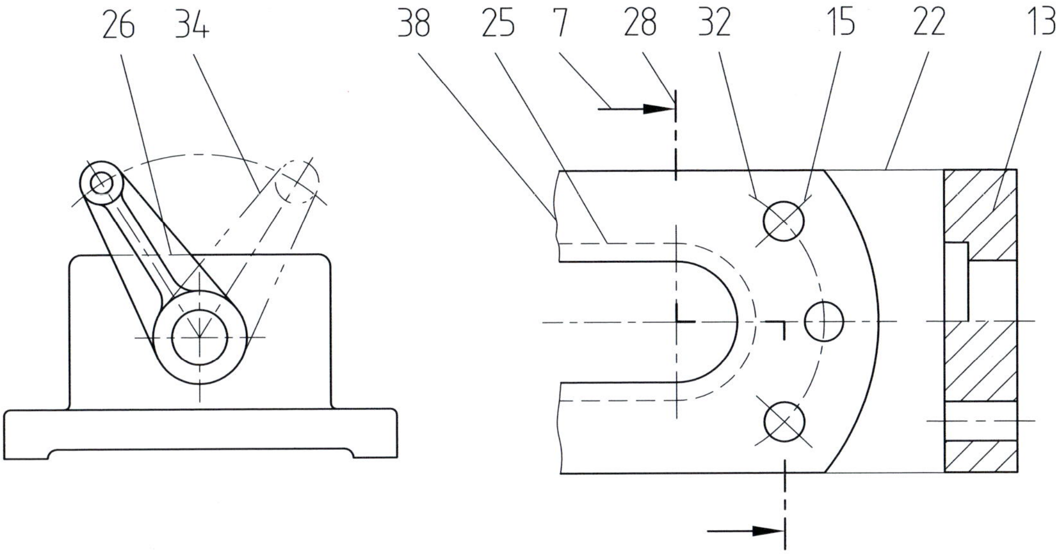

2.6 Ausführung von Linien

Um das „Zusammenlaufen" von parallelen Linien zu vermeiden, ist die Einhaltung eines Mindestabstandes zwischen zwei Linien erforderlich. Der Minimalabstand soll der zweifachen Linienbreite entsprechen und 0,8 mm nicht unterschreiten. Dasselbe gilt auch für die Lücken bei Strichlinien, Strich-Punktlinien und Strich-Zweipunktlinien.

Alle oben genannten unterbrochenen Linien sollen einen einheitlichen Linienzug ergeben. Daher sind die Striche und die Zwischenräume stets gleich zu zeichnen. Anstelle des Punktes zeichnet man vielfach einen kurzen Strich.

2.6.1 Methodische Hilfen zur Ausführung von Linien

Viele Schüler haben bei der Gestaltung eines einheitlichen Linienbildes enorme Schwierigkeiten. Durch eine kleine maßliche Abweichung von den genormten Werten kann, noch dazu bei wesentlich geringerem Zeichenaufwand, sehr einfach ein sauberes und gleichmäßiges Linienbild erreicht werden. Im folgenden Beispiel (Bild 1) wird eine von mehreren möglichen Hilfen beim Zeichnen von Strichlinien aufgezeigt.

Laut ÖNORM ist bei der Liniengruppe 0,5 die Länge der Striche 5 mm und die Länge der Zwischenräume 1,25 mm.

Wenn man die Strichlänge mit **4 mm** und den Zwischenraum mit **1 mm** festlegt, beginnt jeder Strich der Strichlinie auf einer Millimeterskala bei „0" oder „5" und endet einen Millimeter vor „0" oder vor „5" (Bild 1).

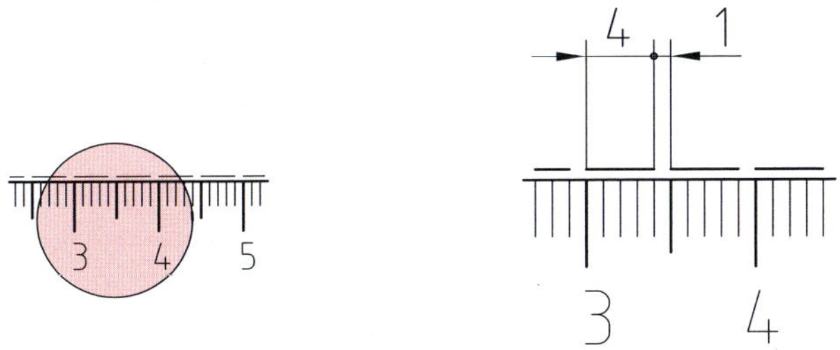

Bild 1

Ähnliche Festlegungen sind auch für alle anderen unterbrochenen Linien möglich. Die nachfolgende Tabelle 2.5 soll als Anregung dafür dienen.

Linienart		Strich	Zwischenraum	Punkt	Zwischenraum
Strichlinie		4	1		
schmale Strich-Punktlinie		12	1	1	1
breite Strich-Punktlinie		7	1	1	1

Tabelle 2.5

2.7 Richtlinien beim Zusammentreffen von Linien

Bei abgewinkeltem Verlauf von Linien werden die „Ecken" immer ausgezeichnet.

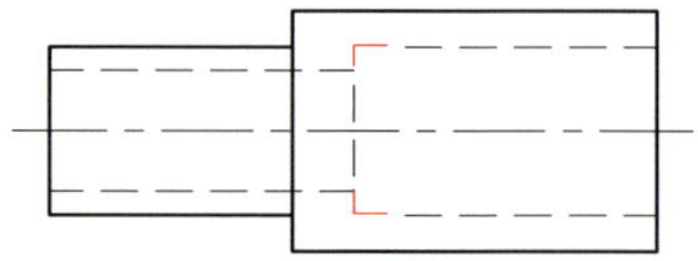

Knapp nebeneinander liegende Strichlinien werden versetzt gezeichnet.

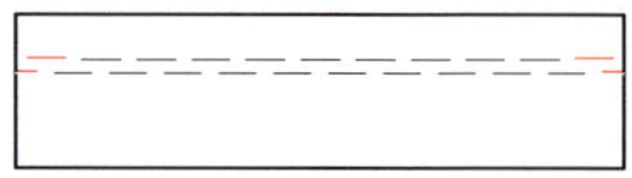

Schneiden sich Mittel- oder Symmetrielinien, soll der Schnittpunkt im Bereich der Linien liegen.

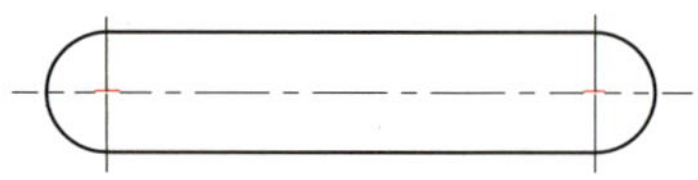

Werden verdeckte Körperkanten als Fortsetzung von breiten Volllinien gezeichnet, so bleibt am Übergang ein Zwischenraum.

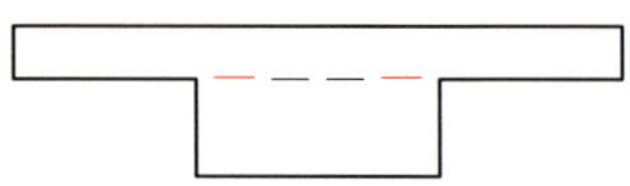

Lichtkanten enden ca. 2 mm vor der Körperkante und sind an der Stelle zu zeichnen, an der – bei scharfem Übergang – eine Umlaufkante wäre.

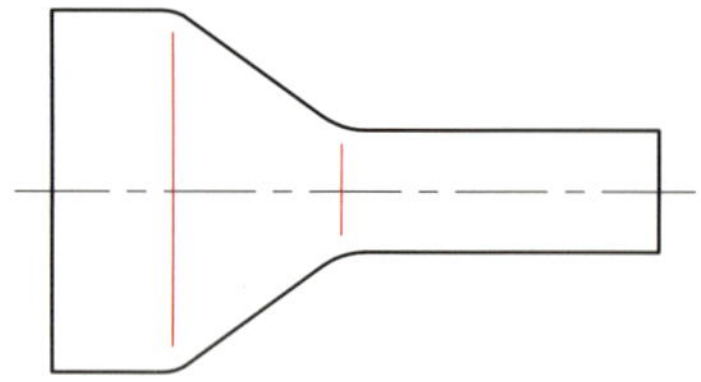

2.8 Rangfolge beim Überdecken von Linien

Wenn sich in technischen Zeichnungen zwei oder mehrere Linien überdecken, soll die nachstehende Rangfolge eingehalten werden:

Rang 1	**sichtbare Kanten und Umrisse**	überdecken Rang	2, 3, 4, 5, 6
Rang 2	**verdeckte Kanten**	überdecken Rang	3, 4, 5, 6
Rang 3	**Kennzeichnung von Schnittebenen**	überdecken Rang	4, 5, 6
Rang 4	**Mittellinien, Symmetrielinien**	überdecken Rang	5, 6
Rang 5	**Schwerlinien**	überdecken Rang	6
Rang 6	**Maßhilfslinien**		

ZÜ 2 Darstellung von Linien in technischen Zeichnungen

Lernziel: *Zeichnen von parallelen Linien und von Kreisen und Kreisbögen*

ZÜ 2.1 Darstellung von Linienarten

Zeichne auf einem A4-Blatt in Hochformat die Linienübung nach der **Vorlage für ZÜ 2.1**. Innerhalb des Zeichenbereiches haben **alle Felder ringsum einen Freiraum von jeweils 10 mm**. Die kleinen Felder sind 50 mm breit und 40 mm hoch, die Breite der längeren Felder ergibt sich ebenso wie die Höhe des untersten Feldes.
Zeichne in die Felder parallele Linien mit unterschiedlicher Linienart, Linienbreite und Lage des Winkels, doch **jeweils mit einem Linienabstand von 5 mm**. Die Grundlage für das untere Musterfeld bildet ein 30°-Raster.

Das Schriftfeld ist nach Abschnitt 1.4.2 vollständig auszufüllen.

ZÜ 2.2 Darstellung von Kreisen und Kreisbögen

Zeichne auf einem A4-Blatt in Hochformat die Zirkelübung nach der **Vorlage für ZÜ 2.2**. Die Blattaufteilung ergibt sich durch die Diagonalen und einen Kreis mit ∅170.

Die Bestimmungsgrößen für die **Eckfiguren** sind

- links oben Kreise mit ∅30,
- rechts oben Kreise und Kreisbögen mit ∅30 und ∅60,
- links unten Kreise mit ∅10, ∅30, ∅45 und ∅60 und
- rechts unten Geraden und Kreisbögen mit ∅10, ∅20 und ∅30.

Die Konstruktionshilfe für die **Mittelfigur** bilden die **markierten Punkte** des Quadrates mit 30 x 30 mm und die Kreisbögen mit ∅30, ∅40, ∅60 und ∅70.

Das Schriftfeld ist nach Abschnitt 1.4.2 vollständig auszufüllen.

Vorlage für ZÜ 2.1

Vorlage für ZÜ 2.2

3 Darstellung von Körpern

3.1 Allgemeines

Die Betrachtung eines Gegenstandes erfolgt naturgemäß unter einem beliebigen Blickwinkel und zeigt somit stets eine räumliche Darstellung. Der betrachtete Körper vermittelt zwar ein anschauliches und wirklichkeitsgetreues Bild, doch zeigt er nur die „Vordersicht" und verdeckt die gesamte „Rückansicht" (Bild 1).

Bild 1

Daher ist diese räumliche Darstellungsart als Fertigungszeichnung für technische Gegenstände nicht geeignet. Die Fertigungstechnik verlangt eine Darstellungsart, die ein Werkstück von allen Seiten in wirklicher Größe, das heißt ohne Verzerrungen und Verkürzungen, zeigt.

3.2 Arten der technischen Darstellungen

Beim technischen Zeichnen unterscheidet man zwischen zwei verschiedenen Darstellungsarten, und zwar **axonometrische Darstellungen** und **Normalprojektionen**. Beide Methoden haben Vor- und Nachteile, so dass die Wahl der Darstellungsart vom Zweck der Zeichnung bestimmt wird.

3.2.1 Axonometrische Darstellungen

Diese Darstellungsmethoden zeigen einen Körper **in drei Achsrichtungen** und geben so auch dem technisch nicht geschulten Betrachter die Chance ein Werkstück mit einem „Blick" zu erfassen.

Die axonometrische Darstellung kann aber auch angewendet werden,
- um die Zusammenbaufolge von Maschinen und Geräten anschaulich zu zeigen (Explosionszeichnung), z. B. Schau- und Lehrtafeln von Getrieben und technischen Apparaten,
- als Ersatz für Fotografien und
- im Zeichenunterricht, um mit Hilfe der räumlichen Darstellung die rechtwinkelige Projektion (Abschnitt 3.2.2) verständlich zu machen.

Nachteilig ist, dass komplizierte Werkstücke nicht übersichtlich dargestellt und bemaßt werden können. Daher sind axonometrische Darstellungen für **Fertigungszeichnungen kaum geeignet.**

Nach **ÖNORM EN ISO 5456-3** werden die axonometrischen Darstellungen unterteilt in
- isometrische Darstellung,
- dimetrische Darstellung und
- schiefwinklige Axonometrie (Kavalier- und Kabinettprojektion).

3.2.1.1 Isometrische Darstellung (vereinfachte Isometrie)

Der Vorteil der Isometrie liegt darin, dass sowohl die **Breiten** als auch die **Tiefen eines isometrisch gezeichneten Körpers jeweils unter 30°** zur Waagrechten dargestellt werden. Dazu kommt noch, dass in wirklicher Größe gezeichnet wird, denn für alle drei Achsrichtungen gilt derselbe Längenmaßstab, das heißt,

Länge : Breite (Tiefe) : Höhe verhalten sich wie **1 : 1 : 1** (Bild 1).

Diese Darstellungsart wird vorwiegend angewendet, wenn Werkstücke in allen drei Achsrichtungen nur einfache, **geradlinige** Details aufweisen (Bild 2).

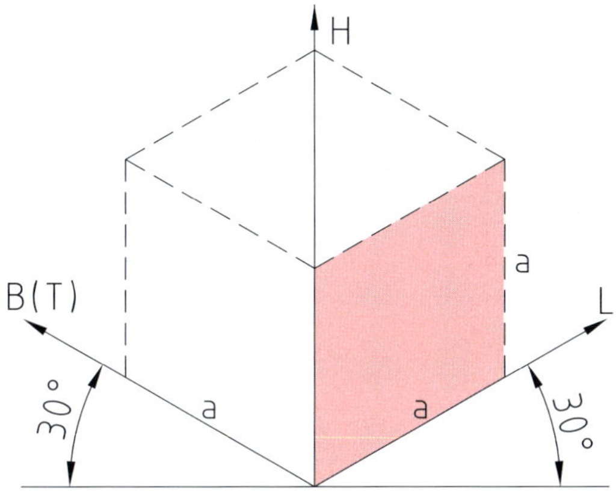

Bild 1

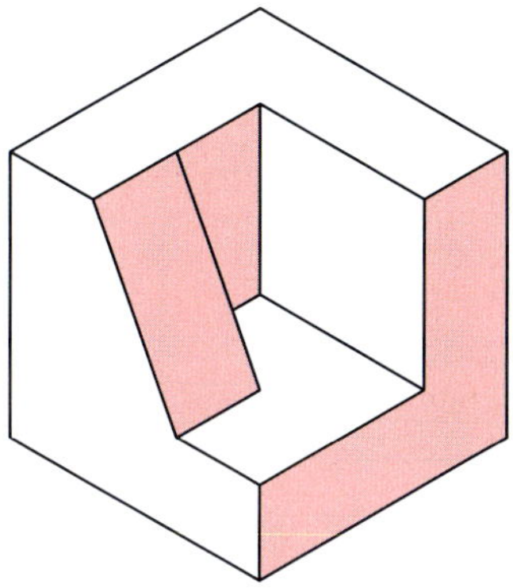

Bild 2

Nachteilig wirkt sich bei der Isometrie aus, dass Drehkörper und Werkstückrundungen viel Zeichenaufwand erfordern, da die Kreisformen zu Ellipsen werden. Negativ wirkt sich zusätzlich aus, dass isometrische Darstellungen die Körper immer größer erscheinen lassen und dass sich durch die zwei gleichwinkeligen Körperachsen optische Täuschungen einstellen (Bild 3).

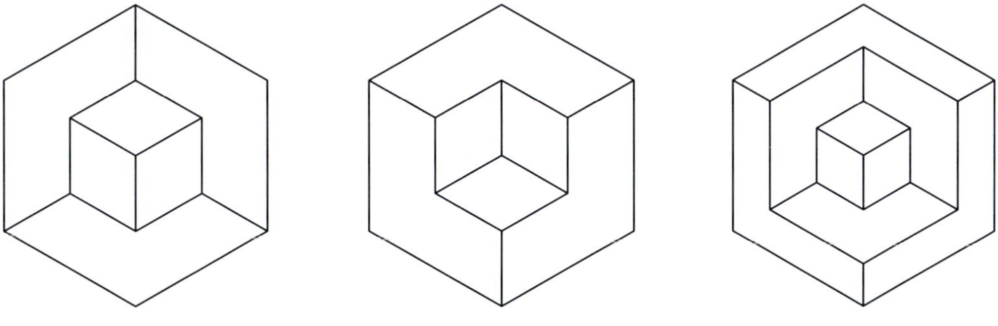

Bild 3

Ein spezielles Anwendungsgebiet der isometrischen Darstellung sind Montage-, Vorfertigungs- und Installationspläne im Rohrleitungsbau (Abschnitt 15).

ZÜ 3.1 Isometrische Darstellung von prismatischen Körpern

Lernziel: *Zeichnen von Körpern in isometrischer Darstellung*

Zeichne aus der nachstehenden Beispielsammlung jeweils vier beliebige Körper in die **isometrische Darstellung** um. Die Körper mit den Außenmaßen 40 × 40 × 60 mm (Länge × Breite × Höhe) sollen auf einem A4-Blatt in Hochformat nach der **Vorlage für ZÜ 3.1** dargestellt werden.

Das Schriftfeld ist nach Abschnitt 1.4.2 vollständig auszufüllen.

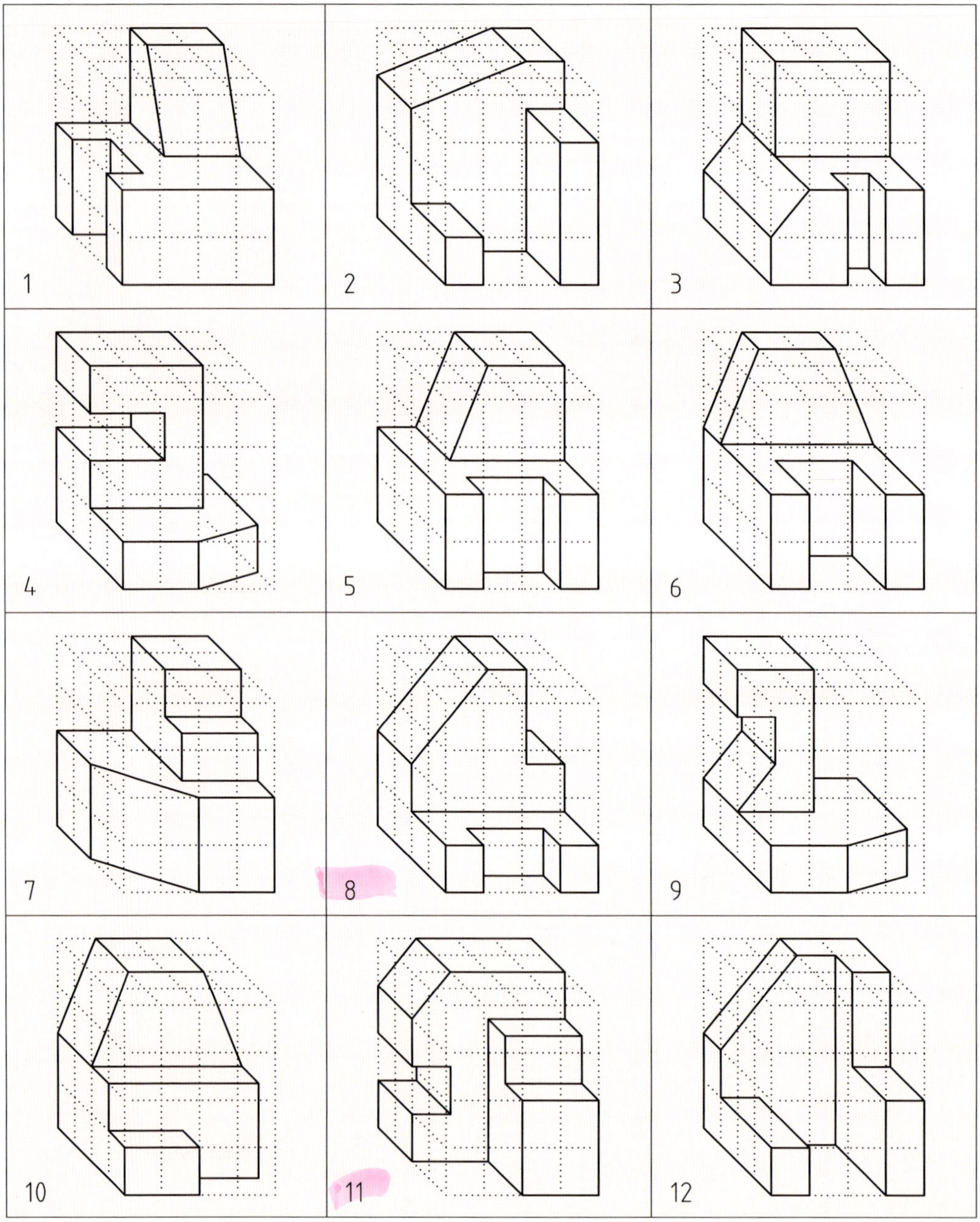

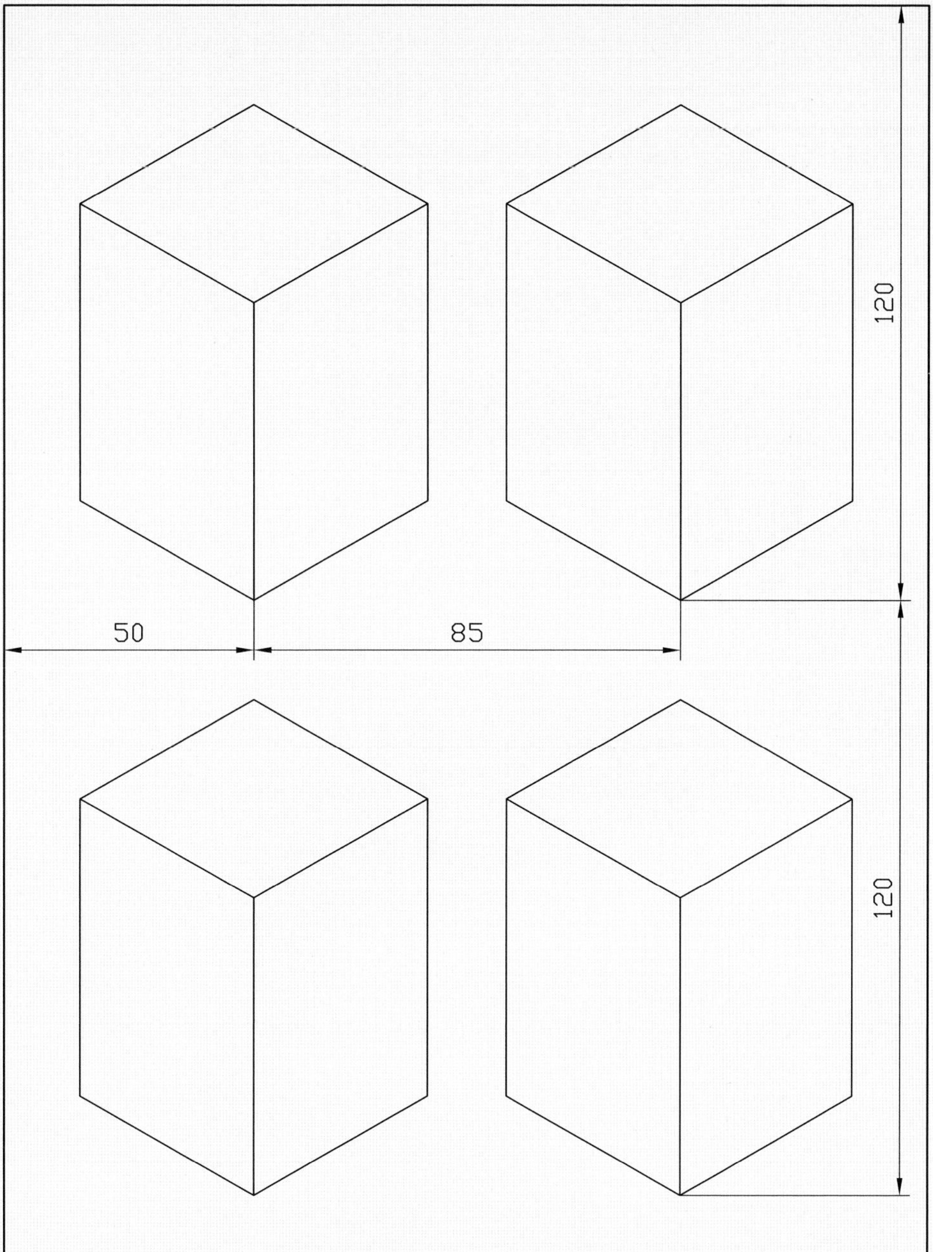

	Isometrische Darstellungen			

Vorlage für ZÜ 3.1

Ein Sonderfall ergibt sich bei der Isometrie insofern, als in **jede isometrisch dargestellte Fläche** sowohl Kreise als auch zylindrische Formen – obwohl diese durch die Schrägstellung der Achsen zu Ellipsen werden – **mit dem Zirkel gezeichnet** werden können (Bild 1).

Konstruktionsfolge der „Ellipsen":

- Zunächst zeichnet man zentrisch um den Kreismittelpunkt *M* einen in den Achsrichtungen der Isometrie liegenden Rhombus, dessen Seitenlänge dem Durchmesser des zu zeichnenden Kreises entspricht.
- Nunmehr werden in die Rhombusfläche **beide Mittellinien** (ergeben am Umriss die Punkte P_3) und die **lange** Diagonale eingezeichnet.
- Die beiden näher zum Mittelpunkt *M* liegenden Rhombuseckpunkte P_1 sind Einsatzpunkte für den Kreisbogen R_1, der die beiden gegenüberliegenden Punkte P_3 miteinander verbindet.
- Die Verbindungslinien von Punkt P_1 nach den gegenüberliegenden Punkten P_3 schneiden die Diagonale und ergeben die Punkte P_2. Diese sind **Einsatzpunkte** für den Kreisbogen R_2, der die beiden näher liegenden Punkte P_3 miteinander verbindet.

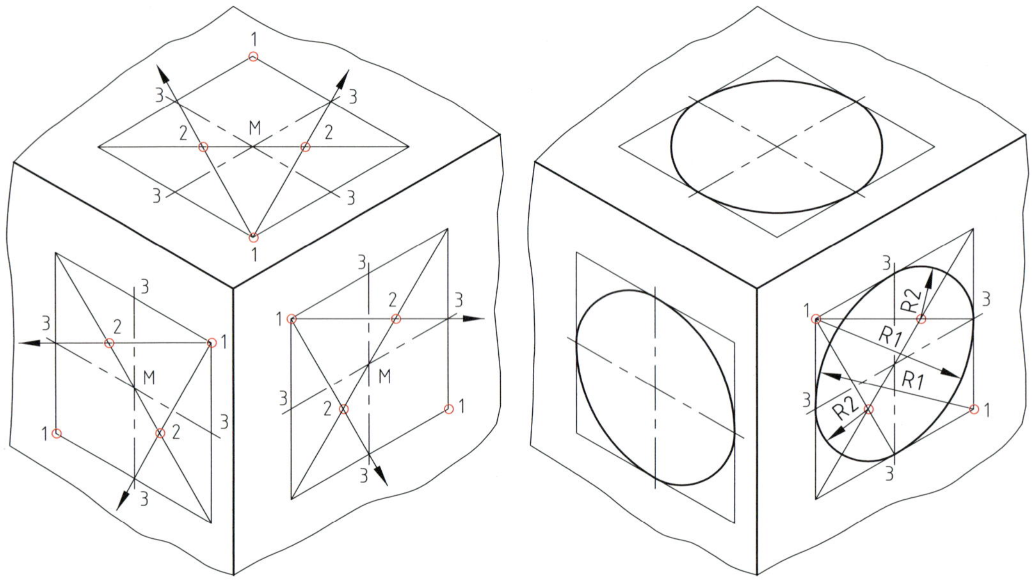

Bild 1

ZÜ 3.2 Isometrische Darstellung von Kreisen

Lernziel: *Zeichnen von Kreisen in isometrischer Darstellung*

Zeichne auf einem A4-Blatt in Hochformat einen Würfel mit 90 mm Seitenkante in isometrischer Darstellung und konstruiere in jede Fläche – zentrisch liegend – zwei Kreise mit einem Durchmesser von 66 und 36 mm. **Die Vorlage für ZÜ 3.2 ist lediglich eine Zeichenhilfe und nur in der Draufsicht fertig gestellt.**

Das Schriftfeld ist nach Abschnitt 1.4.2 vollständig auszufüllen.

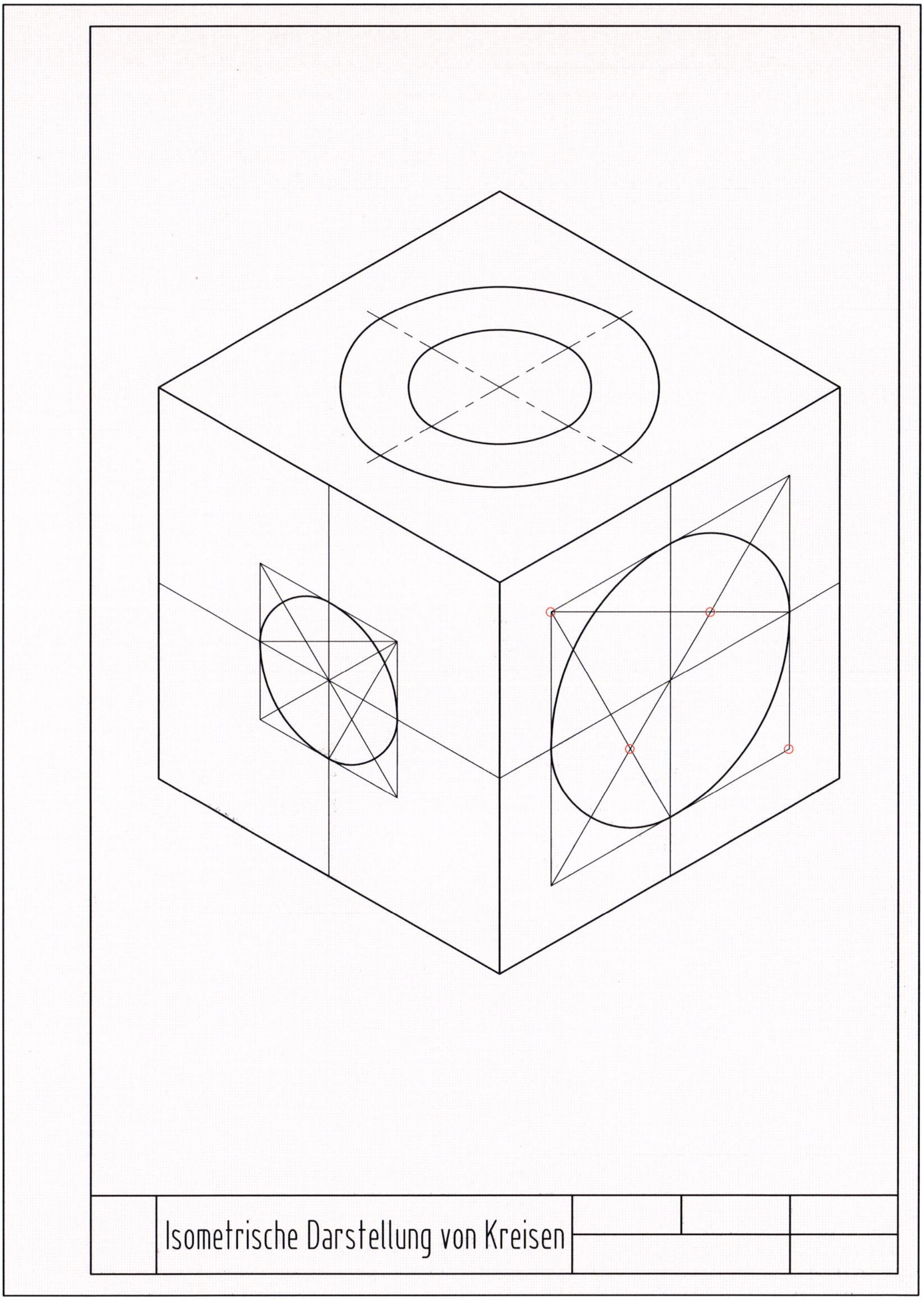

Vorlage für ZÜ 3.2

ZÜ 3.3 Isometrische Darstellung von Körpern mit Kreisformen

***Lernziel**: Zeichnen von Zylinderformen in isometrischer Darstellung*

Zeichne die **Ringführung** (Bild 1) auf einem A4-Blatt in Hochformat so, dass das Zentrum der Rhombusfläche mit dem Diagonalkreuz der Zeichenfläche übereinstimmt.
Die Basis der Konstruktion einer Zylinderform in isometrischer Darstellung ist immer die **Rhombusfläche**.
Die Platte misst 100 × 100 × 25 mm, der Zylinder hat einen Durchmesser von 90 mm und ist 30 mm lang, die vordere Ausdrehung hat einen Durchmesser von 50 mm und ist 15 mm tief.

Das Schriftfeld ist nach Abschnitt 1.4.2 vollständig auszufüllen.

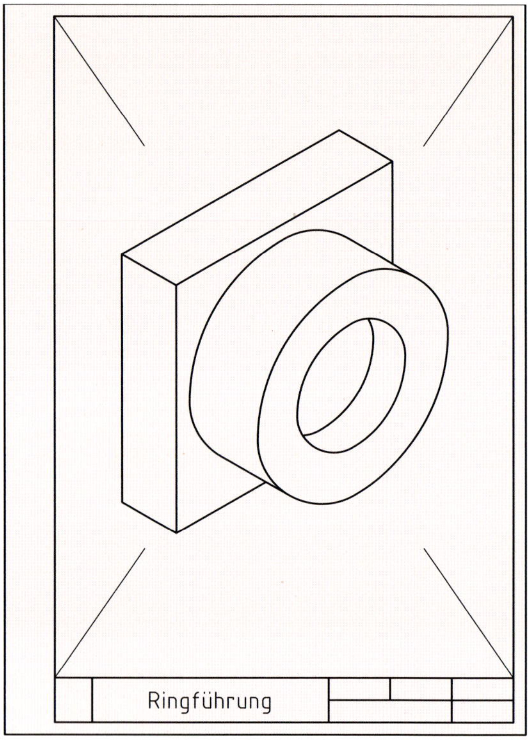

Bild 1

3.2.1.2 Dimetrische Darstellung (vereinfachte Dimetrie)

Die dimetrische Darstellung ist wesentlich schwieriger als die isometrische, da die **Breiten und Tiefen eines dimetrisch gezeichneten Körpers in einem Winkel von 7° bzw. 42°** zur Waagrechten stehen. Für die schulische Zeichenarbeit bedeutet dies, dass alle Breiten- und Tiefenmaße parallel verschoben werden müssen und damit Ungenauigkeiten faktisch vorprogrammiert sind. Aus der ungleichen Winkelstellung der Achsen leitet sich auch das ungleiche Verhältnis der Seitenlängen ab, das heißt,

Länge : Breite (Tiefe) : Höhe verhalten sich wie **1 : 0,5 : 1** (Bild 2).

Der Vorteil dieser Darstellungsart liegt darin, dass durch die Verkürzung der Tiefenmaße der gezeichnete Körper **annähernd so abgebildet ist, wie ihn unser Auge sieht** (Bild 3).

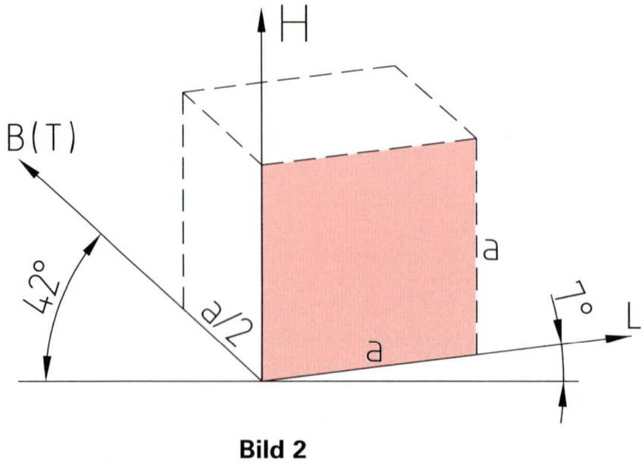

Bild 2

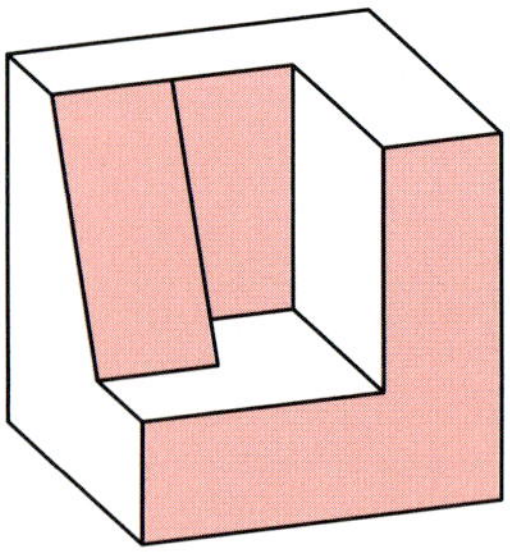

Bild 3

ZÜ 3.4 Dimetrische Darstellung von prismatischen Körpern

Lernziel: *Zeichnen von Körpern in dimetrischer Darstellung*

Zeichne aus der nachstehenden Beispielsammlung jeweils vier beliebige Körper in die **dimetrische Darstellung** um. Die Blattaufteilung erfolgt nach der **Vorlage für ZÜ 3.1.** Die Körper mit den Außenmaßen 48 × 48 × 72 mm (Länge × Breite × Höhe) sollen maßlich gleichmäßig verteilt auf einem A4-Blatt in Hochformat dargestellt werden.

Das Schriftfeld ist nach Abschnitt 1.4.2 vollständig auszufüllen.

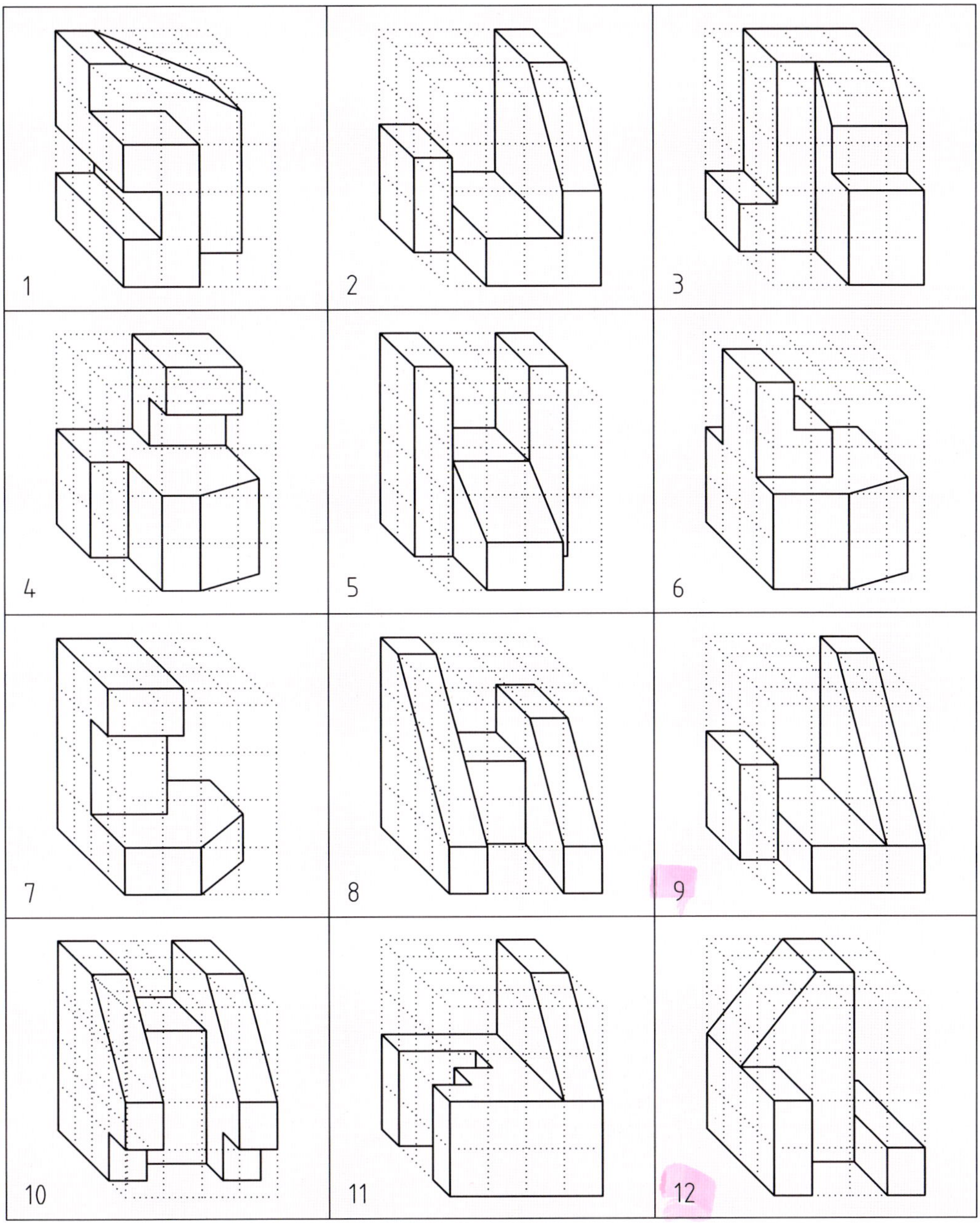

3.2.1.3 Kabinettprojektion

Die Kabinettprojektion ist die einfachste Art der axonometrischen Darstellung. Es ist sinngemäß eine abgewandelte dimetrische Darstellung, bei der die Schwierigkeiten der Dimetrie bereinigt wurden. Die unüblichen Winkelstellungen der Achsen mit 7° bzw. 42° sind auf **0° bzw. 45° vereinfacht**.
Durch diese geringe, aber zeichnerisch vorteilhafte Winkelveränderung kann jetzt problemlos mit Zirkel und Zeichendreieck gearbeitet werden. Genauso wie bei der Dimetrie bleibt das ungleiche Seitenverhältnis, das heißt,

Länge : Breite (Tiefe) : Höhe verhalten sich wie **1 : 0,5 : 1** (Bild 1).

Die Darstellung entspricht annähernd der Wirklichkeit, da die Verkürzung der Tiefenmaße beibehalten wurde (Bild 2).

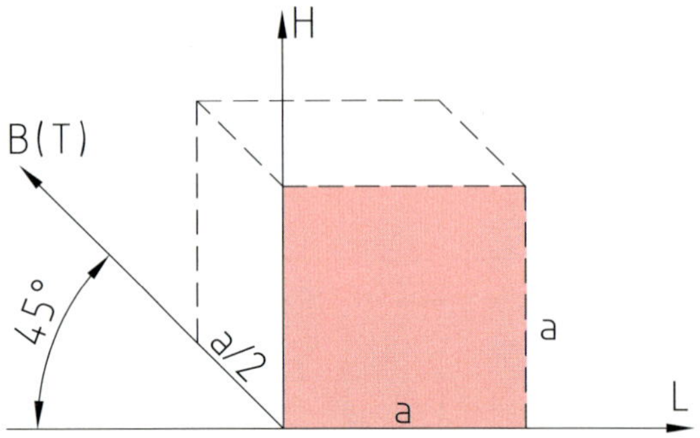

Bild 1

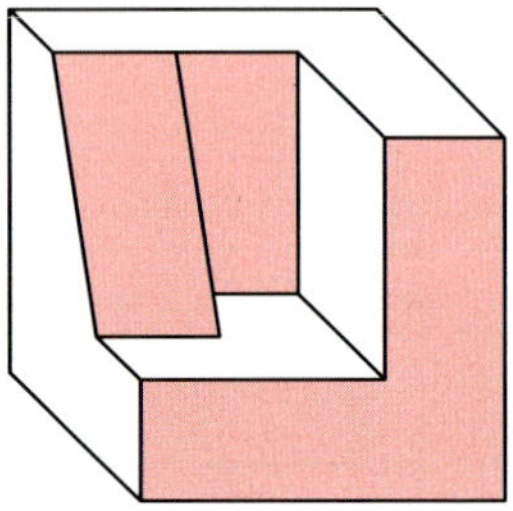

Bild 2

Der zusätzliche Vorteil der Kabinettprojektion liegt darin, dass die Vorderfläche **rechtwinkelig** betrachtet wird und somit **alle Kreise in dieser Ansicht tatsächlich als Kreise gezeichnet** werden können (Bild 3). Dies gilt jedoch **nicht** für die beiden anderen Betrachtungsflächen (Bild 4 und Bild 5).

Daher ist die **Lage** von Werkstücken mit Bohrungen, Kreisformen, Gewinden usw. bei der Kabinettprojektion **so zu wählen**, dass die Kreisformen in der **Vorderfläche** liegen.

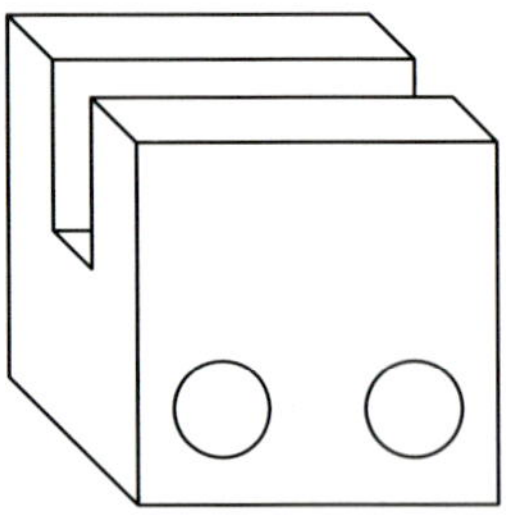

Bild 3

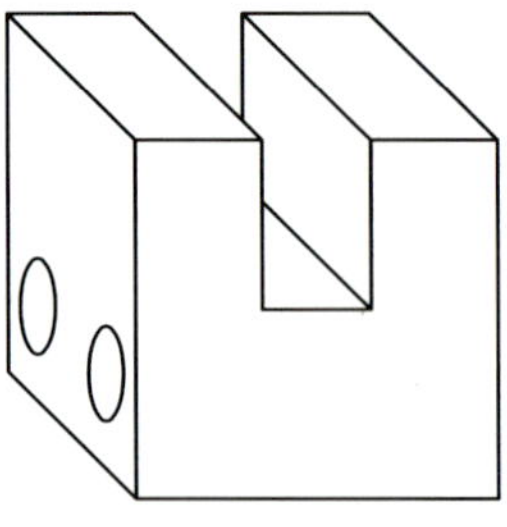

Bild 4

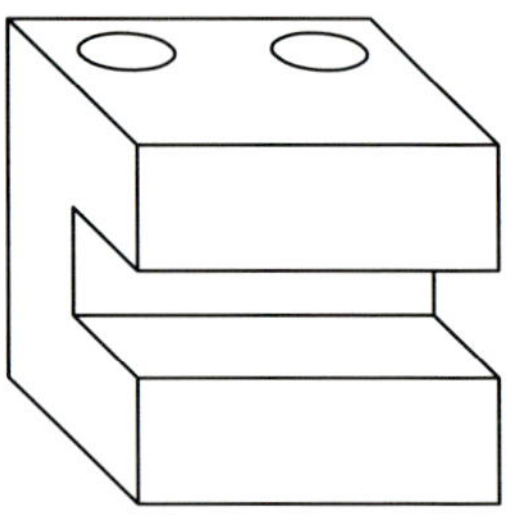

Bild 5

3.2.2 Orthogonale Darstellungen (Normalprojektionen)

Bei den bisher besprochenen Darstellungsmethoden war das **dreidimensionale Bild** die Ausgangsbasis. Der Vorteil lag im sofortigen Verständnis für die Form des Körpers, die Nachteile waren die relativ schwierige zeichnerische Gestaltung und die Verkürzung der Tiefenmaße. Dazu kommt in weiterer Folge die noch nicht besprochene Bemaßung der Werkstücke. Und gerade dieses Problem ist der Kernpunkt jeder Fertigungszeichnung.

Bei der **Normalprojektion** betrachtet man das Werkstück „normal" – in der Geometrie bedeutet dies **rechtwinkelig** zur Linie, zur Fläche usw. – und sieht daher nur **zweidimensional**. Durch diese rechtwinkelige Betrachtung der Werkstücke erscheinen die Ansichtsflächen und Details der Körper maßgenau und ohne Verzerrung oder Verkürzung. Nachteilig wirkt sich bei der Normalprojektion aus, dass vielfach eine oder mehrere zusätzliche Ansichten gezeichnet werden müssen.
Die Ausführungsrichtlinien der Normalprojektionsarten – **Projektionsmethode 1**, **Projektionsmethode 3** und **Pfeilmethode** – sind in der **ÖNORM EN ISO 5456-2** festgelegt.

3.2.2.1 Projektionsmethode 1

Diese Methode wird in Europa bevorzugt und bildet auch die Basis aller weiteren Darstellungen in diesem Zeichenbuch.
Grundsätzlich bezieht sich die Zuordnung der einzelnen Ansichten in einer Darstellung **immer auf die Vorderansicht** des gezeichneten Körpers und daraus ergibt sich nach der Projektionsmethode 1 folgender Zusammenhang (Bild 1):

- **A** = **Vorderansicht** – Hauptansicht
- **C** = **Seitenansicht von links** – liegt **rechts** neben der Vorderansicht
- **D** = **Seitenansicht von rechts** – liegt **links** neben der Vorderansicht
- **B** = **Draufsicht** – liegt **unterhalb** der Vorderansicht
- **E** = **Untersicht** – liegt **oberhalb** der Vorderansicht
- **F** = **Rückansicht** – kann links oder rechts neben der Seitenansicht liegen

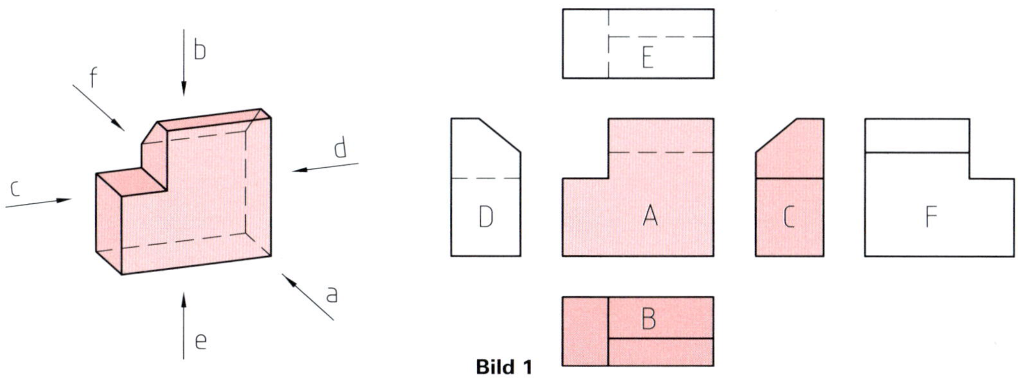

Bild 1

3.2.2.2 Projektionsmethode 3

Auch bei der im angloamerikanischen Raum bevorzugten Projektionsmethode 3 beziehen sich die einzelnen Ansichten **immer auf die Vorderansicht**. Der Unterschied liegt in der völlig anderen Anordnung der einzelnen Ansichten zueinander, woraus sich bei dieser Methode folgender Zusammenhang ergibt (Bild 1):

- **A** = **Vorderansicht** – Hauptansicht
- **C** = **Seitenansicht von links** – liegt **links** neben der Vorderansicht
- **D** = **Seitenansicht von rechts** – liegt **rechts** neben der Vorderansicht
- **B** = **Draufsicht** – liegt **oberhalb** der Vorderansicht
- **E** = **Untersicht** – liegt **unterhalb** der Vorderansicht
- **F** = **Rückansicht** – kann links oder rechts neben der Seitenansicht liegen

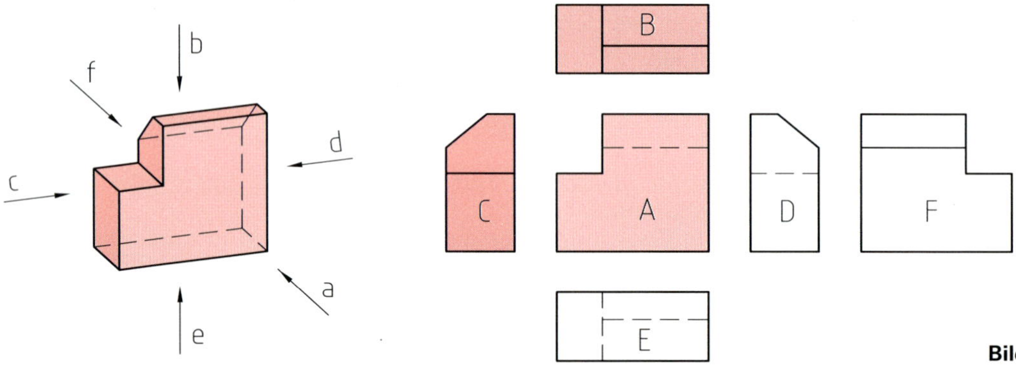

Bild 1

3.2.2.3 Kennzeichnung der Projektionsmethode

Die Kennzeichnung der **Projektionsmethode 1** bzw. **Projektionsmethode 3** erfolgt durch die Eintragung des genormten Symbols im Schriftfeld der Fertigungszeichnung. Ist im Schriftfeld dafür kein eigenes Feld vorgesehen, wird das Sinnbild in der Nähe des Schriftfeldes eingetragen. Beachte, dass in beiden Fällen der **Symbolkegel die Vorderansicht** und die **Seitenansicht von links** zeigt.
Der Unterschied liegt darin, dass bei der **Projektionsmethode 1** die Seitenansicht **rechts von der Vorderansicht** (Bild 2) und bei der **Projektionsmethode 3** die Seitenansicht **links von der Vorderansicht** liegt (Bild 3).

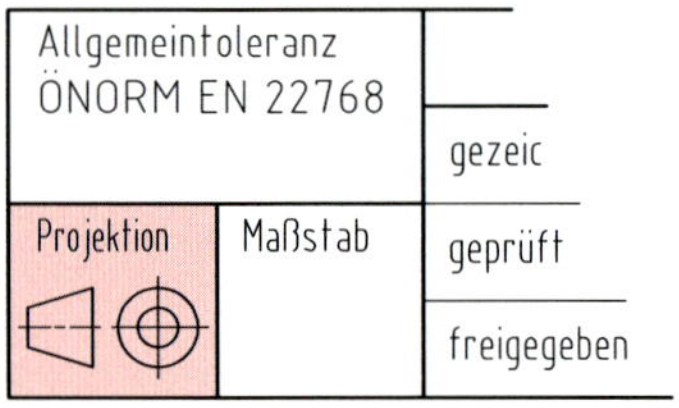

Bild 2

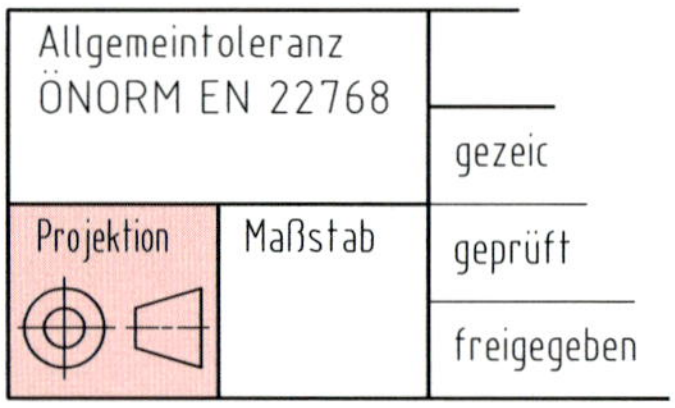

Bild 3

3.2.3 Pfeilmethode

In Ausnahmefällen dürfen Ansichten, abweichend von ihrem normmäßig zugeordneten Platz, auch beliebig zueinander angeordnet werden (Bild 1, Seite 39). Abgesehen von der **Vorderansicht** muss für jede einzelne Ansicht die Betrachtungsrichtung durch einen Pfeil, bezogen auf die Vorderansicht, festgelegt werden. Die Pfeile werden durch Kleinbuchstaben, die zugehörigen Ansichten durch Großbuchstaben gekennzeichnet.
Die Kleinbuchstaben werden oberhalb oder rechts neben der Pfeillinie eingetragen, die Großbuchstaben knapp oberhalb der entsprechenden Ansicht.
Die Pfeile werden gegenüber den Bemaßungspfeilen um $\sqrt{2}$ vergrößert gezeichnet.

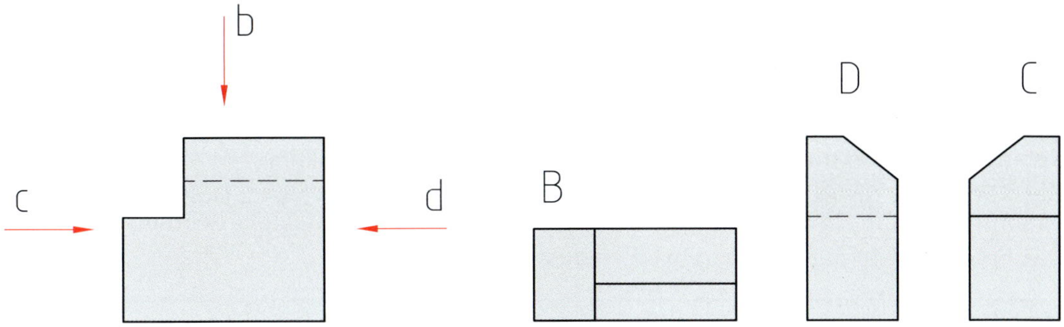

Bild 1

Die Pfeilmethode wird auch beim Zeichnen von Werkstücken angewendet, wenn sich durch die übliche Darstellungsart Verkürzungen oder ungünstige Projektionen ergeben. Die zugehörige Ansicht wird in der durch den Pfeil bezeichneten Richtung projektionsgerecht angeordnet und zeigt somit die wahre Größe des Werkstückdetails (Bild 2).

Die Ansicht darf auch in anderer Lage gezeichnet werden. In diesem Fall ist an den Buchstaben, der die Ansicht kennzeichnet, ein Symbol für die Drehrichtung anzufügen (Bild 3). Erforderlichenfalls kann zusätzlich auch der Drehwinkel angegeben werden.

Unabhängig von der Betrachtungsrichtung sind die Großbuchstaben immer in Leserichtung der Zeichnung einzutragen.

Für die Pfeilmethode ist kein eigenes Symbol bzw. keine spezielle Kennzeichnung wie bei den Projektionsmethoden 1 und 3 vorgesehen.

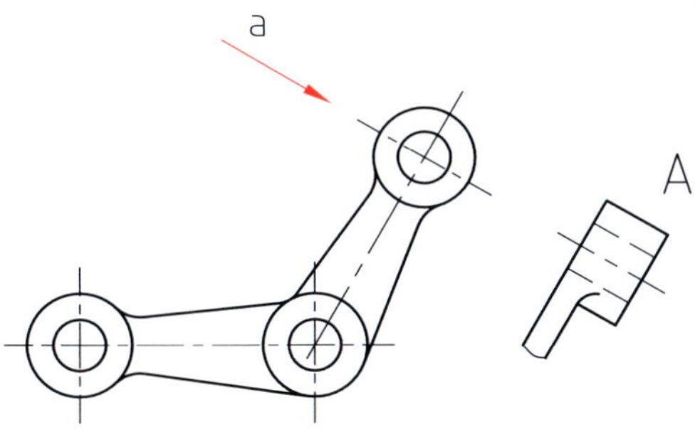

Bild 2

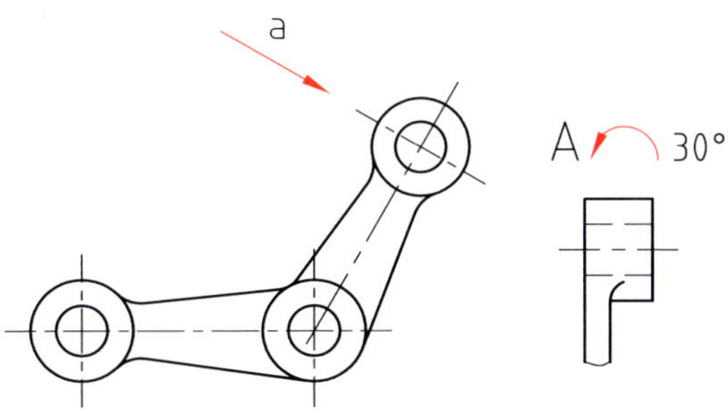

Bild 3

3.3 Darstellung von Körpern in Normalprojektion

Im Allgemeinen ist die Darstellungslage eines Körpers so zu wählen, dass die **aussagekräftigste Körperfläche in der Vorderansicht** liegt. Bezogen auf die berufliche Praxis sollen Werkstücke nach Möglichkeit in Fertigungslage gezeichnet werden, um dem Facharbeiter den direkten Vergleich „Zeichnung zu Werkstück" zu ermöglichen. Hingegen ist bei Zusammenbauzeichnungen vorwiegend die Einbau- oder Gebrauchslage zu wählen. Kann ein Werkstück nicht eindeutig dargestellt oder bemaßt werden, so sind neben den drei Ansichten (A, B, C) zusätzliche Ansichten oder Schnitte (Abschnitt 5) zu zeichnen. Diese sind so anzuordnen, dass dadurch möglichst viele Details erkennbar werden.

Grundsätzlich ist aber die Anzahl der Ansichten auf ein Minimum zu beschränken.

ZÜ 3.5 Darstellung von prismatischen Körpern in Normalprojektion

Lernziel: *Zeichnen von Körpern in Normalprojektion*

Zeichne aus der nachstehenden Beispielsammlung jeweils einen beliebigen Körper in Kabinettprojektion und in den drei Ansichten der Normalprojektion.

Der Körper hat die Außenmaße 52 × 48 × 64 mm (Länge × Breite × Höhe) und soll auf einem A4-Blatt in Hochformat nach der **Vorlage für ZÜ 3.5** dargestellt werden.

Das Schriftfeld ist nach Abschnitt 1.4.2 vollständig auszufüllen.

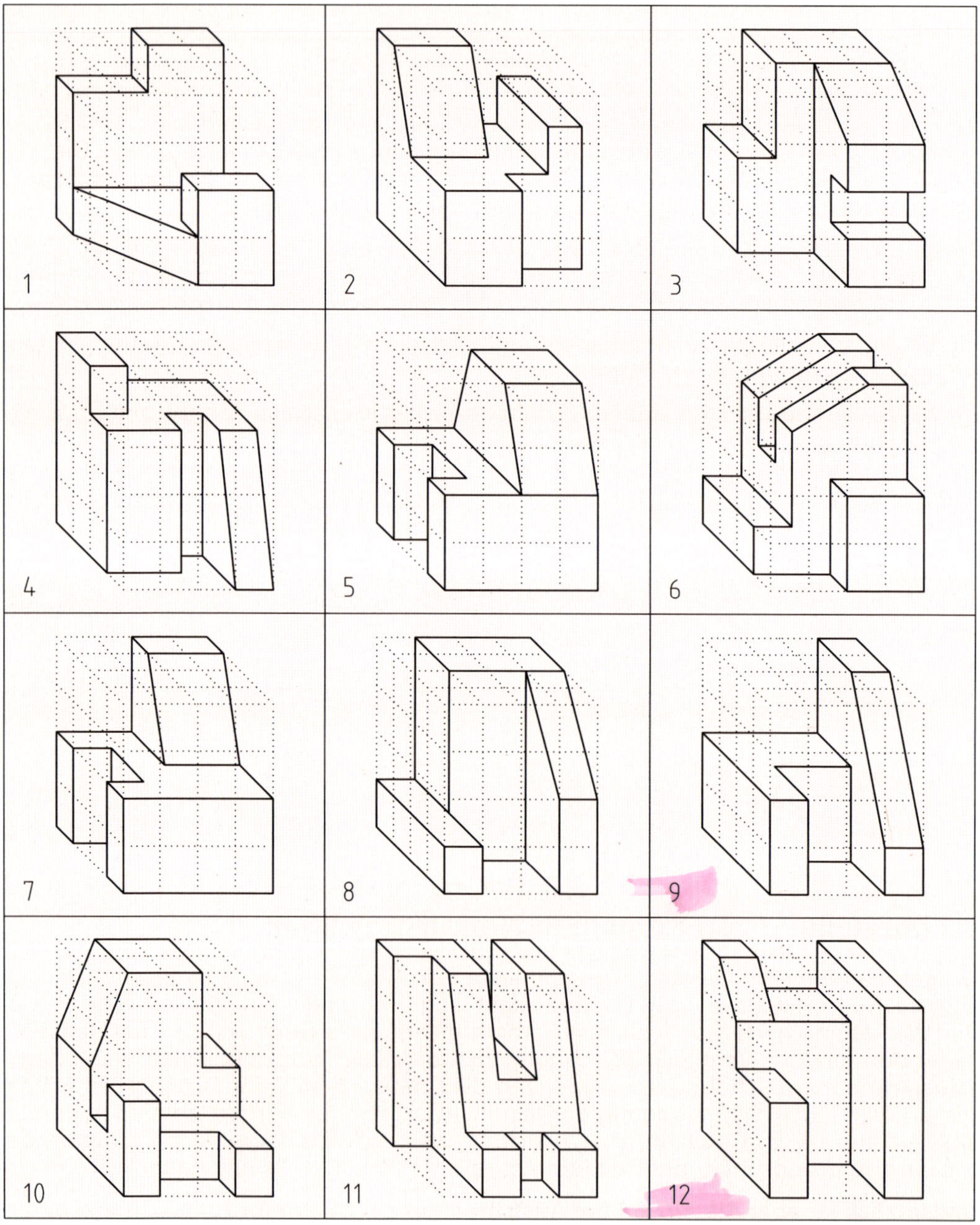

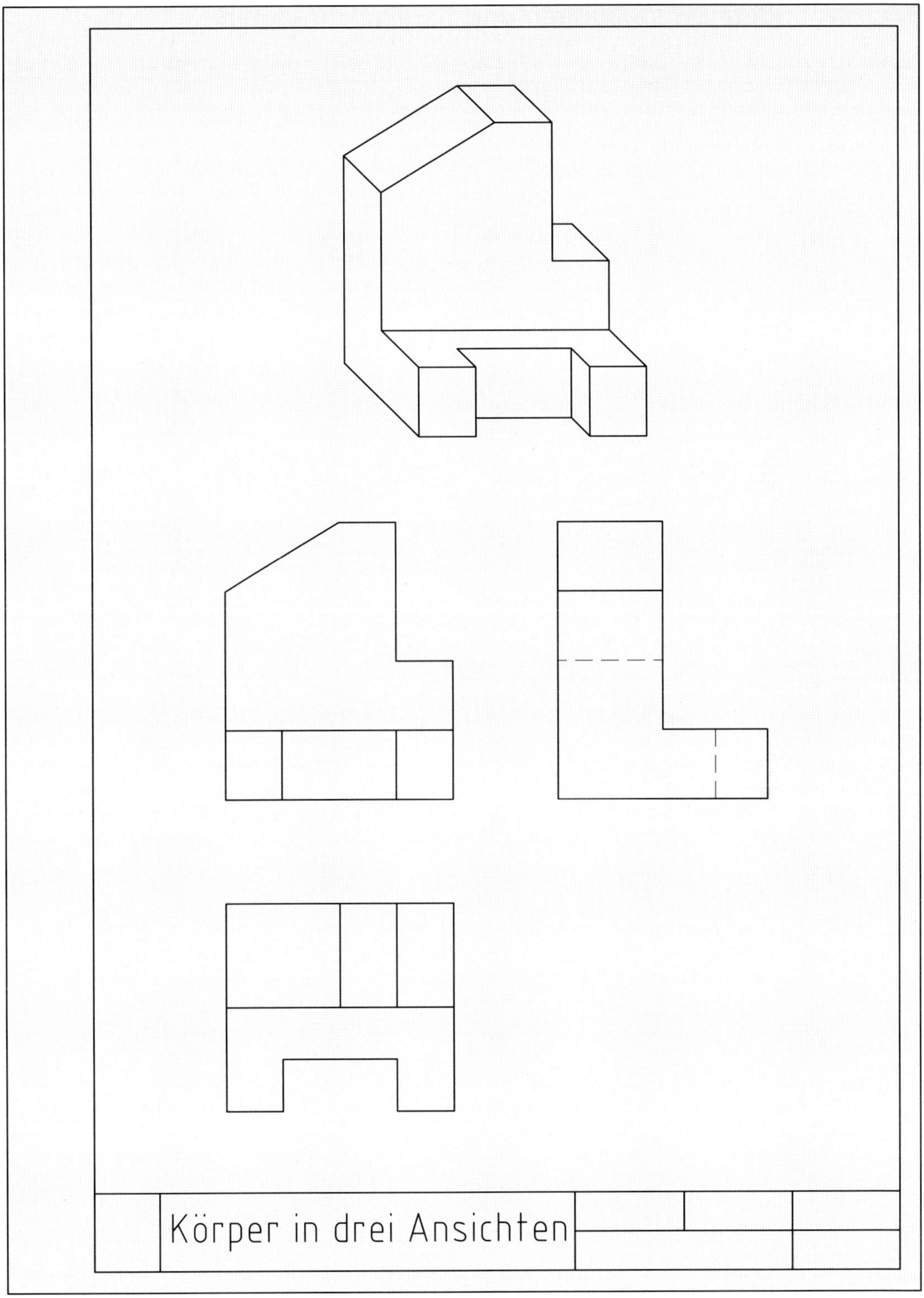

Vorlage für ZÜ 3.5

3.4 Besondere Darstellungen und Kennzeichnungen

Zusätzlich zu der in der weiteren Folge angewendeten Projektionsmethode 1 gibt es noch mehrere Möglichkeiten, um Einzelheiten oder Details an Werkstücken darzustellen. Alle diese Varianten haben das Ziel, eine Zeichnung einfacher und übersichtlicher zu gestalten und Zeichenarbeit einzusparen.

3.4.1 Teilansichten

Relativ lange Bauteile oder Werkstücke mit **gleich bleibender Querschnittsform** können, wenn dadurch die Eindeutigkeit der Darstellung nicht beeinträchtigt wird, verkürzt gezeichnet werden. Dabei dürfen jedoch keinerlei Einzelheiten verloren gehen. Trotz der verkürzten Darstellung des Bauteiles wird seine Länge bei der Bemaßung **wirklichkeitsgetreu** eingetragen (Bild 1).

Einzelheiten zur Darstellung von Bruchkanten siehe Abschnitt 8.3.

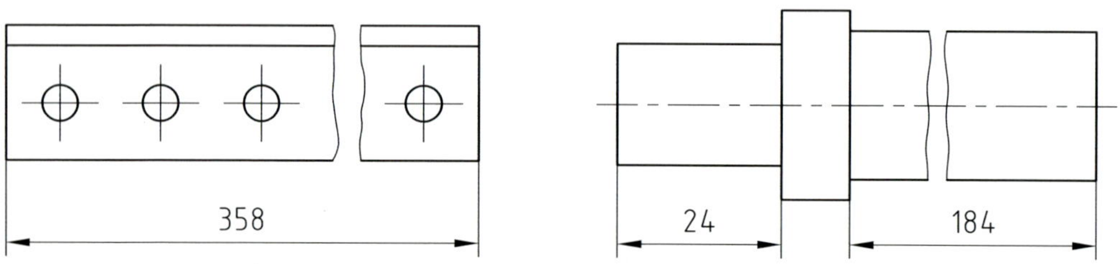

Bild 1

Unter der Voraussetzung, dass die Klarheit der Zeichnung gegeben bleibt, kann bei der Darstellung von **Werkstücken mit symmetrischer Form** anstelle der Gesamtansicht eine **Halb-** oder nur eine **Viertelansicht** gezeichnet werden. Die Teilansichten werden entweder ohne Begrenzungslinie abgebrochen dargestellt (Bild 2) oder durch ihre Symmetrielinien begrenzt. Diese erhalten an ihren Enden – außerhalb des begrenzt gezeichneten Werkstückes – jeweils zwei rechtwinkelig angeordnete, kurze parallele **schmale** Volllinien (Bild 3 und 4).

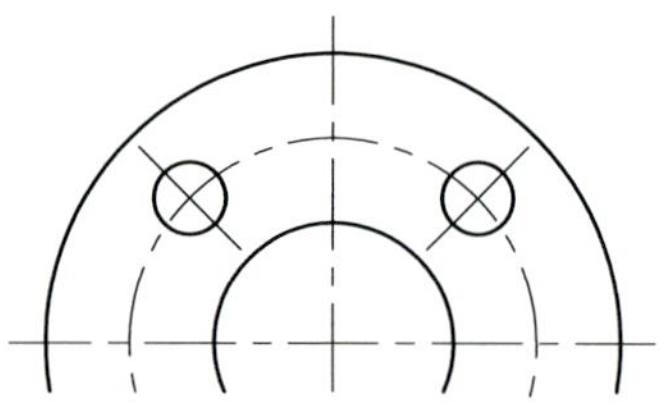

Bild 2

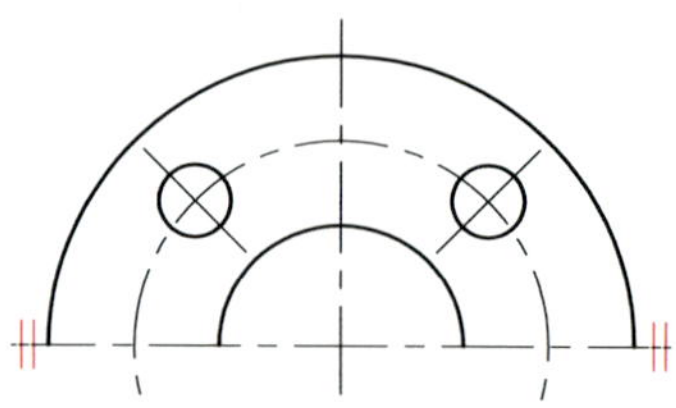

Bild 3

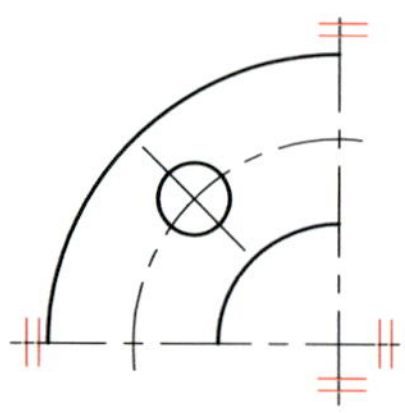

Bild 4

3.4.2 Symmetrische Werkstücke

Symmetrische Werkstücke werden durch eine Symmetrielinie, die beidseitig die Körperform um ca. 3 mm überragt, gekennzeichnet. Dabei gelten Körper **auch als symmetrisch**, wenn diese im Detail oder auch in der Grundform einseitig geringe Unterschiede aufweisen (Bild 1, Seite 43).

Die Symmetrielinie wird als **schmale** Strich-Punktlinie gezeichnet. Sehr kurze Symmetrielinien oder kurze Mittellinien dürfen auch als **schmale** Volllinie gezeichnet werden (Bild 2).

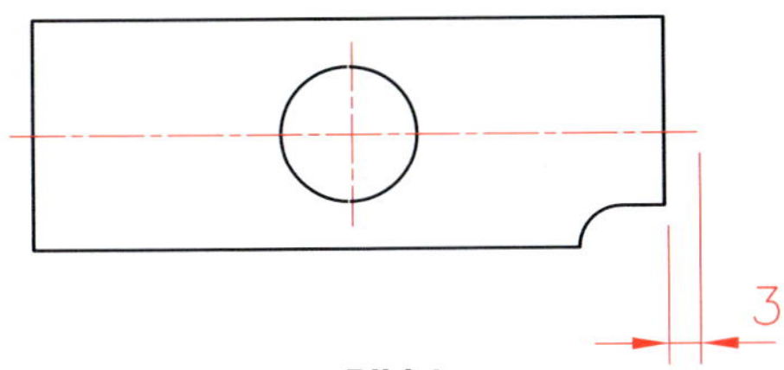

Bild 1

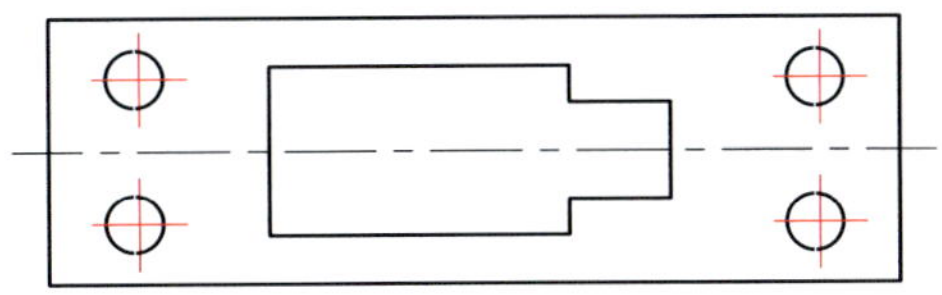

Bild 2

3.4.3 Darstellung von Details

Bereiche eines Werkstückes, die sich in einer Fertigungszeichnung nicht deutlich darstellen, bemaßen oder kennzeichnen lassen, werden in einer zusätzlichen Darstellung **vergrößert** gezeichnet (Bild 3). Diese Vergrößerung enthält alle Einzelheiten und Angaben, die in der Fertigungszeichnung nur angedeutet sind.
Einzelheiten zur Darstellung von Details siehe Abschnitt 8.1.

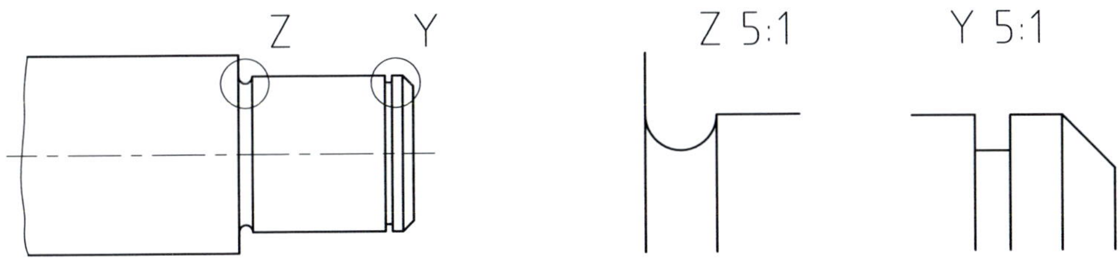

Bild 3

3.4.4 Spiegelbildlich gleiche Teile

Für **einfache spiegelbildlich gleiche Bauteile** genügt die Darstellung nur eines Teiles. Um jedoch bei der Fertigung der Werkstücke Missverständnisse auszuschließen, ist jedenfalls neben der Werkstückdarstellung oder in der Nähe des Schriftfeldes/der Stückliste eine textliche Erläuterung erforderlich (Bild 4).

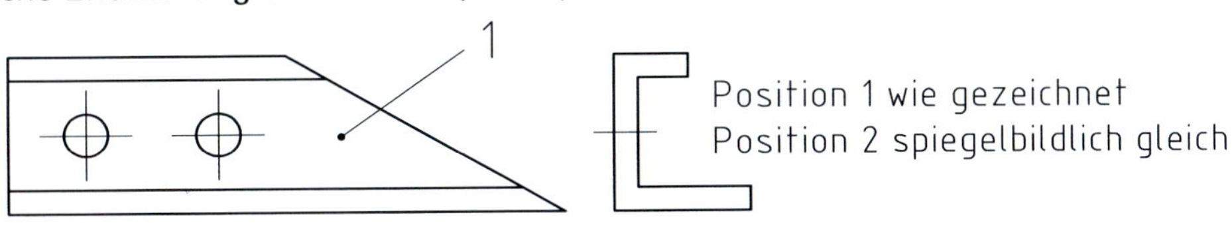

Bild 4

3.4.5 Lichtkanten

Bei Gussteilen oder Werkstücken mit gerundeten Kanten werden zum besseren Verständnis der tatsächlichen Körperform Lichtkanten gezeichnet. Diese sind mit **schmaler** Volllinie darzustellen und **berühren nicht die Umrisslinien**. Sie enden ca. 2 mm vor der Körperkante und sind dort zu zeichnen, wo sich bei Verlängerung der Umrisslinien ein Schnittpunkt ergeben würde (Bild 1, Seite 44). Auf diesen Schnittpunkt bezieht sich auch die Bemaßung in einer Fertigungszeichnung (Bild 2, Seite 44).

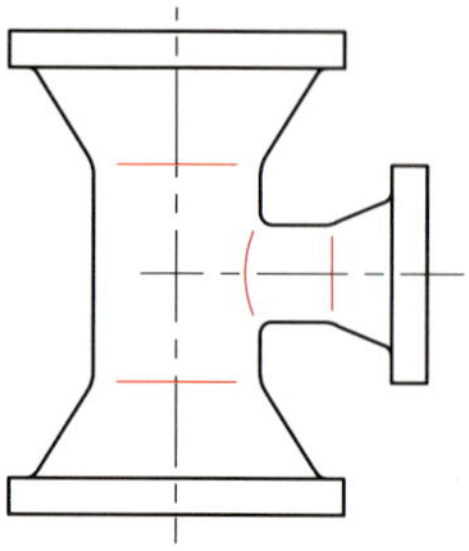

Bild 1

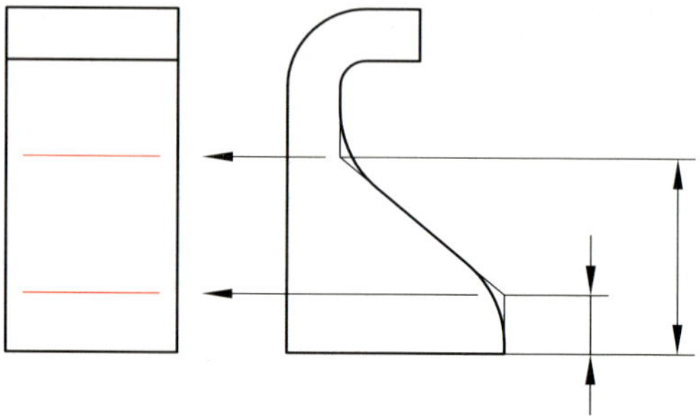

Bild 2

3.4.6 Biegelinien

Die Darstellung von Biegelinien ist vor allem für die Fertigung von Blechteilen, im Apparatebau und bei Abwicklungen eine entscheidende Hilfe. Biegelinien werden mit **schmaler** Volllinie und **bis zur Umrisslinie** ausgezogen (Bild 3). Auch wenn Bleche nicht scharfkantig gebogen werden können, so erfolgt die Bemaßung doch an den Biegelinien.

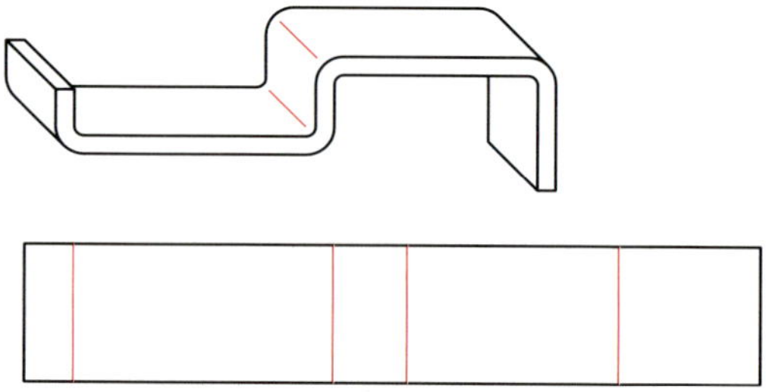

Bild 3

3.4.7 Grenzstellungen

Die Kennzeichnung der Grenzstellung von Hebeln, Kurbeln, Schaltern usw. erfolgt mit einer schmalen Strich-Zweipunktlinie (Bild 4).

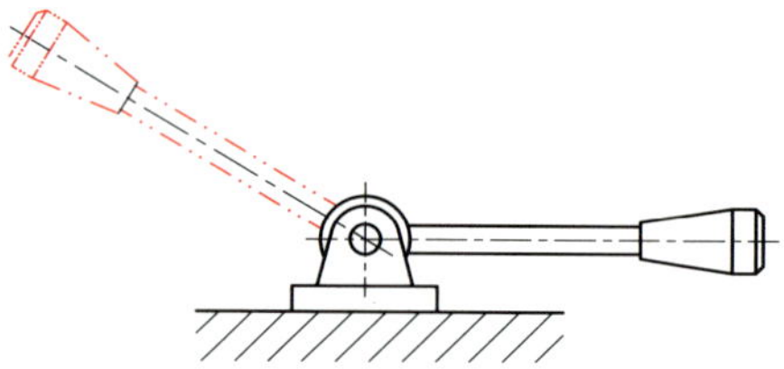

Bild 4

3.4.8 Angrenzende Teile

Wenn für das Verständnis des Zusammenhanges von Apparaten und Maschinenteilen die Darstellung von angrenzenden Teilen erforderlich wird, sind die Umrisse dieser Bauteile durch eine schmale Strich-Zweipunktlinie zu kennzeichnen (Bild 5). Durch die Umrissdarstellung dürfen keine anderen Linien oder Details der Zeichnung verdeckt werden.
Wenn Umrisse von Einzelheiten **noch nicht festgelegt** sind, wird der vermutliche Umgrenzungsraum durch eine Strich-Zweipunktlinie angedeutet.

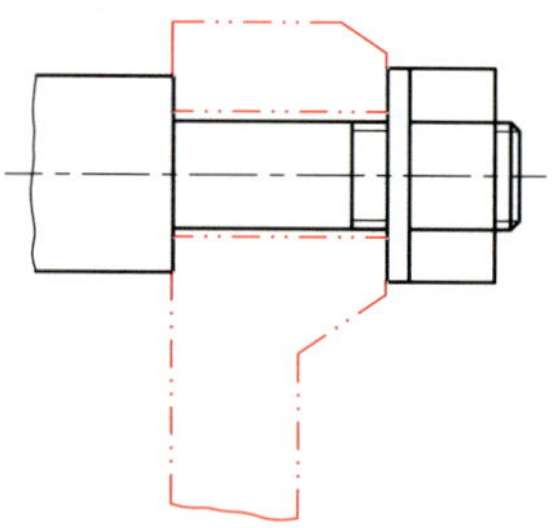

Bild 5

4 Maßeintragung in technischen Zeichnungen

4.1 Allgemeines

Im schulischen Bereich werden neben einigen wenigen Konstruktionszeichnungen vielfach Fertigungszeichnungen erstellt. Daher beziehen sich alle weiteren Ausführungen des Kapitels Bemaßung auf Fertigungszeichnungen. Die folgenden Richtlinien und Details zur Bemaßung sind der **ÖNORM A 6065–1** entnommen.

Die Bemaßung eines Werkstückes muss grundsätzlich auf die Funktion des Bauteiles abgestimmt sein. Je nach Art der Zeichnung sind aber nur jene Maße und sonstigen Hinweise einzutragen, die dem Verwendungszweck einer Zeichnung entsprechen, wie Einbaumaße in Zusammenbauzeichnungen oder Fertigmaße in Fertigungszeichnungen. Daher ist bei der Anfertigung einer fachlich einwandfreien Zeichnung darauf zu achten, dass alle für die **Fertigung und Prüfung** des Werkstückes notwendigen Maße, aber auch sonstige Bearbeitungsanforderungen direkt aus der Darstellung entnommen werden können.

Die Bemaßung der nachfolgenden Zeichnungen zu den einzelnen Themen sind bemaßungstechnisch unvollständig und zeigen nur die in diesen Abschnitten besprochenen Details.

4.2 Elemente der Bemaßung

Die wichtigsten Elemente der Bemaßung sind **Maßlinie, Maßhilfslinie, Maßlinienbegrenzung, Maßzahl** und **Bezugslinie** (Bild 1).

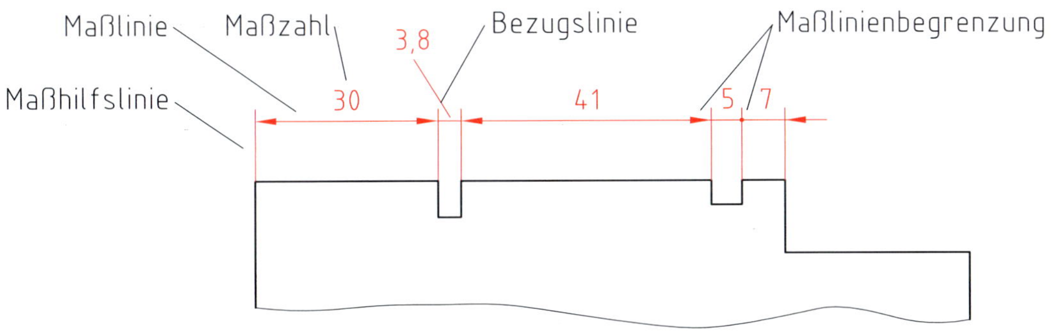

Bild 1

Abhängig von der Art der Bemaßung und der Konstruktion des zu bemaßenden Werkstückes kann die Anwendung der einzelnen Bemaßungselemente sehr unterschiedlich sein.

So kann bei vereinfachter Darstellung eine Bemaßung mit Maßzahl und Bezugslinie genügen. Hingegen sind bei komplizierten Bauteilen zur eindeutigen Bemaßung neben den Grundelementen der Bemaßung zusätzlich eine Reihe von Symbolen und Kurzzeichen (Abschnitt 4.6 und 4.10), jeweils in Verbindung mit der Maßzahl erforderlich.

4.2.1 Maßlinien

Maßlinien werden mit **schmaler** Volllinie ausgeführt und bevorzugt unter Zuhilfenahme von Maßhilfslinien (Abschnitt 4.2.2) außerhalb der Darstellung gezeichnet (Bild 1). Sie können aber auch zwischen zwei Körperkanten (Bild 2) oder einer Körperkante und einer Maßhilfslinie angesetzt werden (Bild 3).

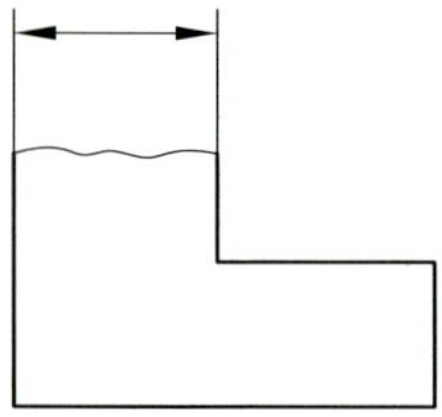

Bild 1

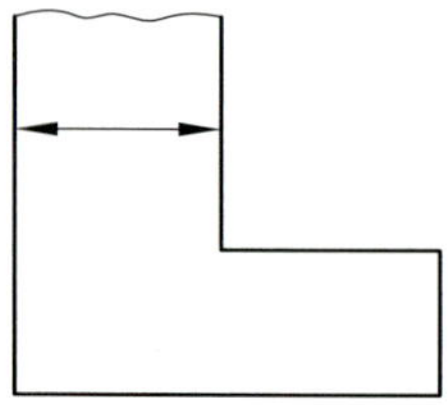

Bild 2

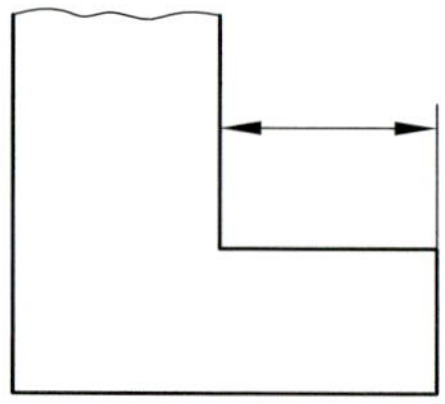

Bild 3

Maßlinien sind stets **parallel** zur Maßrichtung einzutragen (Bild 4) und sollen zu anderen Linien einen Mindestabstand entsprechend der zweifachen Schriftgröße der Maßzahlen haben. Ein Maßlinienabstand von ca. 10 mm ergibt eine saubere und übersichtliche Bemaßung.

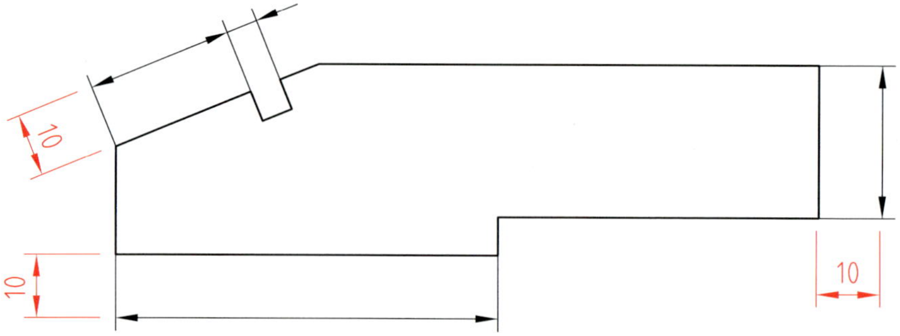

Bild 4

Werden mehrere Maßlinien übereinander angeordnet, so ist der Abstand zwischen den Maßlinien gleich zu halten. Da Maßlinien von Maßlinien und anderen Linien nicht geschnitten werden sollen, sind bei der Bemaßung die kleineren Maße näher und die größeren weiter von der Darstellung entfernt einzutragen (Bild 5).

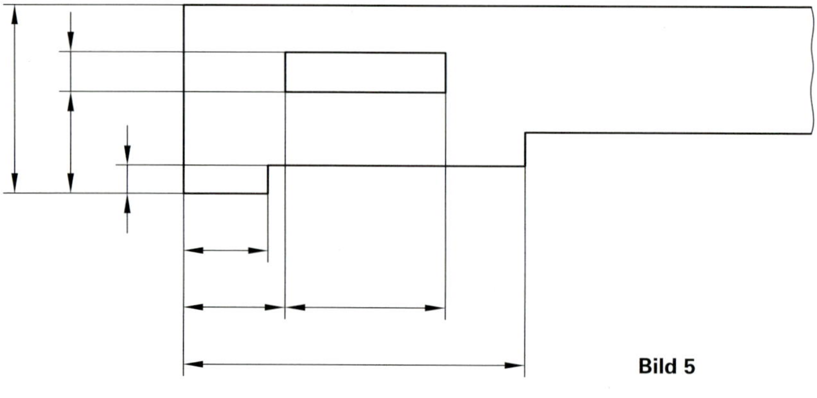

Bild 5

4.2.2 Maßhilfslinien

Sie sind die Verbindungslinien zwischen den zu bemaßenden Körperkanten, Umrissen oder Linien und den Maßlinien. Sie werden als **schmale** Volllinien ausgeführt, stehen im Regelfall rechtwinkelig zu den Maßlinien und überragen diese um ca. 2 mm (Bild 1).
In Sonderfällen dürfen Maßhilfslinien abweichend von 90° aus der Zeichnung gezogen werden, wenn dadurch die Bemaßung deutlicher wird (Bild 2).
Mittellinien dürfen als Maßhilfslinien verwendet werden, doch müssen sie außerhalb der Umrisse symmetrischer Elemente als **schmale** Volllinien weitergeführt werden (Bild 3).

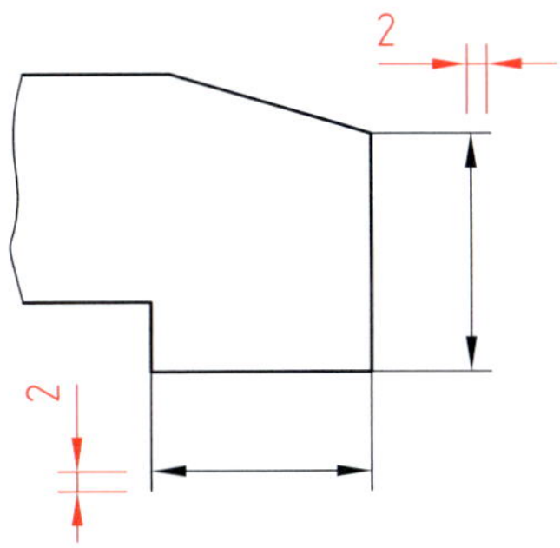

Bild 1

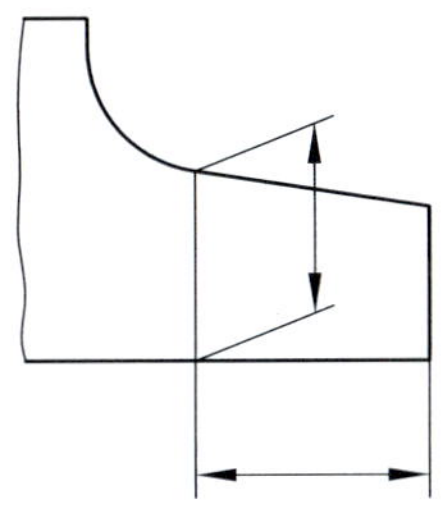

Bild 2

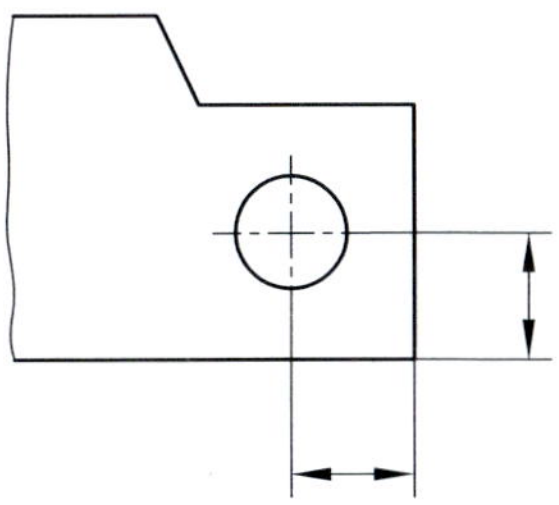

Bild 3

4.2.3 Maßlinienbegrenzung

Für die Begrenzung der Maßlinien gibt es mehrere Möglichkeiten, wobei ein voll geschwärzter Pfeil mit einer Länge entsprechend **der Schriftgröße der Bemaßung** und einem Winkel von ca. 15° der Regelfall ist.

Bei Skizzen, Bauzeichnungen und anderen einfachen Darstellungen genügt ein mit schmaler Volllinie gezeichneter kurzer Schrägstrich unter einem Winkel von 45°.
Bei computerunterstützten Zeichnungen werden, je nach Art des Programmes, unterschiedliche Pfeilausführungen verwendet.

Die nachfolgende Zusammenfassung zeigt die nach ÖNORM festgelegten Maßlinienbegrenzungen:

Standardausführung		voller geschlossener Pfeil
bei rechnerunterstützten Zeichnungen		geschlossener Pfeil offener Pfeil
bei Platzmangel zwischen den Maßen		Maßpunkt
bei Skizzen und Bauzeichnungen		Schrägstrich
bei Ursprungsangaben für Koordinatenbemaßung		Kreis

Maßpfeile werden im Allgemeinen als Innenpfeile gesetzt (Bild1). Ist jedoch der Platz zwischen den zu bemaßenden Kanten oder Maßhilfslinien für die beiden Maßpfeile und die Maßzahl weniger als 10 mm, so zeichnet man Außenpfeile. In diesen Fällen ist die Maßlinie um die Pfeillänge über die Maßpfeile hinaus zu verlängern (Bild 2).
Wenn zwei oder mehrere jeweils unter 10 mm lange Maße direkt nacheinander folgen, so sind Maßpunkte zu setzen. Die dabei entstehende Maßkette muss jedenfalls mit Maßpfeilen enden (Bild 3).

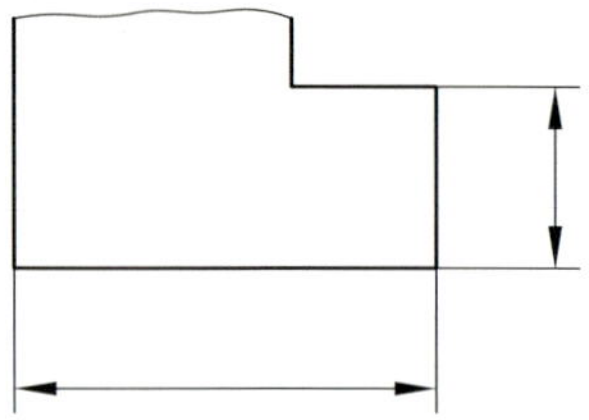

Bild 1

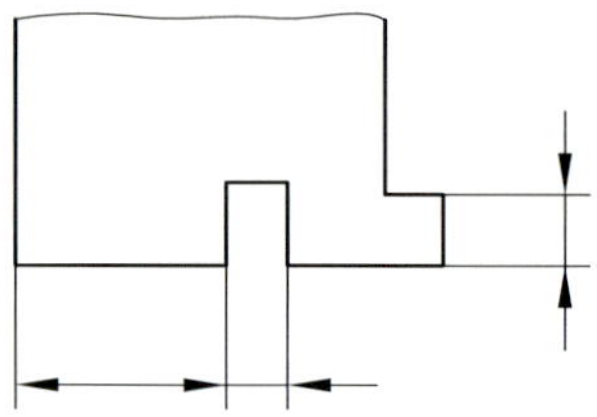

Bild 2

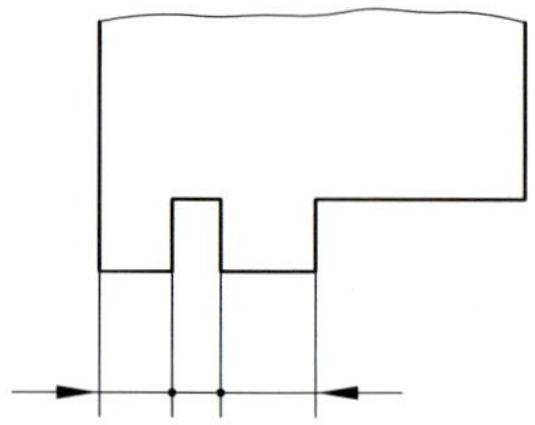

Bild 3

4.2.4 Bezugslinien

Sie sind die Verbindungslinien zwischen einer Körperkante, Fläche oder Linie und der dazugehörenden Maßzahl, einem Symbol oder einer Wortangabe.
Sie sind mit **schmaler** Volllinie zu zeichnen und immer schräg – aber nicht parallel zu vorhandenen Schraffurlinien – aus der Darstellung zu führen.

Nach der Norm sind Bezugslinien
- **mit einem Pfeil** zu zeichnen, wenn sie an einer Körperkante enden (Bild 4) oder wenn sie für die Bemaßung von Bogenlängen (neutrale Faser) verwendet werden,
- **mit einem Punkt** zu zeichnen, wenn sie in einer Fläche enden (Bild 5) und
- **ohne Pfeil oder Punkt** zu zeichnen, wenn sie an einer Linie enden (Bild 6).

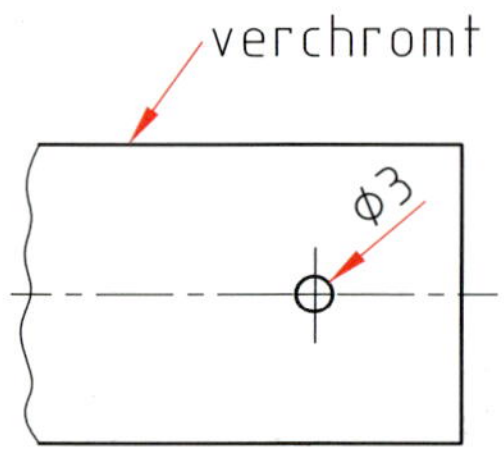

Bild 4

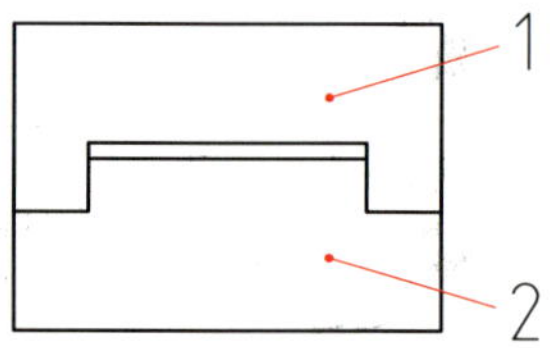

Bild 5

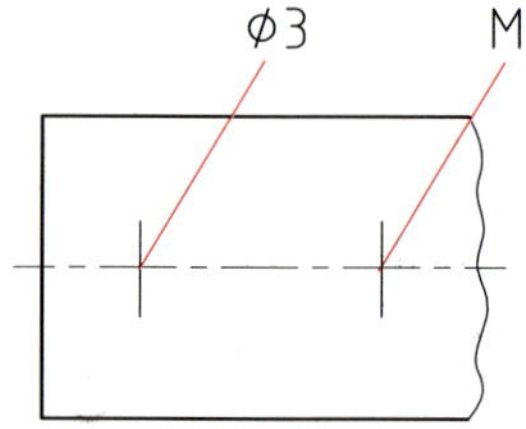

Bild 6

4.2.5 Maßzahlen

Für die Bemaßung, aber auch für die Beschriftung einer technischen Zeichnung ist eine Schriftart nach **ÖNORM EN ISO 3098-2** zu wählen. Die Schriftgröße ist abhängig von der Zeichenblattgröße und soll nicht kleiner als 3,5 mm sein. Innerhalb der gesamten Darstellung soll die Schriftart und Schriftgröße beibehalten werden.
Maßzahlen sind ca. 1 mm **oberhalb** der Maßlinie einzutragen und zwar so, dass sie von unten oder von rechts lesbar sind. Ist der Platz für die Eintragung der Maßzahl zwischen den Maßhilfslinien oder Körperkanten zu gering, sind die Maßlinien der Außenmaßpfeile so lang zu zeichnen, dass die Maßzahl in ihrer **vollen Länge** oberhalb der Maßlinie (nicht oberhalb des Maßpfeiles) geschrieben werden kann (Bild 1, Seite 49).

Bei Bemaßung von Bohrungen sollen die Maßlinien in einem Winkel **von ca. 30°** (Bild 1) zur Waagrechten eingetragen werden. Die Bohrungsdurchmesser können auch nach Bild 2 bemaßt werden. Bei Platzmangel sind die Maßzahlen mit Bezugslinien zu versehen (Bild 2).

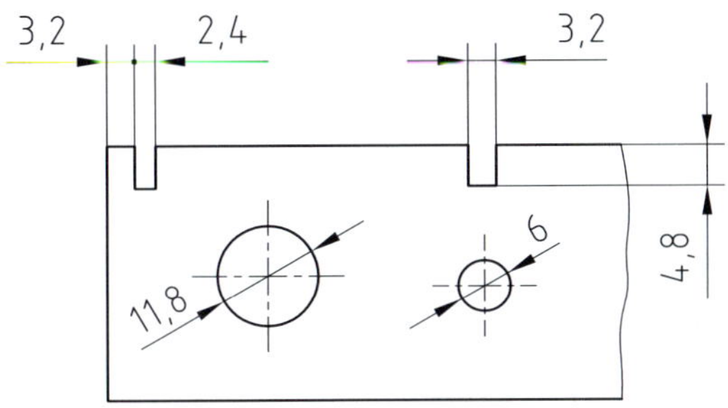

Bild 1

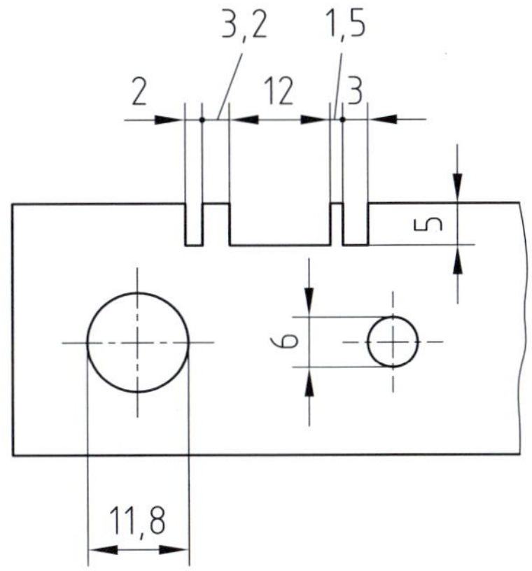

Bild 2

Das Eintragen von schräg liegenden Maßen ist in beiden 30°-Bereichen möglichst zu vermeiden (Bild 3). Ist dies nicht zu umgehen, so erfolgt die Bemaßung wie in Bild 4.

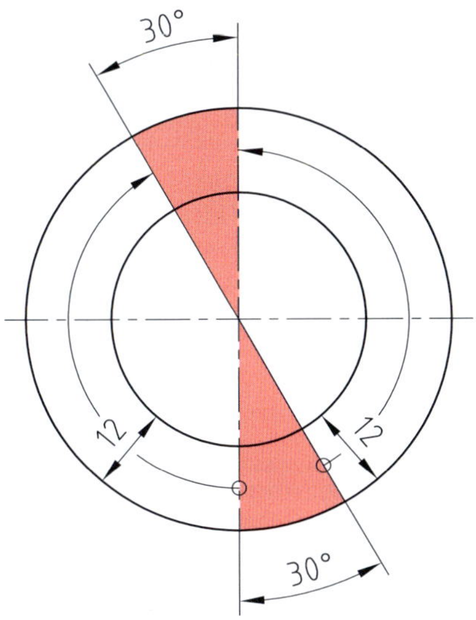

Bild 3

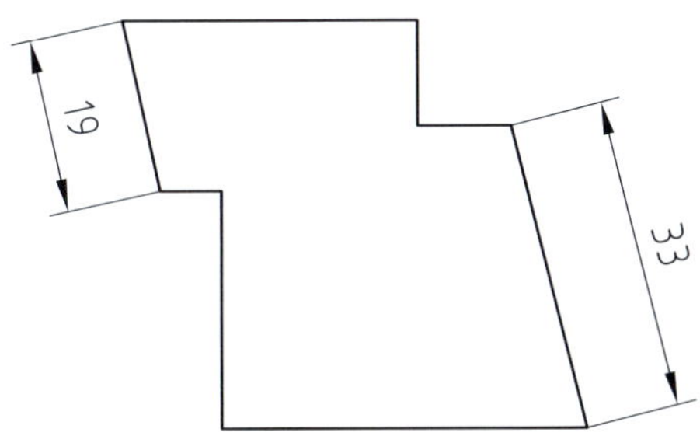

Bild 4

4.3 Grundregeln der Bemaßung

Die Bemaßung in einer technischen Zeichnung ist gewissenhaft vorzunehmen, da die Herstellung und Verwendung eines Bauteiles ganz wesentlich von der Genauigkeit der Maßangaben abhängt. Grundsätzlich sind die Maße so einzutragen, wie sie bei der Fertigung und Prüfung des Werkstückes gebraucht werden.

In der Folge sind die wichtigsten Regeln der Bemaßung zusammengefasst, wobei auch alle im Abschnitt 4.2 schon besprochenen Details einzuhalten sind:

- **Alle** für die Herstellung und Prüfung eines Werkstückes erforderlichen Maße sind in die Zeichnung einzutragen.
- Die Maße werden grundsätzlich in **Millimeter** angegeben, wobei das Kurzzeichen mm weggelassen wird. Alle davon abweichenden Maßangaben, wie m, cm, inch, Grad usw., müssen durch Eintragung der entsprechenden Einheit gekennzeichnet sein.
- Maßzahlen und zusätzliche Angaben sind immer so einzutragen, dass sie **von „unten" oder von „rechts" gelesen** werden können.
- Jedes Maß muss **direkt**, das heißt ohne Ermittlung aus anderen gegebenen Maßen, aus der Zeichnung abgelesen werden können.
- Jedes Maß ist nur **einmal** einzutragen, und zwar in der Darstellung, in der die bemaßte Körperform am deutlichsten zu erkennen ist.
- **Zusammengehörende** Maße, wie Anschlussmaße von Nuten, Nutbreite und -tiefe, Bohrungen usw., sind **möglichst in einer Ansicht** einzutragen.
- An **verdeckten Körperkanten** sollen keine Maße angesetzt werden!
- Maßhilfs- und Maßlinien sollen sich untereinander, aber auch mit anderen Linien nicht schneiden; dies lässt sich jedoch nicht immer vermeiden.
- Ziffern, Symbole und Buchstaben der Bemaßung dürfen **nicht** von anderen Linien berührt oder voneinander getrennt werden. Würde dies zutreffen, sind Schraffuren, Symmetrielinien usw. an solchen Stellen zu unterbrechen.

4.4 Arten der Maßeintragung

Die Art der Maßeintragung ist primär von der Werkstückform und der Anzahl der zu fertigenden Teile abhängig. Daraus leitet sich die Fertigungsart und abhängig davon, der sachlogische Aufbau der Arbeitsgänge ab. Unter Berücksichtigung dieser Aspekte unterscheidet man zwischen **Einzelbemaßung**, **Bemaßung mit Maßkette** und **Stufenbemaßung**. Diese Bemaßungsvarianten können funktionsbedingt innerhalb einer Zeichnung nebeneinander angewendet werden.

4.4.1 Einzelbemaßung

Diese Bemaßungsart mit der scheinbar „gleichmäßigen" Verteilung der Maße auf die gesamte Darstellung **darf nur dort angewendet werden**, wo Abschnitte, Ausschnitte und Bohrungen in Werkstücken funktionsbedingt in **keinem direkten Zusammenhang** stehen (Bild 1).

Daher ist die Einzelbemaßung in Fertigungszeichnungen nicht anzuwenden!

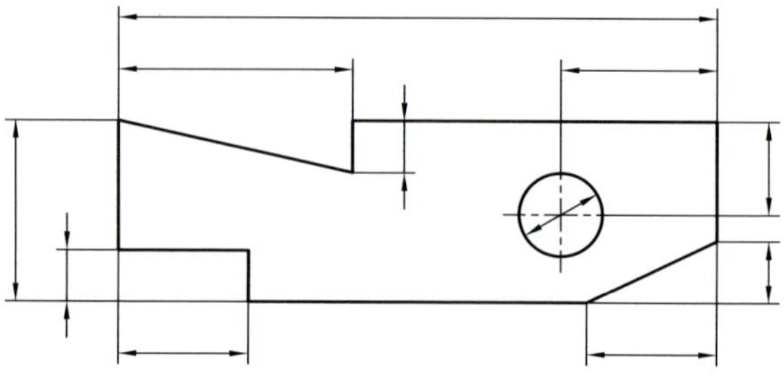

Bild 1

4.4.2 Bemaßung mit Maßkette

Die Bemaßungsart mit lückenlosen Maßketten und zusätzlichem Summenmaß wird vorwiegend im **Stahlbau** angewendet (Bild 1). In dieser Branche ist der maßliche Spielraum so bemessen, dass die Maßdifferenzen durch die immer auftretenden Messfehler im Toleranzbereich liegen.
Gegenüber der Bemaßung im Stahlbau ist zu beachten, dass im **Maschinenbau** eine Maßkette wegen Überbemaßung **niemals** geschlossen wird. Die Bemaßungsvariante mit Maßkette wird nur bei funktionsbedingt zusammenhängenden Werkstückdetails, wie Nuten, Einstichen, Bohrungsabständen usw., angewendet (Bild 2).

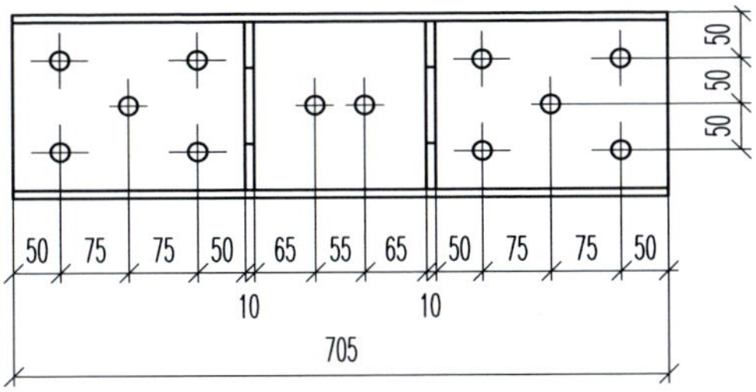

Bild 1

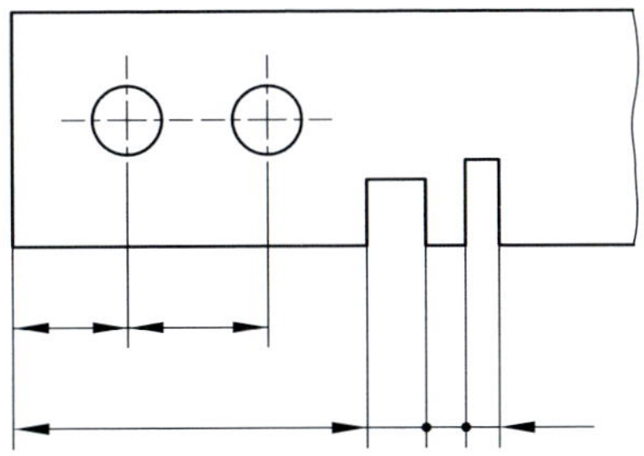

Bild 2

4.4.3 Stufenbemaßung

Eine technisch einwandfreie Bemaßung kann nur nach der Stufenbemaßung erfolgen, da diese Maßeintragungen gezielt nach fertigungs- und prüftechnischen Grundsätzen erfolgen. Um dies zu gewährleisten ist es erforderlich, am Werkstück **Maßbezugselemente** wie **Bezugsflächen** (Stirnflächen von Drehteilen, Basisflächen von Frästeilen), **Symmetrielinien oder Mittellinien** festzulegen, die als Ausgangsbasis für die Bemaßung gelten.

> **Dabei ist zu beachten, dass die Stufenbemaßung vor allem bei zusammengehörenden Maßen nicht immer eingehalten werden kann.**

Somit ergeben sich für die im Maschinenbau anzuwendende Stufenbemaßung drei Möglichkeiten, und zwar:

Stufenbemaßung mit zwei Bezugsflächen

Die Eintragung aller Maße erfolgt jeweils ausgehend von einer der zwei Bezugsflächen, in diesem Beispiel von der linken Körperkante und von der Basislinie (Bild 3).

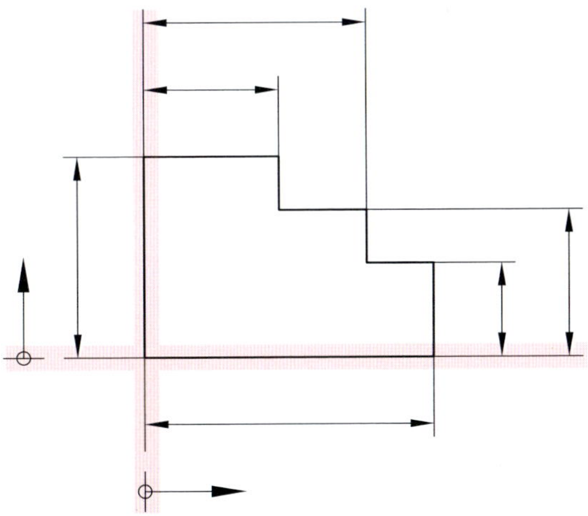

Bild 3

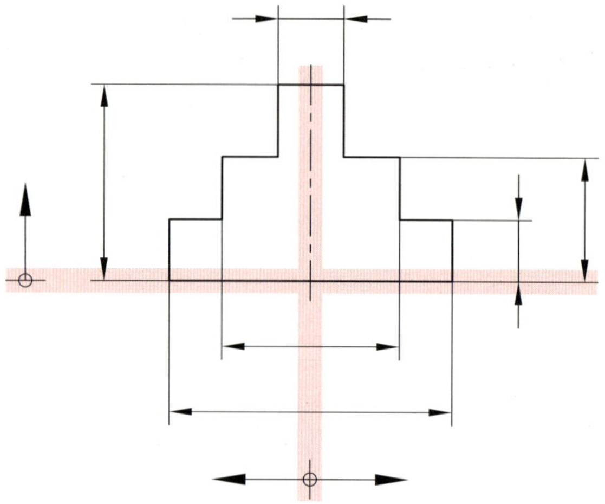

Stufenbemaßung mit Bezugsfläche und Symmetrielinie (Mittellinie)

Die Eintragung aller Maße erfolgt jeweils ausgehend von einer Bezugsfläche oder von einer Symmetrielinie, in diesem Beispiel von der Basislinie und von der Symmetrielinie (Bild 1).

Bild 1

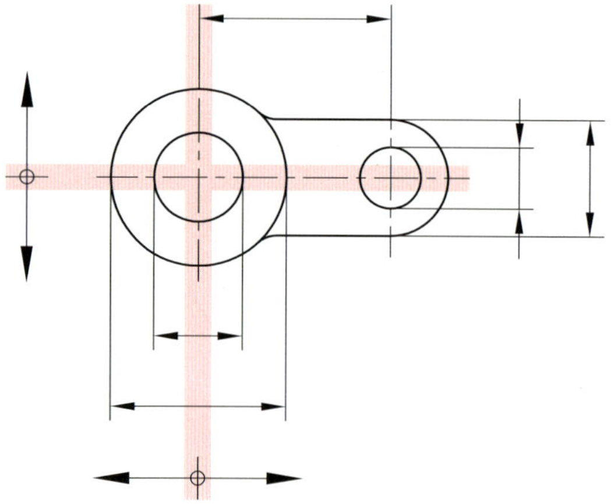

Stufenbemaßung mit zwei Mittellinien (Symmetrielinien)

Die Eintragung aller Maße erfolgt jeweils ausgehend von einer der zwei Symmetrie- oder Mittellinien (Bild 2).

Bild 2

4.5 Bemaßung von plattenförmigen Werkstücken

Bei plattenförmigen Werkstücken oder Blechzuschnitten kann das Zeichnen einer zweiten Ansicht entfallen, wenn diese nur die Materialstärke zeigen würde. Hier genügt es, die Materialstärke mit Hilfe einer Bezugslinie neben oder direkt in der Darstellung zu bemaßen (Bild 3).

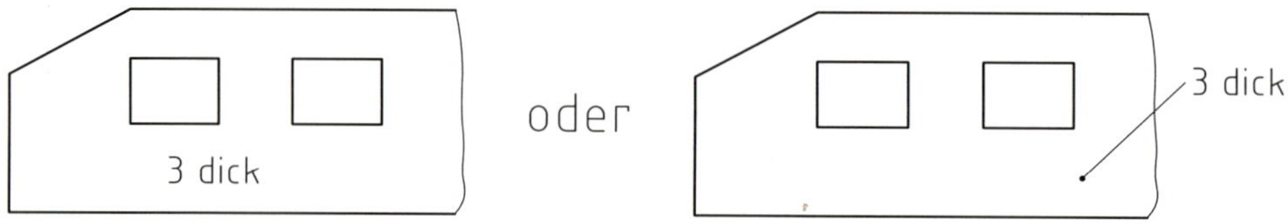

Bild 3

ZÜ 4.1 Darstellung und Bemaßung plattenförmiger Werkstücke

Lernziel: *Zeichnen und Bemaßen von plattenförmigen Werkstücken oder Blechzuschnitten mit Bohrungen, Aus- und Abschnitten nach Vorlage und Textangabe*

Zeichne und bemaße aus den vorliegenden Mustern zwei beliebige **Blechzuschnitte** auf einem A4-Blatt in Hochformat nach der **Vorlage für ZÜ 4.1**. Die Maße zu den nachstehenden Aufgaben sind immer in der Reihenfolge **Länge × Breite** angegeben. Alle Muster haben eine rechteckige Grundform mit den Maßen 100 × 60 mm. Die Materialstärke (Dicke) kann beliebig gewählt werden, **ist** aber in die Zeichnung einzutragen.

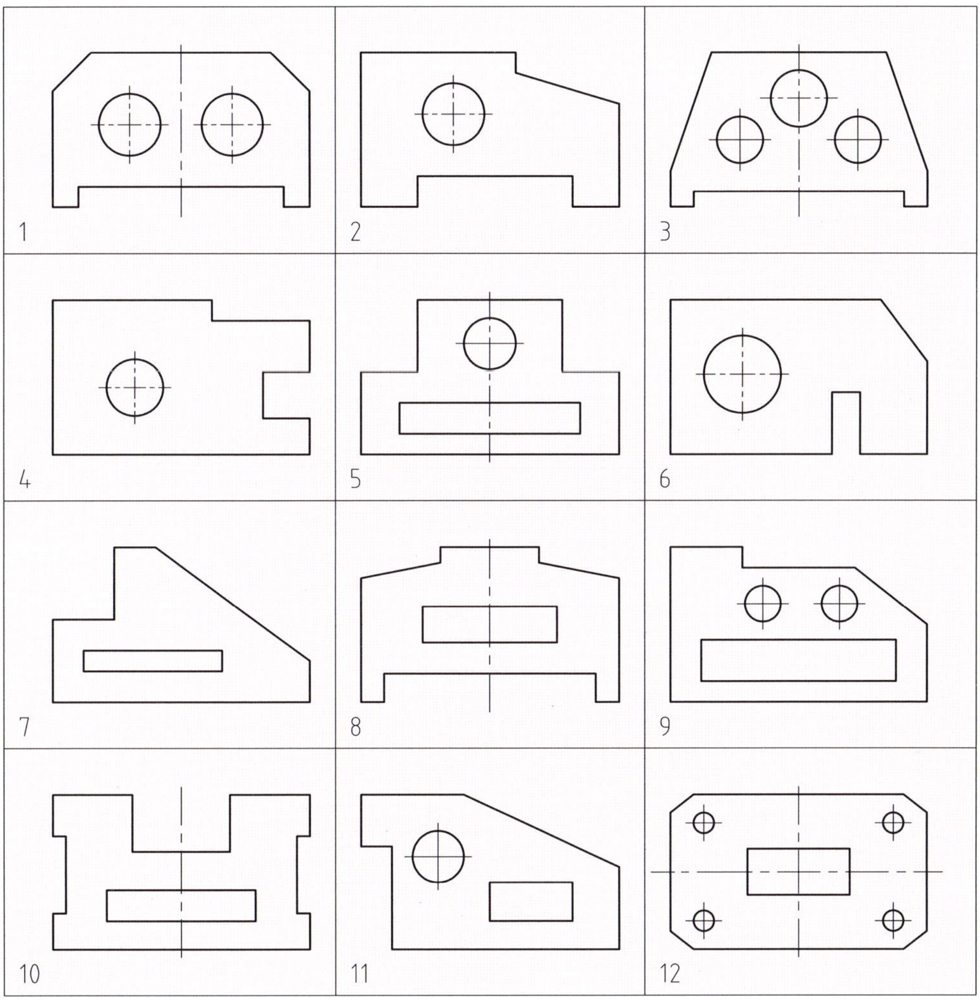

Zeichenablauf zu ZÜ 4.1

- Skizzen anfertigen – vorteilhaft für die Blattaufteilung und Anordnung der Bemaßung.
- Die Maße sollen nach Möglichkeit von den Maßbezugselementen ausgehen.
- Die Fertigungsmaße sind nachstehender Legende zu entnehmen.
- Alle Maße der Zeichnungsdetails sind dort zu platzieren, wo sie gemessen und geprüft werden können.
- Vermeide Kreuzungen von Maß- mit Maßhilfslinien.
- Das Schriftfeld ist vollständig auszufüllen.

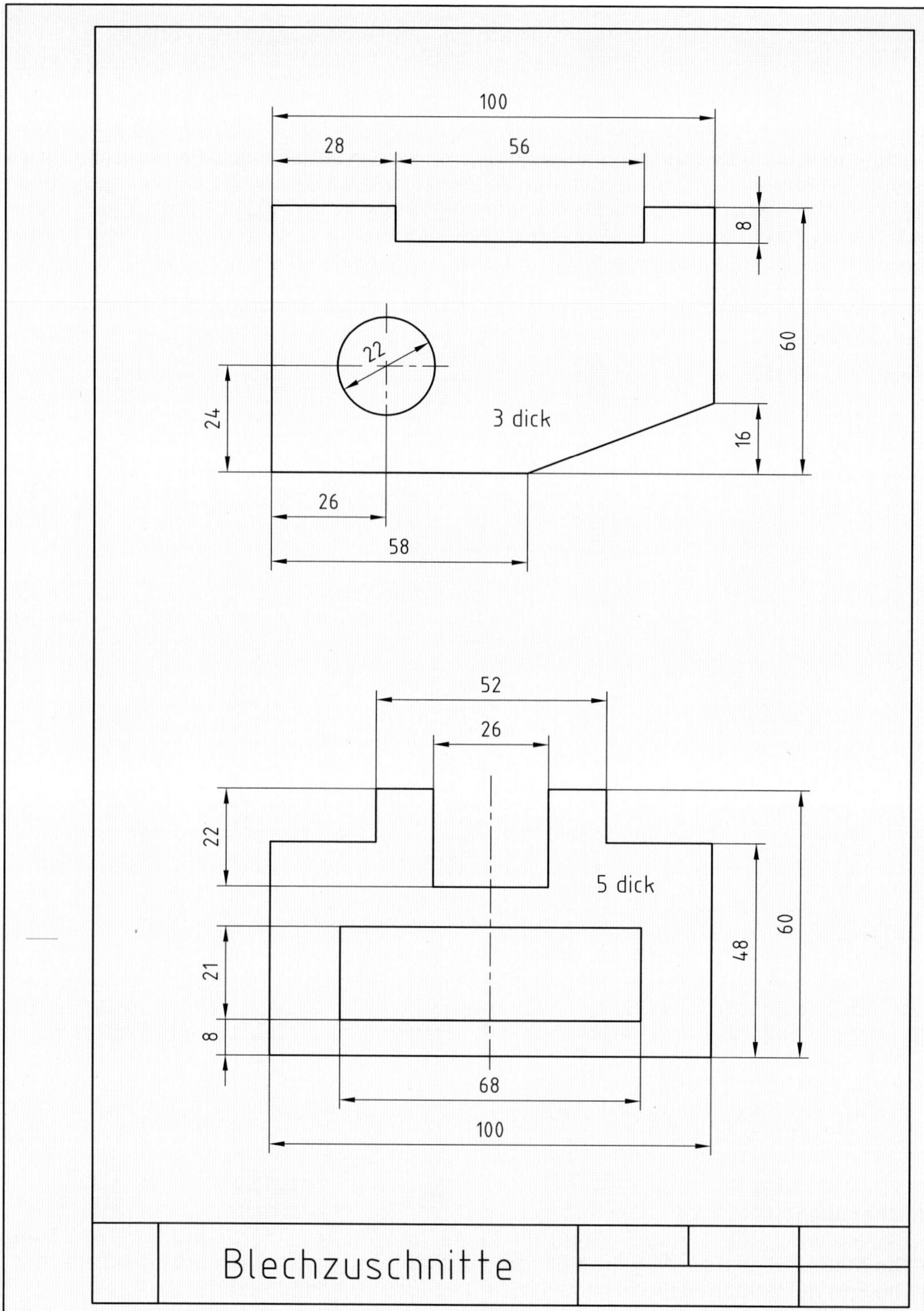

Vorlage für ZÜ 4.1

Maße zu Aufgabe 1
Maßbezugselemente sind die Basislinie und die Symmetrielinie, der untere Ausschnitt = 80 × 8, die beiden oberen Abschnitte sind 15 × 45°, die Bohrungen haben einen Abstand = 40 und von der Basislinie eine Entfernung = 32, der Bohrungsdurchmesser = 24.

Maße zu Aufgabe 2
Maßbezugselemente sind die Basislinie und die linke Körperkante, der untere Ausschnitt = 60 × 12 und hat von der linken Körperkante einen Abstand = 22, der obere trapezförmige Ausschnitt ist 40 lang, wobei die schmale Seite = 8 und die breite Seite = 20, die Bohrung hat von den Bezugskanten jeweils einen Abstand = 36, der Bohrungsdurchmesser = 24.

Maße zu Aufgabe 3
Maßbezugselemente sind die Basislinie und die Symmetrielinie, der untere Ausschnitt = 82 × 6, die beiden oberen Abschnitte sind 16 × 46, die beiden Bohrungen mit Durchmesser = 18 haben von der Basislinie einen Abstand = 26 und einen Mittenabstand = 46, die obere Bohrung hat einen ∅22 und von der Basislinie einen Abstand = 42.

Maße zu Aufgabe 4
Maßbezugselemente sind die Basislinie und die linke Körperkante, der rechte untere Ausschnitt = 18 × 18 und hat von der Basislinie einen Abstand = 14, der obere Ausschnitt = 38 × 8, das Zentrum der Bohrung hat von den Bezugskanten einen Abstand = 32 × 26, der Bohrungsdurchmesser = 22.

Maße zu Aufgabe 5
Maßbezugselemente sind die Basislinie und die Symmetrielinie, die beiden oberen Ausschnitte sind 22 × 28, die Ausnehmung = 70 × 12 und hat von der Basislinie einen Abstand = 8, die Bohrung hat einen ∅20 und einen Abstand von der Basislinie = 43.

Maße zu Aufgabe 6
Maßbezugselemente sind die Basislinie und die linke Körperkante, die unten liegende Nut = 11 × 24 und hat von der linken Körperkante einen Abstand = 63, die rechte Abschrägung = 18 × 24, das Zentrum der Bohrung liegt von der linken Bezugskante = 28 und von der Basislinie = 31, der Bohrungsdurchmesser = 30.

Maße zu Aufgabe 7
Maßbezugselemente sind die Basislinie und die linke Körperkante, der linke Ausschnitt = 24 × 28, der rechte Abschnitt = 60 × 44, die Ausnehmung = 54 × 8 und hat von den Bezugskanten jeweils den Abstand = 12.

Maße zu Aufgabe 8
Maßbezugselemente sind die Basislinie und die Symmetrielinie, der untere Ausschnitt = 82 × 11, die beiden oberen trapezförmigen Abschnitte sind 31 lang, wobei die schmale Seite = 6 und die breite Seite = 12, die Ausnehmung = 52 × 14 und hat von der Basislinie einen Abstand = 23.

Maße zu Aufgabe 9
Maßbezugselemente sind die Basislinie und die linke Körperkante, der links oben verbleibende Teil = 28 × 8, der dreieckige Abschnitt = 28 × 22, die Ausnehmung = 76 × 16 und hat von der unteren Bezugskante einen Abstand = 8 und von der linken Körperkante einen Abstand = 12, die links liegende Bohrung mit ∅14 ist von der Basislinie = 38 mm und von der linken Bezugskante = 36 mm entfernt, die zweite Bohrung mit gleichem Durchmesser und gleicher Höhe hat einen Mittenabstand = 30.

Maße zu Aufgabe 10
Maßbezugselemente sind die Basislinie und die Symmetrielinie, der obere Ausschnitt = 38 × 22, die beiden seitlichen Abschnitte sind 5 × 30 und haben von der Basislinie einen Abstand = 14, die Ausnehmung = 58 × 12 und hat von der Basislinie einen Abstand = 11.

Maße zu Aufgabe 11
Maßbezugselemente sind die Basislinie und die rechte Körperkante, der linke Ausschnitt = 12 × 40, der obere Abschnitt = 60 × 28, die Ausnehmung = 32 × 15 und hat von der Basislinie einen Abstand = 11 und von der rechten Körperkante einen Abstand = 18, das Zentrum der Bohrung hat von den Bezugskanten einen Abstand = 70 × 36, der Bohrungsdurchmesser = 20.

Maße zu Aufgabe 12
Maßbezugselemente sind die beiden Symmetrielinien, die zentrisch liegende Ausnehmung = 40 × 18, die vier Bohrungen haben einen Bohrungsabstand = 74 × 38 und einen ∅8, die Abfasungen sind jeweils 9 × 7.

4.6 Darstellung von Bemaßungsdetails

In diesem Abschnitt wird die korrekte Eintragung von speziellen Bemaßungsdetails behandelt. Die Einzelheiten beziehen sich vielfach auf Übergänge an Drehteilen, aber auch an prismatischen Werkstücken.

4.6.1 Bemaßung von Radien

Die Radiusbemaßung kann von der Außen- oder Innenseite des Kreisbogens erfolgen. Bei der Bemaßung ist **in jedem Fall** für den Radius der Großbuchstabe „R" vor die Maßzahl zu setzen. Die Maßlinien sind vom Radiusmittelpunkt aus oder in dessen Richtung zu zeichnen und erhalten nur am Kreisbogen einen Maßpfeil.

Der Einsatzpunkt für den Radius kann mit einem Achsenkreuz mit Mittellinie, mit einem Achsenkreuz mit schmaler Volllinie, mit einem kleinen Kreis, mit einem Punkt oder auch ohne Kennzeichnung dargestellt werden (Bild 1 und 2).

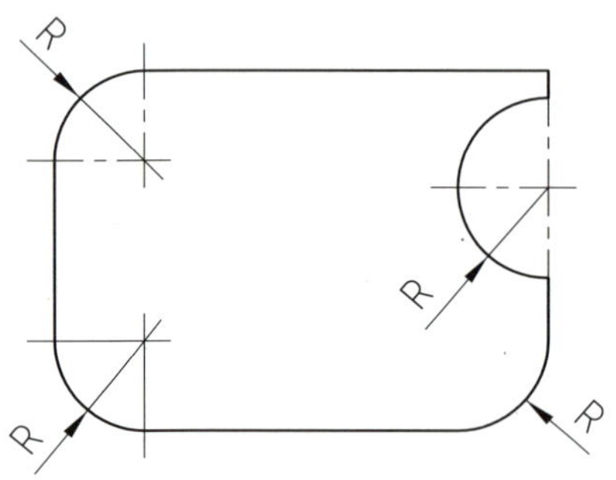

Bild 1

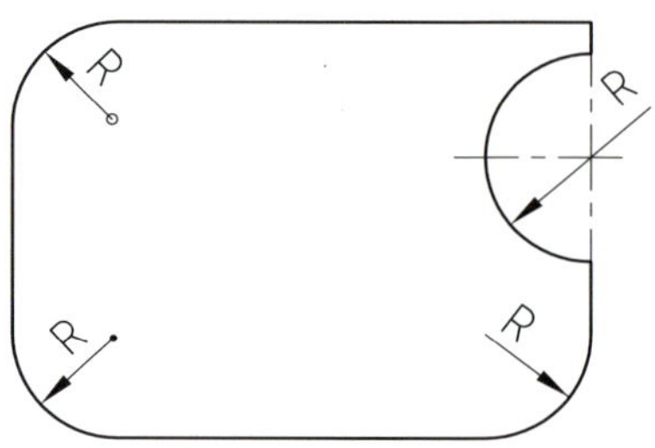

Bild 2

Ist die Lage des Radiusmittelpunktes eindeutig gegeben, erübrigt sich jede weitere Bemaßung. Die maßliche Festlegung ist hingegen erforderlich, wenn dies aus fertigungs- oder prüftechnischen Gründen notwendig ist oder wenn der Radiusmittelpunkt außerhalb der Darstellung bzw. der Zeichnung liegt. In diesem Fall erfolgt die Maßeintragung mit Hilfe einer rechtwinkelig geknickten Maßlinie (Bild 3). Dabei muss die mit Pfeil und Maßzahl versehene Teilstrecke der Maßlinie in der Verlängerung auf den tatsächlichen Mittelpunkt gerichtet sein.

Die Bemaßung von Halbkreisen kann bei Eindeutigkeit vernachlässigt werden (Bild 4).

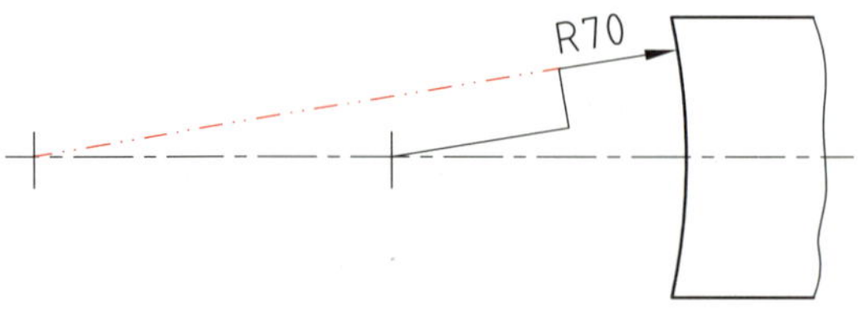

Bild 3

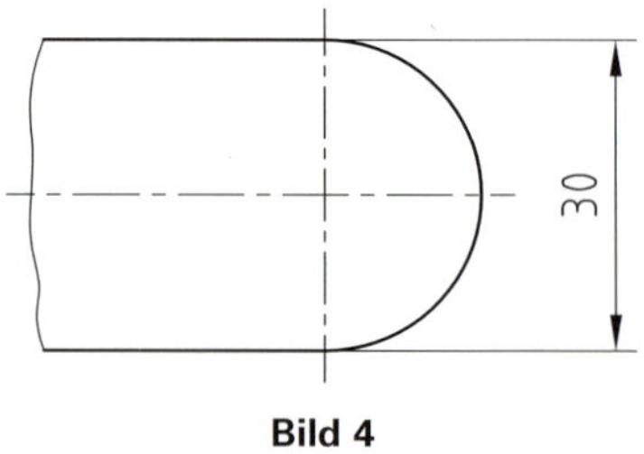

Bild 4

4.6.2 Bemaßung von Winkeln, Schrägen und Fasen

Bei der Bemaßung von Winkeln wird die Maßlinie immer als Kreisbogenlinie dargestellt und direkt an Körperkanten und Umrissen oder mit Hilfe von Maßhilfslinien angesetzt (Bild 1). Der Einsatzpunkt für das Zeichnen der Maßlinie ergibt sich durch den Scheitelpunkt des Winkels (Bild 2).

Maßzahlen für Winkel können in Winkelgraden, -minuten und -sekunden oder in Dezimalzahlen angegeben werden. Sie erhalten das Einheitenzeichen Grad (°) und stehen immer **oberhalb** der Maßlinie.

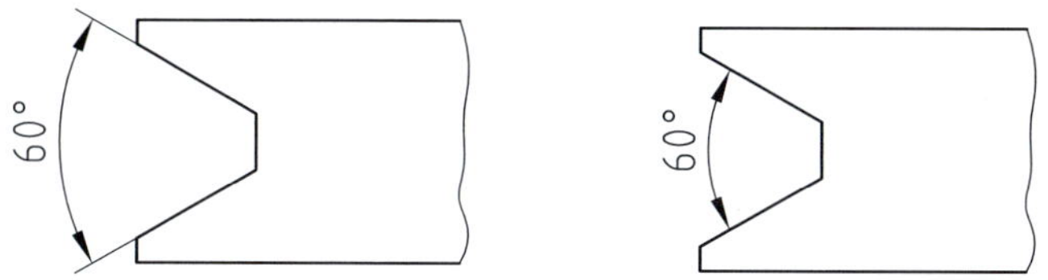

Bild 1

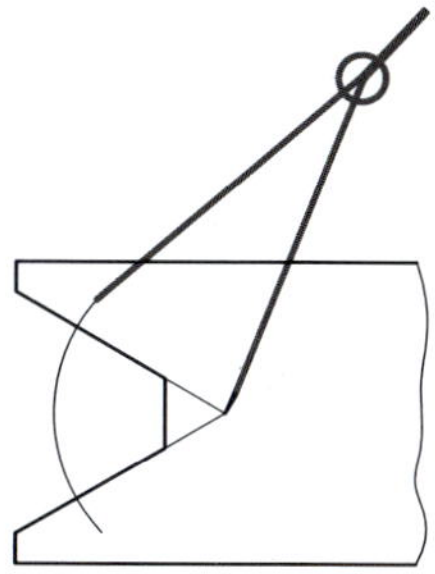

Bild 2

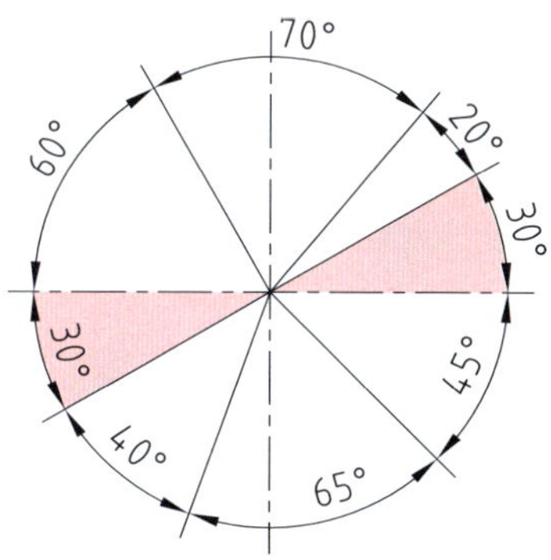

Nach Bild 3 werden Winkelmaße immer oberhalb, das heißt in der oberen Kreishälfte **außerhalb** und in der unteren Kreishälfte **innerhalb** der Maßlinie eingetragen.

Bei Platzmangel oder sehr kleinen Winkeln kann mit Hilfe von Bezugslinien bemaßt werden.

Das Eintragen von Winkelmaßen in den markierten Bereichen ist möglichst zu vermeiden.

Bild 3

Bemaßungen von Schrägen und Fasen sind fertigungstechnisch zusammengehörende Maße und daher nach Möglichkeit in **nur einer Ansicht** einzutragen.

Das Eintragen der Maße von Schrägen und Fasen mit einem **Winkel von 45°** erfolgt nach Darstellung in Bild 4, kann aber bei Eindeutigkeit auch in direkter Ansicht gezeichnet werden (Bild 5).

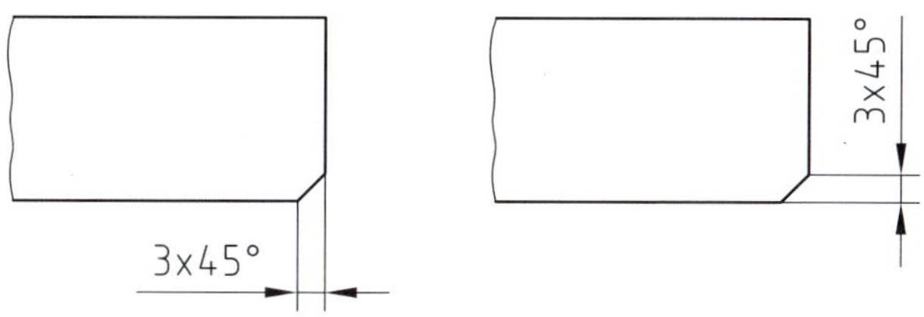

Bild 4

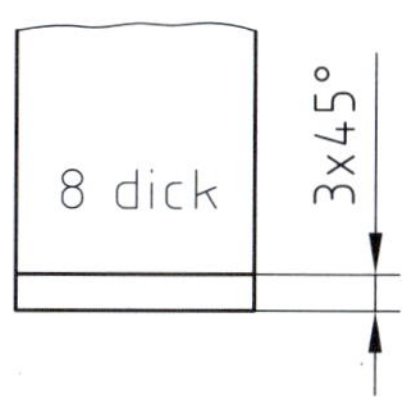

Bild 5

Bei Schrägen und Fasen, die einen **von 45° abweichenden Winkel** haben, sind Fasenlängen und/oder Fasenwinkel anzugeben. Dadurch ergeben sich mehrere Möglichkeiten der Maßzuordnung und damit verbunden auch Bemaßungsfehler.

Meist sind es Überbemaßungen, die nach den Grundregeln der Bemaßung zu vermeiden sind. So ist in Bild 1 eines der mit „X" bezeichneten Maße nicht notwendig und daher auch nicht einzutragen. Entscheidend ist, dass das Winkelmaß direkt gemessen und geprüft werden kann.

Um Fehlerquellen auszuschließen, wählt man entweder die Bemaßungsvariante mit zwei Fasenlängen (Bild 2) oder die mit einer Fasenkante und einem Winkelmaß (Bild 3). **Beachte die ungünstige Bemaßung nach Bild 4!**

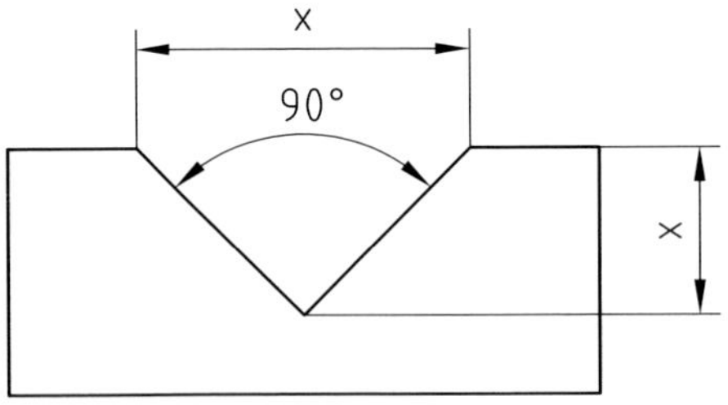

Bild 1

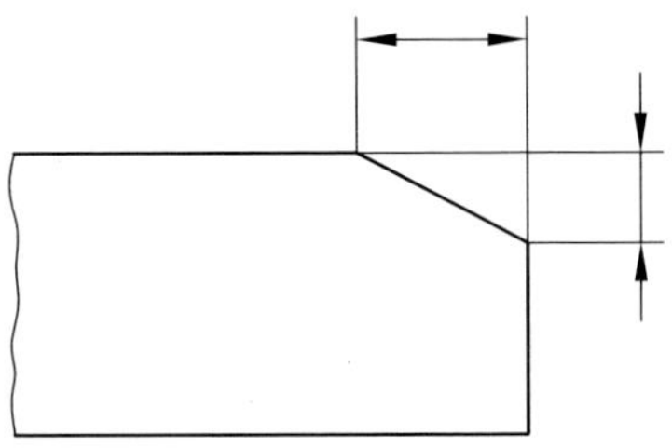

Bild 2

Diese Bemaßung ist ideal und praxisbezogen, da der Winkel **direkt** gemessen werden kann.

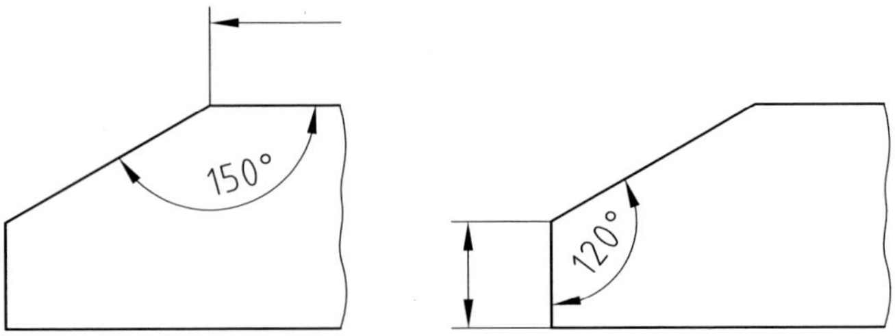

Bild 3

Diese Bemaßung ist praxisfremd, da der Winkel **nicht direkt** gemessen werden kann.

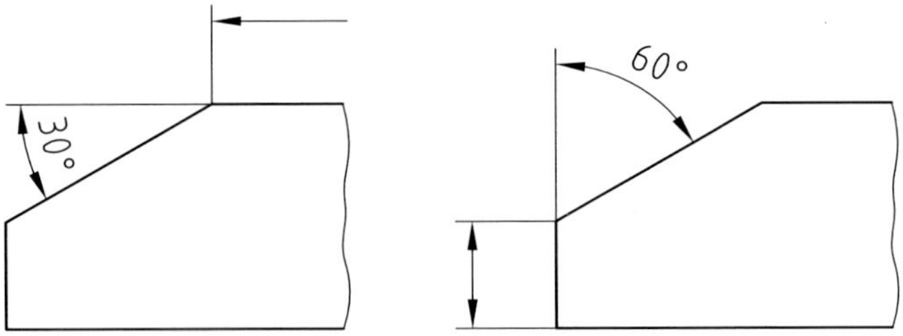

Bild 4

ZÜ 4.2 Bemaßung von Radien, Winkeln, Schrägen und Fasen

Lernziel: *Zeichnen und Bemaßen von plattenförmigen Werkstücken oder Blechzuschnitten mit Winkeln, Schrägen, Fasen und Radien nach Vorlage und Textangabe*

Zeichne und bemaße aus den vorliegenden Mustern zwei beliebige **Anreißschablonen** auf einem A4-Blatt in Hochformat nach der **Vorlage für ZÜ 4.2**. Die Maße zu den nachstehenden Aufgaben sind immer in der Reihenfolge **Länge × Breite** angegeben.

Alle Muster haben eine rechteckige Grundform mit den Maßen 100 × 60 mm. Die Materialstärke kann beliebig gewählt werden, **ist** aber in die Zeichnung einzutragen.

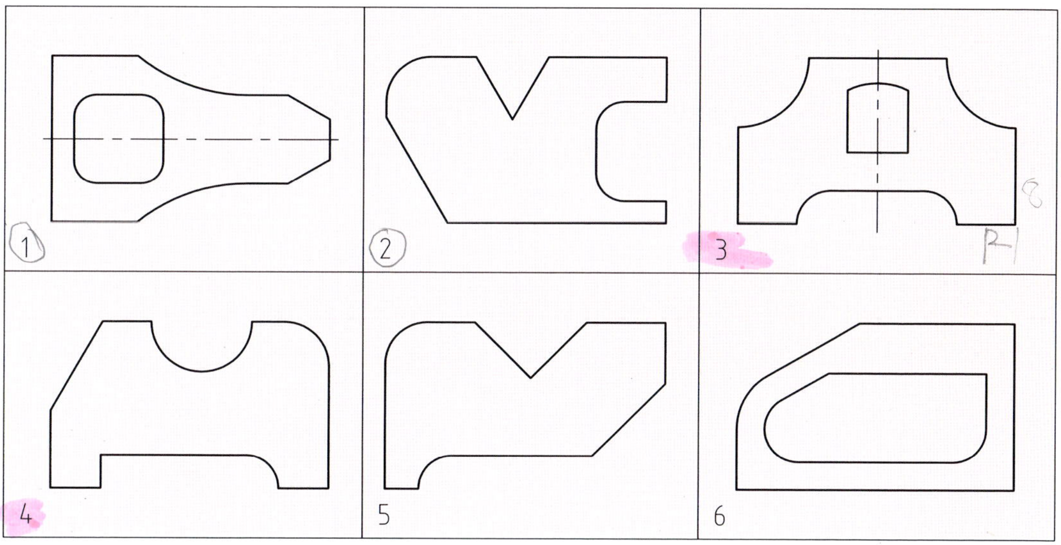

Zeichenablauf zu ZÜ 4.2:

- Skizzen anfertigen – vorteilhaft für die Blattaufteilung und Anordnung der Bemaßung.
- Die Maße sollen nach Möglichkeit von den Maßbezugselementen ausgehen.
- Die Fertigungsmaße sind nachstehender Legende zu entnehmen.
- Alle Maße der Zeichnungsdetails sind dort zu platzieren, wo sie gemessen und geprüft werden können.
- Vermeide Kreuzungen von Maß- mit Maßhilfslinien.
- Das Schriftfeld ist vollständig auszufüllen.

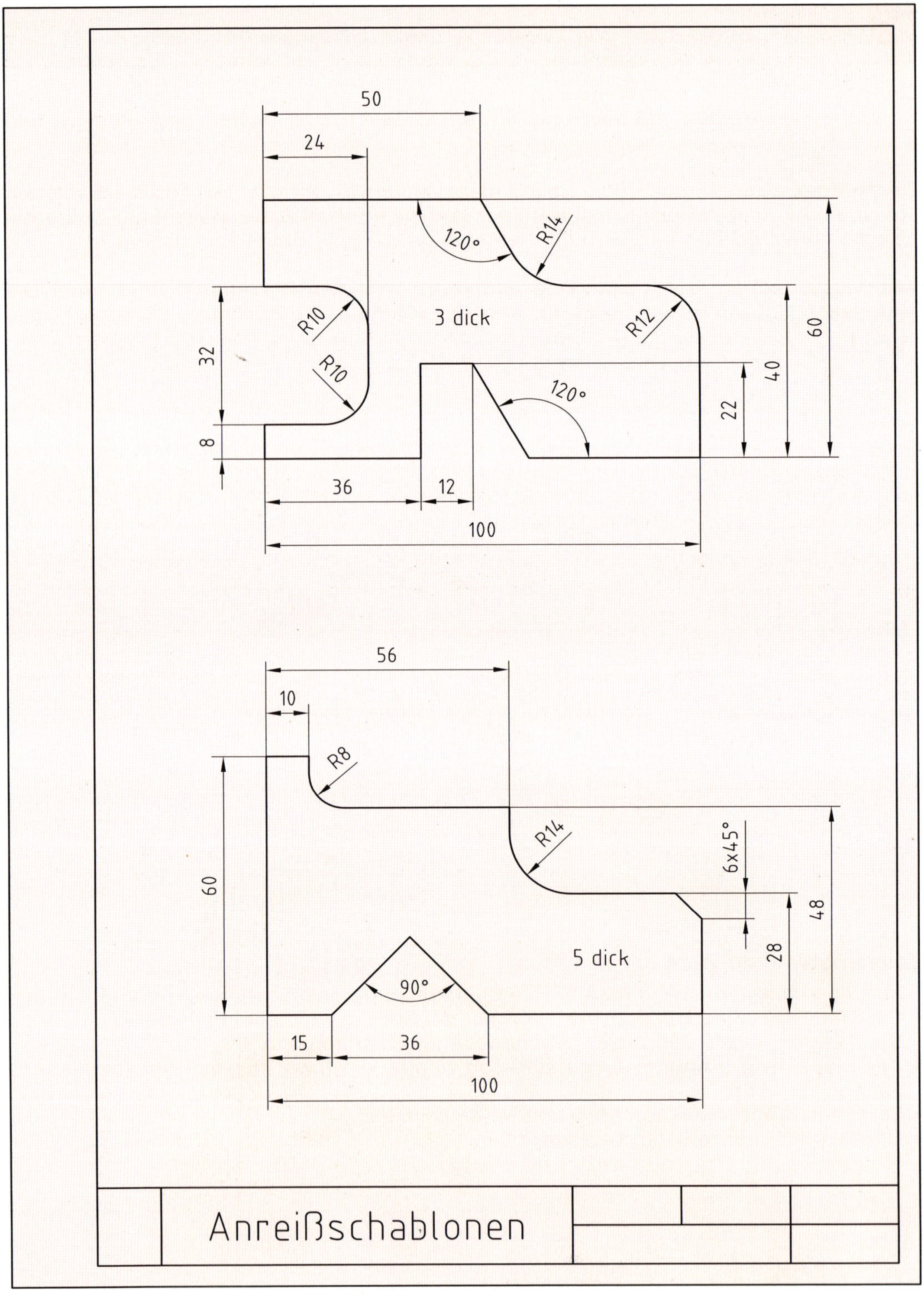

Vorlage für ZÜ 4.2

27,7=3,8 18,5=9,2

Maße zu Aufgabe 1
Maßbezugselemente sind die linke Körperkante und die Symmetrielinie, der Ausschnitt misst 32 × 32, er hat von der Bezugskante einen Abstand = 8 und jeweils Innenrundungen mit R8, mit einem R62, dessen Einsatzpunkte jeweils bei 70 × 78 von den Maßbezugselementen liegen, läuft der Körper rechts parallel aus, die beiden Abschrägungen beginnen bei einem Abstand = 85 von der linken Körperkante und schließen einen Winkel von 60° ein.

Maße zu Aufgabe 2
Maßbezugselemente sind die Basislinie und die rechte Körperkante, der rechte Ausschnitt = 25 × 36 wobei der Abstand von der Basislinie = 8 und der Innenradius jeweils R10, der obere 60°-Ausschnitt beginnt von der Bezugskante mit einem Abstand = 42 und hat eine Breite = 26, der linke Abschnitt hat von der rechten Körperkante einen Abstand = 78 und einen eingeschlossenen Winkel von 120°, die linke obere Körperecke ist abgerundet mit R16.

Maße zu Aufgabe 3
Maßbezugselemente sind die Basislinie und die Symmetrielinie, der obere Ausschnitt hat eine Breite = 22 und einen Abstand von der Basislinie = 26, der Bogen mit R25 hat seinen Einsatzpunkt auf der Grundlinie des Ausschnittes, der Einsatzpunkt für die beiden Ausschnitte mit R25 liegt jeweils im oberen Eck, der untere Ausschnitt hat insgesamt 58 × 12 und beiderseits eine Rundung mit R12.

Maße zu Aufgabe 4
Maßbezugselemente sind die Basislinie und die linke Körperkante, der untere Ausschnitt hat insgesamt 64 × 12, dabei hat er von der linken Körperkante einen Abstand = 18 und rechts eine Ausrundung mit R12, die obere Halbkreisrundung hat R18 und von der Bezugskante einen Mittenabstand = 54, der linke Abschnitt hat von der Basislinie den Abstand = 28 und einen eingeschlossenen Winkel von 150°, die rechte obere Ecke ist abgerundet mit R16.

Maße zu Aufgabe 5
Maßbezugselemente sind die Basislinie und die linke Körperkante, der obere 90°-Ausschnitt = 40 breit und beginnt von der Bezugskante mit einem Abstand = 32, die linke obere Ecke ist abgerundet mit R16, der linke untere Radius = 12 und hat seinen Einsatzpunkt auf der Basislinie bei einem Abstand von der linken Körperkante = 24, der rechte Abschnitt hat einem Abstand von der linken Körperkante = 74 und einen eingeschlossenen Winkel von 135°.

Maße zu Aufgabe 6
Maßbezugselemente sind die Basislinie und die rechte Körperkante, die Einsatzpunkte der zwei inneren Radien liegen bei 22 × 22 bzw. 78 × 22, die Innenkreisbögen haben R12, der linke Bogen hat einen tangentialen Übergang auf 30°, der äußere Übergang hat R22 und gleichen parallel liegenden Übergang, die Oberkante des Ausschnittes hat einen Abstand von der Basislinie = 42.

4.6.3 Bemaßung von Durchmessern

Das Durchmesserzeichen ist eine Bemaßungshilfe zur Kennzeichnung kreisrunder Formen. Es ist immer dann zu schreiben, wenn die Kreisform in dieser Ansicht **nicht** als solche erkennbar ist (Bild 1). Es entfällt, wenn der Kreis eindeutig dargestellt ist **und** dieser durch eine Maßlinie mit zwei Maßpfeilen begrenzt wird (Bild 2). Wenn ein Durchmesser nur durch einen Maßpfeil begrenzt werden kann (fliegendes Maß), so ist die Maßlinie über den Kreismittelpunkt hinauszuziehen und jedenfalls vor die Maßzahl das Durchmesserzeichen zu schreiben (Bild 3).

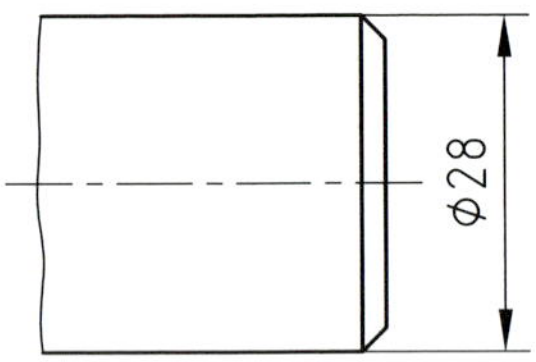

Bild 1

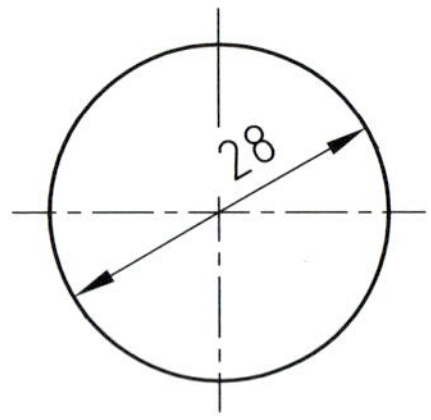

Bild 2

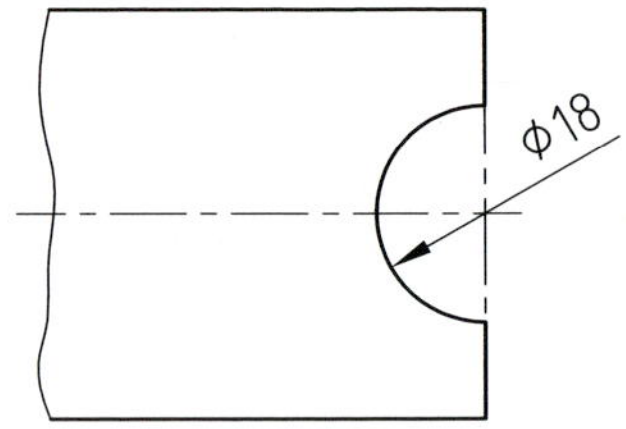

Bild 3

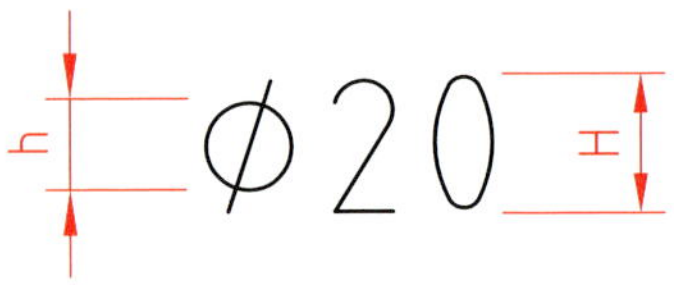

Bild 4

Nach **ÖNORM EN ISO 3098-2** hat das Durchmesserzeichen die Form eines Kreises mit einem im Kreismittelpunkt liegenden und unter 75° geneigten Schrägstrich. Der Kreis (h) entspricht der Größe der Kleinbuchstaben, das gesamte Durchmesserzeichen der Schrifthöhe der Bemaßung (H). Bei schräger Normschrift entspricht die Neigung des Schrägstriches 60° (Bild 4).

4.6.4 Bemaßung von Kugelformen

Kugelige Werkstückformen werden durch den Großbuchstaben „S“ (spherical) gekennzeichnet, der **vor** das Durchmesserzeichen oder **vor** das Kennzeichen für Radius gesetzt wird (Bild 5).

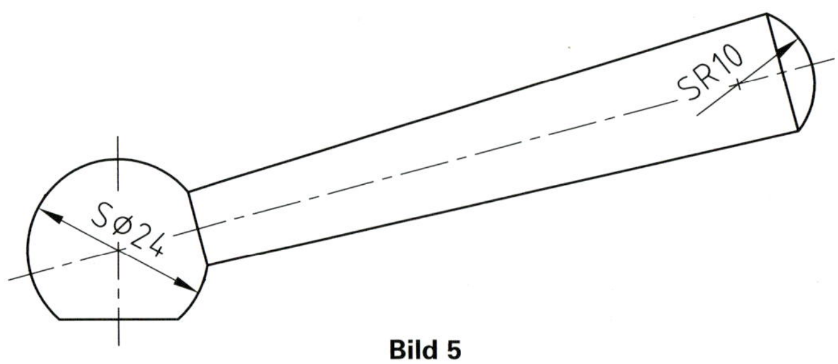

Bild 5

4.6.5 Bemaßung von Quadratformen

Das Quadratzeichen dient als Bemaßungshilfe bei quadratischen Querschnitten oder quadratischen Ansätzen und Vertiefungen an Werkstücken. Dadurch wird einerseits die Bemaßung unmissverständlich, andererseits kann in vielen Fällen das Zeichnen einer zusätzlichen Ansicht eingespart werden.
Quadratische Formen werden vorzugsweise in **jener** Ansicht bemaßt, in der die Quadratform sichtbar ist; das heißt, beide Quadratseiten werden bemaßt (Bild 1). Wenn jedoch die quadratische Form in einer Darstellung nicht als solche erkennbar ist, wird ein Quadratzeichen gesetzt (Bild 2).

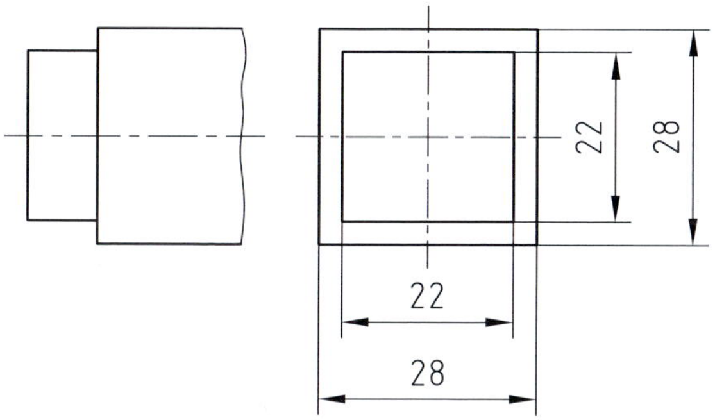

Bild 1

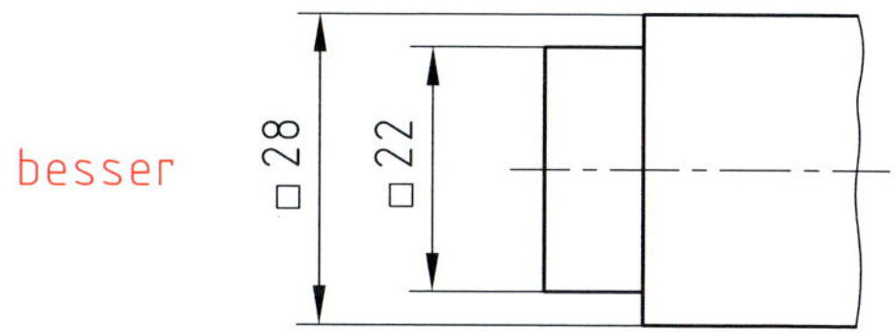

Bild 2

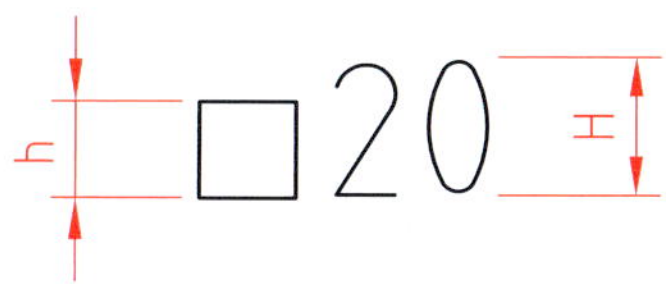

Das Quadratsymbol entspricht der Größe der Kleinbuchstaben der Bemaßungsschrifthöhe H und ist nach ÖNORM immer **vor** die Maßzahl zu setzen (Bild 3).

Bild 3

4.6.6 Eintragen des Diagonalkreuzes

Das **Diagonalkreuz** ist eigentlich keine Maßeintragung, es dient lediglich der deutlichen Kennzeichnung von ebenen, vierseitigen Flächen an zylindrischen oder kegeligen Werkstücken. Das Diagonalkreuz wird mit **schmaler** Volllinie gezeichnet und erspart im Zusammenhang mit dem Quadratzeichen vielfach das Zeichnen einer zusätzlichen Ansicht (vergleiche Bild 4 mit Bild 5 sowie Bild 1 mit Bild 2, Seite 64).

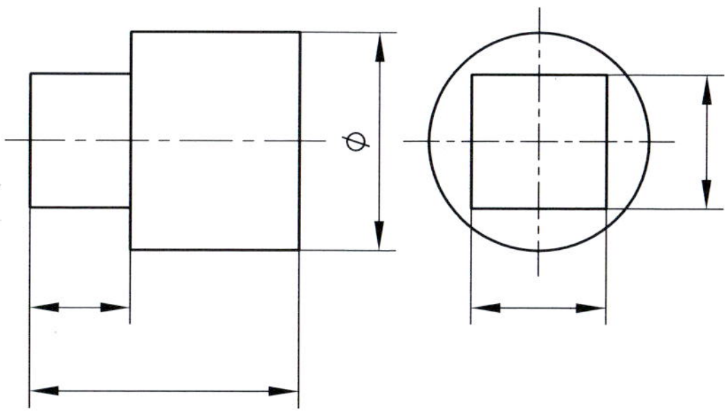

Bild 4

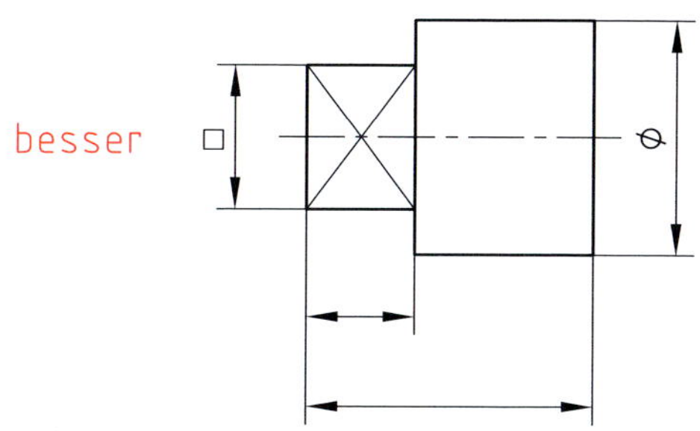

Bild 5

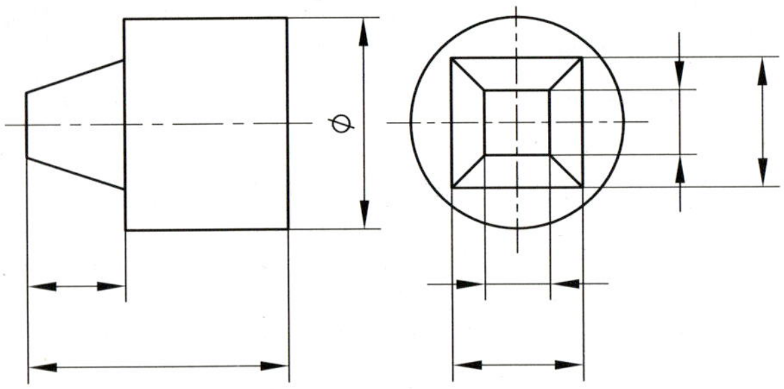

Bild 1

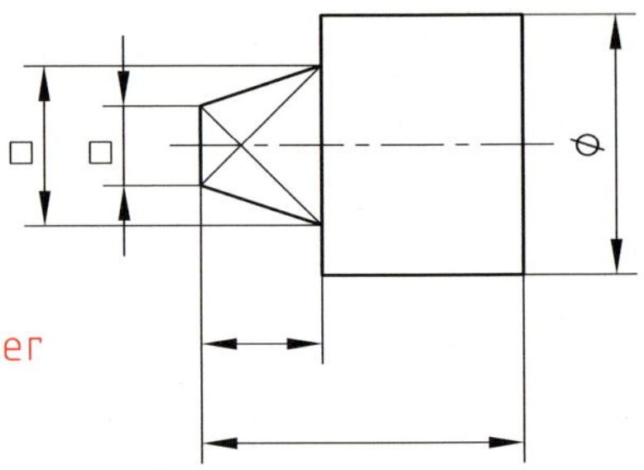

Bild 2

4.7 Bemaßung von prismatischen Werkstücken

Bei den bisherigen Bemaßungsbeispielen an plattenförmigen Körpern oder Blechzuschnitten waren jeweils nur die Länge und die Breite zu bemaßen. Das dritte Körpermaß – die Stärke bzw. Dicke oder Höhe – wurde nur durch das Bemaßungsdetail, z. B. 3 dick, angegeben.

Da bei **prismatischen Werkstücken** nunmehr Länge, Breite und **Höhe** bemaßt werden müssen, wird die Festlegung eines **dritten Maßbezugselementes** notwendig. Dieses kann wiederum entweder eine Bezugsfläche, eine Symmetrielinie oder auch eine Mittellinie sein.

Die Festlegung der drei Maßbezugselemente ist von der Art der Herstellung und dem Zweck des zu bemaßenden Körpers abhängig.

Beachte beim Ansetzen der einzelnen Maße:
- Grundsätzlich sind die Maße in **jener** Ansicht zu zeichnen, in der die bemaßte Stelle am deutlichsten erkennbar ist.
- **Zusammengehörende Maße**, wie bei Nuten, Einstichen, Bohrungen usw., sind möglichst in der gleichen Ansicht zu bemaßen.
- Die **„kleineren" Maße sind immer zuerst** anzusetzen; dadurch liegen sie näher am Körper und verhindern somit Kreuzungen von Maß- mit Maßhilfslinien (Bild 2, Seite 68).

ZÜ 4.3 Darstellung und Bemaßung von prismatischen Werkstücken

Lernziel: *Zeichnen und Bemaßen von prismatischen Werkstücken mit Bohrungen, Winkeln, Fasen und Radien nach Vorlage und Textangabe*

Zeichne und bemaße aus den vorliegenden Mustern **einen beliebigen** prismatischen Körper auf einem A4-Blatt in Querformat nach der **Vorlage für ZÜ 4.3**. Die Maße zu den nachstehenden Aufgaben sind immer in der Reihenfolge **Länge** × **Breite** × **Höhe** bzw. **Länge** × **Breite** angegeben.
Alle Muster haben eine prismatische Grundform mit den Maßen 100 × 50 × 45 mm.

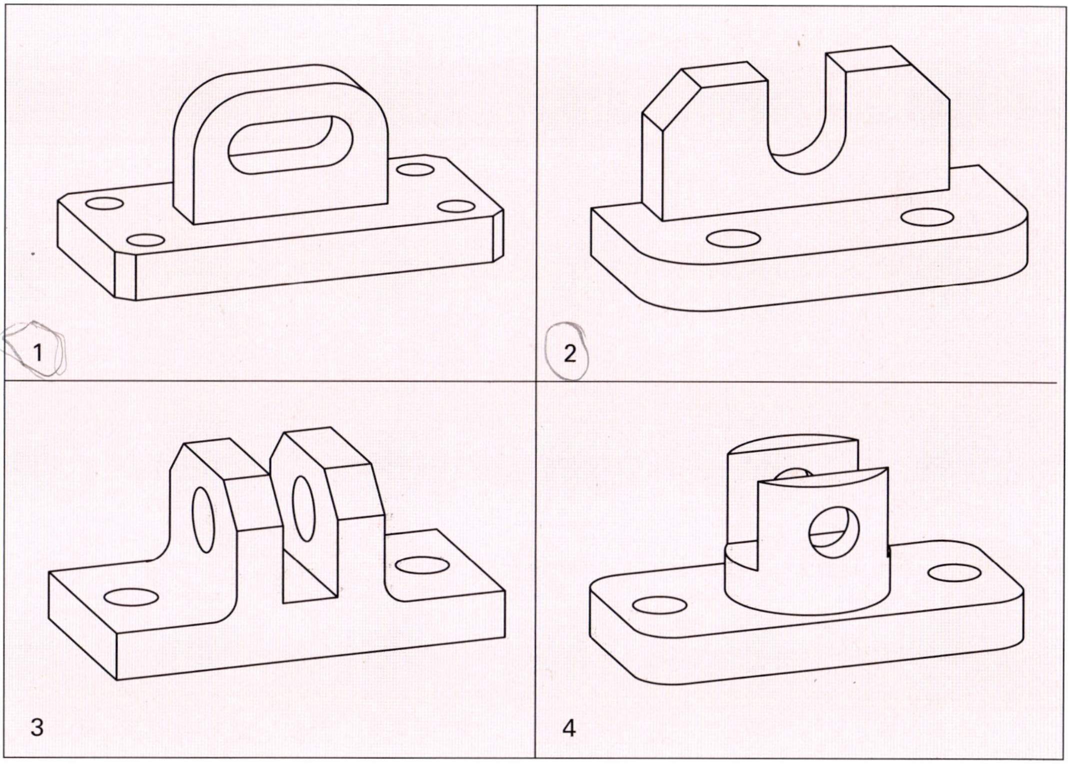

Zeichenablauf zu ZÜ 4.3:

- Skizze anfertigen – erforderlich für die Blattaufteilung und Anordnung der Bemaßung.
- Die Maße sollen nach Möglichkeit von den Maßbezugselementen ausgehen.
- Die Fertigungsmaße sind nachstehender Legende zu entnehmen.
- Alle Maße der Zeichnungsdetails sind in der Ansicht zu platzieren, wo sie gemessen und geprüft werden können.
- Vermeide Kreuzungen von Maßlinien mit Maßhilfslinien.
- Das Schriftfeld ist vollständig auszufüllen.

Maße zu Aufgabe 1
Maßbezugselemente sind die Basisfläche und die beiden Symmetrielinien, die 12 mm hohe Basisplatte hat vier symmetrisch angeordnete Durchgangsbohrungen ∅9 mit einem Lochabstand von 80 × 30, die Platte ist an allen vier Ecken mit 4 × 45° gefast, der zentrisch aufstehende Teil misst 50 × 15 und hat ein durchgehendes Langloch mit 32 × 13, das von der Basisfläche einen Mittenabstand = 30 hat, die Abrundung erfolgt mit R15.

Maße zu Aufgabe 2
Maßbezugselemente sind die Basisfläche, die Symmetrielinie und die hintere Körperfläche, die 12 mm hohe Basisplatte hat zwei symmetrisch liegende Durchgangsbohrungen mit ∅13, die von den Maßbezugselementen einen Abstand von 50 x 33 haben, die Platte ist an den beiden vorderen Ecken mit R17 gerundet, der aufstehende Teil misst 74 × 15 und ist beiderseits mit 10 × 10 abgeschrägt, mittig liegt eine 20 mm breite rund auslaufende Nut mit einer Gesamttiefe von 25.

Maße zu Aufgabe 3
Maßbezugselemente sind die Basisfläche und die beiden Symmetrielinien, die 12 mm hohe Basisplatte hat zwei symmetrisch angeordnete Durchgangsbohrungen ∅13 mit einem Lochabstand = 75, der aufstehende Mittelteil ist 38 × 50 und hat einen 14 mm breiten und 30 mm tiefen Schlitz, der Übergangsradius hat R6, normal dazu liegt eine Durchgangsbohrung mit ∅16, die von der Basisfläche einen Abstand = 30 hat, die vier oberen Körperkanten sind mit 10 × 10 abgeschrägt.

Maße zu Aufgabe 4
Maßbezugselemente sind die Basisfläche und die beiden Symmetrielinien, die 12 mm hohe Basisplatte hat zwei symmetrisch angeordnete Durchgangsbohrungen ∅13 mit einem Lochabstand = 76, die Platte ist an allen vier Ecken mit R10 gerundet, der zentrisch aufstehende zylindrische Teil hat einen Durchmesser von 40 und eine in der Längsachse liegende 22 mm breite und 23 mm tiefe Ausnehmung, normal dazu liegt eine Durchgangsbohrung mit ∅13, die von der Basisfläche einen Mittenabstand = 33 hat.

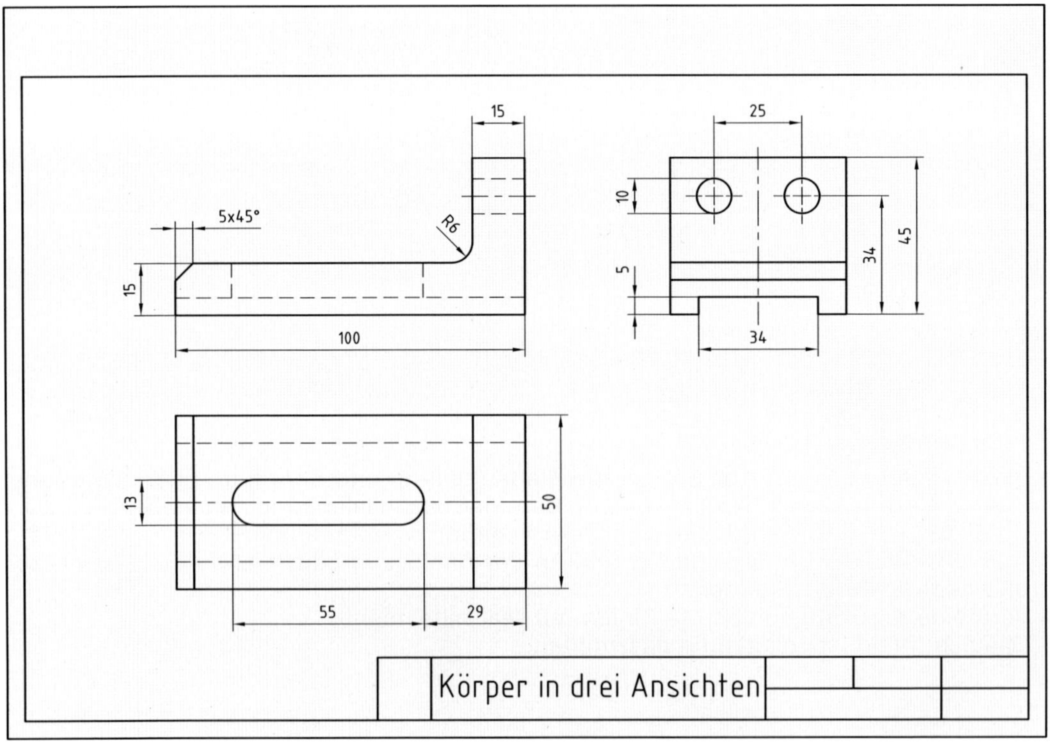

Vorlage für ZÜ 4.3

4.8 Darstellung und Bemaßung von Drehteilen

Die Darstellung eines Drehteiles erfolgt grundsätzlich in Fertigungslage. Da Drehteile symmetrische Körper sind, genügt in den meisten Fällen das Zeichnen der Vorderansicht. Nur gelegentlich sind zur eindeutigen Darstellung Seiten- oder Detailansichten erforderlich.
Welche Art der Bemaßung im Einzelnen Verwendung findet, hängt von der Konstruktion und Fertigungsart des Drehteiles ab.

4.8.1 Bemaßung der Längen von Drehteilen

Maßbezugselement für die Eintragung der Längenmaße ist die Maßbezugsfläche (Planfläche, Stirnfläche), von der aus die Bearbeitung erfolgt. Hat ein Drehteil **nur Abstufungen an einer Seite**, so sind alle Stufenmaße von der Bearbeitungsseite zu bemaßen (Bild 1).

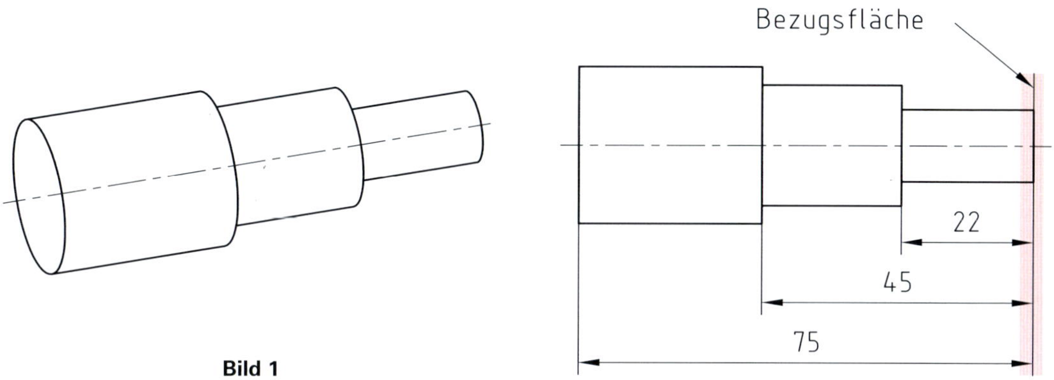

Bild 1

Hat ein Drehteil **Abstufungen an beiden Seiten**, so werden die rechten Stufen von rechts und die linken von links bemaßt (Bild 2). In jedem Fall ist die Gesamtlänge zu bemaßen (Doppelbemaßung ist zu vermeiden).

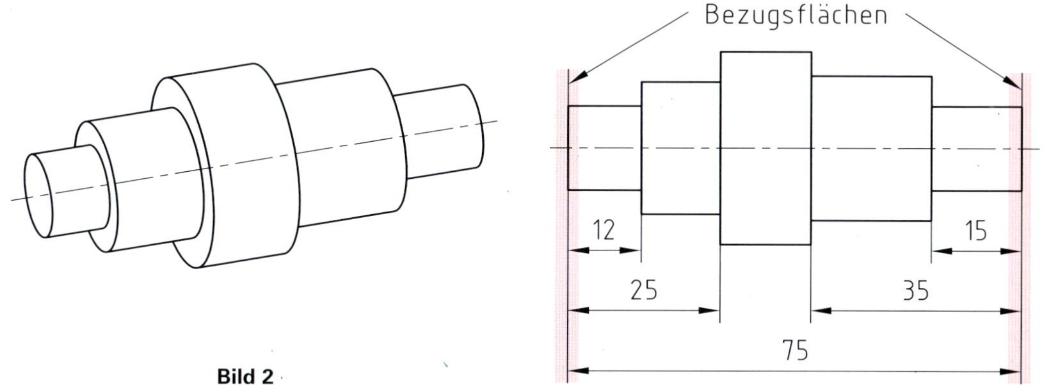

Bild 2

Fertigungszeichnungen für Drehteile, die auf NC-gesteuerten Werkzeugmaschinen gefertigt werden, sind mit Koordinatenbemaßung (Abschnitt 14) zu zeichnen.

4.8.2 Bemaßung der Durchmesser von Drehteilen

Drehteile werden immer mit einer Mittellinie dargestellt, die ca. 3 mm über die Stirnflächen des Werkstückes hinausragt. Da die Mittellinie im Allgemeinen nur Symmetrie signalisiert, könnte der Körper sowohl eine zylindrische als auch eine prismatische Form haben. Zur eindeutigen Festlegung der Werkstückform ist daher vor die Maßzahl das Durchmesserzeichen (Abschnitt 4.6.3) zu schreiben.

Um die Bemaßung eines Werkstückes mit mehreren Durchmessern übersichtlich zu gestalten, werden die äußersten Durchmesser jeweils nach außen gezogen und die innen liegenden Durchmesser direkt an die Umrisslinien des Werkstückes gesetzt. Bei Bemaßung mehrerer Durchmesser innerhalb der Darstellung sind die Maßzahlen abwechselnd **links und rechts der Mittellinie** anzuordnen. Dabei ist zu beachten, dass das Durchmesserzeichen, aber auch die Ziffern der Maßzahl **nicht durch die Mittellinie** voneinander getrennt werden dürfen, sondern als Bemaßungseinheit entweder links oder rechts der Mittellinie platziert werden. Bei Platzmangel ist **die Mittellinie** an diesen Stellen **zu unterbrechen** (Bild 1).

Wenn für die Bemaßung innerhalb des Drehteiles zu wenig Freiraum ist, so müssen die kleineren Durchmessermaße näher am Körper angeordnet werden, um Kreuzungen von Maß- mit Maßhilfslinien zu vermeiden (Bild 2).

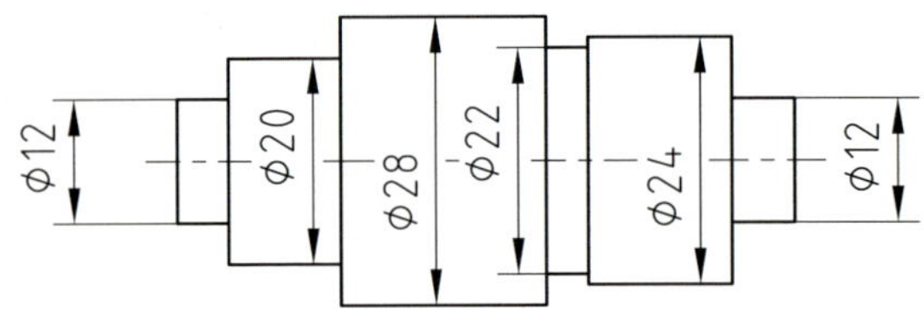

Bild 1

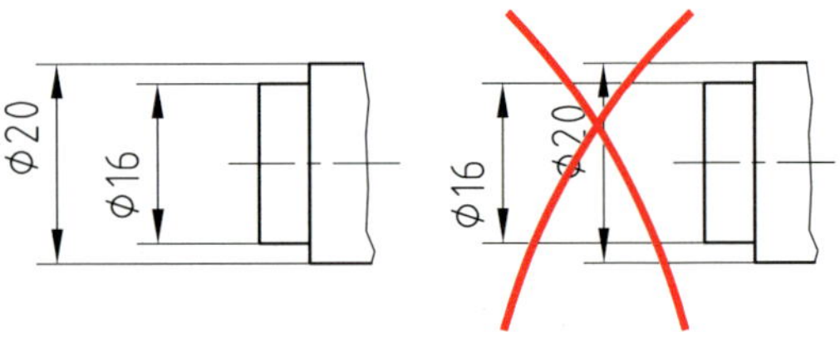

Bild 2

In einigen Fällen kann es erforderlich sein, Drehteile auch in der Seitenansicht darzustellen. Um die Bemaßung in der Seitenansicht übersichtlich zu gestalten, werden hier maximal zwei Maße eingetragen, wobei die Maßlinien in einem Winkel von 30° zur Waagrechten zu zeichnen sind (Bild 3).

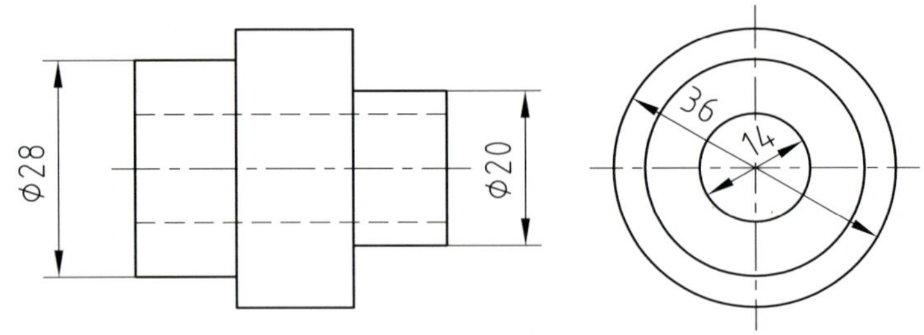

Bild 3

4.8.3 Bemaßung von Fasen und Kegeln an Drehteilen

Die Bemaßung von Fasen mit einem **Winkel von 45°** kann nach der Darstellung (Bild 1, Seite 69), aber auch vereinfacht erfolgen. Dabei wird mit Hilfe von Bezugslinien bemaßt (Bild 2, Seite 69) und es darf bei Eindeutigkeit sogar das Zeichnen der Fase vernachlässigt werden (Bild 3, Seite 69).

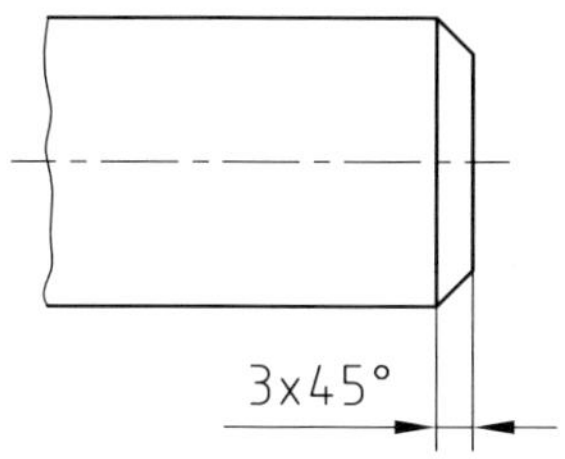

Bild 1

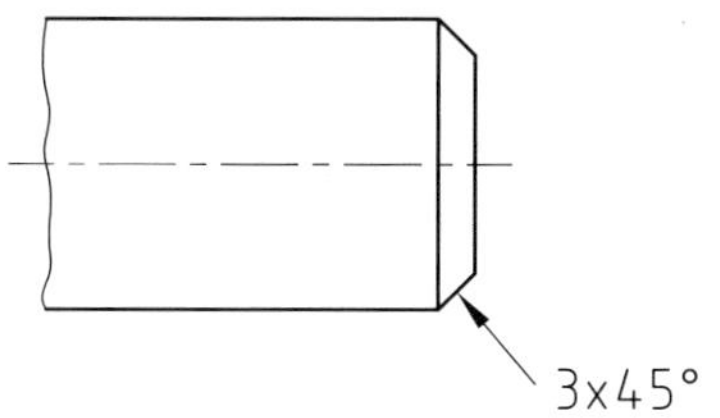

Bild 2

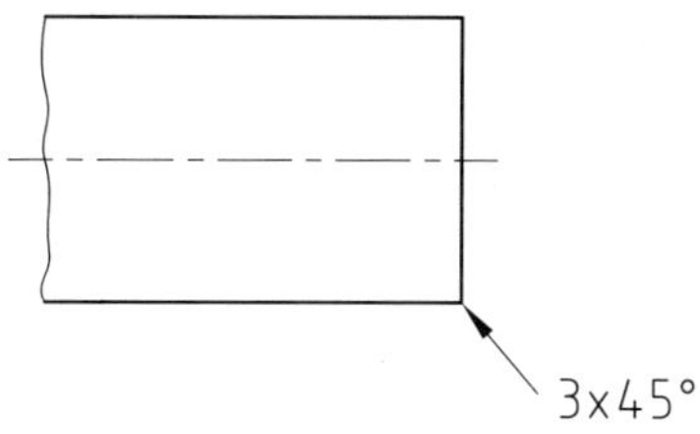

Bild 3

Bei Kegeln und Fasen, die einen **von 45° abweichenden Winkel** haben, sind Fasenlänge und/oder Fasendurchmesser und/oder Fasenwinkel anzugeben. Dadurch ergeben sich viele Möglichkeiten der Maßzuordnung und damit ebenso viele Fehlerquellen.

Meist sind es Überbemaßungen, die nach den Grundregeln der Bemaßung zu vermeiden sind. Dementsprechend ist in der Darstellung nach Bild 4 eines der zwei mit „X" bezeichneten Maße nicht erforderlich. Sind Außendurchmesser und Winkelmaß gegeben, so ist nur ein weiteres Maß notwendig, um die Form des Drehteiles eindeutig zu bestimmen.

Die Maßeintragung nach Bild 5 wird vorwiegend in der CNC-Fertigung angewendet. Nach der konventionellen Bearbeitungstechnik ist diese Bemaßung nicht empfehlenswert, da der Einstellwinkel erst aus den gegebenen Maßen errechnet werden muss.

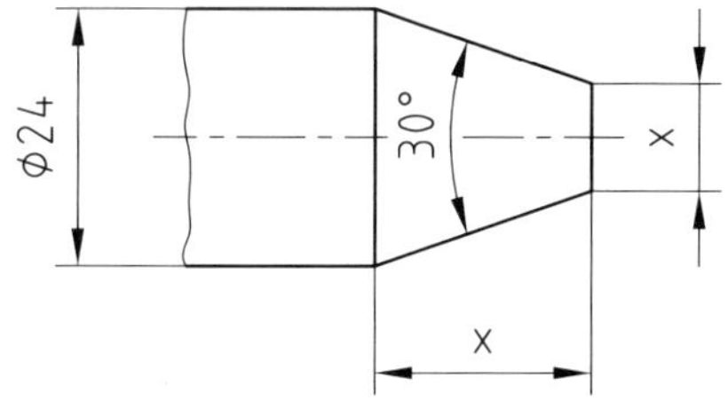

Bild 4

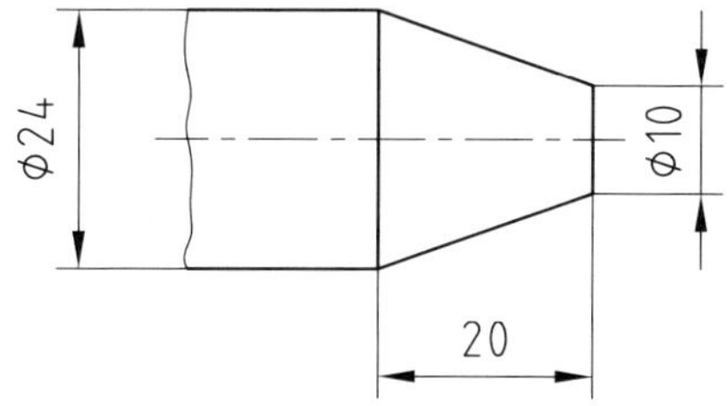

Bild 5

Unter der Annahme dass der große Durchmesser des Kegels gegeben ist, zeigt Bild 6 die Idealbemaßung durch Angabe des kleinen Durchmessers und des Einstellwinkels, da bei der Fertigung des Kegels die **Werkzeugzustellung genau der Durchmesserabnahme** entspricht.
Die Bemaßungsvariante nach Bild 7 ist ungünstiger, da die **Werkzeugzustellung maßlich nicht mit der Durchmesserabnahme übereinstimmt** und daher ein Antasten an das Fertigmaß erforderlich wird.

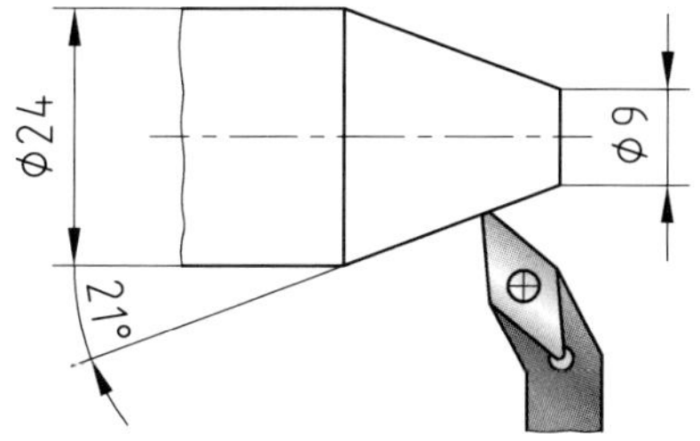

Bild 6

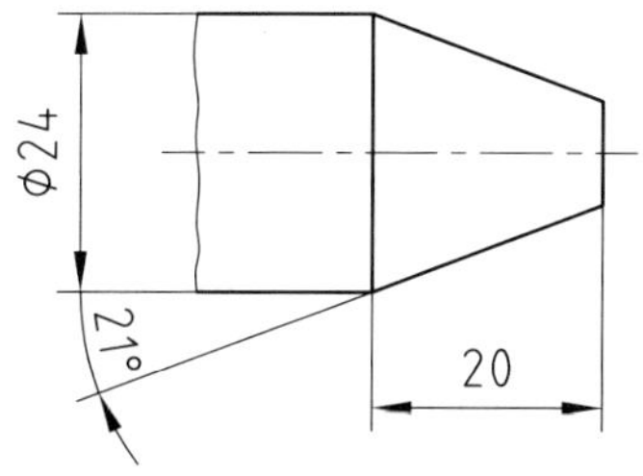

Bild 7

4.8.4 Bemaßung von Einstichen und Nuten an Drehteilen

Gewindefreistiche und sonstige Nuten oder Einstiche werden vom Maßbezugselement aus gemessen (die Lage ist abhängig vom Zweck der Nut) und durch die Angabe von Nutbreite und Nutdurchmesser eindeutig bestimmt (Bild 1).
Die Bemaßung von Durchmesserabständen oder Nuttiefen ist falsch (Bild 2).

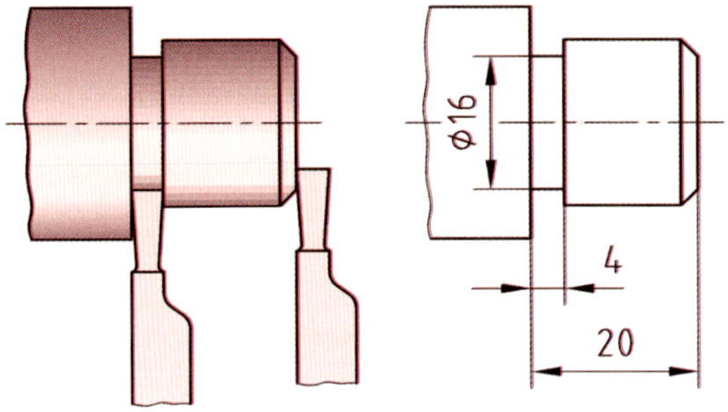

Bild 1

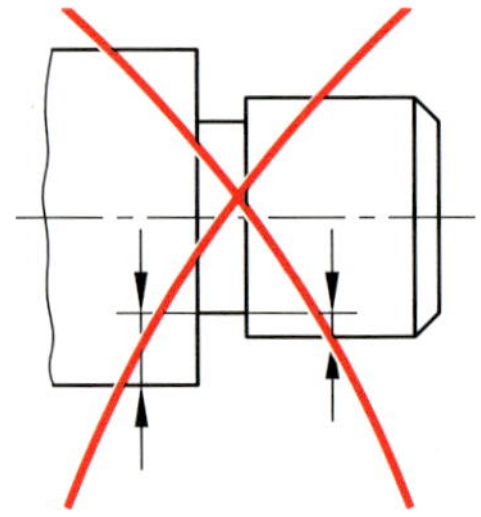

Bild 2

Die Bemaßung der Nuten für Sicherungsringe erfolgt nach Bild 3, kann aber auch vereinfacht, nur durch die Angabe von Nutbreite und Nutdurchmesser, vorgenommen werden (Bild 4).

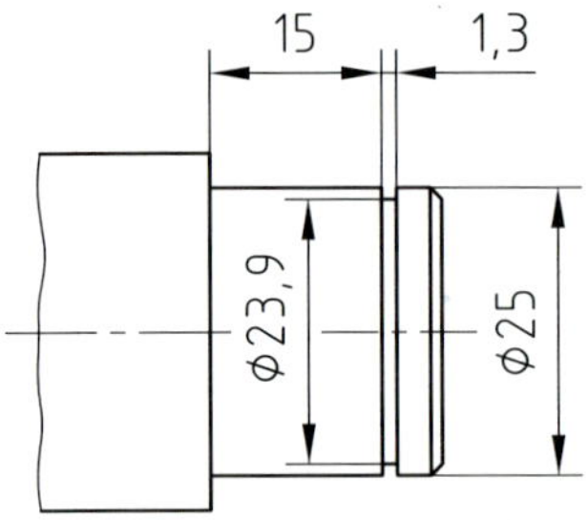

Bild 3

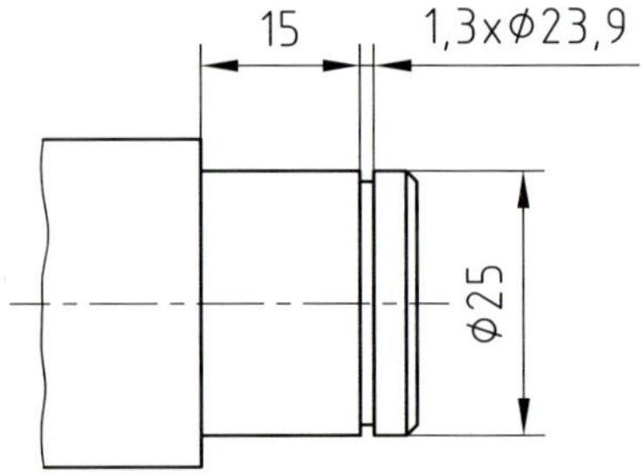

Bild 4

Die Bemaßung von Nuten zur Aufnahme von Passfedern oder Keilen erfolgt nach Bild 5, wobei die Lage der Nut, die Nutbreite und -länge in einer Ansicht eingetragen werden. Die Nuttiefe wird immer in einer **zweiten Ansicht** zu bemaßen sein.
Je nach Fertigungsart der Nut kann entweder die **Gesamtlänge der Nut** (Maß 33) oder das **Mitte-Mitte-Maß der Nutrundungen** (Maß 25) angegeben werden.

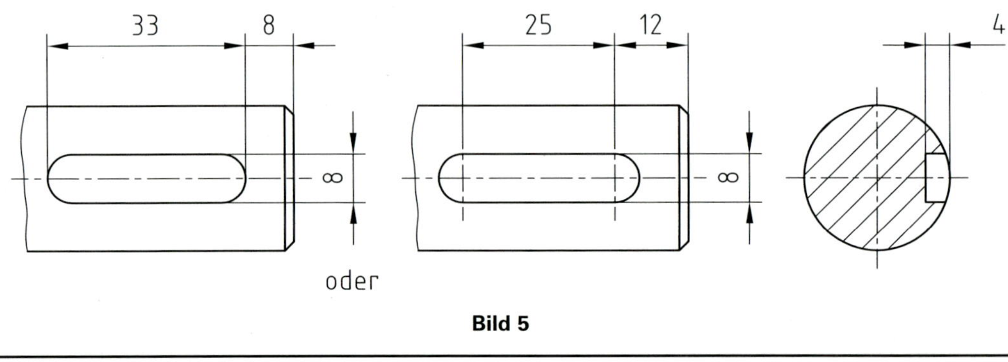

Bild 5

ZÜ 4.4 Darstellung und Bemaßung von Drehteilen in einer Ansicht

Lernziel: *Zeichnen und Bemaßen von Drehteilen mit Nuten, Fasen, Radien und Vierkanten nach Vorlage und Textangabe*

Zeichne und bemaße aus den vorliegenden Mustern **von jeder Reihe einen** beliebigen **Stufenbolzen** auf einem A4-Blatt in Hochformat nach der **Vorlage für ZÜ 4.4**. Die Maße zu den nachstehenden Aufgaben sind immer in der Reihenfolge **Durchmesser × Länge** angegeben.
Alle Drehteile haben ein Rohmaß von ∅32 × 100 mm.

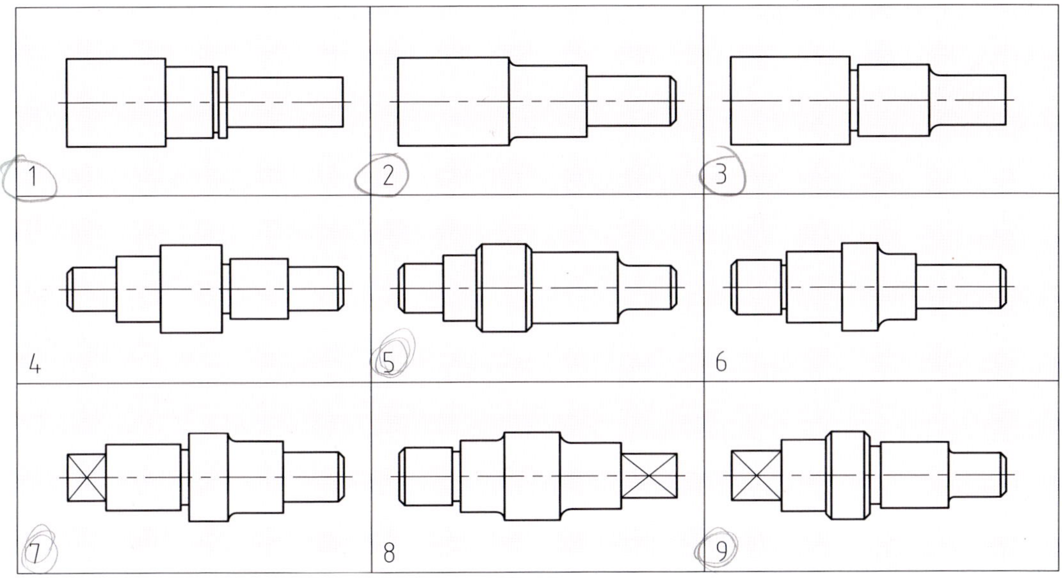

Zeichenablauf zu ZÜ 4.4:

- Skizzen anfertigen – vorteilhaft für die Blattaufteilung und Anordnung der Bemaßung.
- Alle Maße sollen von den Maßbezugselementen ausgehen.
- Die Fertigungsmaße sind nachstehender Legende zu entnehmen.
- Alle Maße der Zeichnungsdetails sind dort zu platzieren, wo sie gemessen und geprüft werden können.
- Vermeide Kreuzungen von Maß- mit Maßhilfslinien.
- Das Schriftfeld ist vollständig auszufüllen.

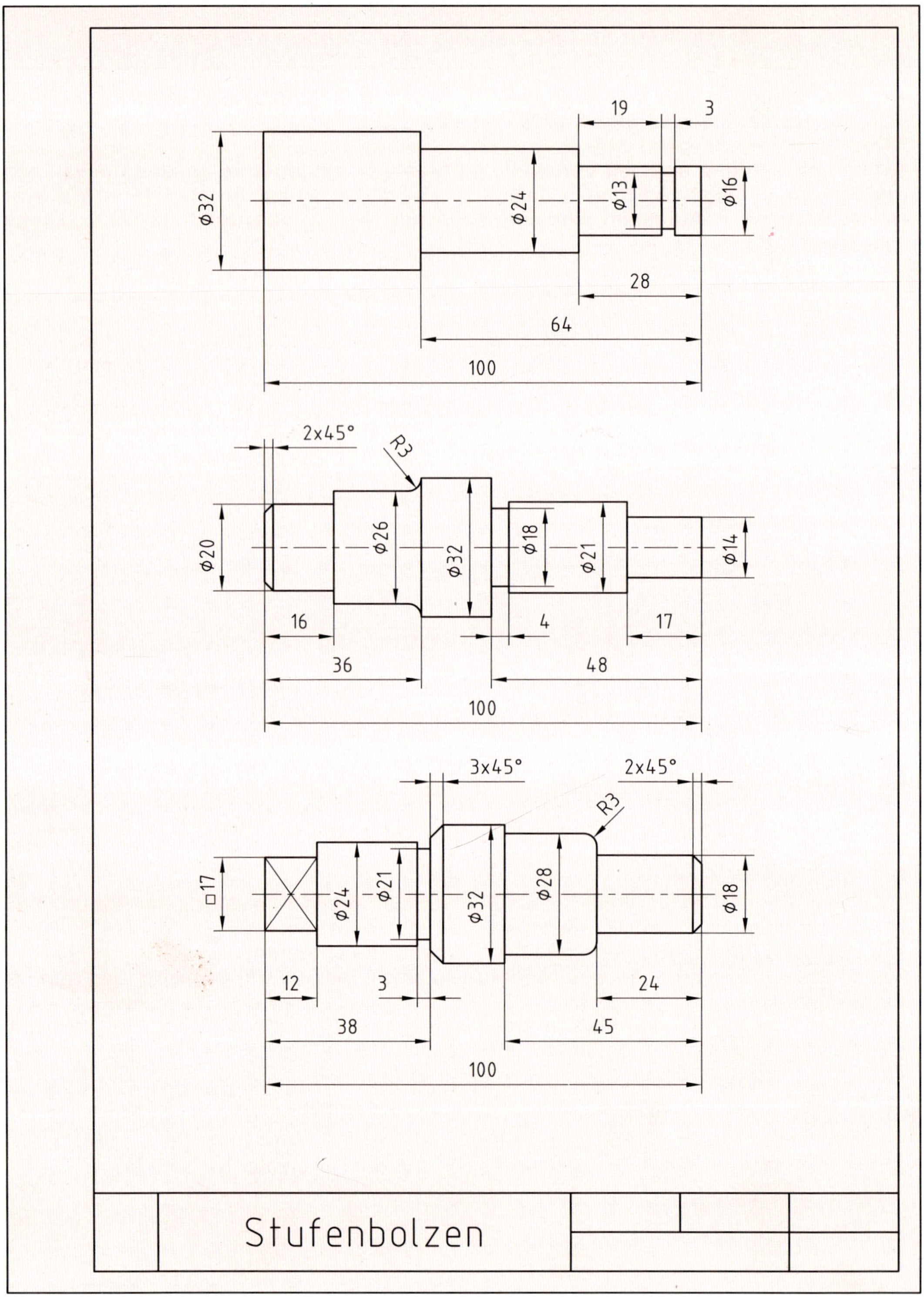

Vorlage für ZÜ 4.4

Maße zu Aufgabe 1
Maßbezugselemente sind die rechte Stirnseite und die Mittellinie, die erste Abstufung = ∅18 × 42, die zweite Abstufung = ∅26 × 22 und hat von der linken Stufenseite in einem Abstand = 17 eine Nut mit ∅22 × 2.

Maße zu Aufgabe 2
Maßbezugselemente sind die rechte Stirnseite und die Mittellinie, die erste Abstufung = ∅20 × 32 einschließlich einer Abfasung = 2 × 45°, die zweite Abstufung hat insgesamt ∅26 × 28 und läuft mit R3 aus.

Maße zu Aufgabe 3
Maßbezugselemente sind die rechte Stirnseite und die Mittellinie, die erste Abstufung hat insgesamt ∅18 × 28 und läuft mit R4 aus, die zweite Abstufung = ∅26 × 29 einschließlich einer Nut mit ∅22 × 3.

Maße zu Aufgabe 4
Maßbezugselemente sind die rechte bzw. linke Stirnfläche und die Mittellinie, die erste rechts liegende Abstufung = ∅16 × 20 einschließlich einer Abfasung = 2 × 45°, die zweite rechts liegende Abstufung = ∅22 × 24 einschließlich einer Nut mit ∅18 × 3, die erste links liegende Abstufung = ∅16 × 18 einschließlich einer Abfasung = 2 × 45°, die zweite links liegende Abstufung = ∅24 × 16.

Maße zu Aufgabe 5
Maßbezugselemente sind die rechte bzw. linke Stirnfläche und die Mittellinie, die erste rechts liegende Abstufung hat insgesamt ∅16 × 21 einschließlich einer Abfasung = 2 × 45° und läuft mit R4 aus, die zweite rechts liegende Abstufung = ∅26 × 31, die erste links liegende Abstufung = ∅18 × 16 einschließlich einer Abfasung = 2 × 45°, die zweite links liegende Abstufung = ∅24 × 12, der mittlere Teil ist beidseitig mit 2 × 45° gefast.

Maße zu Aufgabe 6
Maßbezugselemente sind die rechte bzw. linke Stirnfläche und die Mittellinie, die erste rechts liegende Abstufung = ∅16 × 33 einschließlich einer Abfasung = 2 × 45°, die zweite rechts liegende Abstufung hat insgesamt ∅24 x 14 und läuft mit R4 aus, die erste links liegende Abstufung = ∅20 × 20 einschließlich einer Nut mit ∅16 × 2 und einer Abfasung = 2 × 45°, die zweite links liegende Abstufung = ∅26 × 20.

Maße zu Aufgabe 7
Maßbezugselemente sind die rechte bzw. linke Stirnfläche und die Mittellinie, die erste rechts liegende Abstufung = ∅18 × 22 einschließlich einer Abfasung = 2 × 45°, die zweite rechts liegende Abstufung hat insgesamt ∅26 × 20 und läuft mit R3 aus, links liegt ein Vierkant mit 17 × 17 und einer Länge = 14, anschließend ist eine Abstufung mit ∅24 × 30 einschließlich einer Nut mit ∅20 × 3.

Maße zu Aufgabe 8
Maßbezugselemente sind die rechte bzw. linke Stirnfläche und die Mittellinie, rechts ist ein Vierkant mit 16 × 16 und einer Länge = 20, die anschließende Abstufung hat insgesamt ∅24 × 22 und läuft mit R4 aus, die erste links liegende Abstufung = ∅21 × 22 einschließlich einer Abfasung = 2 × 45° und einer Nut mit ∅18 × 3, die zweite links liegende Abstufung hat insgesamt ∅26 × 16 und läuft mit R3 aus.

Maße zu Aufgabe 9
Maßbezugselemente sind die rechte bzw. linke Stirnfläche und die Mittellinie, die erste rechts liegende Abstufung = ∅16 × 21 einschließlich einer Abfasung = 2 × 45° und läuft mit R2 aus, anschließend ist eine Abstufung mit ∅24 × 29 einschließlich einer Nut mit ∅21 × 4, links ist ein Vierkant mit 18 × 18 und einer Länge = 18, die folgende Abstufung = ∅26 × 16, der verbleibende Mittelteil ist links und rechts mit 2 × 45° gefast.

ZÜ 4.5 Darstellung und Bemaßung von Drehteilen in zwei Ansichten

Lernziel: *Zeichnen und Bemaßen von Drehteilen mit Bohrungen, Nuten, Fasen, Radien und Vierkanten nach Textangabe*

Die drei nachstehend beschriebenen **Führungsspindeln** sind auf einem A4-Blatt in Hochformat jeweils in der Vorder- und Seitenansicht darzustellen. Die Maße zu den nachstehenden Aufgaben sind immer in der Reihenfolge **Durchmesser × Länge** angegeben. Alle Drehteile haben ein Rohmaß von ⌀32 × 75 mm.

Zeichenablauf zu ZÜ 4.5:

Bei den bisherigen Übungsbeispielen war die Form des fertigen Werkstückes bildlich vorgegeben. Da diese Hilfestellung bei den folgenden Aufgabenstellungen fehlt, ist zunächst eine Skizze anzufertigen, um den Platzbedarf für die Darstellung und die Eintragung der einzelnen Maße zu ermitteln.

- Skizzen anfertigen.
- Alle Maße sollen von den Maßbezugselementen ausgehen.
- Vermeide Kreuzungen von Maßlinien mit Maßhilfslinien.
- Alle Maße der Zeichnungsdetails sind dort zu platzieren, wo sie in der Ansicht liegen und auch gemessen und geprüft werden können.
- Alle Fertigungsmaße sind unten stehender Legende zu entnehmen.
- Das Schriftfeld ist vollständig auszufüllen.

Maße zu Drehteil 1

Maßbezugselemente sind die rechte bzw. linke Stirnfläche und die Mittellinie, die erste rechts liegende Abstufung = ⌀20 × 20 einschließlich einer Abfasung = 2 × 45°, die zweite rechts liegende Abstufung = ⌀26 × 27 einschließlich einer Nut mit ⌀22 × 3, auf der links liegenden Abstufung = ⌀26 × 18 ist ein außen liegender Vierkant mit 20 × 20 und einer Länge = 13, die in der Längsachse liegende Durchgangsbohrung = ⌀14.

Maße zu Drehteil 2

Maßbezugselemente sind die rechte bzw. linke Stirnfläche und die Mittellinie, die erste rechts liegende Abstufung hat ⌀16 × 22 einschließlich einer Abfasung mit 1 × 45° und einem Übergangsradius R5, die zweite rechts liegende Abstufung hat ⌀26 × 23, links sieht man in der Vorderansicht auf eine außen liegende Zweikantabflachung mit einer Schlüsselweite = 22 und einer Länge = 18, normal dazu liegt zentrisch in der Abflachung eine Durchgangsbohrung mit ⌀10, der ⌀32 ist rechts mit 2 × 45° gefast.

Maße zu Drehteil 3

Maßbezugselemente sind die rechte bzw. linke Stirnfläche und die Mittellinie, die erste rechts liegende Abstufung hat insgesamt = ⌀12 × 21 einschließlich einer Fase mit 1 × 45° und einem Übergangsradius R2, die zweite rechts liegende Abstufung hat ⌀24 × 19 einschließlich einer Fase = 3 × 45° und einem Übergangsradius R3, die links liegende Abstufung hat ⌀19 × 21 einschließlich einer Fase = 2 × 45° und einer Nut mit ⌀16 × 3, mittig im verbleibenden Teil liegt eine radial liegende Durchgangsbohrung mit ⌀8.

4.9 Bemaßung von Bogenlängen und gestreckten Längen

Bei Bemaßung von Bogenlängen wird die Maßlinie immer als Kreisbogen um den Bogenmittelpunkt gezeichnet. Die Maßhilfslinien stehen parallel zur Winkelhalbierenden, die Maßzahl erhält einen darüber liegenden Bogen (Bild 1). Bei größerem Winkel stehen die Maßhilfslinien in Richtung Bogenmittelpunkt und die Maßzahl erhält das Wort „Bogen" vorgesetzt (Bild 2). In unklaren Fällen ist das eingetragene Bogenmaß mit dem bemaßten Bogen zusätzlich durch eine Bezugslinie zu verbinden (Bild 3).

Bild 1

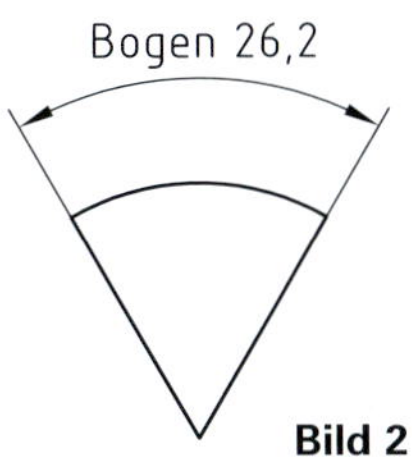

Bild 2

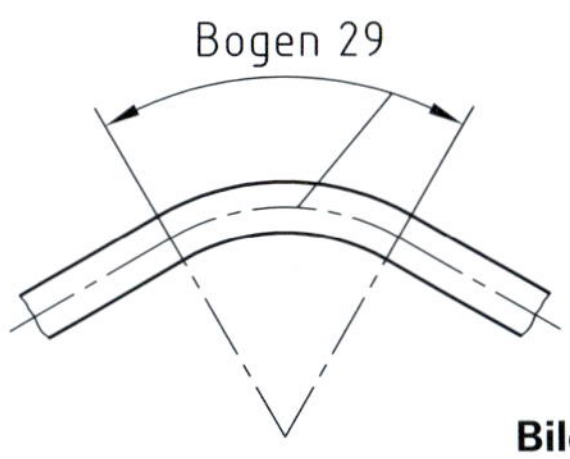

Bild 3

Bei gebogenen Teilen werden die beiden äußeren Schenkellängen, der von den Schenkeln eingeschlossene Winkel und der innere Biegeradius bemaßt. Bei einem rechten Winkel entfällt die Winkelangabe (Bild 4).

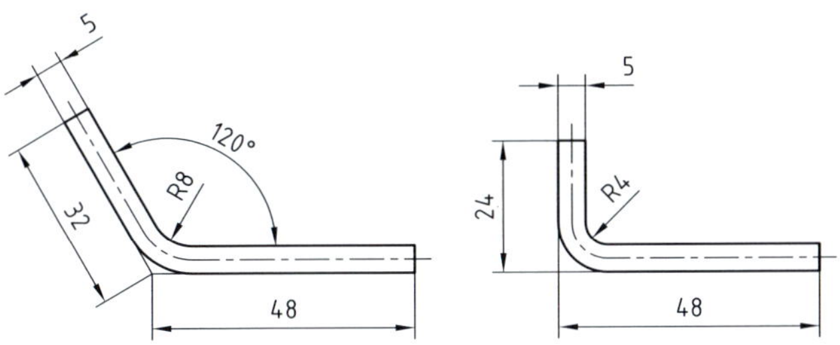

Bild 4

4.10 Symbole und Kurzzeichen für die Bemaßung von technischen Zeichnungen

⌀24	Durchmesser	Symbol steht **vor** der Maßzahl
□24	Quadrat	Symbol steht **vor** der Maßzahl
R12	Radius	Symbol steht **vor** der Maßzahl
S⌀56	Kugeldurchmesser	Symbol steht **vor** der Maßzahl
SR28	Kugelradius	Symbol steht **vor** der Maßzahl
SW27	Schlüsselweite	Symbol steht **vor** der Maßzahl
Bogen 68	Bogenlänge	Wortlaut steht **vor** der Maßzahl oder
⌒68	Bogenlänge	Symbol steht **über** der Maßzahl
(68)	Hilfsmaß	Maßzahl wird **rund eingeklammert**
[68]	Rohmaß	Maßzahl wird **eckig eingeklammert**
[45] (umrahmt)	theoretisch genaues Maß	Maßzahl wird **eckig umrahmt**
(45) (abgerundet umrahmt)	Prüfmaß	Maßzahl wird **abgerundet umrahmt**
68 (unterstrichen)	**nicht** maßstäblich gezeichnetes Maß	Maßzahl wird **unterstrichen**

5 Schnittdarstellung

5.1 Allgemeines

Für die Fertigungszeichnung von Maschinen- und Bauteilen ohne Hohlräume genügt fast immer eine Darstellung in Normalprojektion mit Vorderansicht, Seitenansicht und Draufsicht.
Sollen jedoch die Innenformen von Hohlkörpern oder von Werkstücken mit Hohlräumen (Bohrungen, Senkungen, Innengewinde, Nuten usw.) gezeigt und vor allem bemaßt werden, kann dies nur durch eine Schnittdarstellung nach **ÖNORM ISO 128-40** und **ÖNORM ISO 128-44** erfolgen.

Darunter versteht man die Darstellung eines Werkstückes, das durch eine oder mehrere Ebenen (Schnittebenen) getrennt ist.

Man stellt sich das Werkstück durchgeschnitten vor und zeichnet es so, wie es aussehen würde, wenn die vordere Hälfte weggenommen wäre (Bild 1).

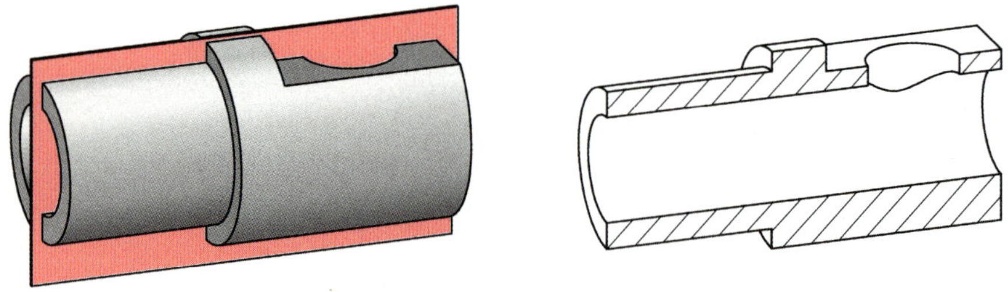

Bild 1

Durch die Schnittdarstellung werden die Hohlräume und Ausnehmungen im Werkstück sichtbar und damit die Innenform verständlicher.

Zeichnerisch wird eine Schnittdarstellung dadurch gekennzeichnet, dass die in der Schnittebene liegenden Werkstoffflächen schraffiert werden, **nicht jedoch** die durch die Darstellung freigelegten Hohlräume.

Die in der Schnittebene liegenden, vorher verdeckten Kanten werden durch die gedachte Trennung des Werkstückes sichtbar und daher mit **breiten** Volllinien dargestellt. Nunmehr ist auch die vollständige Bemaßung möglich, da an **verdeckten Kanten keine Maße** angesetzt werden sollen (Bild 2).

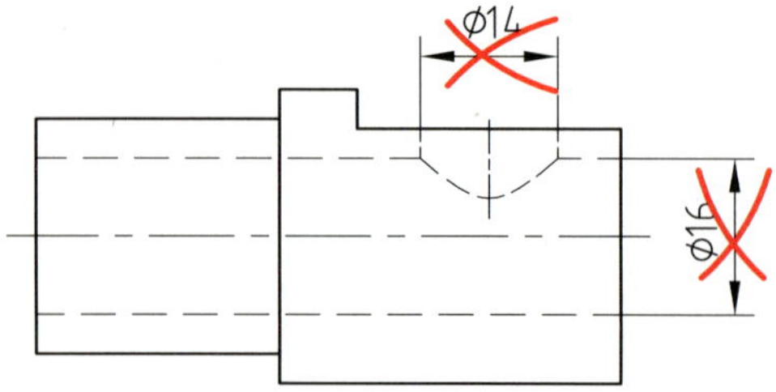

Ansicht mit **verdeckten Innenkanten**

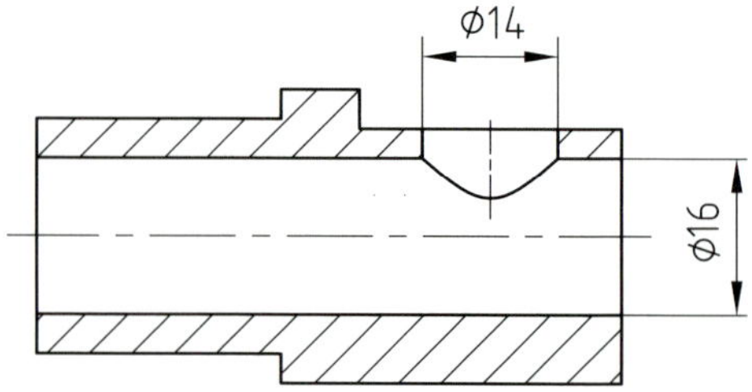

Ansicht mit **sichtbaren Innenkanten**

Bild 2

5.2 Ausführung und Lage der Schraffur

Im Allgemeinen werden Schnittflächen nach **ÖNORM ISO 128-50** ohne Rücksicht auf den Werkstoff durch eine Schraffur mit parallelen, **schmalen** Volllinien dargestellt.

Der Schraffurabstand wird der Größe der Zeichnung angepasst und beträgt ca. 3 mm (Bild 1).

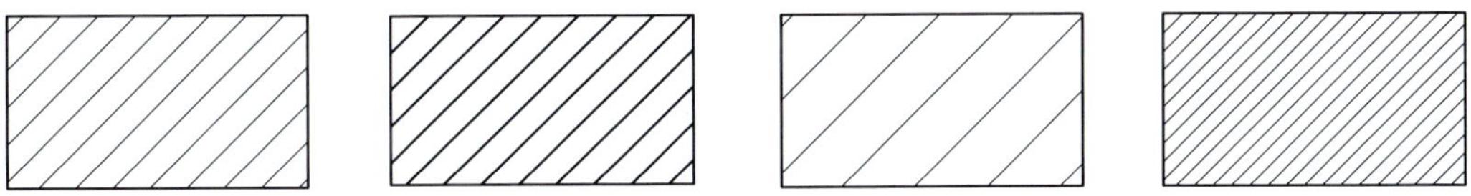

ideale Schraffur | **Linien zu breit** | **Abstand zu weit** | **Abstand zu eng**

Bild 1

Die Schraffur wird regelmäßig und unter 45° zu den Hauptumrissen oder zur Symmetrieachse des Werkstückes ausgeführt (Bild 2).

Die Schraffurrichtung kann nach freiem Ermessen links oder rechts steigend gewählt werden.

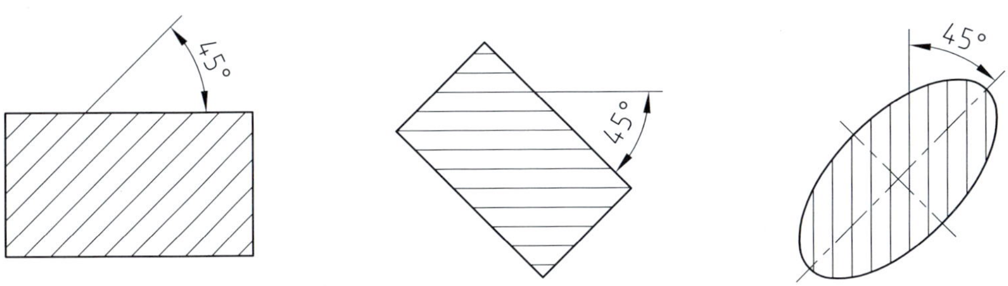

Bild 2

Um Zeichenarbeit einzusparen, kann die Schraffur bei großen Schnittflächen auf die Randzone beschränkt werden (Bild 3).

Sehr schmale Schnittflächen werden nicht schraffiert, sondern geschwärzt dargestellt (Bild 4 und 5). Stoßen jedoch mehrere geschwärzte Flächen aneinander, sind diese mit einem Abstand von mindestens 0,5 mm zu zeichnen (Bild 5).

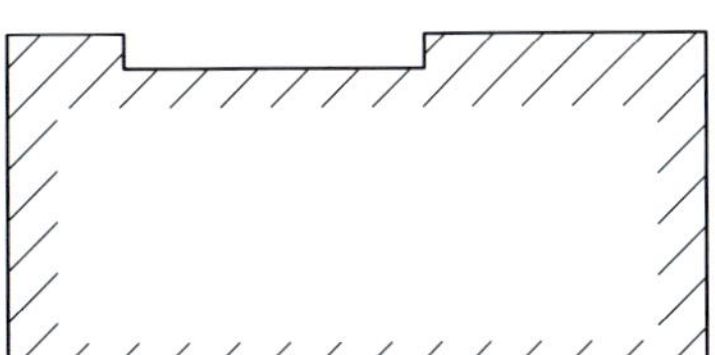

Bild 3

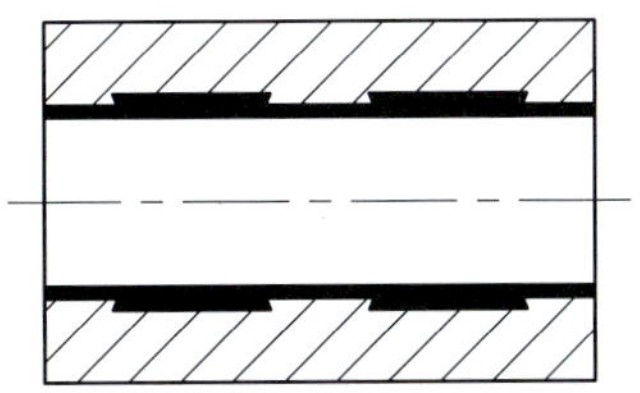

Bild 4

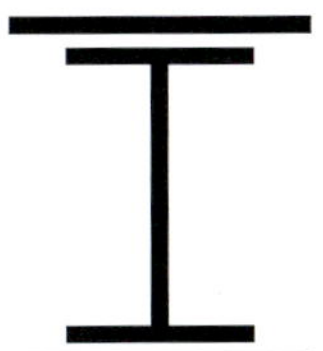

Bild 5

Grenzen zwei verschiedene Bauteile aneinander, so sind die sich berührenden Körperkanten **nur mit einer Linie** darzustellen. Die Schnittflächen dieser angrenzenden Teile werden entgegengesetzt und bei mehreren angrenzenden Werkstücken zusätzlich noch mit verschieden großen Linienabständen schraffiert (Bild 1).

Verdeckte Körperkanten werden in Schnittdarstellungen nur gezeichnet, wenn sie zum Verständnis der Darstellung **unbedingt** erforderlich sind.

Nach Möglichkeit sind Maß- und Worteintragungen in schraffierten Flächen zu vermeiden. Wo sich dies nicht umgehen lässt, ist in der Schraffur ein entsprechender Platz auszusparen. Maßpfeile, Maß- und Maßhilfslinien dürfen **durch die Schraffur** gezogen werden (Bild 2).

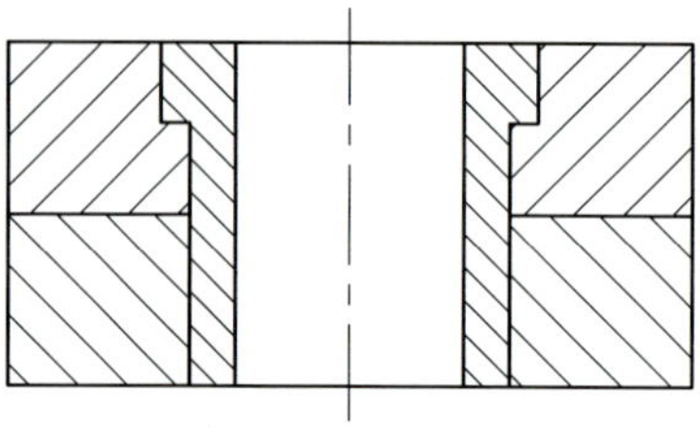

Bild 1

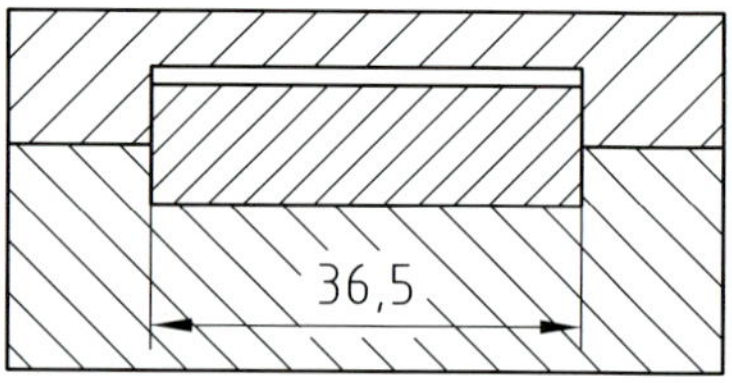

Bild 2

Sämtliche Schnittflächen desselben Werkstückes sind in allen Schnitten und allen Ansichten mit gleichem Abstand und in gleicher Richtung zu schraffieren (Bild 3).

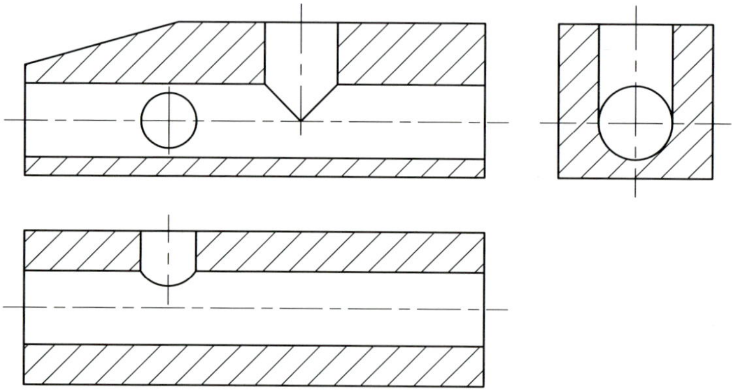

Bild 3

5.3 Arten der Schnittdarstellungen

Grundsätzlich können Schnitte an beliebigen Stellen des Werkstückes gelegt werden. Aus praktischen Gründen wird der Schnittverlauf jedoch vorwiegend in der Längs- oder Querachse eines Bauteiles liegen.

Folgendes Schema zeigt eine Übersicht der laut **ÖNORM ISO 128-40** gebotenen Schnittdarstellungsarten, wobei durch die richtige Auswahl der zeichnerische Aufwand erheblich reduziert werden kann.

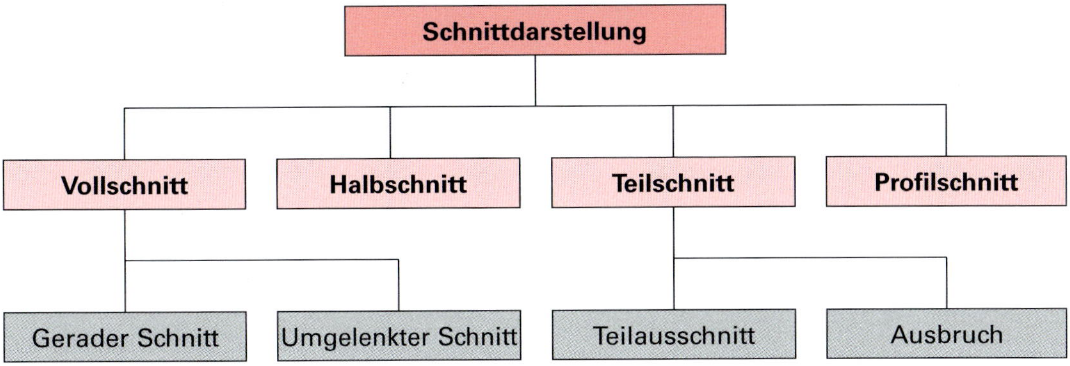

Die Festlegung, welche Art der Schnittdarstellung gewählt wird, ist grundsätzlich von der **Form des Werkstückes** abhängig. Eine einfache **Entscheidungshilfe** erhält man durch die Beantwortung folgender Fragen:

Welche Art der Schnittdarstellung ist zu wählen, wenn

- ein **nicht symmetrischer Hohlkörper** im Schnitt gezeichnet werden soll? ⇒ **Vollschnitt**
- ein **symmetrischer Hohlkörper** im Schnitt gezeichnet werden soll? ⇒ **Halbschnitt**
- von einem Werkstück **nur ein Teilbereich** im Schnitt gezeichnet werden soll? ⇒ **Teilschnitt**
- von einem Werkstück **nur ein Teilbereich ohne die zugehörige Ansicht** im Schnitt gezeichnet werden soll? ⇒ **Teilausschnitt**
- in einem **vollen Werkstück** Hohlräume, wie Bohrungen, Nuten, Ausnehmungen usw., dargestellt werden sollen? ⇒ **Ausbruch**
- an einem, **in Längsrichtung dargestellten Werkstück nur die Querschnittsform** dargestellt werden soll? ⇒ **Profilschnitt**
- bei einem Werkstück mehrere, nicht in **einer Ebene** liegende Hohlräume in **einer Ansicht** dargestellt werden sollen? ⇒ **Umgelenkter Schnitt**

5.3.1 Vollschnitt

Bei der einfachsten Art aller Schnittdarstellungen trennt man das Werkstück meist in **der** Ebene, die mit der Längs- oder Hauptachse des Bauteiles zusammenfällt.

Da die Schnittfläche nur die Innenform zeigt, ist zumindest **eine** zweite, die Außenform darstellende Ansicht erforderlich (Bild 1).

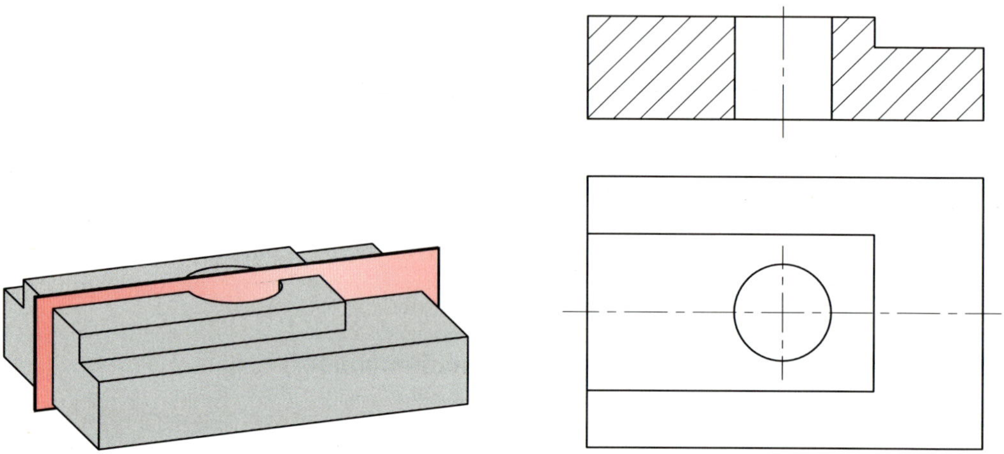

Bild 1

Die Querschnittsübergänge in den Hohlräumen des Werkstückes erzeugen eine hinter der Schnittebene liegende **durchgehende** Körperkante (Umlaufkante), die eingezeichnet werden muss.

Bei der Bemaßung einer Schnittdarstellung werden die Maßhilfslinien direkt von den Umlaufkanten nach außen gezogen und dabei nicht durch die Schraffur unterbrochen (Bild 2).

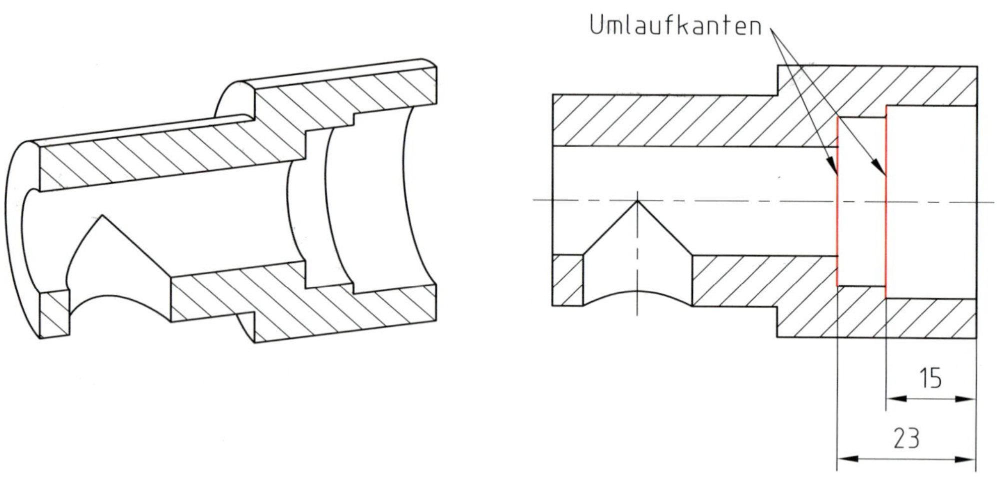

Bild 2

5.3.2 Halbschnitt

Ein Halbschnitt ist die Darstellung eines Werkstückes, die zur Hälfte im Schnitt und zur Hälfte in der Ansicht gezeichnet ist. Diese Schnittart wird bevorzugt bei symmetrischer Schnittfläche angewendet.

Bei dieser Schnittart kann viel Zeichenarbeit eingespart werden, da in einer Ansicht sowohl die Außen- als auch die Innenformen des Körpers dargestellt sind (Bild 1).

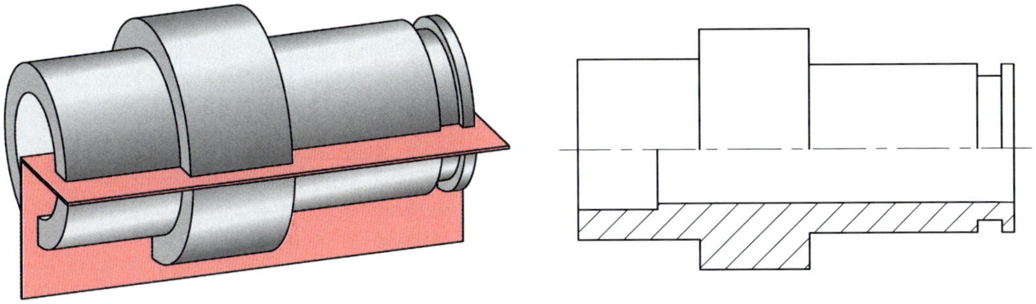

Bild 1

Die Trennung zwischen Ansichts- und Schnitthälfte bildet eine Strich-Punktlinie, die meistens mit der Mittel- oder Symmetrielinie des Werkstückes zusammenfällt. Sie darf jedoch **nicht als Körperkante** gezeichnet werden, da der Schnitt nur gedacht ist.

Im Regelfall wird die geschnitten dargestellte Hälfte bei **waagrechter Mittellinie unterhalb** und bei **senkrechter Mittellinie rechts** von dieser angeordnet (Bild 2).

Bild 2

Sowohl die äußeren als auch die inneren Umlaufkanten werden nur bis zur Trennungslinie von Ansichts- und Schnitthälfte gezeichnet.

Die Bemaßung aller Hohlräume des Werkstückes erfolgt auf der Schnittseite, die Bemaßung der Außenkanten auf der Ansichtsseite und wenn erforderlich auch auf der Schnittseite.

In der Halbschnittdarstellung werden für die **Innendurchmesser** „fliegende" Maßpfeile gesetzt. Das heißt, die Bemaßung setzt sich aus einer von der Körperkante bis etwas über die Mittellinie reichenden Maßlinie und **nur einem Maßpfeil** zusammen (∅18 und ∅20, Bild 1).

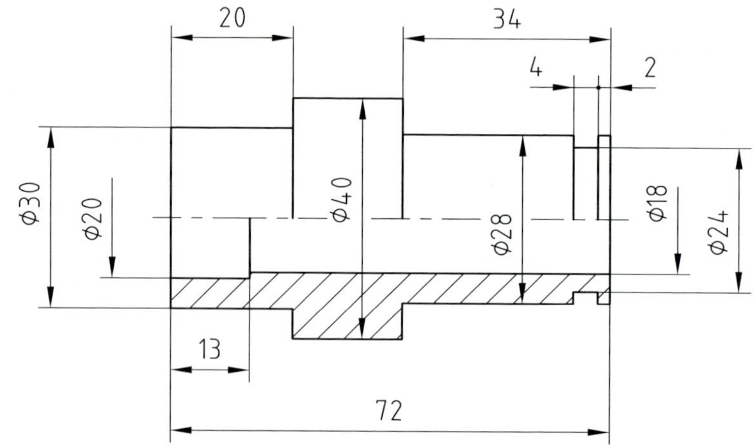

Bild 1

Fällt bei der Schnittführung eine Körperkante **genau auf die Mittellinie**, ist diese Kante auszuziehen (Bild 2).

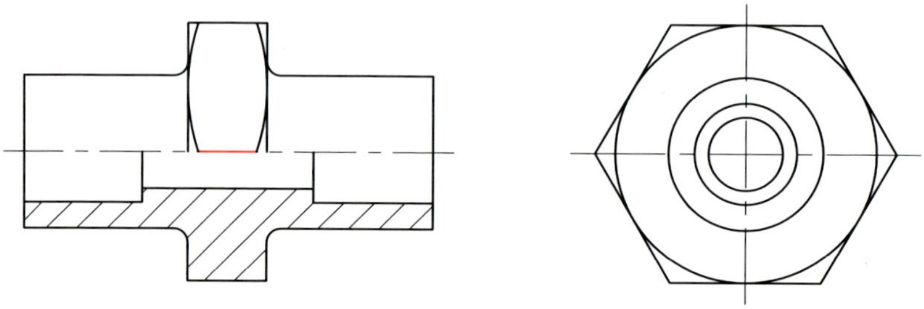

Bild 2

5.4 Kennzeichnung des Schnittverlaufes und der Schnitte

Wenn der Verlauf einer Schnittebene wie beim Voll- und Halbschnitt **eindeutig** ist, erhält die Schnittdarstellung **keine** besondere Kennzeichnung.

Ist der Schnittverlauf einer Schnittebene in einem Werkstück **nicht eindeutig**, so wird
- die **Schnittebene** durch **Schnittlinien**,
- die **Blickrichtung** auf die **Schnittfläche** durch **Pfeile** und
- die **Schnittumlenkung** durch **Knickstellen** gekennzeichnet.

Ist der Schnittverlauf trotz der oben angeführten Kriterien **noch nicht eindeutig**, so wird der Schnitt zusätzlich mit **Großbuchstaben** oder **Symbolen** bezeichnet.

5.4.1 Schnitte in einer Ebene

Werden Werkstücke oder Bauteile nur in einer Ebene geschnitten, genügt vielfach die Kennzeichnung durch Schnittlinien und Pfeile.

Die Schnittlinie wird mit einer **breiten** Strich-Punktlinie jeweils am Beginn und Ende der Schnittführung gezeichnet, wobei diese jeweils ca. 3 mm in das Werkstück reicht (Bild 1). Die Pfeile liegen kurz nach Anfang und vor Ende der dargestellten Schnittlinien. Sie berühren mit ihrer Spitze die Schnittlinie und sind mit einer **breiten** Volllinie und mit **1,5facher Länge** der in der Zeichnung verwendeten Maßpfeile zu zeichnen.

Nunmehr sind die beiden Schnitte durch die Pfeilrichtung eindeutig zugeordnet. Selbstverständlich ist die Ausführung der Schraffur in allen Schnittdarstellungen desselben Körpers gleich zu zeichnen.

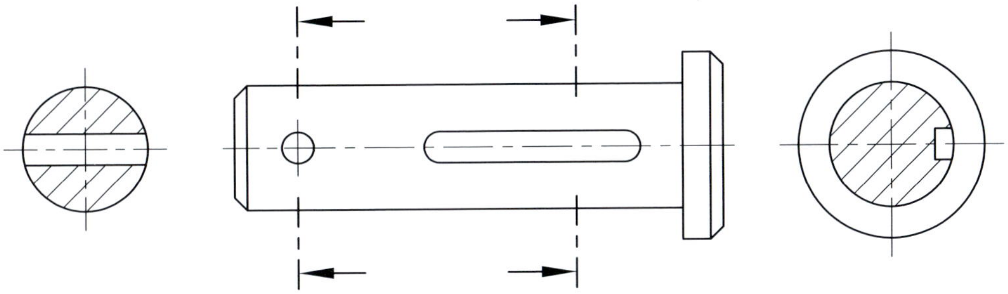

Bild 1

Die Praxis zeigt, dass Werkstücke auf Grund ihrer komplizierten Form (Hohlräume, die nicht in einer Ebene liegen usw.) gelegentlich in mehreren Schnitten dargestellt werden müssen.

Damit auch in diesen Fällen die Zuordnung der Schnitte eindeutig gewährleistet ist, wird der Schnittverlauf zusätzlich noch mit Großbuchstaben von **1,5facher Höhe**, bezogen auf die Schriftgröße der Bemaßung, gekennzeichnet.

Vorzugsweise soll der Schnittverlauf durch gleiche Buchstaben z. B. A – A, B – B usw., kann aber auch in alphabetischer Buchstabenfolge wie A – B, C – D usw. erfolgen.

Da die Norm keinerlei Aussagen macht, wo die Buchstaben bei Kennzeichnung der Schnittführung gezeichnet werden sollen, ergeben sich folgende zeichnerische Möglichkeiten:

Die Buchstaben können (siehe Bild 1, Seite 84) bei waagrechter und senkrechter Schnittführung außerhalb der Darstellung auf Höhe der Schnittlinie eingetragen werden.

Eine andere Möglichkeit (siehe Bild 1 und Bild 3, Seite 85) ist, die Buchstaben bei waagrechter Schnittführung links bzw. rechts der Schnittpfeile und bei senkrechter Schnittführung oberhalb der Schnittpfeile zu zeichnen. Die Buchstaben müssen aber immer von unten zu lesen sein.

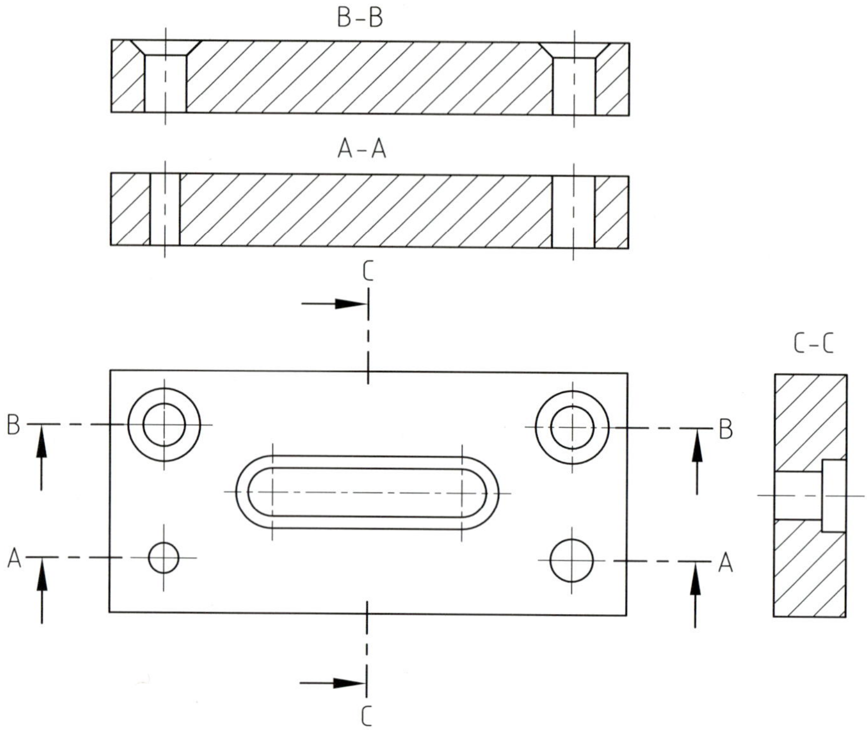

Bild 1

5.4.2 Schnitte in parallel versetzten Ebenen (Umgelenkter Schnitt)

Wird ein Werkstück durch zwei oder mehrere parallel versetzte Ebenen geschnitten, erhält der Schnittverlauf neben der bisherigen Kennzeichnung mit Schnittlinien und Pfeilen noch zusätzlich Knickstellen. Diese sind mit einer ca. 3 mm kurzen, **breiten** Volllinie zu zeichnen (Bild 2).

Werden parallel versetzte Schnittebenen durch eine gemeinsame Mittellinie begrenzt, sind die Schraffurlinien der verschiedenen Ebenen versetzt zu zeichnen (Bild 3).

Sollte es die Eindeutigkeit der Schnittführung erlauben, dürfen die Schraffurlinien auch durchgezogen werden (Bild 4).

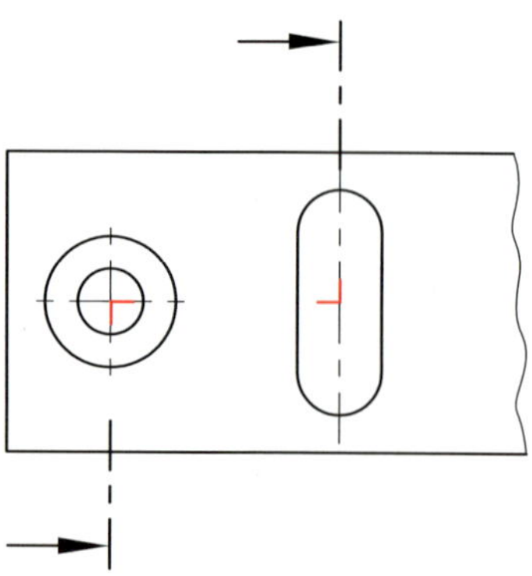

Bild 2

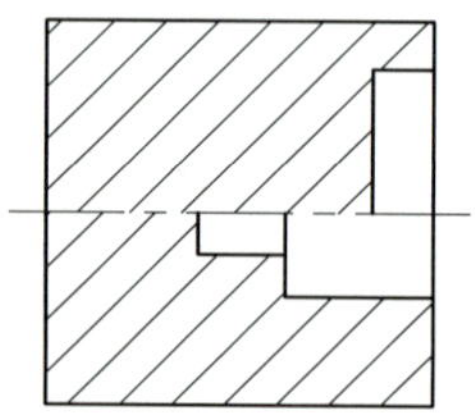

Bild 3

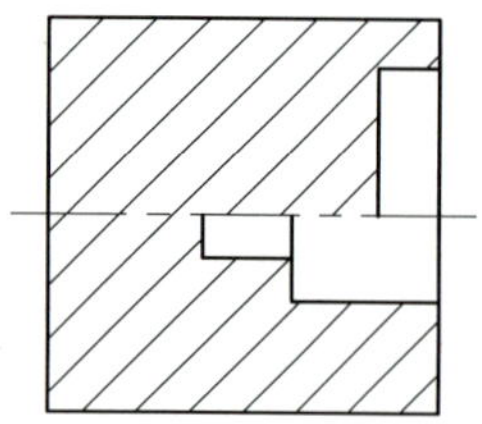

Bild 4

Beim umgelenkten Schnittverlauf können durch die Kennzeichnung der Schnittebenen alle Hohlräume, auch wenn sie in **parallel versetzten** Ebenen liegen, in **nur einer Ansicht** veranschaulicht werden.

Zum besseren Verständnis können die Knickstellen zusätzlich mit Buchstaben versehen werden (Bild 1).

Innerhalb der Schnittdarstellung dürfen die Knickstellen **nicht** als Kante gezeichnet werden, da der Schnitt nur gedacht ist (Bild 2).

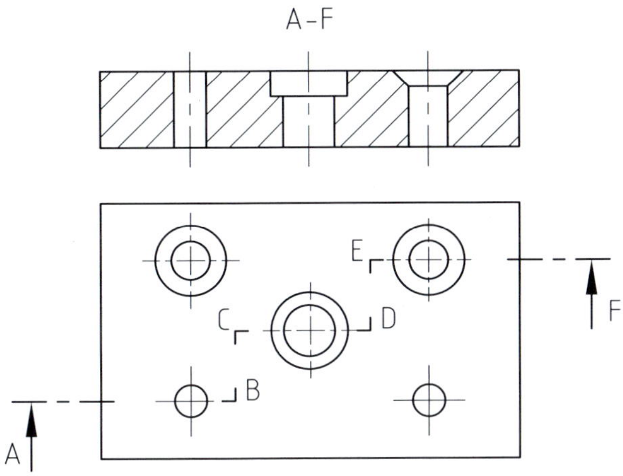

Bild 1

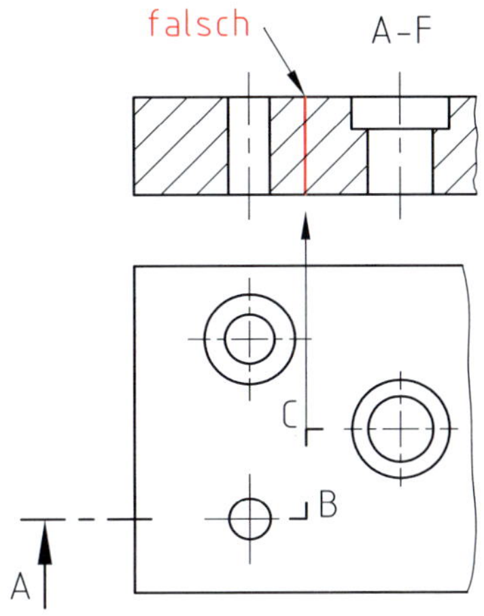

Bild 2

Um bei Darstellung von Werkstücken mit sehr ungünstig liegenden Hohlräumen eine zusätzliche Ansicht oder Schnittdarstellung einzusparen, kann es erforderlich sein, den Schnitt so zu legen, dass die Schnittlinie das Werkstück verlässt. In diesen Fällen wird der Übergang von Schnitt und Ansicht durch eine Freihandlinie dargestellt (Bild 3).

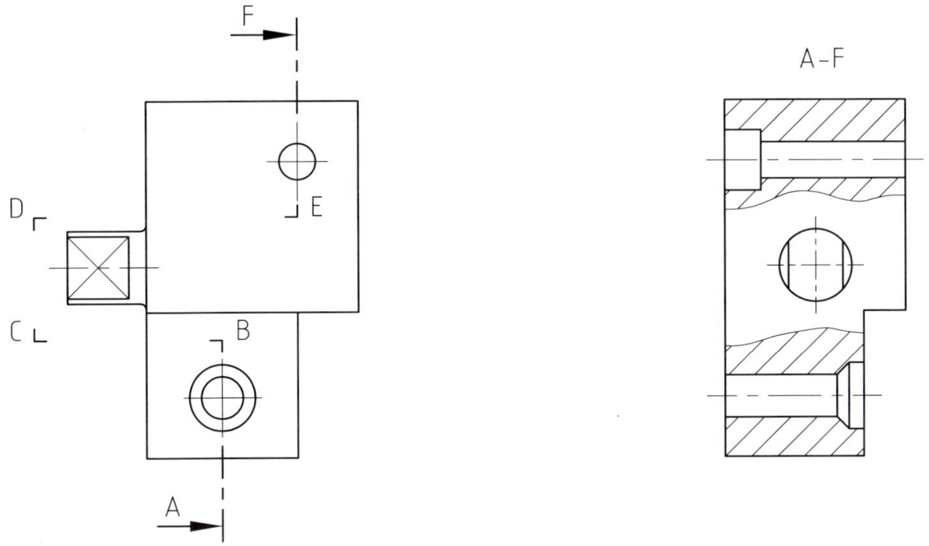

Bild 3

5.4.3 Schnittebenen, die einen Winkel einschließen

Stehen zwei Schnittebenen zueinander im Winkel, dann ist der Schnitt so darzustellen, als lägen die Schnittflächen in einer Ebene. Das heißt, die Ebene des einen Schnittes wird in die Ebene des anderen Schnittes **gedreht** (Bild 1).

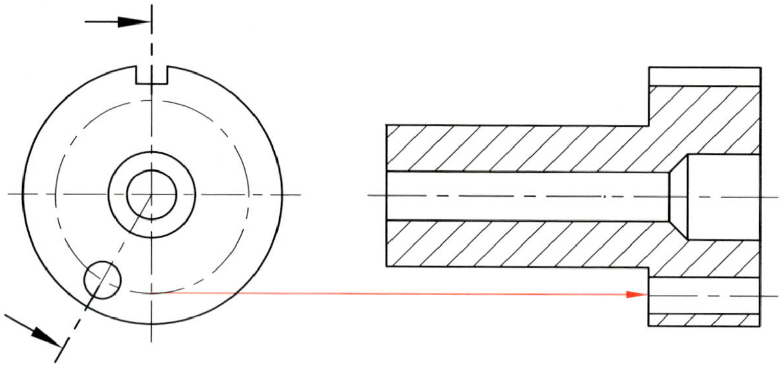

Bild 1

Bei parallelen Schnittebenen **und** einer im Winkel zu dieser liegenden Verbindungsebene wird der Schnitt nicht in wahrer Länge, sondern in der **Projektion** gezeichnet (Bild 2).

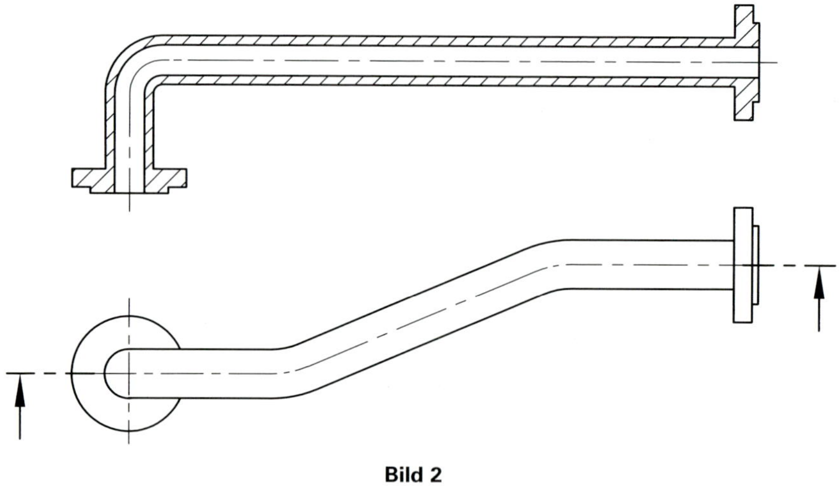

Bild 2

5.5 Teilschnitt

Wenn ein Werkstück nur in einem Teilbereich Hohlräume oder Ausnehmungen aufweist, die freigelegt werden sollen, muss nicht immer eine komplette Schnittdarstellung gezeichnet werden. Hier genügt auch ein Teilschnitt.

Zur Kennzeichnung dieses Schnittes sind in der Ansicht der Schnittverlauf **und** die Blickrichtung auf die Schnittebene einzutragen (Bild 1, Seite 87).

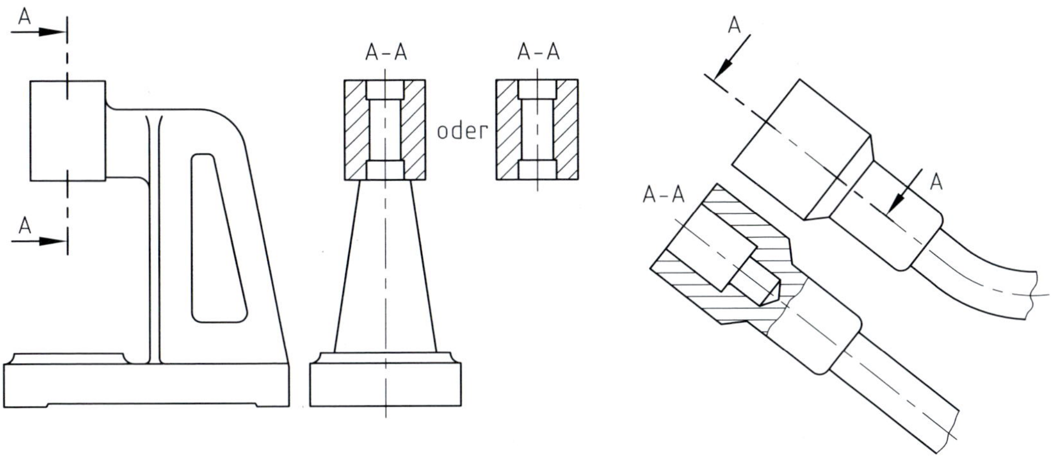

Bild 1

Die hinter der Schnittebene liegenden Umrisse und Körperkanten können entfallen, wenn sie für das Verständnis **nicht** erforderlich sind.

5.5.1 Teilausschnitt

Beim Teilausschnitt wird nur ein Teilbereich eines Werkstückes **ohne die zugehörige Ansicht** im Schnitt dargestellt.

Die Begrenzung der Schnittfläche durch eine Bruchlinie ist beim Teilausschnitt nicht erforderlich (Bild 2).

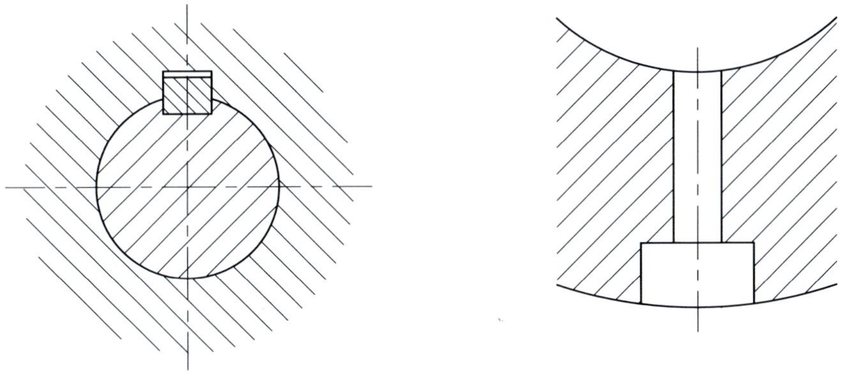

Bild 2

5.5.2 Ausbruch

Die Schnittdarstellungsart Ausbruch bietet die Möglichkeit Ausnehmungen, Bohrungen, Nuten usw. in vollen Werkstücken **direkt in der Ansicht** darzustellen.

Die Begrenzung des ausgebrochenen Werkstückes erfolgt durch eine Freihandlinie nach **ÖNORM EN ISO 128-20** (Bild 1, Seite 88).

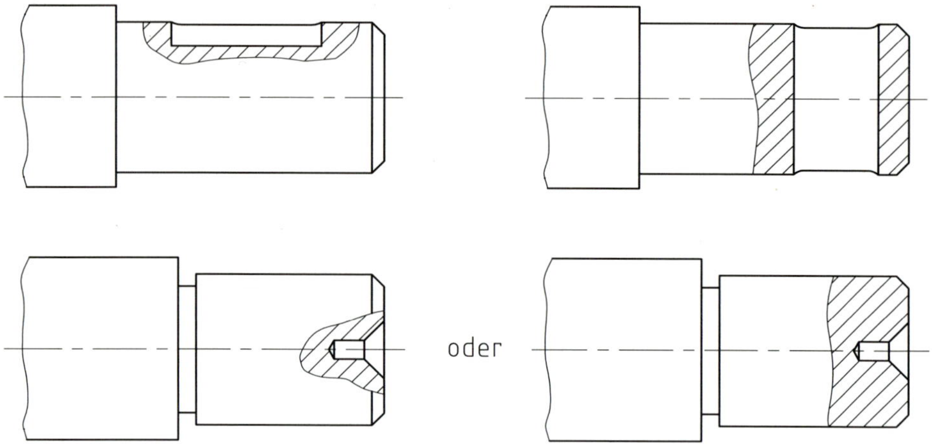

Bild 1

Die Begrenzungslinie darf sich nicht mit Umrissen, Kanten oder anderen Linien decken (Bild 2, links).

Die Begrenzungslinie wird jedenfalls gezeichnet, egal ob die Bruchstelle **nur** schraffierte Flächen (Bild 3) oder schraffierte **und** nicht schraffierte Flächen begrenzt (Bild 4).

Bild 2

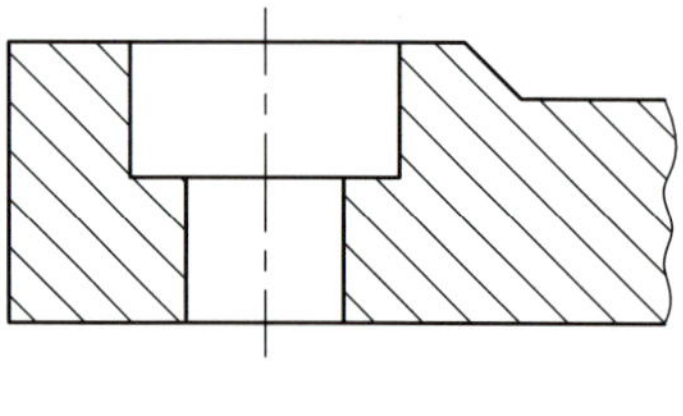

Bild 3

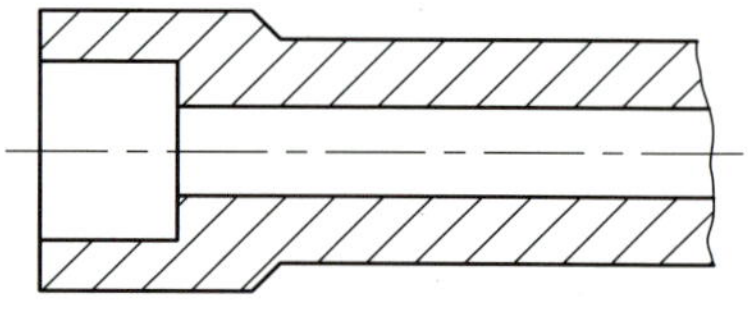

Bild 4

5.6 Profilschnitt

Ein Profilschnitt ist die Abbildung eines vollen Werkstückes normal zur Längsachse, mit dem Zweck, seine Querschnittform (sein Profil) darzustellen.

Profilschnitte können nach den üblichen Schnittdarstellungsregeln oder auch vereinfacht gestaltet werden. Bei der vereinfachten Form können Umrisse und Kanten hinter der Schnittebene entfallen, wenn diese für das Verständnis der Darstellung entbehrlich sind.

Bei der einfachsten Form des Profilschnittes wird der Querschnitt des Werkstückes innerhalb der Ansicht um 90° in die Zeichenebene geklappt, wobei die Schnittfläche schraffiert und die Querschnittsform mit **schmaler** Volllinie dargestellt wird (Bild 1).

Bild 1

Werden von einem Werkstück mehrere Profilschnitte in gleicher Projektionslage gezeichnet, ist die Zuordnung der Schnitte zu kennzeichnen. Dabei besteht die Möglichkeit, die Schnitte auf zwei Arten anzuordnen. Die erste Variante zeigt Bild 2.

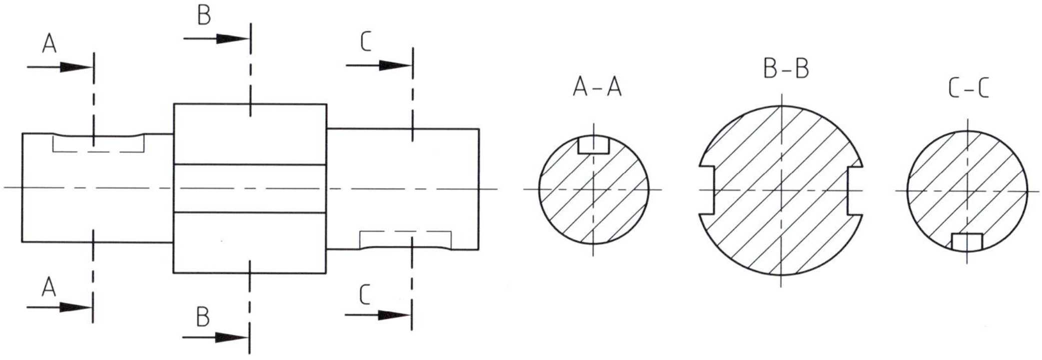

Bild 2

Bei der zweiten Möglichkeit können Profilschnitte, wenn ihre eindeutige Zuordnung gesichert ist, auch unterhalb der Schnittebenen angeordnet werden. Eine zusätzliche Kennzeichnung ist nicht erforderlich (Bild 1, Seite 90).

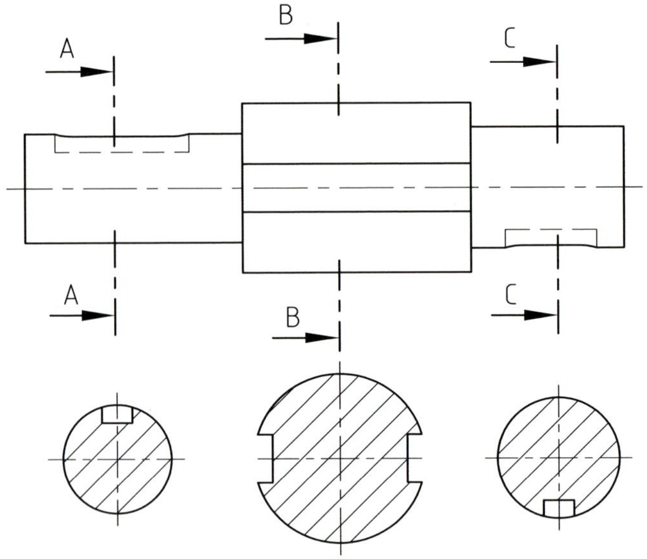

Bild 1

Um Missverständnisse zu vermeiden, sollen Profilschnitte in projektionsgerechter Lage gezeichnet werden (Bild 2).

Wenn die Schnitte jedoch nicht projektionsgerecht gezeichnet sind, müssen die Schnittebenen und die zugehörigen Schnitte gekennzeichnet werden (Bild 3).

Sofern der Schnitt gedreht wird, ist an die Buchstaben, die den Schnitt kennzeichnen, ein Symbol der Drehrichtung anzufügen (Bild 4).

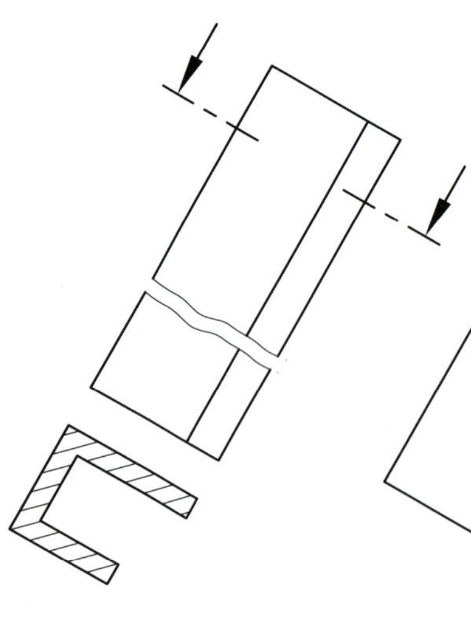

Bild 2

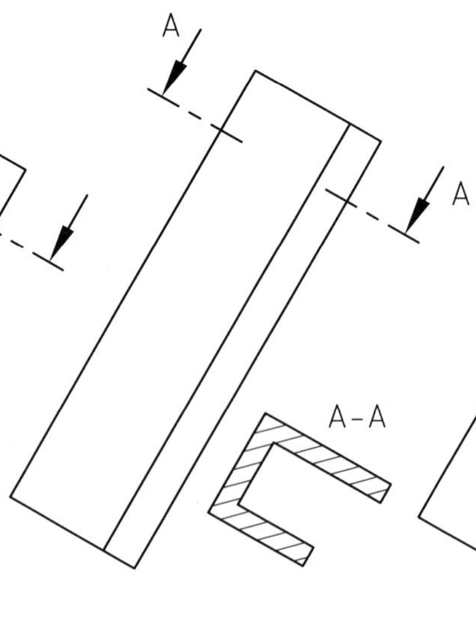

Bild 3

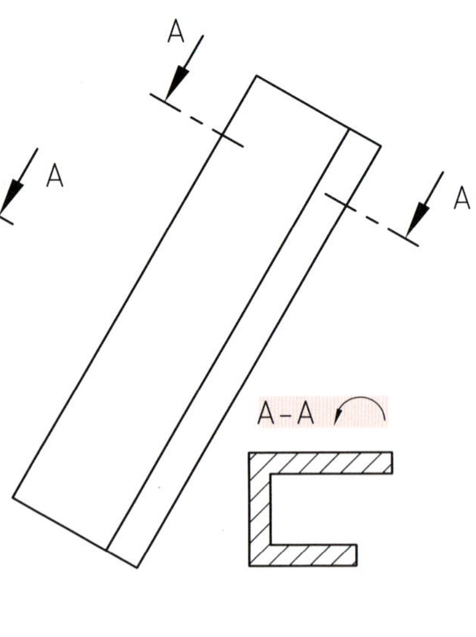

Bild 4

5.7 Besondere Schnittdarstellungen

Damit Schnittdarstellungen übersichtlicher und verständlicher erscheinen, werden bestimmte Bauteile, auch wenn sie in der Schnittebene liegen, nicht im Schnitt dargestellt.

5.7.1 Schnittdarstellung von vollen Körpern

Bei der Darstellung von Schnitten in Zusammenbauzeichnungen werden volle Körper, wie Schrauben, Bolzen, Wellen, Keile, Passfedern usw., **in ihrer Längsachse nicht geschnitten** (Bild 1).
Schnittdarstellungen oben genannter Körper sind nur **quer zur Längsachse** erlaubt!

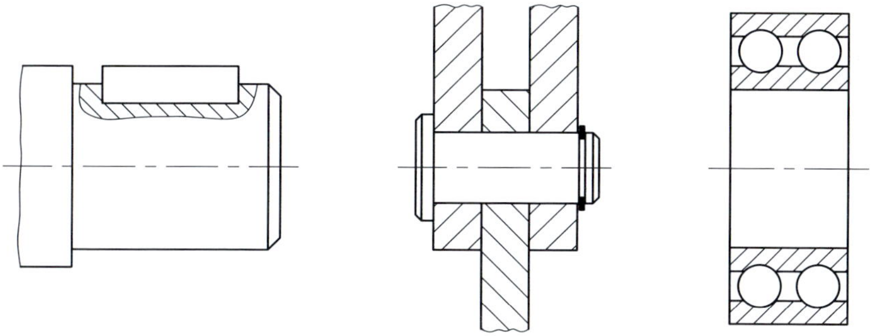

Bild 1

5.7.2 Schnittdarstellung von Werkstücken mit Rippen

Teilbereiche von Werkstücken, wie Rippen, Speichen, Streben usw., die sich als massive Elemente von der Grundform oder dem Profil eines Körpers abheben, werden **in der Längsrichtung nicht geschnitten**.
Liegen diese Teilbereiche **in der Schnittebene**, dürfen sie nicht schraffiert dargestellt werden, um nicht einen Vollkörper vorzutäuschen. Liegen die Teilbereiche **quer zur Schnittfläche**, so werden sie geschnitten dargestellt (Bild 2).
Liegen die Teilbereiche jedoch **nicht** in der Schnittebene, so werden z. B. die Rippen in die Schnittebene gedreht, aber nicht schraffiert (Bild 3).

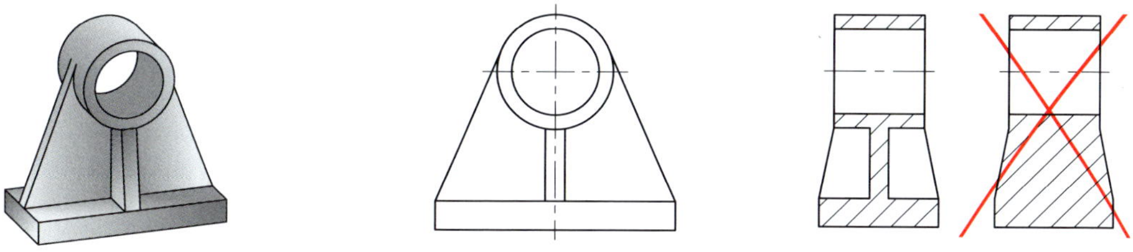

Bild 2

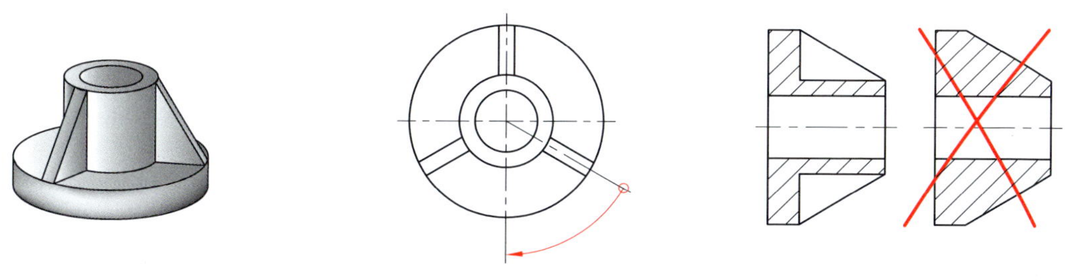

Bild 3

ZÜ 5 Darstellung von Körperschnitten

Lernziel: *Zeichnen und Bemaßen von praxisnahen Dreh- und Frästeilen in Voll- und Halbschnittdarstellung*
Einsparen von zusätzlichen Ansichten oder Schnitten durch Darstellung von Werkstücken in geknickter Schnittführung

ZÜ 5.1 Anschlagbuchsen im Vollschnitt

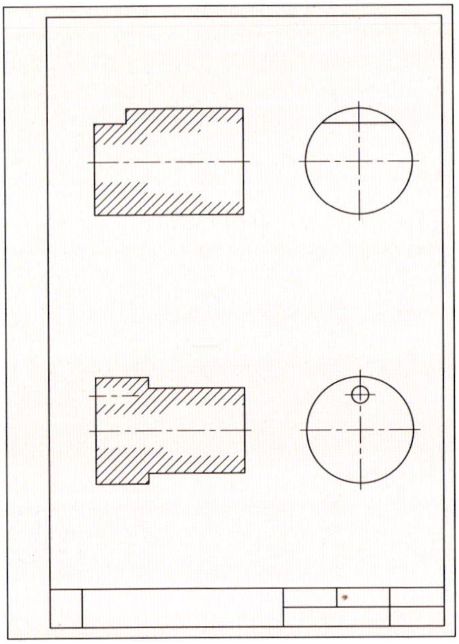

Zeichne und bemaße auf einem A4-Blatt in Hochformat nach nebenstehender Vorlage den Vollschnitt von zwei **Anschlagbuchsen** jeweils in der Vorder- und Seitenansicht. Alle gegebenen Maße beziehen sich immer auf Durchmesser × Länge.

Beide Grundkörper haben die **Außenmaße ∅50 × 70 mm.** Der obere Drehteil hat rechts eine Ausdrehung mit ∅38 × 20 und anschließend eine mit ∅29 × 25. Die Durchgangsbohrung misst ∅18. Links oben liegt am Außendurchmesser eine 15 mm breite und 7 mm tiefe Abflachung.

Der untere Drehteil hat rechts eine Andrehung mit ∅40 × 45. Der Körper hat eine Durchgangsbohrung mit ∅16 und ist rechts mit einem ∅24-Spiralbohrer 35 mm tief aufgebohrt.

Links oben liegt in der Vorderansicht in einem Abstand von 8,5 mm unterhalb der Außenkante eine zur Drehachse parallele Bohrung mit ∅8 × 15.

ZÜ 5.2 Aufnahmeplatte im Vollschnitt

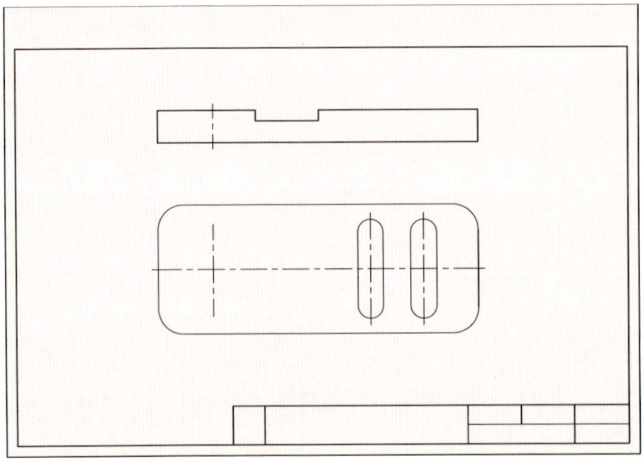

Zeichne und bemaße auf einem A4-Blatt in Querformat nach nebenstehender Vorlage eine **Aufnahmeplatte** in geschnittener Vorderansicht und in der Draufsicht. Als Maßbezugselemente sind die Basisfläche, die rechte Körperkante und die Symmetrielinie anzunehmen.
Der Grundkörper hat die **Außenmaße 150 × 60 × 15 mm**. Die beiden Durchgangslanglöcher sind 46 × 12 mm und haben von der Bezugskante **und** zueinander einen Mittenabstand von 25 mm. Das Werkstück hat oben liegend quer zur Längsachse, beginnend mit einem Bezugskantenabstand von 74 mm eine Nut mit 30 × 5. Auf der Längsachse liegt mit Bezugskantenabstand von 124 mm eine Durchgangsbohrung mit ∅14, die an der Plattenoberseite eine zylindrische Senkung mit ∅24 × 8 hat. Die vier Plattenecken sind mit R12 gerundet.

ZÜ 5.3 Führungsbuchsen im Halbschnitt

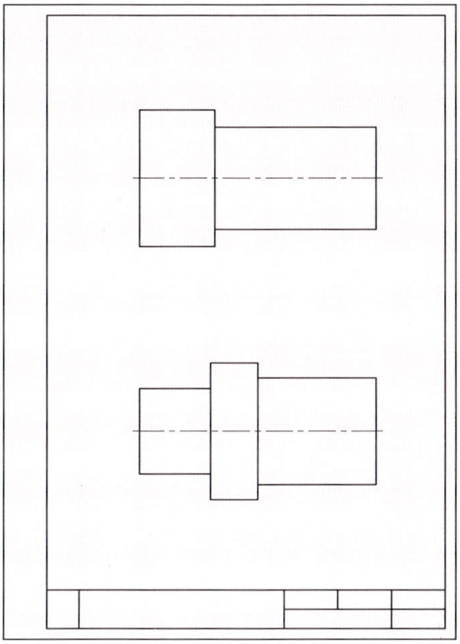

Zeichne und bemaße auf einem A4-Blatt in Hochformat nach nebenstehender Vorlage in einer Halbschnittdarstellung die beiden **Führungsbuchsen**.
Alle gegebenen Maße beziehen sich auf Durchmesser × Länge.

Beide Grundkörper haben die **Außenmaße ∅64 × 110 mm**. Der obere Drehteil hat rechts eine Abstufung mit ∅48 × 75 inklusive einer Abfasung mit 2 × 45°. Ebenso rechts folgt der ersten rechten Ausdrehung mit ∅32 × 15 eine zweite mit ∅22 × 25 und eine Durchgangsbohrung mit ∅16.

Links ist eine Ausdrehung mit ∅50 × 20. Der verbleibende ∅64-Teil ist beidseitig mit 3 × 45° gefast.

Der untere Drehteil hat rechts eine Andrehung mit ∅50 × 55 inklusive einer 2 × 45°-Abfasung. Im ∅50-Bereich ist mit einem Stirnflächenabstand von 25 mm ein Einstich mit ∅42 × 15.

Links ist eine Andrehung mit ∅40 × 33 inklusive einer 2 × 45°-Abfasung. Ebenso links folgt einer ersten Ausdrehung mit ∅28 × 7 eine zweite mit ∅22 × 18 und eine Durchgangsbohrung mit ∅16. Der verbleibende ∅64-Teil ist beidseitig mit 2 × 45° gefast.

ZÜ 5.4 Anschlagplatte im Halbschnitt

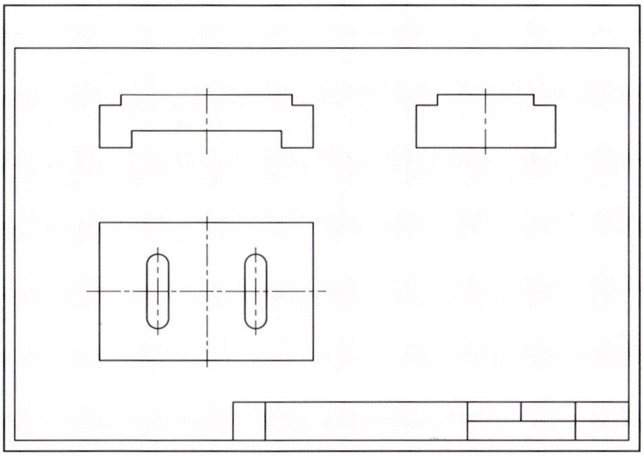

Zeichne und bemaße auf einem A4-Blatt in Querformat nach nebenstehender Vorlage eine **Anschlagplatte** in allen drei Ansichten.

Die Vorder- und Seitenansicht sollen jeweils im Halbschnitt dargestellt werden.

Alle gegebenen Maße beziehen sich auf Länge × Breite × Höhe.

Die Maßbezugselemente sind fertigungsbedingt festzulegen.

Die Anschlagplatte hat die **Außenmaße 100 × 65 × 25 mm**. Das Werkstück hat an der Plattenunterseite eine in der Querachse liegende Nut mit 70 × 8 mm. Oberhalb ist die Platte an allen vier Seiten 10 mm breit und 5 mm tief abgefräst. Normal zur Draufsicht liegen in einem Abstand von 46 mm zwei durchgehende, symmetrisch angeordnete Langlöcher mit 35 × 10 mm.

Im Plattenzentrum ist eine Durchgangsbohrung mit ∅20.

ZÜ 5.5 Stempelführungsplatte mit parallelen Schnittebenen

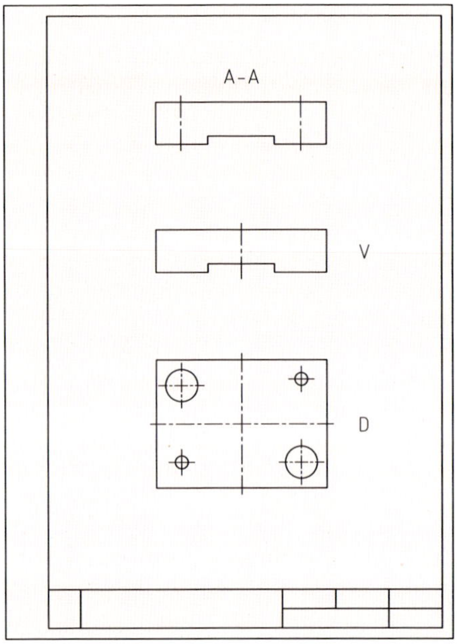

Zeichne und bemaße auf einem A4-Blatt in Hochformat nach nebenstehender Vorlage eine **Stempelführungsplatte** in der Vorderansicht und Draufsicht. Anstatt einer Seitenansicht ist oberhalb der im Vollschnitt gezeichneten Vorderansicht eine **zusätzliche** Schnittdarstellung anzuordnen, deren Schnittebene die beiden vorderen Bohrungen der Draufsicht durchdringt.

Alle gegebenen Maße beziehen sich auf Länge × Breite × Höhe. Die Maßbezugselemente sind fertigungsbedingt festzulegen.

Die Stempelführungsplatte hat die **Außenmaße 80 × 60 × 20 mm**. Das Werkstück hat unten liegend eine in der Querachse liegende Nut mit 31 × 4 mm. Normal zur Draufsicht sind mit einem Mittenabstand von 56 × 36 mm zwei symmetrisch angeordnete und diagonal liegende Senkungen nach ÖNORM M 1807-M8-R1 für Zylinderschrauben mit Innensechskant EN ISO 4762. Die erforderlichen Maße sind einem Tabellenbuch zu entnehmen.

In den beiden anderen Ecken liegen zwei Passstiftbohrungen ∅6H7, wobei die rechts oben liegende nur teilweise symmetrisch liegt, da sie von der waagrechten Mittellinie einen Abstand von 21 mm hat. Im Plattenzentrum ist eine durchgehende Bohrung mit ∅25.

ZÜ 5.6 Stempelführungsplatte in umgelenkter Schnittführung

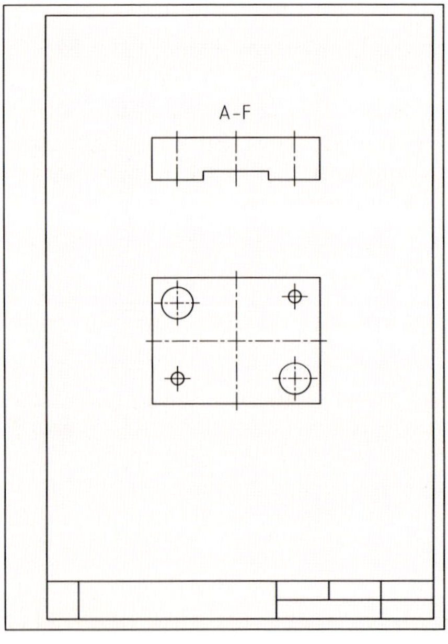

Zeichne und bemaße auf einem A4-Blatt in Hochformat laut nebenstehender Vorlage die **Stempelführungsplatte** nach **ZÜ 5.5** in der Vorderansicht und Draufsicht.

Die Vorderansicht ist in umgelenkter Schnittführung darzustellen, wobei alle Details in die Schnittebene zu legen sind.

Durch die umgelenkte Schnittführung kann die zusätzliche Schnittdarstellung, die bei ZÜ 5.5 erforderlich ist, eingespart werden.

Alle Maße stimmen mit der Aufgabenstellung von **ZÜ 5.5** überein.

ZÜ 5.7 Führungsplatte mit Schnitten in drei Ansichten

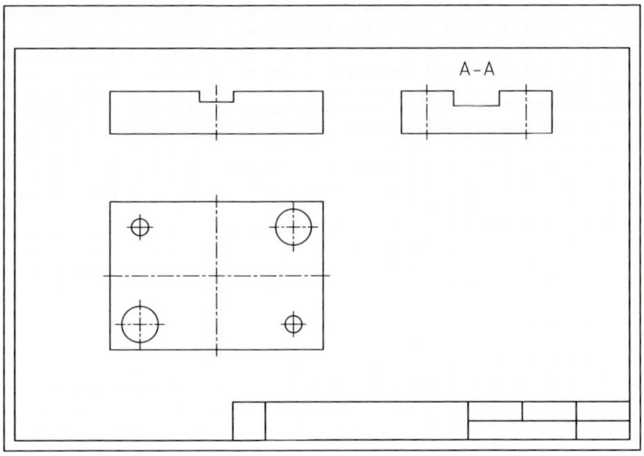

Zeichne und bemaße auf einem A4-Blatt in Querformat nach nebenstehender Vorlage eine **Führungsplatte** in allen drei Ansichten.

Die Schnittebene der Vorderansicht liegt in der Symmetrieebene, die Schnittebene der Seitenansicht ist so zu wählen, dass die beiden rechten Bohrungen der Draufsicht in der Schnittfläche liegen. Alle gegebenen Maße beziehen sich auf Länge × Breite × Höhe.

Die Maßbezugselemente sind fertigungsbedingt festzulegen.

Die Führungsplatte hat die **Außenmaße 100 × 70 × 20 mm**. Das Werkstück hat oben liegend eine in der Längsachse liegende Nut mit 21 × 7 mm und ebenfalls oben liegend eine in der Querachse liegende Nut mit 16 × 4 mm.

Normal zur Draufsicht sind symmetrisch angeordnete Bohrungen mit einem Mittenabstand von 72 × 46 mm. Zwei diagonal liegende Bohrungen haben oben liegende Senkungen nach ÖNORM M 1807-M10-R1 für Zylinderschrauben mit Innensechskant EN ISO 4762. Die erforderlichen Maße sind einem Tabellenbuch zu entnehmen, die beiden anderen sind Durchgangsbohrungen mit ∅8.
Im Plattenzentrum liegt längs ein durchgehendes Langloch mit 45 × 12 mm.

ZÜ 5.8 Führungsplatte in umgelenkter Schnittführung

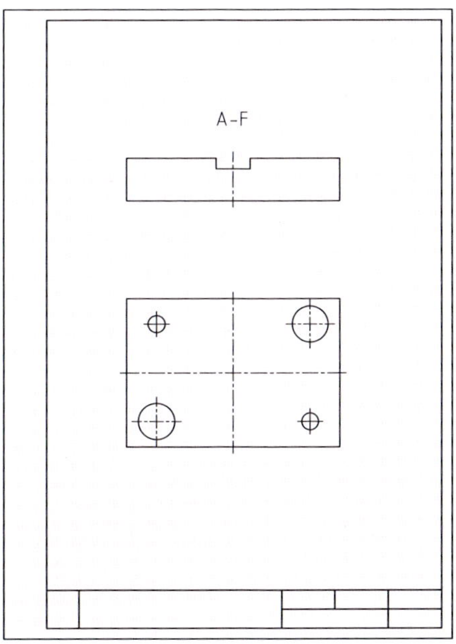

Zeichne und bemaße auf einem A4-Blatt in Hochformat laut nebenstehender Vorlage die **Führungsplatte** nach **ZÜ 5.7** in der Vorderansicht und Draufsicht. Die Vorderansicht ist als umgelenkter Schnitt A – F auszuführen, wobei alle Details in die Schnittebene zu legen sind.

Durch die umgelenkte Schnittführung kann die Seitenansicht, die bei ZÜ 5.7 erforderlich ist, eingespart werden.

Alle Maße stimmen mit der Aufgabenstellung von **ZÜ 5.7** überein.

ZÜ 5.9 Darstellung eines Gabelhalters

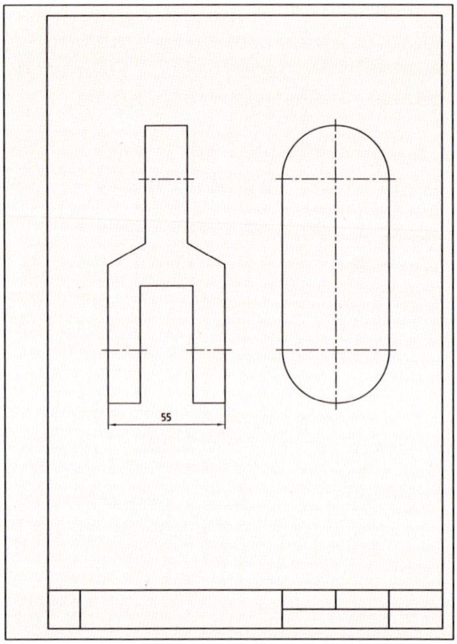

Zeichne und bemaße auf einem A4-Blatt in Hochformat nach nebenstehender Vorlage den symmetrischen **Gabelhalter** in der Vorder- und Seitenansicht. Die drei Mittellinien in der Vorderansicht geben die Lage der drei Bohrungen an. Diese haben einen Abstand von 80 mm und sind **ausgebrochen** darzustellen. Die Maßbezugselemente sind fertigungsbedingt festzulegen.

Der Gabelhalter hat die **Außenmaße 55 × 50 × 130 mm**. Der **obere** Teil ist 20 mm breit, 55 mm lang und schrägt anschließend mit einem Winkel von jeweils 30° ab. Die Bohrung hat links eine zylindrische Senkung mit ∅22 × 6 und eine Durchgangsbohrung mit ∅16.

Der **untere** Gabelschlitz ist 25 mm breit und 55 mm tief. Die links liegende Bohrung hat links eine zylindrische Senkung mit ∅26 × 6 und eine Durchgangsbohrung mit ∅20. Die rechte Bohrung hat durchgehend ∅20.

ZÜ 5.10 Darstellung eines Gelenkhebels

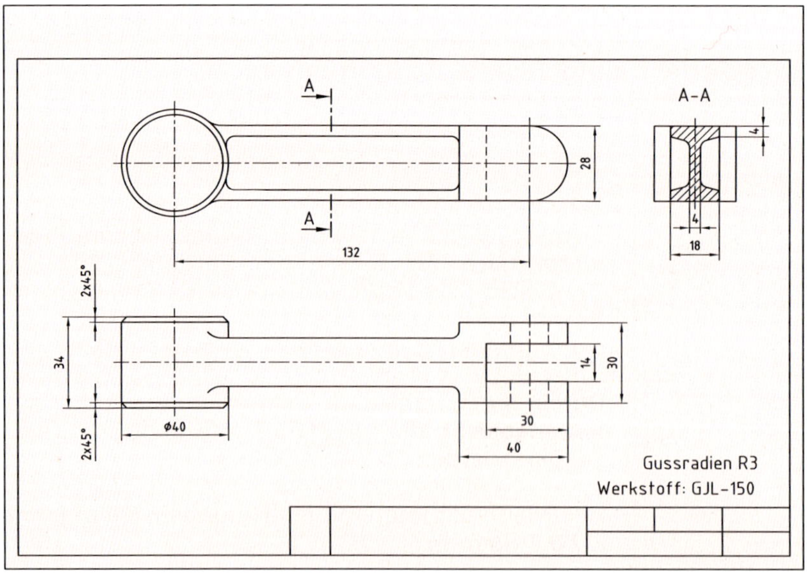

Zeichne und bemaße auf einem A4-Blatt in Querformat nach nebenstehender Vorlage den **Gelenkhebel** in der Vorderansicht und Draufsicht.

Die Seitenansicht der Vorlage wird durch eine **Profilschnittdarstellung** eingespart, da sowohl die Querschnittsform als auch die Bemaßung direkt in die Vorderansicht eingetragen werden können.

Die beiden rechts in der Draufsicht der Vorlage verdeckt gezeichneten ∅14-Bohrungen sollen ausgebrochen dargestellt werden.

Links liegt eine Nabenbohrung ∅24H7 mit einer Passfedernut. Beachte die Lage der Passfedernut!

6 Darstellung von Gewinden und Senkungen

6.1 Allgemeines

Eine wirklichkeitsgetreue Darstellung von Gewinden und Verschraubungen wird vorwiegend in Produktdokumentationen und Gebrauchsanweisungen, die für die Allgemeinheit bestimmt sind, angewendet (Bild 1).

In technischen Zeichnungen werden Gewinde und Gewindeteile nach **ÖNORM-EN ISO-6410–1** grundsätzlich vereinfacht dargestellt, das heißt, Gewindeprofil und Gewindesteigung werden **nicht** gezeichnet (Bild 2).

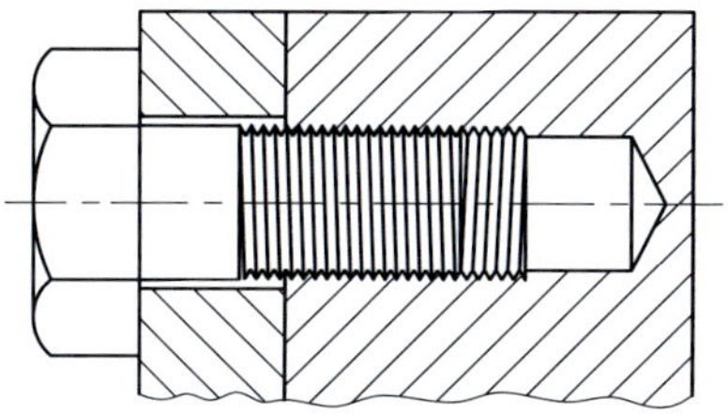

Bild 1

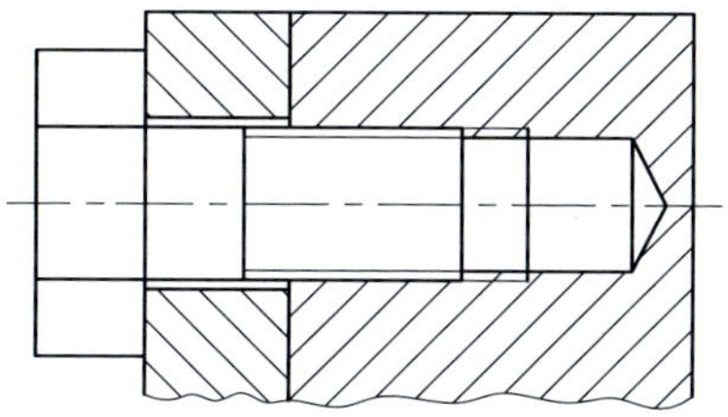

Bild 2

6.2 Darstellung von Außengewinden

In der **Vorderansicht** wird der Außendurchmesser (Nenndurchmesser) mit **breiter** und der Kerndurchmesser des Gewindes mit **schmaler** Volllinie gezeichnet. Der Abstand zwischen diesen Linien soll der Gewindetiefe entsprechen, darf aber nicht kleiner als 1 mm gezeichnet werden. Die nutzbare Gewindelänge wird mit einer **breiten** Volllinie begrenzt, der Gewindeauslauf wird vernachlässigt.

Der Gewindebolzen wird mit einer 45°-Fase oder mit einer Linsenkuppe gezeichnet (Bild 3). Nach **ÖNORM EN ISO 4753** ist die Linsenkuppe mit $R \approx 1{,}4d$ auszuführen; zeichnerisch wird das Gewindeende vereinfacht mit $R = d$ ausgeführt. Kegel- und Linsenkuppen werden **nicht** bemaßt.

In der **Seitenansicht** wird der Außendurchmesser als Vollkreis mit **breiter** Volllinie und der Kerndurchmesser als Dreiviertelkreis mit **schmaler** Volllinie dargestellt. Die Öffnung des Dreiviertelkreises ist **vorzugsweise** im rechten oberen Viertel zu zeichnen und darf **nicht** mit den Mittellinien zusammenfallen.

Zu beachten ist, dass in der Seitenansicht die Fase nicht gezeichnet wird, da diese den Kerndurchmesser (Dreiviertelkreis) überdecken würde (Bild 3).

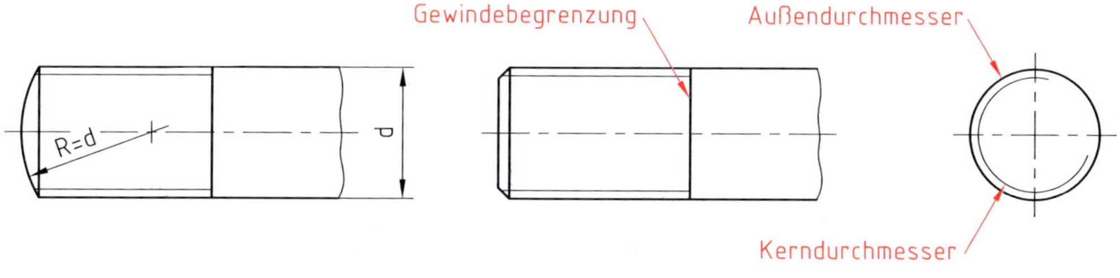

Bild 3

6.2.1 Darstellung von Außengewinden im Schnitt

Die Schnittfläche ist bis zum **Gewindeaußendurchmesser** zu schraffieren.
Beachte die Darstellung der Gewindebegrenzung (Bild 1 und 2)!

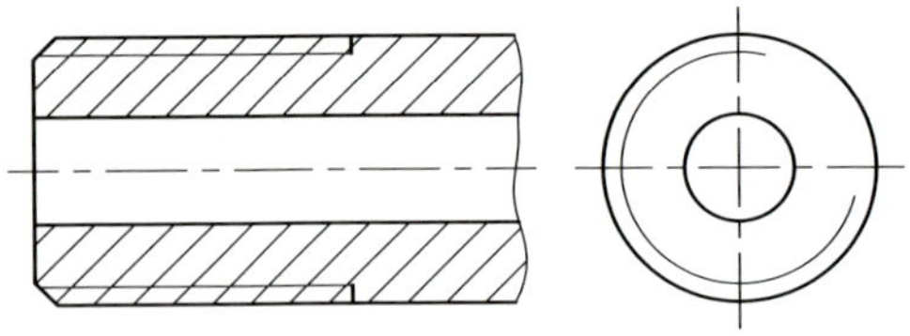

Bild 1

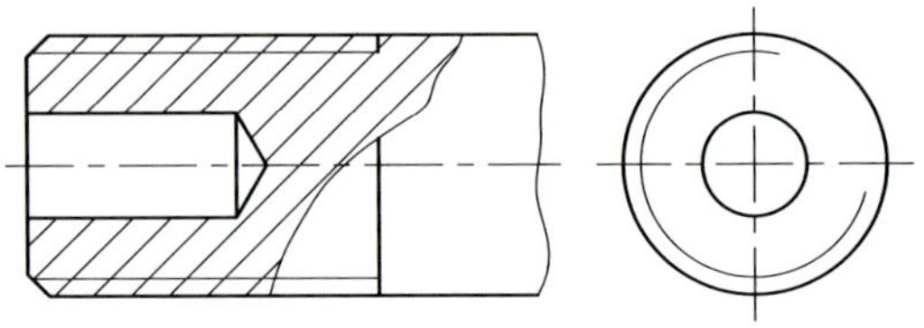

Bild 2

6.3 Darstellung von Innengewinden

Damit Innengewinde eindeutig gezeichnet und bemaßt werden können, ist eine Schnittdarstellung in der Längsachse des Gewindes erforderlich.

In der **Vorderansicht** ist der Kerndurchmesser des Innengewindes mit **breiter** und der Außendurchmesser mit **schmaler** Volllinie zu zeichnen. Der Abstand dieser zwei Linien und die Gewindelänge werden wie beim Außengewinde (Abschnitt 6.2) dargestellt. Die für die Herstellung erforderliche Ansenkung der Kernlochbohrung wird in beiden Ansichten nicht dargestellt. Die Schnittfläche ist bis zum **Gewindekerndurchmesser** zu schraffieren.

In der **Seitenansicht** wird der Kerndurchmesser als Vollkreis mit **breiter** Volllinie und der Außendurchmesser als Dreiviertelkreis mit **schmaler** Volllinie gezeichnet, wobei die Öffnung wiederum im rechten oberen Viertel liegt (Bild 3).

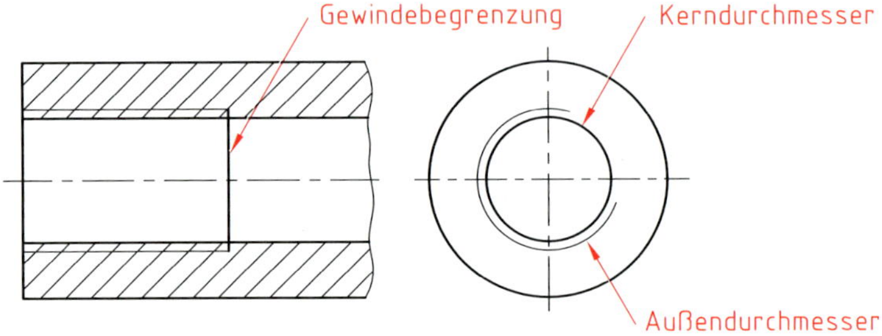

Bild 3

6.3.1 Darstellung verdeckter Innengewinde

Verdeckte Gewinde werden mit schmalen Strichlinien dargestellt (Bild 4).

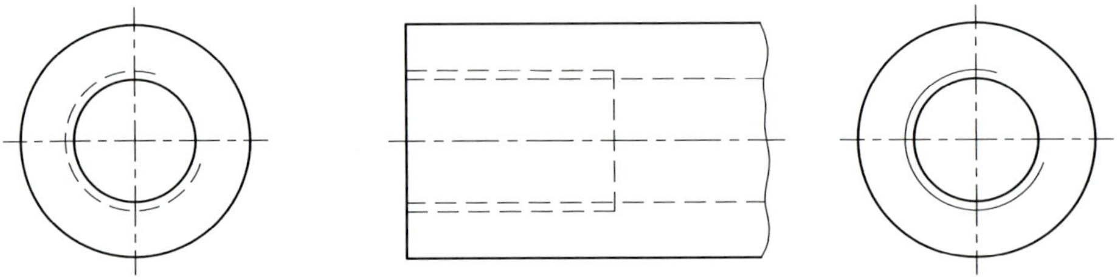

Seitenansicht von rechts

Seitenansicht von links

Bild 4

6.3.2 Darstellung von Außen- und Innengewinde in Teilansicht

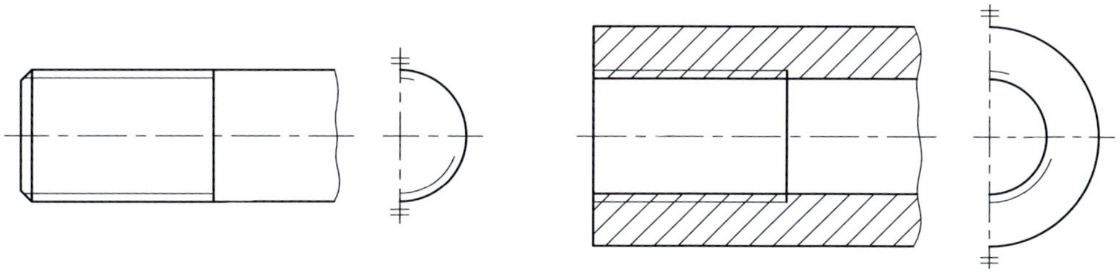

Bild 1

6.4 Bemaßung von Gewinden

Ein Gewinde ist durch Angabe der **Gewindebezeichnung** und der **nutzbaren Gewindelänge** eindeutig bestimmt (Bild 2).

Die Gewindebezeichnung beinhaltet immer die Gewindeart und den Nenndurchmesser; zusätzlich können noch Gewindesteigung, Gängigkeit und Drehsinn angegeben sein.

Die **genormten Gewindebezeichnungen** sind einem Tabellenbuch zu entnehmen.

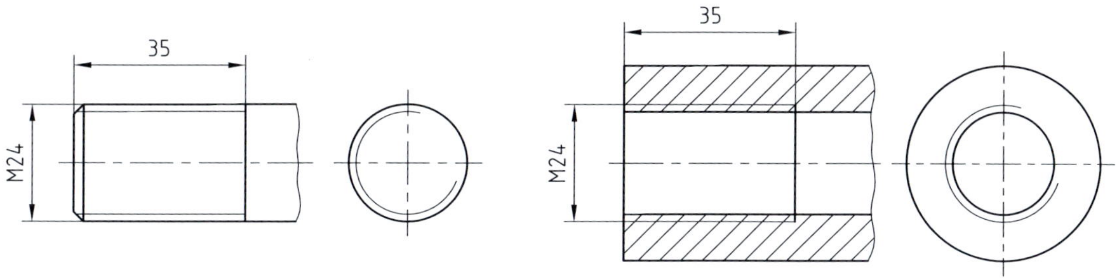

Bild 2

Rechtsgewinde werden nicht besonders gekennzeichnet, hingegen ist bei **Linksgewinden** der Zusatz **LH** (left hand) anzufügen (Bild 3).

An einem Werkstück mit **Rechts- und Linksgewinde** sind in jedem Fall die Zusätze **RH** (right hand) und **LH** einzutragen (Bild 4).

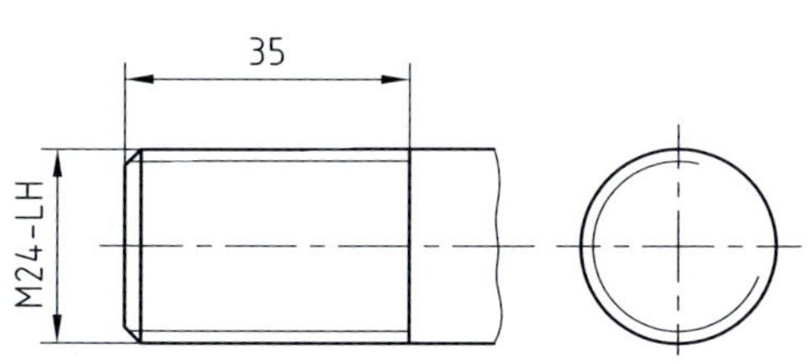

Bild 3

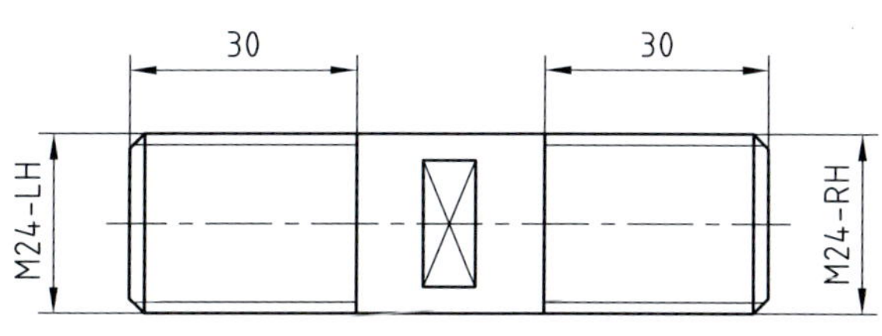

Bild 4

6.4.1 Darstellung von Gewindegrundlöchern

Die Bohrlochtiefe ***l*** setzt sich aus der Gewindelänge ***b*** und der Zugabe ***e*** zusammen (Bild 1).

Die Gewindelänge ergibt sich aus der **Mindesteinschraubtiefe**, die Zugabe ist von der Gewindegröße und der Gewindebohrerart abhängig. Beide Werte sind einem Tabellenbuch zu entnehmen.

Bemaßung bei
konventioneller Fertigung **CNC-Fertigung**

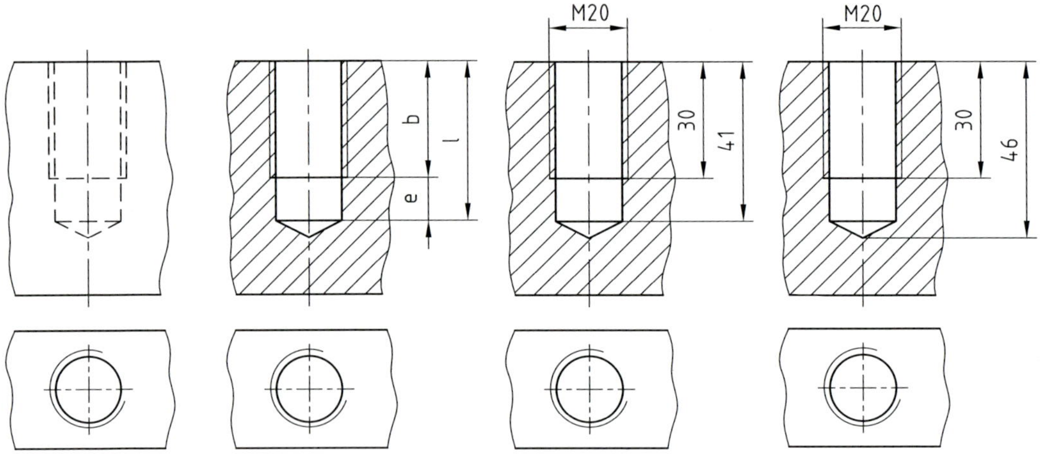

Bild 1

6.4.2 Darstellung von Gewindesenkungen

Herstellungsbedingte Gewindesenkungen werden im Allgemeinen nicht gezeichnet. In Sonderfällen ist die Senkung darzustellen und sowohl der Senkwinkel als auch die Senktiefe zu bemaßen (Bild 2).

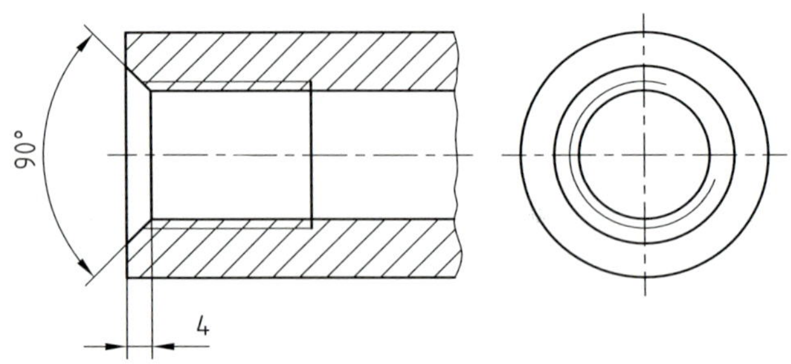

Bild 2

6.4.3 Darstellung von Gewindeausläufen

Gewindeausläufe werden nur dann gezeichnet, wenn dies funktionell, wie z. B. bei Stiftschrauben, erforderlich ist. Der Auslauf wird nach **ÖNORM EN ISO 225** als schräge, **schmale** Volllinie gezeichnet (Bild 1).

Die Mindesteinschraubtiefe, sie ist abhängig vom Grundwerkstoff und von der Schraubenqualität, ist einem Tabellenbuch zu entnehmen.

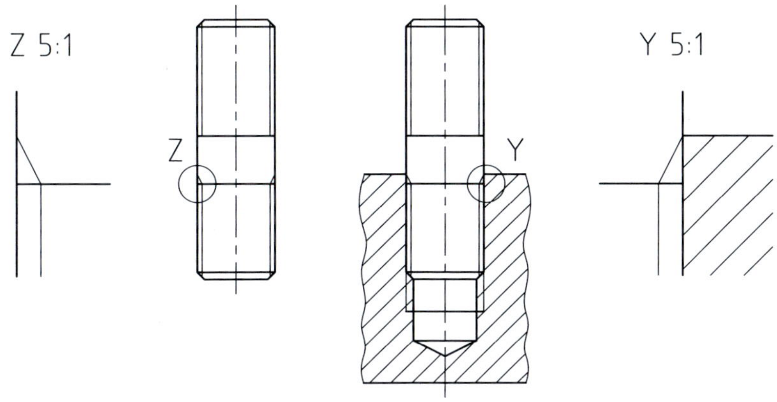

Bild 1

6.4.4 Darstellung von Gewindefreistichen

Ein Gewinde kann mit oder ohne Gewindefreistich gefertigt werden. Endet ein Gewinde an einer Wellenschulter, so ist aus fertigungstechnischen Gründen auf jeden Fall ein Freistich vorzusehen.

Freistiche für Außen- und Innengewinde sind nach **ÖNORM M 1802** auszuführen, wobei die entsprechenden Maße einem Tabellenbuch zu entnehmen sind.

In technischen Zeichnungen besteht die Möglichkeit, Gewindefreistiche detailgetreu oder vereinfacht darzustellen. Wird der Freistich vollständig gezeichnet und bemaßt, so ist es übersichtlicher, diesen als Detail zu vergrößern (Bild 2, Seite 101 und Bild 1, Seite 102).

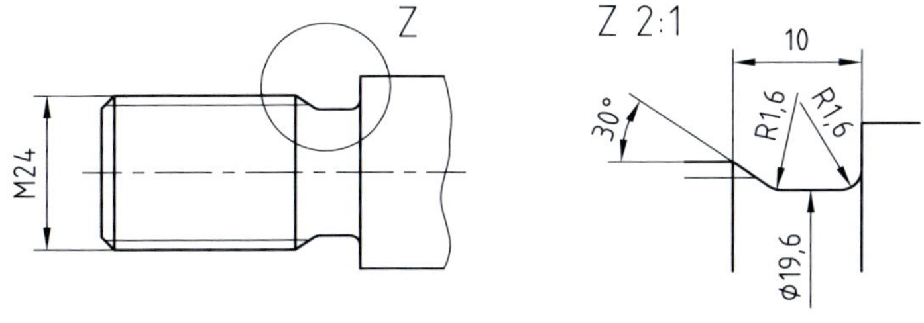

Bild 2

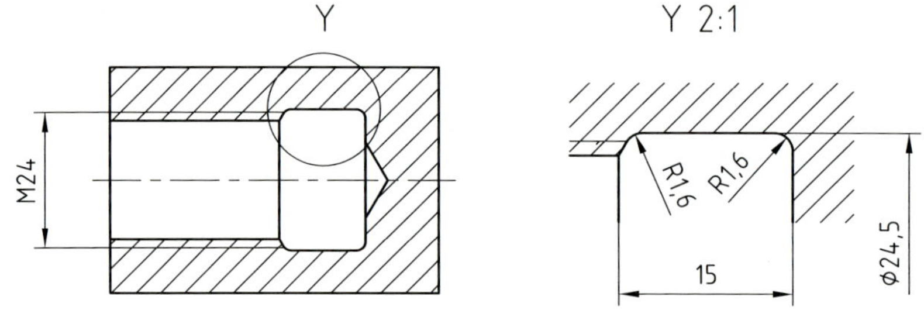

Bild 1

Bild 2 zeigt die vereinfachte Darstellung von Gewindefreistichen.

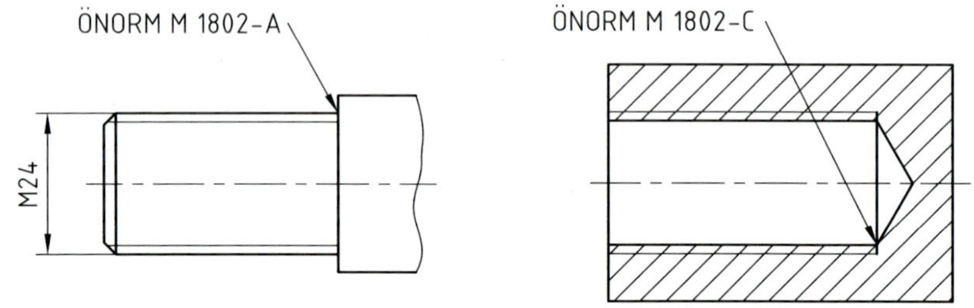

Bild 2

Weitere Details zu Freistichen siehe Abschnitt 8.6.

6.5 Vereinfachte Darstellung und Bemaßung von Gewinden

Nach **ÖNORM EN ISO 6410-3** ist es zulässig, die Gewindedarstellung und die zugehörige Bemaßung zu vereinfachen. Dies gilt bei Gewinden mit einem Nenndurchmesser bis 5 mm (Bild 3).

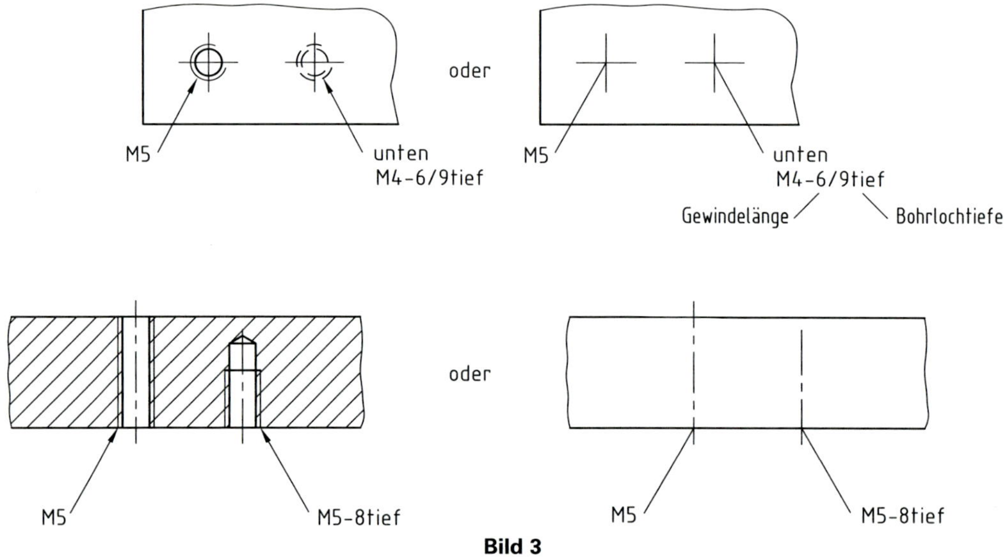

Bild 3

Wenn sich Gewinde gleicher Größe in einem Muster regelmäßig wiederholen, kann die Bemaßung nach Bild 1 erfolgen.

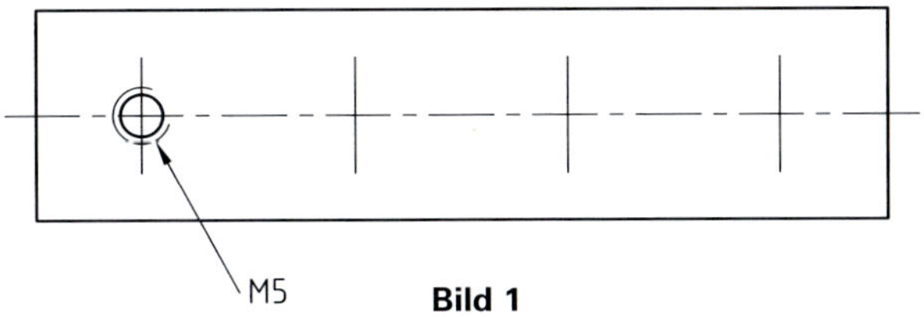

Bild 1

6.6 Darstellung von Gewindeverbindungen

In Schnittdarstellungen werden verschraubte Gewinde immer so gezeichnet, dass das **Außengewinde das Innengewinde überdeckt**. Vom Innengewinde wird nur der nicht verdeckte Bereich dargestellt.
Die Schraffurlinien sind bis zur breiten Volllinie durchzuziehen (Bild 2).

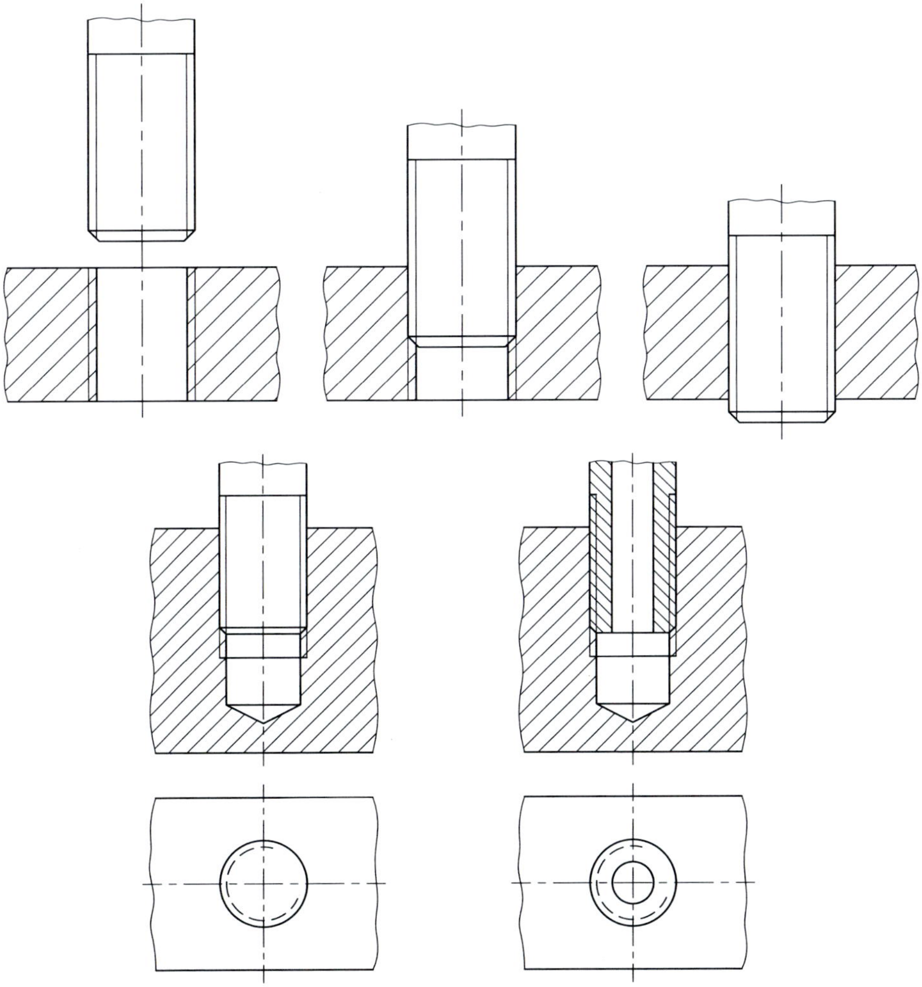

Bild 2

6.7 Darstellung von Schraubensenkungen

Senkungen zur Aufnahme von kegeligen, zylindrischen oder sechseckigen Schraubenköpfen sind nach **ÖNORM M 1807** festgelegt. Die Abmessungen für die zeichnerische Gestaltung sind einem Tabellenbuch zu entnehmen.

6.7.1 Senkungen für Zylinderschrauben

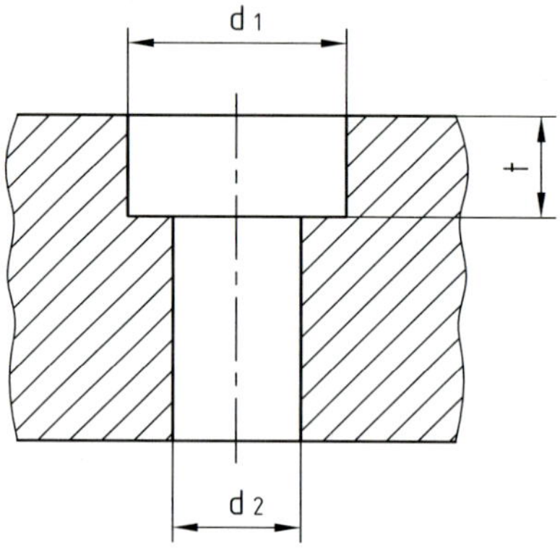

Bild 1

Anstelle der vollständigen Bemaßung kann auch die Kurzbezeichnung eingetragen werden (Bild 2). Eine weitere Vereinfachung zeigt Bild 3.

Diese vereinfachten Darstellungen haben den Nachteil, dass die Maße der Senkungen bei der Fertigung einem Tabellenbuch entnommen werden müssen.

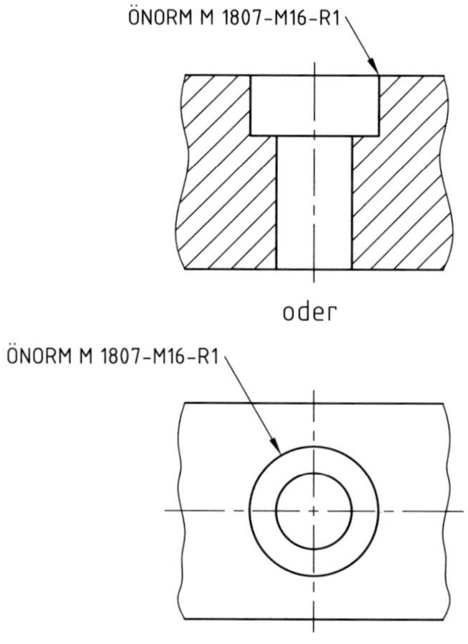

Bild 2

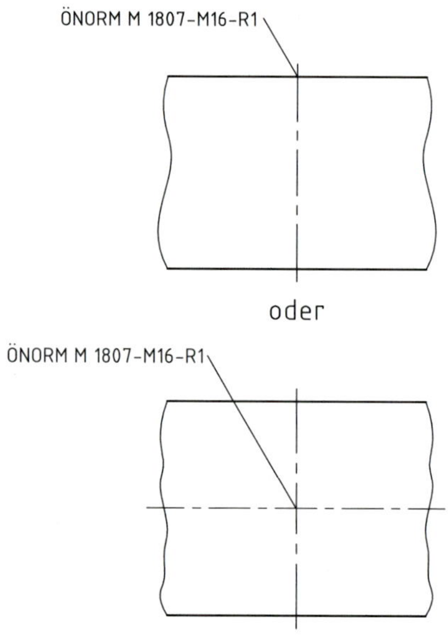

Bild 3

6.7.2 Senkungen für Sechskantschrauben

Die Größe des Senkdurchmessers d_1 muss das Ansetzen eines Steckschlüssels ermöglichen (Bild 1). Die Senktiefe t für bündigen Abschluss ergibt sich aus der Summe der Schraubenkopfhöhe k und der Dicke der Scheibe h sowie einer Zugabe Z (Bild 2). Die Werte sind einem Tabellenbuch zu entnehmen.

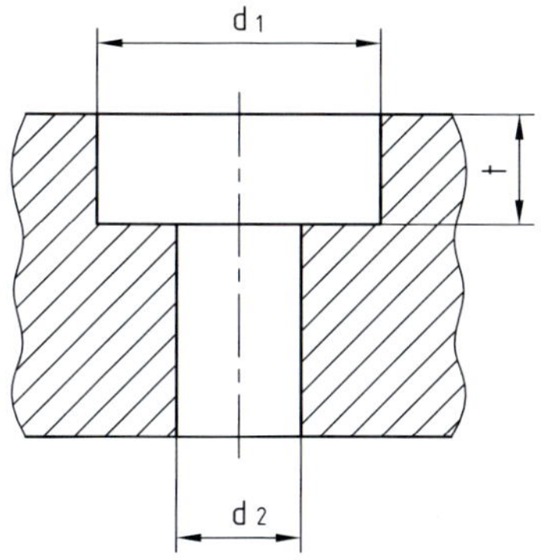

Bild 1

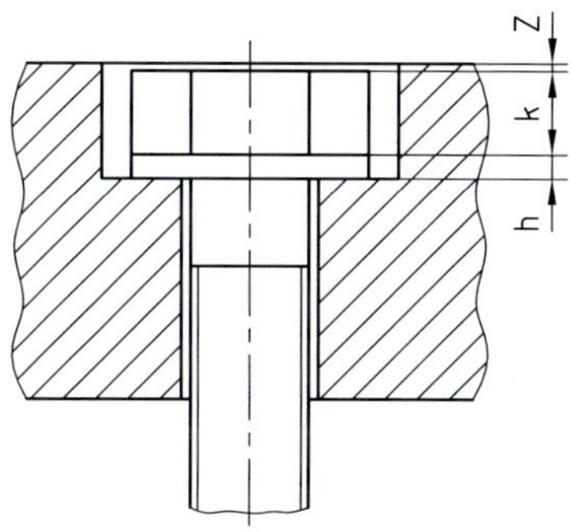

Bild 2

6.7.3 Senkungen für Senkschrauben

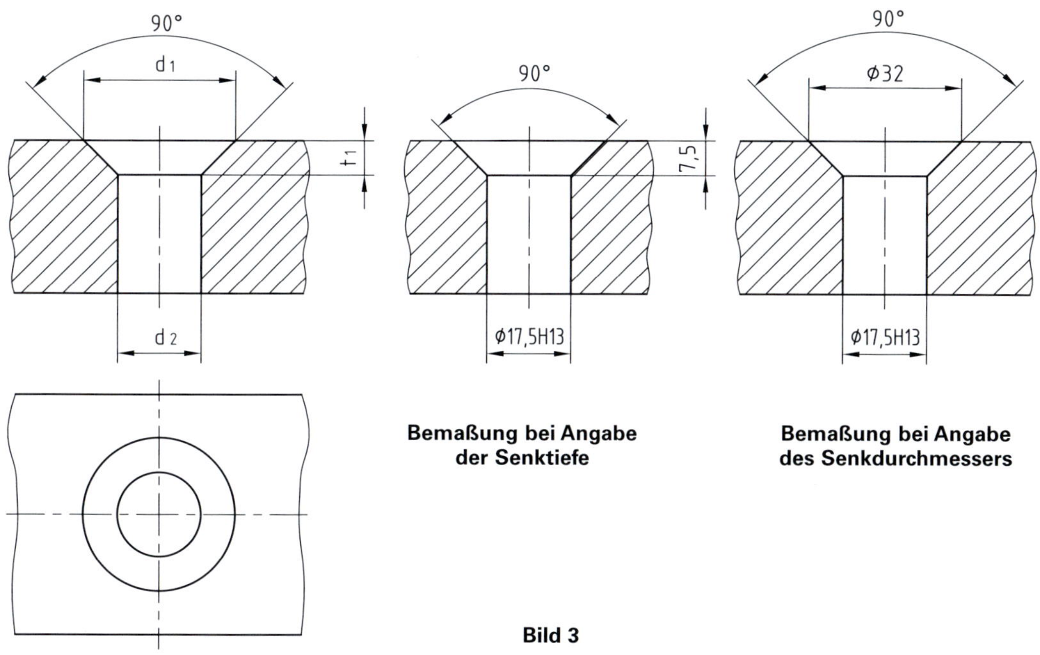

Bemaßung bei Angabe der Senktiefe

Bemaßung bei Angabe des Senkdurchmessers

Bild 3

Die Bemaßung kann auch nach Bild 1, Seite 106 vereinfacht werden.

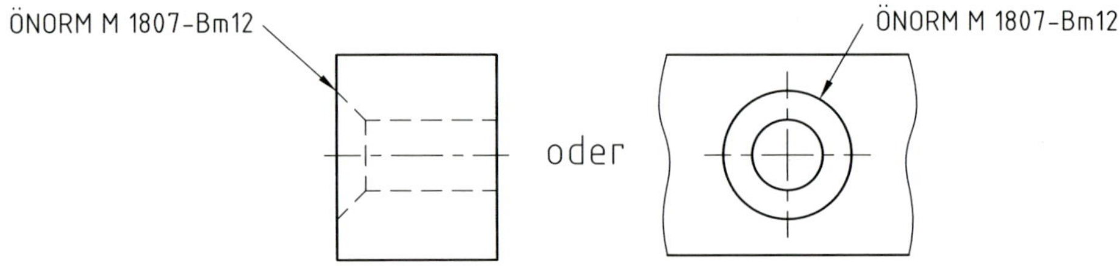

Bild 1

6.8 Darstellung und Bemaßung von Schrauben und Scheiben

Genormte Maschinenelemente, wie z. B. Schrauben, Muttern und Scheiben, werden in Fertigungszeichnungen auf Grund des enormen Zeichenaufwandes nicht detailgetreu, sondern vereinfacht dargestellt und bemaßt. Grundsätzlich werden die Kopfformen vereinfacht und weder Fasenkanten noch Kegel- oder Linsenkuppen gezeichnet.
Im Allgemeinen werden diese Normteile auch nicht bemaßt, sondern nur in einer Stückliste angegeben.

6.8.1 Sechskantschraube mit Mutter

Für die zeichnerische Darstellung (Bild 2) gelten folgende Richtgrößen:

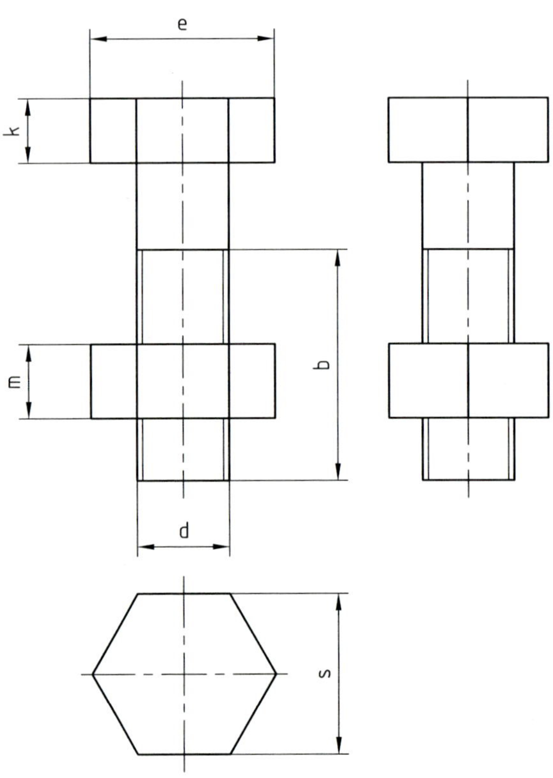

Bild 2

Schraube

Kopfhöhe	k	$\approx 0{,}7 \times d$
Eckenmaß	e	$\approx 2 \times d$
nutzbare Gewindelänge	b	
Die Schlüsselweite ergibt sich aus der Draufsicht.	s	

Mutter

Mutterhöhe	m	$\approx 0{,}8 \times d$
Eckenmaß	e	$\approx 2 \times d$
Die Schlüsselweite ergibt sich aus der Draufsicht.	s	

Beachte, dass in der Vorderansicht einer Schraubenverbindung im Bereich der Mutter weder der Außen- noch der Kerndurchmesser der Schraube gezeichnet wird.

Ist die Schraube bzw. Mutter nur in einer Ansicht darzustellen, so wird diese in der Stellung der Vorderansicht nach Bild 2 gezeichnet.

Ist eine größere Anzahl gleicher Schrauben bzw. Muttern zu zeichnen, dann genügt die Darstellung **einer** Schraube bzw. **einer** Mutter. Die Positionen der weiteren Schrauben sind durch Mittellinien anzudeuten (Bild 1).

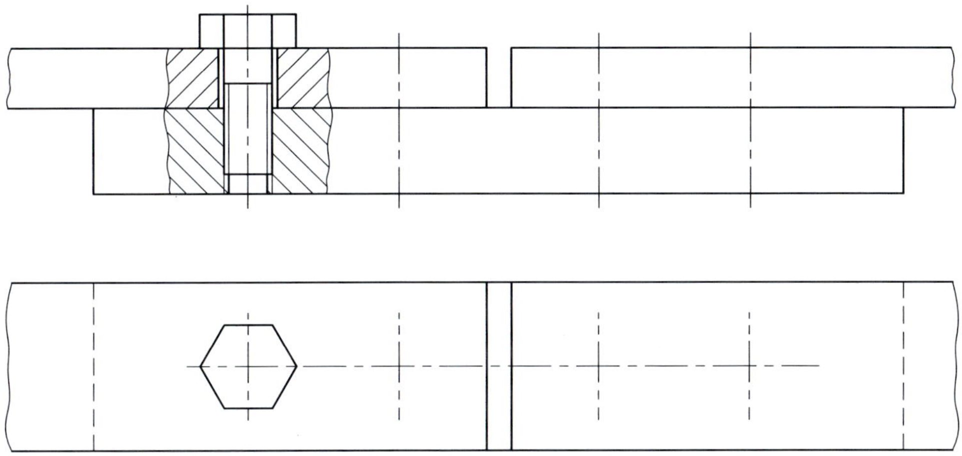

Bild 1

6.8.2 Zylinderschraube mit Innensechskant

Die Abmessungen für die zeichnerische Darstellung sind einem Tabellenbuch zu entnehmen. Der Innensechskant wird in der Vorderansicht vereinfacht durch Strichlinien angedeutet, in der Draufsicht ist der Sechskant zu zeichnen (Bild 2).

Bild 3 zeigt die Schraubenverbindung mit einer Innensechskantschraube.

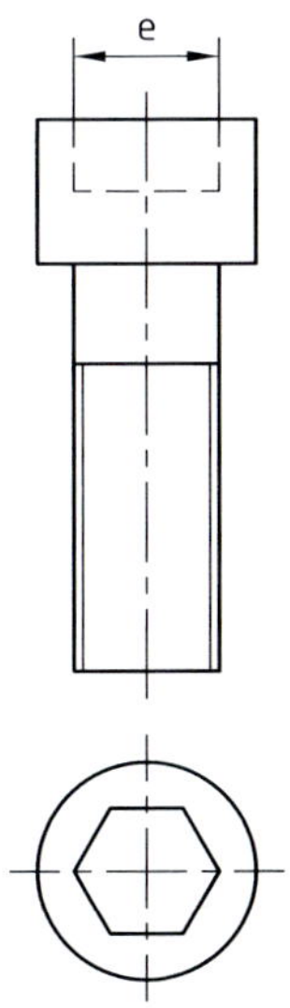

Bild 2

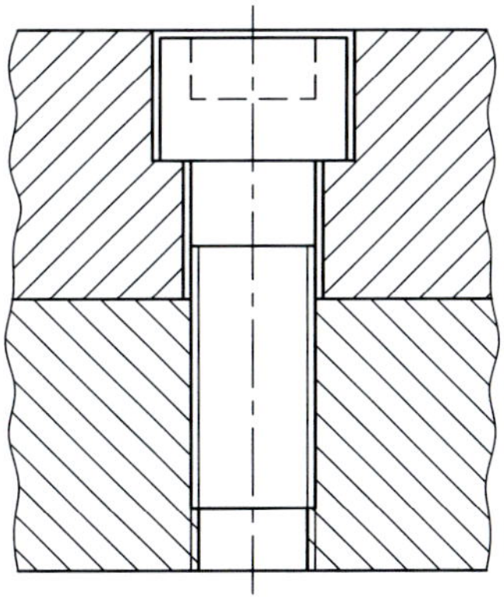

Bild 3

6.8.3 Senkschrauben

Der Schlitz bzw. Kreuzschlitz im Schraubenkopf wird mit **breiter** Volllinie gezeichnet und in allen Ansichten nur **sinnbildlich** dargestellt. In der Draufsicht erfolgt die Darstellung immer unter 45° zur Hauptachse (Bild 1 bis Bild 3).

Senkschraube mit Schlitz

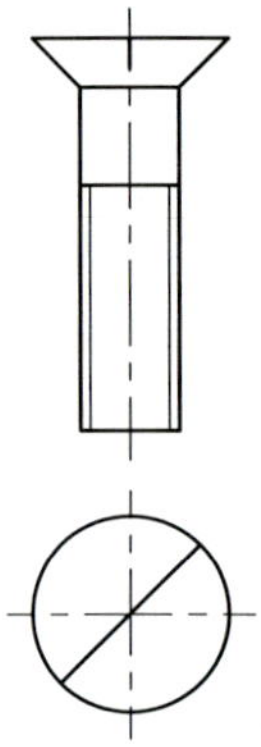

Bild 1

Senkschraube mit Kreuzschlitz

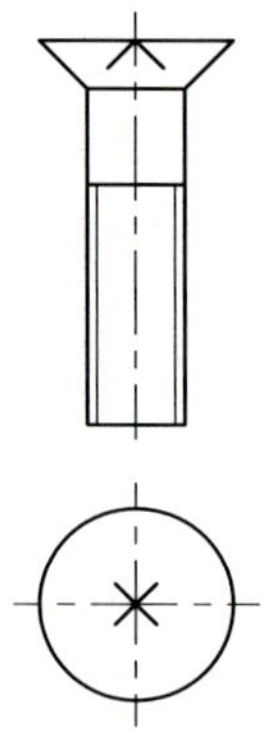

Bild 2

Linsensenkschraube

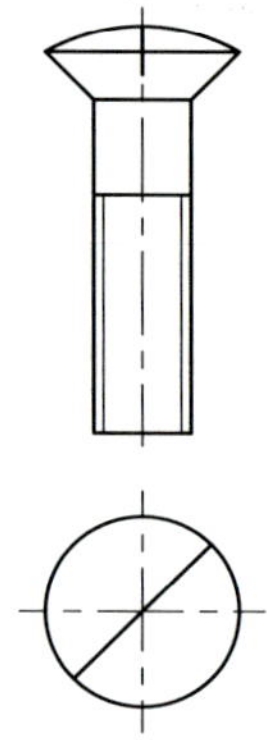

Bild 3

6.8.4 Scheiben

Scheiben

Außendurchmesser $D \approx e \approx 2d$
Scheibenstärke $s \approx 0{,}2 \times d$

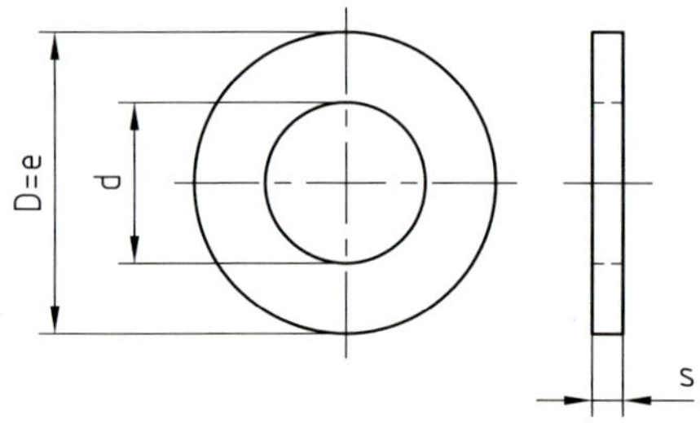

Federringe

Außendurchmesser $D \approx e \approx 2d$
Scheibenstärke $s \approx 0{,}2 \times d$

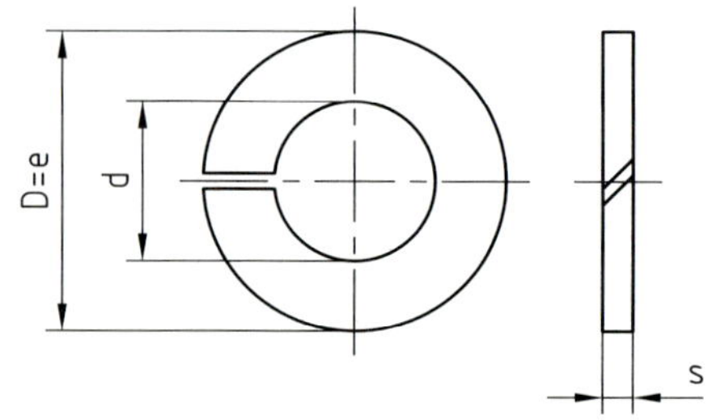

Scheiben für U-Profile

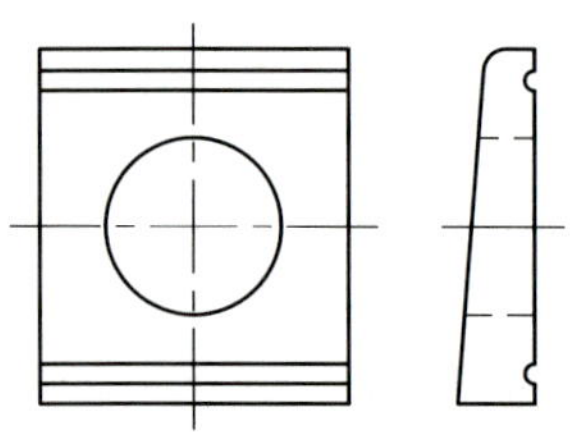

Scheiben für I-Profile

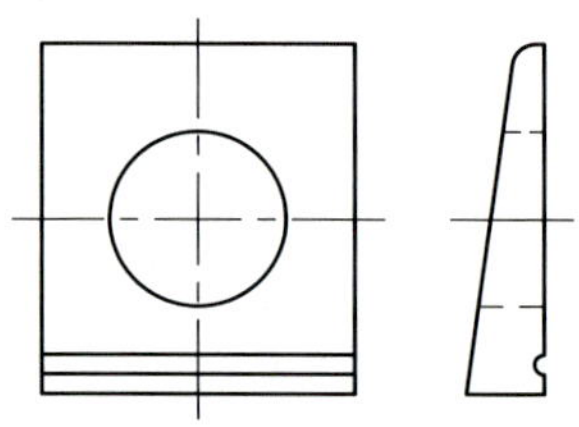

Die Normbezeichnungen sind einem Tabellenbuch zu entnehmen und nach Abschnitt 6.9 in die Darstellung oder Stückliste einzutragen.

6.9 Darstellung von Schraubenverbindungen

Auch bei der Darstellung von Schraubenverbindungen werden die Normteile nicht bemaßt. Entweder wird die Normbezeichnung mit einer Bezugslinie direkt am Bauteil angegeben (Bild 1) oder der Bauteil erhält eine Positionsnummer (Bild 2). In diesem Fall ist die Normbezeichnung in die Stückliste einzutragen.

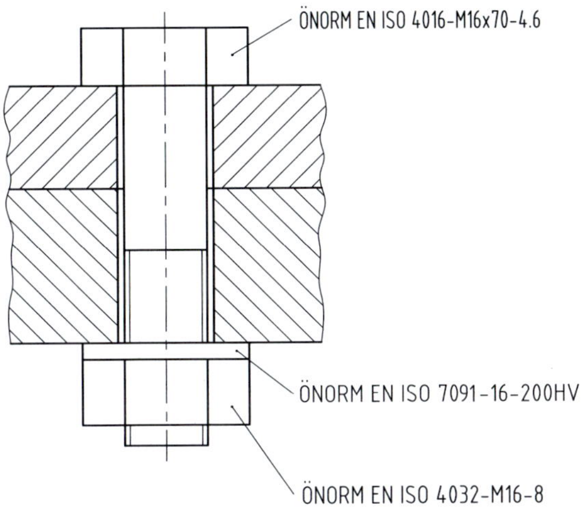

Bild 1

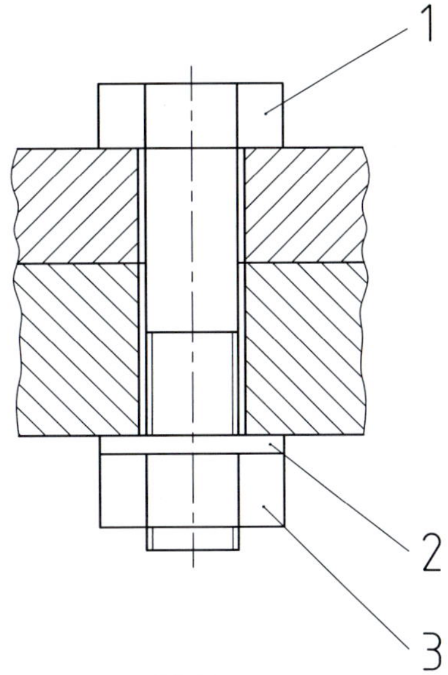

Bild 2

Bild 3 zeigt die Verschraubung mit einem I-Träger.

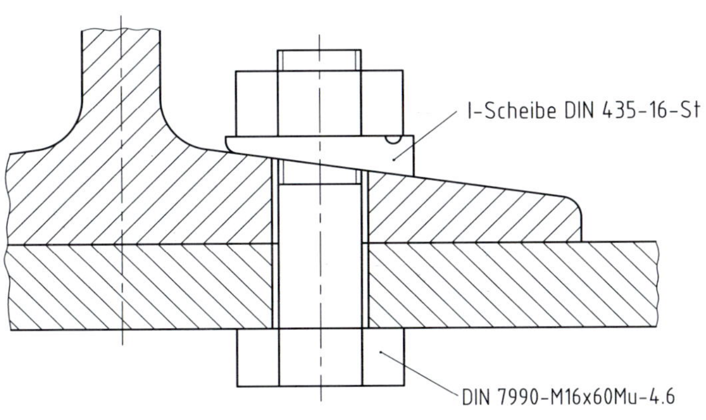

Bild 3

6.10 Konstruktion der Fasenbögen an Sechskanten

Die Abfasung von Sechskanten erfolgt meist aus optischen oder sicherheitstechnischen Gründen und wird daher in der Zeichenpraxis vielfach durch eine vereinfachte Darstellung ersetzt.

Für besondere Fälle wird hier ein Konstruktionsablauf zur Ermittlung der Fasenbögen aufgezeigt. Es bedarf dabei keiner rechnerischen Lösung, die Darstellung erfolgt nur mit dem Zirkel.

Konstruktionsfolge (Bild 1):

- Voraussetzung ist die Darstellung der **Draufsicht eines Sechseckes** (entsprechend der Schlüsselweite einer Sechskantschraube).
- Die Kanten des Sechseckes werden in die Vorderansicht projiziert und ergeben das Eckenmaß, das 3/4-Eckenmaß und das 1/2-Eckenmaß.
- Der Kreisbogen R_1 (3/4-Eckenmaß) ergibt den **großen Fasenbogen** in der Vorderansicht und an den Außenkanten die Punkte P_1.
- Die Schnittpunkte der Verbindungslinie von P_1 zu P_1 mit den Mittellinien der beiden kleinen Sechseckflächen in der Vorderansicht sind Einsatzpunkte für die **kleinen Fasenbögen** R_2.
- Der Kreisbogen R_3 (1/2-Eckenmaß) ergibt – eingesetzt auf der Mittellinie der Sechseckflächen der Seitenansicht – die **mittleren Fasenbögen**.

Fasenbögen werden nicht bemaßt!

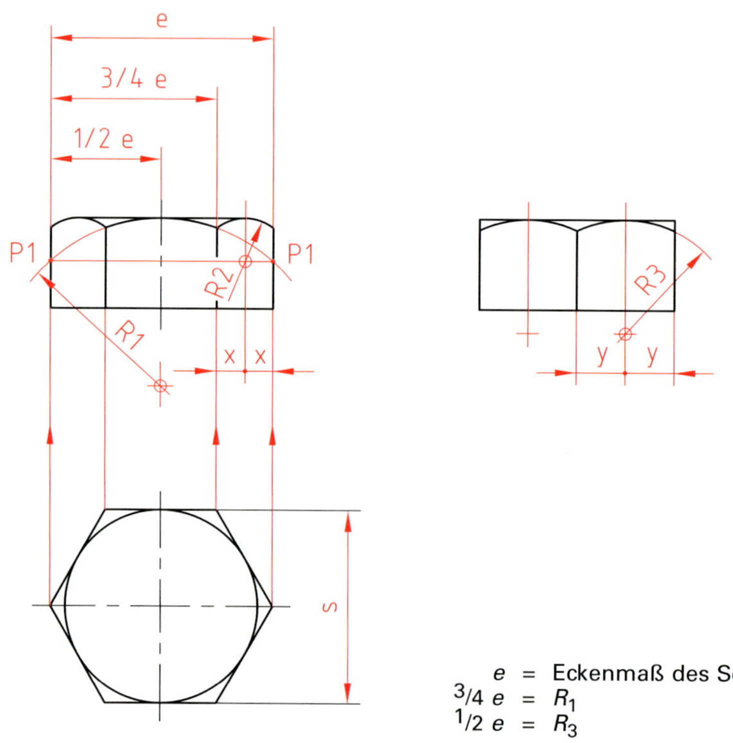

e = Eckenmaß des Sechseckes
3/4 e = R_1
1/2 e = R_3

Bild 1

ZÜ 6 Darstellung von Gewinden und Senkungen

Lernziel: *Zeichnen und Bemaßen von Gewinden sowie von vereinfachter und detaillierter Schraubendarstellung*
Darstellen von praxisnahen Schraubenverbindungen und von Werkstücken mit Gewinde in Fertigungs- und Zusammenbauzeichnungen

ZÜ 6.1 Darstellung von Gewinden

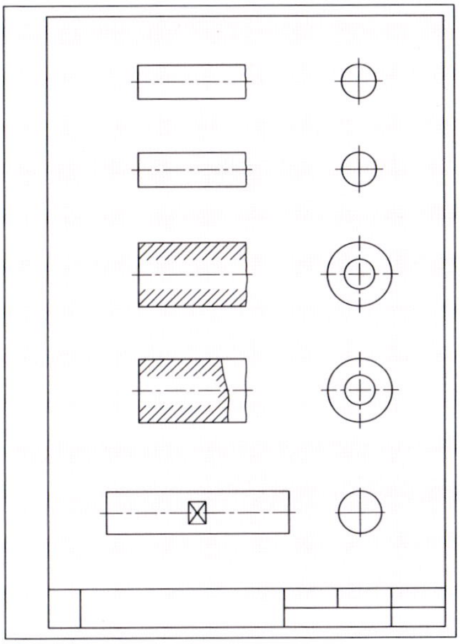

Zeichne und bemaße auf einem A4-Blatt in Hochformat nach nebenstehender Vorlage folgende **Gewindedarstellungen** in der Vorder- und Seitenansicht. Die Maße beziehen sich auf die **von oben nach unten** darzustellenden Abbildungen.

- **Gewinde M16**, Gewindelänge 35 mit Kegelkuppe, Bolzen an der rechten Seite gebrochen dargestellt
- **Gewinde M16**, Gewindelänge 25 mit Linsenkuppe, Bolzen an der rechten Seite gebrochen dargestellt
- geschnitten gezeichnete Buchse (Außendurchmesser 30 mm) mit **Innengewinde M16**, Gewindelänge 30, Kernlochbohrung durchgehend, an der rechten Seite gebrochen dargestellt
- geschnitten gezeichneter Bolzen (Außendurchmesser 30 mm) mit **Innengewindegrundloch M16**, Gewindelänge 25, Kernlochtiefe 35, an der rechten Seite gebrochen dargestellt
- **Gewindebolzen**, Länge 85 mm mit Links- und Rechtsgewinde M20×35 mit Kegelkuppe, mittig liegende 8 mm breite Abflachung mit SW17

ZÜ 6.2 Vereinfachte Schraubendarstellung

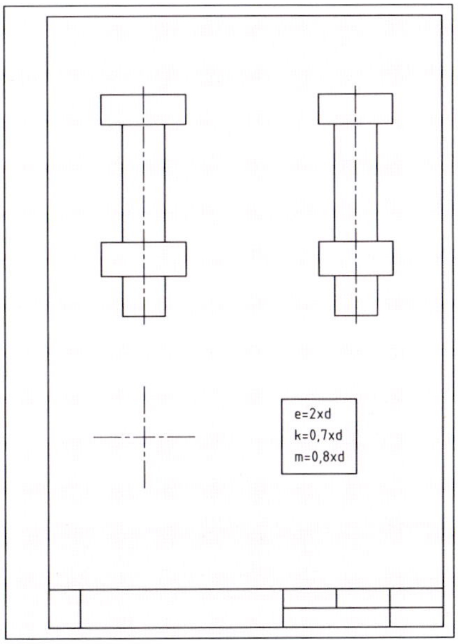

Zeichne auf einem A4-Blatt in Hochformat nach nebenstehender Vorlage eine vereinfacht dargestellte **Sechskantschraube M20×90 mit Mutter** in der Vorderansicht, Drauf- und Seitenansicht. Die Schraube ist nicht mit den wirklichen Maßen, sondern mit den **allgemeinen Schraubenkenngrößen (d, e, s, k, m, b und l)** zu bemaßen. Die **Kenngröße b** ist einem Tabellenbuch zu entnehmen.

- In der Vorderansicht soll die Sechseckfläche des Schraubenkopfes **und** der Mutter in der Zeichenebene liegen.
- Gib in einer Legende den Zusammenhang der genormten Schraubenmaße in Bezug auf den Gewindedurchmesser an.

ZÜ 6.3 Darstellung einer Sechskantschraube mit Fasenbögen

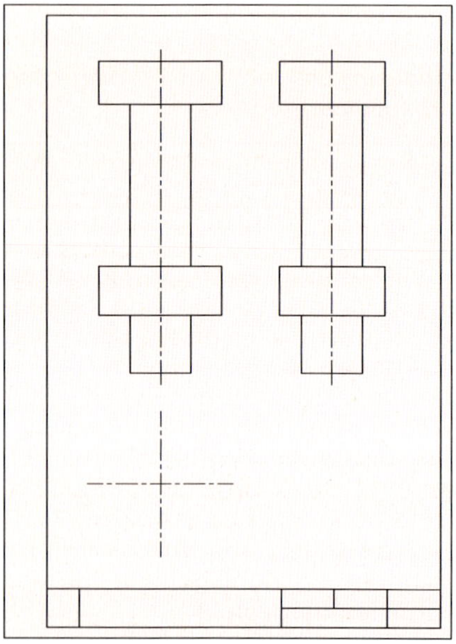

Zeichne auf einem A4-Blatt in Hochformat nach nebenstehender Vorlage eine **Sechskantschraube M30×120 mit Mutter** in der Vorderansicht, Drauf- und Seitenansicht.

Schraube und Mutter sind mit allen Fasenbögen auszuführen.

In der Vorderansicht soll die Sechseckfläche des Schraubenkopfes **und** der Mutter in der Zeichenebene liegen.

ZÜ 6.4 Darstellung von Schraubenverbindungen

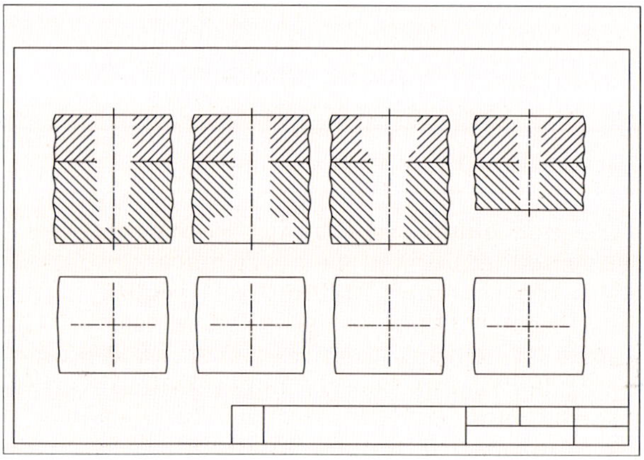

Zeichne auf einem A4-Blatt in Querformat nach nebenstehender Vorlage die **Schnittdarstellung von vier Schraubenverbindungen** in der Vorderansicht und Draufsicht.

Die schmalen Platten haben eine Höhe von 22 mm, die anderen sind 38 mm hoch.

Die Maße für die Schraubensenkungen sind einem Tabellenbuch zu entnehmen.

Die Angaben beziehen sich auf die **von links nach rechts** darzustellenden Schraubenverbindungen.

- **Sechskantschraube M16×40**, von oben im Gewindegrundloch verschraubt
- **Sechskantschraube M16×70 mit Scheibe und Mutter**, Kopf in der unteren Platte versenkt
- **Zylinderschraube mit Innensechskant M16×30** im Durchgangsgewinde, Kopf versenkt und von oben verschraubt
- **Senkschraube mit Schlitz M10×35** im Durchgangsgewinde, von oben verschraubt

ZÜ 6.5 Darstellung einer Schraubenverbindung im Stahlbau

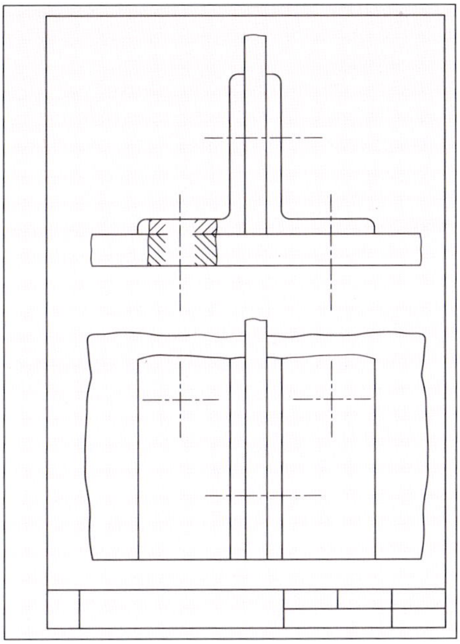

Zeichne auf einem A4-Blatt in Hochformat nach nebenstehender Vorlage die **Formstahlverschraubung** in der Vorderansicht und Draufsicht.
Die Fügetechnik erfolgt mittels Sechskantschrauben M12×40 mit Federring und Mutter.
Um die Schraubverbindung im Detail zu zeigen, soll die Grundplatte und der linke Winkel im Bereich der Verbindung **ausgebrochen** werden.
Die beiden anderen Schrauben werden in der jeweiligen Ansicht dargestellt.

- Das waagrechte 12 mm dicke Stahlblech ist mit den beiden Winkel 75 × 50 × 7 in einem Mittenabstand von 70 mm verschraubt.
- Das senkrechte 10 mm dicke Stahlblech ist von der Grundplatte in einem Achsabstand von 45 mm verschraubt.
- In der Draufsicht ist der Abstand von der Vorderkante zur waagrecht liegenden Schraubenachse 30 mm und zu den beiden senkrecht liegenden Schrauben 75 mm.

ZÜ 6.6 Darstellung einer Schraubenverbindung im Stahlbau

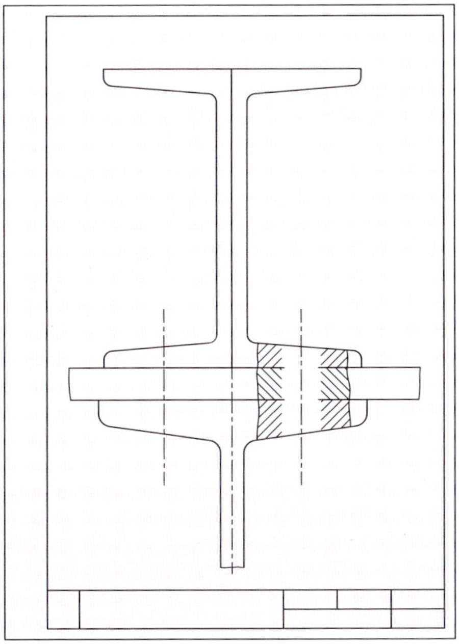

Zeichne auf einem A4-Blatt in Hochformat nach nebenstehender Vorlage die **Formstahlverschraubung** in der Vorderansicht. Die Fügetechnik erfolgt mittels Sechskantschrauben M16×65-4.6 mit **Scheiben für U- und I-Träger**.

Um die Schraubverbindung im Detail zu zeigen, sollen die 16 mm starke Zwischenplatte und die Formstähle laut Vorlage **ausgebrochen** werden.

- Die Stahlkonstruktion setzt sich aus einem I-Träger ÖNORM EN 10024-300-S235JRG1 und zwei U-Trägern ÖNORM EN 10279-U140-S235JRG1 zusammen.
- Die Lage der Bohrung ist nach dem Anreißmaß des I-Trägers auszuführen.
- Die Formstähle und die Verbindungselemente sind nach Bild 3, Seite 109 zu bezeichnen.

ZÜ 6.7 Fertigungszeichnung eines Spannschlosses

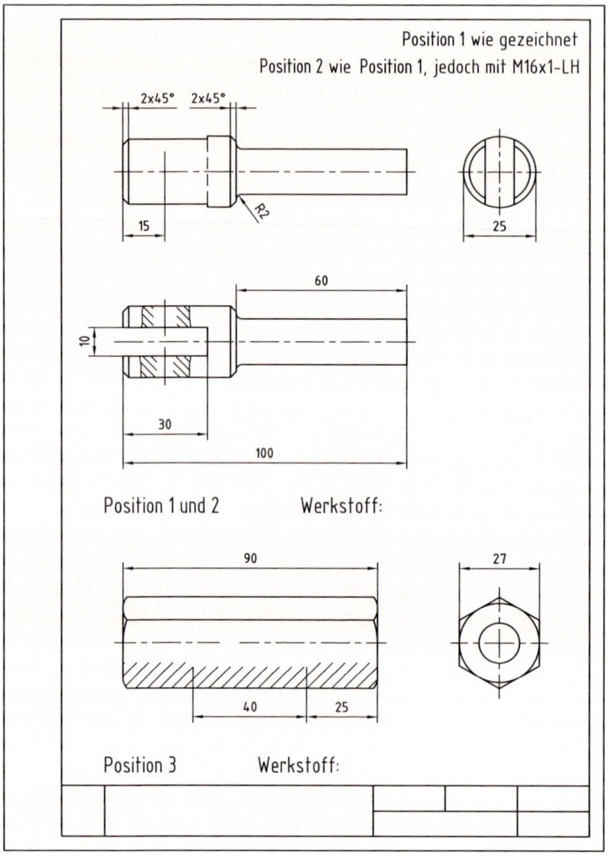

Zeichne und bemaße auf einem A4-Blatt in Hochformat nach nebenstehender Vorlage die Einzelteile eines **Spannschlosses**. Vervollständige alle Ansichten und bemaße im Sinne einer Fertigungszeichnung.

Rechts bei der Position 1 (Spanner aus dem Werkstoff 10S20) ist ein 45 mm langes Rechtsgewinde M16×1.

In der Draufsicht ist im ausgebrochen gezeichneten Bereich oberhalb eine ∅8,5-Bohrung und unterhalb ein M8-Gewinde.

Bei Position 3 (Spannmutter aus warmgewalztem Sechskantstahl C45) ist an einer Seite ein **Links**gewinde M16×1 und an der anderen Seite ein **Rechts**gewinde M16×1. Mittig dazwischen liegt eine 40 mm lange Ausdrehung mit ∅17.

ZÜ 6.8 Zusammenbauzeichnung des Spannschlosses

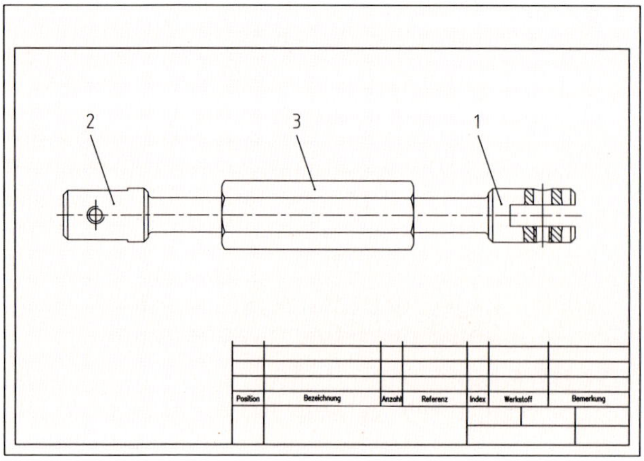

Fertige auf einem A4-Blatt in Querformat die **Zusammenbauzeichnung des Spannschlosses** mit den Maßen der in **ZÜ 6.7** dargestellten Einzelteile.

Die Spannmutter soll im Halbschnitt dargestellt werden, das Gewinde der Spanner jeweils 15 mm im Eingriff stehen.

Die Zeichnung ist mit Schriftfeld **und** Stückliste auszuführen.

ZÜ 6.9 Darstellung einer Stiftschraubenverbindung

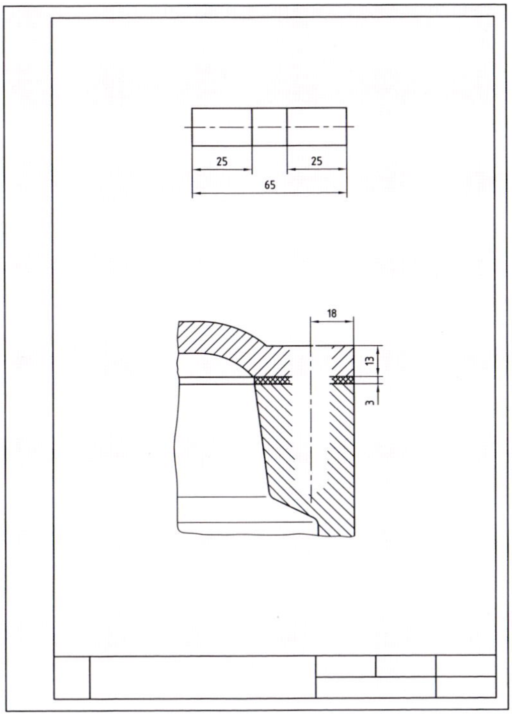

Zeichne auf einem A4-Blatt in Hochformat nach nebenstehender Vorlage eine **Stiftschraube** und eine **Blindflanschverschraubung** mittels Stiftschrauben in jeweils nur einer Ansicht. Die Darstellung der Stiftschraube ist fertigungsgerecht zu bemaßen.

Die Schraube hat rechts und links ein M16-Gewinde.

Beachte die Darstellung des Gewindeauslaufes bei Stiftschrauben (Abschnitt 6.4.3)!

Die oben gezeichnete Stiftschraube ist im Gussteil aus dem Werkstoff **GJL-200** fix verschraubt. Mit einer Kunststoffdichtung, einem Blindflansch, einem Federring und einer Mutter wird die Druckleitung dicht verschraubt.

Die fehlenden Maße des Gusskörpers und Blinddeckels sind **frei** anzunehmen.

Die Schraffur der Kunststoffdichtung erfolgt kreuzweise mit 45°-Linien.

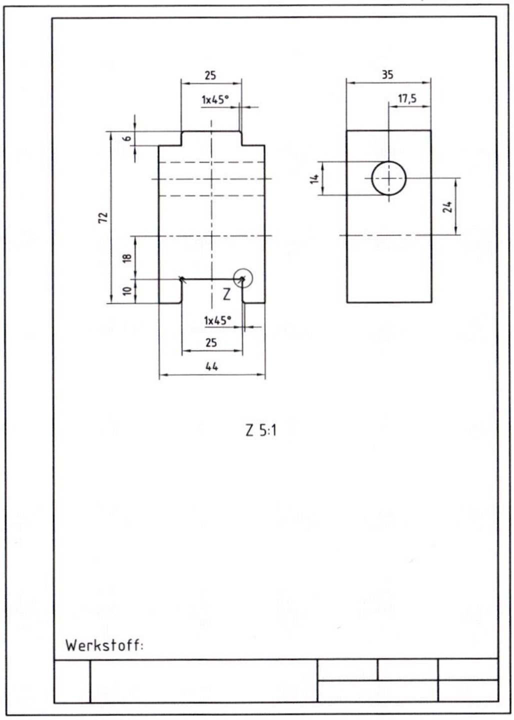

ZÜ 6.10 Darstellung einer Führungsmutter

Zeichne und bemaße auf einem A4-Blatt in Hochformat nach nebenstehender Vorlage die **Führungsmutter** in der Vorderansicht und Seitenansicht (Vollschnitt).

Vervollständige die beiden Ansichten wie folgt:
Die Mutter aus dem Werkstoff **S235JR** hat normal zur oben liegenden Bohrung ein zentrisch liegendes Durchgangsgewinde Tr22×5.

Das Detail Z ist **frei** zu gestalten und im Maßstab 5:1 darzustellen.

ZÜ 6.11 Darstellung einer Gewindespindel

Zeichne und bemaße auf einem A4-Blatt in Querformat nach unten stehender Vorlage die **Gewindespindel** in der Vorder- und Seitenansicht.
In der Fertigungszeichnung ist die vereinfachte Darstellung der erforderlichen Zentrierbohrung nach ÖNORM EN ISO 6411-B 2,5/5,3 zu zeichnen.

Vervollständige die beiden Ansichten wie folgt:

- Links ist ein 20 mm langer Vierkant SW19 mit einer 30°-Fase bis zur Schlüsselweite.
- Die Spindel aus dem Werkstoff **S235JR** hat ein Gewinde Tr22×5, das mit einem Freistich endet. Das Detail Z ist **maßlich frei** zu gestalten, der Einstich für den Sicherungsring nach DIN 471 ist als Detail Y auszuführen.

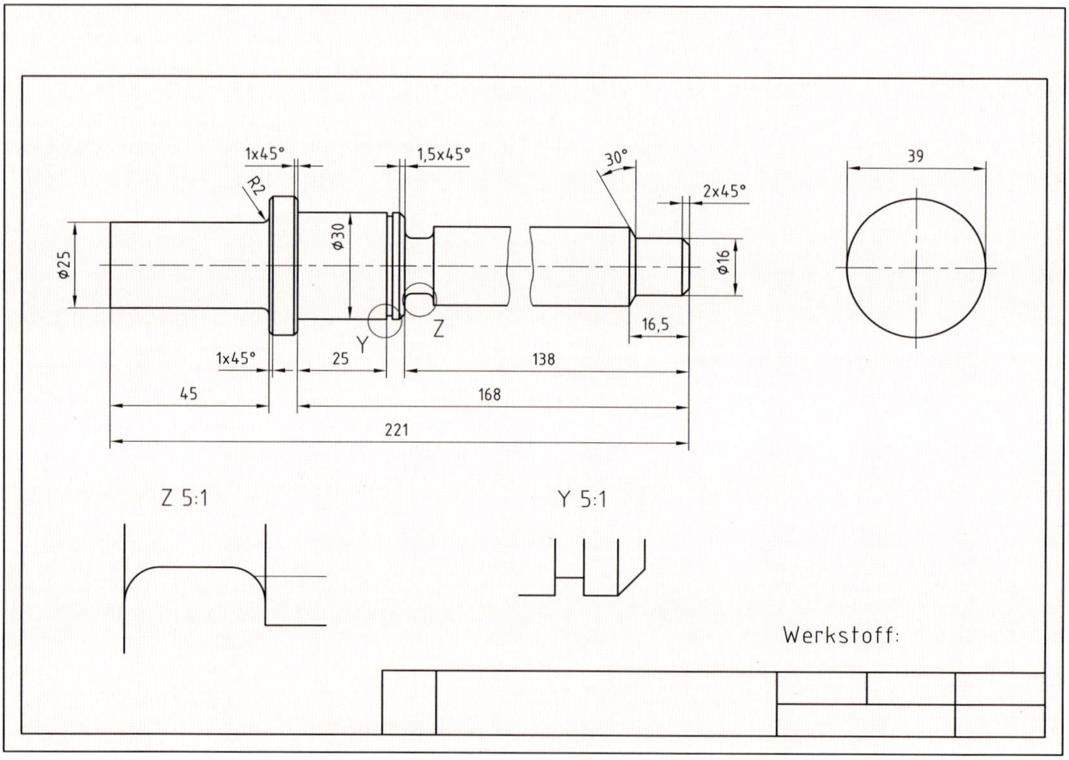

ZÜ 6.12 Zusammenbauzeichnung – Gewindespindel mit Führungsmutter

Fertige auf einem A4-Blatt in Querformat die Zusammenbauzeichnung der **Gewindespindel mit Führungsmutter** nach den Maßen der in **ZÜ 6.10** und **ZÜ 6.11** dargestellten Einzelteile.

- Die Verschraubung ist in Schnittdarstellung auszuführen.
- Das Schriftfeld **und** die Stückliste sind vollständig auszufüllen.

ZÜ 6.13 Darstellung eines Zweiarm-Abziehers

Zeichne auf einem A3-Blatt in Querformat nach unten stehender Vorlage die Zusammenbauzeichnung des in drei Ansichten dargestellten **Zweiarm-Abziehers**.

Die 145 mm lange **Abzieherspindel** (Position 1) aus dem Werkstoff **10S20** hat einen 20 mm langen Sechskant SW19 mit einer Andrehung auf ∅16. Am Ende der Spindel mit dem Feingewinde M16×1,5 ist eine Bohrung mit ∅10×15 zur Aufnahme des Druckeinsatzes (Position 5) aus dem Werkstoff 10S20.

Der symmetrische **Abzieherbalken** (Position 2) aus blankem Vierkantstahl **S235JR** hat die Außenmaße 25 × 25 × 150 mm und ein zentrisch liegendes Durchgangsgewinde M16×1,5. Die gefrästen Schlitze sind 8 mm breit und inklusive des runden Auslaufes 61 mm lang. Die mittig liegenden, durchgehenden Langlöcher sind 10 × 46 mm und haben einen Randabstand von 5 mm.

Die beiden **Knebelkerbstifte** (Position 3) nach ÖNORM EN ISO 8742-10×24 aus dem Werkstoff **245 HV** werden beim Zusammenbau in die Haken gepresst.

Die beiden oben mit 2×45° gefasten **Abzieherhaken** (Position 4) aus blankgezogenem Flachstahl **C45** haben die Außenmaße 20 × 8 × 125 mm.

Alle nicht gegebenen Abmessungen können **frei** gewählt oder einem Tabellenbuch entnommen werden.

Das Schriftfeld **und** die Stückliste sind vollständig auszufüllen.

Zusatzaufgabe:
Erstelle je eine Fertigungszeichnung für **Abzieherspindel und Druckeinsatz**, für **Abzieherbalken** und für **Abzieherhaken** mit allen zur Herstellung notwendigen Maßen und Fertigungsangaben. Der Gewindefreistich ist als Detail im Maßstab M 5:1 darzustellen.

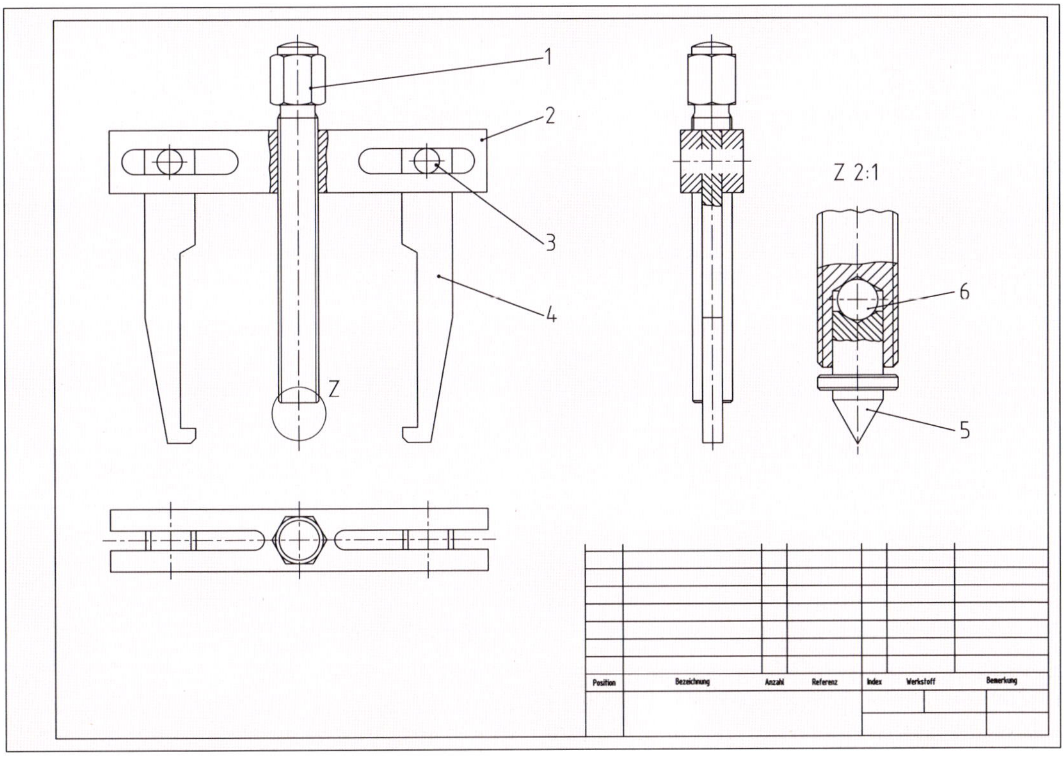

7 Angaben in Fertigungszeichnungen

7.1 Toleranzen und Passungen

7.1.1 Allgemeines

Die Maße eines Werkstückes werden in Fertigungszeichnungen mit einer **geduldeten** Abweichung, der so genannten Toleranz, angegeben. Die Größe der Toleranz ist vom Nennmaß und vom Verwendungszweck des Werkstückes abhängig und aus wirtschaftlichen Gründen größtmöglich zu wählen.

Die Tolerierung der Nennmaße erfolgt durch die **Allgemeintoleranz** (z. B. mittel) oder durch **Grenzabmaße** (z. B. +0,3/–0,1) oder mit **ISO-Kurzzeichen** (z. B. H7).

Diese drei Möglichkeiten der Maßtolerierung können in Fertigungszeichnungen auch nebeneinander angewendet werden (Bild 1).

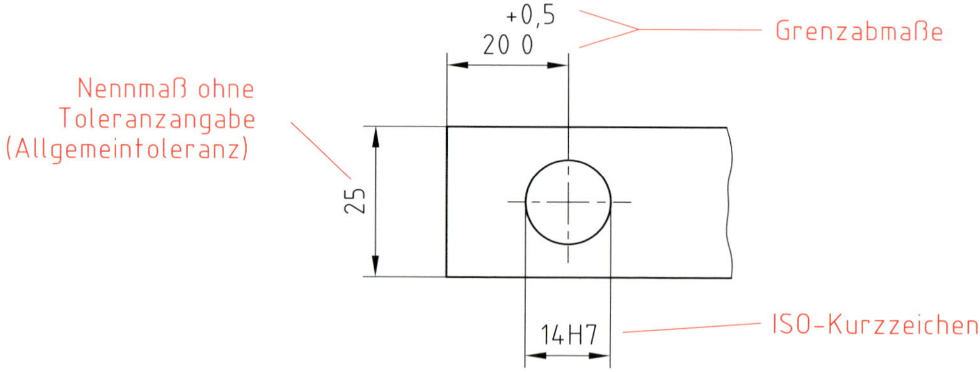

Bild 1

7.1.2 Allgemeintoleranzen für Längen- und Winkelmaße

In Fertigungszeichnungen für spanend und spanlos geformte Bauteile ist für Längen-, Radius-, Fasen- und Winkelmaße, sofern diesen keine Toleranzangabe zugeordnet ist, die Allgemeintoleranz nach **ÖNORM EN 22768–1** anzuwenden. Die Grenzabmaße können abhängig vom Nennmaßbereich und von der geforderten Toleranzklasse aus einem Tabellenbuch ermittelt werden.

Im Schriftfeld der Zeichnung ist die **anzuwendende Norm** in Verbindung mit der **Toleranzklasse** (Tabelle 7.1) anzugeben (Bild 2).

Toleranzklasse	
fein	**f**
mittel	**m**
grob	**c**
sehr grob	**v**

Tabelle 7.1

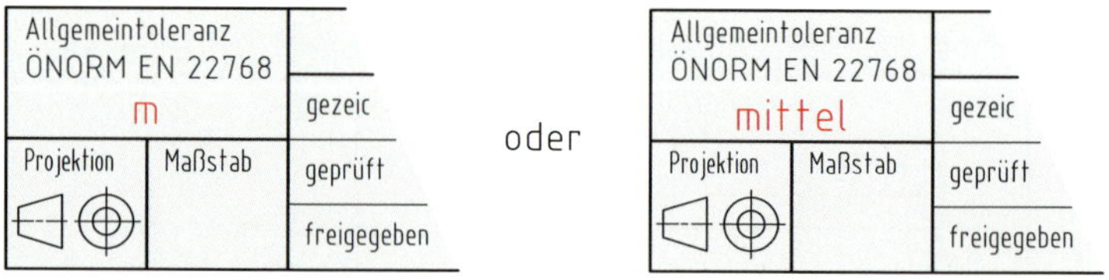

Bild 2

Allgemeintoleranzen und Bearbeitungszugaben für Stahlguss, Allgemeintoleranzen für Grauguss, Allgemeintoleranzen für Form und Lage (Abschnitt 7.1.5.2) und Allgemeintoleranzen für Schweißkonstruktionen (Abschnitt 12.1.9) sind in eigenen Normen festgelegt. Die erforderlichen Werte können einem Tabellenbuch entnommen werden.

7.1.3 Angabe der Toleranz mit Grenzabmaßen

Die Tolerierung mit Grenzabmaßen für **Längen- und Winkelangaben** erfolgt nach **ÖNORM A 6065–2**.

- **Längenmaße**

  Bei der Maßtolerierung mit Grenzabmaßen wird dem Nennmaß das **obere** und **untere Abmaß** mit dem entsprechenden Vorzeichen (+, – oder ±) angefügt. Das **obere** Abmaß ist unabhängig vom Vorzeichen immer **oberhalb** des unteren Abmaßes einzutragen. Beide Abmaße sind mit der gleichen Anzahl von Dezimalstellen anzugeben, ausgenommen eines der Abmaße hat einen Nullwert.

  Ist das obere und untere Abmaß gleich groß, so wird die Toleranzangabe mit dem Vorzeichen ± dem Nennmaß angefügt (Bild 1).

  Die Abmaße sollen nach ÖNORM A 6065-2 in gleicher Schrifthöhe wie die Maßzahlen eingetragen werden. Sie können auch **kleiner**, doch mindestens in einer Schriftgröße von 2,5 mm geschrieben werden.

  Bei nur **einzeiliger** Schreibweise ist das obere Abmaß vom unteren Abmaß durch einen Schrägstrich zu trennen (z. B. 28+0,45/+0,30). Ist das obere Abmaß gleich 0, so ist der Null ein Pluszeichen vorzusetzen (z. B. 28+0/–0,25).

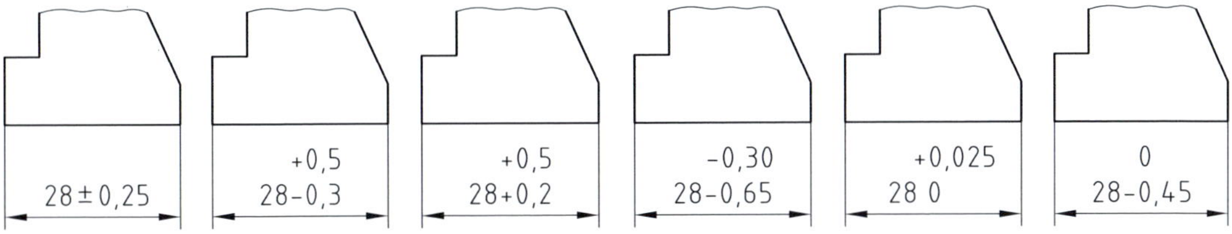

Bild 1

- **Winkelmaße**

  Winkelmaße werden wie Längenmaße toleriert. Es ist zu beachten, dass die Maßeinheit am Nennmaß **und** bei der Toleranzangabe anzugeben ist (Bild 2).

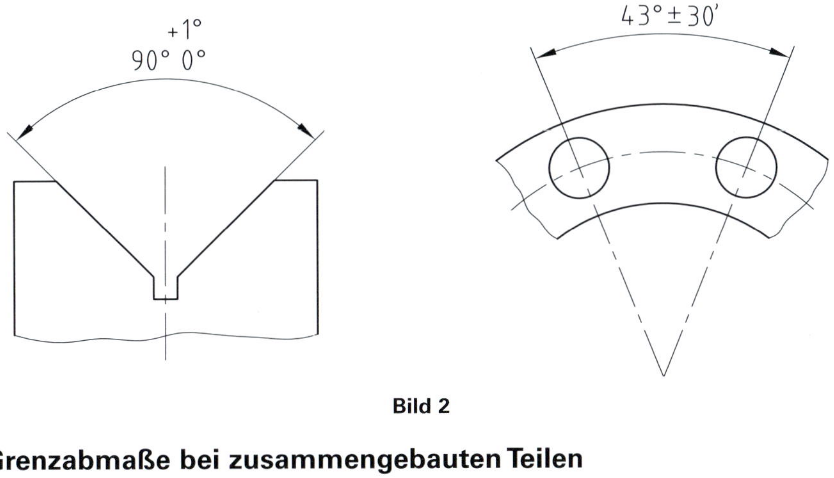

Bild 2

7.1.3.1 Grenzabmaße bei zusammengebauten Teilen

Werden Teile im zusammengebauten Zustand bemaßt, so ist die Maßangabe für den Außenteil **über** und das Maß für den Innenteil **unter** der Maßlinie einzutragen.

Die vorgesetzte Bezeichnung „Bohrung" oder „Welle" bzw. die Angabe der Positionsnummer erleichtert die Zuordnung (Bild 1, Seite 120).

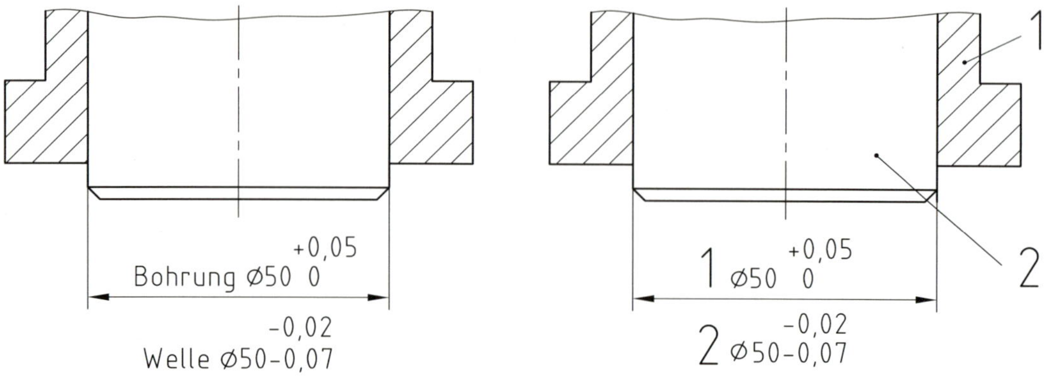

Bild 1

7.1.4 Angabe der Toleranz mit ISO-Kurzzeichen

Bei der Toleranzangabe mit ISO-Kurzzeichen wird dieses dem **Nennmaß angefügt** und in **gleicher Schriftgröße wie die Maßzahl** geschrieben. Die entsprechenden Abmaße bzw. das Höchst- und Mindestmaß werden tabellarisch in der Nähe des Schriftfeldes angegeben (Bild 2).

Beachte, dass Absatzmaße und Lochmittenabstände nicht mit ISO-Kurzzeichen toleriert werden dürfen!

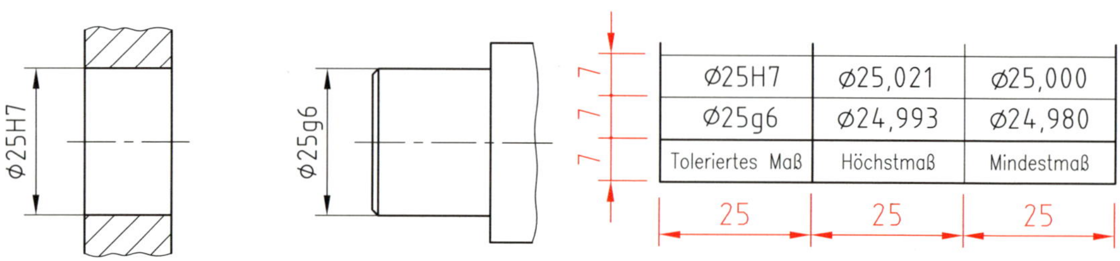

⌀25H7	⌀25,021	⌀25,000
⌀25g6	⌀24,993	⌀24,980
Toleriertes Maß	Höchstmaß	Mindestmaß

Bild 2

Wenn erforderlich, können der Maßangabe **beide Abmaße** oder das **Höchst- und Mindestmaß** in Klammer geschrieben angefügt werden (Bild 3).

Bild 3

7.1.4.1 ISO-Kurzzeichen bei zusammengebauten Teilen

Werden Teile im zusammengebauten Zustand bemaßt, so sind die ISO-Kurzzeichen für das Innen- und Außenmaß durch einen Schrägstrich getrennt hinter dem Nennmaß anzugeben. Die Toleranzangabe des Innenmaßes ist immer **zuerst** anzuschreiben (Bild 1).

Bei Platzmangel können die Toleranzangaben auch übereinander geschrieben werden, wobei das ISO-Kurzzeichen für das Innenmaß **über** die Toleranzangabe des Außenmaßes zu setzen ist (Bild 2).

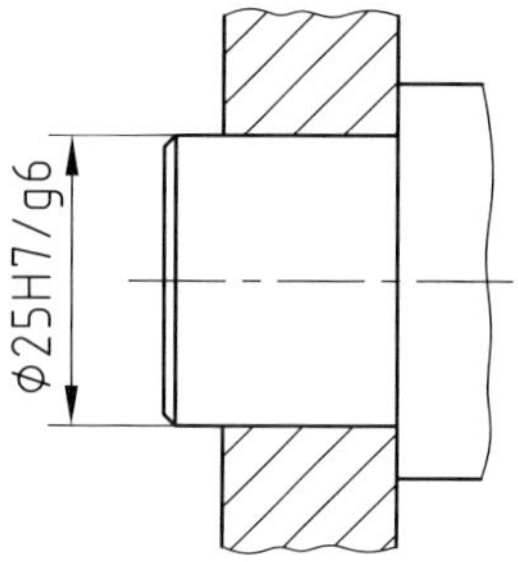

Bild 1

oder

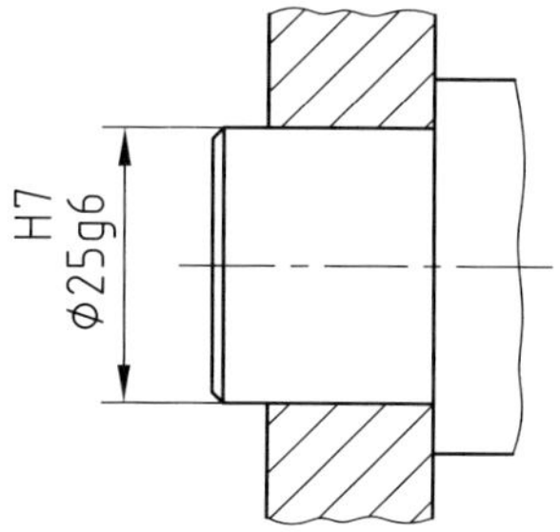

Bild 2

• Begrenzte Toleranzangabe

Der Bereich für den eine Maßtoleranz anzuwenden ist, wird mit einer **schmalen** Volllinie begrenzt und durch die Bemaßung seiner Länge festgelegt (Bild 3).

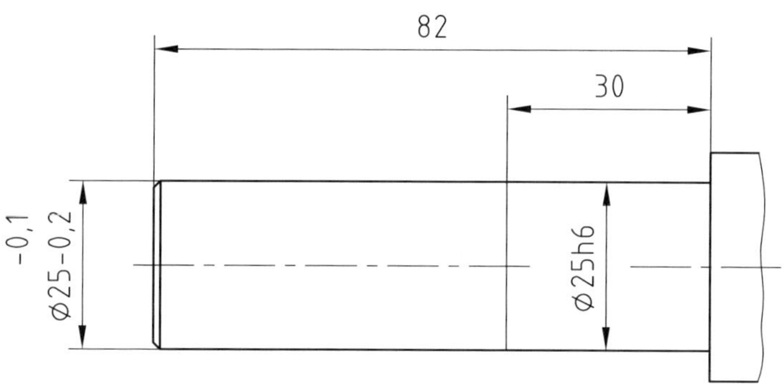

Bild 3

ZÜ 7.1 Darstellung von Werkstücken mit Maßtoleranzangaben

Lernziel: *Angabe von Toleranzwerten in Fertigungszeichnungen*
Eintragen der ermittelten Höchst- und Mindestmaße von ISO-Toleranzangaben in die Abmaßtabelle

ZÜ 7.1A Darstellung einer Führungsplatte mit Maßtoleranzangaben

Zeichne und bemaße auf einem A4-Blatt in Hochformat nach unten stehender Vorlage die Schnittdarstellung einer **Führungsplatte** aus dem Werkstoff **S235JR**.
Trage die ermittelten Höchst- und Mindestmaße der ISO-Toleranzangaben in die Abmaßtabelle ein.

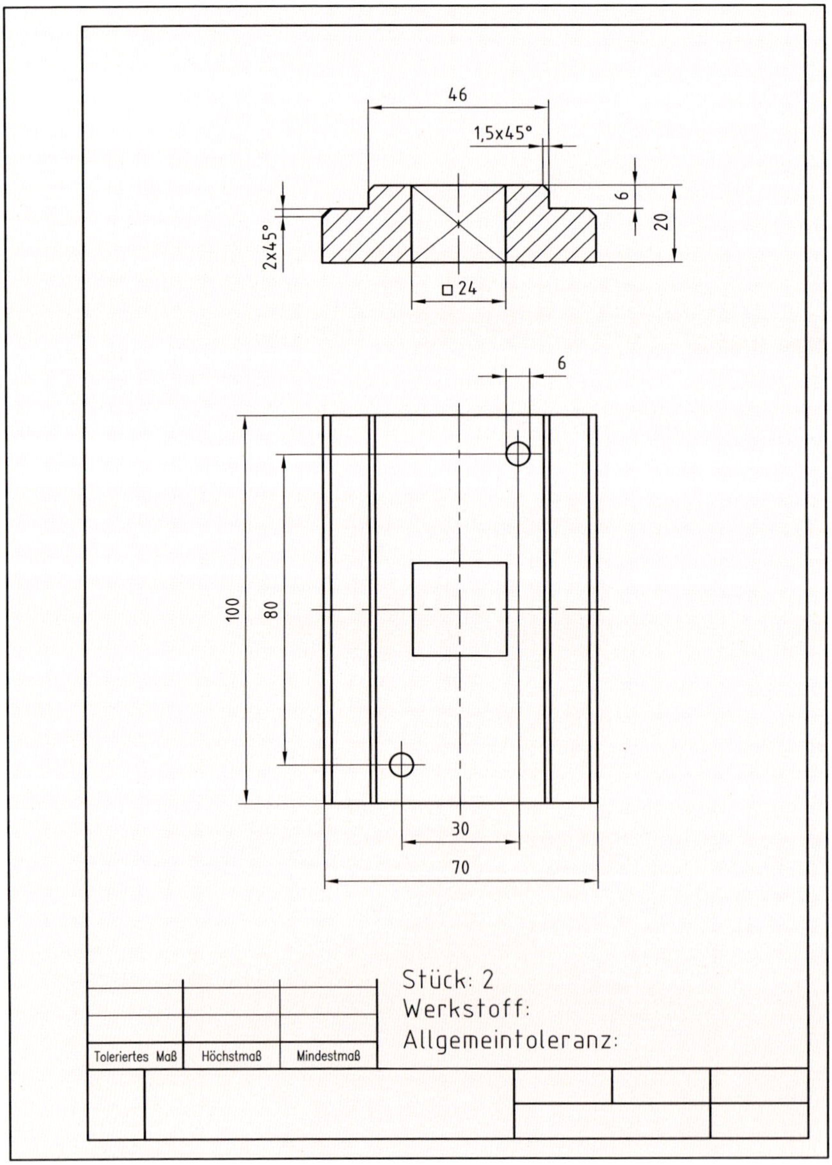

Für alle nicht tolerierten Maße ist die Allgemeintoleranz **mittel** anzuwenden.

Folgende Maße sind mit Toleranzangaben zu versehen:

Außenmaße:
70+0/–0,1
46–0,01/–0,05
20±0,3
6+0,1/0

Innenmaße:
□24H7
∅6H7

ZÜ 7.1B Darstellung einer Passungsbuchse mit Maßtoleranzangaben

Zeichne und bemaße auf einem A4-Blatt in Hochformat nach unten stehender Vorlage die Halbschnittdarstellung einer **Passungsbuchse** aus dem Werkstoff **10S20**.

Trage die ermittelten Höchst- und Mindestmaße der ISO-Toleranzangaben in die Abmaßtabelle ein. Für alle nicht tolerierten Maße ist die Allgemeintoleranz **fein** anzuwenden.

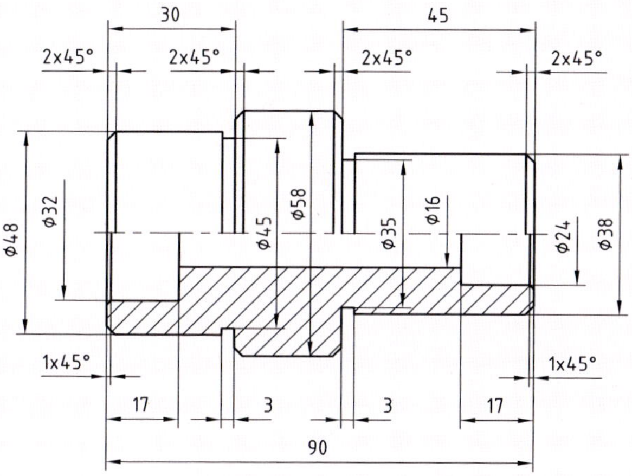

Toleriertes Maß	Höchstmaß	Mindestmaß

Stück: 20
Werkstoff:
Allgemeintoleranz:

Folgende Maße sind mit Toleranzangaben zu versehen:

Längenmaße:
90±0,5
17+0,1/0

Außenmaße:
∅48h6
∅38+0,02/–0,05

Innenmaße:
∅32H7
∅24H7

7.1.5 Toleranzangabe für Form und Lage

Um die Funktion eines Bauteils zu gewährleisten, kann es erforderlich sein, neben den Maßen auch die **geometrische Form** und/oder **die Lage** von zwei oder mehreren Elementen zueinander mit Toleranzen zu belegen.

Mit den **Formtoleranzen** wird die zulässige Abweichung **eines** Elementes von seiner geometrischen Idealform (z. B. Gerade, Kreis, Ebene) begrenzt.

Mit den **Lagetoleranzen** wird die zulässige Abweichung **zweier** oder **mehrerer** Elemente zueinander festgelegt, wobei meist eines dieser Elemente als Bezugselement dient. Es soll möglichst mit **dem Element** übereinstimmen, das auch bei der Funktion und Fertigung des Werkstückes als Ausgangsbasis dient.

Die Eintragung von **Form- und Lagetoleranzen** erfolgt nach **ÖNORM EN ISO 1101**.

7.1.5.1 Symbole für Form- und Lagetolerierung

Formtoleranzen	
Eigenschaft	**Symbol**
Geradheit	—
Ebenheit	⏥
Rundheit	○
Zylindrizität	⌭
Profil einer Linie	⌒
Profil einer Fläche	⌓

Lagetoleranzen	
Eigenschaft	**Symbol**
Parallelität	//
Rechtwinkligkeit	⊥
Neigung	∠
Rundlauf, Planlauf	↗
Gesamtrundlauf, Gesamtplanlauf	⌰
Koaxialität (Achsabweichung)	◎
Symmetrie	⌯
Position	⌖

7.1.5.2 Allgemeintoleranzen für Form und Lage

Allgemeintoleranzen für Form und Lage nach **ÖNORM EN 22768–2** sind anzuwenden, wenn im Schriftfeld der Zeichnung auf diese Norm hingewiesen wird. Die zulässigen Abweichungen können, abhängig vom **Nennmaßbereich** und von der **Toleranzklasse** (H, K, L), einem Tabellenbuch entnommen werden.

Üblicherweise wird die Allgemeintoleranz für Längen- und Winkelmaße in Verbindung mit der Allgemeintoleranz für Form und Lage angegeben (Bild 1). Wird nur die Allgemeintoleranz für Form und Lage angegeben, so ist die Eintragung nach Bild 2 vorzunehmen.

Bild 1

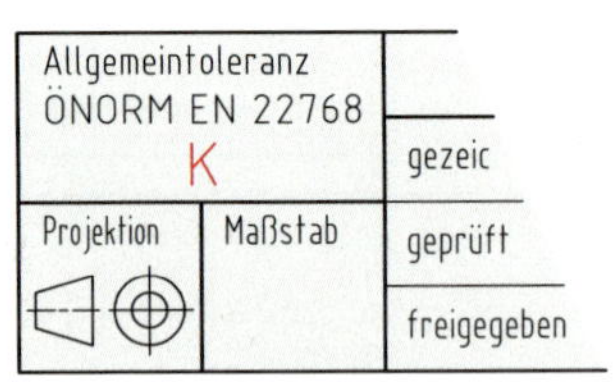

Bild 2

7.1.5.3 Angabe der Formtoleranz

Das **Symbol** der tolerierten Eigenschaft und der **Toleranzwert** in Millimetern sind in einem **zweiteiligen** Toleranzrahmen anzugeben. Die Eintragungen im Toleranzrahmen erfolgen immer in Leserichtung (Bild 1).

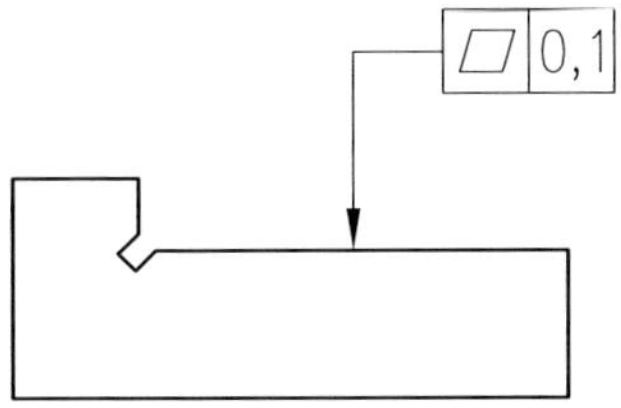

Bild 1

Der Toleranzrahmen wird dem tolerierten Element durch eine **Bezugslinie mit Bezugspfeil** zugewiesen, wobei die **Pfeillinie immer im rechten Winkel** zum tolerierten Element zu zeichnen ist. Die verschiedenen Zuordnungsmöglichkeiten des Toleranzrahmens zeigt Bild 2.

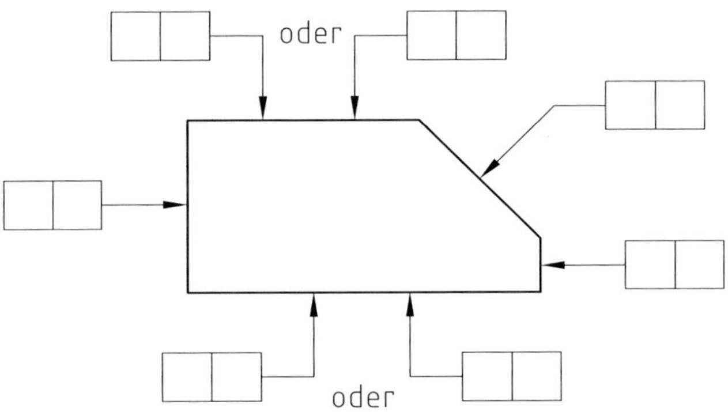

Bild 2

Bezieht sich die Toleranzangabe auf die **Linie oder Fläche** selbst, so ist der Bezugspfeil entweder **direkt auf die Fläche** oder auf die **entsprechende Maßhilfslinie** zu setzen. Die Pfeillinie ist um **mindestens 4 mm** zur Maßlinie versetzt einzutragen (Bild 3).

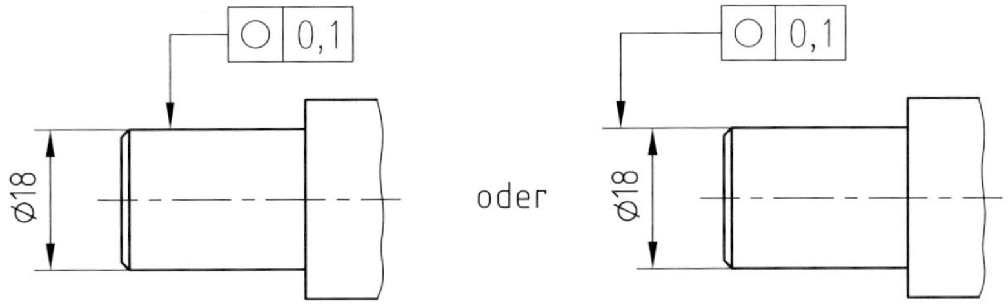

Bild 3

7.1.5.4 Angabe der Lagetoleranz

Das Symbol der **tolerierten Eigenschaft**, der **Toleranzwert** und die **Bezugsbezeichnung** sind in festgelegter Reihenfolge in einem **dreiteiligen** Toleranzrahmen anzugeben (Bild 1).
Die Zuordnung des Toleranzrahmens zum tolerierten Element ist nach Abschnitt 7.1.5.3 vorzunehmen.

Die Kennzeichnung des Bezugselementes erfolgt mit einem **Bezugssymbol**. Dieses setzt sich aus einem quadratischen Bezugsrahmen, der Bezugsbezeichnung und dem Bezugsdreieck zusammen (Bild 2).

Der Bezugsrahmen und das Bezugsdreieck sind mit einer **schmalen** Volllinie zu verbinden. Das **Bezugsdreieck** kann ausgefüllt oder leer ausgeführt werden.

Die **Bezugsbezeichnung** wird mit Großbuchstaben angegeben.

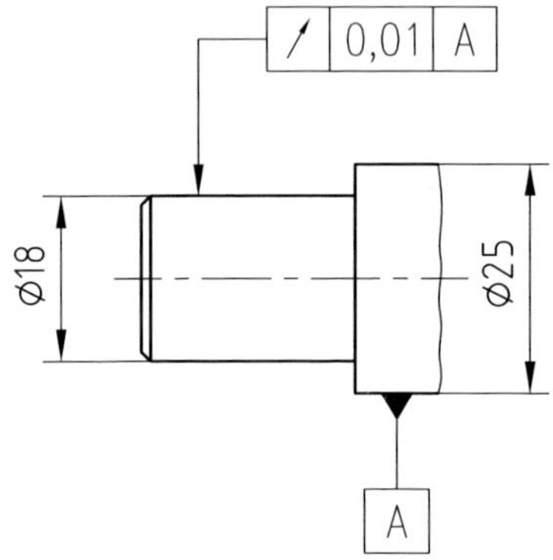

Bild 1

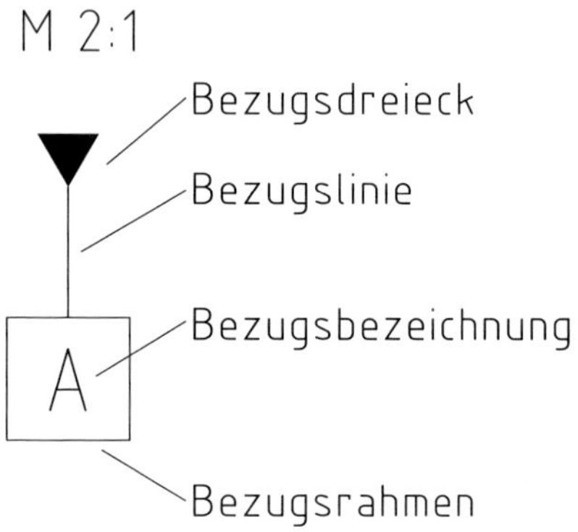

Bild 2

Die verschiedenen Varianten der Zuordnung des Bezugssymbols zur Bezugsfläche zeigt Bild 3.

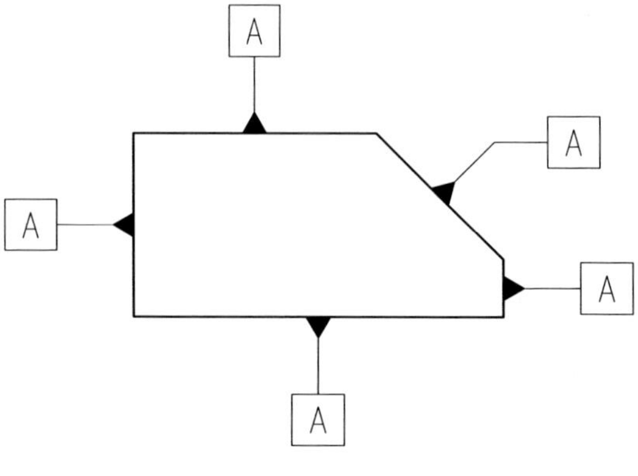

Bild 3

Ist das Bezugselement die **Fläche**, so ist das Bezugsdreieck direkt und im rechten Winkel auf die Fläche oder auf die entsprechende Maßhilfslinie zu setzen (Bild 1).

Das Bezugsdreieck ist **mindestens 4 mm** von der Maßlinie versetzt einzutragen.

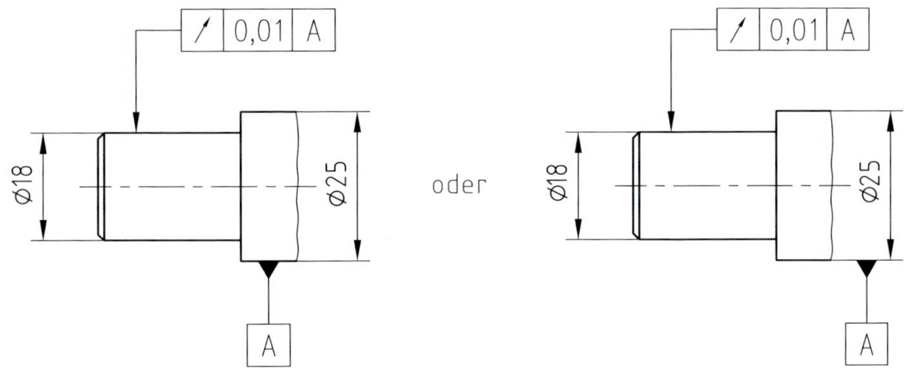

Bild 1

Ist das Bezugselement die **Symmetrieachse**, so ist das Bezugsdreieck als Verlängerung der Maßlinie einzutragen (Bild 2).

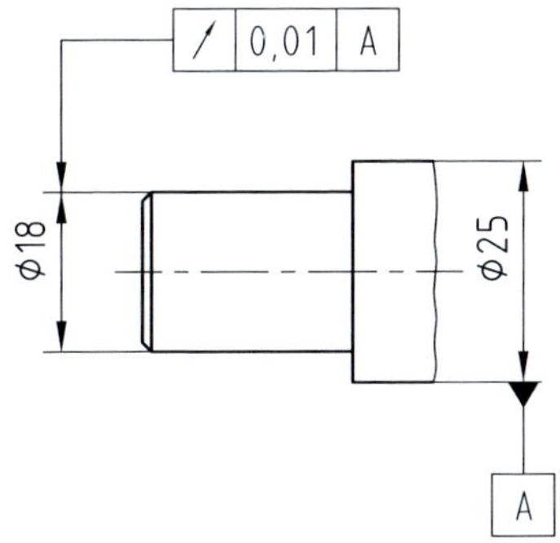

Bild 2

Früher war es üblich, den Toleranzrahmen mit dem Bezugselement direkt zu verbinden, um sich die Bezugsangabe einzusparen (Bild 3).

Nunmehr ist die Bezugsangabe erforderlich (Bild 4).

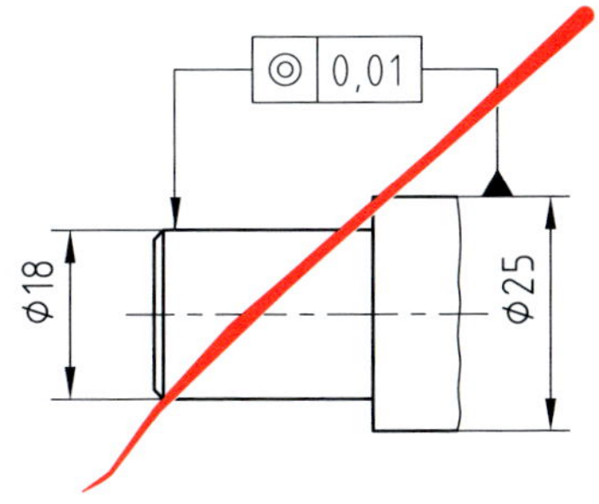

Bild 3

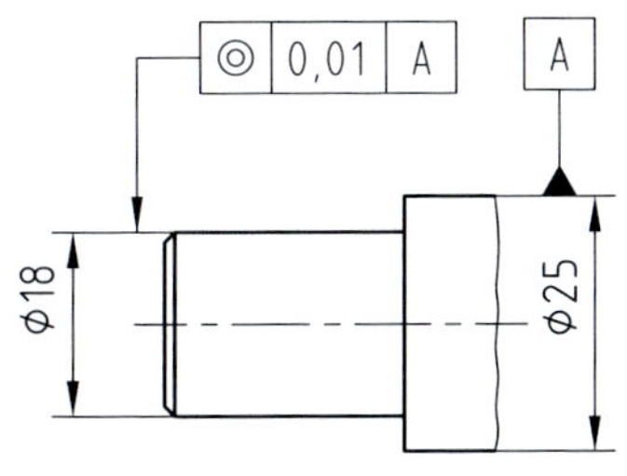

Bild 4

Wird eine Toleranzzone auf mehrere einzelne Elemente angewendet, so ist diese Anforderung durch die Kennzeichnung „CZ" = common zone zu ergänzen (Bild 1).

Die Eintragung mit zwei Toleranzrahmen zeigt Bild 2.

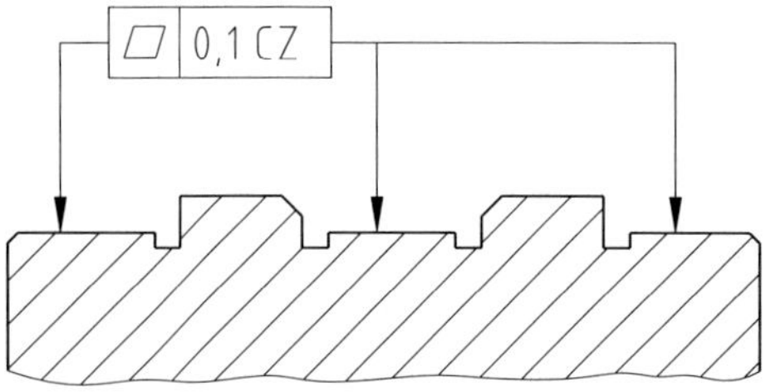

Bild 1

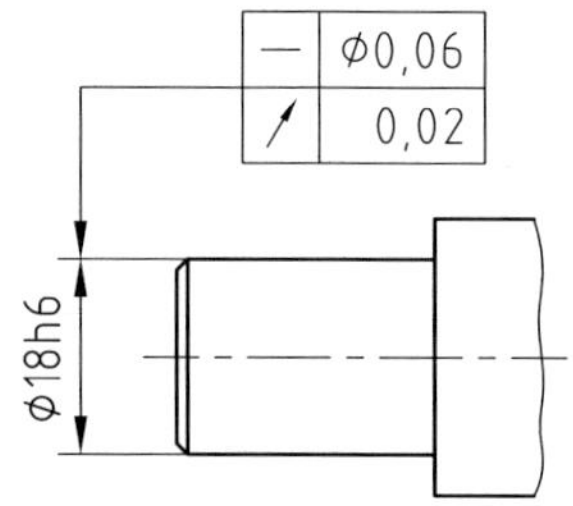

Bild 2

- **Lagetoleranz mit zwei oder mehreren Bezügen.** Wird die Lagetoleranz durch zwei oder mehrere Bezüge festgelegt, so ist im Toleranzrahmen für jeden Bezug ein weiterer Großbuchstabe einzutragen. Ist die Reihenfolge von zwei oder mehreren Bezügen **nicht** von Bedeutung, so sind die Buchstaben im gleichen Feld einzutragen (Bild 3).

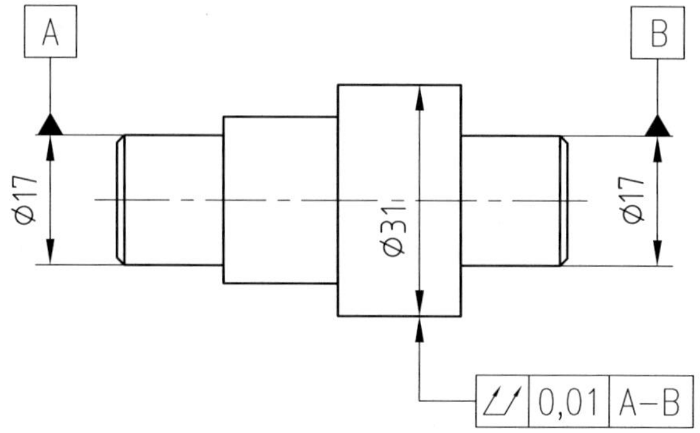

Bild 3

Ist die Reihenfolge von zwei oder mehreren Bezügen von Bedeutung, so sind die Buchstaben in zusätzlichen Feldern anzugeben, wobei die Reihenfolge von links nach rechts die Rangordnung angibt (Bild 4).

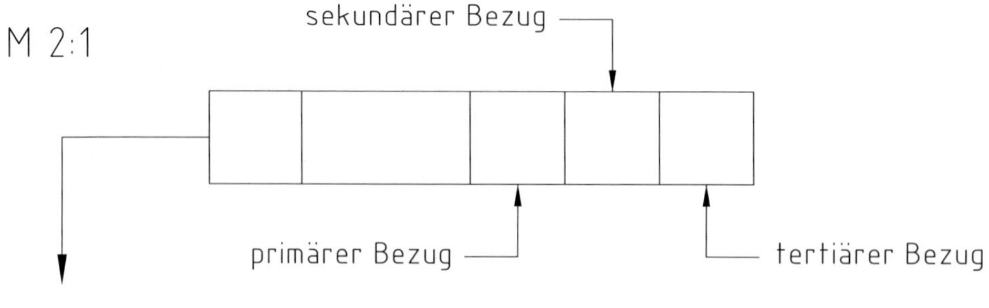

Bild 4

- **Theoretisch genaue Maße.** Sind **Positions- oder Neigungstoleranzen** für ein Element anzugeben, so unterliegen die Maße zur Bestimmung der theoretisch genauen Position oder Neigung nur den im Toleranzrahmen angegebenen Werten (nicht der Allgemeintoleranz). Um dies auszudrücken, sind diese Maße zu umrahmen (Bild 1).

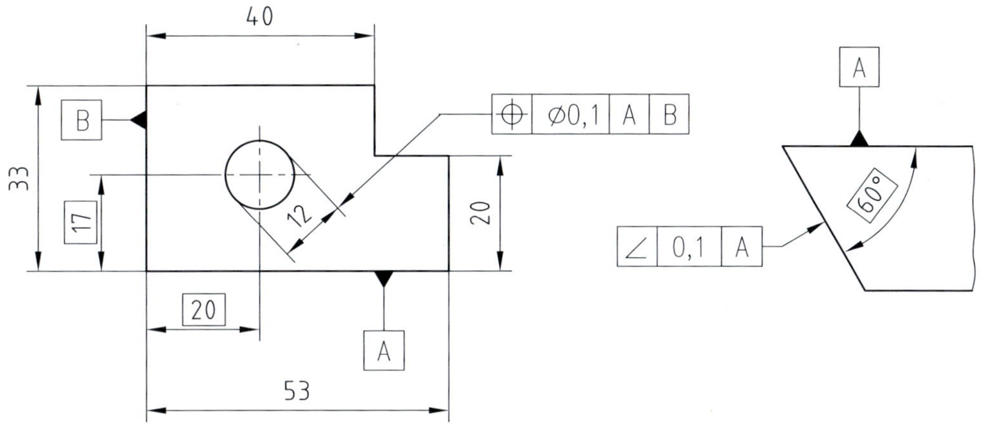

Bild 1

7.1.5.5 Darstellung der Symbole zur Form- und Lagetolerierung

Die Abmessungen für den Toleranzrahmen und für das Bezugssymbol können abhängig von der Schriftgröße der Tabelle 7.2 entnommen werden.

Symbol	Maße		
Schriftgröße *h*	3,5	5	7
Rahmenhöhe *H*	7	10	14
Linienbreite des Rahmens	0,25	0,35	0,5

Tabelle 7.2

- **Toleranzrahmen.** Die Länge des ersten Feldes entspricht der Rahmenhöhe *H*. Die Länge des zweiten Feldes ist auf den Platzbedarf des Toleranzwertes abzustimmen und das dritte Feld ist bei **nur einer Bezugsangabe** quadratisch und bei mehreren Bezugsangaben entsprechend länger auszuführen (Bild 2).
- **Bezugssymbol.** Das gleichseitige Bezugsdreieck ist mit einer Seitenlänge von ca. 3,5 mm zu zeichnen (Bild 3).

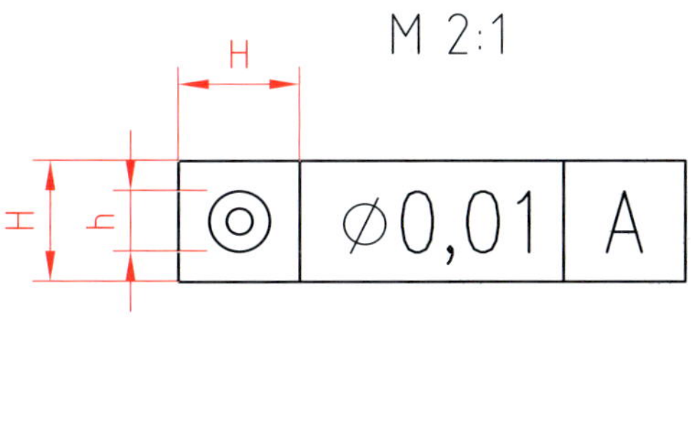

Bild 2

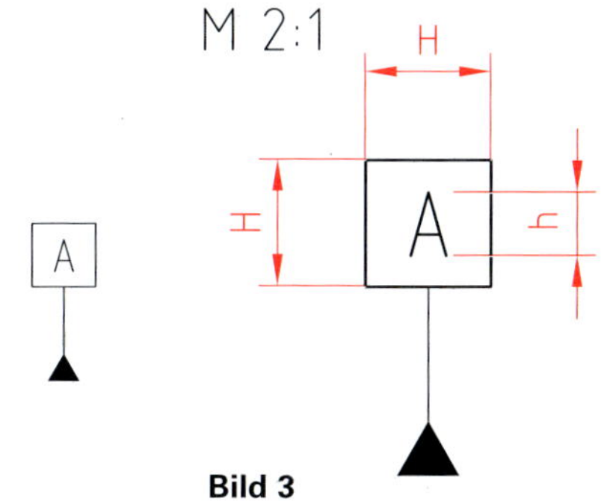

Bild 3

7.1.6 Kennzeichnung von Bezugsstellen

Da die Oberfläche eines Bezugselementes meist von der idealen Form abweicht und dadurch beim Messen die Wiederholgenauigkeit nicht gegeben ist, kann es erforderlich sein, die gesamte Bezugsfläche durch **einzelne Bezugspunkte** oder **begrenzte Bezugsflächen** zu ersetzen.

Bezugspunkte werden in der betreffenden Fläche durch **Diagonalkreuze** dargestellt. Diese sind mit **breiter** Volllinie und mit einer Linienlänge von ca. 5 mm auszuführen.

Bezugsflächen werden schraffiert und mit einer **schmalen** Strich-Punktlinie umrandet. Die Lage der Bezugspunkte und Bezugsflächen ist maßlich festzulegen.

Die Kennzeichnung der **Bezugsstellen** erfolgt mit einem geteilten Kreis und einer Pfeillinie. In die untere Hälfte des geteilten Kreises ist die Bezugsstellen-Bezeichnung, zusammengesetzt aus dem Bezugsbuchstaben und der Bezugsstellen-Nummer, einzutragen. Sind Bezugsflächen vorhanden, so ist das Maß für die Bezugsfläche in der oberen Hälfte anzugeben (Bild 1). Die maßliche Gestaltung der Bezugsstellen zeigt Tabelle 7.3.

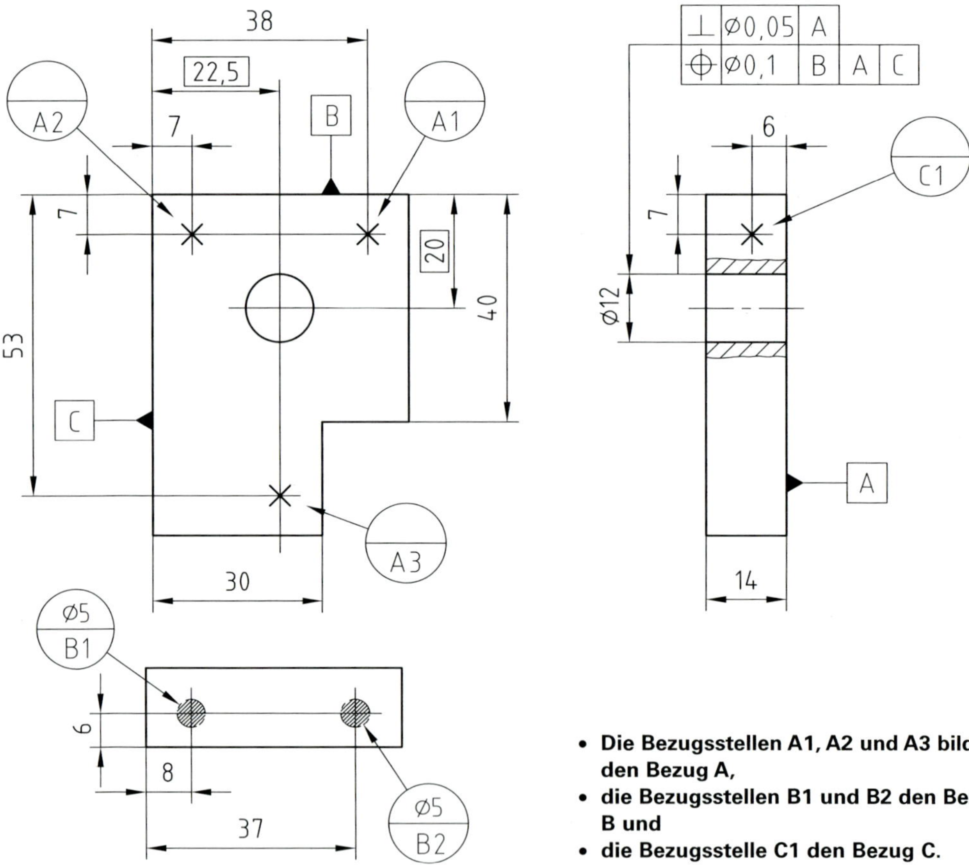

- **Die Bezugsstellen A1, A2 und A3 bilden den Bezug A,**
- **die Bezugsstellen B1 und B2 den Bezug B und**
- **die Bezugsstelle C1 den Bezug C.**

Bild 1

Symbol	Maße		
Schriftgröße der Bemaßung	3,5	5	7
Durchmesser des Bezugsstellenkreises	14	20	28
Linienbreite des Bezugsstellenkreises	0,25	0,35	0,5

Tabelle 7.3

7.1.7 Unabhängigkeitsprinzip

Das Unabhängigkeitsprinzip sagt aus, dass Maß-, Form- und Lagetoleranzen **unabhängig** voneinander eingehalten werden müssen.

Eine gegenseitige Abhängigkeit kann aus fertigungstechnischen Gründen durch Angabe der **Hüllbedingung** und der **Maximum-Material-Bedingung** festgelegt werden.

7.1.7.1 Hüllbedingung

Die Hüllbedingung begrenzt die Formabweichung zylindrischer Werkstücke und die Abweichung von parallelen Flächen, wenn nur Maßtoleranzen angegeben sind. Die Formabweichung (Istform) eines Bauteiles darf dabei die geometrisch ideale Hülle des Höchst- und Mindestmaßes nicht durchbrechen (Bild 1).

Die Anwendung der Hüllbedingung nach **ÖNORM EN ISO 8015** gilt immer dann, wenn für einzelne Formelemente im Schriftfeld **kein Hinweis** auf eine andere Norm angegeben ist.

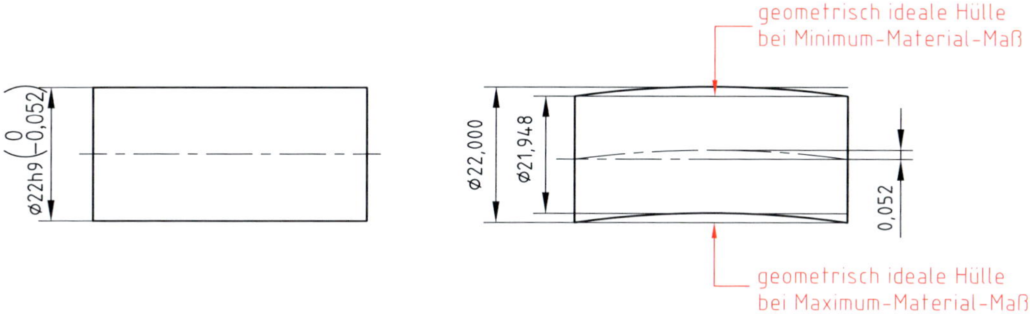

Bild 1

7.1.7.2 Maximum-Material-Bedingung

Die Anwendung dieses Prinzips nach **ÖNORM EN ISO 2692** erleichtert die Fertigung von zu paarenden Teilen, ohne dass dadurch die Austauschbarkeit dieser Teile bezüglich einer wechselseitigen Abhängigkeit von Maß, Form und Lage eingeschränkt wird.

Die Maximum-Material-Bedingung für tolerierte Formelemente erlaubt eine **Vergrößerung** der festgelegten Form- und Lagetoleranz, falls das Istmaß das Maximum-Material-Maß **nicht** erreicht. Durch diese Vergrößerung der Toleranz darf jedoch die geometrisch ideale Hülle des Höchstmaßes nicht durchdrungen werden.

Die Anwendung dieses Prinzips wird durch das Symbol Ⓜ gekennzeichnet, das direkt dem Toleranzwert angefügt ist (Bild 2).

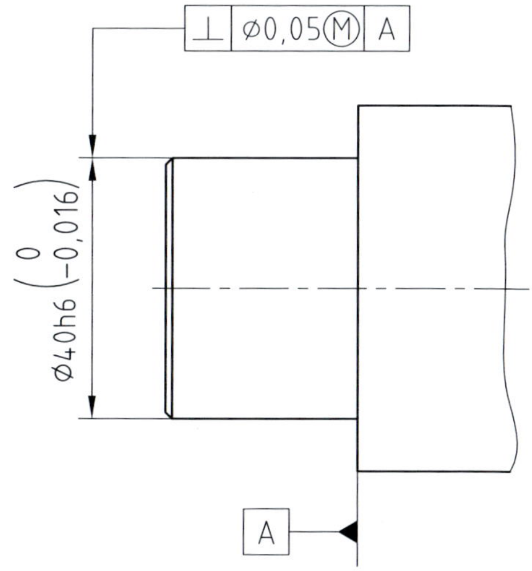

Bild 2

7.2 Technische Oberflächen

7.2.1 Allgemeines

Neben der geforderten Maßhaltigkeit und Werkstoffqualität eines Bauteiles kann für spezielle Anwendungsbereiche auch das Aussehen und die Oberflächengüte von Bedeutung sein. In diesen Fällen ist die erwünschte Oberflächenbeschaffenheit in die Fertigungszeichnung einzutragen. **Da die Fertigungskosten mit zunehmender Feinheit der Oberfläche enorm steigen, ist die Güte nur so hoch zu wählen, dass sie den jeweiligen Anforderungen genügt.**

Die Angabe der Oberflächenqualität ist jedoch **nicht erforderlich**, wenn die in der Metallbranche üblichen Bearbeitungsverfahren einen ausreichenden Endzustand sicherstellen.

Die Kennzeichnung von technischen Oberflächen erfolgt nach **ÖNORM EN ISO 1302** durch das Oberflächensymbol in Verbindung mit der **Rauheitsangabe *Ra*** bzw. ***Rz***. Als Zusatz können **Fertigungsverfahren, Riefenrichtung und Bearbeitungszugabe** zum Messen der Oberflächenqualität angegeben werden.

Die Definition der Rauheitswerte und Zusatzangaben sind einem Fachkunde- bzw. Tabellenbuch zu entnehmen.

7.2.2 Oberflächensymbole

Das **Grundsymbol** besteht aus zwei Linien ungleicher Länge, die um 60° zur betreffenden Oberfläche geneigt sind (Abschnitt 7.2.5).

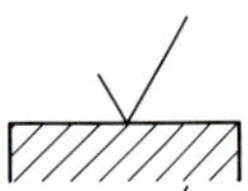

- **Grundsymbol.** Das Symbol allein gibt keinen Hinweis bezüglich der gewünschten Oberflächengüte und ist somit nicht aussagekräftig.

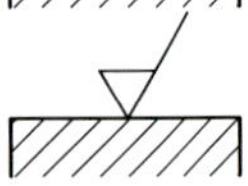

- **Grundsymbol mit Querstrich.** Dieses Symbol versinnbildlicht, dass die gekennzeichnete Fläche **spanend** zu bearbeiten ist.

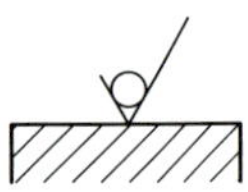

- **Grundsymbol mit Kreis.** Dieses Symbol sagt aus, dass eine **spanende Bearbeitung nicht zugelassen** ist.
  Das Symbol wird auch verwendet um anzuzeigen, dass die Oberfläche im Zustand des vorhergehenden Arbeitsganges zu belassen ist.

7.2.3 Zusatzangaben am Grundsymbol

Zur näheren Beschreibung der Oberflächenbeschaffenheit wird das Grundsymbol durch zusätzliche Angaben erweitert. Die Lage der Ergänzungen ist genormt.
Für Eintragungen zu Punkt a, b und c wird am Ende des längeren Schenkels eine waagrechte **schmale** Linie angefügt, deren Länge mit dem einzutragenden Text übereinstimmt.

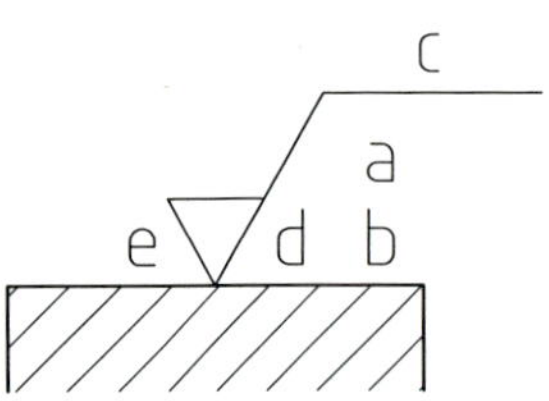

Bild 1

a = Einzelanforderungen, z. B. Mittenrauwert *Ra* oder maximale Rautiefe *Rz*
b = nur einzutragen, wenn eine weitere Oberflächenangabe erforderlich ist
c = Fertigungsverfahren, Oberflächenbehandlung oder Überzüge
d = Angabe der Oberflächenrillen
e = Bearbeitungszugabe

7.2.4 Mittenrauwert *Ra*, maximale Rautiefe *Rz*

Es ist zu beachten, dass die frühere Rauheitskenngröße *Rz* nach ISO nicht mehr genormt ist; *Rz* entspricht jetzt dem früheren *Ry*.

Die Angabe des Mittenrauwertes *Ra* oder der maximalen Rautiefe *Rz* erfolgt in µm (Mikrometer). Sie wird in zeichnerischen Darstellungen **nach Bild 1 eingetragen**.

Das Kenngrößensymbol (*Ra* oder *Rz*) wird auf **gleicher** Zeilenhöhe geschrieben; die Tiefstellung (R_a, R_z) wird **nicht** mehr verwendet.

Das Kenngrößensymbol wird von Rauheitswert durch ein Leerzeichen getrennt.

Bild 1

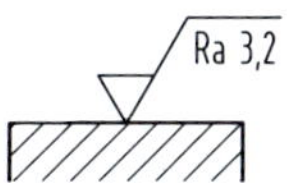

- Die bezeichnete Oberfläche ist **spanend** mit einem *Ra*-Wert von 3,2 µm zu bearbeiten; das heißt, die Oberfläche darf maximal einen Mittenrauwert von 3,2 µm aufweisen.

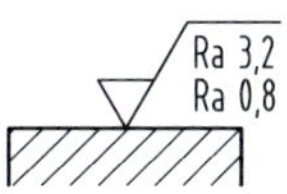

- Die bezeichnete Oberfläche ist **spanend** mit einem *Ra*-Wert zwischen 0,8 µm und 3,2 µm zu bearbeiten; das heißt, der Mittenrauwert darf 0,8 µm nicht unterschreiten und 3,2 µm nicht überschreiten.

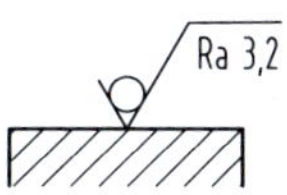

- Die bezeichnete Oberfläche ist mit einem maximalen *Ra*-Wert von 3,2 µm **spanlos** zu fertigen.

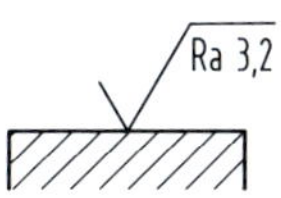

- Die bezeichnete Oberfläche kann **spanend** oder **spanlos** mit einem maximalen *Ra*-Wert von 3,2 µm gefertigt werden.

Die Mittenrauwerte *Ra* sind der Tabelle 7.4 zu entnehmen.

Mittenrauwerte *Ra* in µm											
50	25	12,5	6,3	3,2	1,6	0,8	0,4	0,2	0,1	0,05	0,025

Tabelle 7.4

7.2.4.1 Oberflächenangaben

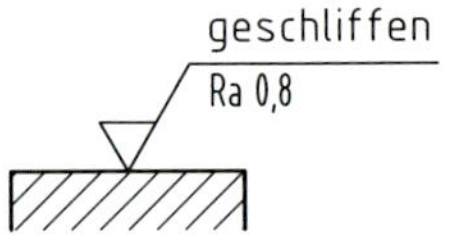

- Die bezeichnete Oberfläche ist durch **Schleifen** mit einem maximalen *Ra*-Wert von 0,8 μm zu bearbeiten.

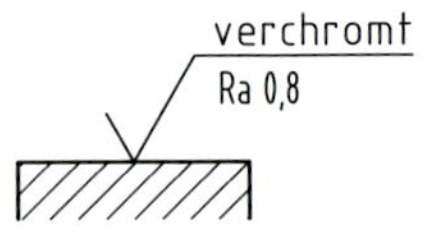

- Die bezeichnete Oberfläche kann **spanlos** oder **spanend** gefertigt werden und darf den *Ra*-Wert von 0,8 μm nicht überschreiten. Die Oberfläche ist zu **verchromen**.

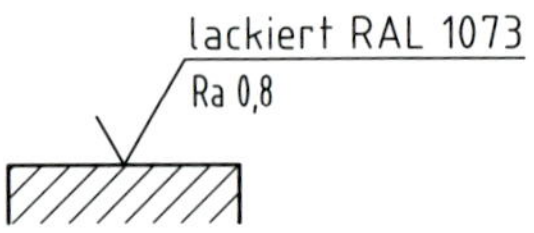

- Das Herstellungsverfahren für die bezeichnete Oberfläche kann frei gewählt werden, wobei der *Ra*-Wert von 0,8 μm nicht überschritten werden darf. Die Oberfläche ist mit der angegebenen **RAL-Farbe 1073** zu lackieren.

7.2.4.2 Bearbeitungszugabe

Die Bearbeitungszugabe ist ein Aufmaß, das erst nach einer Zwischenbehandlung, wie z. B. Härten usw., abgearbeitet wird. Der Wert ist links neben das Symbol zu schreiben und in Millimetern anzugeben.

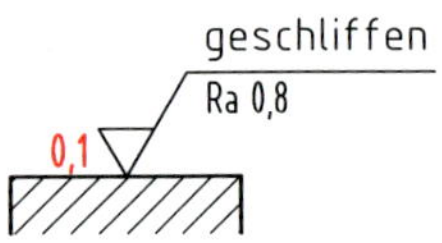

Die Bearbeitungszugabe beträgt 0,1 mm.
Die Oberfläche ist durch Schleifen mit einem maximalen *Ra*-Wert von 0,8 μm zu fertigen.

7.2.4.3 Angabe der Oberflächenrillen

Werkstücke für besondere Anwendungen (z. B. Gleitführungen, Dichtflächen usw.) erfordern eine **funktionsbedingte** Richtung der Fertigungsriefen.

Das Symbol zur Kennzeichnung der Rillenrichtung (Tabelle 7.5) ist rechts neben der längeren Linie des Grundsymbols in gleicher Höhe und Schriftgröße wie die Bearbeitungszugabe einzutragen.

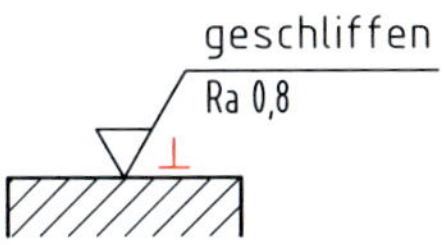

Die bezeichnete Oberfläche ist durch **Schleifen** mit einem maximalen *Ra*-Wert von 0,8-µm zu bearbeiten. Die Rillenrichtung ist senkrecht zur Projektionsebene.

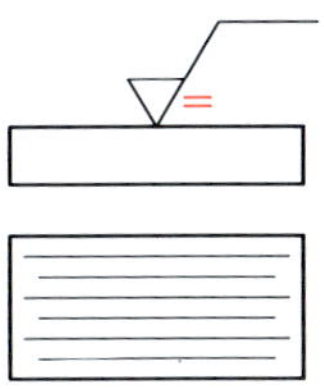

parallel zur Projektionsebene der Ansicht

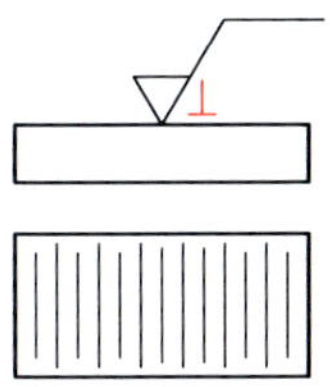

senkrecht zur Projektionsebene der Ansicht

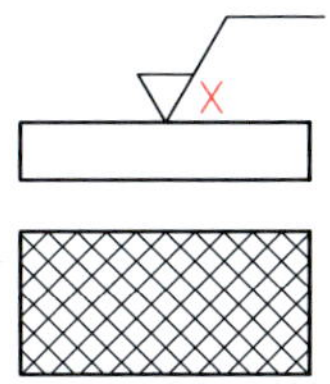

gekreuzt in zwei schrägen Richtungen zur Projektionsebene der Ansicht

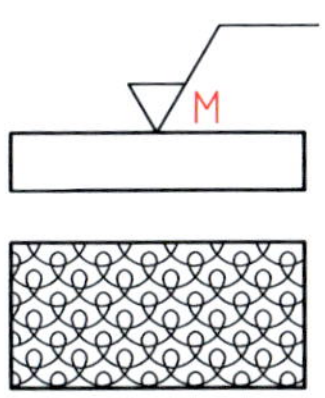

mehrfache Richtungen

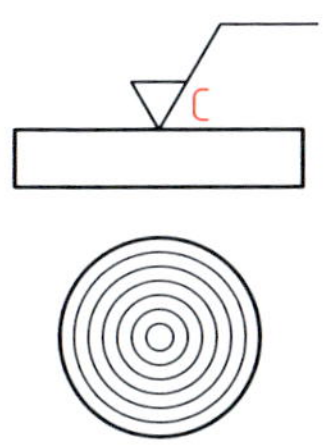

annähernd zentrisch zum Mittelpunkt der Oberfläche

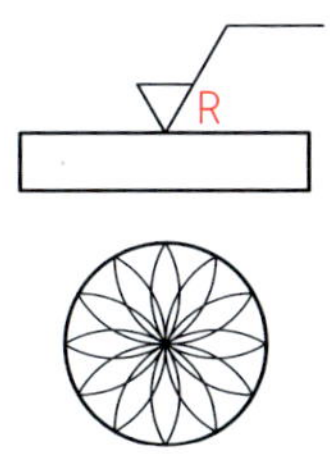

annähernd radial zum Mittelpunkt der Oberfläche

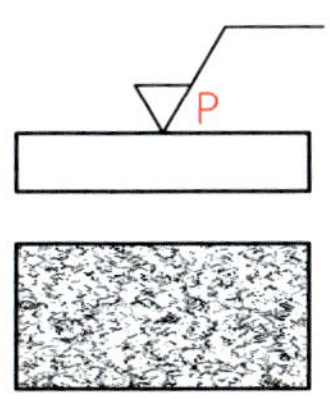

nichtrillige Oberfläche ungerichtet oder muldig

Tabelle 7.5: Symbole für die Oberflächenrillen

7.2.5 Darstellung der Symbole

Die Abmessungen des Grundsymbols und der Zusatzangaben sind von der in der Zeichnung verwendeten Schriftgröße abhängig (Tabelle 7.6 und Bild 1).

Die Lage und die Größenverhältnisse der Zusatzangaben am Grundsymbol zeigt Bild 2.

Oberflächensymbol	Schriftgröße 3,5	5	7
Linienbreite	0,35	0,5	0,7
kurzer Schenkel H_1	5	7	10
langer Schenkel H_2	11	15	21

Tabelle 7.6

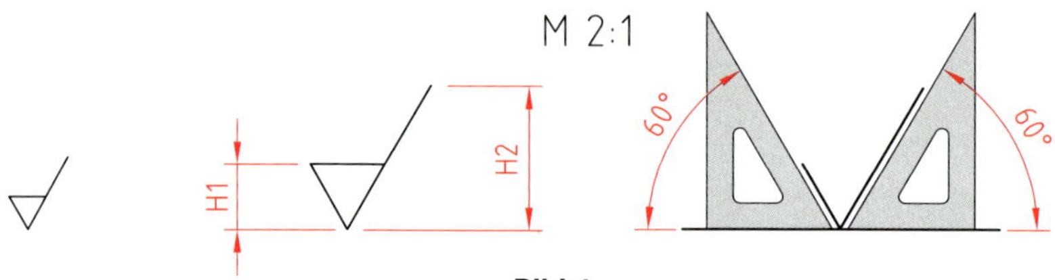

Bild 1

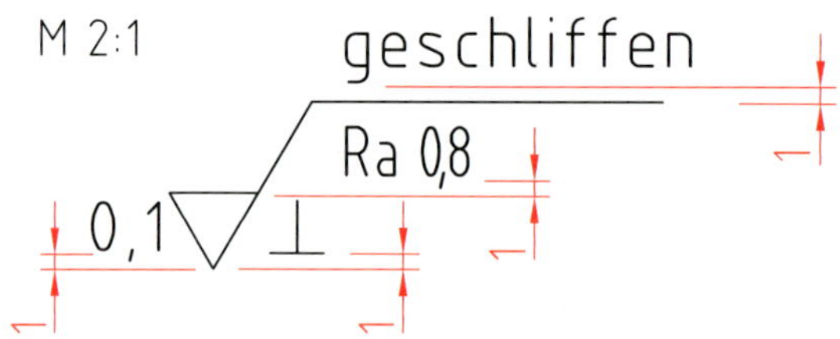

Bild 2

7.2.6 Anordnung der Oberflächensymbole

Die Oberflächensymbole sind in Fertigungszeichnungen so anzuordnen, dass sie – wie die Maßzahlen – von unten oder von rechts lesbar sind. Sie müssen von **außen** mit der Pfeilspitze auf die entsprechende Fläche gesetzt werden.

Grundsätzlich gibt es drei Möglichkeiten der Eintragung (Bild 3):

- Das Symbol wird direkt auf die zu bearbeitende Fläche gesetzt.
- Das Symbol wird mit einer Bezugslinie der Fläche zugeordnet.
- Das Symbol wird auf die Maßhilfslinie gesetzt.

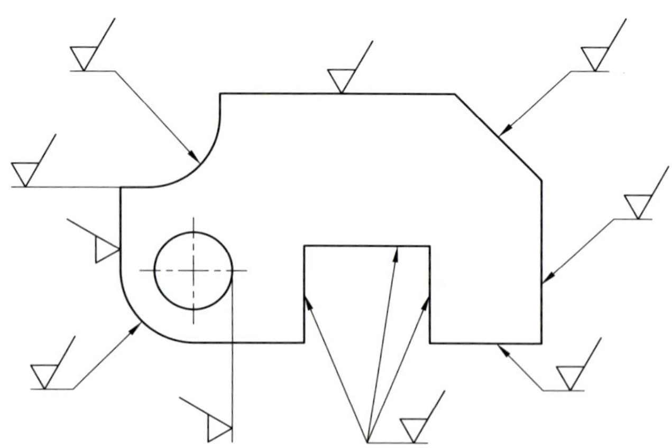

Bild 3

- **Beispiele zur Anordnung der Oberflächensymbole:**

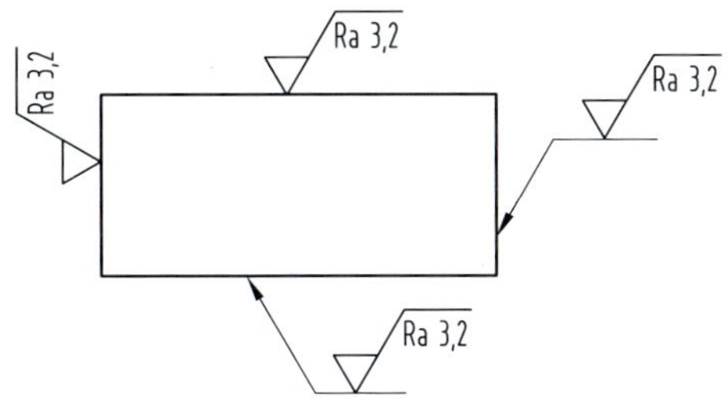

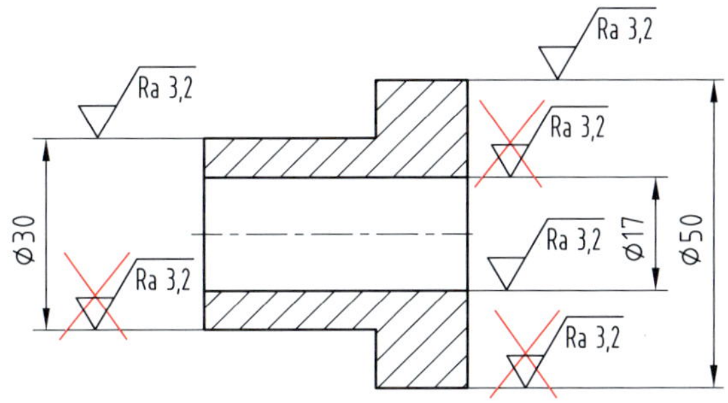

Bild 1

Bei einer Darstellung in mehreren Ansichten ist das Oberflächensymbol in jener Ansicht einzutragen, in der die entsprechende Fläche bemaßt ist (Bild 2).

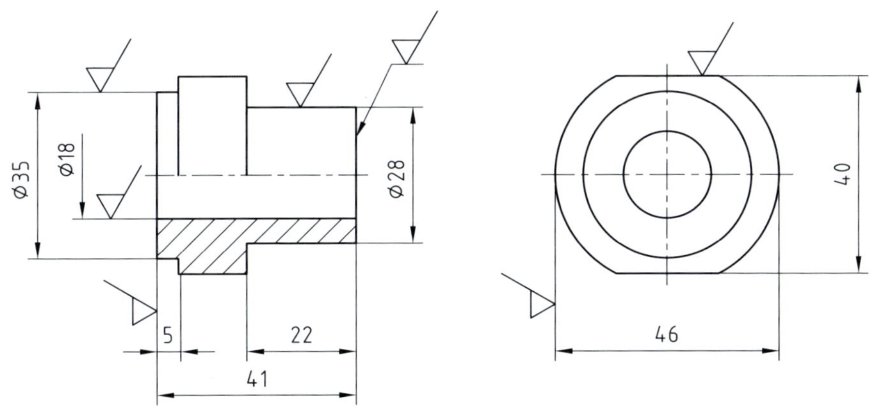

Bild 2

7.2.6.1 Werkstücke mit einheitlicher Oberflächenqualität

Ist das gesamte Werkstück in **einheitlicher** Oberflächenqualität zu fertigen, wird dem Symbol – zusätzlich zur Angabe des Mittenrauwertes *Ra* – ein Kreis mit einem Durchmesser von ca. 3 mm hinzugefügt (Bild 1). Das Oberflächensymbol ist in der Nähe des gezeichneten Werkstückes oder in der Nähe des Schriftfeldes einzutragen (Bild 2).

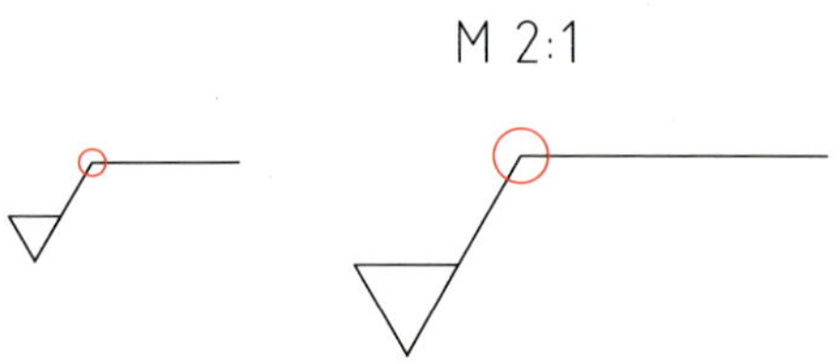

Bild 1

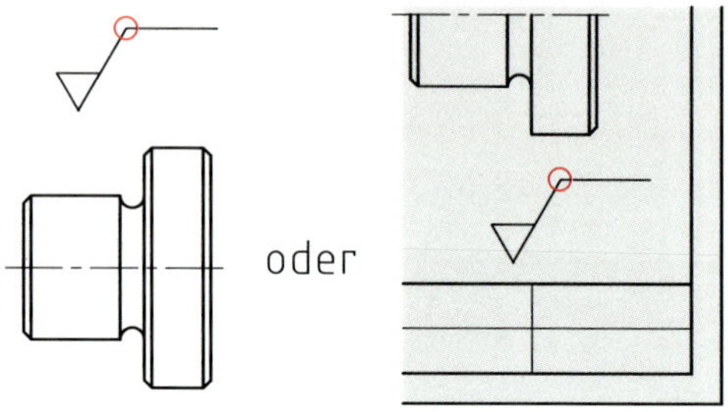

Bild 2

7.2.6.2 Werkstücke mit unterschiedlicher Oberflächenqualität

Sind bei einem Werkstück mehrere Oberflächen mit **gleicher** Qualität auszuführen, so werden diese in der Darstellung **nicht** bezeichnet, sondern nur durch ein in der Nähe der Abbildung stehendes Symbol angegeben.

Die davon **abweichenden** Oberflächengüten sind in die Darstellung einzutragen und zusätzlich als Klammerausdruck dem Symbol für die Mehrzahl der Flächen anzufügen. Dadurch ist mit einem Blick ersichtlich, dass der Bauteil mehrere Oberflächenangaben enthält (Bild 3).

Die in Klammer gesetzten Oberflächensymbole können auch durch ein einfaches Grundsymbol ersetzt werden (Bild 4).

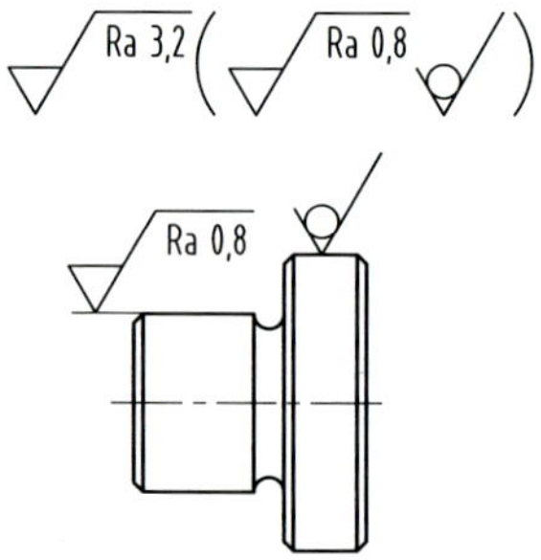

Bild 3

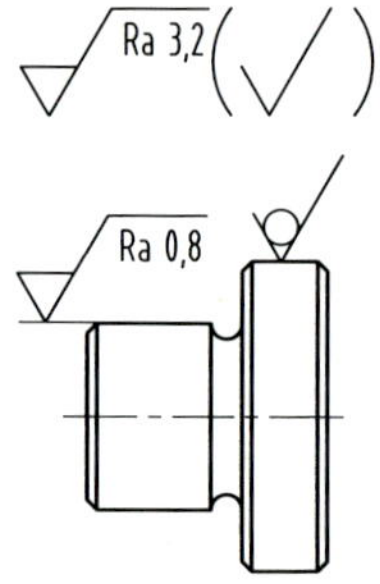

Bild 4

7.2.6.3 Vereinfachte Oberflächenangaben

Um unnötige Zeichenarbeit durch Eintragung gleicher Oberflächensymbole an einem Werkstück einzusparen, darf auch eine vereinfachte Darstellung vorgenommen werden. Diese Vereinfachung muss in der Nähe der Darstellung oder des Schriftfeldes erläutert sein (Bild 5).

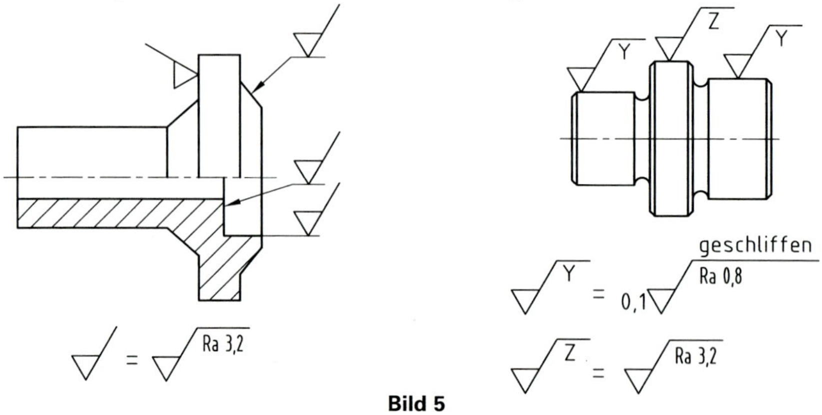

Bild 5

7.2.7 Beispiele für Eintragungen in Zeichnungen

- **Angabe bei Rundungen und Fasen**. Wenn in einer Darstellung nur **eine** Rauheitsangabe eingetragen ist, gilt diese auch für die anschließenden Radien und Fasen (Bild 1). Unterschiedliche Oberflächenqualitäten sind gesondert anzugeben (Bild 2). Fasen können auch nach Bild 3 angegeben werden.

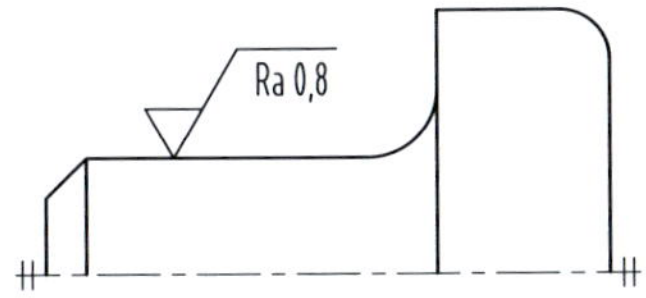

Bild 1

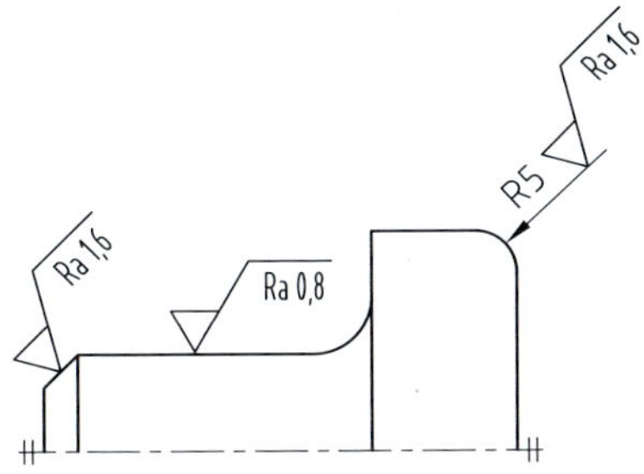

Bild 2

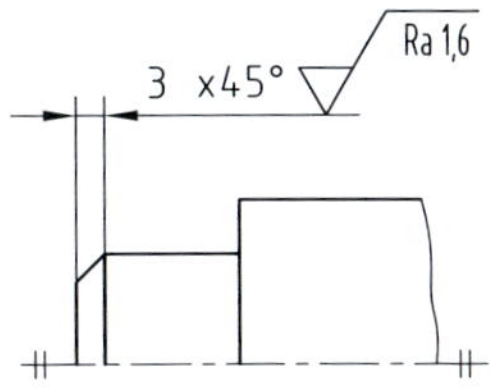

Bild 3

- **Angabe bei wiederkehrenden Formen**

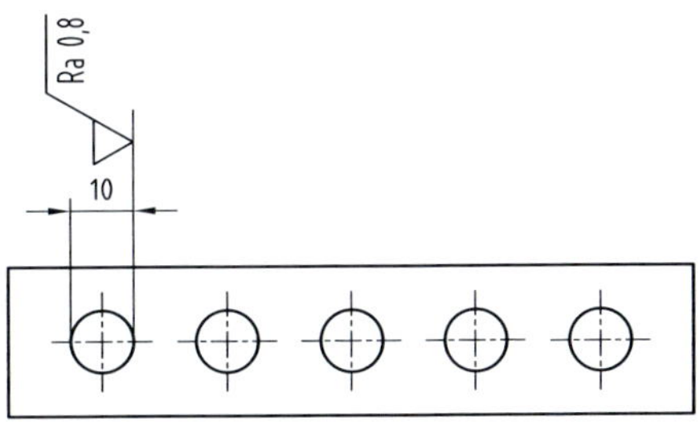

- **Angabe bei Berührungsflächen**

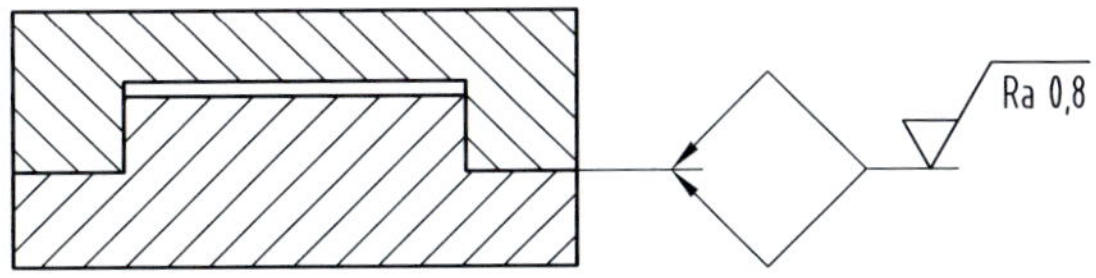

- **Angabe bei Passfedernuten**

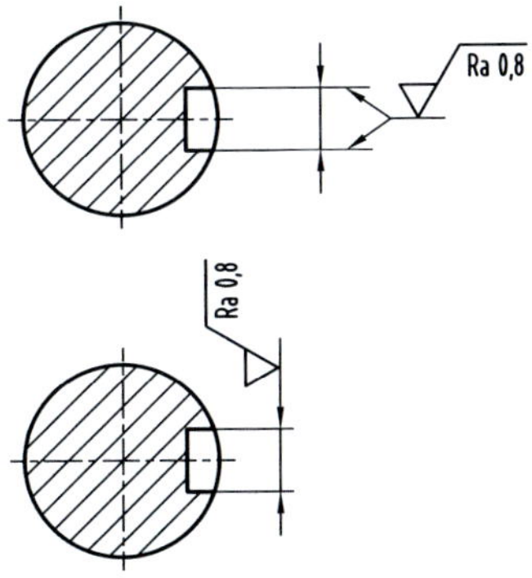

- **Angabe bei Zahnflanken**

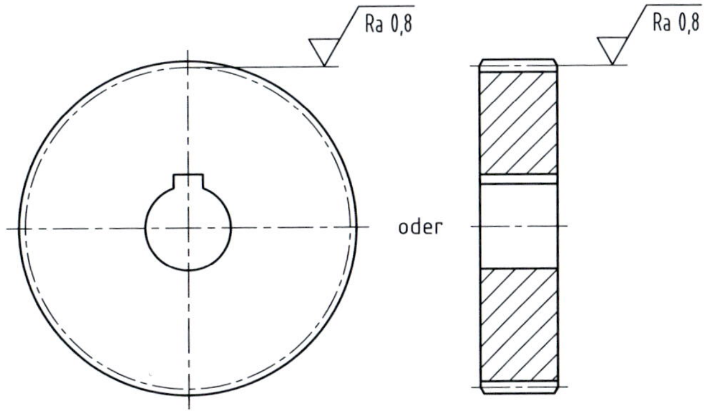

ZÜ 7.2 Darstellung von Werkstücken mit Oberflächenangaben, Form- und Lagetoleranzen

Lernziel: *Eintragen von Oberflächenangaben in Fertigungszeichnungen*
Angabe von Toleranzwerten in Fertigungszeichnungen
Kennzeichnung von Bezugsflächen, Eintragung der Maß-, Form- und Lagetoleranzen

ZÜ 7.2A Darstellung eines Niederhalters

Zeichne und bemaße auf einem A4-Blatt in Hochformat nach unten stehender Vorlage den **Niederhalter** aus dem Werkstoff **E335** in der Vorderansicht und Draufsicht.

Rechts liegt an bezeichneter Stelle ein Durchgangsgewinde M10. Der Halter ist aus blankgezogenem Flachstahl 32 x 16 mm und bleibt in der Breite und Dicke unbearbeitet.

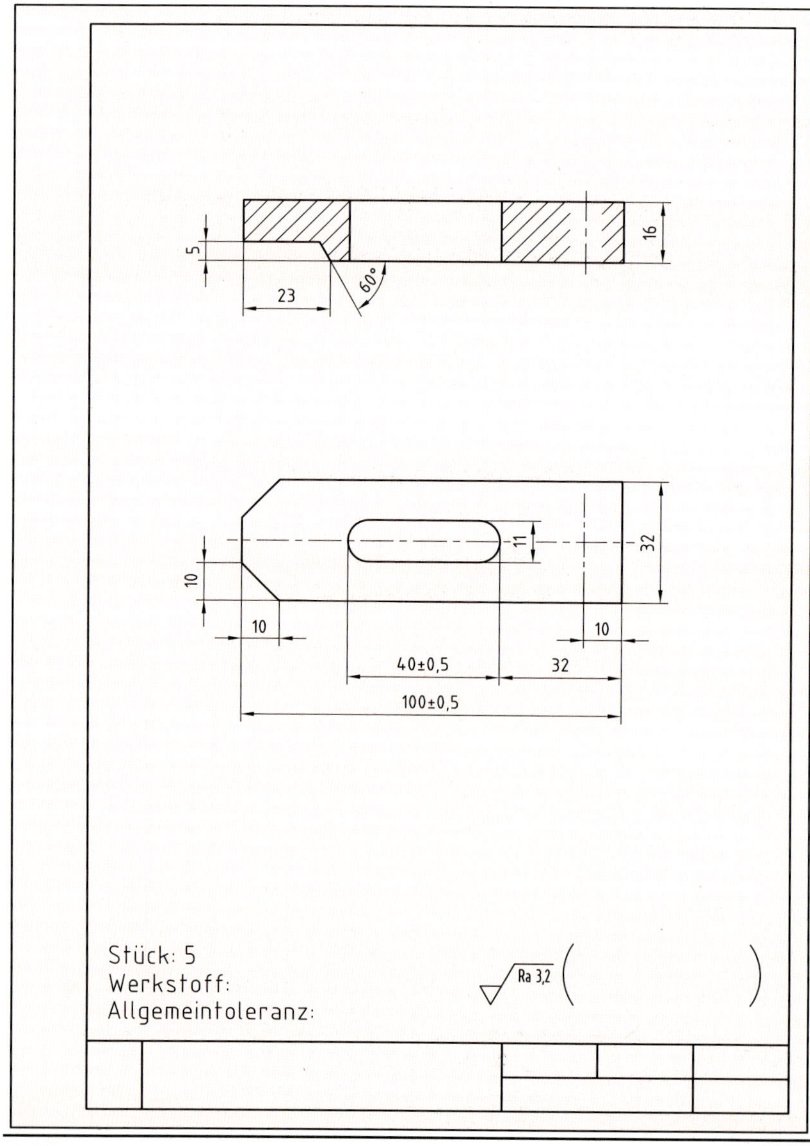

Die Länge wird durch Sägen (*Ra* 6,3) gefertigt und nachträglich nicht mehr bearbeitet.

Alle nicht gekennzeichneten Oberflächen sind mit dem Mittenrauwert ***Ra* 3,2** zu fertigen.

Für alle nicht tolerierten Maße ist die Allgemeintoleranz **mittel** anzuwenden.

ZÜ 7.2B Darstellung einer Aufnahmebuchse

Zeichne und bemaße auf einem A4-Blatt in Hochformat nach unten stehender Vorlage die Halbschnittdarstellung einer **Aufnahmebuchse** aus dem Werkstoff **E335**.

Die Außenflächen ∅49h6 sind mit *Ra* 0,4 zu schleifen, die Mittelfläche ∅44±0,3 ist mit *Ra* 6,3 zu fertigen. Die beiden Passungsflächen ∅36H8 sind mit *Ra* 1,6 zu bearbeiten, die Durchgangsbohrung ∅24H7 ist mit *Ra* 0,8 zu reiben.

Alle nicht gekennzeichneten Oberflächen sind mit dem Mittenrauwert ***Ra* 3,2** zu fertigen.

Trage die ermittelten Höchst- und Mindestmaße der ISO-Toleranzangaben in die Abmaßtabelle ein.

Für alle nicht tolerierten Maße ist die Allgemeintoleranz **fein** anzuwenden.

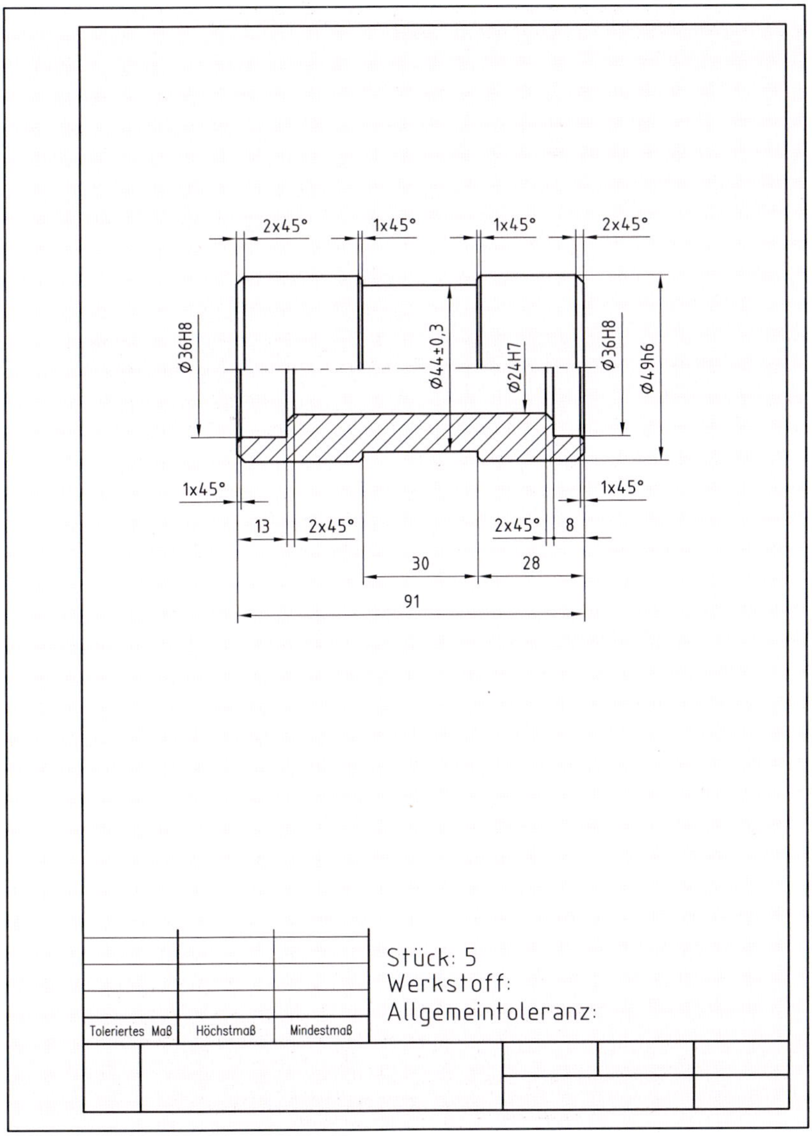

Zusatzaufgabe:

Die Rundlaufabweichung des Durchmessers 49h6 darf in Bezug zur Bohrung ∅24H7 0,03 mm nicht überschreiten.

ZÜ 7.2C Darstellung einer Verbindungsbuchse

Zeichne und bemaße auf einem A4-Blatt in Hochformat nach unten stehender Vorlage die Halbschnittdarstellung einer **Verbindungsbuchse** aus dem Werkstoff **34Cr4.**

Die Rundlaufabweichung der beiden Führungen mit ∅40h6 darf bei Drehung um die Bezugsachse von ∅20H7 nicht mehr als 0,02 mm betragen. Für die beiden Führungen ∅40h6 mit *Ra* 0,4 geschliffen ist eine Bearbeitungszugabe von 0,1 mm zu berücksichtigen. Die Bohrung ∅20H7 ist mit *Ra* 0,8 zu fertigen, die Körperaußenfläche mit ∅55 bleibt unbearbeitet. Alle übrigen Flächen sind mit einem Mittenrauwert ***Ra* 1,6** zu fertigen.

Das Detail Z ist maßlich **frei** zu gestalten.

Trage die ermittelten Höchst- und Mindestmaße der ISO-Toleranzangaben in die Abmaßtabelle ein.

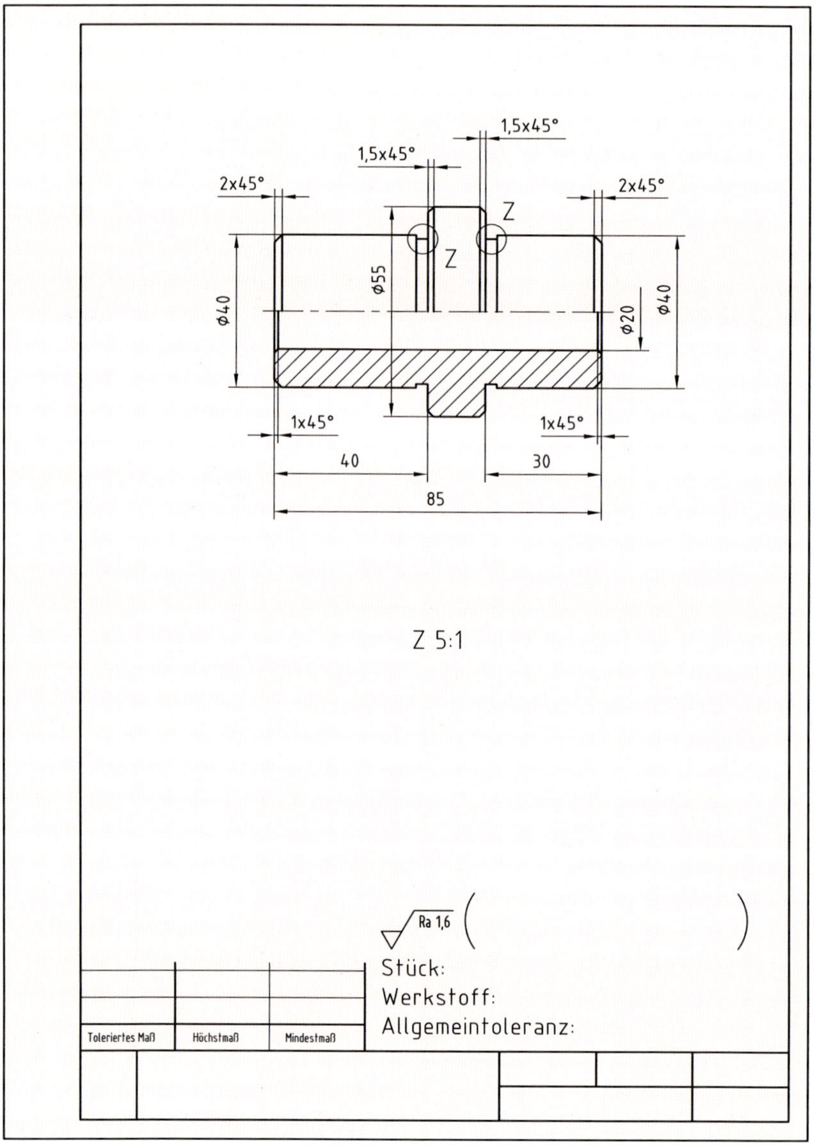

Für alle nicht tolerierten Maße ist die Allgemeintoleranz **mittel** anzuwenden.

ZÜ 7.2D Darstellung eines Distanzhalters

Zeichne und bemaße auf einem A4-Blatt in Hochformat nach unten stehender Vorlage einen **Distanzhalter** aus dem Werkstoff **GJL-150** in drei Ansichten.

Als Bezugsfläche dient die Basisfläche. Die Bohrungsachse der Bohrung ∅18H7 darf in Bezug zur Auflagefläche maximal 0,03 mm in der Parallelität, die senkrechte Ausfräsung in Bezug zur Basisfläche 0,02 mm in der Rechtwinkligkeit abweichen. Diese Nut ist mit einer Breite von 16+0,05/0 zu fertigen.

Alle gefrästen Flächen (Basisfläche, Schraubenkopf-Auflageflächen und der senkrechte Schlitz) sind mit *Ra* 1,6 zu fertigen, die Bohrung ∅18H7 ist mit *Ra* 0,8 auszuführen.

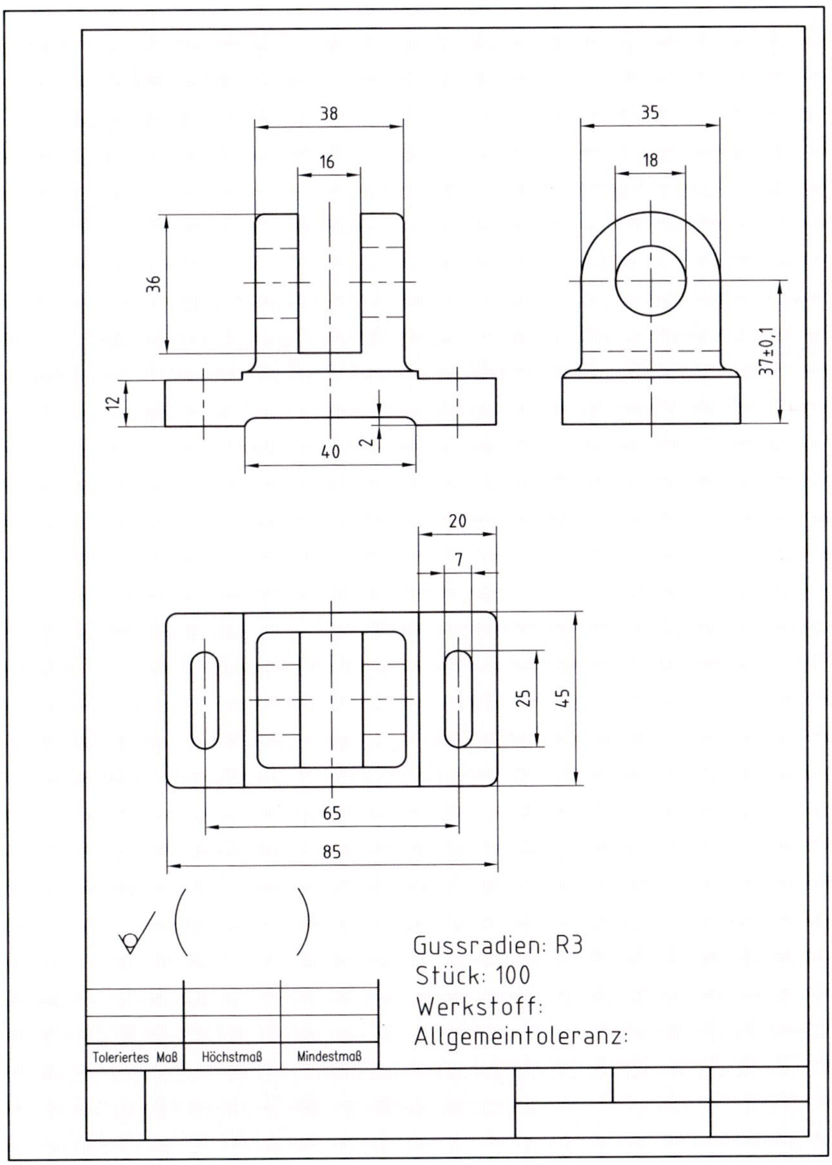

Trage die ermittelten Höchst- und Mindestmaße der ISO-Toleranzangaben in die Abmaßtabelle ein.

Für alle nicht tolerierten Maße ist die Allgemeintoleranz **mittel** anzuwenden.

ZÜ 7.2E Darstellung eines Gleitprismas

Zeichne und bemaße auf einem A4-Blatt in Hochformat nach unten stehender Vorlage ein **Gleitprisma** aus dem Werkstoff **C45+H** in der Vorderansicht und Draufsicht.

Die seitlichen 12 mm hohen Führungsflächen sind mit einer maximalen Abweichung von 0,01 mm rechtwinklig zur Bezugsfläche auszuführen, wobei die Parallelitätsabweichung 0,01 mm nicht überschreiten darf.

Die waagrechten oberen Planflächen dürfen eine Ebenheitsabweichung von 0,01 mm nicht überschreiten und sind zur Bezugsfläche parallel zu schleifen. Diese Abweichung darf nicht mehr als 0,02 mm betragen.

Die geschliffenen Flächen sind mit einem Mittenrauwert von *Ra* 0,4, die restlichen Flächen mit ***Ra* 1,6** zu fertigen.

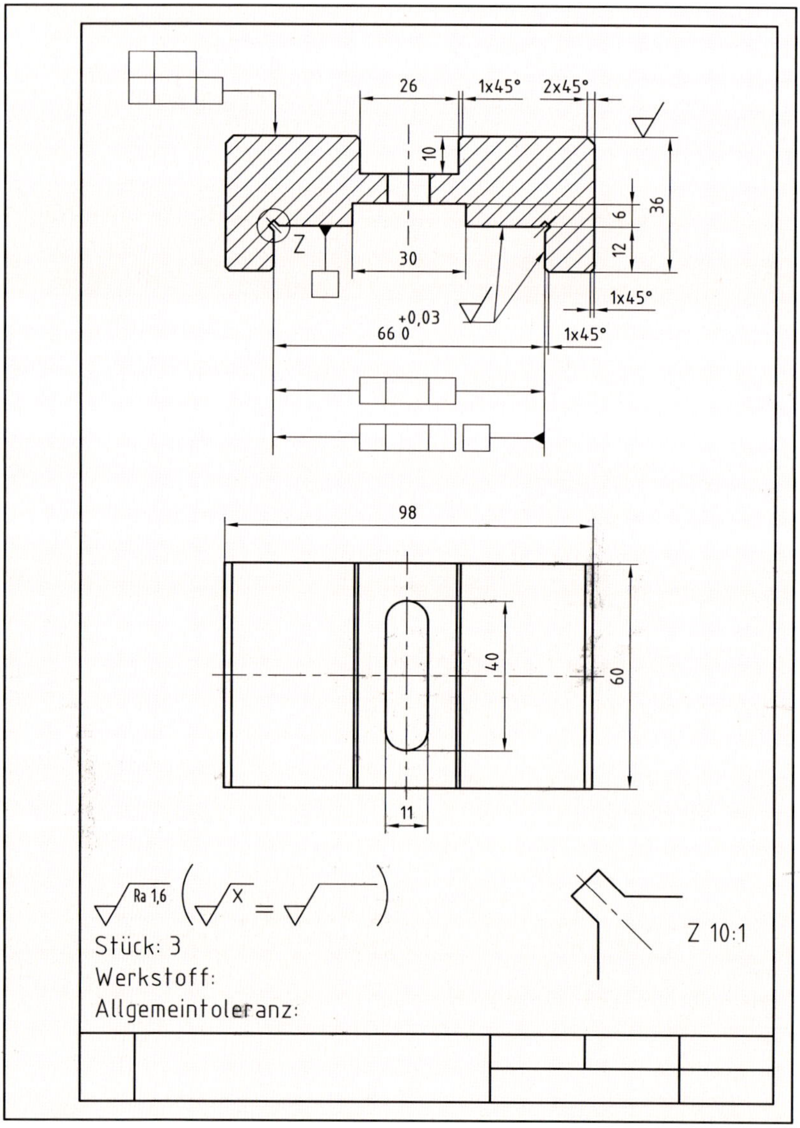

Die für das Schleifen erforderlichen Freistiche sind zu bemaßen und als Detail Z darzustellen.

Für alle nicht tolerierten Maße ist die Allgemeintoleranz **mittel** und für die Form- und Lagetoleranzen die Toleranzklasse **K** anzuwenden.

ZÜ 7.2F Darstellung eines Schraubstockes

Zeichne auf einem A3-Blatt in Querformat nach unten stehender Vorlage die Zusammenbauzeichnung des in drei Ansichten dargestellten **Schraubstockes**.

Die Abmessungen des Grundkörpers (Position 1), der Schraubstockspindel (Position 2), des beweglichen Spannbackens (Position 3) und der Backeneinsätze (Position 4) sind den **ZÜ 7.2G, ZÜ 7.2H, ZÜ 7.2J** und **ZÜ 7.2K** zu entnehmen.

Die Verschraubung des beweglichen Spannbackens mit der unten liegenden Führungsplatte (Position 5) erfolgt durch zwei Zylinderschrauben mit Innensechskant nach DIN 7984-M6×16 (Position 7).

Die Mitnahme des beweglichen Spannbackens erfolgt durch einen **Spannstift** (Position 6) mit ∅3×20, der so gesetzt ist, dass er mit dem halben Querschnitt in die Nut der Spindel reicht.

Die Kraftübertragung von der Schraubstockspindel zum beweglichen Spannbacken erfolgt über eine **Druckscheibe** (Position 10) aus dem Werkstoff **CuZn30**.

An der Stirnseite des Schraubstockes ist der Backeneinsatz mit zwei M6×20 und am beweglichen Backen mit zwei M6×25 Zylinderschrauben mit Innensechskant nach DIN 7984 (Position 8 und Position 9) fixiert.

Alle nicht gegebenen Abmessungen können **frei** gewählt oder einem Tabellenbuch entnommen werden.

Das Schriftfeld **und** die Stückliste sind vollständig auszufüllen.

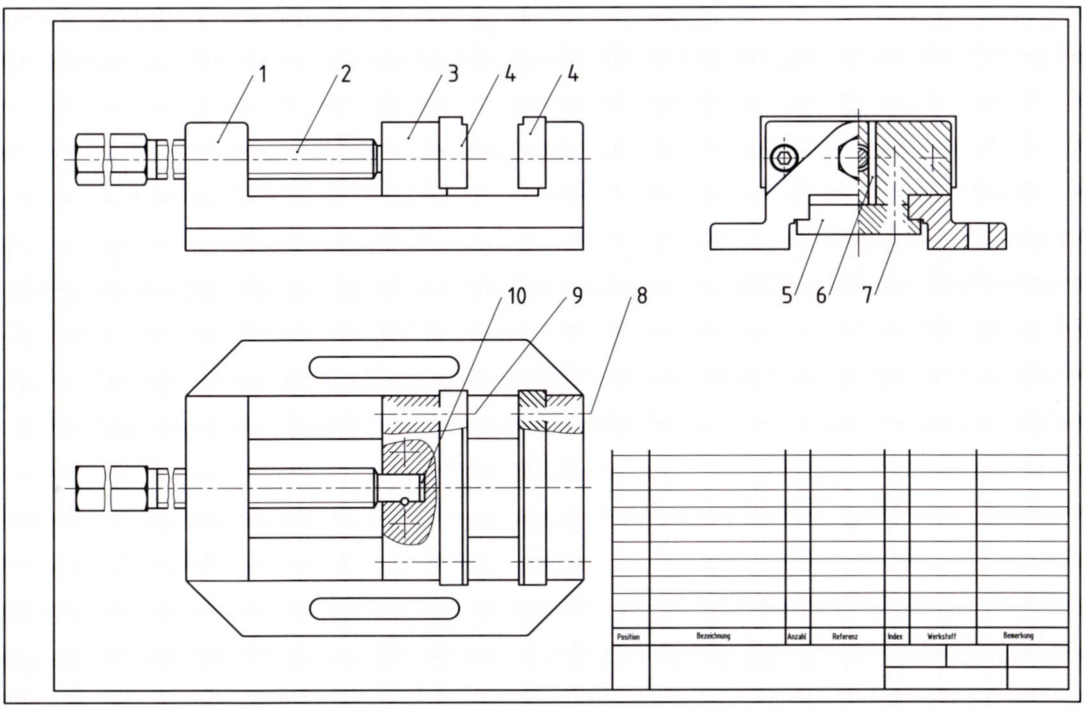

ZÜ 7.2G Darstellung des Schraubstockgrundkörpers

Zeichne und bemaße auf einem A3-Blatt in Querformat nach unten stehender Vorlage den **Schraubstockgrundkörper** aus dem Werkstoff **GJS-400**.

Die Bearbeitung des Gussteiles erfolgt jeweils durch einen Abtrag von 2 mm sowohl an der Basisfläche, als auch an den unterhalb in Längsrichtung durchgehenden senkrechten und waagrechten Führungsflächen. An der Oberseite werden, ebenso durch Abtrag von 2 mm, die waagrechten Führungsflächen für den beweglichen Backen sowie die Auflageflächen für den angeschraubten Spannbacken gefräst.

An der **Stirnseite** des Grundkörpers liegen mit einem Mittenabstand von 60 mm und einer Basishöhe von 37 mm zwei symmetrisch angeordnete Senkungen für Zylinderschrauben mit Innensechskant nach DIN 7984.

An der **Schraubseite** des Grundkörpers liegt zentrisch und mit einem Basisabstand von 37 mm ein Durchgangsgewinde Tr16×4.

In Längsrichtung liegen auf der Basisfläche mittig angeordnete Langlochbohrungen mit 8,5 × 60 mm.

Für die Führungsflächen sind ausgehend von der Basisfläche die entsprechenden Lagetoleranzen (Rechtwinkligkeit und Parallelität) anzugeben.

Alle bearbeiteten Flächen werden mit einem Mittenrauwert von *Ra* 1,6 gefertigt, die restlichen Flächen bleiben **unbearbeitet**.

Für alle nicht tolerierten Maße ist die Allgemeintoleranz **mittel** anzuwenden.

Alle nicht gegebenen Abmessungen können **frei** gewählt oder einem Tabellenbuch entnommen werden.

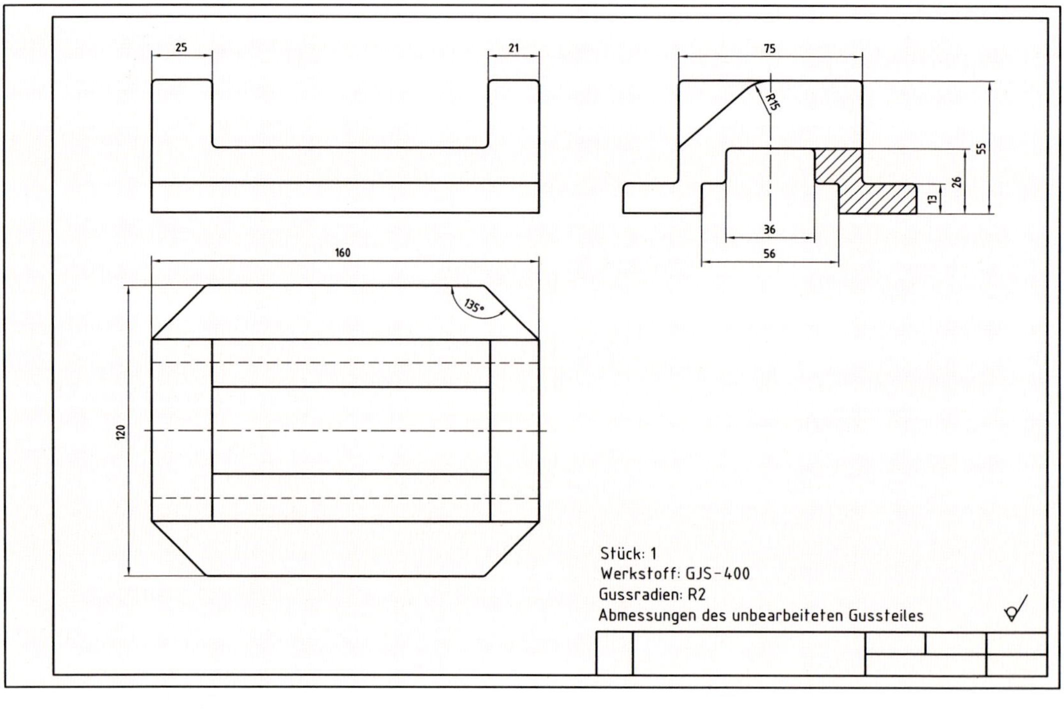

ZÜ 7.2H Darstellung der Schraubstockspindel

Zeichne und bemaße die **Schraubstockspindel** aus dem Werkstoff **10S20** mit allen zur Herstellung notwendigen Maßen und Fertigungsangaben.

Der konstruktive Zusammenhang der Spindel und die erforderlichen Abmessungen sind den **ZÜ 7.2F** und **ZÜ 7.2J** zu entnehmen.

Die 185 mm lange Schraubstockspindel (Position 2, ZÜ 7.2F) hat einen 60 mm langen Sechskant mit SW19. Am rechten Ende der Spindel mit dem Trapezgewinde Tr16x4 ist eine Andrehung mit ∅11 und einer Fase von 1×45°. Zur Mitnahme des beweglichen Spannbackens ist eine Nut für den Spannstift vorzusehen. Der Gewindefreistich und die Nut für den Spannstift sind als Detail im Maßstab 2:1 darzustellen.

Alle bearbeiteten Flächen werden mit einem Mittenrauwert von ***Ra*** **1,6** gefertigt.

Für alle nicht tolerierten Maße ist die Allgemeintoleranz **mittel** anzuwenden.

Alle nicht gegebenen Abmessungen können **frei** gewählt oder einem Tabellenbuch entnommen werden.

ZÜ 7.2J Darstellung des Spannbackens

Zeichne und bemaße den beweglichen **Spannbacken** aus dem Werkstoff **E335** mit allen zur Herstellung notwendigen Maßen und Fertigungsangaben.

Der konstruktive Zusammenhang und die erforderlichen Abmessungen sind den **ZÜ 7.2F, ZÜ 7.2G, ZÜ 7.2H** und **ZÜ 7.2K** zu entnehmen.

Die Konstruktion und die Abmessungen des beweglichen Backens (Position 3, ZÜ 7.2F) mit den Außenmaßen 75 × 26 × 34 mm ergeben sich aus den anderen Zeichenübungen.

Die plan gesenkte Bohrung mit ∅11 zur Aufnahme der Spindel ist 17 mm tief.

Die Verschraubung des beweglichen Spannbackens mit der unten liegenden **Führungsplatte** (Position 5) mit den Außenmaßen 50 × 26 × 12 mm ist so zu bemessen, dass eine Spielpassung zwischen den Führungsflächen des Grundkörpers gegeben ist.

Alle bearbeiteten Flächen werden mit einem Mittenrauwert von ***Ra*** **1,6** gefertigt.

Für alle nicht tolerierten Maße ist die Allgemeintoleranz **mittel** anzuwenden. Die entsprechenden Lagetoleranzen sind anzugeben.

Alle nicht gegebenen Abmessungen können **frei** gewählt werden.

ZÜ 7.2K Darstellung der Backeneinsätze

Zeichne und bemaße die **Backeneinsätze** aus dem Werkstoff **C60** mit allen zur Herstellung notwendigen Maßen und Fertigungsangaben.

Der konstruktive Zusammenhang der Einsätze und die erforderlichen Abmessungen sind den **ZÜ 7.2F** und **ZÜ 7.2G** zu entnehmen.

Die wärmebehandelten Backeneinsätze (Position 4, ZÜ 7.2F) haben die Außenmaße 79 × 30 × 11 mm und eine in Längsrichtung liegende Ausnehmung von 2 × 3 mm. Die Backen sind gehärtet und angelassen auf 58 + 4 HRC. In einem Mittenabstand von 60 mm und einem Abstand von 13 mm von der Auflagefläche der Einsätze gemessen, liegen zwei M6-Durchgangsgewinde.

Die von der waagrechten Auflagefläche des Backeneinsatzes ausgehenden Lagetoleranzen sowie die entsprechenden Oberflächenangaben sind in die Fertigungszeichnung einzutragen.

Für alle nicht tolerierten Maße ist die Allgemeintoleranz **mittel** anzuwenden.

7.3 Wärmebehandlung

7.3.1 Allgemeines

Sollen Werkstücke einer Wärmebehandlung unterzogen werden, so sind entsprechende Angaben in die Fertigungszeichnung einzutragen.

Für die Eintragung von Härteangaben in technischen Zeichnungen gibt es keine entsprechende ÖNORM, daher ist die **DIN ISO 15787** anzuwenden.

Bei **spezieller** Wärmebehandlung eines Bauteiles wird der Fertigungszeichnung meist eine detaillierte Beschreibung des Ablaufes in Form einer **Wärmebehandlungsanweisung (WBA)** oder eines **Wärmebehandlungsplanes (WBP)** angefügt.

7.3.2 Angaben in technischen Zeichnungen

In Fertigungszeichnungen sind bezüglich der Wärmebehandlung in der Nähe des Schriftfeldes folgende Angaben einzutragen:

- **Werkstoffangabe**
- **Endzustand**
- **Härteangabe**
- **Messstelle**

7.3.2.1 Werkstoffangabe

Der Wärmebehandlungsverlauf ist abhängig vom verwendeten Werkstoff; die entsprechenden Werkstoffdaten werden vom Stahlhersteller zur Verfügung gestellt.

7.3.2.2 Endzustand

Der **Endzustand** – der erwünschte Zustand **nach der Wärmebehandlung** – wird durch folgende Wortangaben festgelegt:

- **gehärtet**
- **gehärtet und angelassen**
- **gehärtet und n-mal angelassen**
- **vergütet**

Muss nach dem Härten angelassen werden, so ist der Endzustand durch die vollständige Wortangabe **„gehärtet und angelassen"** anzugeben. Die einfache Anmerkung **„gehärtet"** allein genügt nicht.

7.3.2.3 Werte der Härteangaben

Die Angabe der Oberflächenhärte bedeutet immer eine **Mindesthärte.** Das anzuwendende Härteprüfverfahren Rockwell, Vickers oder Brinell ist mit der genormten Kurzbezeichnung einzutragen. Die **Kernhärte** ist nur dann anzugeben, wenn ihre Prüfung im Endzustand gefordert wird.

Allen Härtewerten ist eine möglichst große, funktionsgerechte **Plus-Toleranz** anzufügen:

z. B. 60 + 4 HRC
350 + 50 HB 2,5/187,5
525 + 100 HV 10

7.3.2.4 Messstelle

Die Stelle, an der die Härte am Werkstück zu messen ist, wird durch ein mit **schmaler** Volllinie dargestelltes Symbol gekennzeichnet. Bild 1 zeigt die maßliche und zeichnerische Gestaltung des Sinnbildes.

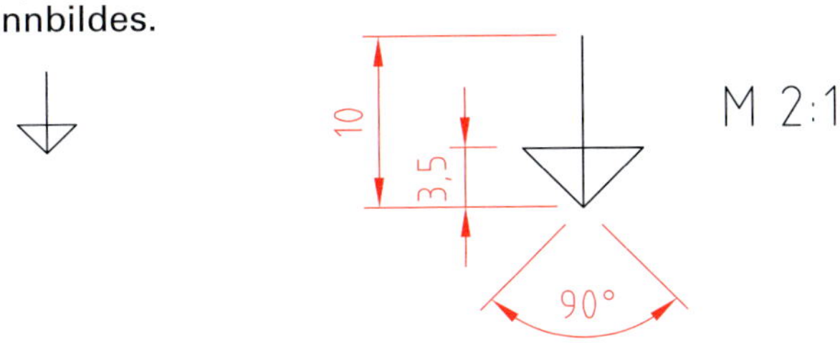

Bild 1

Die Eintragung des Symbols kann auf mehrere Arten erfolgen (Bild 2). Soll die Härte eines Werkstückes an mehreren Messstellen geprüft werden, so sind diese zu kennzeichnen und falls erforderlich auch zu bemaßen (Bild 3).

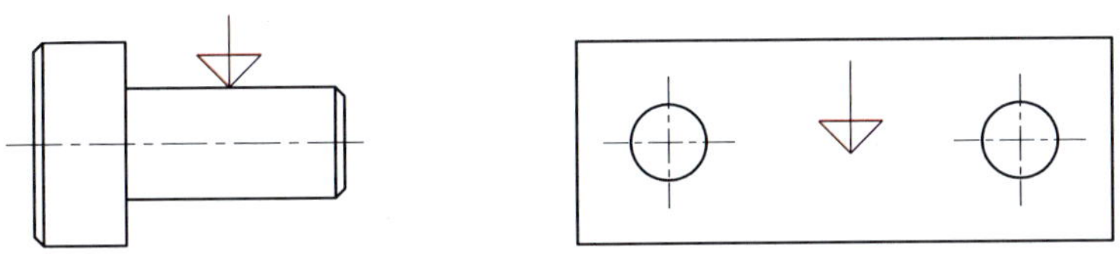

Bild 2

Bild 3

7.3.3 Wärmebehandlungsbild

Wird die Darstellung des Werkstückes durch die erforderlichen Wärmebehandlungsangaben unübersichtlich, so können diese Angaben in ein **Wärmebehandlungsbild** eingetragen werden (Bild 4). Darunter versteht man eine **zusätzliche Darstellung** des Werkstückes mit dem Vermerk „Wärmebehandlungsbild". Diese Abbildung ist in der Nähe des Schriftfeldes anzulegen und muss nicht maßstabgetreu ausgeführt sein. Auf die Darstellung von Details kann verzichtet werden.

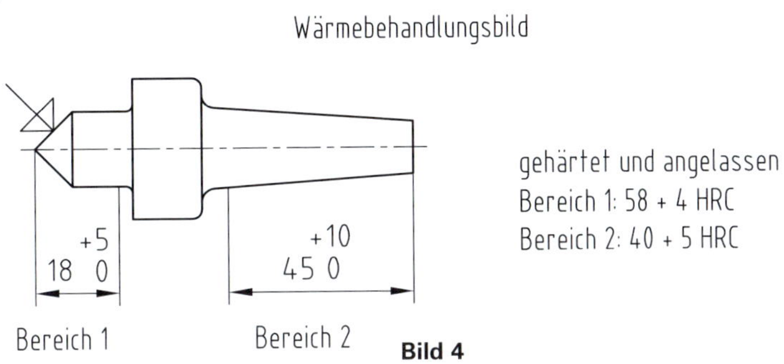

Bild 4

7.3.4 Möglichkeiten der Härteangaben

Abhängig von der Konstruktion, vom Verwendungszweck und vor allem von den unterschiedlichen Härteanforderungen eines Werkstückes ergeben sich mehrere Varianten der Härteangaben in technischen Zeichnungen.

7.3.4.1 Werkstücke mit gleichem Härtewert

Wenn es die Einfachheit eines Bauteiles erlaubt, kann auf ein eigenes Wärmebehandlungsbild verzichtet werden. Der geforderte Endzustand mit den Härtewerten ist in der Nähe des Schriftfeldes anzugeben (Bild 1 bis Bild 3).

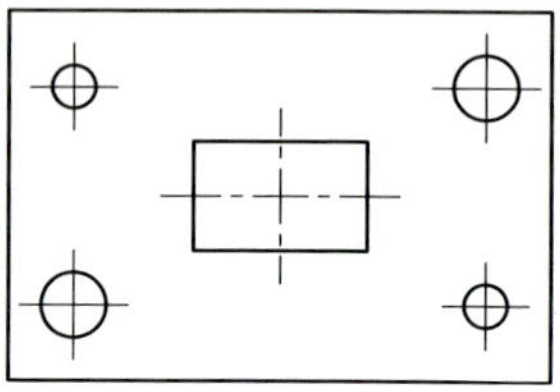

gehärtet
54 + 4 HRC

Bild 1

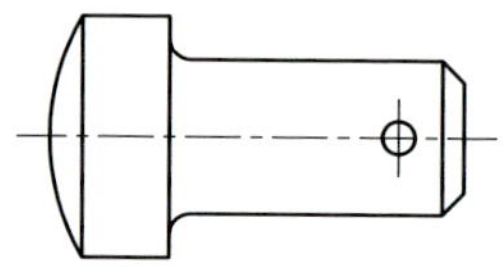

vergütet
350 + 50 HB 2,5/187,5

Bild 2

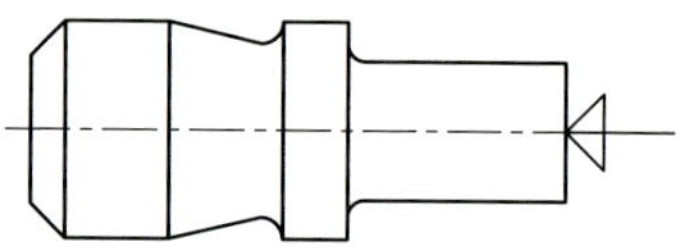

gehärtet und angelassen
58 + 4 HRC

Bild 3

7.3.4.2 Werkstücke mit unterschiedlichen Härtewerten

Unterschiedliche Härtebereiche sind maßlich zu kennzeichnen (Bild 4).

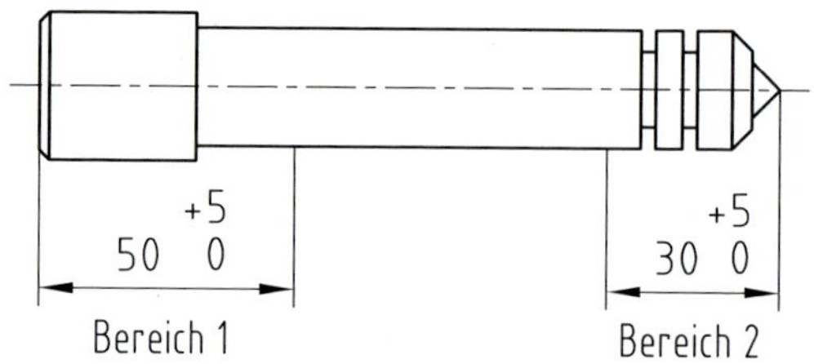

Wärmebehandlungsbild

gehärtet und angelassen
Bereich 1: 58 + 4 HRC
Bereich 2: 40 + 5 HRC

Bild 4

7.3.4.3 Werkstücke mit örtlich begrenzter Wärmebehandlung

Die örtliche Begrenzung einer Wärmebehandlung wird durch eine **breite** Strich-Punktlinie dargestellt, die ca. 2 mm außerhalb des wärmebehandelten Bereiches gezeichnet wird (Bild 5). Die Übergangszone liegt grundsätzlich **innerhalb** des wärmebehandelten Bereiches.

Wärmebehandlungsbild

Wärmebehandlungsbild

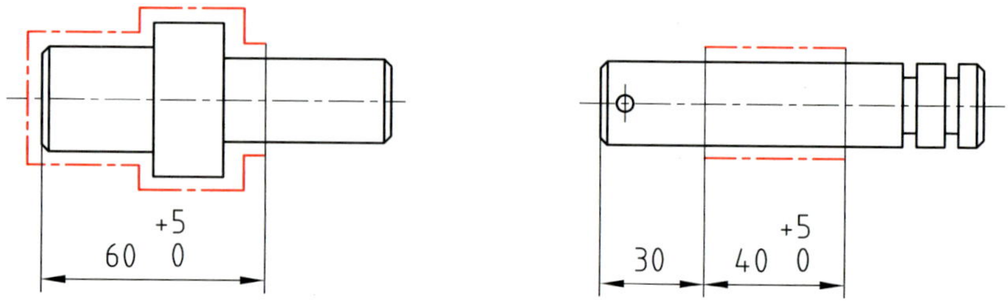

gehärtet und angelassen
58 + 4 HRC

gehärtet und ganzes Teil angelassen
61 + 3 HRC

Bild 5

7.3.5 Randschichthärten

Zusätzlich zu den üblichen Härteangaben kann die **Einhärtungstiefe Rht** mit einer möglichst großen Plus-Toleranz angegeben werden (Bild 1). Das Maß der Einhärtungstiefe wird in Millimetern angegeben.

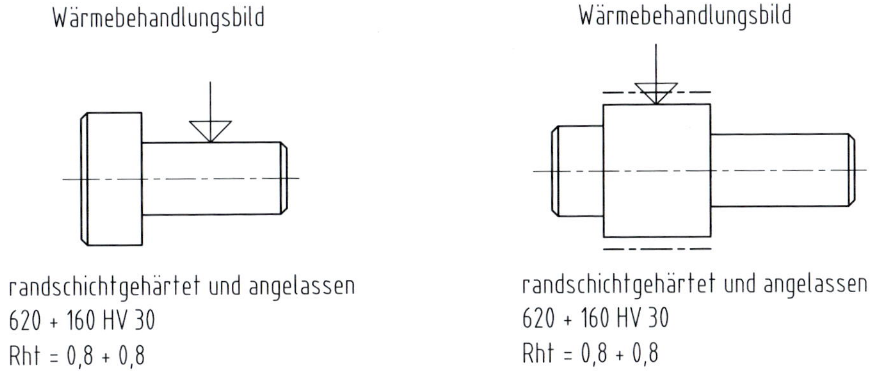

Bild 1

In speziellen Fällen kann der Verlauf der gehärteten Randschicht **innerhalb des Werkstückes** mit einer **schmalen** Strich-Punktlinie dargestellt werden (Bild 2).

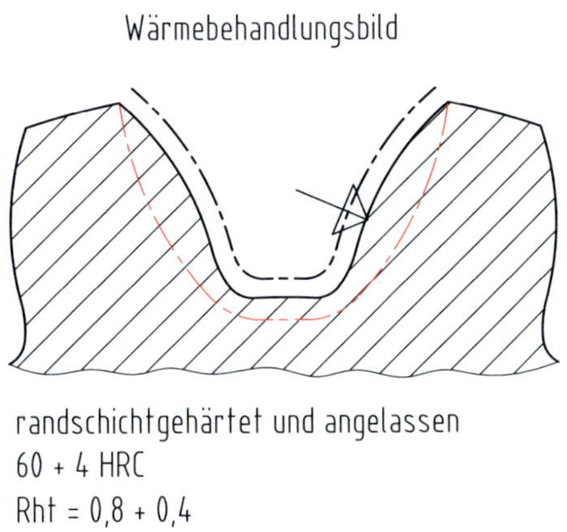

Bild 2

7.3.6 Einsatzhärten

Neben den üblichen Härteangaben kann die **Einsatzhärtetiefe Eht** mit einer möglichst großen, funktionsgerechten Plus-Toleranz angeführt werden. Die Maßangabe erfolgt in Millimetern (Bild 3 und Bild 1, Seite 152).

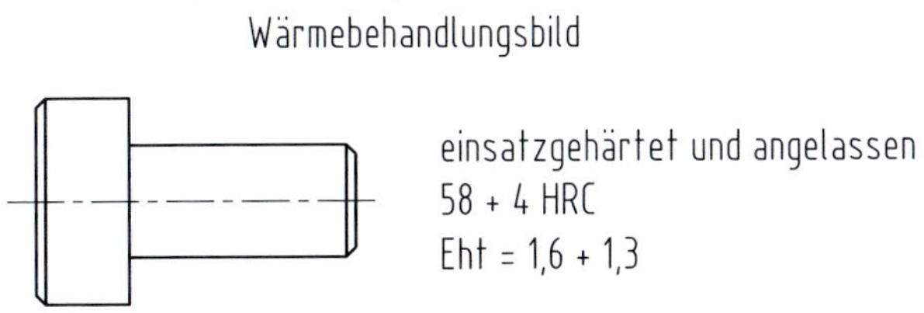

Bild 3

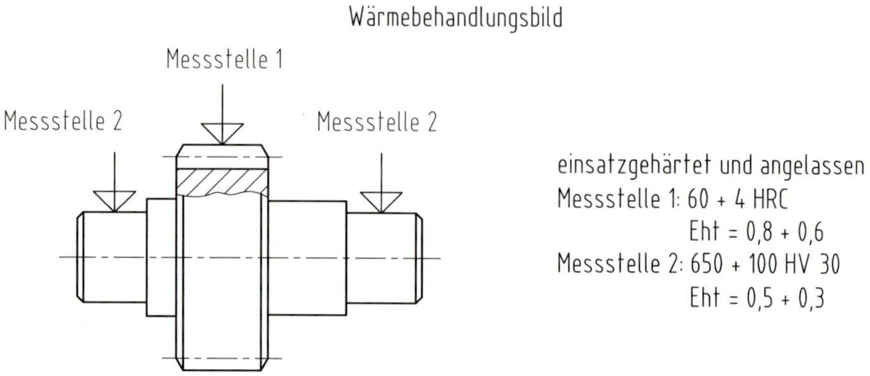

Bild 1

7.3.7 Nitrieren

Wie beim Einsatzhärten kann zu den üblichen Härteangaben die **Nitrierhärtetiefe Nht** mit einer möglichst großen, funktionsgerechten Plus-Toleranz angeführt werden (Bild 2).

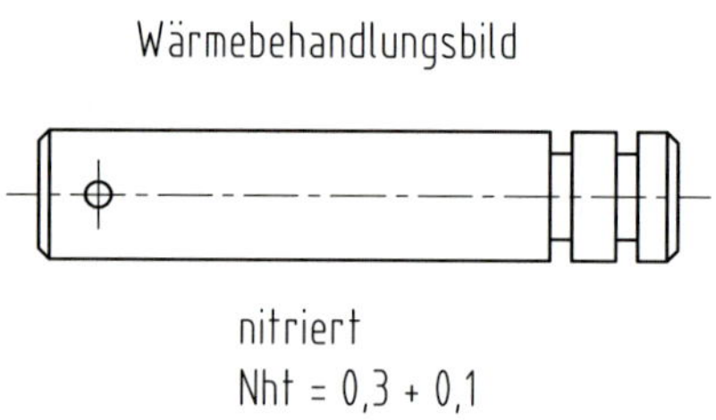

Bild 2

7.4 Kegel und Neigungen

7.4.1 Allgemeines

In technischen Zeichnungen müssen die Verjüngung von kegeligen Werkstücken und die Neigung ebener Flächen besonders gekennzeichnet werden. Die Bemaßung und Tolerierung erfolgt nach **ÖNORM ISO 3040**.

7.4.2 Bemaßung von Kegeln

Für die eindeutige Festlegung der Form und Größe eines Kegels genügen drei der unten angegebenen Größen, und zwar

- die Durchmesser *d* oder *D*,
- die Kegellänge *L* und
- der Kegelwinkel α oder die Kegelverjüngung 1:x.

Die Entscheidung hinsichtlich der für eine Darstellung gewählten Maßkombination wird vom Fertigungsverfahren und von der Verwendung des Kegels bestimmt. Im Allgemeinen wird **ein Durchmesser** in Verbindung mit der **Kegellänge** und dem **Kegelwinkel** angegeben. Zusätzliche Hilfsmaße, wie z. B. der halbe Kegelwinkel (entspricht dem Einstellwinkel) können in Klammer angefügt werden (Bild 1, Seite 153).

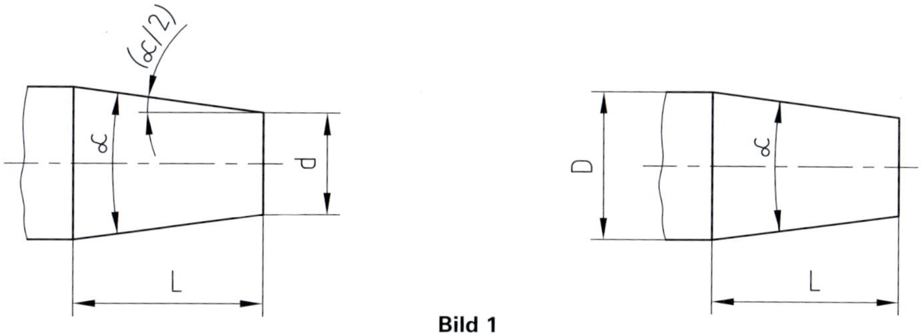

Bild 1

Wird ein Kegel durch die **Kegelverjüngung 1:x** festgelegt, so ist dieser Wert in Verbindung mit dem Kegelsymbol anzugeben. Die Neigungsrichtung des Symbols muss mit der tatsächlichen Verjüngungsrichtung des Kegels übereinstimmen. Diese Angaben sind auf einer Bezugslinie einzutragen und der Kegelaußenkante mit einem Bezugspfeil anzufügen (Bild 2).

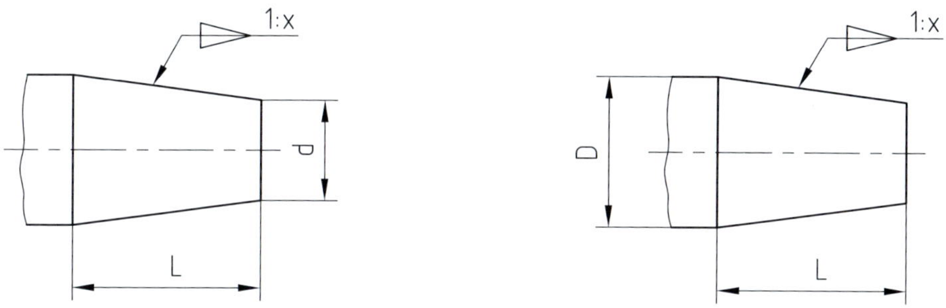

Bild 2

Die Gestaltung des **Kegelsymbols** und der **Kegelverjüngung** erfolgt mit **schmaler** Volllinie (Bild 3).

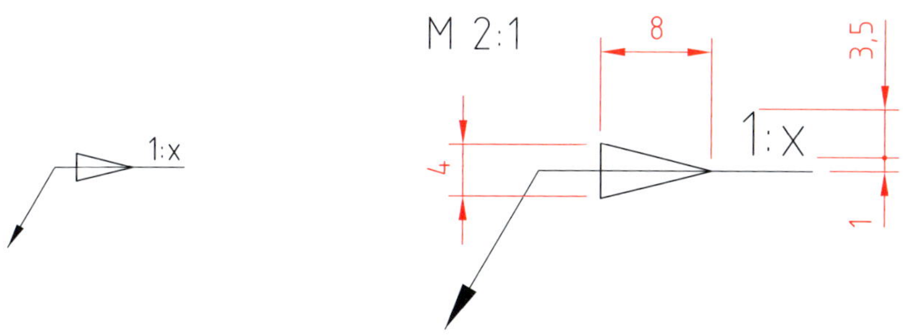

Bild 3

Bei der Fertigung eines Kegels an einer CNC-Maschine werden meist beide Kegeldurchmesser und die Kegellänge angegeben (Bild 1, Seite 154). Dadurch können die Koordinaten zum Programmieren der Kontur direkt aus der Zeichnung entnommen werden.

Zu Prüfzwecken oder zum Einpassen eines Kegels kann ein Durchmesser D_x mit dem Abstand L_x, ausgehend von einer Bezugskante, festgelegt werden. Die entsprechende Bemaßung erfolgt nach Bild 2.

- **Außenkegel**

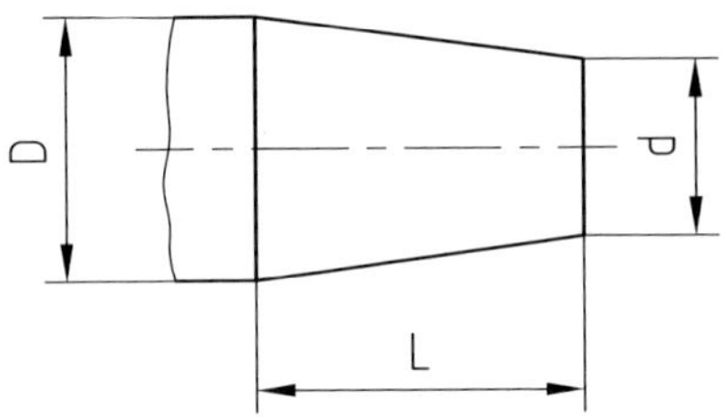

Bild 1

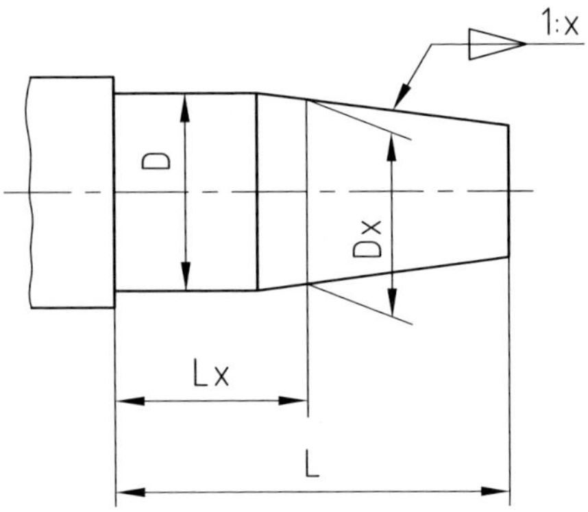

Bild 2

- **Innenkegel**

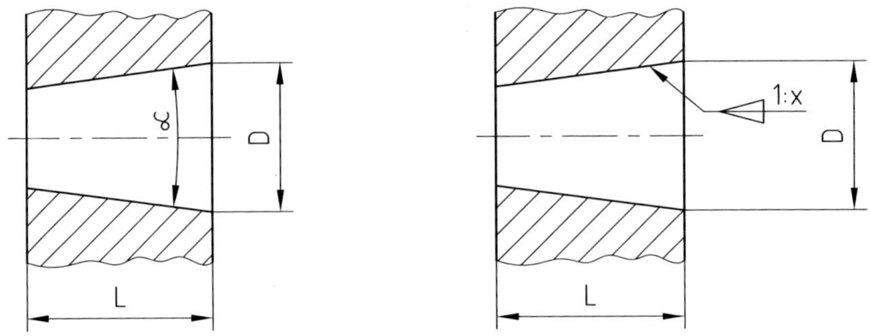

Bild 3

- **Voller Kegel**

Dieser ist mit dem **Kegelwinkel** α und dem **Durchmesser** D eindeutig bestimmt.

Das **Maß** L zeigt die Entfernung der Kegelspitze zu einer festgesetzten Bezugskante, wobei die Maßangabe bei der Fertigung nicht genau eingehalten werden kann (Bild 4).

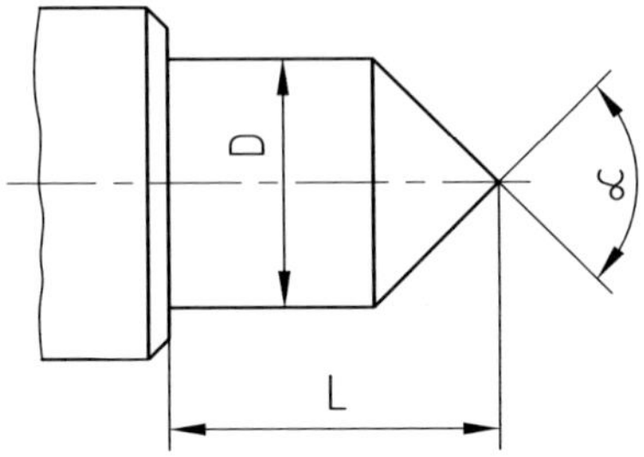

Bild 4

7.4.3 Normkegel

Genormte Kegel, wie z. B. **Morse- und ISO-Steilkegel** werden in technischen Darstellungen nur mit der Normbezeichnung angegeben. Die Fertigungsmaße sind einem Tabellenbuch zu entnehmen.

7.4.4 Tolerierung von Kegeln

Je nach Anforderungen an den Kegel ist die Bemaßung mit **Form- und Lagetoleranzen** zu ergänzen. Die folgenden Beispiele zeigen einige grundlegende Tolerierungsvarianten.

- **Tolerierung bei festgelegtem Kegelwinkel** (Bild 1)

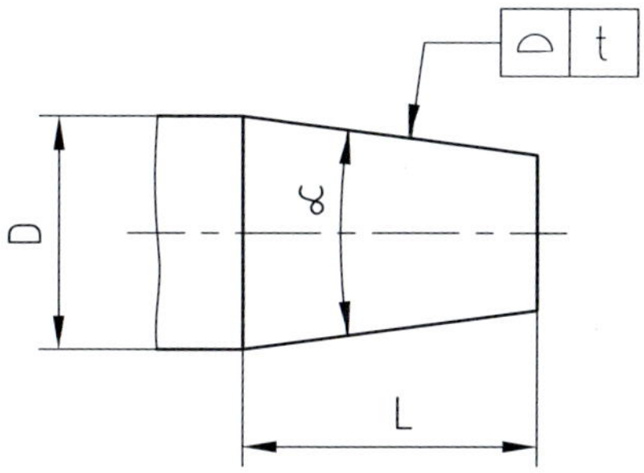

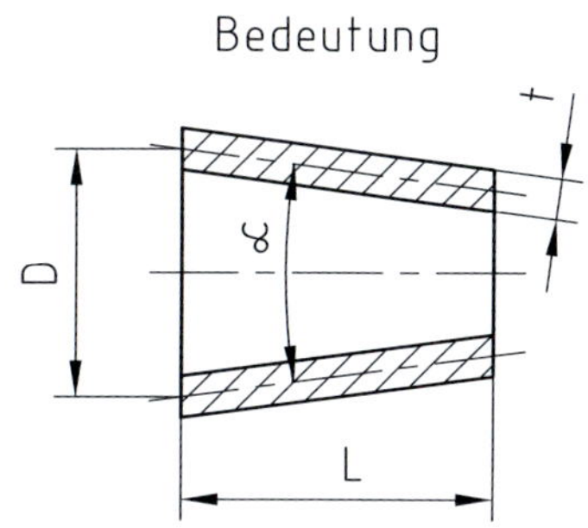

Bild 1

- **Tolerierung bei festgelegter Kegelverjüngung** (Bild 2)

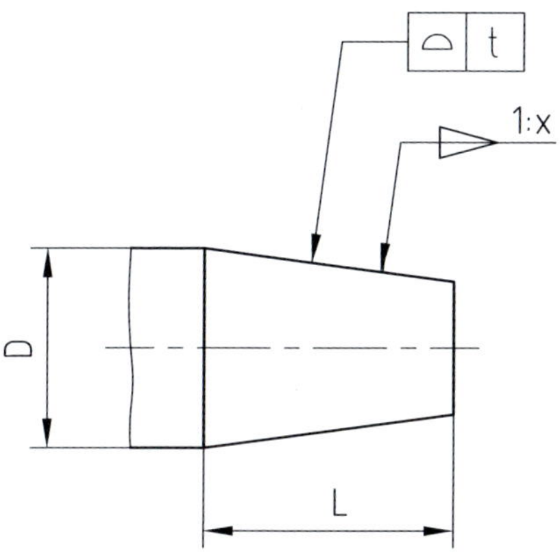

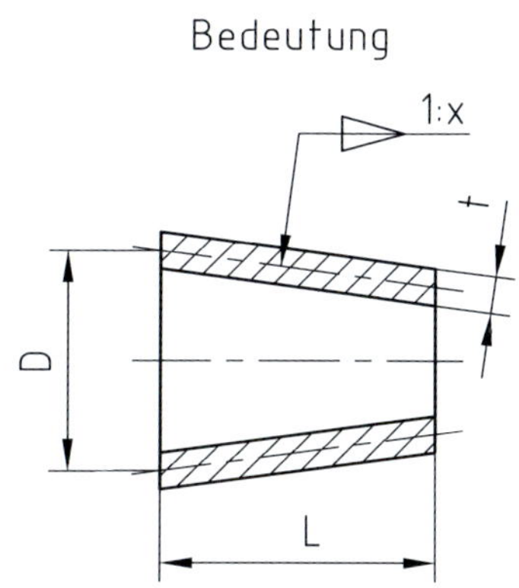

Bild 2

- **Tolerierung mit einer Bezugsangabe** (Bild 3)

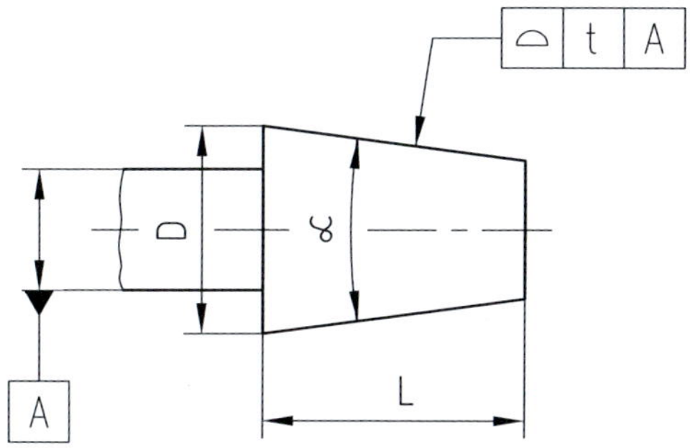

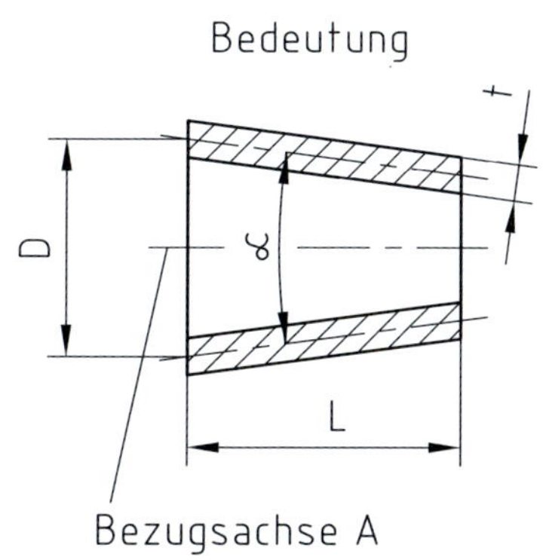

Bild 3

7.4.5 Neigung ebener Flächen

In technischen Zeichnungen kann die Neigung einer ebenen Fläche mit dem **Neigungswinkel** α, mit dem **Neigungsverhältnis 1:x** oder in **Prozenten** angegeben werden. Die Eintragung des Neigungswinkels erfolgt nach den allgemeinen Bemaßungsregeln.

Wird das Neigungsverhältnis 1:x oder der Prozentwert angegeben, so ist auf einer Bezugslinie das Symbol für die schiefe Ebene, in Verbindung mit dem Zahlenwert, einzutragen. Die Neigungsrichtung des Symbols muss mit der Neigung der schiefen Ebene übereinstimmen (Bild 1).

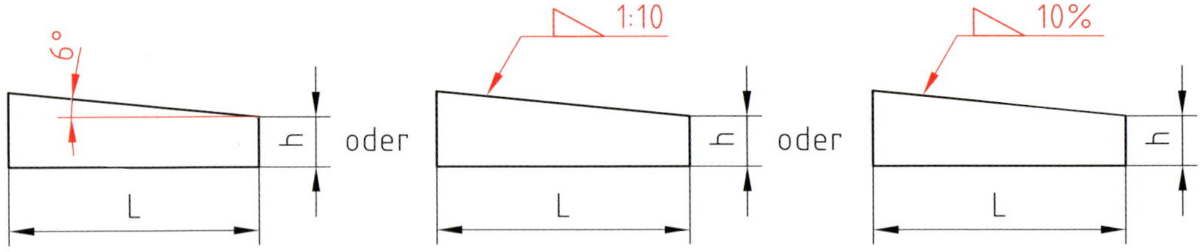

Bild 1

Die Gestaltung des **Neigungssymbols** und der **Neigungsangabe** erfolgt mit **schmaler** Volllinie (Bild 2).

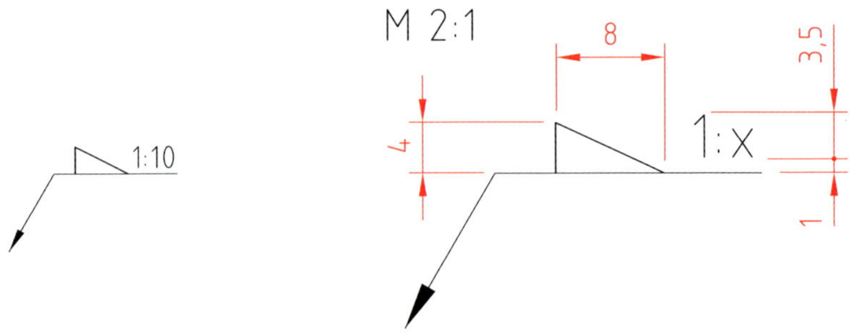

Bild 2

7.4.6 Werkstücke mit geringer Neigung

Werkstückflächen, die fertigungsbedingt geringe Neigungen aufweisen (Gussteile, gewalzte Profile) werden in der Projektion durch eine **breite** Volllinie dargestellt. Die Lage dieser Linie wird vom **kleineren Maß** der Neigung bestimmt (Bild 3).

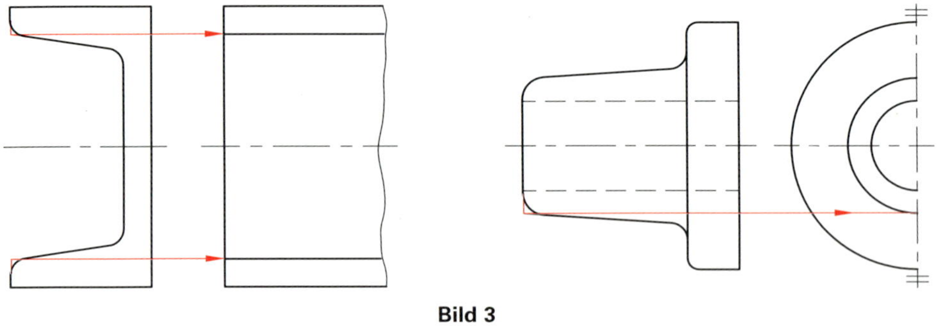

Bild 3

ZÜ 7.3 Darstellung von Werkstücken mit Kegel und Neigungen

Lernziel: *Zeichnen und Bemaßen von Werkstücken mit kegeligen Formen*

ZÜ 7.3A Darstellung von Kegelaufnahmen

Zeichne und bemaße auf einem A4-Blatt in Hochformat nach unten stehender Vorlage die beiden **Kegelaufnahmen** aus dem Werkstoff **S235JR.**

Im **oberen Drehteil** liegt rechts ein metrisches Feingewinde M20×1, das mit einem Freistich nach ÖNORM M 1802-A endet. An beiden Stirnseiten ist eine Zentrierbohrung nach ÖNORM EN ISO 6411-B 2,5/5,3 erforderlich. Die Kegelverjüngung beträgt 1:5.

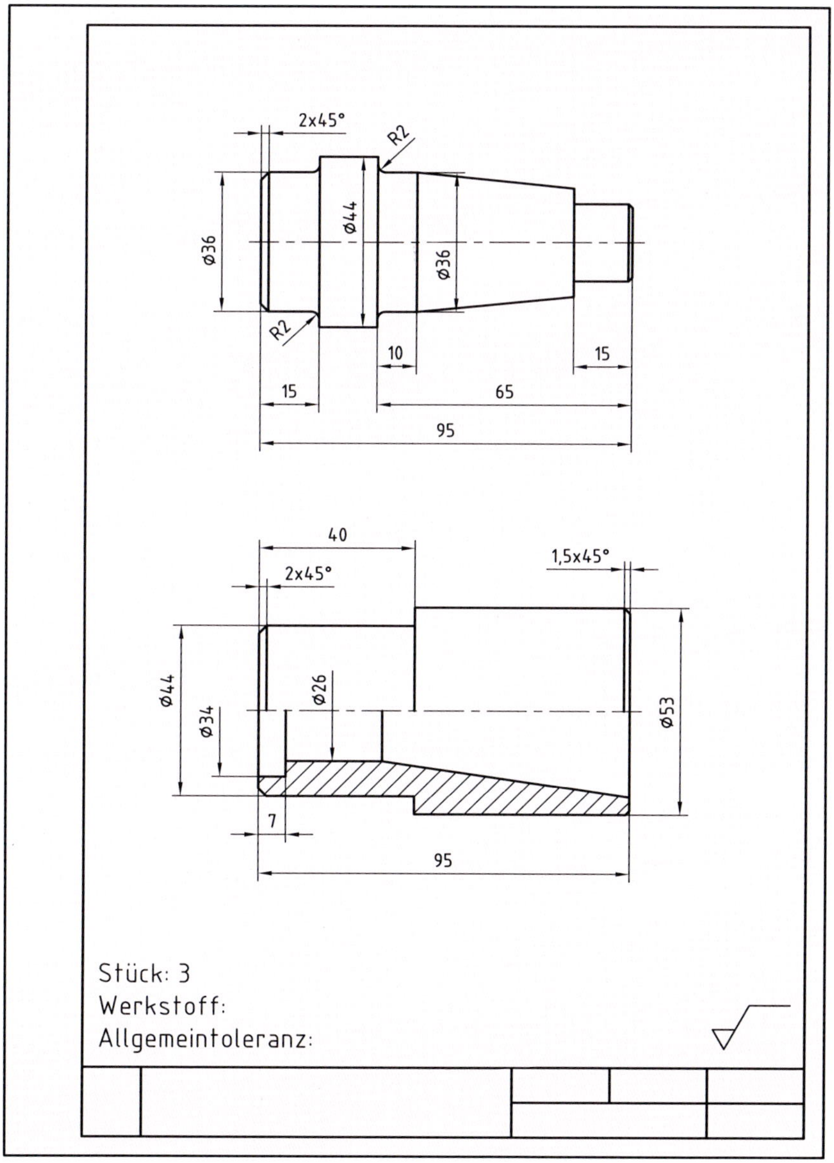

Der Kegel der **unteren Aufnahme** hat eine Kegelverjüngung von 7:24 und einen großen Durchmesser von 44,5 mm.

Für alle nicht tolerierten Maße ist die Allgemeintoleranz **mittel** anzuwenden.

In der Fertigungszeichnung ist herstellungsbedingt der Einstellwinkel des Kegels anzugeben.

Die Drehteile sind mit dem Mittenrauwert von ***Ra*** **1,6** zu fertigen.

ZÜ 7.3B Darstellung eines Gewindeüberganges

Zeichne und bemaße auf einem A4-Blatt in Hochformat nach unten stehender Vorlage die Halbschnittdarstellung eines **Gewindeüberganges** aus dem Werkstoff **C45+H**.

Die Gewindefreistiche sind nach ÖNORM M 1802-A bzw. C auszuführen und in Detaildarstellungen zu zeichnen und zu bemaßen. Die Kegelfläche ist mit *Ra* 0,8 zu fertigen. In der Fertigungszeichnung ist herstellungsbedingt der Einstellwinkel des Kegels anzugeben. Alle nicht gekennzeichneten Oberflächen sind mit dem Mittenrauwert ***Ra* 1,6** zu fertigen.

An der **rechten Seite** ist ein metrisches Außengewinde M36×1,5 und an der **linken Seite** ist ein metrisches Innengewinde M48×2.

Für alle nicht tolerierten Maße ist die Allgemeintoleranz **mittel** anzuwenden.

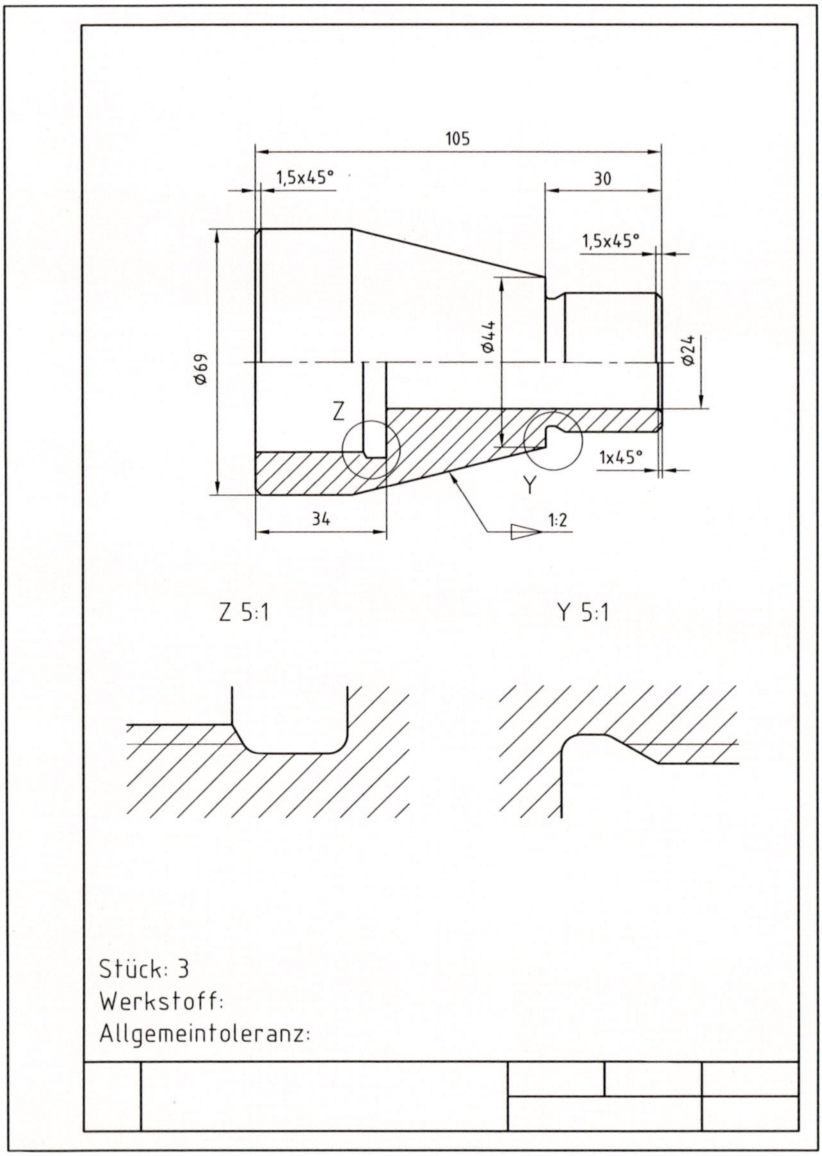

Zusatzaufgabe:

Für die Kegelform ist eine Profiltolerierung von 0,02 mm einzuhalten.

ZÜ 7.3C Darstellung eines Aufnahmedornes mit Morsekegel

Zeichne und bemaße auf einem A4-Blatt in Querformat nach unten stehender Vorlage den **Aufnahmedorn** aus dem Werkstoff **C45+H**, wobei die beiden Hohlräume durch Ausbrechen sichtbar gemacht werden sollen.

Die Maße für den Kegel **A-Morse 4** sind einem Tabellenbuch zu entnehmen. In der Fertigungszeichnung ist herstellungsbedingt der Einstellwinkel des Kegels anzugeben.

Die links liegende Aufnahmebohrung mit ∅24H6 und einer Tiefe von 27 mm wird mit einem ∅20-Spiralbohrer 30 mm tief vorgebohrt. Die Ausdrehung wird mit 2×45° gefast, der Gewindefreistich für M42×2 ist nach ÖNORM M 1802-A auszuführen.

Das Innenmaß ∅24H6 und der Morsekegel sollen mit *Ra* 0,8 bearbeitet werden, alle übrigen Oberflächen sind mit dem Mittenrauwert ***Ra* 1,6** zu fertigen.

Trage die ermittelten Höchst- und Mindestmaße der ISO-Toleranzangaben in die Abmaßtabelle ein.

Für alle nicht tolerierten Maße ist die Allgemeintoleranz **mittel** anzuwenden.

Zusatzaufgabe:

Die Rundlaufabweichung der Bohrung ∅24H6 darf zum Bezug A (Drehachse des Kegels) 0,02 mm nicht überschreiten.

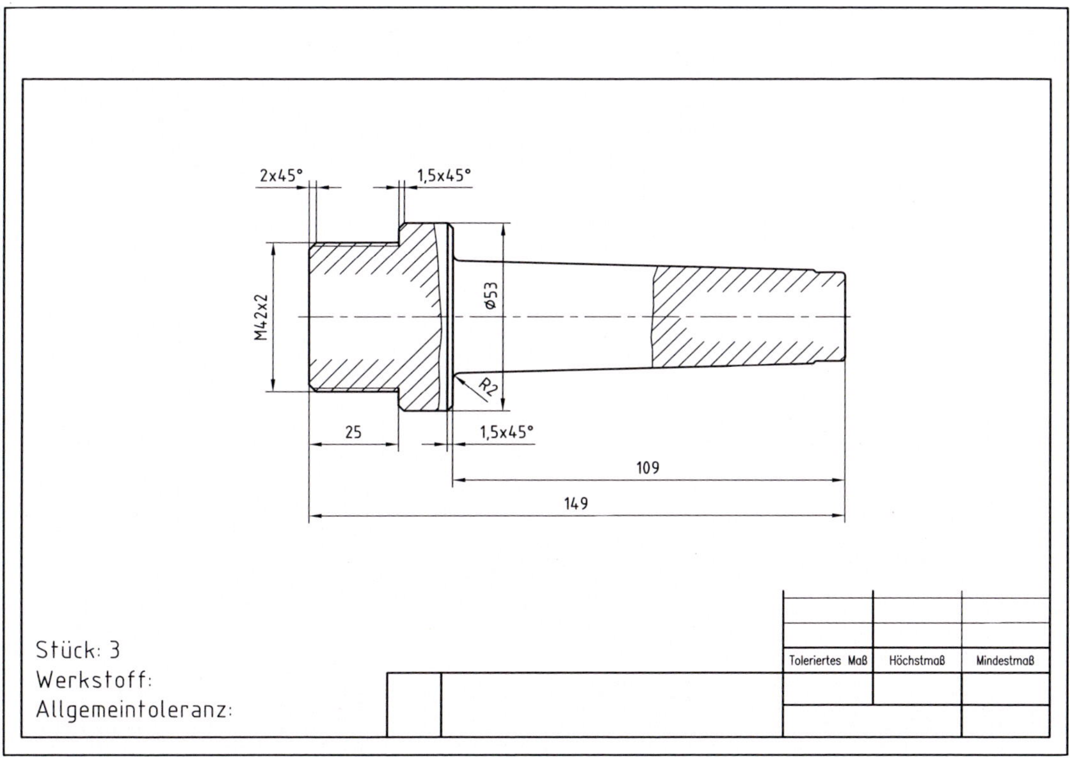

ZÜ 7.3D Darstellung eines Aufnahmedornes mit ISO-Steilkegel

Zeichne und bemaße auf einem A3-Blatt in Querformat nach unten stehender Vorlage den **Aufnahmedorn** aus dem Werkstoff **C45+H**.

Die Maße für den Steilkegelschaft nach **ÖNORM ISO 297-A40 AT4** sind einem Tabellenbuch zu entnehmen.

Die Aufnahmebohrung mit dem Durchmesser 25H6 darf zum Bezug A (Drehachse des Kegels) eine maximale Rundlaufabweichung von 0,01 mm aufweisen. Sie ist mit einem Mittenrauwert von *Ra* 0,4 zu schleifen und mit 1×45° zu fasen.

Der Kegel ist ebenfalls mit einem Mittenrauwert von *Ra* 0,4 zu schleifen, wobei die Kegelprofilabweichung 0,01 mm nicht überschritten werden darf.

Das Detail Z ist ein Freistich nach DIN 509-F 0,6×0,3, das Detail Y ist **frei** zu gestalten.

Die gratfreie Ausführung nach ÖNORM ISO 13715 ist zu vermerken.

Alle nicht gekennzeichneten Oberflächen sind mit dem Mittenrauwert ***Ra* 1,6** zu fertigen.

Trage die ermittelten Höchst- und Mindestmaße der ISO-Toleranzangaben in die Abmaßtabelle ein.

Für alle nicht tolerierten Maße ist die Allgemeintoleranz **fein** anzuwenden.

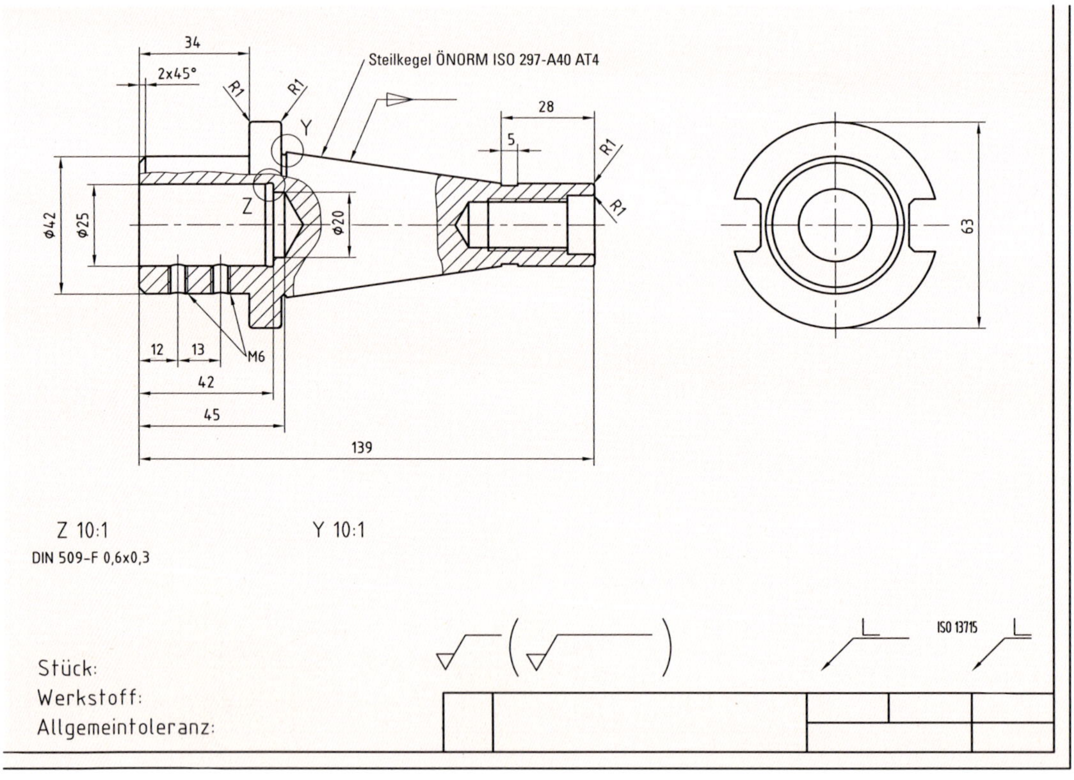

7.5 Werkstückkanten

7.5.1 Allgemeines

Werkstückkanten werden im Allgemeinen in der idealen geometrischen Form, das heißt ohne jede fertigungsbedingte Abweichung, dargestellt.

Für bestimmte Anwendungen, z. B. Schneidkante einer Matrize, Schneidstempel, Stanzteile usw., ist jedoch die Festlegung des Kantenzustandes **funktionsbedingt** erforderlich. In diesen Fällen erfolgt die Art, Ausführung und Eintragung von Kantenzuständen nach **ÖNORM ISO 13715**.

Sind in einer Darstellung keine Kantenangaben enthalten, so ist das Werkstück im Zustand des jeweiligen Bearbeitungsvorganges zu belassen.

7.5.2 Begriffe

- Als **Kante** bezeichnet man die Linie, an der zwei Flächen zusammentreffen.
- Eine **freie Kante** hat **keine festgelegte Form** und kann entweder mit Grat, Abtrag, Übergang oder scharfkantig ausgebildet sein.
- Eine **festgelegte Kante** hat **eine bestimmte Form** und kann entweder mit Grat, Abtrag, Übergang oder scharfkantig ausgebildet sein.
- Als **Grat** bezeichnet man den fertigungsbedingten Werkstoffrückstand an einer Werkstückkante (Bild 1).
- Als **Übergang** bezeichnet man die Abweichung von der idealen geometrischen Form einer **Kante nach außen** (Bild 2).
- Als **Abtrag** bezeichnet man die Abweichung von der idealen geometrischen Form einer **Kante nach innen** (Bild 3).

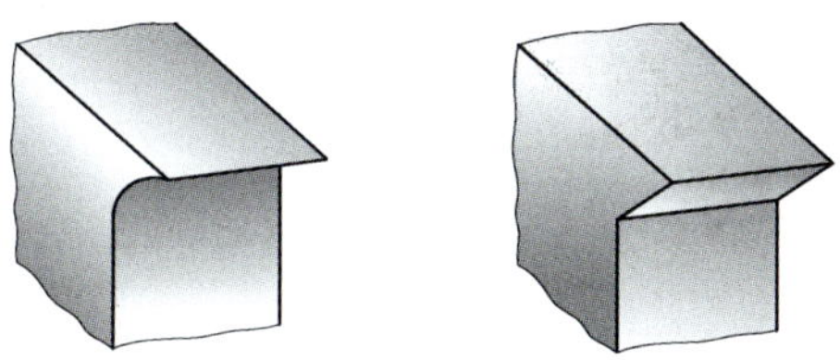

Bild 1

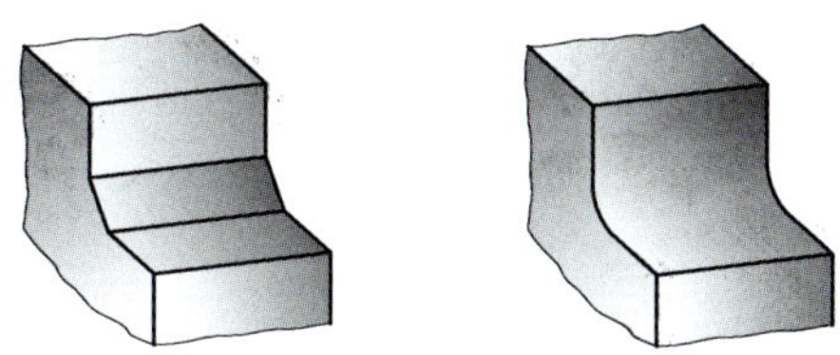

gefast   gerundet

Bild 2

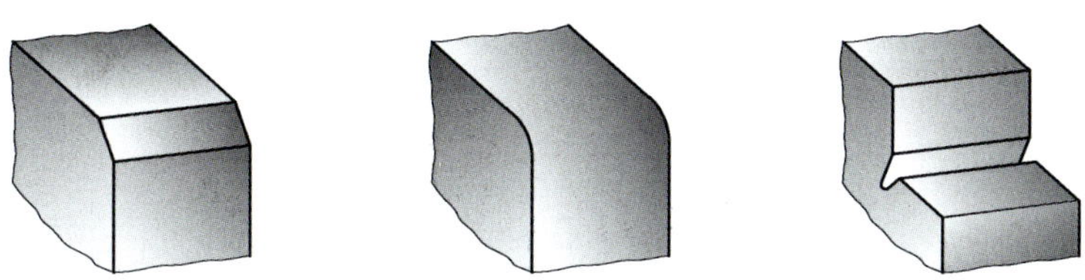

gefast   gerundet

Bild 3

7.5.3 Ausführung von Kanten

Grundsätzlich ist zwischen Außen- und Innenkanten zu unterscheiden. Die Abweichung von der idealen geometrischen Form wird durch das **Kantenmaß *a*** festgelegt.

- **Außenkante**

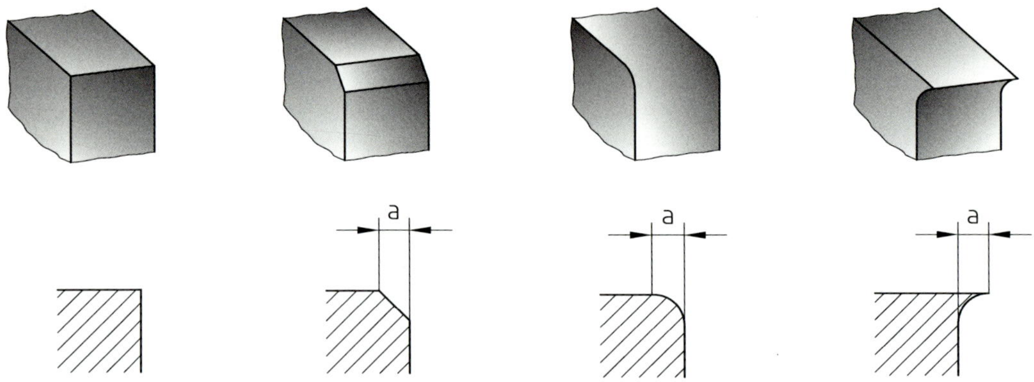

scharfe Kante **Abtrag** **Grat**

- **Innenkante**

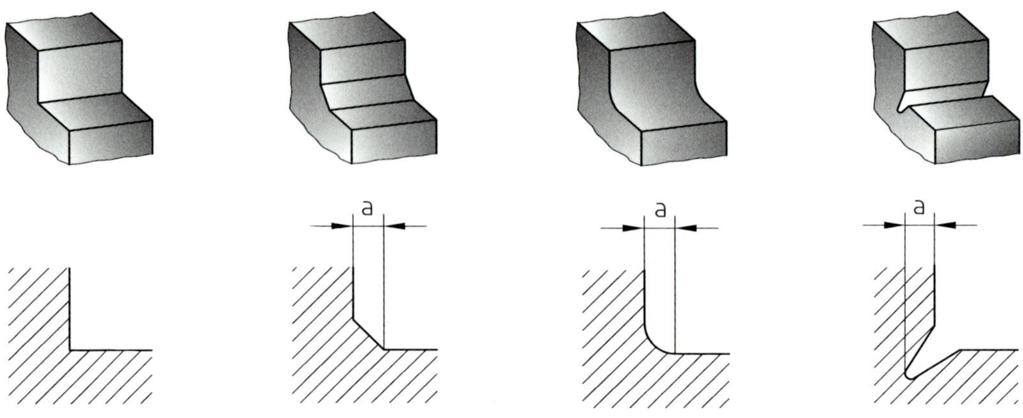

scharfe Kante **Übergang** **Abtrag**

7.5.4 Darstellung des Grundsymbols

Der Kantenzustand eines Werkstückes wird in Fertigungszeichnungen mit einem Symbol nach Bild 1 angegeben. Dieses **Grundsymbol** kann für spezielle Kantenzustände durch zusätzliche Angaben erweitert werden kann.

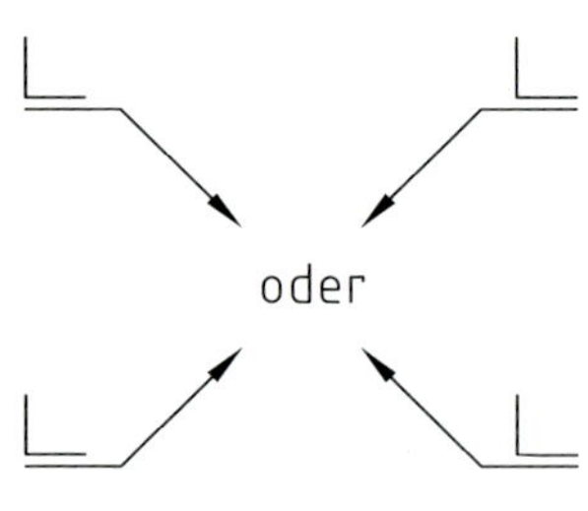

Bild 1

Die maßliche Darstellung des Grundsymbols zeigt Bild 1. Reicht die Maßeintragung über das Symbol hinaus, so ist die Basislinie des Bezugspfeiles entsprechend zu verlängern (Bild 2). Bei einer Bemaßungsgröße von 3,5 mm ist das Symbol mit einer Linienbreite von 0,35 mm darzustellen.

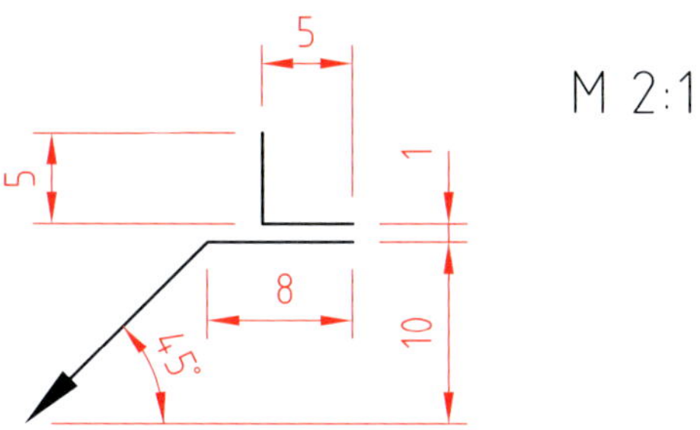

Bild 1

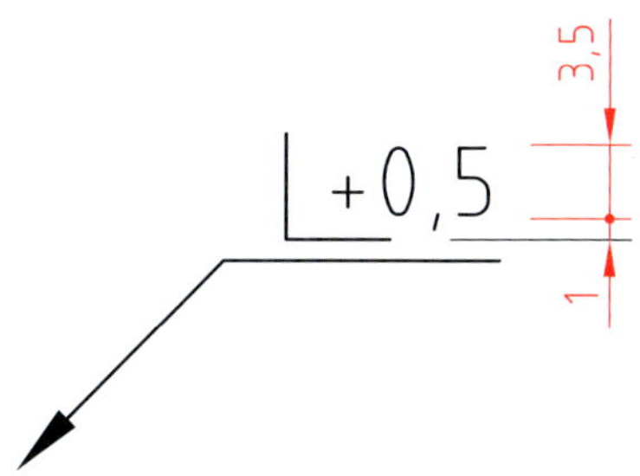

Bild 2

7.5.5 Eintragung in technischen Zeichnungen

Hinweise auf Ausbildung von Werkstückkanten sollen in technischen Zeichnungen nur dort erfolgen, wo dies **unbedingt notwendig** erscheint. Es ist immer zu bedenken, dass jede spezielle Kantenausbildung zusätzlichen Zeitaufwand erfordert und damit gleichzeitig die Fertigungskosten für das Werkstück erhöht.

7.5.5.1 Hinweis auf spezielle Kantenzustände

Sind für einen Bauteil besondere Kantenzustände gefordert, so ist das Grundsymbol mit dem Hinweis auf die zugrunde liegende Norm in der Nähe des Schriftfeldes von Fertigungszeichnungen anzugeben (Bild 3).

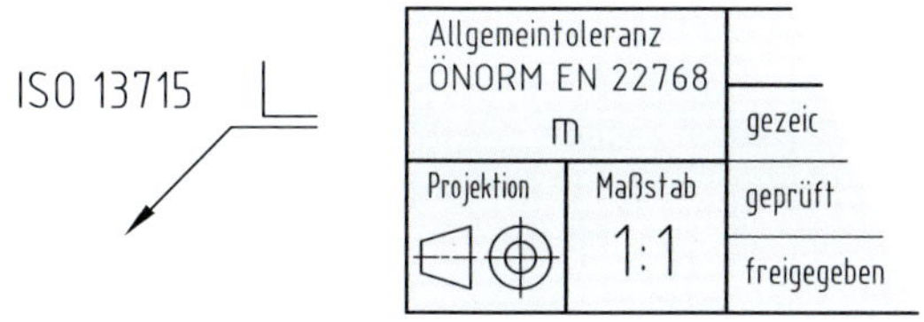

Bild 3

7.5.5.2 Kennzeichnung von Außen- und Innenkanten

Der Pfeil des Grundsymbols zeigt entweder auf eine Außen- oder Innenkante. Die Darstellung dieser Kanten erfolgt mit **breiter** Volllinie und einer Länge von ca. 10 mm (Bild 4).

Außenkante

Innenkante

Bild 4

7.5.5.3 Angabe des Kantenzustandes

Durch Erweiterung des Grundsymbols mit den Zeichen +, – oder ± wird ein spezieller Kantenzustand festgelegt. Diese Vorzeichen sagen aber nichts über die Größe und Richtung des Grates, Überganges oder Abtrages aus.

- **Ein am Grundsymbol eingetragenes + bedeutet**, dass bei einem Fertigungsprozess nicht unbedingt bis zu einer scharfen Kante bearbeitet werden muss. Daher ist bei Außenkanten ein Grat und bei Innenkanten ein Übergang zulässig (Bild 1).
- **Ein am Grundsymbol eingetragenes – bedeutet**, dass der Werkstoffabtrag größer als bis zur idealen geometrischen Form zu erfolgen hat. Daher ist bei Außenkanten kein Grat und bei Innenkanten kein Übergang zulässig (Bild 2).
- **Ein am Grundsymbol eingetragenes ± bedeutet**, dass bei Außenkanten sowohl ein Grat als auch ein Abtrag und bei Innenkanten sowohl ein Übergang als auch ein Abtrag zulässig ist (Bild 3).

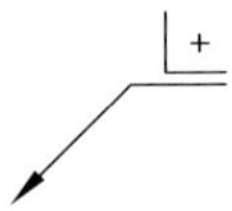

Bild 1

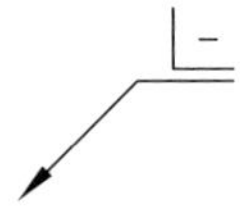

Bild 2

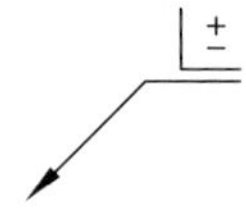

Bild 3

7.5.5.4 Angabe des Kantenmaßes *a*

Durch die Angabe des **Kantenmaßes** am Grundsymbol wird die Größe des Grates, Überganges oder Abtrages festgelegt. **Die Gratrichtung und Abtragrichtung ist dadurch nicht bestimmt.**
Das angegebene Maß gilt als **Höchstmaß** und darf nicht überschritten werden. Nachstehende Tabelle 7.7 gibt empfohlene Kantenwerte an.

Kantenmaß *a*													
für Kanten mit **zulässigem Grat** bzw. Fase oder Radius					für **scharfe Kanten**				für Kanten mit **zulässigem Abtrag**, Grat nicht zulässig				
+2,5	+1,0	+0,5	+0,3	+0,1	+0,05	+0,02	–0,02	–0,05	–0,1	–0,3	–0,5	–1,0	–2,5

Tabelle 7.7

- **Außenkanten**

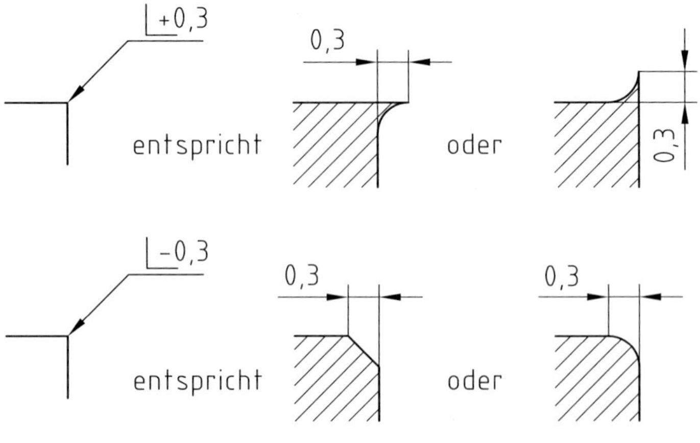

- **Innenkanten**

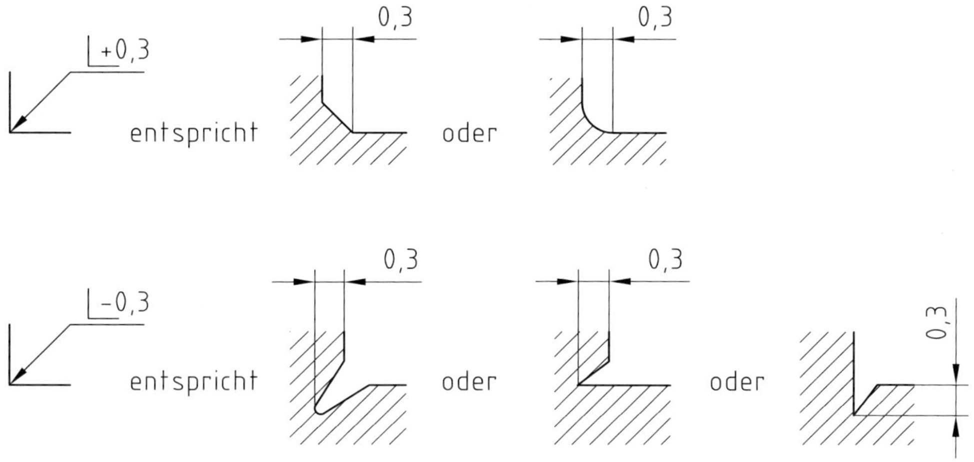

7.5.5.5 Festlegung der Grat- oder Abtragrichtung

Wird funktionsbedingt an der Werkstückaußenkante eine bestimmte Gratrichtung oder an der Werkstückinnenkante eine bestimmte Abtragrichtung gefordert, so ist dies durch die Lage des Kantenmaßes am Grundsymbol festzulegen.

Soll der Grat oder der Abtrag nach oben oder unten erwünscht sein, so steht das entsprechende Kantenmaß **immer oberhalb des Grundsymbols**, soll hingegen der Grat oder der Abtrag links oder rechts liegen, so steht das **Kantenmaß rechts neben dem Symbol** (Bild 1).

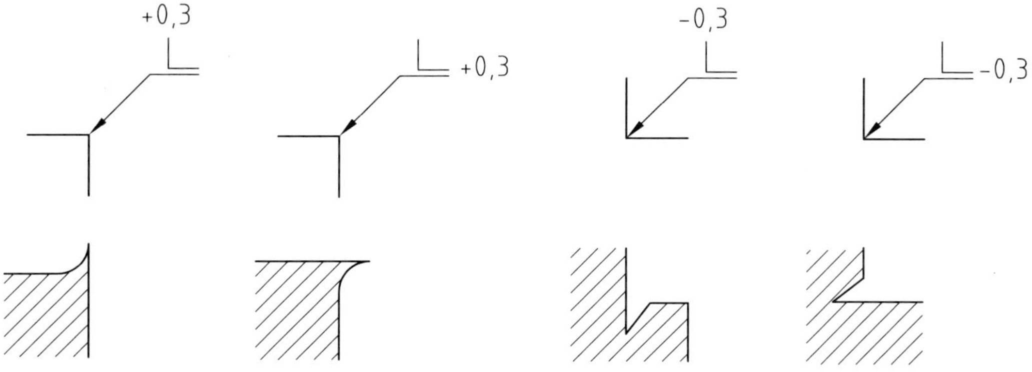

Bild 1

7.5.5.6 Grenzmaße für Grat und Abtrag

Bei Bedarf wird die Größe des Grates oder Abtrages durch obere und untere Grenzwerte festgelegt, wobei am Grundsymbol das **Größtmaß über dem Kleinstmaß** anzuschreiben ist (Bild 1).

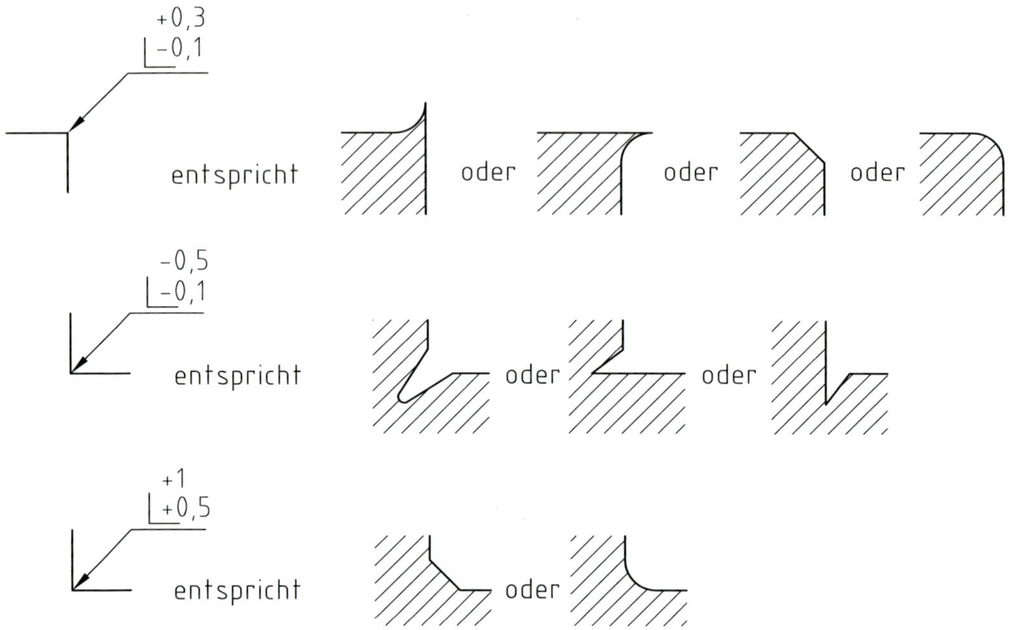

Bild 1

7.5.6 Anordnung des Grundsymbols

Die Anordnung der Grundsymbole erfolgt in Fertigungszeichnungen nach Bild 2, wobei die Maßzahlen immer in Leserichtung einzutragen sind.

Die **Angaben** beziehen sich auf Kanten, die normal zur Projektionsebe liegen (Vorderansicht), auf den Umfang eines Werkstückes (oben liegende Angaben in der Seitenansicht) oder auf eine Bohrung.

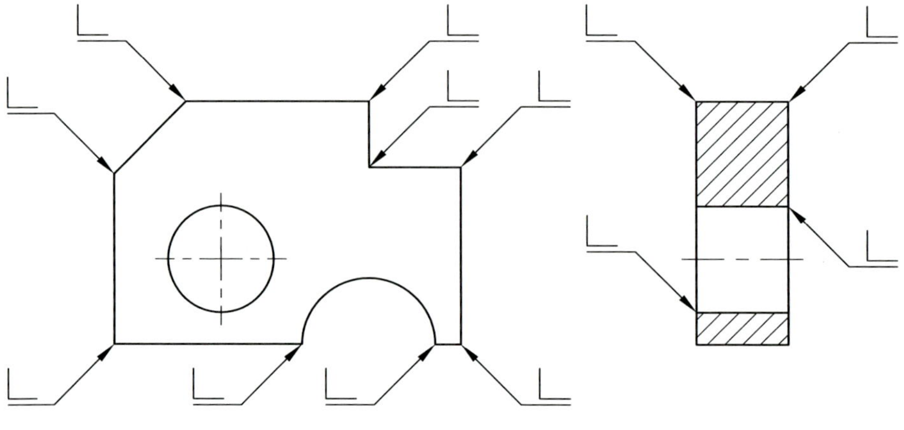

Bild 2

7.5.6.1 Werkstücke mit einheitlicher Kantenausführung

Ist das Werkstück in einheitlicher Kantenausführung zu fertigen, so ist am Grundsymbol ein Kreis mit einem Durchmesser von ca. 3 mm einzutragen (Bild 1). Dieses Symbol ist in der Nähe der zeichnerischen Darstellung des Teiles zu platzieren.

Wird ein einheitlicher Kantenzustand für **alle Außenkanten** gefordert, so ist dies durch eine einmalige Eintragung in der Nähe der zeichnerischen Darstellung des Teiles anzugeben (Bild 2). Gleiches gilt, wenn **alle Innenkanten** einen einheitlichen Kantenzustand aufweisen sollen (Bild 3).

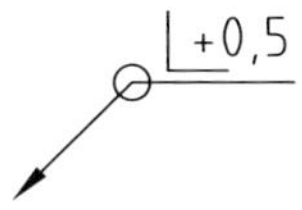

Bild 1

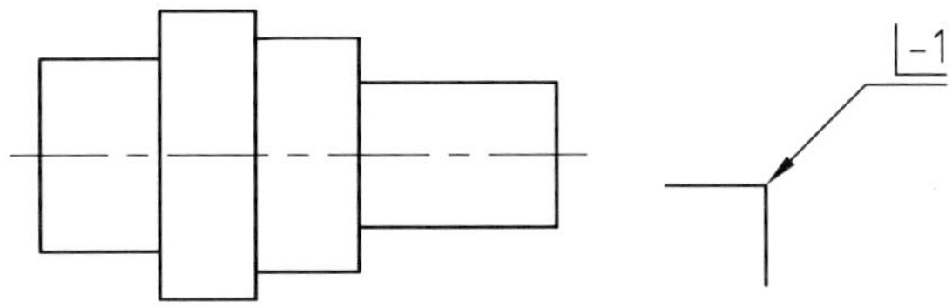

Bild 2

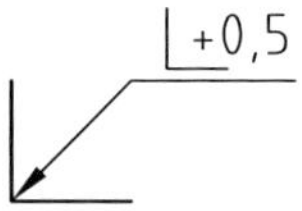

Bild 3

7.5.6.2 Werkstücke mit unterschiedlicher Kantenausführung

Wenn zusätzlich zu einer allgemeinen Kantenangabe weitere Angaben von Kantenzuständen erforderlich sind, müssen diese neben der allgemeinen Angabe in Klammer gesetzt eingetragen werden.

Die in Klammer gesetzten Angaben können zur weiteren Vereinfachung durch das Grundsymbol ersetzt werden. Dieses weist darauf hin, dass die Zeichnung noch weitere Kantenangaben enthält (Bild 4).

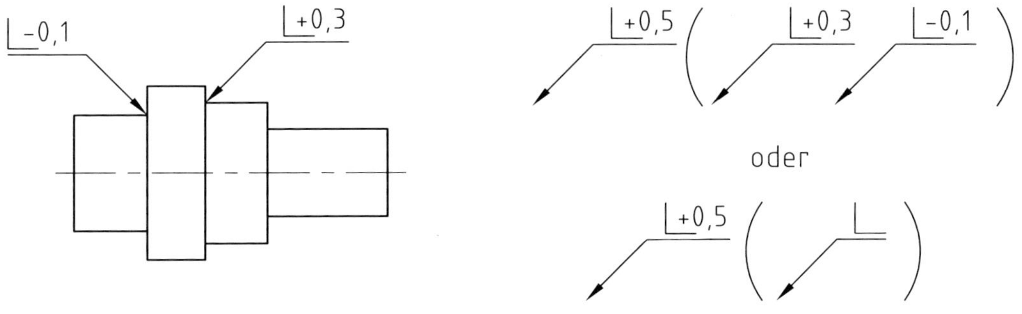

Bild 4

ZÜ 7.4 Darstellung von Werkstücken mit Kantenangaben

Lernziel: *Eintragen des Kantenzustandes in Fertigungszeichnungen*

ZÜ 7.4A Darstellung einer Führungsbuchse

Zeichne und bemaße auf einem A4-Blatt in Hochformat nach unten stehender Vorlage die **Führungsbuchse** aus dem Werkstoff **42CrMo4**.

Die Durchmesser sind mit folgenden Toleranzangaben zu versehen: ∅50j6, ∅24H7 und ∅66+0/–0,02.

Trage die ermittelten Höchst- und Mindestmaße der ISO-Toleranzangaben in die Abmaßtabelle ein.

Die Rundlaufabweichung des Durchmessers 50j6 darf – bezogen auf A – 0,02 mm nicht überschreiten.

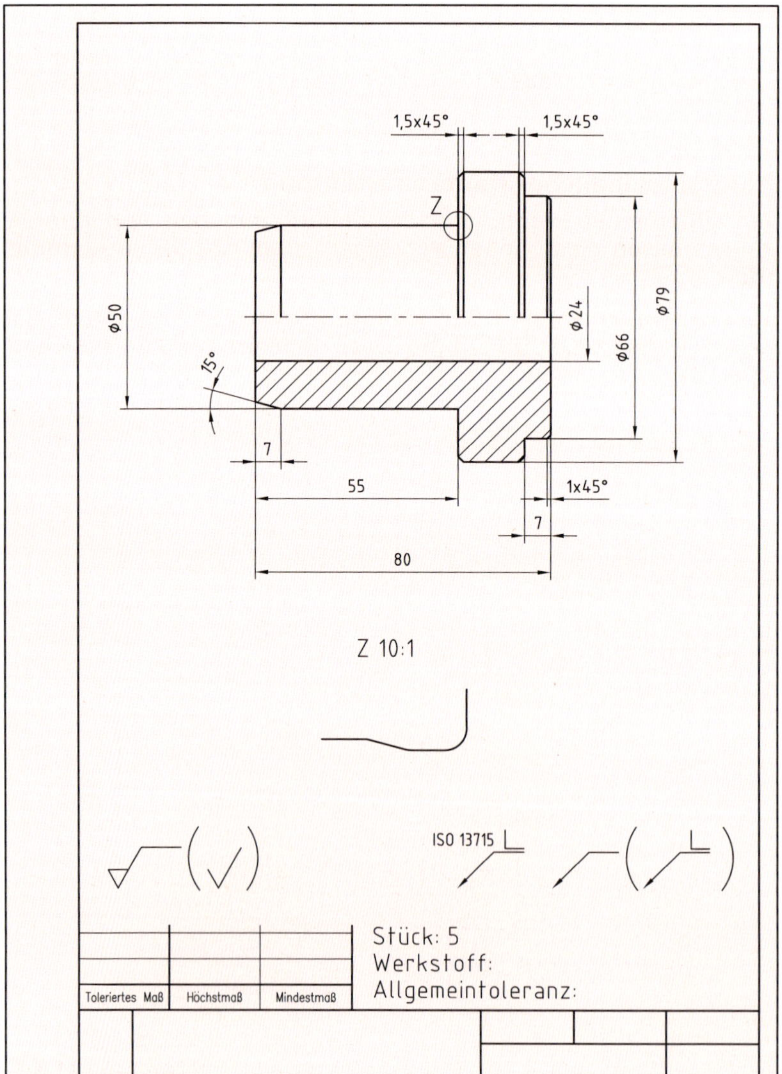

Den Bezug A bildet die Bohrungsachse.

Die Bohrung ist mit einem Mittenrauwert *Ra* 0,8 zu fertigen und der Durchmesser 50j6 mit *Ra* 0,4 zu schleifen.

Der hierfür erforderliche Freistich ist nach DIN 509-E 0,6×0,3 auszuführen und im Detail Z darzustellen.

Der Übergang der 7 mm breiten Fase ist gratfrei, die Übergänge der Bohrung zu den Stirnflächen sind mit einem zulässigen Abtrag von –0,5 mm auszuführen.

Alle nicht gekennzeichneten Oberflächen sind mit dem Mittenrauwert ***Ra* 1,6** zu fertigen.

Für alle nicht tolerierten Maße ist die Allgemeintoleranz **fein** anzuwenden.

Alle nicht gekennzeichneten Kanten können sowohl mit Grat als auch mit Abtrag gefertigt werden.

ZÜ 7.4B Darstellung eines Schneidwerkzeuges

Zeichne auf einem A4-Blatt in Hochformat nach unten stehender Vorlage die Vorderansicht und Draufsicht eines **Schneidwerkzeuges**. Die Abmessungen der Führungsplatte (Position 2) aus dem Werkstoff **X210Cr12** sind **ZÜ 5.5** bzw. **ZÜ 5.6**, die des Schneidstempels (Position 3) sind **ZÜ 7.4C** zu entnehmen.

Die Schneidplatte aus dem Werkstoff **X210Cr12** misst 100 × 60 × 23 mm. Der Schneidplattendurchbruch verläuft 3 mm zylindrisch und nachfolgend mit einer konischen Freistellung von 1°. Alle nicht gegebenen Maße sind **frei zu wählen**.

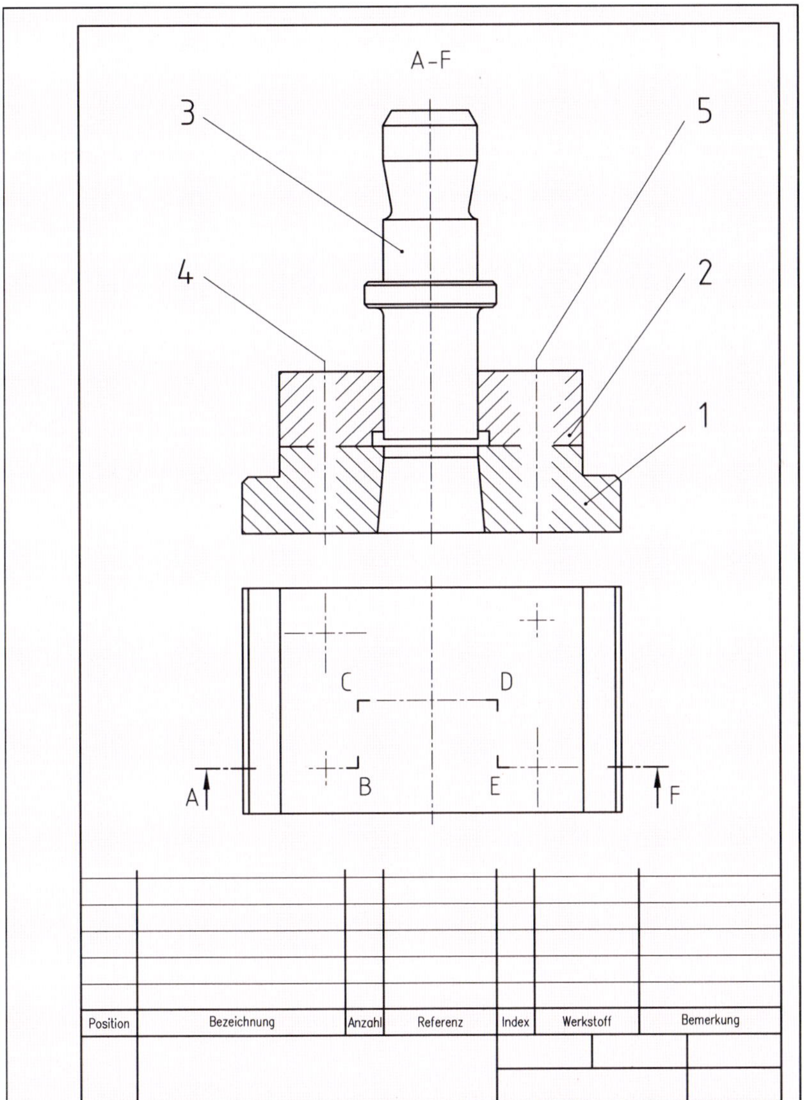

Die Platten sind durch zwei symmetrisch angeordnete und diagonal liegende Zylinderstifte nach ÖNORM EN ISO 8734-6×30-A in ihrer Lage fixiert und mit zwei Zylinderschrauben mit Innensechskant nach ÖNORM EN ISO 4762-M8×30 verschraubt.

Das Schriftfeld **und** die Stückliste sind vollständig auszufüllen.

Dieses komplexe Beispiel kann nur bei Berücksichtigung der Vorgaben zu **ZÜ 5.5, ZÜ 7.4C, ZÜ 7.4D** und **ZÜ 7.4E** gezeichnet werden.

ZÜ 7.4C Darstellung des Schneidstempels

Zeichne und bemaße auf einem A4-Blatt in Hochformat nach unten stehender Vorlage den **Schneidstempel** aus dem Werkstoff **X210Cr12**.

Der Schneidbereich des Stempels wird gehärtet und angelassen (60 + 4 HRC). Der Härtebereich und die Härtemessstelle sind in ein Wärmebehandlungsbild einzutragen. Der Stempel ∅25+0/–0,01 soll mit dem Mittenrauwert *Ra* 0,4 geschliffen werden, wobei eine Bearbeitungszugabe von 0,1 mm vorzusehen ist. Die Stirnfläche des Stempels ist ebenfalls mit *Ra* 0,4 zu schleifen.

Die Rundheit des Schneidbereiches darf im tolerierten Bereich von 0,01 mm liegen, die Außenfläche ∅35 bleibt unbearbeitet. Die Schneidkante des Stempels ist mit dem Kantenmaß –0,02 (scharfkantig) zu fertigen, alle anderen Kanten sind gratfrei auszuführen.

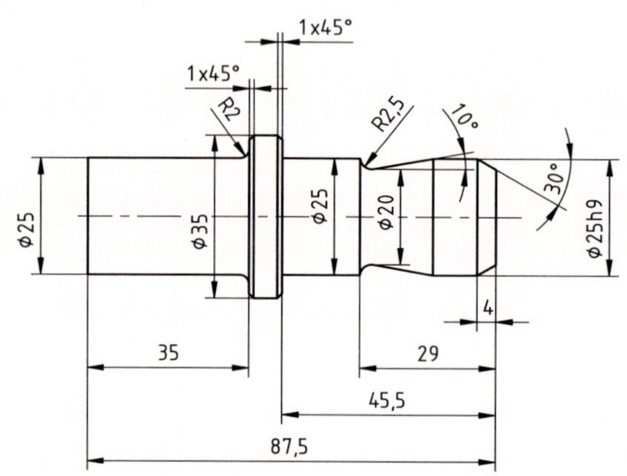

Wärmebehandlungsbild

gehärtet und angelassen HRC

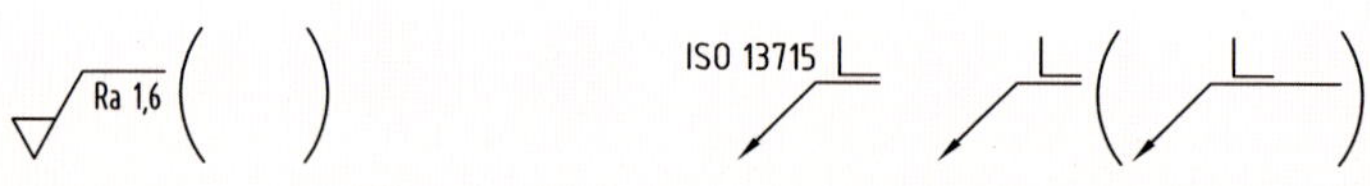

Stück: 1
Werkstoff:
Allgemeintoleranz:

Toleriertes Maß	Höchstmaß	Mindestmaß

Alle nicht gekennzeichneten Oberflächen sind mit dem Mittenrauwert ***Ra* 1,6** zu fertigen.

Trage die ermittelten Höchst- und Mindestmaße der ISO-Toleranzangaben in die Abmaßtabelle ein.

Für alle nicht tolerierten Maße ist die Allgemeintoleranz **fein** anzuwenden.

ZÜ 7.4D Darstellung der Führungsplatte

Zeichne und bemaße auf einem A4-Blatt in Hochformat die **Führungsplatte** (Position 2 in ZÜ 7.4B) in der Vorderansicht und Draufsicht.

Die Abmessungen der Führungsplatte aus dem Werkstoff **C35+H**, vergütet auf 48 + 4 HRC, sind **ZÜ 5.5** bzw. **ZÜ 5.6** zu entnehmen.

Die Plattenoberfläche ist mit einem Mittenrauwert von *Ra* 0,4 geschliffen, dabei darf die Parallelitätsabweichung maximal 0,01 mm betragen. Die Rundheitsabweichung des Durchbruches ∅25 darf 0,01 mm nicht überschreiten. Der Plattendurchbruch ∅25+0,01/0 ist mit *Ra* 0,8 zu fertigen, wobei eine Bearbeitungszugabe von 0,1 mm vorzusehen ist. Alle nicht gekennzeichneten Oberflächen sind mit einem Mittenrauwert von ***Ra* 1,6** zu fertigen.

Die Kanten des Führungsplattendurchbruches sind mit einem zulässigen Abtrag von –0,5, alle anderen gratfrei zu fertigen. Die Führungsplatte ist mit der Schneidplatte (Position 1 in ZÜ 7.4B) zu bohren und zu reiben, der Durchbruch **mit** der Schneidplatte herzustellen.

Die Platte wird durch zwei symmetrisch angeordnete und diagonal liegende Zylinderstifte nach ÖNORM-EN-ISO 8734-6×30-A in ihrer Lage fixiert und mit zwei Zylinderschrauben mit Innensechskant nach ÖNORM EN ISO 4762-M8×30 verschraubt. Die Abmessungen für die Bohrungen und Senkungen sind einem Tabellenbuch zu entnehmen.

Für alle nicht tolerierten Maße ist die Allgemeintoleranz **fein** anzuwenden.

ZÜ 7.4E Darstellung der Schneidplatte

Zeichne und bemaße auf einem A4-Blatt in Hochformat die **Schneidplatte** (Position 1 in ZÜ 7.4B) in der Vorderansicht und Draufsicht. Die Schneidplatte ist aus dem Werkstoff **X210Cr12** und gehärtet und angelassen mit 60 + 4 HRC.

Die Plattenoberfläche ist mit einem Mittenrauwert von *Ra* 0,4 geschliffen, dabei darf die Parallelitätsabweichung maximal 0,01 mm betragen. Die Rundheitsabweichung des Durchbruches darf 0,01 mm nicht überschreiten.

Der Plattendurchbruch ∅25+0,10/+0,08 ist mit *Ra* 0,4 zu fertigen, wobei eine Bearbeitungszugabe von 0,1 mm vorzusehen ist. Alle nicht gekennzeichneten Oberflächen sind mit einem Mittenrauwert von *Ra* **1,6** zu fertigen.

Die Schneidkante ist mit dem Kantenmaß von –0,02 (scharfkantig), alle anderen sind gratfrei zu fertigen. Die Schneidplatte ist mit der Führungsplatte (Position 2 in ZÜ 7.4B) zu bohren und zu reiben, der Durchbruch mit der Führungsplatte herzustellen.

Die Platte wird durch zwei symmetrisch angeordnete und diagonal liegende Zylinderstifte nach ÖNORM EN ISO 8734-6×30-A in ihrer Lage fixiert und mit zwei Zylinderschrauben mit Innensechskant nach ÖNORM EN ISO 4762-M8×30 verschraubt. Die Abmessungen für die Bohrungen und Senkungen sind einem Tabellenbuch zu entnehmen.

Für alle nicht tolerierten Maße ist die Allgemeintoleranz **fein** anzuwenden. Nicht gegebene Maße sind **frei zu wählen**.

7.6 Oberflächenüberzüge

7.6.1 Allgemeines

Oberflächenüberzüge haben die Aufgabe, Werkstücke vor Korrosion zu schützen und/ oder dem Teil eine dekorative Oberfläche zu verleihen.

In technischen Zeichnungen sind die galvanischen oder auf andere Weise aufgetragenen Überzüge einzutragen. Die Kennzeichnung der Beschichtung setzt sich aus dem allgemeinen **Oberflächensymbol** (Abschnitt 7.2.5) und der **Beschichtungsangabe** zusammen (Bild 1).

7.6.2 Werkstück mit einheitlicher Oberflächenbeschichtung

Die Angabe eines einheitlichen Überzuges für das gesamte Werkstück erfolgt durch Eintragen der Beschichtungskennzeichnung in der Nähe des Schriftfeldes (Bild 2).

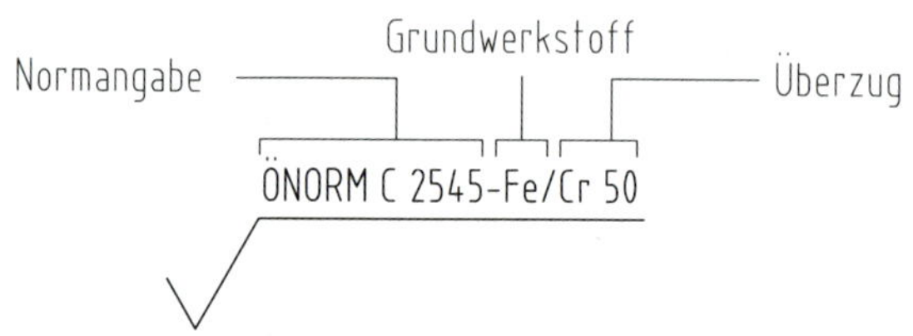

Bild 1

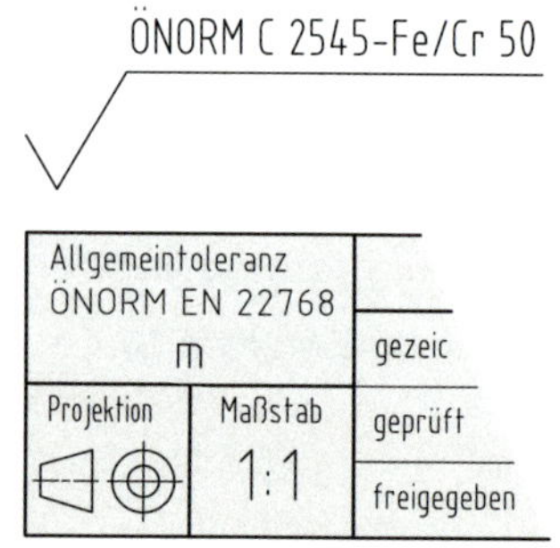

Bild 2

7.6.3 Werkstück mit begrenzter Oberflächenbeschichtung

Die Kennzeichnung der Werkstückbereiche mit geforderter oder auch nicht erwünschter Oberflächenbeschichtung erfolgt durch verschiedene Linienarten, die ca. 2 mm außerhalb des Werkstückumrisses nach Tabelle 7.8 einzutragen sind.

Die Bedeutung der Strich-Zweipunktlinie ist mit dem Vermerk **„unbeschichtet"** zu bestätigen.

Linienart		Bedeutung
—— - —— - ——	breit	Bereiche, die einen Überzug erhalten müssen
— — — — — — —	breit	Bereiche, die einen Überzug erhalten können
—— - - —— - - ——	schmal	Bereiche, die keinen Überzug haben dürfen

Tabelle 7.8

7.6.4 Beschichtungsbild

Wird die Darstellung eines Werkstückes durch die Angabe des Oberflächenüberzuges unübersichtlich, so können diese in ein **Beschichtungsbild** eingetragen werden. Darunter versteht man eine zusätzliche Darstellung des Werkstückes mit dem Vermerk „Beschichtungsbild" (Bild 1, Seite 173).

Diese vereinfachte Abbildung – es kann auf die Darstellung von Werkstückdetails verzichtet werden – muss nicht maßstabgetreu ausgeführt sein und ist in der Nähe des Schriftfeldes anzulegen.

Bild 1

7.6.5 Maßbeschichtung

Maßbeschichtung heißt, dass das Werkstück inklusive Oberflächenüberzug innerhalb der geforderten Toleranz liegen muss. Daher ist bei der Fertigung die Dicke der Oberflächenbeschichtung zu berücksichtigen. Das **Vorbearbeitungsmaß** ist zusätzlich zum Fertigmaß anzugeben (Bild 2).

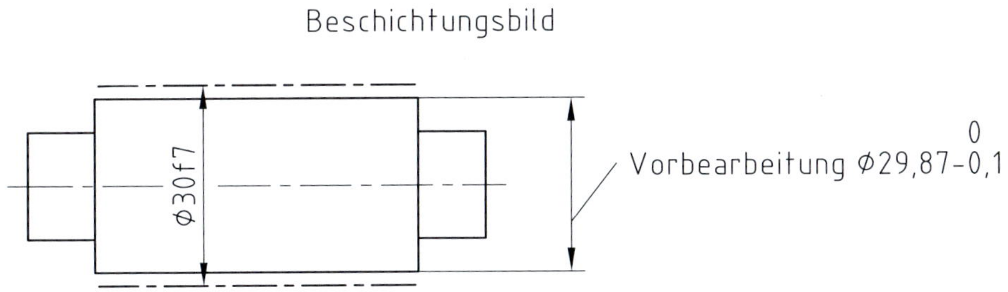

Bild 2

7.6.6 Bezeichnung der Messstelle

Die Stelle, an der die Dicke der Oberflächenbeschichtung zu prüfen ist, wird durch ein mit **schmaler** Volllinie dargestelltes Symbol gekennzeichnet (Bild 3).

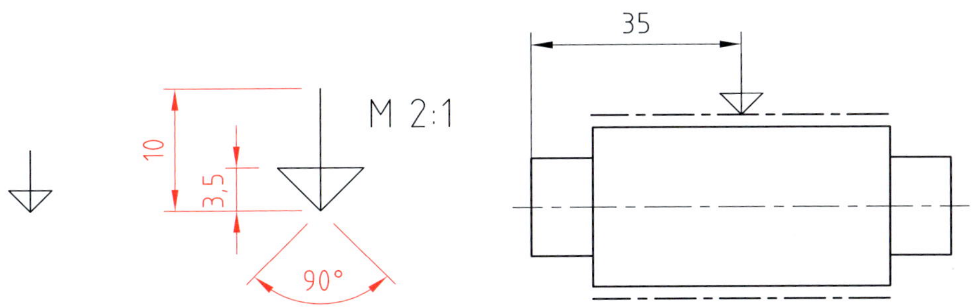

Bild 3

8 Details am Werkstück

8.1 Darstellung von Details

Wenn sich Einzelheiten eines Werkstückes in einer Fertigungszeichnung nicht deutlich genug darstellen, bemaßen oder kennzeichnen lassen, werden diese in einer gesonderten Darstellung **vergrößert** gezeichnet (Bild 1). Diese Detaildarstellung enthält alle Einzelheiten und Angaben, die für die Fertigung erforderlich sind.

Der als Detail gezeichnete Werkstückbereich wird in der Fertigungszeichnung mit einer **schmalen** Volllinie **kreis- oder ellipsenförmig** eingerahmt. Dieser eingerahmte Bereich **und** das entsprechende Detail werden durch gleiche Großbuchstaben gekennzeichnet, wobei diese **nicht** mit den Buchstaben zur Kennzeichnung eines eventuell dargestellten Schnittverlaufes übereinstimmen sollen.

Daher werden zur Bezeichnung einer Detaildarstellung die letzten Buchstaben des Alphabets (Z, Y, X ...) empfohlen. Beim gezeichneten Detail wird dem Kennbuchstaben der verwendete Vergrößerungsmaßstab angefügt. Der Kennbuchstabe und der Maßstab sollen im Vergleich zur Bemaßungsgröße um $\sqrt{2}$ **größer** gewählt werden. Die gesondert gezeichnete Detailzeichnung soll in der Nähe der eingerahmten Stelle angeordnet werden.

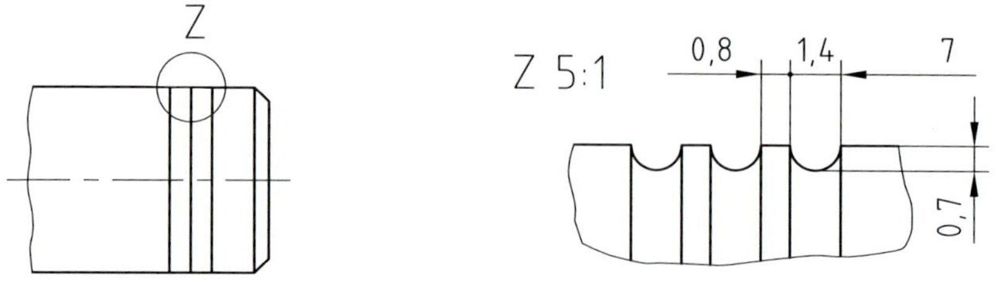

Bild 1

Innerhalb einer Darstellung können auch mehrere Details festgelegt werden. Diese Vergrößerungen werden entweder in allen Einzelheiten bemaßt oder durch die Angabe der Normbezeichnung, z. B. Zentrierbohrungen usw., eindeutig festgelegt (Bild 2).

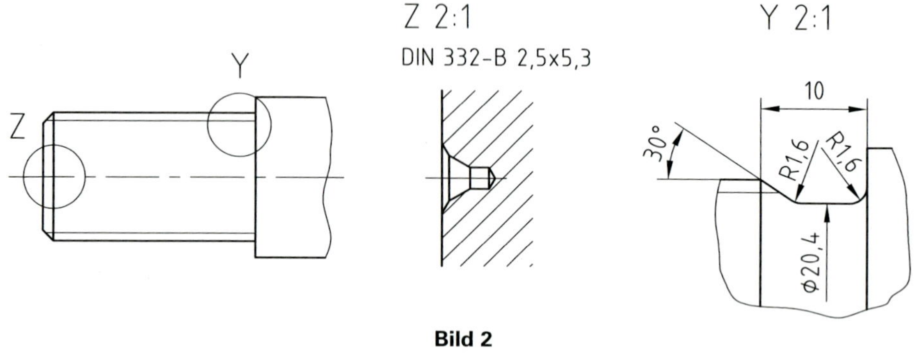

Bild 2

Einzelheiten dürfen vereinfacht, z. B. **ohne Bruchkante** und bei Schnitten **ohne Schraffur**, dargestellt werden. Auch das Einzeichnen der Umlaufkanten darf entfallen (Bild 1).

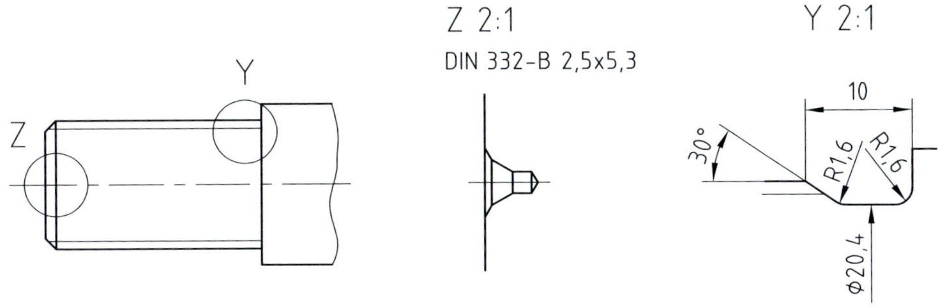

Bild 1

ZÜ 8.1 Darstellung von Werkstücken mit Details

Lernziel: *Zeichnen und Bemaßen von Details*

ZÜ 8.1A Darstellung von Details an einem Lagerzapfen

Zeichne und bemaße auf einem A4-Blatt in Hochformat nach unten stehender Vorlage den abgebrochen dargestellten **Lagerzapfen** einer Welle aus dem Werkstoff **10S20.**

Die eingerahmten Details Z und X (erforderliche Zentrierbohrung und Sicherungsringnut) sollen im Maßstab 5:1 und das Detail Y (Freistich) im Maßstab 10:1 gezeichnet werden. Die Details X und Y sind auch zu bemaßen, wobei die erforderlichen Werte einem Tabellenbuch zu entnehmen sind.

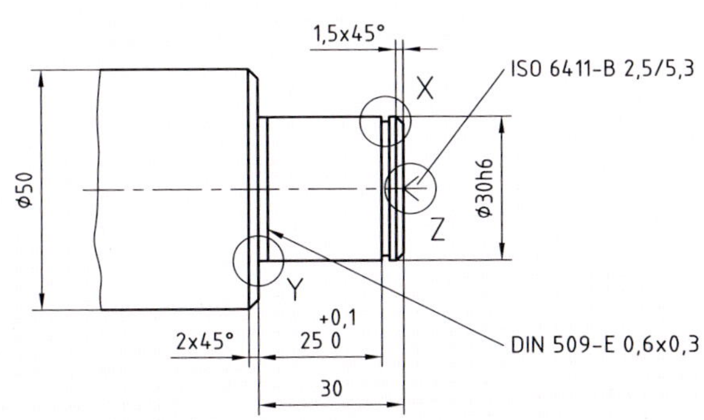

Trage die ermittelten Höchst- und Mindestmaße der ISO-Toleranzangaben in die Abmaßtabelle ein.

Für alle nicht tolerierten Maße ist die Allgemeintoleranz **mittel** anzuwenden.

ZÜ 8.1B Darstellung eines Pneumatikzylinders

Zeichne auf einem A4-Blatt in Querformat mit einem zusätzlichen Blatt für die Stückliste nach unten stehender Vorlage den in Vorder- und Seitenansicht dargestellten **Pneumatikzylinder mit Endlagendämpfung** für eine Hublänge von 80 mm.

Die **Kolbenstange** mit ∅16f7 (Position 1) aus dem Werkstoff **46Cr2** geht mit einem Freistich nach DIN 509-F 0,6×0,2 auf den Kolben (∅50f7, Breite beim O-Ring 12 mm) über. Zur Endlagendämpfung ist eine zylindrische Andrehung mit ∅20f7 bei einer Länge von 7 mm einschließlich einer Fase von 2 x 15° erforderlich. Die Kolbenstange hat rechts eine 25 mm lange Andrehung mit einem 15 mm langen Gewinde M12×1,25.

Der Zweikant mit einer Schlüsselweite von 14 mm ist an gezeichneter Stelle vorzusehen. Die Dichtheit des Kolbens wird durch einen O-Ring nach DIN 3771-42,5×3,55 erreicht. Da die Kolbenstange (Gesamtlänge 147 mm) mit *Ra* **0,4** geschliffen wird, sind beidseitig Zentrierbohrungen nach ÖNORM EN ISO 6411-B 2,5/5,3 erforderlich.

Das 110 mm lange gehonte **Zylinderrohr** (Position 2) aus **AlMgSi1** hat einen Innendurchmesser von 50H8 und eine Wandstärke von 3 mm.

Die beiden **Abdeckungen** (Position 3 und 4) aus **AlMgSi1** sind 15 mm breit und haben einen Außendurchmesser von 79 mm. Die Abdichtung des Zylinderrohres erfolgt durch O-Ringe nach DIN 3771-42,5×3,55. Zur Abdichtung der Kolbenstange ist ein O-Ring 16×2,65 erforderlich. Für den Druckluftanschluss ist ein M6-Gewinde vorzusehen. Die Bohrung zur Endlagendämpfung ist mit ∅20H7 zu fertigen.

Der Zylinder wird durch vier **Haltestangen** mit einem Durchmesser von 5 mm (Position 5) aus blankem Rundstahl **10S20** verschraubt.

Alle nicht gegebenen Maße können **frei** gewählt oder einem Tabellenbuch entnommen werden.

Das Schriftfeld und die Stückliste sind vollständig auszufüllen.

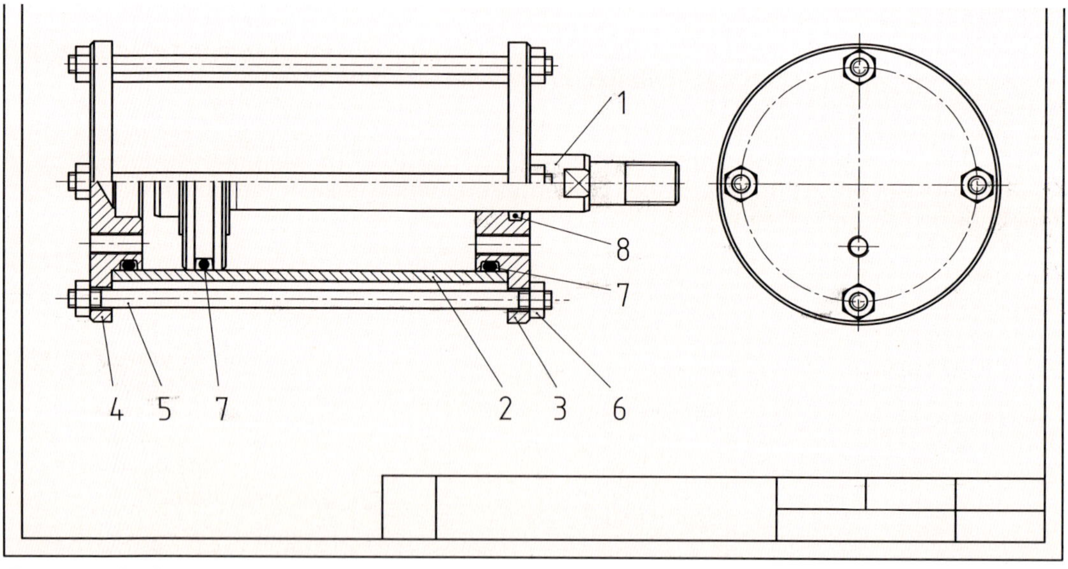

Zusatzaufgabe:
Zeichne und bemaße jeweils auf einem A4-Blatt in Hochformat die **Kolbenstange** (**ZÜ 8.1B.1**) und die beiden **Abdeckungen** (**ZÜ 8.1B.3** und **ZÜ 8.1B.4**) als Fertigungszeichnung mit allen zur Herstellung notwendigen Details, Maßen und Fertigungsangaben. Allgemeintoleranz, Lagetoleranzen, ISO-Toleranzangaben und erforderliche Kantenzustände sind anzugeben.

8.2 Darstellung von Zentrierbohrungen

8.2.1 Allgemeines

Zur Aufnahme von Werkstücken, die aus maßtechnischen Gründen zwischen Spitzen gespannt und bearbeitet werden müssen, sind Zentrierbohrungen erforderlich. Diese werden nach **DIN 332** in die Formen A, B, D und R unterteilt und größenmäßig vom Bohrlochdurchmesser d_1 bestimmt. Die zur Darstellung notwendigen Abmessungen für die einzelnen Ausführungsarten sind einem Tabellenbuch zu entnehmen.

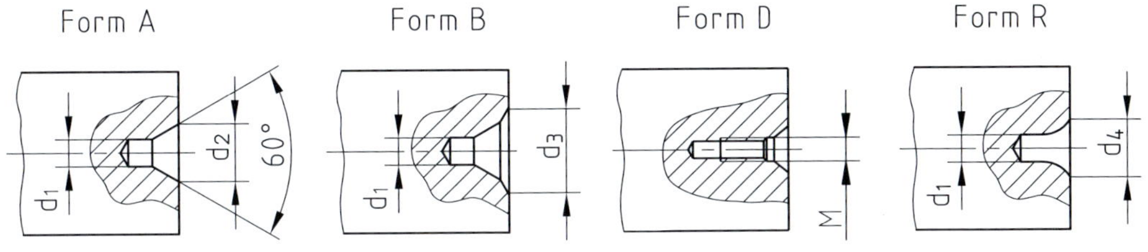

Bild 1

8.2.2 Darstellung von Zentrierbohrungen

Die **detailgetreue** Darstellung erfolgt als Ausbruch (Bild 1) und wird nur dann gezeichnet, wenn die genaue Form und Größe der Zentrierbohrung am Werkstück erforderlich sind. Bei der **vereinfachten** Darstellung nach **ÖNORM EN ISO 6411** verringert sich der Zeichenaufwand beachtlich, weil die Zentrierbohrung nur durch ein **Symbol** in Kombination mit der **Normbezeichnung** angegeben wird (Bild 2). Die Zuordnung der Normbezeichnung zum Symbol kann wie in Bild 2 oder auch mit einer Bezugslinie erfolgen. Das **Symbol** gibt an, ob die Zentrierbohrung am Fertigteil **erforderlich ist**, **verbleiben darf** oder **nicht verbleiben darf**.

Die dem Symbol **angefügte Bezeichnung** für die Zentrierbohrung ist reihenfolgemäßig genormt und setzt sich zusammen aus

- dem Hinweis auf die Norm,
- dem Buchstaben für die Form,
- dem Bohrlochdurchmesser d_1 und
- dem Senklochdurchmesser d_2.

Die Werte d_1 und d_2 sind durch einen Schrägstrich zu trennen.

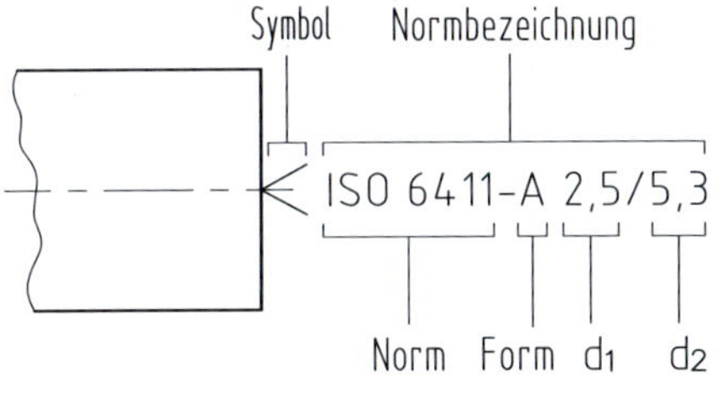

Bild 2

8.2.3 Darstellung des Symbols

Die Darstellung des Symbols erfolgt nach Bild 3, die maßliche Gestaltung laut Tabelle 8.1.

	Liniengruppe 0,5	Liniengruppe 0,7
Symbolhöhe H	5	7
Schrifthöhe h	3,5	5
Linienbreite des Symbols	0,35	0,5

Tabelle 8.1

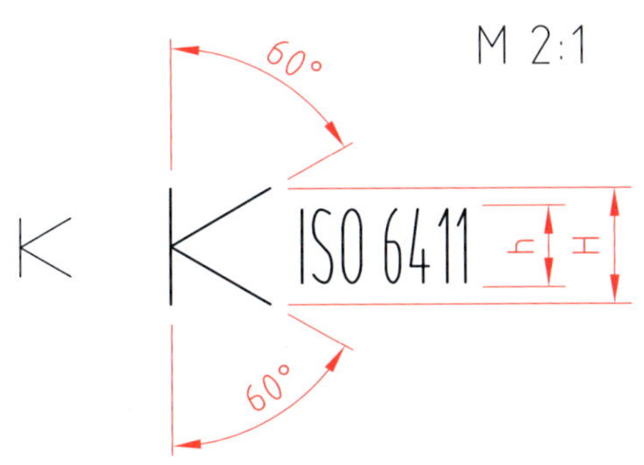

Bild 3

8.2.4 Vereinfachte Darstellung von Zentrierbohrungen

Anforderung	Symbol	Bezeichnung
Die Zentrierbohrung **ist** am fertigen Teil **erforderlich**.	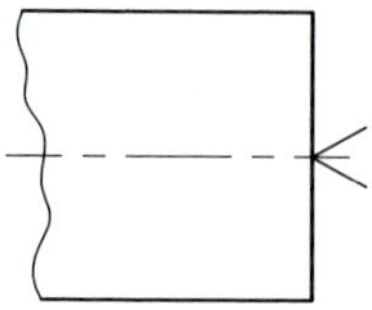	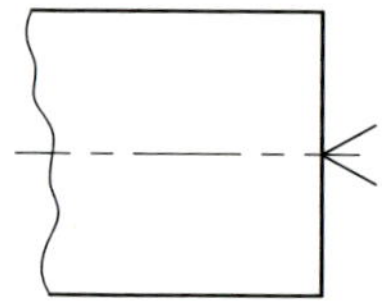
Die Zentrierbohrung **darf** am fertigen Teil **verbleiben**.	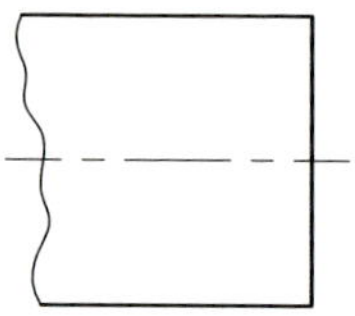	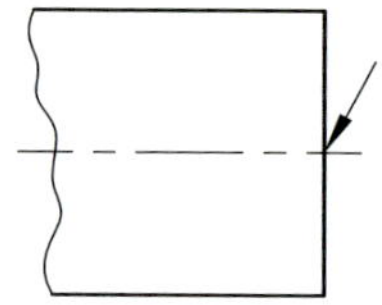
Die Zentrierbohrung **darf nicht** am fertigen Teil **verbleiben**.	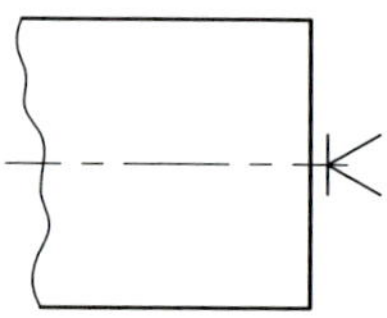	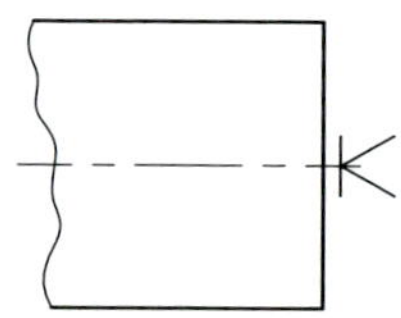

8.3 Darstellung von Bruchkanten

8.3.1 Allgemeines

Lange Werkstücke mit gleichem oder sich gleichmäßig änderndem Querschnitt können auch verkürzt dargestellt werden. Die verbleibenden Werkstückteile erhalten an der gedachten Bruchstelle eine **Bruchkante** und werden in zusammengeschobenem Zustand gezeichnet und bemaßt (Bild 1).
Diese vereinfachte Zeichenmethode vermindert nicht nur die Zeichenarbeit, sondern auch den Platzbedarf am Zeichenblatt und kommt daher in vielen Darstellungen, wie bei Form- und Profilstäben, Rohren, Hohlwellen, Buchsen usw., zur Anwendung.
Voraussetzung für diese vereinfachte Darstellungsart ist, dass mit dem „ausgeschnittenen“ Stück keine Werkstückdetails in der Zeichnung verloren gehen.

Beachte, dass die Maße trotz der verkürzten Darstellung mit der tatsächlichen Werkstückgröße übereinstimmen müssen!

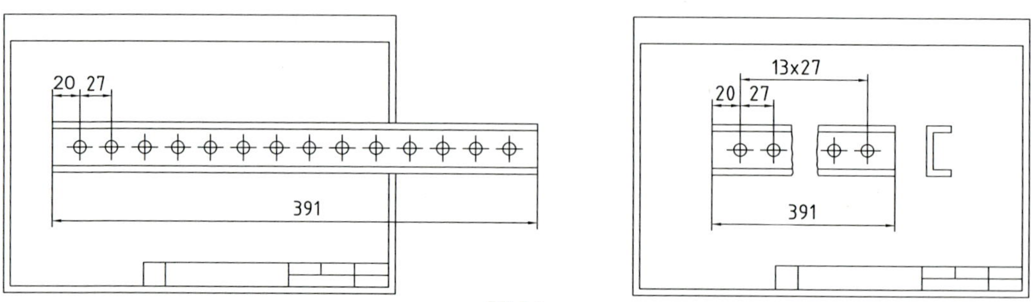

Bild 1

8.3.2 Darstellung von Bruchkanten

Bruchkanten sind möglichst geradlinig, aber jedenfalls **freihändig** und mit **schmaler** Volllinie zu zeichnen (Bild 1). Dies gilt auch für rotationssymmetrische Körper. Die Bruchkanten liegen annähernd rechtwinklig zum gebrochenen Querschnitt.

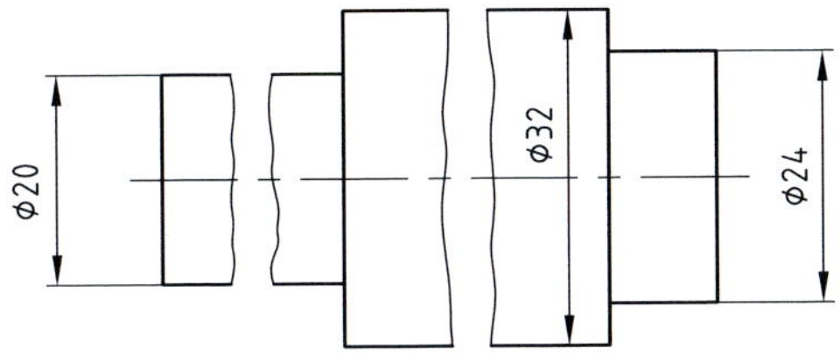

Bild 1

8.3.3 Anwendungen von Bruchkanten

Diese verkürzte Darstellungsart kann auch bei keil-, pyramiden- und kegelförmigen Werkstücken angewendet werden. Grundsätzlich ist zu beachten, dass die Endteile des verkürzt gezeichneten Werkstückes der **tatsächlichen** Neigung bzw. Verjüngung entsprechen (Bild 2).

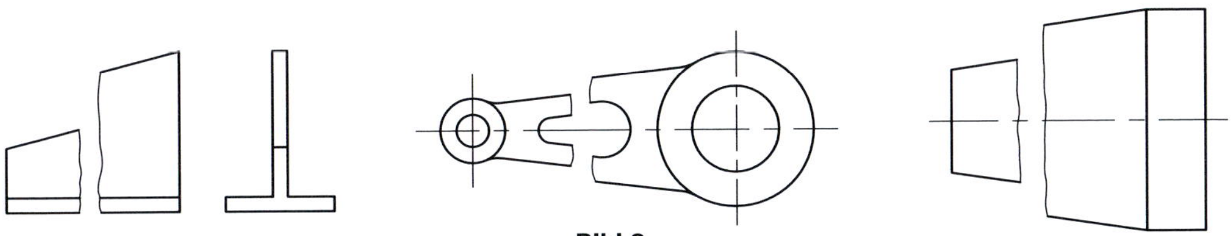

Bild 2

Bei der zeichnerischen Gestaltung wird zuerst die tatsächliche Körperform dargestellt. Durch Parallelverschieben der Kegelmantellinien wird anschließend die verkürzte Ansicht gezeichnet (Bild 3).

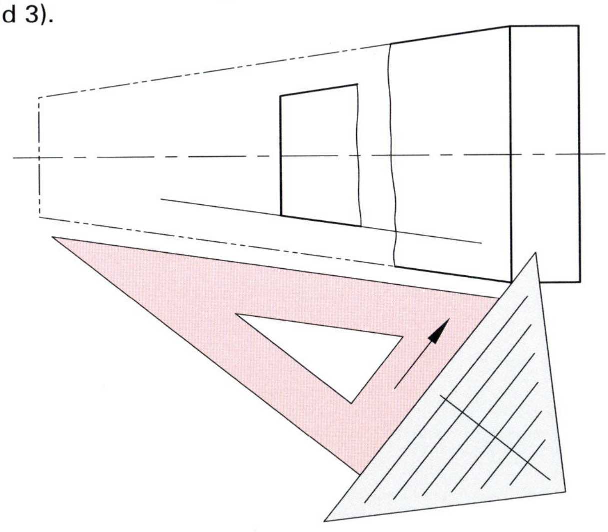

Bild 3

Bruchkanten dienen auch der zeichnerischen Begrenzung von Werkstückdetails (Bild 1) und als Begrenzung des Ausbruches von Bauteilen, um Hohlräume sichtbar zu machen (Bild 2).

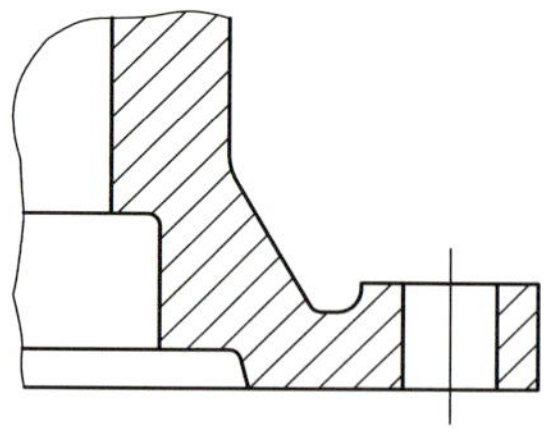

Bild 1

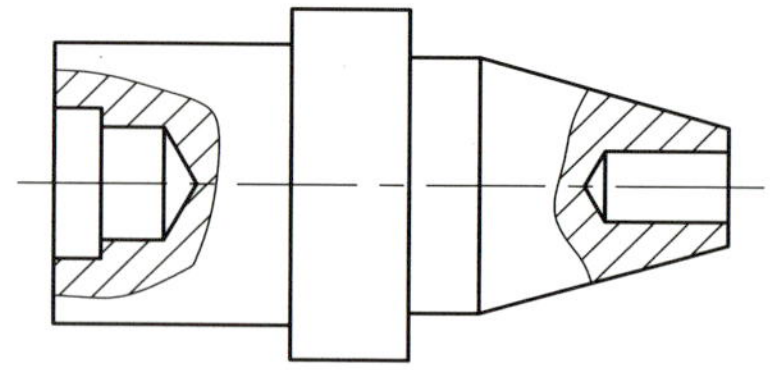

Bild 2

8.4 Darstellung von Rändeln

8.4.1 Allgemeines

Um händisch betätigte Schrauben, Muttern, Halterungen, Hebel usw. griffiger zu gestalten, werden diese mit einem Rändel versehen. Die Form des Rändels und die Größe der Rändelteilung beeinflussen sehr stark die zweckentsprechende Eignung und Handhabung dieser Bauteile. Genormte Rändelteilungen sind 0,5 – 0,6 – 0,8 – 1,0 – 1,2 – 1,6 mm. Rändel sind derzeit nur nach **DIN 82** genormt, eine entsprechende ÖNORM gibt es nicht.

8.4.2 Vereinfachte Darstellung

In der vereinfachten Darstellung wird das Rändelmuster beschränkt auf ca. 1/3 der projizierten Rändelfläche gezeichnet, wobei die Linien des Rändelmusters mit **breiter** Volllinie darzustellen sind (Bild 3).
Der zeichnerischen Darstellung ist die Normbezeichnung des Rändels mit einem Bezugspfeil zuzuordnen. In festgelegter Reihenfolge sind die **Rändelform**, die **Rändelteilung** und die **Bezugsnorm** anzugeben.
Das Rändel wird üblicherweise von einer 45°-Fase oder von einem Radius begrenzt. Die entsprechenden Fertigungsmaße, auch für einzelne Rändelabschnitte, sind anzugeben.

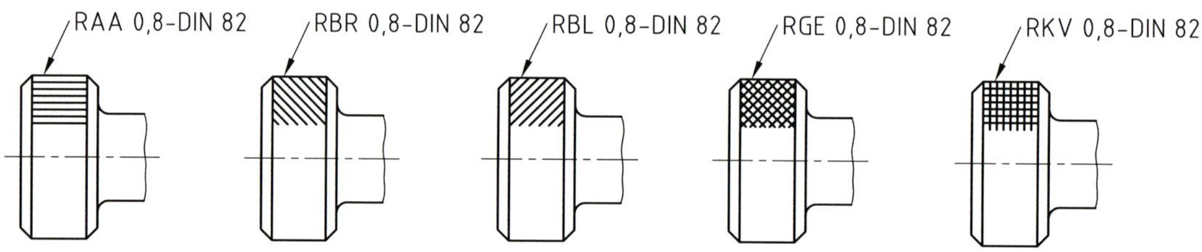

Rändel mit achsparallelen Riefen | **Rechtsrändel** | **Linksrändel** | **Links-Rechts-Rändel Spitzen erhöht** | **Kreuzrändel Spitzen vertieft**

Bild 3

Bei einer Ausführung nach Bild 4 ist das Rändel seitlich **nicht** mit einer Volllinie zu begrenzen.

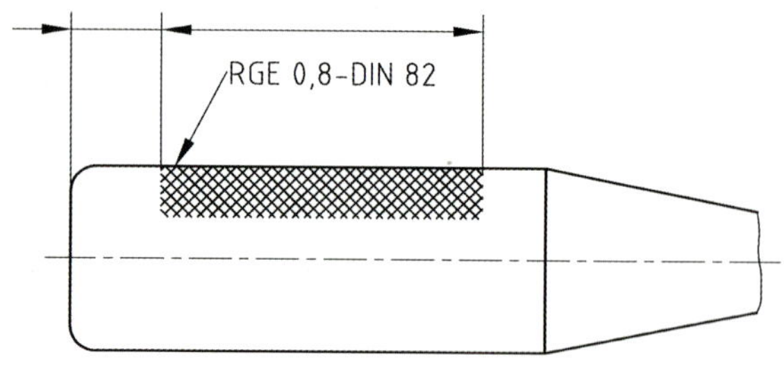

Bild 4

ZÜ 8.2 Darstellung von Werkstücken mit Rändeln

Lernziel: *Zeichnen und Bemaßen von Werkstücken mit Rändeln*

ZÜ 8.2A Darstellung einer Rändelschraube

Zeichne und bemaße auf einem A4-Blatt in Hochformat nach unten stehender Vorlage die Rändelschraube. Die zwei **Rändelschraubenverbindungen** sind ohne Bemaßung darzustellen.

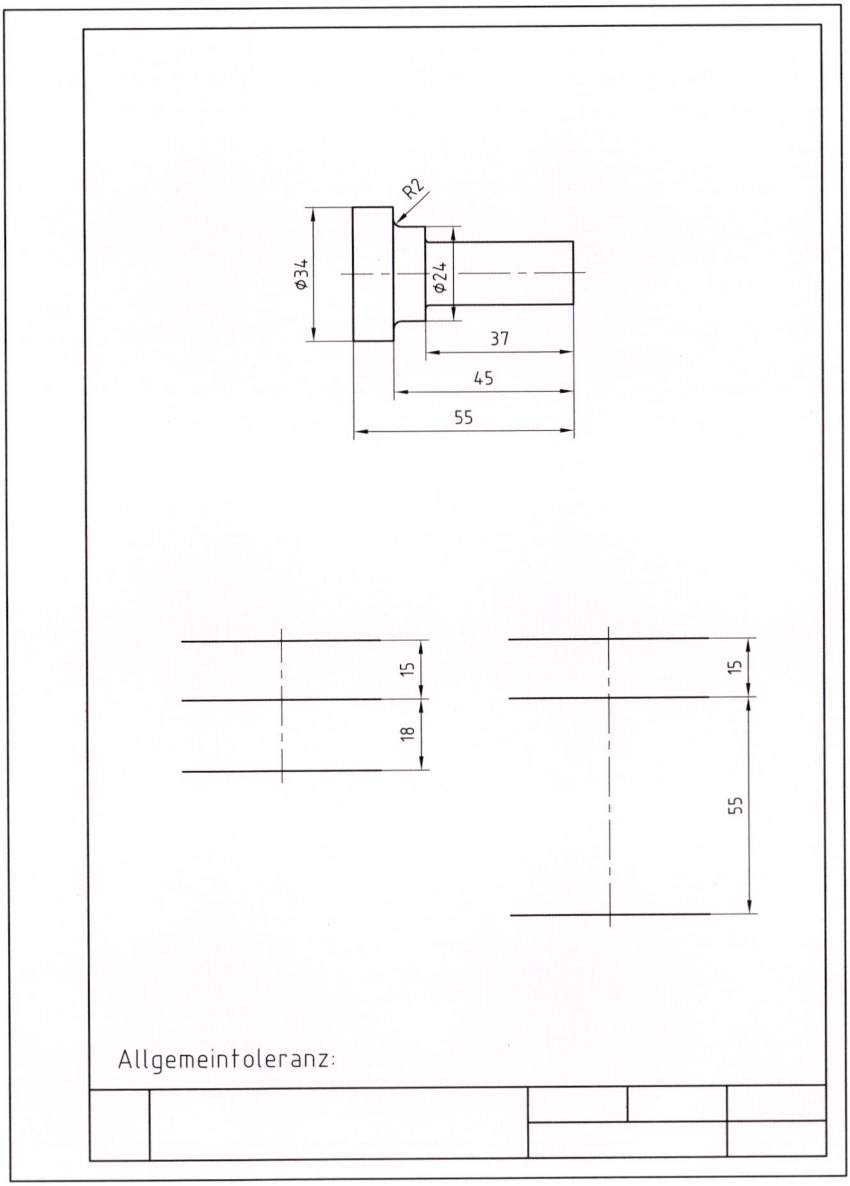

Die Schraube hat ein 27 mm langes Feingewinde M16×1. Der Schraubenkopf ist mit RGE 0,8-DIN 82 gerändelt und beidseitig mit 1×45° gefast.

In den beiden unteren Darstellungen ist die Rändelschraube jeweils von oben eingepasst, wobei **links** ein Durchgangsgewinde und **rechts** ein Gewindegrundloch mit einer nutzbaren Gewindetiefe von 30 mm zu zeichnen ist.

Für alle nicht tolerierten Maße ist die Allgemeintoleranz **mittel** anzuwenden.

ZÜ 8.2B Darstellung eines Gewindeüberganges mit Rändel

Zeichne und bemaße auf einem A4-Blatt in Hochformat nach unten stehender Vorlage die Halbschnittdarstellung eines **Gewindeüberganges** aus dem Werkstoff **10S20**.

Die Außenfläche mit ∅69 wird mit RGE 1-DIN 82 gerändelt. Rechts ist ein Außengewinde M42×2, links ein Innengewinde M36×2.

Die beiden Gewindefreistiche nach ÖNORM M 1802 in der Form B bzw. D sind als Detail im angegebenen Maßstab zu zeichnen, wobei die erforderlichen Abmessungen einem Tabellenbuch zu entnehmen sind.

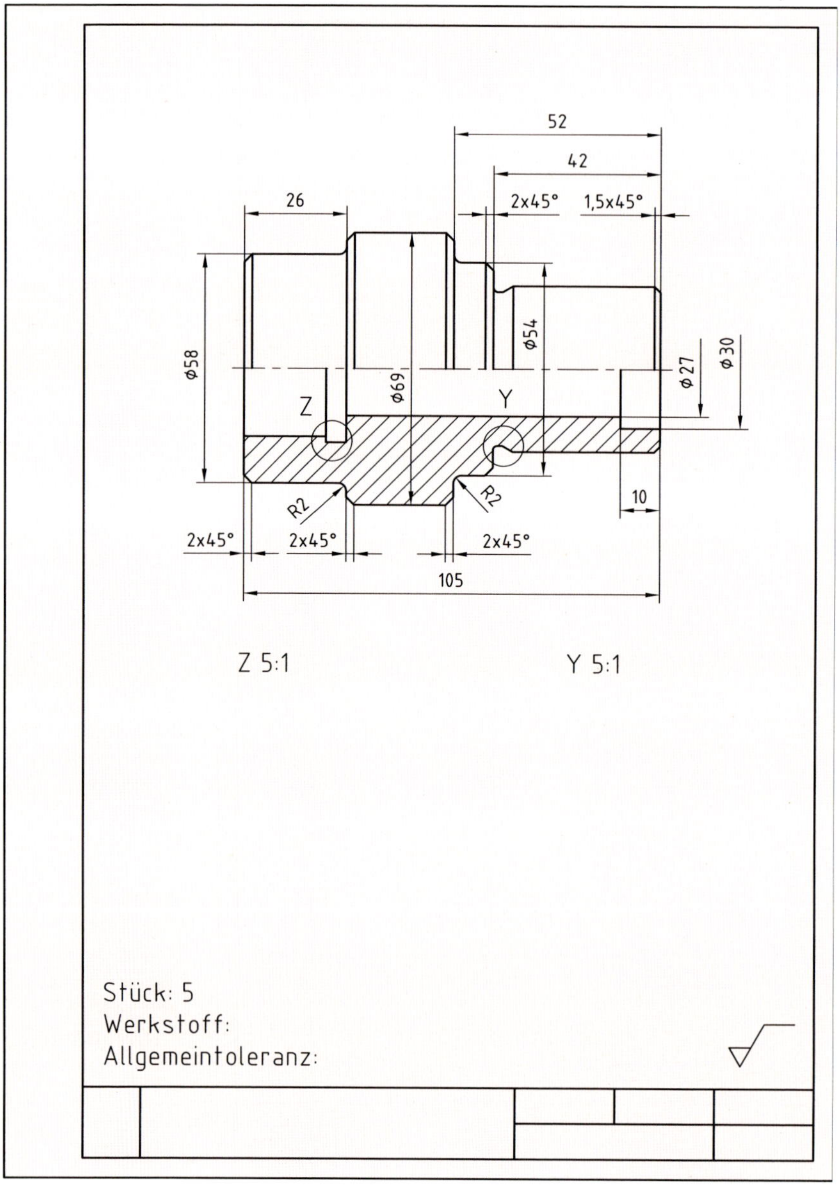

Das Werkstück ist mit einem Mittenrauwert von ***Ra* 1,6** zu fertigen.

Für alle nicht tolerierten Maße ist die Allgemeintoleranz **mittel** anzuwenden.

ZÜ 8.2C Darstellung eines Windeisens

Zeichne auf einem A4-Blatt in Querformat nach unten stehender Vorlage das in der Vorderansicht und Draufsicht dargestellte **Windeisen**, wobei in der Draufsicht durch die Schnittdarstellung der funktionelle Zusammenhang erkennbar sein soll.

Für die Darstellung der Zusammenbauzeichnung ist die Berücksichtigung der Maßangaben nach **ZÜ 8.2D, ZÜ 8.2E** und **ZÜ 8.2F** erforderlich.

Die **Haltestangen** (Positionen 2 und 3) aus dem Werkstoff **10S20** haben jeweils eine 60 mm lange Angriffsfläche mit ∅14 und RGE 0,8-DIN 82. Das Ende der Angriffsfläche hat einen linsenförmigen Abschluss.

Die Haltestange (Position 2) hat eine Länge von 150 mm. Die rechte Abstufung mit ∅12×49 hat ein Außengewinde M12 mit einer nutzbaren Länge von 27 mm. Innen liegt eine 11 mm lange ∅8,2-Bohrung mit anschließendem Innengewinde M8-LH mit einer nutzbaren Länge von 16 mm.

Die Haltestange (Position 3) hat eine Länge von 135 mm und ein Außengewinde M12×15.

Die Fixierung des festen **Vierkanthalters** (Position 5) erfolgt mit einem **Gewindestift** M6×8 nach ÖNORM EN 27434. Die Lage des Durchgangsgewindes liegt mittig und hat von der rechten Kante der Ausnehmung einen Mittenabstand von 9 mm.

Alle nicht gegebenen Abmessungen können **frei** gewählt oder einem Tabellenbuch entnommen werden.

Das Schriftfeld **und** die Stückliste sind vollständig auszufüllen.

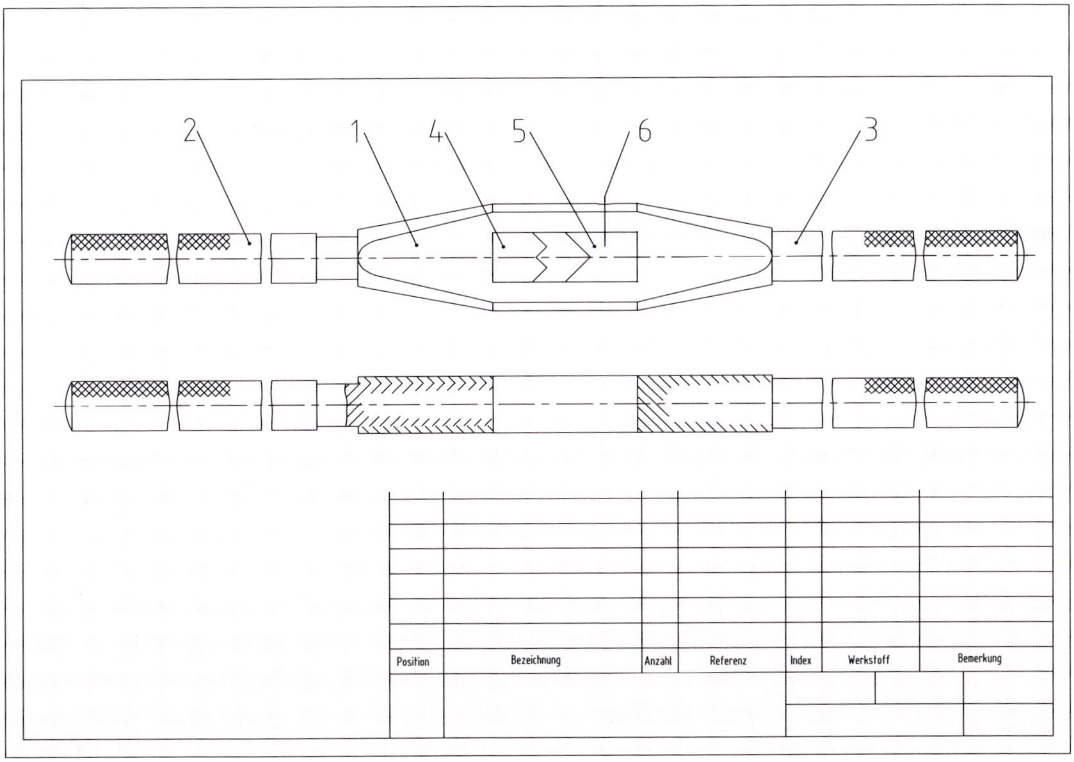

ZÜ 8.2D Darstellung des Windeisen-Grundkörpers

Zeichne auf einem A4-Blatt in Querformat nach unten stehender Vorlage den **Windeisen-Grundkörper** aus dem Werkstoff **E335** mit allen zur Herstellung notwendigen Maßen und Fertigungsangaben.

Der Grundkörper hat einen Durchmesser von 30 mm und eine Länge von 114 mm.

Er hat beiderseits eine 37 mm lange kegelige Andrehung auslaufend auf ∅16 und ist symmetrisch auf eine Stärke von 16 mm gefräst. Die mittig liegende, durchgehende Ausnehmung ist 40 × 14 mm.

An der **linken** Seite liegt eine 21 mm lange Bohrung mit ∅12,2 mit einem folgenden durchgehenden Innengewinde M12.

An der **rechten** Seite ist ein Grundlochgewinde M12×18.

Für alle nicht tolerierten Maße ist die Allgemeintoleranz **mittel** anzuwenden.

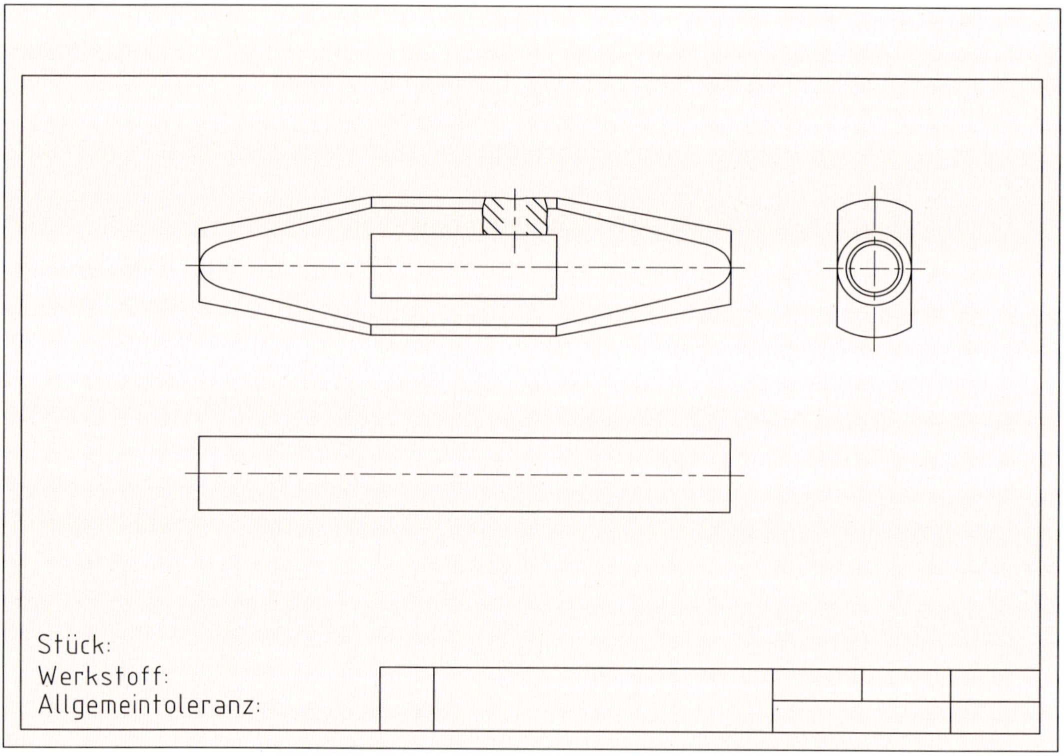

ZÜ 8.2E Darstellung der Haltestangen des Windeisens

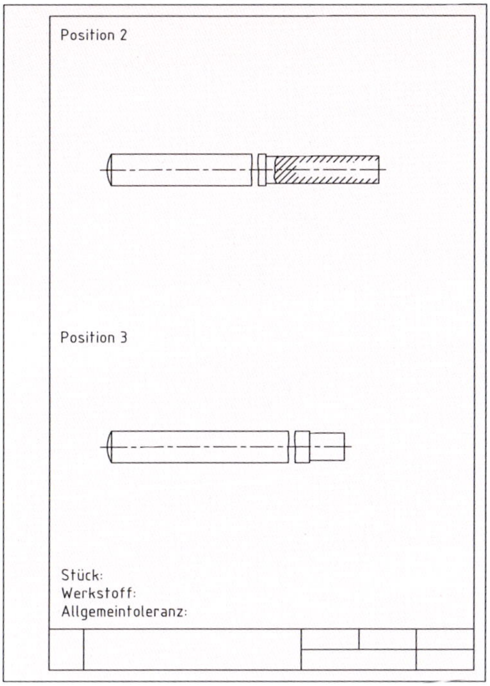

Zeichne und bemaße auf einem A4-Blatt in Hochformat nach nebenstehender Vorlage die **Haltestangen** des Windeisens (Positionen 2 und 3) als Fertigungszeichnung mit allen zur Herstellung notwendigen Maßen und Fertigungsangaben. Das rechte Ende der Haltestange (Position 2) ist als Detail im Maßstab 2 : 1 darzustellen und zu bemaßen.

Für die Darstellung ist die Berücksichtigung der Abmessungen nach **ZÜ 8.2C** und **ZÜ 8.2D** erforderlich.

Für alle nicht tolerierten Maße ist die Allgemeintoleranz **mittel** anzuwenden.

ZÜ 8.2F Darstellung der Vierkanthalter des Windeisens

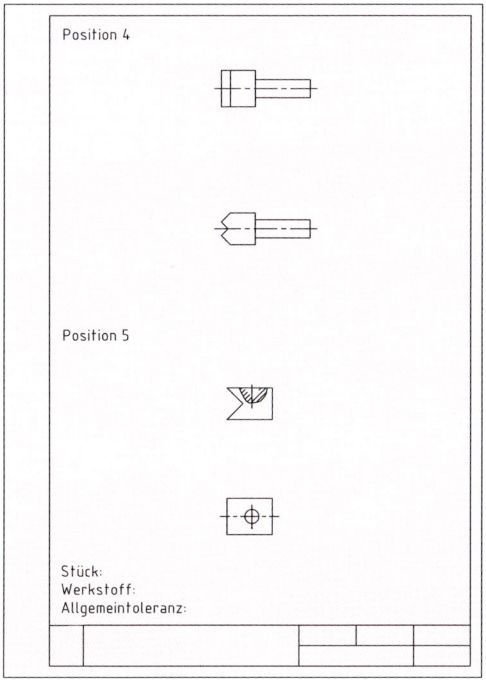

Zeichne und bemaße auf einem A4-Blatt in Hochformat nach nebenstehender Vorlage die **Vierkanthalter** des Windeisens (Positionen 4 und 5) als Fertigungszeichnung mit allen zur Herstellung notwendigen Maßen und Fertigungsangaben.

Der bewegliche **Vierkanthalter** (Position 4) aus dem Werkstoff **C45** mit den Außenmaßen 16 × 14 × 39 mm hat rechts eine zylindrische Andrehung von ∅8×24 mit einem Gewinde M8-LH×15.

Der feste **Vierkanthalter** (Position 5) aus dem Werkstoff **C45** misst 16 × 14 × 20 mm und hat links einen scharfkantig auslaufenden Winkeleinschnitt mit 90°.
Für die Fixierung mit dem Gewindestift (Position 6) ist eine Versenkung vorzusehen.

Für alle nicht tolerierten Maße ist die Allgemeintoleranz **mittel** anzuwenden.

8.5 Darstellung von Zwei- und Vierkanten

8.5.1 Allgemeines

Für die Herstellung von Zwei- oder Vierkanten an Schraubteilen, Spindeln oder Werkzeugen müssen an zylindrischen Drehteilen Abflachungen gefräst werden (Bild 1).

Bild 1

Die maßliche Gestaltung soll mit den genormten Schlüsselweiten übereinstimmen, um handelsübliche Schraubenschlüssel oder sonstige Werkzeuge einsetzen zu können. Die detaillierten Abmessungen sind einem Tabellenbuch zu entnehmen.

8.5.2 Darstellung von Werkzeugvierkanten

Schlüsselweite und Eckenmaß eines Vier-, Sechs- oder Achtkantes stehen jeweils in einem bestimmten Maßverhältnis zueinander. Bei Einhaltung dieser rechnerischen Maße würden alle gefrästen Vielecke scharfe Kanten ergeben (Bild 2).

Daher ist bei der Fertigung von Werkzeugvierkanten der **Durchmesser des Grundkörpers** (Schaftes) **immer kleiner zu wählen als es dem Eckenmaß** entspricht. Somit ist gewährleistet, dass – vor allem zur Vermeidung von Unfällen – immer eine Fase verbleibt. Sie ist ein Teil des ursprünglichen Zylindermantels und darf daher an den Abschlusskanten zwischen den einzelnen Vierkantflächen **nicht** ausgezogen werden.

Die durch die Anfräsung knapp neben den Umrisslinien entstehenden Kanten werden zeichnerisch vernachlässigt (Bild 3).

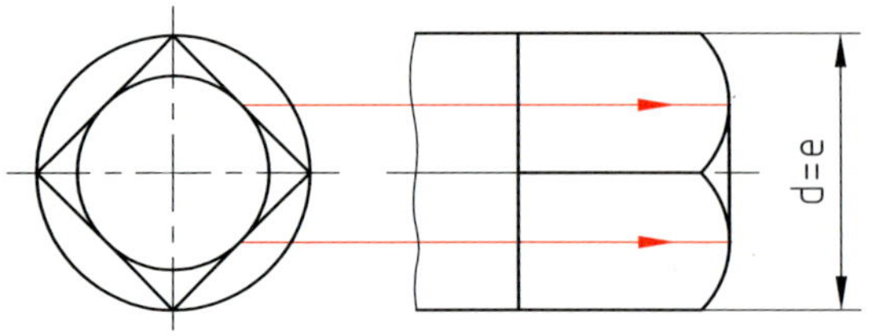

Bild 2

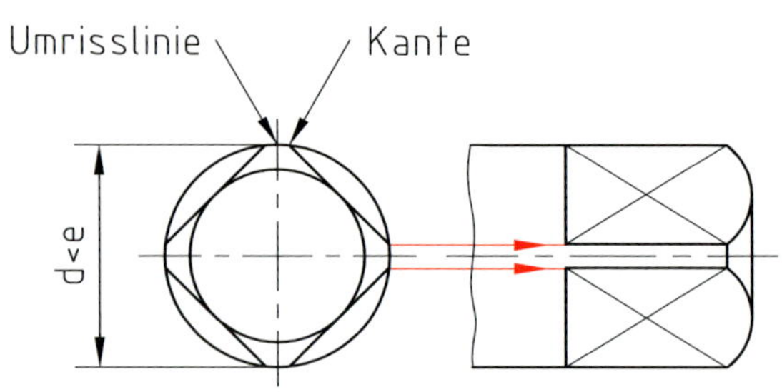

Bild 3

Die zeichnerische Gestaltung erfolgt immer über jene Ansicht, welche die Kreisform zeigt, wobei der Kreis mit dem Durchmesser der Schlüsselweite die Konstruktion erleichtert.

Die Lage der Schlüsselflächen für Werkzeuge kann in den Ansichten frei gewählt werden, doch sollte man beachten, dass diese nach Bild 1 die Übersichtlichkeit der Darstellung fördert und damit das Verständnis für zeichnerische Details erhöht. Darstellungen nach Bild 2 sind zu vermeiden.

Die Verschneidungslinien, die durch die stirnseitige Fase entstehen, werden nur vereinfacht gezeichnet und nicht konstruktiv ermittelt.

ideale Darstellungsart

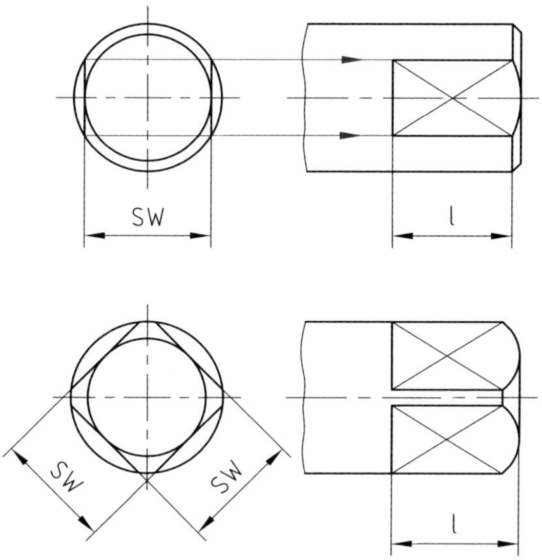

Bild 1

ungünstige Darstellungsart

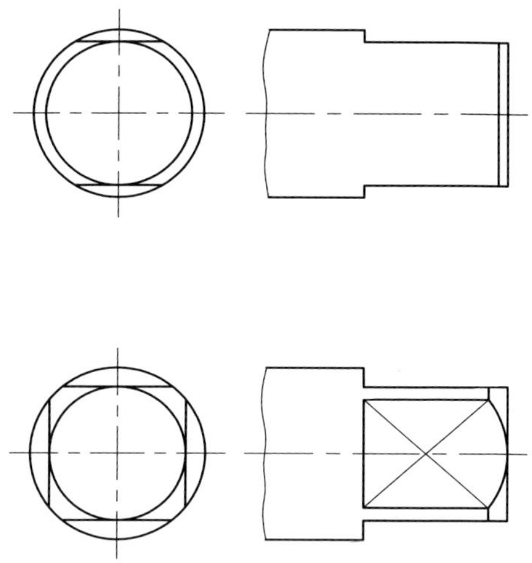

Bild 2

Die **Bemaßung der Schlüsselflächen** erfolgt nach den üblichen Bemaßungsregeln. Bei genormten Werkzeugvierkanten genügt die Angabe der Schlüsselweite und Länge (Bild 1), da alle anderen Größen einem Tabellenbuch entnommen werden können.

Erfolgt die Darstellung der Abflachungen in Achsrichtung, so genügt es, **vor die Maßzahl** der Schlüsselweite die Großbuchstaben „SW" zu setzen. Diese Bemaßungsart erfolgt meistens in Verbindung mit dem Diagonalkreuz (Bild 3).

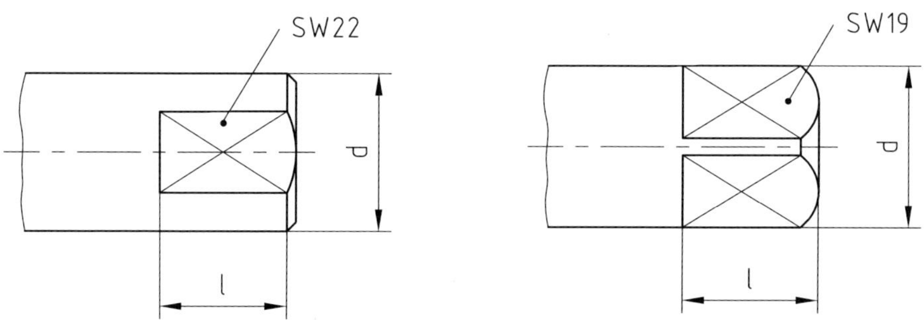

Bild 3

ZÜ 8.3 Darstellung von Werkstücken mit Zwei- und Vierkanten

Lernziel: *Zeichnen und Bemaßen von Werkzeugvierkanten*

ZÜ 8.3A Darstellung eines Werkzeugzwei- und Werkzeugvierkantes

Zeichne und bemaße auf einem A4-Blatt in Hochformat nach unten stehender Vorlage den **Zwei-** und den **Vierkant** (abgerundet) nach ÖNORM ISO 272 mit **Fasenbögen** in der Vorder- und Seitenansicht. Die stirnseitige Abfasung reicht jeweils bis zur Schlüsselweite und ist beim Zweikant mit 45° und beim Vierkant mit 30° zu zeichnen.

Die Schlüsselweite beträgt jeweils 46 mm, die gefrästen Flächen sind 45 mm lang. Alle weiteren Maße sind einem Tabellenbuch zu entnehmen.

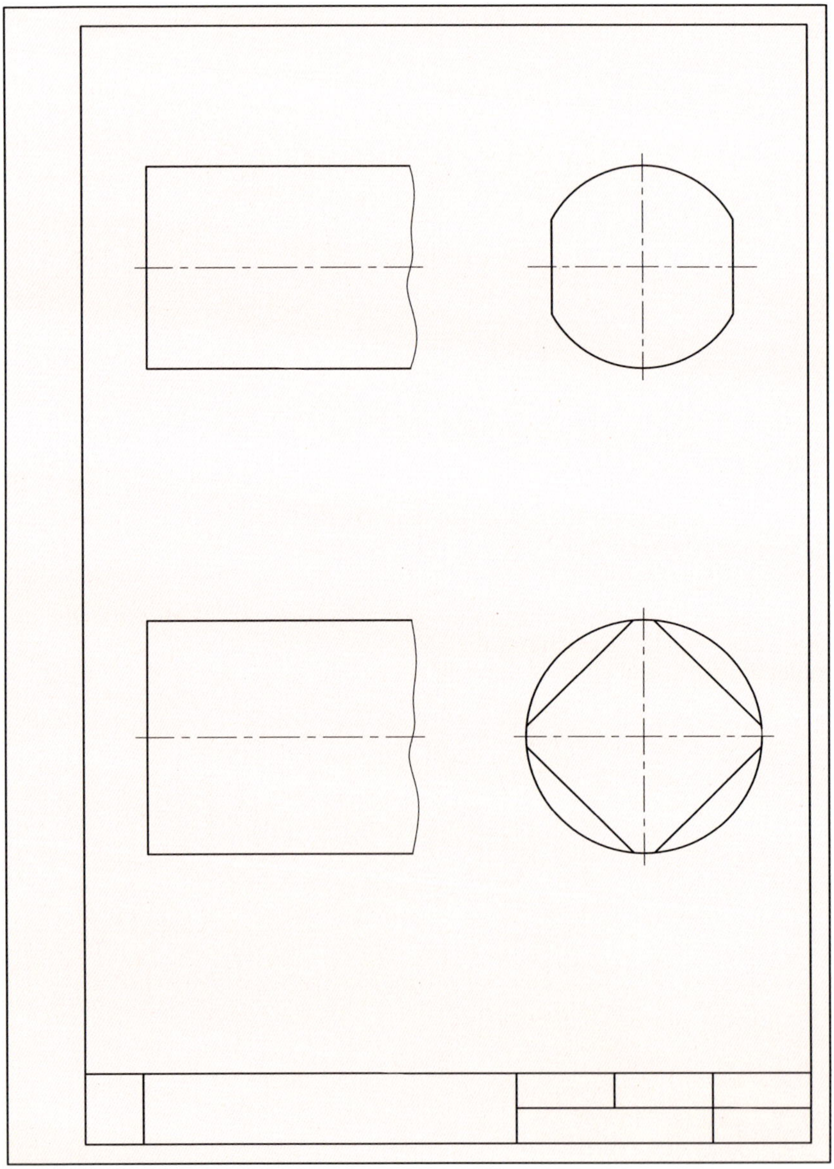

ZÜ 8.3B Darstellung einer Exzenterwelle mit Vierkant

Zeichne und bemaße auf einem A4-Blatt in Querformat nach unten stehender Vorlage die **Exzenterwelle** aus dem Werkstoff **S235JR**.

Am linken Spindelende ist ein 20 mm langer Werkzeugvierkant (abgerundet) mit der Schlüsselweite SW19. Der Vierkant soll stirnseitig bis zum Durchmesser der Schlüsselweite mit 30° gefast sein. Die erforderlichen Maße sind einem Tabellenbuch zu entnehmen. An beiden Stirnseiten ist die Zentrierbohrung nach ÖNORM EN ISO 6411-A 2,5/5,3 erforderlich. Zur Fertigung des Exzenters mit ∅25 sind zusätzlich zwei Zentrierbohrungen in gleicher Ausführung erforderlich. Alle Fasen sind mit 1,5×45° zu bemaßen.

Für das Werkstück ist die Allgemeintoleranz **mittel** anzuwenden.

Zusatzaufgabe:

Die Lagerstellen ∅25 und ∅30 sind mit der Toleranzklasse h6 und einem Mittenrauwert von *Ra* 1,6 zu fertigen. Alle nicht besonders gekennzeichneten Flächen sind mit ***Ra* 3,2** auszuführen.
Trage die ermittelten Höchst- und Mindestmaße der ISO-Toleranzangaben in die Abmaßtabelle ein.

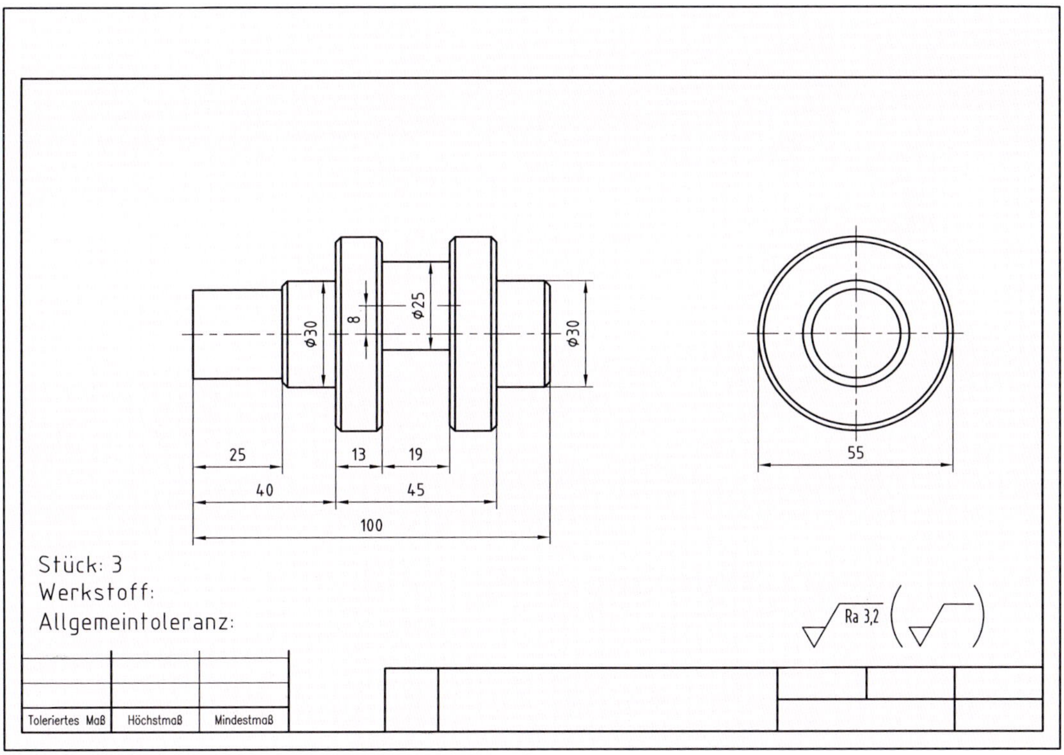

8.6 Darstellung von Freistichen

Bei Drehteilen, die z. B. durch Schleifen nachbearbeitet werden, ist aus fertigungstechnischen Gründen an den Übergängen ein **Außenfreistich** bzw. ein **Innenfreistich** nach **DIN 509** vorzusehen.

Die **Freistichform E** wird für Werkstücke mit **einer Bearbeitungsfläche**, die **Form F** für Werkstücke mit **zwei Bearbeitungsflächen** verwendet. Die entsprechenden Abmessungen sind einem Tabellenbuch zu entnehmen.

In Fertigungszeichnungen besteht die Möglichkeit, Freistiche **detailgetreu** oder **vereinfacht** darzustellen.

Wird ein Freistich **detailgetreu gezeichnet**, so ist es übersichtlicher, diesen im Detail vergrößert darzustellen und zu bemaßen (Bild 1 und Bild 2).

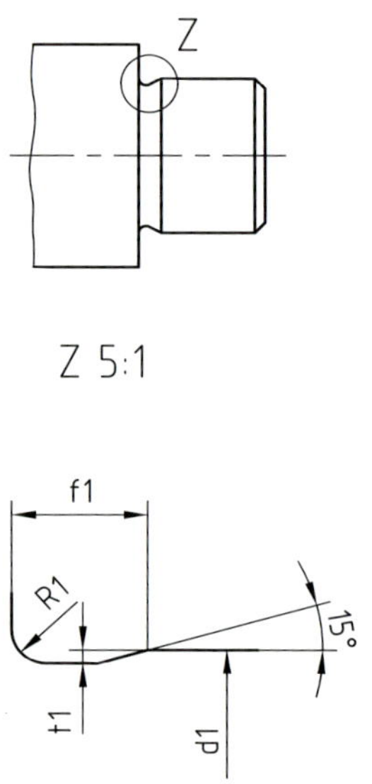

Bild 1

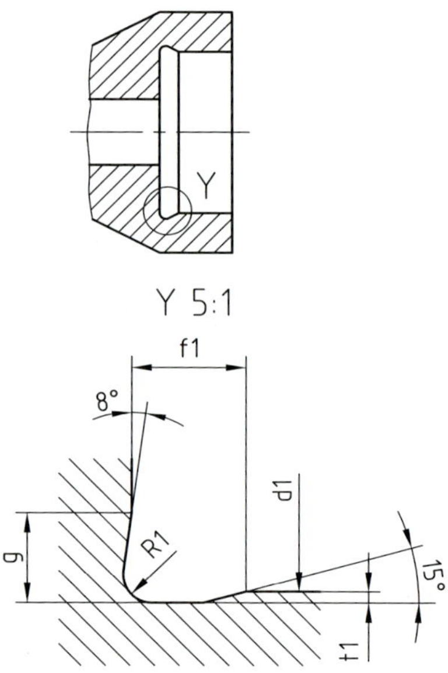

Bild 2

Wird ein Freistich **vereinfacht** dargestellt, so ist der Übergang scharfkantig zu zeichnen und in einem Abstand von ca. 2 mm eine **breite** Volllinie und eine Bezugslinie mit Pfeil in Kombination mit der Normangabe einzutragen (Bild 3). Die Bemaßung erfolgt in der Detaildarstellung.

Nähere Erläuterungen zu Gewindefreistichen siehe Abschnitt 6.4.4

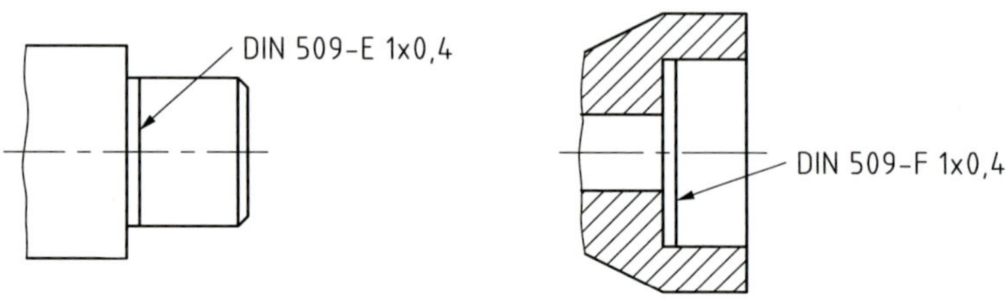

Bild 3

9 Darstellung von Maschinenelementen

9.1 Darstellung von Zahnrädern

9.1.1 Allgemeines

Zahnräder sind Maschinenelemente zur schlupffreien Übertragung von Kräften. Sie werden in Zeichnungen nicht detailgetreu, sondern vereinfacht nach **ÖNORM EN ISO 2203** dargestellt. Das folgende Kapitel beschränkt sich auf die zeichnerische Darstellung und Bemaßung der Zahnräder und Zahnradtriebe. Die theoretischen Grundlagen (Begriffe, Berechnungen usw.) sind dem Fachkunde- bzw. einem Tabellenbuch zu entnehmen.

9.1.2 Stirnräder

In diesem Abschnitt werden nur **Stirnräder mit Normalverzahnung** behandelt.

9.1.2.1 Darstellung von Stirnrädern

Stirnräder werden in der Normalprojektion nach den normmäßig festgelegten Zeichenregeln dargestellt (Bild 1a und Bild 2a). Lediglich die detaillierte Zeichnung der Zähne entfällt und wird vereinfacht durch die Eintragung von **Kopf- und Teilkreis** vorgenommen. Der **Fußkreis** der Verzahnung wird nicht dargestellt. Der **Kopfkreis** begrenzt die Verzahnung und ist mit **breiter** Volllinie zu zeichnen. Der **Teilkreis** wird in allen Ansichten mit **schmaler** Strich-Punktlinie dargestellt, wobei diese Linie die Körperkanten ca. 3 mm überragt.
In der **Vollschnittdarstellung** sind immer, auch bei ungerader Zähnezahl, zwei nicht geschnittene Zähne (Zahnlücken) mit dem Kopf- und Fußkreis darzustellen (Bild 1b und Bild 2b).
Bild 1c zeigt eine Verzahnung im **Ausbruch**.

- **Außenverzahnung**

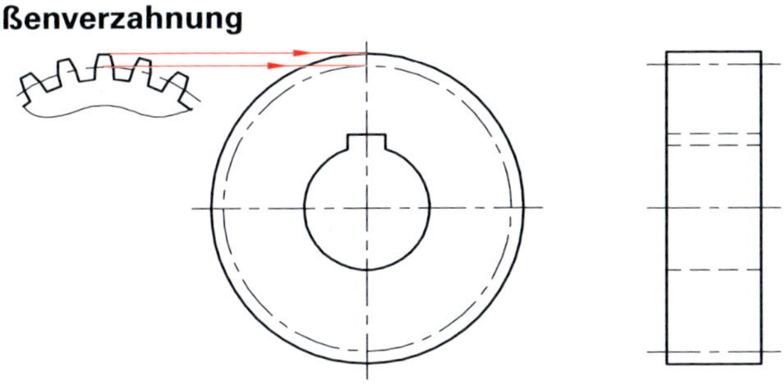

Bild 1a

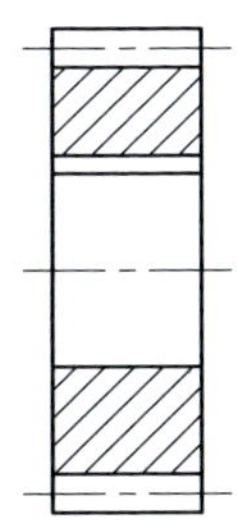

Bild 1b

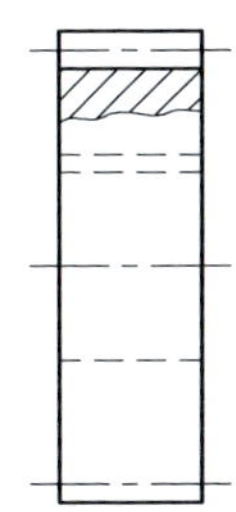

Bild 1c

- **Innenverzahnung**

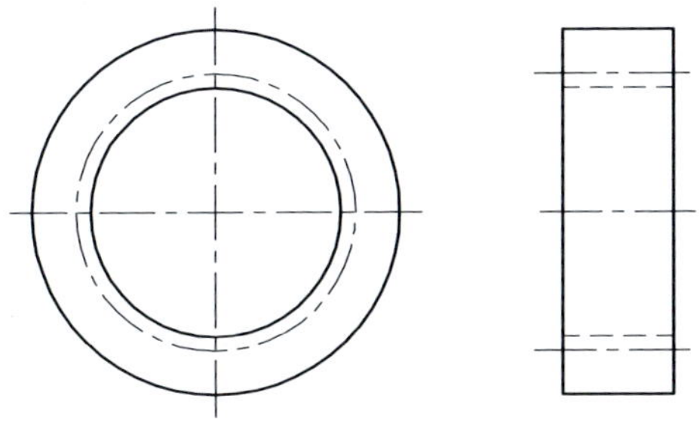

Bild 2a

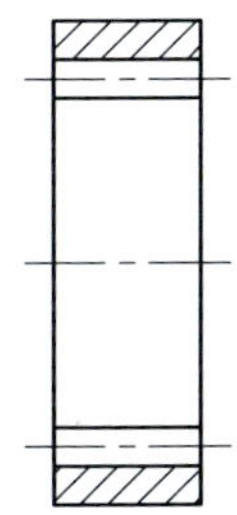

Bild 2b

9.1.2.2 Zahnprofil von Stirnrädern

Im Maschinenbau kommen Zahnräder mit **evolventenförmigen** Zahnflanken nach **ÖNORM M 6760-1** zur Anwendung. Zur Herstellung ist ein Verzahnungswerkzeug mit einem Bezugsprofil nach **ÖNORM M 6701** erforderlich. Die entsprechenden Normen sind in der Fertigungszeichnung anzugeben.

9.1.2.3 Darstellung einzelner Zähne

Falls erforderlich kann die vereinfachte Darstellung durch Einzeichnen von ein oder zwei Zähnen ergänzt werden. Dies wird vorwiegend bei Zahnsegmenten und Zahnstangen angewendet, um den Beginn und das Ende der Verzahnung anzudeuten (Bild 1).
In diesem Fall darf auch der Fußkreis mit **schmaler** Volllinie gezeichnet werden.

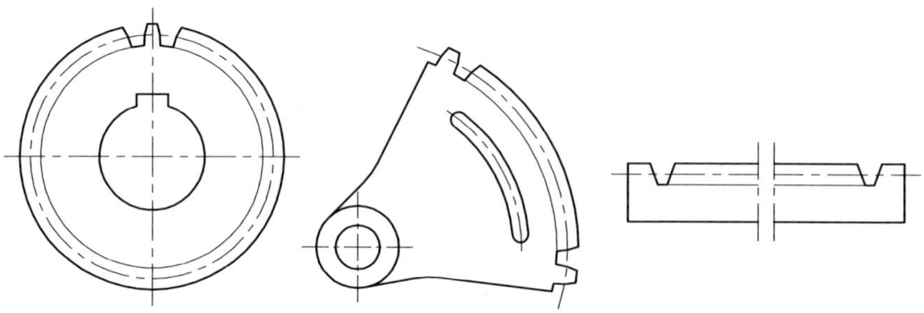

Bild 1

Bild 2 zeigt – ausgehend von der Zahnteilung p – eine Näherungskonstruktion zum Zeichnen der Zahnflanken:

- Zunächst werden Kreisbögen mit dem Kopfkreis, Teilkreis- und Fußkreisdurchmesser gezeichnet.
- Von der Symmetrielinie ausgehend wird die halbe Zahnteilung $p/2$ zu gleichen Teilen nach links und rechts am Teilkreis aufgetragen – ergibt die beiden Punkte 0.
- Von diesen Punkten wird jeweils viermal die halbe Zahnteilung $p/2$ abgeschlagen – ergibt die Punkte 1 bis 4.
- In den Punkten 2 und 4 werden mit dem Radius $R = 3 \times p/2$ Kreisbögen gezogen und abschließend die Zahnflanken sowie der Kopf- und Fußkreis ausgezogen.

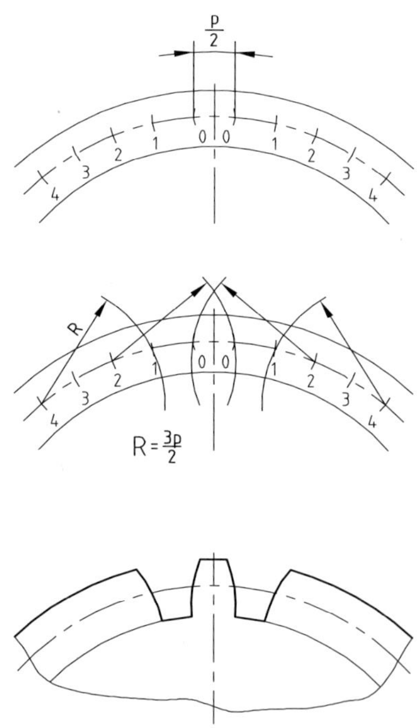

Bild 2

9.1.2.4 Angabe der Flankenrichtung

Die Flankenrichtung der Verzahnung wird bei **schrägverzahnten** Stirnrädern mit drei **schmalen** Volllinien angedeutet (Bild 1). Diese Linien sind mit einer Neigung von 30° zur Zahnradachse und einem Abstand von ca. 2 mm einzutragen. Der Schrägungswinkel β und die Flankenrichtung (z. B. rechtssteigend) sind in der Fertigungszeichnung gesondert anzugeben.

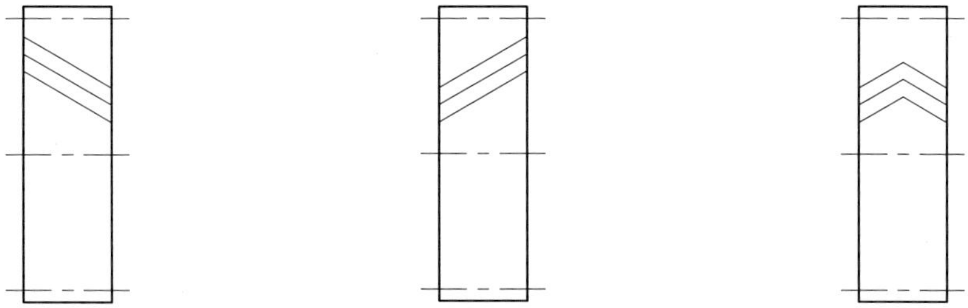

schrägverzahntes Stirnrad rechtssteigend | **schrägverzahntes Stirnrad linkssteigend** | **schrägverzahntes Stirnrad pfeilverzahnt**

Bild 1

9.1.2.5 Bemaßung von Stirnrädern

Für die Fertigung von Stirnrädern sind neben den Maßen des Zahnradkörpers zur Herstellung der Verzahnung zusätzlich folgende Größen anzugeben (Bild 2):

- Kopfkreisdurchmesser (1)
- Fußkreisdurchmesser (2) oder Zahnhöhe
- Zahnbreite (3)
- Bezugselement
- Rundlauf- und Planlauftoleranz

Die Rund- und Planlauftoleranz bezieht sich auf die Radachse und ist nur dann anzugeben, wenn die Allgemeintoleranz für die Form und Lage nicht genügt.

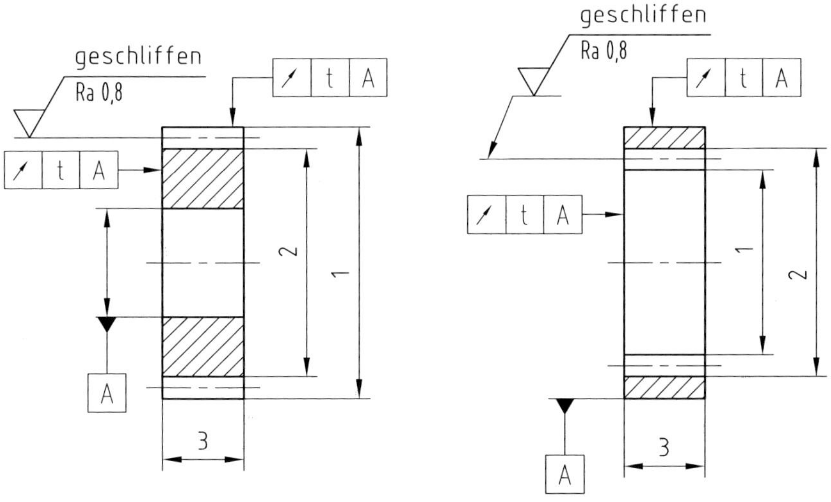

Außenverzahnung **Innenverzahnung**

Bild 2

Weitere Kenngrößen und Maße sind der zeichnerischen Darstellung in Tabellenform anzufügen.
Die in Tabelle 9.1 angegebenen Werte können entsprechend den betrieblichen Gegebenheiten erweitert oder reduziert werden.

Stirnrad	
Modul	3
Zähnezahl	28
Zahnhöhe	6,55
Bezugsprofil Verzahnung nach Werkzeug-Nr.	ÖNORM M 6701 0087
Schrägungswinkel β	17°
Flankenrichtung	rechts

Tabelle 9.1

9.1.2.6 Darstellung eines Stirnradpaares

Die Zeichenregeln für die Darstellung von Zahnrädern werden auch für die Darstellung von Zahnradpaaren angewendet.

Die **Normalprojektion** (Bild 1a) zeigt die Zahnräder in der vereinfachten Darstellung, wobei zu beachten ist, dass auch im Eingriffsbereich der Kopfkreis beider Zahnräder mit **breiter** Volllinie darzustellen ist. An **schräg verzahnten** Stirnradpaaren ist die Flankenrichtung symbolisch nur in einem Zahnrad einzutragen.

In der **Schnittdarstellung** (Bild 1b) ist wahlweise eine der beiden Verzahnungen von der anderen verdeckt zu zeichnen. Dadurch ergibt es sich, dass im Eingriffsbereich vom Zahn des Rades 1 der Kopf- und Fußkreis und vom Zahn des Rades 2 nur der Fußkreis sichtbar ist.

Der Kopfkreis des Rades 2 ist verdeckt und wird mit **schmaler** Strichlinie gezeichnet. Der Abstand vom Kopfkreis des Rades 1 zum Fußkreis des Rades 2 entspricht dem Kopfspiel.

- **Stirnräder mit außen liegendem Gegenrad**

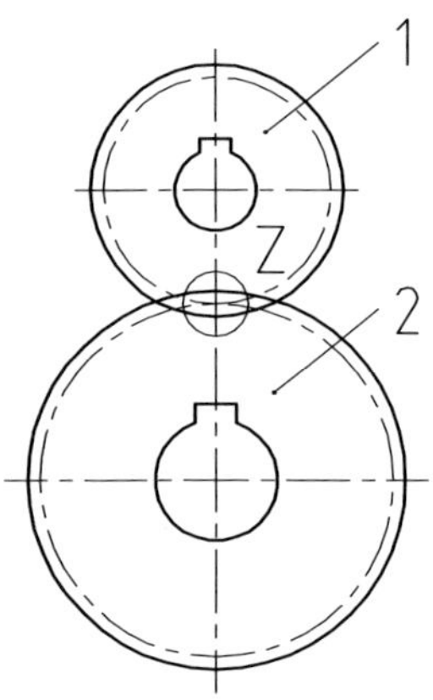

Bild 1a

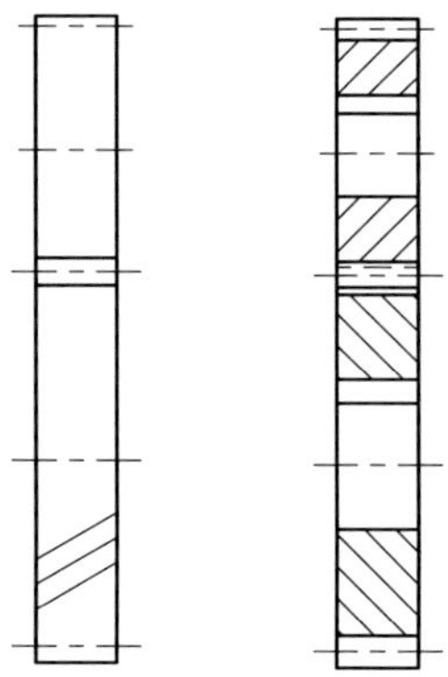

Bild 1b

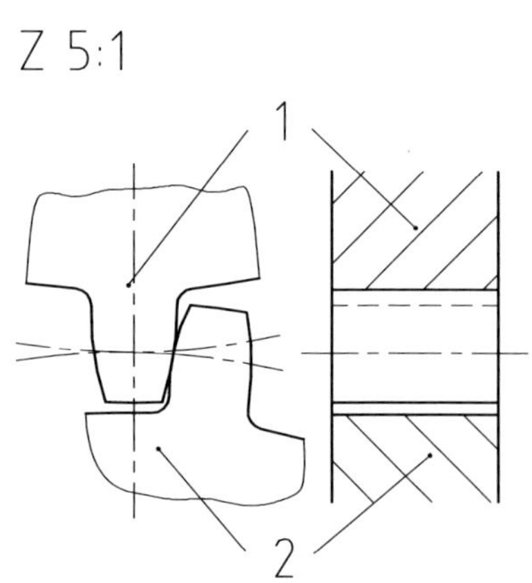

- **Stirnräder mit innen liegendem Gegenrad**

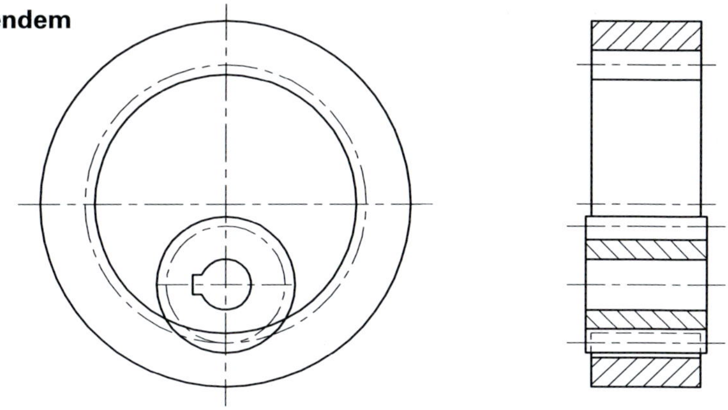

- **Stirnrad mit Zahnstange**

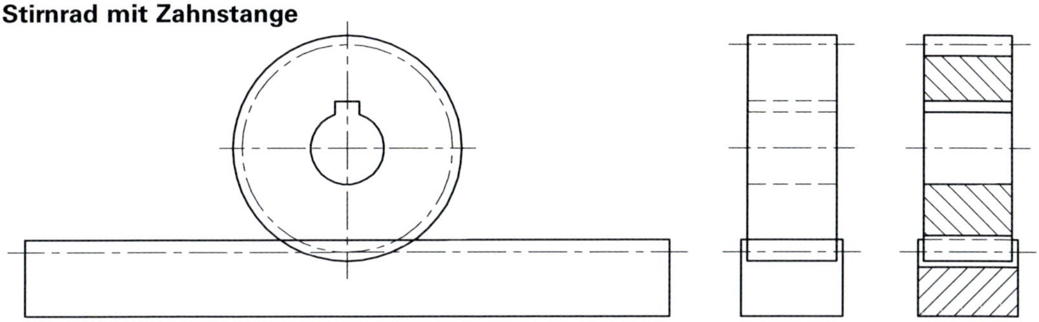

9.1.3 Kegelräder

Für die Darstellung eines Kegelrades oder Kegelradpaares sind bis auf einige Besonderheiten die gleichen Darstellungsregeln wie bei den Stirnrädern anzuwenden.
In weiterer Folge werden nur geradverzahnte Kegelräder behandelt.

9.1.3.1 Darstellung von Kegelrädern

Der **Teilkreisdurchmesser** in der Vorderansicht ergibt sich aus der Seitenansicht, und zwar aus dem Schnittpunkt des Teilkreises mit dem Rückenkegel (Bild 1).

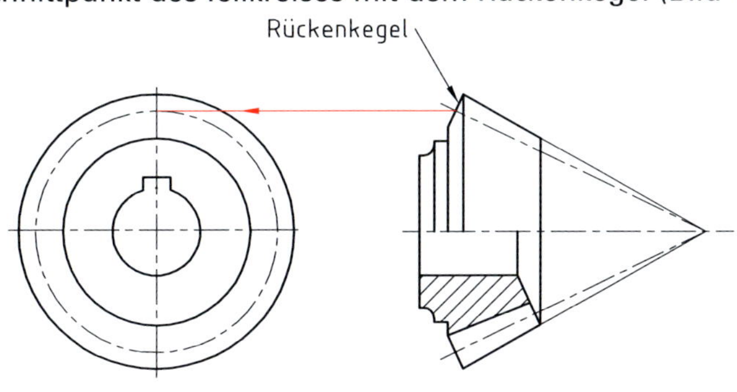

Bild 1

9.1.3.2 Zahnprofil von Kegelrädern

Die evolventenförmigen Zahnflanken sind nach **ÖNORM M 6760-2** auszuführen. Zur Herstellung ist ein Verzahnungswerkzeug mit einem Bezugsprofil nach **ÖNORM M 6703** zu verwenden. Die entsprechenden Normen sind in der Fertigungszeichnung anzugeben.

9.1.3.3 Bemaßung von Kegelrädern

Für die Fertigung von Kegelrädern sind neben den Maßen des Zahnradkörpers zur Herstellung der Verzahnung zusätzlich folgende Größen anzugeben (Bild 1):

- äußerer Kopfkreisdurchmesser (1)
- Zahnbreite (2)
- Kopfkegelwinkel δ (3)
- Komplementwinkel des Rückenkegelwinkels (4)
- Einbaumaß (5)
- Bezugselement
- Rundlauf- und Planlauftoleranz

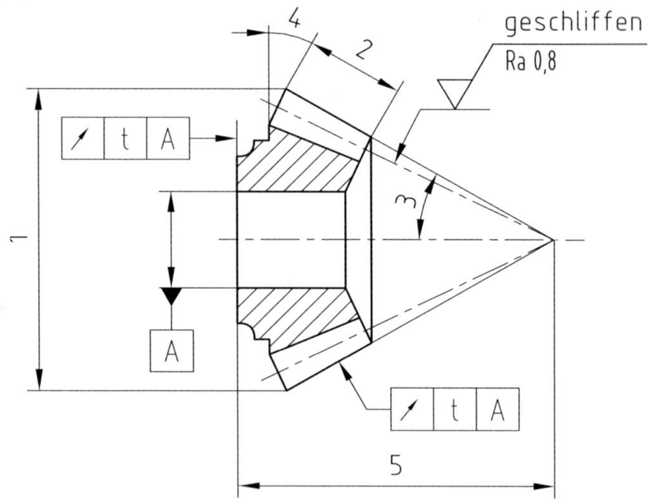

Bild 1

In einer Tabelle werden – wie bei den Stirnrädern – jene Bestimmungsgrößen angegeben, die für die Auswahl des Verzahnungswerkzeuges, für das Einstellen der Verzahnungsmaschine und das Prüfen der Verzahnung erforderlich sind.

Geradverzahntes Kegelrad		
Modul		3,2
Zähnezahl		16
Äußerer Teilkreisdurchmesser		51,2
Bezugsprofil	Verzahnung nach	ÖNORM M 6703
Gegenrad	Sachnummer Zähnezahl	00543 35

Tabelle 9.2

9.1.3.4 Darstellung eines Kegelradpaares

Kegelradpaare sind sowohl in der Normalprojektion als auch in der geschnittenen Ansicht nach den normmäßig festgelegten Zeichenregeln darzustellen. Der **Teilkegel** der Zahnräder ist bis zum Schnittpunkt der Achsen mit einer Strich-Punktlinie zu verlängern (Bild 2).

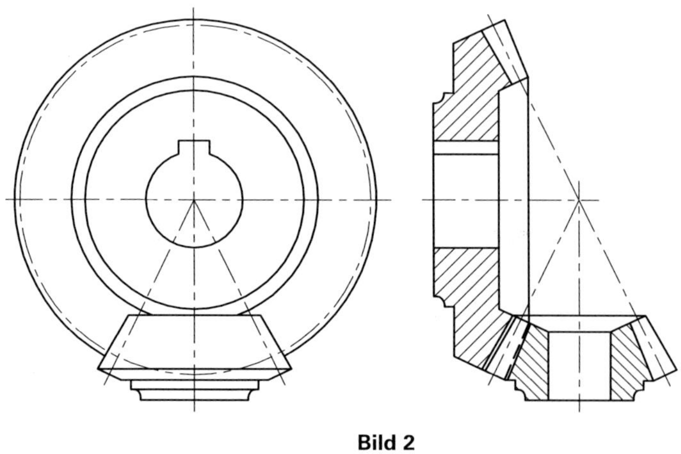

Bild 2

9.1.4 Schneckentrieb

Der Schneckentrieb setzt sich aus der Zylinderschnecke und dem Schneckenrad zusammen. Detaillierte Angaben zum Schneckentrieb sind der **ÖNORM M 6760-3** zu entnehmen.

9.1.4.1 Darstellung von Zylinderschnecke und Schneckenrad

Zylinderschnecke und Schneckenrad sind sowohl in der Normalprojektion als auch in der geschnittenen Ansicht nach den normmäßig festgelegten Zeichenregeln darzustellen. Der **Teilkreisdurchmesser** in der Vorderansicht des Schneckenrades ergibt sich aus der Seitenansicht (Bild 1).

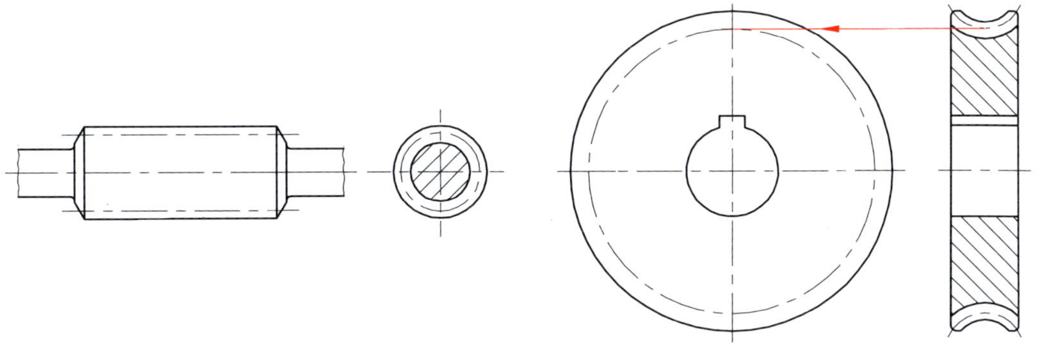

Bild 1

9.1.4.2 Bemaßung von Zylinderschnecke und Schneckenrad

Für die Fertigung der Zylinderschnecke und des Schneckenrades sind neben den Maßen der Zahnradkörper zur Herstellung der Verzahnung auch folgende Größen anzugeben (Bild 2):

Zylinderschnecke

Kopfkreisdurchmesser (1)
Zahnbreite (2)
Fase (3)
Bezugselement
Rundlauftoleranz

Schneckenrad

Außendurchmesser (1)
Kopfkreisdurchmesser (2)
Kopf-Kehlkreisradius (3)
Kehlkreis-Mittenabstand (4)
Zahnbreite (5)
Bezugselement
Rundlauf- und Planlauftoleranz

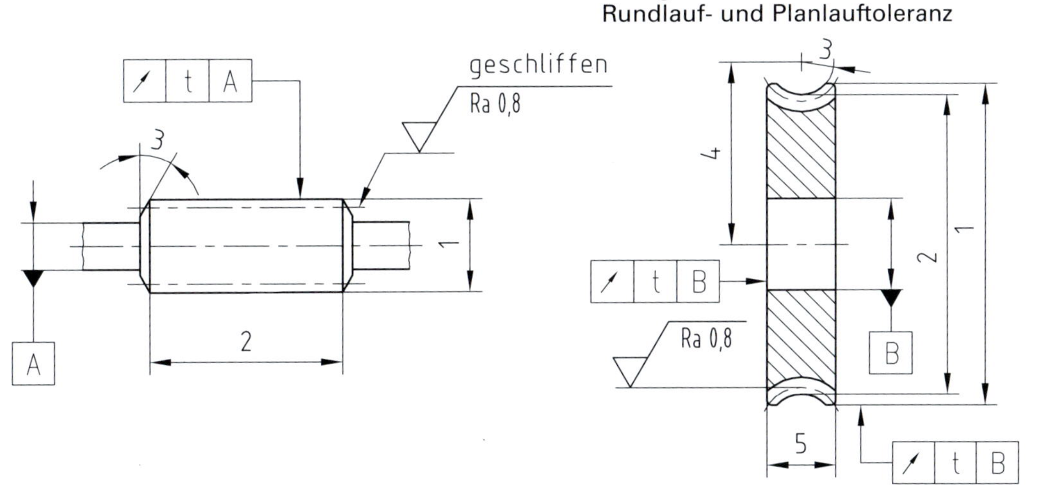

Bild 2

Weitere Kenngrößen und Maße sind der zeichnerischen Darstellung in Tabellenform anzufügen. Die erforderliche Auswahl erfolgt entsprechend den betrieblichen Gegebenheiten.

Zylinderschnecke	
Modul	
Zähnezahl (Gangzahl)	
Zahnhöhe	
Steigungshöhe	
Flankenrichtung	
Flankenform **ÖNORM DIN 3975**	

Schneckenrad	
Modul	
Zähnezahl	
Zahnhöhe	
Teilkreisdurchmesser	
Flankenrichtung	
Achsabstand im Gehäuse	

9.1.4.3 Darstellung des Schneckentriebes

Der Schneckentrieb ist sowohl in der Normalprojektion als auch in geschnittener Ansicht nach den normmäßig festgelegten Zeichenregeln darzustellen. Beachte, dass der Kopfkreisdurchmesser der Zylinderschnecke und der Außendurchmesser des Schneckenrades im Eingriffsbereich des Schneckentriebes mit **breiter** Volllinie ausgezogen werden (Bild 1).

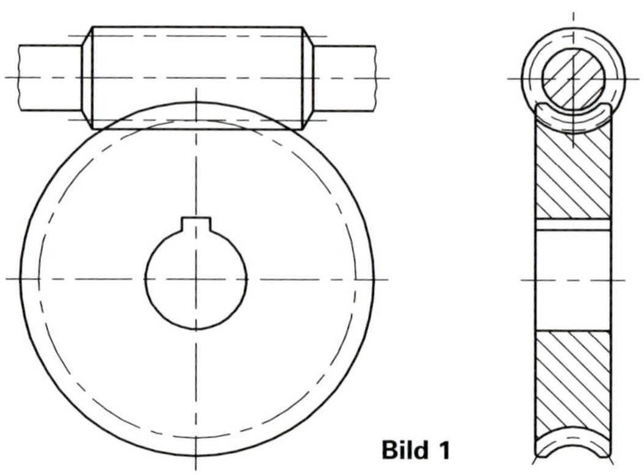

Bild 1

9.1.5 Kettentrieb

Die vereinfachte Darstellung von Kettentrieben erfolgt nach **ÖNORM EN ISO 2203**. Die Verzahnung der Kettenräder wird symbolisch mit dem Kopf- und Teilkreis gezeichnet, wobei zur Veranschaulichung der Verzahnung einzelne Zähne eingetragen werden können (Bild 2).

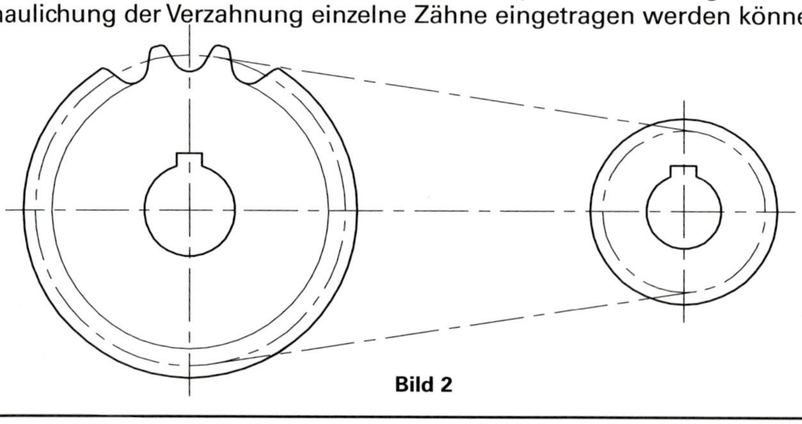

Bild 2

ZÜ 9.1 Darstellung von Zahnrädern

Lernziel: *Zeichnen und Bemaßen von Zahnrädern*

ZÜ 9.1A Darstellung eines Stirnrades mit Passfedernut

Zeichne und bemaße auf einem A4-Blatt in Querformat nach unten stehender Vorlage die Halbschnittdarstellung eines **Stirnrades mit Passfedernut** aus dem Werkstoff **31CrMoV9**.

Die erforderlichen Maße für die Passfederverbindung sind einem Tabellenbuch sowie Abschnitt 9.4.2 zu entnehmen.

Das Zahnrad ist beidseitig bis zum Teilkreisdurchmesser mit 30° gefast.

Die Zähne werden mit einem Mittenrauwert von *Ra* 1,6 gefräst. Für die Nabe ist die Oberflächenqualität in die Zeichnung einzutragen, alle nicht gekennzeichneten Oberflächen sind mit einem Mittenrauwert von ***Ra* 3,2** zu fertigen.

Die Rundlauftoleranz der Verzahnung darf in Bezug zur Achse der Bohrung mit ∅40H7 0,05 mm nicht überschreiten. Für alle nicht tolerierten Maße ist die Allgemeintoleranz **mittel** anzuwenden.

Die ermittelten Höchst- und Mindestmaße der ISO-Toleranzangaben sind in die Abmaßtabelle einzutragen.

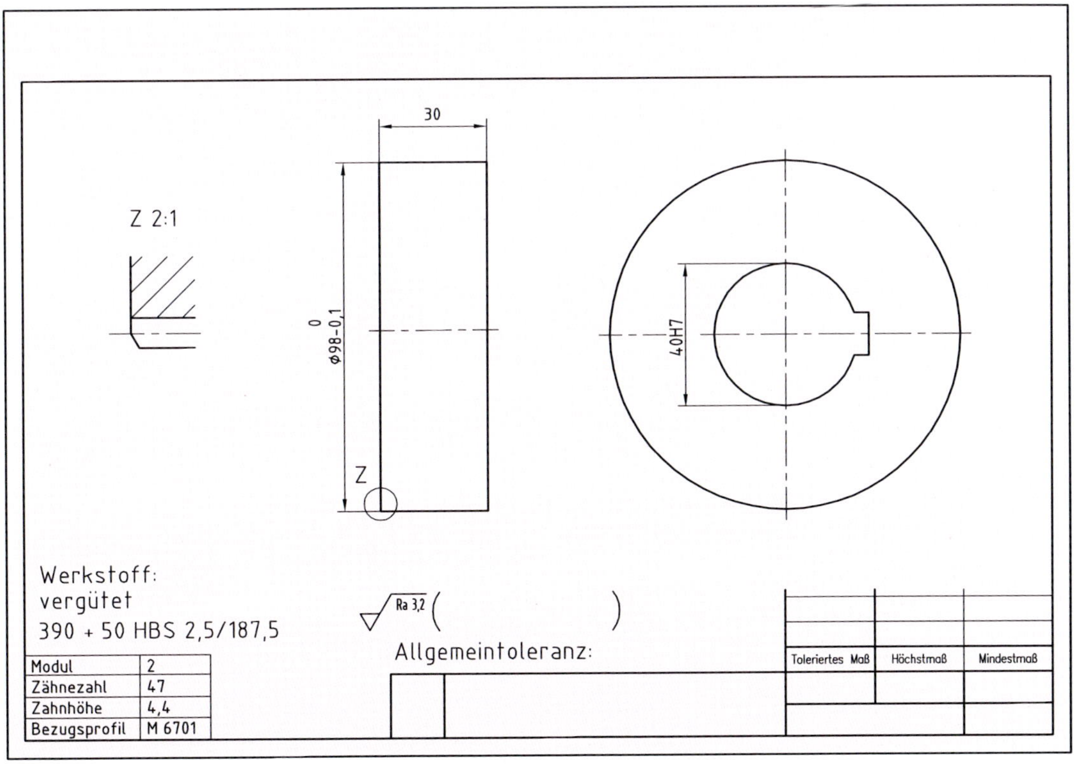

Modul	2
Zähnezahl	47
Zahnhöhe	4,4
Bezugsprofil	M 6701

ZÜ 9.1B Darstellung eines Stirnrades mit Keilnabe

Zeichne und bemaße auf einem A4-Blatt in Querformat nach unten stehender Vorlage die Halbschnittdarstellung eines **Stirnrades mit Keilnabe** aus dem Werkstoff **C15E**.

Die Maße und Werte für das Keilnabenprofil nach ÖNORM ISO 14-8×36H7×40 sind einem Tabellenbuch sowie Abschnitt 9.4.4 zu entnehmen.

Das Zahnrad ist beidseitig bis zum Teilkreisdurchmesser mit 30° gefast.

Die Zähne werden mit einem Mittenrauwert von *Ra* 0,8 geschliffen, für das Keilnabenprofil sind die entsprechenden Oberflächenqualitäten in die Zeichnung einzutragen. Für die geschliffenen Flächen ist eine Bearbeitungszugabe von 0,1 mm zu berücksichtigen. Alle nicht gekennzeichneten Oberflächen sind mit einem Mittenrauwert von ***Ra* 1,6** zu fertigen.

Die Rundlauftoleranz der Verzahnung darf in Bezug zur Achse der Bohrung mit ∅40H7 0,02 mm nicht überschreiten. Für alle nicht tolerierten Maße ist die Allgemeintoleranz **mittel** anzuwenden.

Die ermittelten Höchst- und Mindestmaße der ISO-Toleranzangaben sind in die Abmaßtabelle einzutragen.

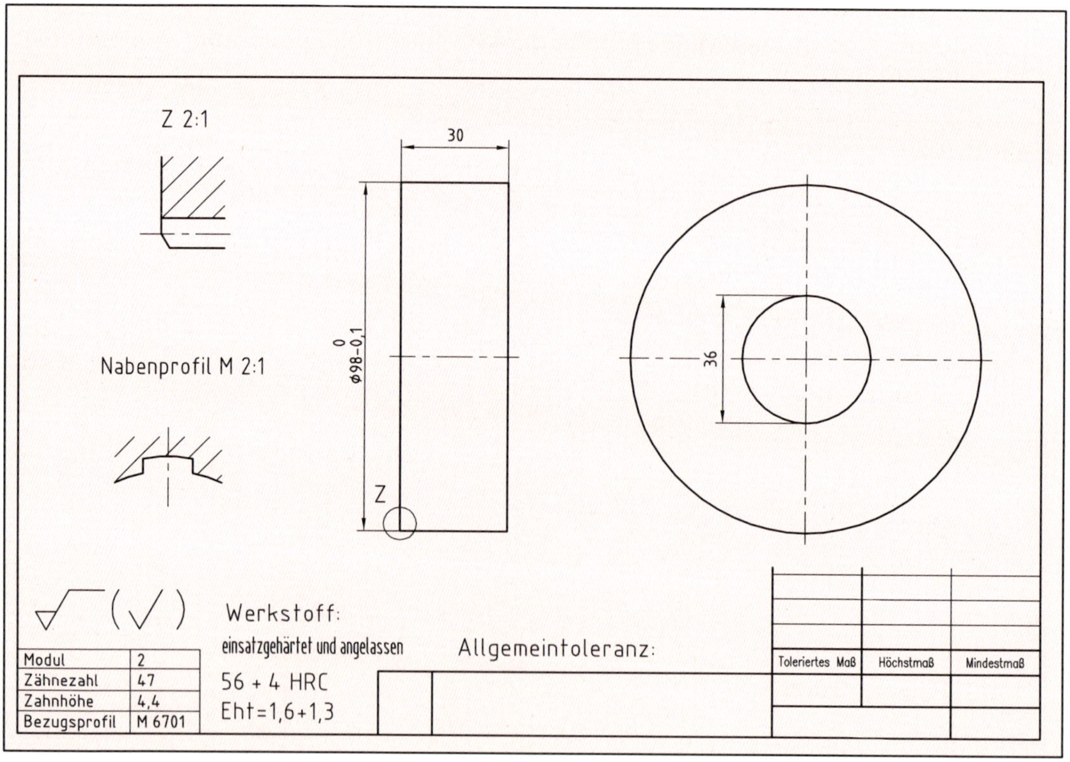

ZÜ 9.1C Darstellung einer Ritzelwelle

Zeichne und bemaße auf einem A3-Blatt in Querformat nach unten stehender Vorlage die Darstellung einer **Ritzelwelle** aus dem Werkstoff **C45+H**.

Die Verzahnung im mittleren Wellenteil ist beidseitig bis zum Teilkreisdurchmesser mit 30° gefast und als Detail Y im Maßstab 2:1 darzustellen. An der Welle sind zwei Zentrierbohrungen nach ÖNORM EN ISO 6411-A 2,5/5,3 erforderlich.

Die beiden Freistiche an der Welle ∅35h6 sind nach DIN 509-E 0,6×0,3 auszuführen und als Detail Z im Maßstab 10:1 zu zeichnen.

Die Lagersitze und die Lauffläche für den Wellendichtring ∅30h11 werden mit einem Mittenrauwert von *Ra* 0,8 geschliffen, wobei eine Bearbeitungszugabe von 0,1 mm vorzusehen ist. Die Zähne werden mit *Ra* 1,6 gefräst. Alle nicht gekennzeichneten Oberflächen sind mit einem Mittenrauwert von ***Ra* 3,2** zu fertigen.

Der Kopfkreisdurchmesser hat eine Toleranz von 0/–0,1. Die Gesamtrundlauftoleranz der Verzahnung zu den beiden Lagerstellen mit ∅35h6 darf 0,05 mm nicht überschreiten. Für alle nicht tolerierten Maße ist die Allgemeintoleranz **mittel** anzuwenden.

Die ermittelten Höchst- und Mindestmaße der ISO-Toleranzangaben sind in die Abmaßtabelle einzutragen.

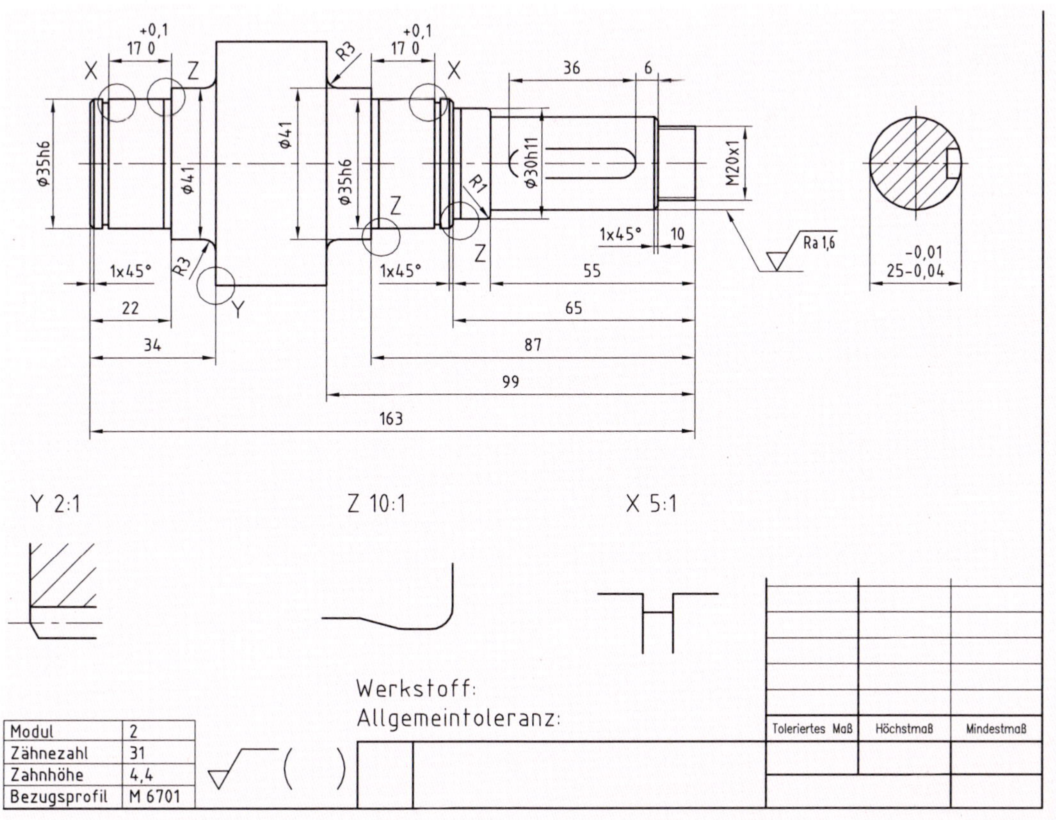

9.2 Darstellung von Wälzlagern

9.2.1 Allgemeines

Wälzlager sind genormte Maschinenelemente zur Aufnahme radialer und/oder axialer Kräfte von sich drehenden Teilen. Auf Grund der sehr schwierigen und zeitaufwendigen **bildlichen Darstellung** wird im Allgemeinen die **vereinfachte Darstellung** nach **ÖNORM EN ISO 8826-1** und **ÖNORM EN ISO 8826-2** angewendet. Diese erfolgt vielfach im Schnitt, da zeichnerisch nur die Größe und Art des Lagers entscheidend sind.

Spezielle Angaben zum Lager, die in der Zeichnung nicht ersichtlich sind, wie Bauart, Durchmesser- und Breitenreihe, Bestellnummer usw., können aus der Stückliste über die Positionsnummer entnommen werden.

9.2.2 Vereinfachte Darstellung der Wälzlager

Bei der vereinfachten Darstellung werden die Umrisse des Lagers ohne weitere Details gezeichnet. Die Lagerabmessungen sind dem Wälzlagerkatalog oder einem Tabellenbuch zu entnehmen.

In der Mitte des Lagerquerschnittes ist mit **breiter** Volllinie ein Kreuz einzutragen, wobei die beiden gleich langen Balken die Lagerumrisse nicht berühren dürfen (Bild 1).

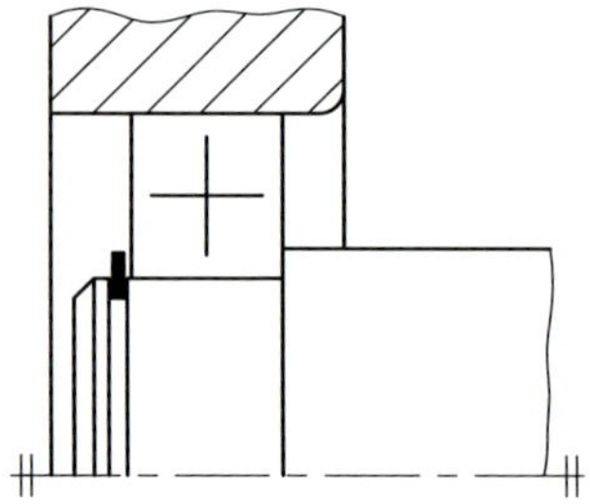

Bild 1

Sollen **Einzelheiten** über die Ausführung des Wälzlagers in der zeichnerischen Darstellung ersichtlich sein, so verwendet man **Symbole**. Diese sind mit **breiter** Volllinie an Stelle des Kreuzes in die Querschnittfläche einzutragen.

Das Symbol für die **Anzahl der Reihen** und der **Lage der Wälzkörper** wird durch kurze Volllinien im rechten Winkel zur Wälzkörperachse angegeben (Bild 2).

einreihiges Rillenkugellager oder Zylinderrollenlager	**zweireihiges Rillenkugellager oder Zylinderrollenlager**	**einreihiges Radial-Pendelrollenlager**	**zweireihiges Radial-Pendelrollenlager**

Bild 2

Das Symbol für die **Lage der Wälzkörperachse** wird mit einer **breiten**, geraden Volllinie, entsprechend der sinngemäßen Achslage, angegeben (Tabelle 9.3).

Achslage	Symbol	Anwendung	
horizontal		Radiallager	
schräg		Radial-Axiallager	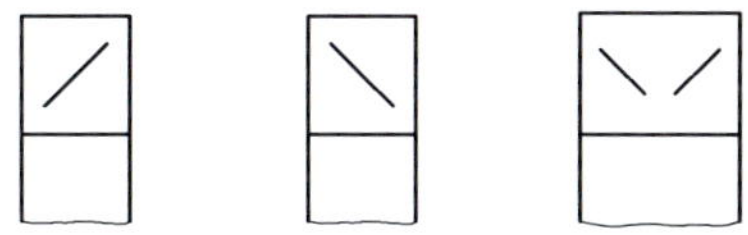
vertikal		Axiallager	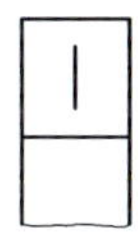

Tabelle 9.3

Das Symbol für die **Einstellbarkeit eines Lagers** wird mit einer **breiten**, gekrümmten Volllinie gezeichnet (Tabelle 9.4).

Symbol	Anwendung	
	Pendellager (allgemein)	

Tabelle 9.4

9.2.3 Bildliche Darstellung der Wälzlager

Die bildliche Darstellung ist zeichnerisch aufwendig. Sie zeigt den tatsächlichen Lagerquerschnitt mit dem Wälzkörper, wobei Außen- und Innenring in **dieselbe** Richtung zu schraffieren sind (Bild 1). Dicht- bzw. Deckscheiben und Lagerkäfig können mit **breiter** Volllinie gezeichnet werden (Bild 2). Diese Darstellungsart wird bei CAD-Zeichnungen angewendet, da die Wälzlager direkt aus einer Normteilbibliothek in die Zeichnung eingefügt werden.

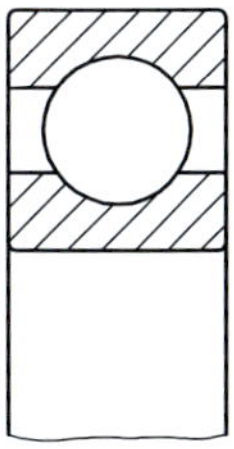

Bild 1

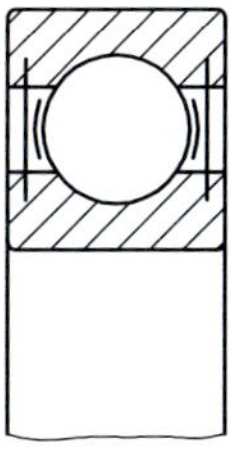

Bild 2

9.2.4 Übersicht der vereinfachten und bildlichen Darstellung

Vereinfachte Darstellung	Kugellager	Rollenlager/Nadellager
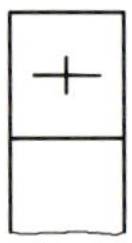	Radial-Rillenkugellager, einreihig 	Zylinderrollenlager, einreihig 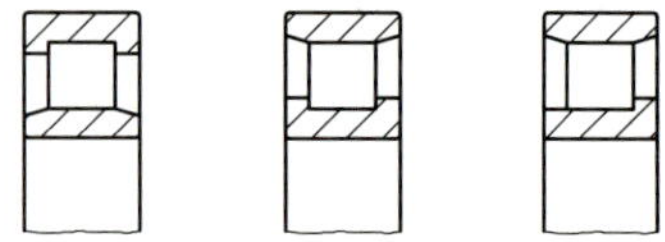
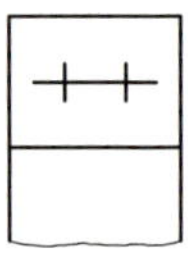	Radial-Rillenkugellager, zweireihig 	Zylinderrollenlager, zweireihig 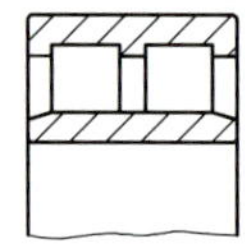
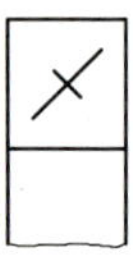	Schrägkugellager, einreihig 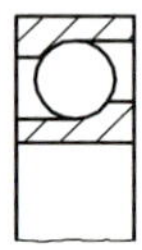	Kegelrollenlager, einreihig 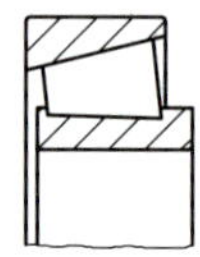
	Schrägkugellager, zweireihig 	
	Axial-Rillenkugellager 	
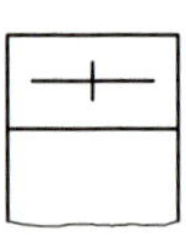		Nadellager, einreihig 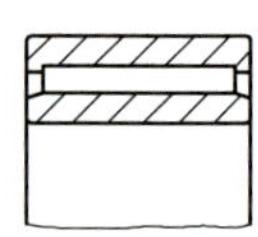
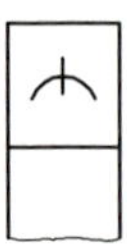		Radial-Pendelrollenlager, einreihig 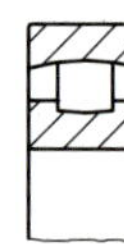
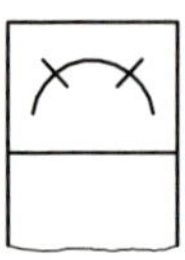	Pendelkugellager, zweireihig 	Radial-Pendelrollenlager, zweireihig 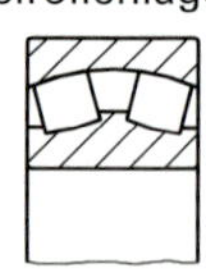

9.2.5 Konstruktive Grundlagen

9.2.5.1 Radiale Befestigung der Lager

Durch die richtige Passungswahl erreicht man, dass der Lagerring am gesamten Umfang gleichmäßig anliegt und dadurch die Tragfähigkeit des Lagers gewährleistet ist.

Passungsempfehlungen sind einem Wälzlagerkatalog zu entnehmen und sind von folgenden Faktoren abhängig:

- Umlaufverhältnisse (Punktlast, Umfangslast)
- Art und Größe der Belastung
- Axialbewegung des Lagers (Festlager, Loslager)
- Ein- und Ausbaumöglichkeit
- Anforderung an die Laufgenauigkeit
- Lagerluft
- Temperaturverhältnisse

9.2.5.2 Axiale Befestigung der Lager

Lagerringe mit festem Sitz (Übermaßpassung) werden im Allgemeinen so eingebaut, dass sie sich gegen eine Schulter abstützen. Die Sicherung gegen axiale Verschiebung auf der Welle erfolgt vorwiegend durch einen Sicherungsring, durch eine Mutter mit Sicherungsblech oder sonstige Verschraubung (Bild 1).

Die Sicherung gegen axiale Verschiebung im Lagergehäuse wird einerseits durch eine Gehäuseabstufung und andererseits mit einem Lagerdeckel oder durch Verschraubung vorgenommen (Bild 1, Seite 206).

Aus wirtschaftlichen Gründen erfolgt auf durchgehend glatten Wellen (ohne Abstufungen) oder auf Wellen mit größeren Toleranzen (h7 bis h9) die Befestigung der Lager mittels Spannhülsen (Bild 2, Seite 206).

Die folgenden Zusammenbauzeichnungen zeigen oberhalb der Mittellinie die vereinfachte und unterhalb die bildliche Darstellung von Wälzlagern.

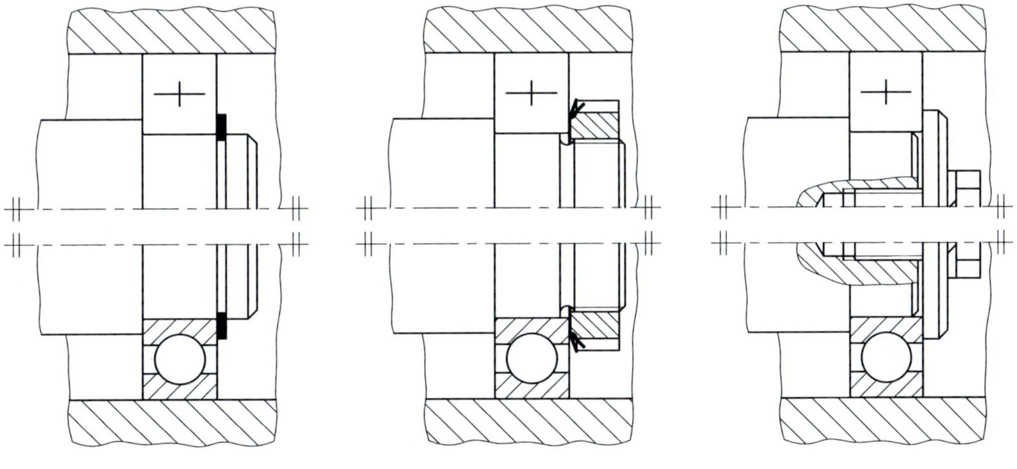

Bild 1

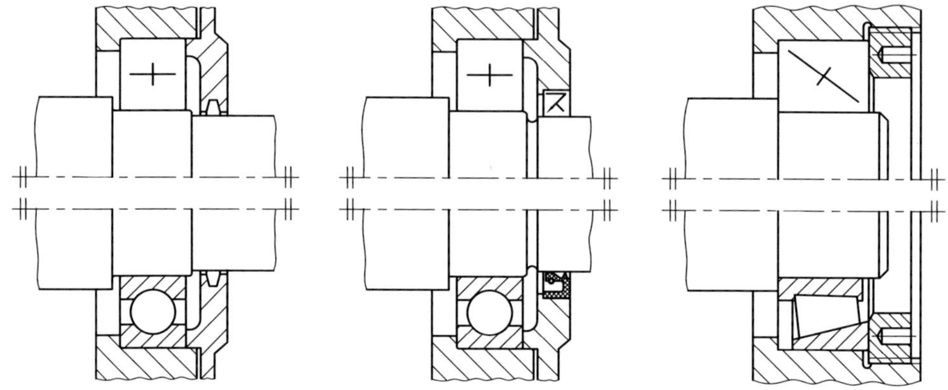

Bild 1

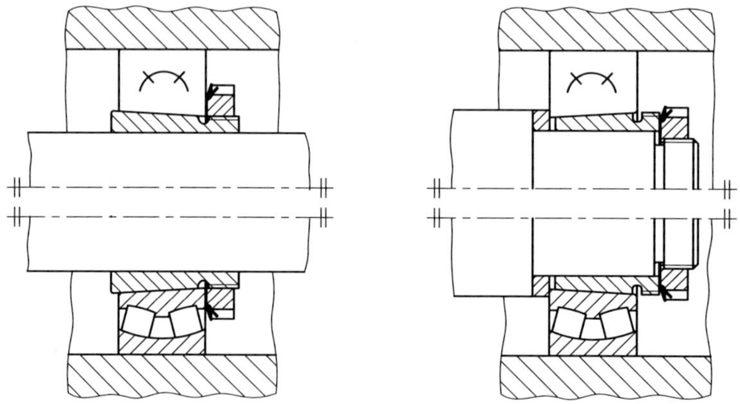

Bild 2

9.2.5.3 Anordnung der Lager

Für die Lagerung umlaufender Teile sind ein **Festlager** und ein **Loslager** erforderlich. Das Festlager übernimmt die radiale Abstützung und die axiale Führung der Welle in beide Richtungen. Im Loslager wird neben der radialen Abstützung die Längenänderung der Welle infolge Wärmedehnung aufgenommen. Die Axialverschiebung kann entweder zwischen Lagerring und Lageraufnahme (Bild 3) oder im Lager selbst (Bild 1, Seite 207) ausgeglichen werden.

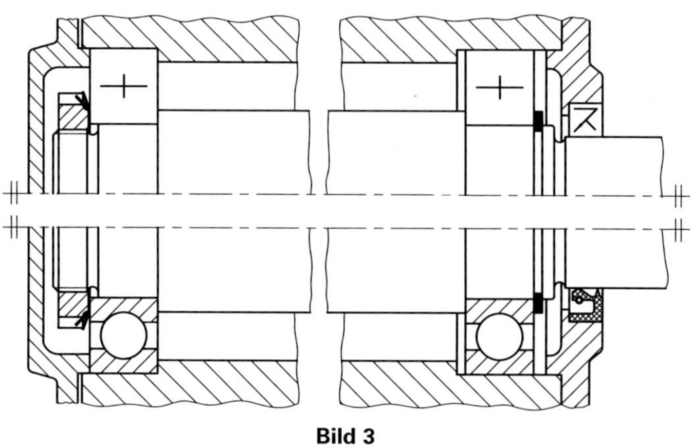

Bild 3

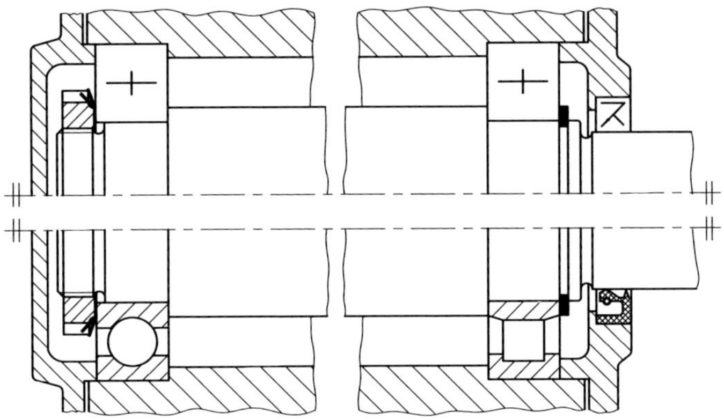

Bild 1

9.2.5.4 Lagetoleranzen für Welle und Gehäuse

Um die Genauigkeit von zylindrischen Lagersitzen zu gewährleisten, müssen die Lagetoleranzen laut Bild 2 angegeben werden. Richtwerte für die Toleranzangaben (t_1, t_2, t_3, t_4) sind dem Wälzlagerkatalog zu entnehmen.

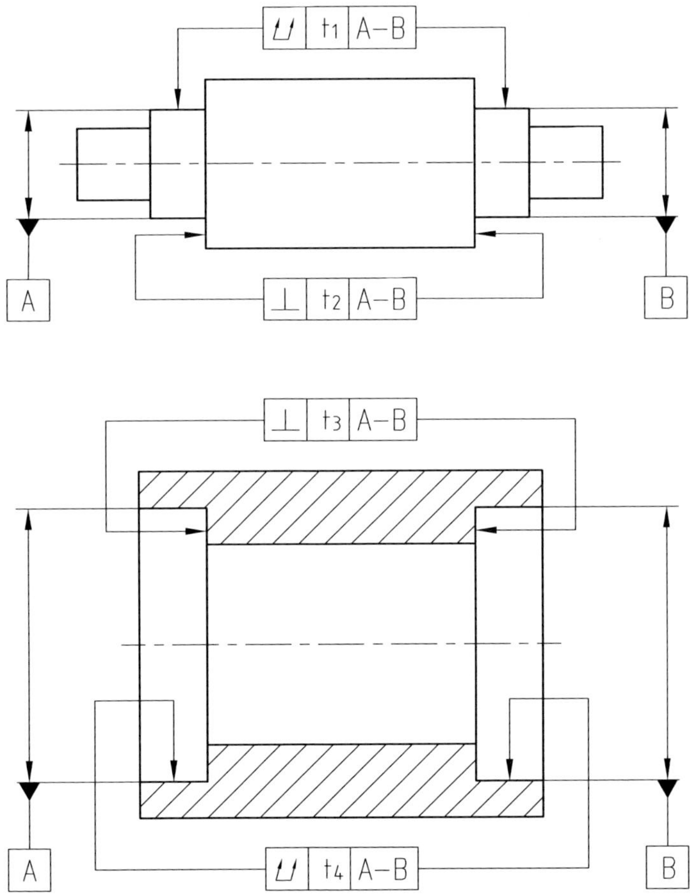

Bild 2

9.2.5.5 Schulterhöhe, Übergänge an einer Wellenschulter

Die **Durchmesser** und **Übergangsradien** für die Wellen- oder Gehäuseschultern von Lagerverbindungen sind einem Wälzlagerkatalog zu entnehmen. Die Maße sind so festgelegt, dass einerseits eine genügend große Anschlagfläche für die Lagerringe vorhanden ist und andererseits umlaufende Teile des Lagers nicht streifen können (Bild 1).
Der Übergang vom Lagersitz zur Wellen- bzw. Gehäuseschulter kann mit einer Rundung oder mit einem Freistich (Abschnitt 8.6) ausgeführt werden (Bild 2).

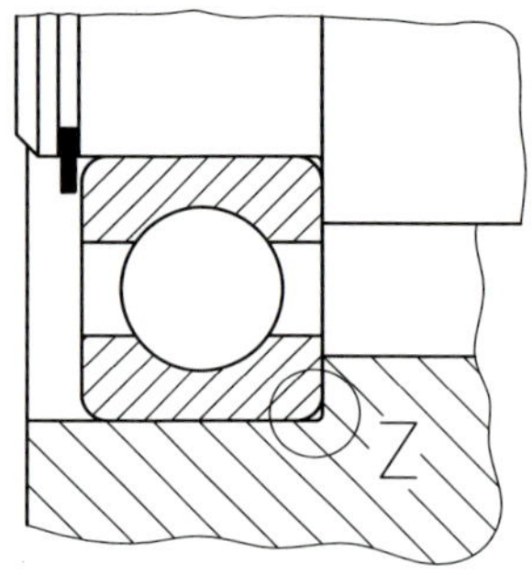

Bild 1

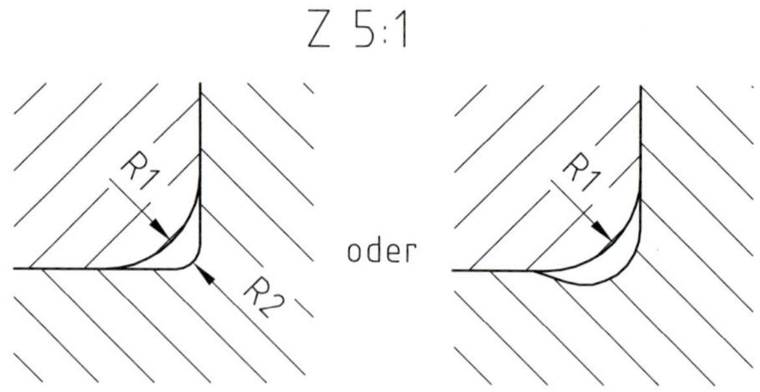

Bild 2

9.2.6 Lagergehäuse

Lagergehäuse ergeben zusammen mit dem passenden Wälzlager kostengünstige Lagerungseinheiten (Bild 3). Die Lagergehäuse werden in vielen Bauformen mit unterschiedlichen Größen, Gehäusedichtungen und Schmiersystemen angeboten.

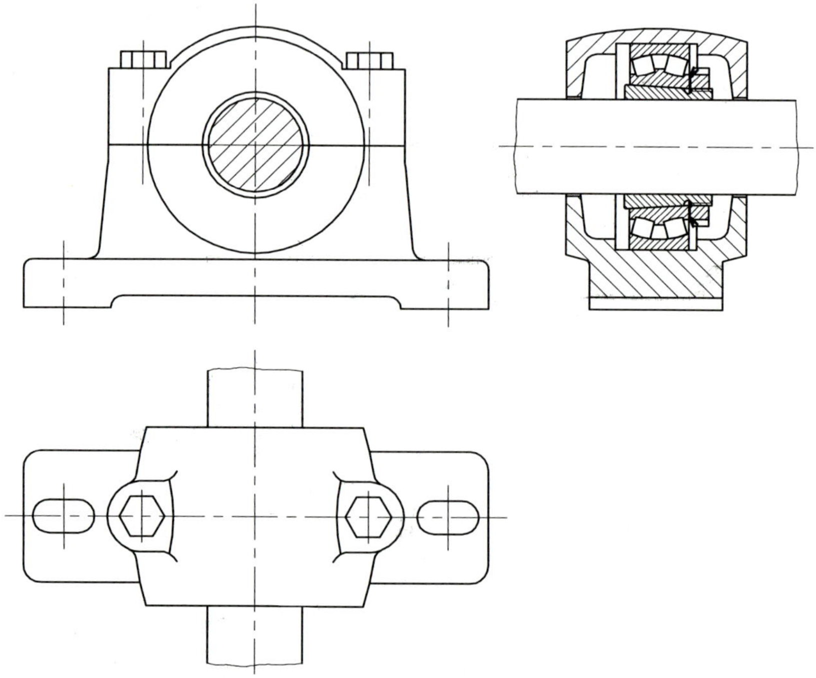

Bild 3

ZÜ 9.2 Darstellung von Wellenlagerungen

Lernziel: *Zeichnen und Bemaßen von Wälzlagern und Wellenlagerungen*

ZÜ 9.2A Darstellung einer Ritzelwellenlagerung

Zeichne auf einem A3-Blatt in Querformat nach unten stehender Vorlage die Zusammenbauzeichnung einer **Ritzelwellenlagerung** in Schnittdarstellung. Alle nicht gegebenen Maße und Werte können **frei gewählt** werden.
Die Ritzelwelle nach **ZÜ 9.1C** ist die Ausgangsbasis für die Gesamtkonstruktion. Für das rechts liegende Festlager und das links angeordnete Loslager sind Rillenkugellager 6207 nach DIN 625 zu verwenden. Die Maße für den in der rechten Lagerabdeckung vorgesehenen Radial-Wellendichtring mit Staublippe nach DIN 3760-A 30×47×7 sind einem Tabellenbuch zu entnehmen.
Die Befestigung der Lagerabdeckungen erfolgt durch vier Zylinderschrauben mit Innensechskant nach DIN 7984-M6×16.
Das Schriftfeld **und** die Stückliste sind vollständig auszufüllen.

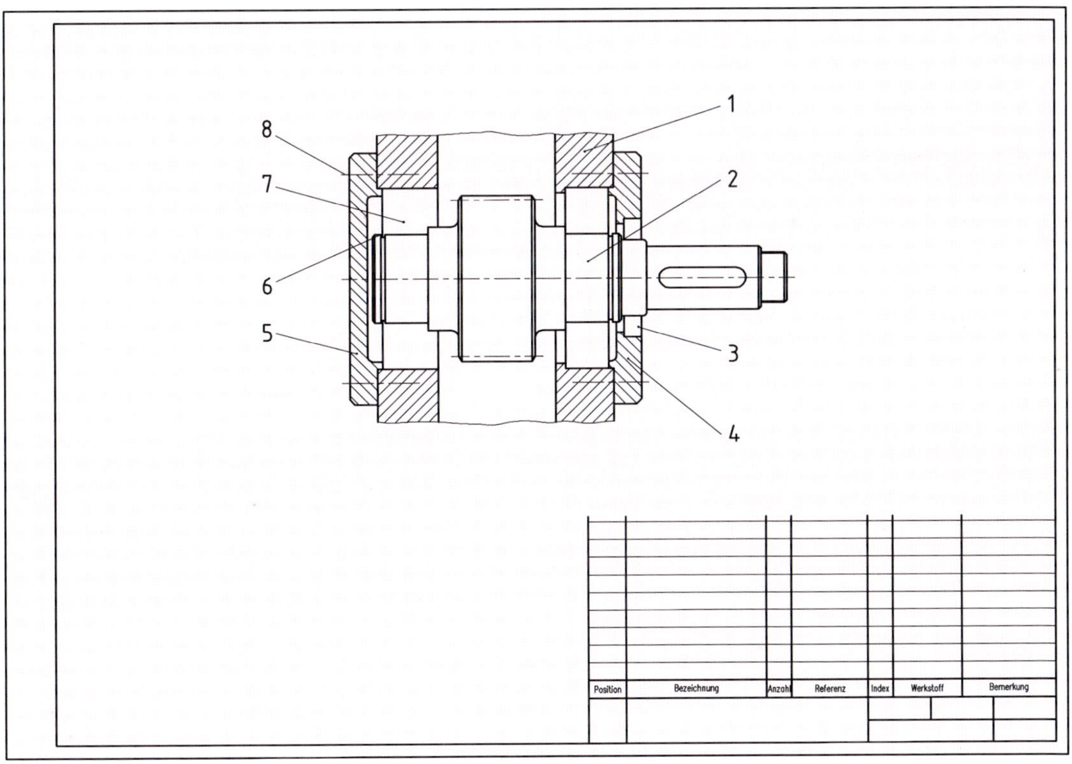

ZÜ 9.2B Darstellung von Lagerabdeckungen

Zeichne und bemaße auf je einem A4-Blatt in Hochformat die **Lagerabdeckungen** aus dem Werkstoff **S185** in einer Halbschnittdarstellung bzw. mit Ausbruch. Die Abmessungen der Lagerabdeckungen sind **ZÜ 9.2A** (Position 4 und 5) zu entnehmen, wobei fehlende Maße **frei gewählt** werden können. Die Abdeckungen sind mit der Allgemeintoleranz **mittel** zu fertigen.

ZÜ 9.2C Darstellung eines Rollkörners

Zeichne auf einem A3-Blatt in Querformat mit Schriftfeld und Stückliste oder auf einem A4-Blatt in Querformat mit einem zusätzlichen Blatt für die Stückliste nach unten stehender Vorlage den im Schnitt dargestellten **Rollkörner**.

Das **Rollkörnergehäuse** (Position 2) aus dem Werkstoff **E295** hat das Außenmaß ∅67, eine Gesamtlänge von 156 mm, eine Durchgangsbohrung von ∅12 und einen Kegelschaft nach Kegel A-Morse 4.

Die Lagerung erfolgt mit einem Kegelrollenlager DIN 720 Kurzzeichen 30304 (Position 4), einem Axial-Rillenkugellager DIN 711 Kurzzeichen 51204 (Position 5) und einem Nadellager NA 4900 (Position 6) mit den Maßen D = 22 mm, d = 10 mm und Breite = 13 mm.

Die Abmessungen der **Kegelspitze** (Position 1) sind der **ZÜ 9.2D** zu entnehmen.

Die **Zweilochmutter** (Position 3) aus dem Werkstoff **E295** hat ein Gewinde M56×1,5 und auf einem Lochkreis von ∅44 zwei Bohrungen mit ∅4×4. Die Fixierung der Mutter erfolgt mit einem **Gewindestift** nach ÖNORM EN ISO 4026-M4×6 (Position 9).

Die **Demontageplatte** (Position 8) aus dem Werkstoff **S185** hat die Maße ∅18,8×2. Alle nicht gegebenen Abmessungen können **frei** gewählt oder einem Tabellenbuch entnommen werden.

Das Schriftfeld **und** die Stückliste sind vollständig auszufüllen.

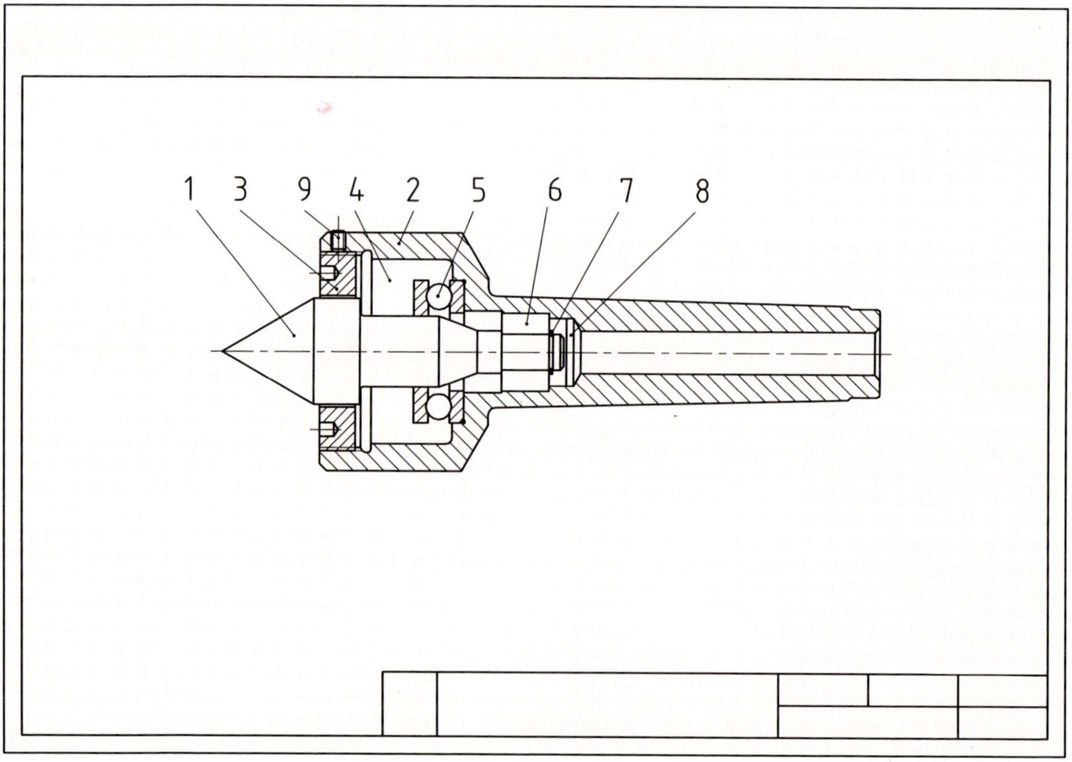

Zusatzaufgabe:

Erstelle die Fertigungszeichnungen für das **Rollkörnergehäuse** sowie für die **Zweilochmutter** und die **Demontageplatte** mit allen zur Herstellung notwendigen Maßen und Fertigungsangaben.

ZÜ 9.2D Darstellung einer Rollkörnerspitze

Zeichne und bemaße auf einem A4-Blatt in Hochformat nach unten stehender Vorlage die **Rollkörnerspitze** aus dem Werkstoff **C60**.

Die fehlenden Abmessungen der Körnerspitze sowie der konstruktive Zusammenhang sind der **ZÜ 9.2C** zu entnehmen.

Die Lagersitze sind mit einem Mittenrauwert von *Ra* 0,8, alle nicht gekennzeichneten Oberflächen mit einem Mittenrauwert von ***Ra* 1,6** zu fertigen, wobei für die Lagersitze und die Körnerspitze jeweils eine Bearbeitungszugabe von 0,1 mm vorzusehen ist.

Der Wellensicherungsring für die Lagerfixierung ist im Detail Z darzustellen und zu bemaßen. Die Wärmebehandlung der Spitze ist in einem Wärmebehandlungsbild anzugeben.

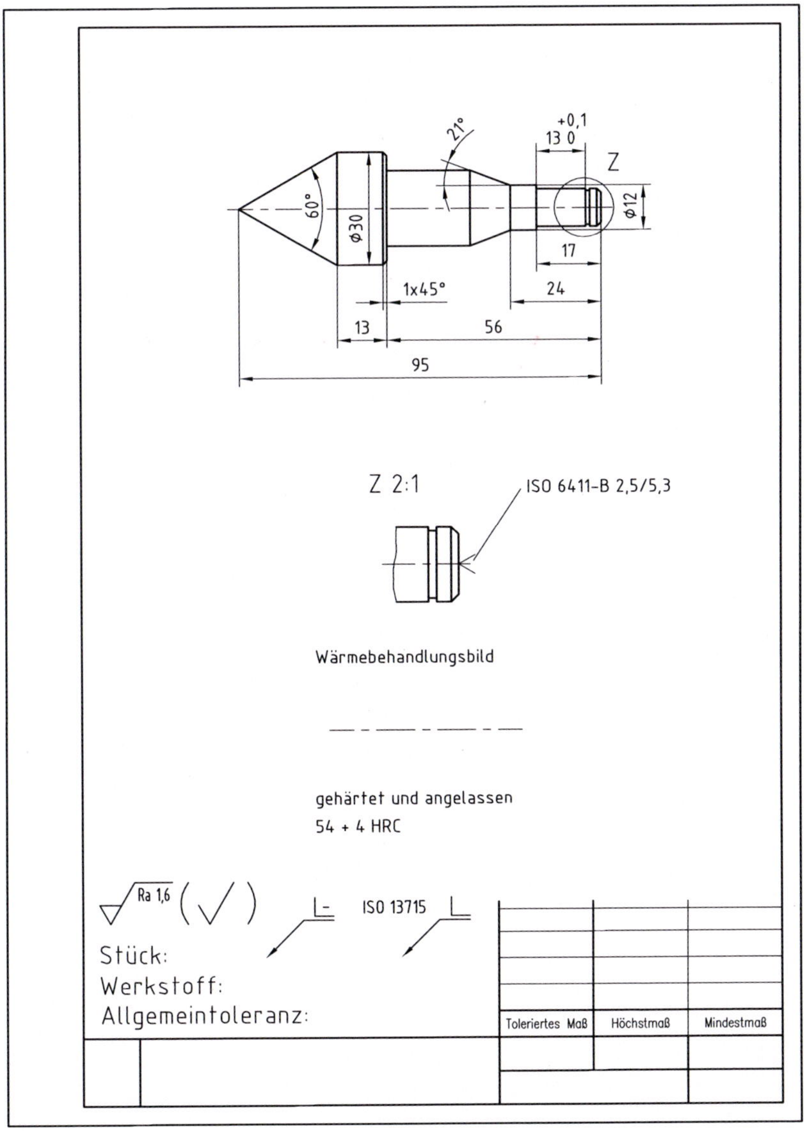

Die ermittelten Höchst- und Mindestmaße der ISO-Toleranzangaben sind in die Abmaßtabelle einzutragen.

Die gratfreie Ausführung nach ÖNORM ISO 13715 ist zu vermerken.

Für alle nicht tolerierten Maße ist die Allgemeintoleranz **mittel** anzuwenden.

9.3 Darstellung von Dichtungen für dynamische Belastung

9.3.1 Allgemeines

Dichtungen für dynamische Belastungen haben die Aufgabe, das Austreten oder Eindringen von Flüssigkeiten, festen Stoffanteilen oder Gasen zwischen bewegten und stehenden Bauteilen zu verhindern.

Auf Grund der aufwendigen **detailgetreuen** Darstellung wird in der Praxis vielfach die **vereinfachte** Darstellung nach **ÖNORM EN ISO 9222–1 und ÖNORM EN ISO 9222–2** angewendet.

Genauere Angaben zu den verschiedenen Dichtungen für dynamische Belastung, die in der Zeichnung nicht ersichtlich sind, können der Stückliste über die Positionsnummer entnommen werden.

Fertigungstechnisch ist zu beachten, dass die Lauffläche für das Dichtungselement geschliffen werden muss und daher jeweils ein Freistich vorzusehen ist.

9.3.2 Vereinfachte Darstellung

Bei der vereinfachten Darstellung werden die Umrisse des Dichtungselementes ohne weitere Details dargestellt. In der Mitte des Dichtungsquerschnittes ist mit **breiter** Volllinie ein **diagonal liegendes** Kreuz einzutragen, wobei die Linien des Kreuzes von den Umrissen ca. 2 mm Abstand haben sollen (Bild 1).

Durch Hinzufügen eines Pfeiles kann zusätzlich die Einbaurichtung (Dichtrichtung) angegeben werden (Bild 2).

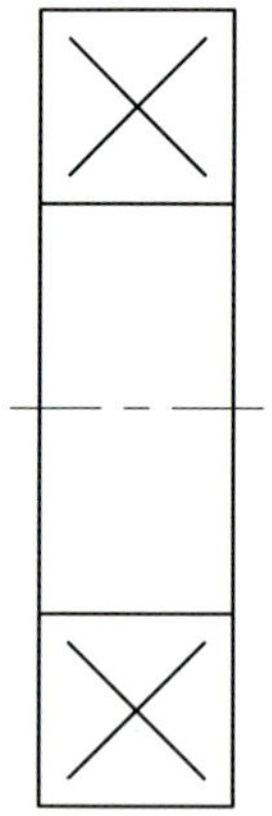

Bild 1

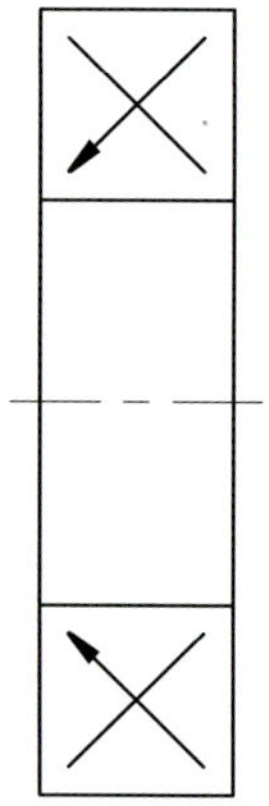

Bild 2

Die Bauart der Dichtungselemente wird bei der vereinfachten Darstellung durch Symbole angegeben. Diese sind mit **breiter** Volllinie an Stelle des Diagonalkreuzes in die Querschnittfläche einzutragen.

Tabelle 9.5 und Bild 1 zeigen Dichtelemente sowohl in vereinfachter als auch in bildlicher Darstellung.

Bauart	Vereinfachte Darstellung	Bildliche Darstellung
Radial-Wellendichtring **ohne Staublippe**	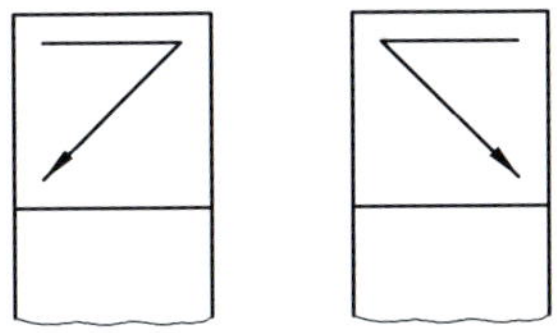	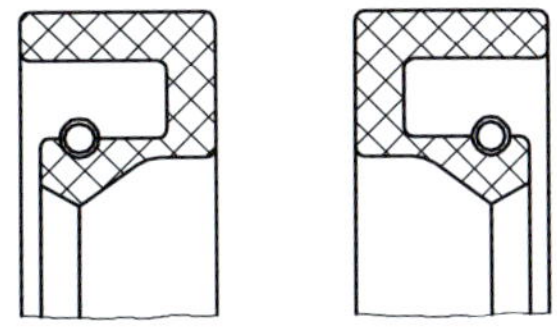
Radial-Wellendichtring **mit Staublippe**	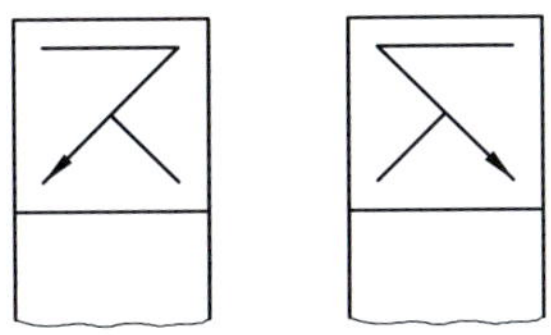	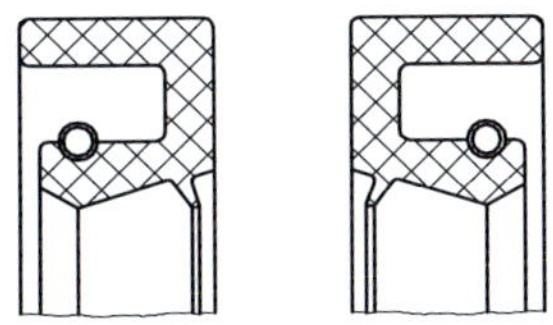
Radial-Wellendichtring **ohne Staublippe doppelt wirkend**	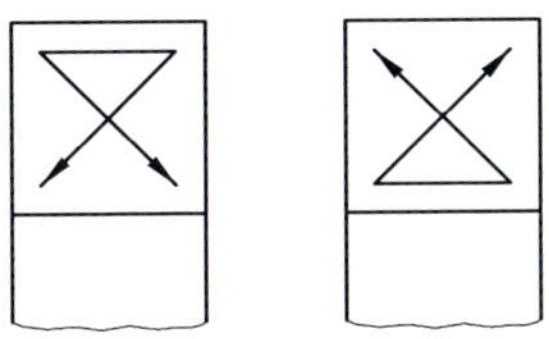	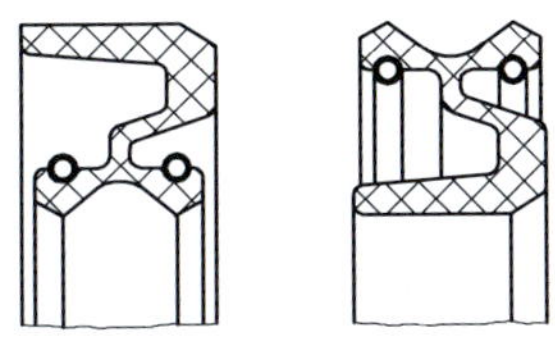

Tabelle 9.5

Um Einbau- und Dichtprobleme zu vermeiden, ist zu beachten, dass die Durchmesser der Wellenlagerung und die Durchmesser der Dichtflächen nicht gleich sein dürfen.

Einbaubeispiel für einen Radial-Wellendichtring mit Staublippe in **vereinfachter Darstellung**

Einbaubeispiel für einen Radial-Wellendichtring mit Staublippe in **bildlicher Darstellung**

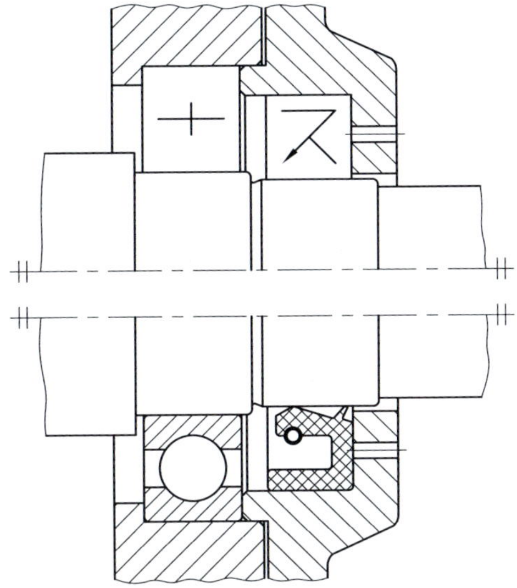

Bild 1

9.4 Darstellung von Welle-Nabe-Verbindungen

9.4.1 Allgemeines

Zur Übertragung von Drehmomenten müssen Riemenscheiben, Kettenräder, Zahnräder, Kupplungen usw. mit Wellen verbunden werden. Aus der Vielfalt der Möglichkeiten von Welle-Nabe-Verbindungen werden in weiterer Folge nur die formschlüssigen Verbindungen dargestellt.

9.4.2 Passfederverbindung

Die gebräuchlichste aller Mitnehmerverbindungen ist die Passfederverbindung. Die Kraftübertragung erfolgt durch den zwischen der Wellen- und Nabennut sitzenden Mitnehmer, der als **Passfeder** bezeichnet wird.

Die Höhe und Breite der Passfeder sowie die Tiefe der Naben- und Wellennut sind nach **DIN 6885** festgelegt. Diese Maße und die zugehörigen Toleranzen sind abhängig vom Wellendurchmesser und sind einem Tabellenbuch zu entnehmen.

Die Nabe des eingepassten Bauteiles muss auf Grund der Spielpassung zwischen Welle und Nabenbohrung gegen axiales Verschieben gesichert werden, was meist durch eine Wellenschulter in Verbindung mit einem Sicherungselement erfolgt.

9.4.2.1 Ausführung der Passfedern

Passfedern werden als blankgezogene Stangen aus dem Werkstoff **E295** und mit der **Toleranzklasse h9** hergestellt.

Die am häufigsten verwendete Passfeder hat beiderseits **runde Stirnflächen** und entspricht der Form A. Daneben gibt es noch Passfedern mit **geradlinig** begrenzten Stirnflächen (Form B) und Ausführungen, die mit der Welle verschraubt werden (Form C und D), und solche, die zum Lösen der Passfeder zusätzlich ein Abdrückgewinde aufweisen (Form E und F).

Form A rund **Form B eckig**	**Form C rund** **Form D eckig**	**Form E rund** **Form F eckig**
	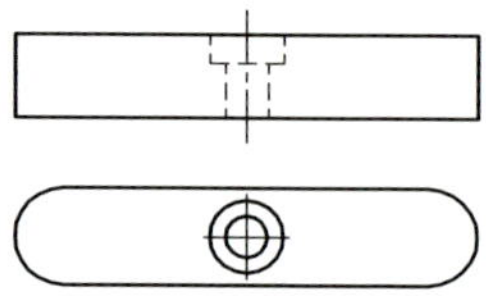	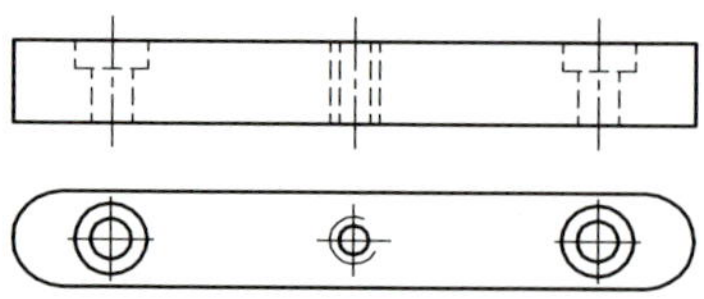

Tabelle 9.6

Die Normbezeichnung für eine Passfeder **mit runden Stirnflächen** und einer Breite von 16 mm, einer Höhe von 10 mm und einer Länge von 50 mm lautet:

Passfeder DIN 6885-A 16×10×50-E295

Bei anderen Ausführungen ändert sich nur die Formbezeichnung.

9.4.2.2 Passfederverbindung – Form A

- **Welle**

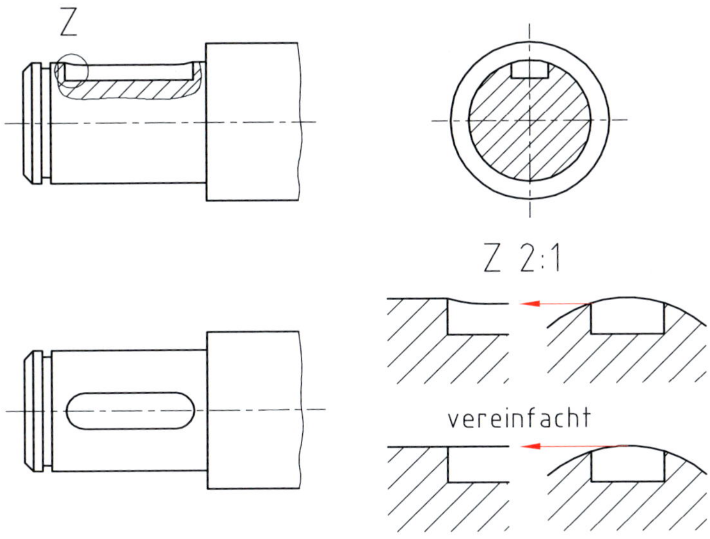

Bild 1

- **Nabe**

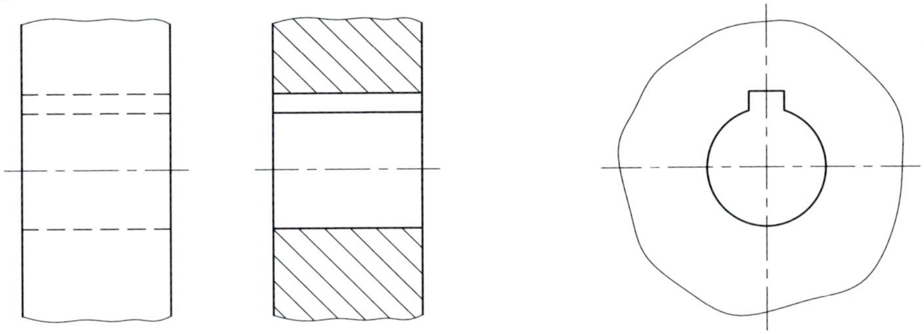

Ansicht **Schnitt**

Bild 2

- **Verbindung**

Das Rückenspiel zwischen Passfeder und Nabengrund ist immer darzustellen!

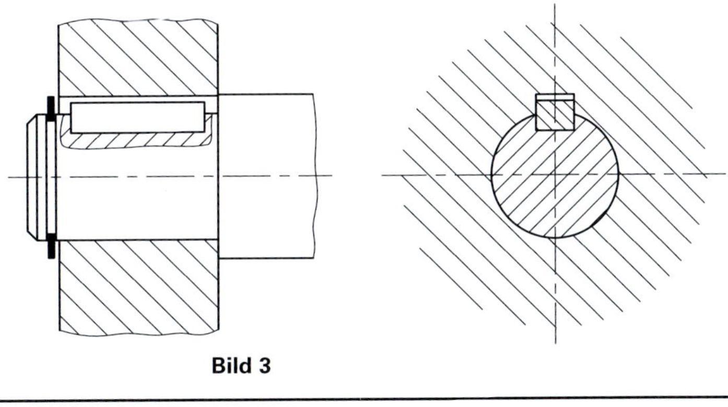

Bild 3

9.4.2.3 Bemaßung der Wellen- und Nabennut

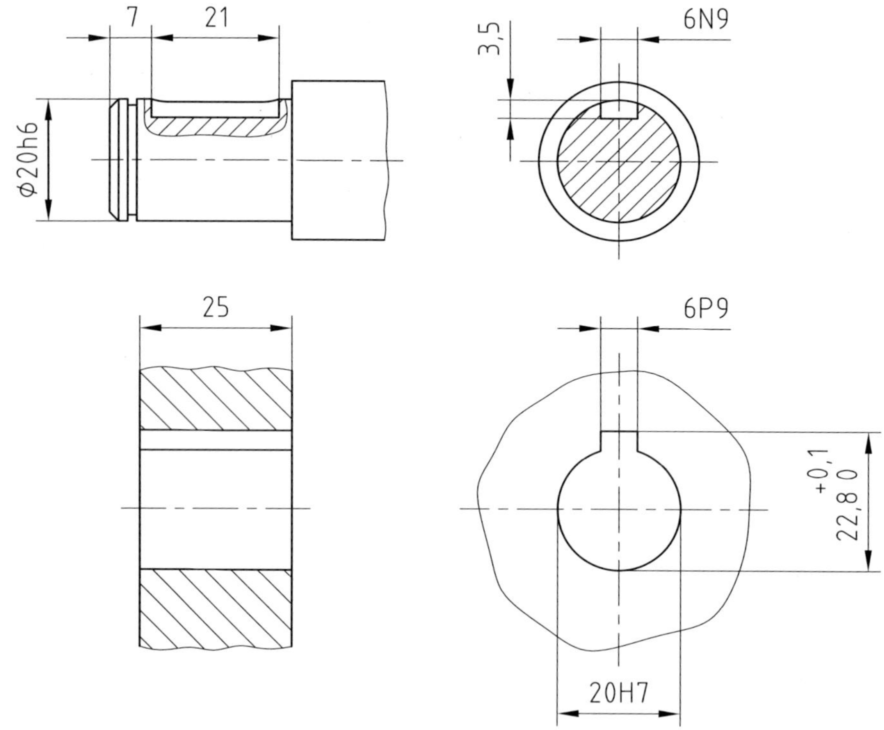

Bild 1

9.4.2.4 Passfederverbindung – Form E

Eine Sonderform der Passfeder stellt die **Gleitfeder** dar.

Soll die Nabe auf einer Welle verschiebbar sein, so wird der Mitnehmer als Gleitfeder bezeichnet. Dabei gewährleistet die Spielpassung zwischen der Nabenbohrung und dem Wellendurchmesser sowie zwischen der Nabennut- und Gleitfederbreite (D10/h9) die Verschiebbarkeit. Die Gleitfeder ist mit der Welle zu verschrauben (Bild 2).

Die Normbezeichnung für eine Gleitfeder mit einer Breite von 16 mm, einer Höhe von 10 mm und einer Länge von 140 mm lautet:

Passfeder DIN 6885-E 16×10×140-E295

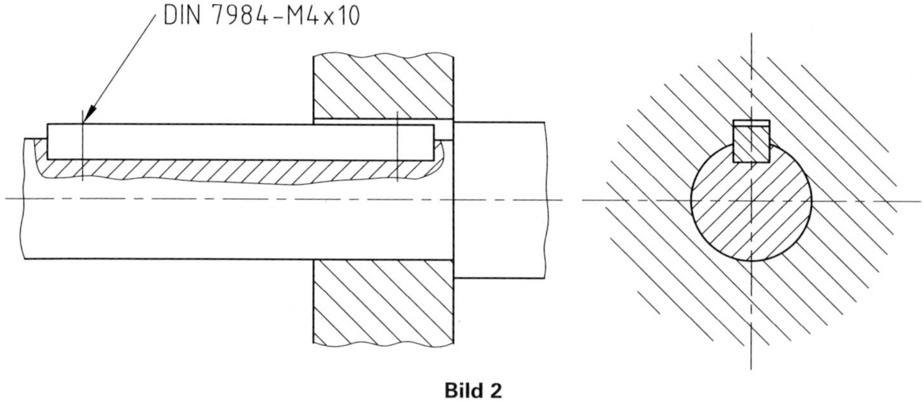

Bild 2

9.4.3 Scheibenfederverbindung

Scheibenfedern sind nach **DIN 6888** genormt. Die Abmessungen der Scheibenfederverbindung können, abhängig vom **Wellendurchmesser** und von der **Funktion** (Reihe 1, Reihe 2), einem Tabellenbuch entnommen werden.

Reihe 1: Scheibenfeder als Mitnehmer
Reihe 2: Scheibenfeder zur Festlegung der Lage

Die Normbezeichnung einer Scheibenfeder aus dem Werkstoff E335, mit einer Breite von 5 mm und einer Höhe von 9 mm lautet:

Scheibenfeder DIN 6888-5×9-E335

- **Welle**

Reihe 1 **Reihe 2**

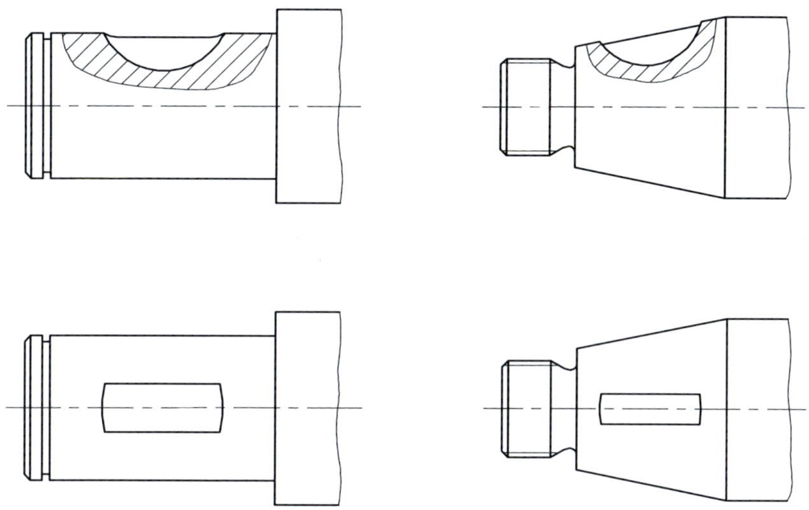

Bild 1

- **Verbindung**

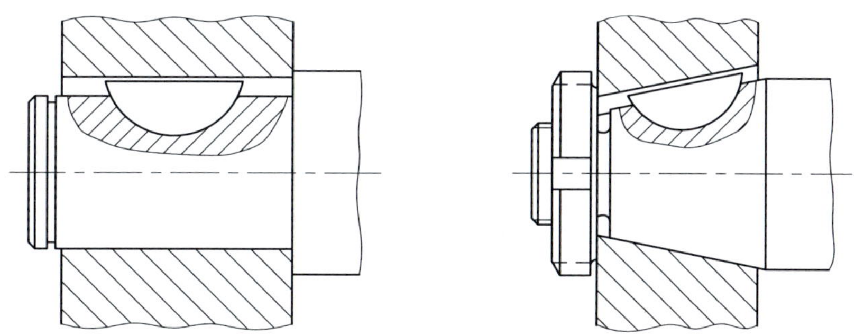

Bild 2

9.4.3.1 Bemaßung der Wellen- und Nabennut

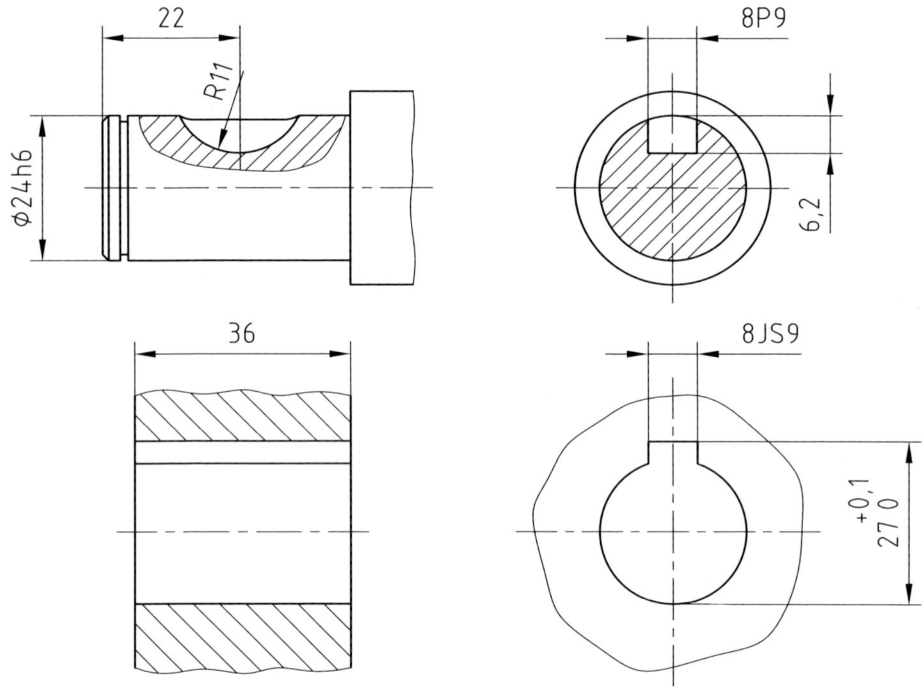

Bild 1

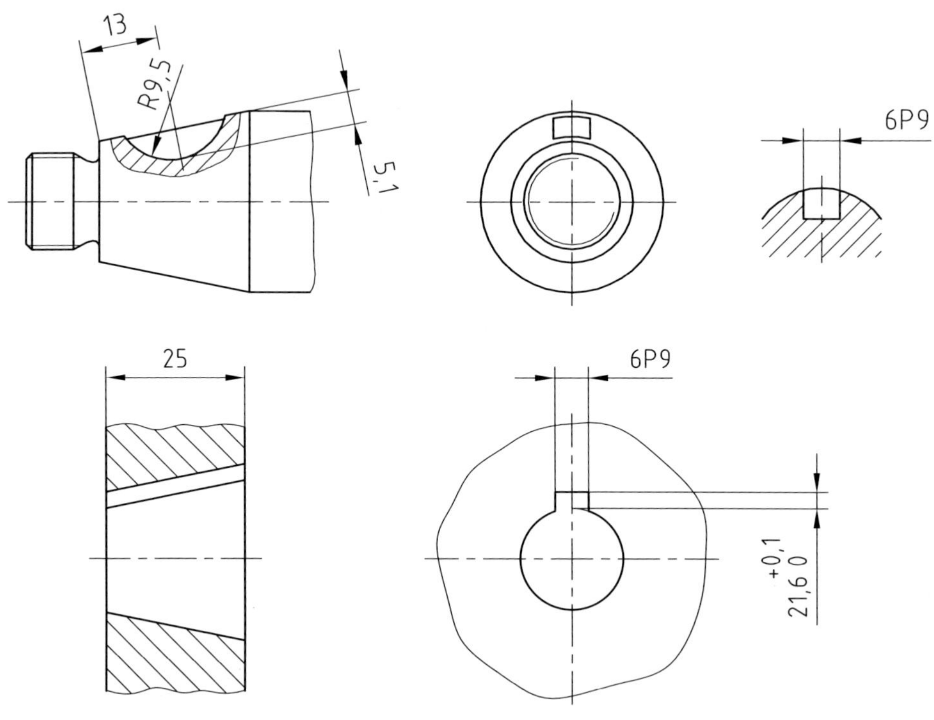

Bild 2

9.4.4 Keilwellenverbindungen

Keilwellenverbindungen nach **ÖNORM ISO 14** werden vorwiegend zum Übertragen großer Drehmomente bei gleichzeitiger Verschiebbarkeit der Nabe (Getriebe, Kupplung, Kardanwelle usw.) angewendet.

Die Darstellung von Keilwellenverbindungen in technischen Zeichnungen kann nach **ÖNORM EN ISO 6413** entweder **detailgetreu** oder **vereinfacht** erfolgen.

Für die **detailgetreue Darstellung und Bemaßung** sind die allgemeinen Zeichen- und Bemaßungsregeln anzuwenden.

- **Welle**

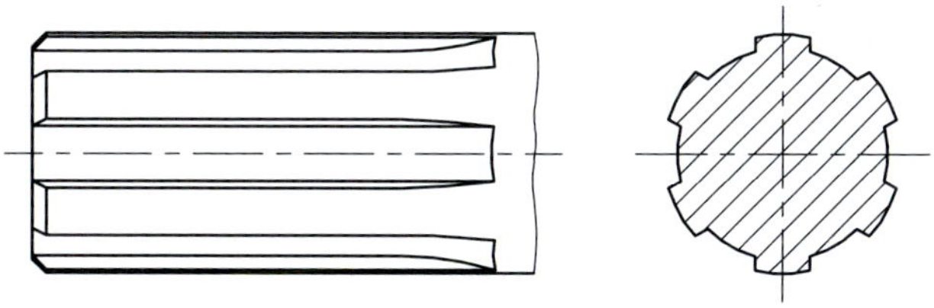

Bild 1

- **Nabe**

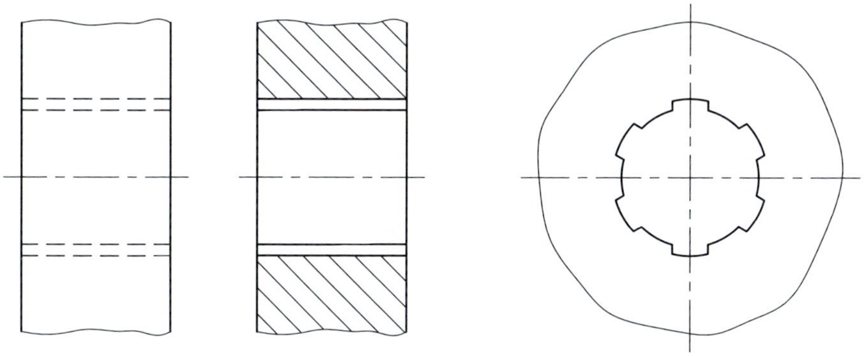

Ansicht **Schnitt**

Bild 2

- **Verbindung**

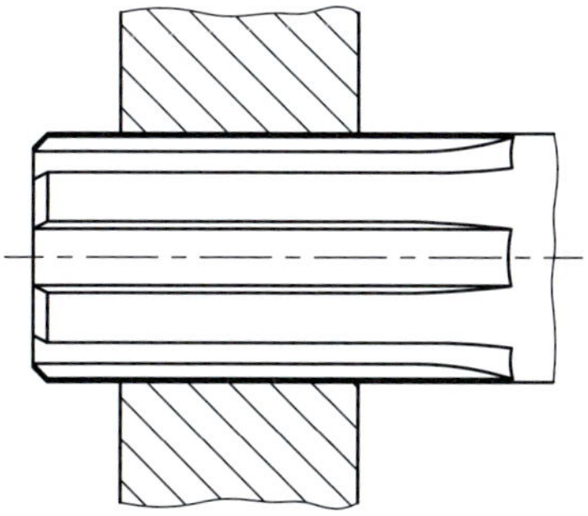

Bild 3

In der Praxis wird auf Grund des geringeren Arbeitsaufwandes die **vereinfachte Darstellung** bevorzugt. Bei dieser sind die Umrisse der Welle und Nabe ohne Details der Verzahnung darzustellen. Die Bemaßung der Keilwelle und der Keilnabe erfolgt mit einem Bezugspfeil und der entsprechenden Normbezeichnung (Bild 2 und Bild 3). Alle Angaben sind mit der **gleichen** Schriftgröße und Linienbreite wie die Maßzahlen einzutragen.

Die Normbezeichnung des Keilprofils setzt sich aus folgenden Angaben zusammen (Bild 1):

- Grafisches Symbol für die Keilwelle und Nabe
- Normangabe der Profilform
- Keilzahl
- Innendurchmesser d_1 mit Toleranzklasse
- Außendurchmesser d_2

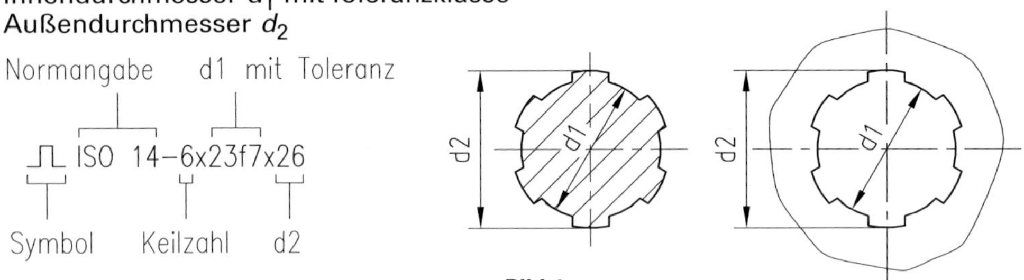

Bild 1

Die Fertigungszeichnung muss alle für die Herstellung erforderlichen Details, wie Maße, Toleranz- und Oberflächenangaben usw., enthalten. Vielfach erleichtert ein **Profilschnitt** bzw. eine **Detailansicht** die Bemaßung, wobei die entsprechenden Größen und Werte einem Tabellenbuch zu entnehmen sind.

- **Welle**

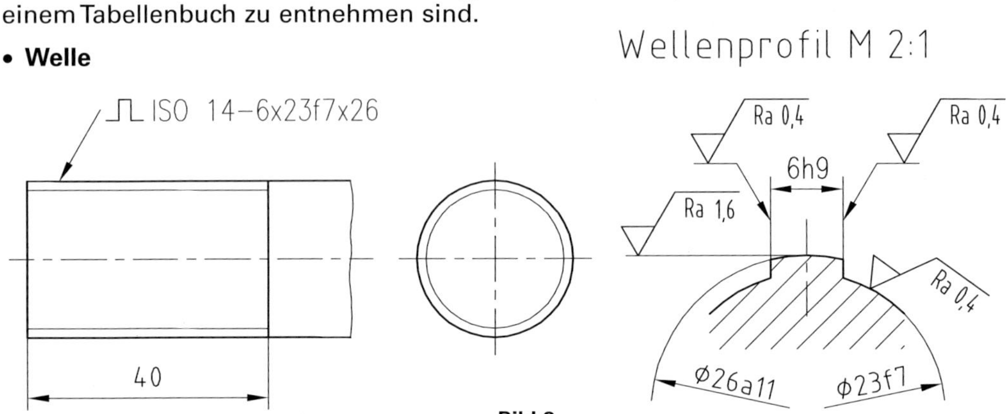

Bild 2

- **Nabe**

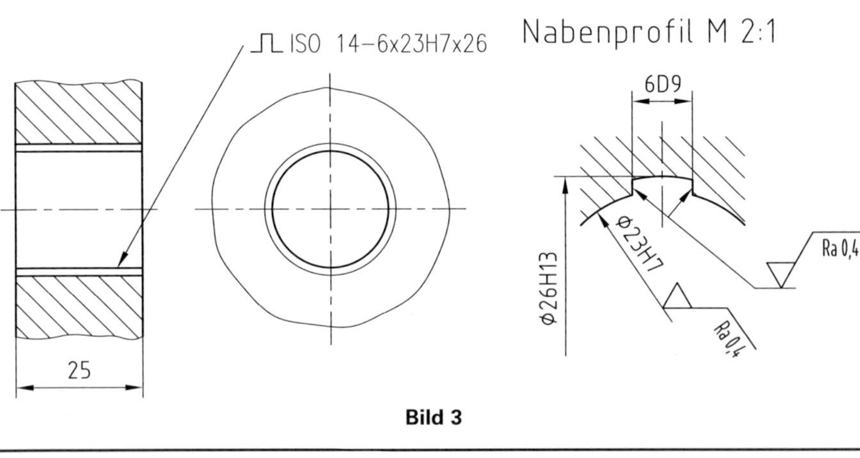

Bild 3

- **Verbindung**

In Zusammenbauzeichnungen ist die Normbezeichnung der Keilwelle und Keilnabe in einer Maßkombination anzugeben (Bild 1).

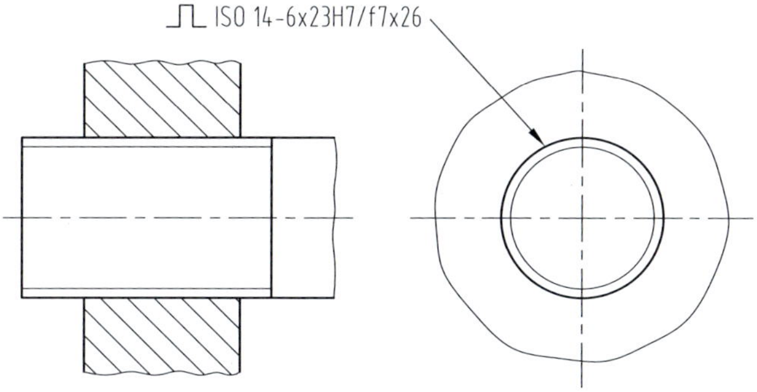

Bild 1

9.4.5 Kerbzahnverbindungen

Die Darstellung von Kerbzahnverbindungen erfolgt faktisch nach dem gleichen Prinzip wie die der Keilwellenverbindung. Auch die Kerbzahnverbindung kann **detailgetreu** nach den allgemeinen Zeichen- und Bemaßungsregeln dargestellt werden.

In der Praxis wird jedoch die **vereinfachte** Darstellungsart bevorzugt, bei der nur die Umrisse von Welle und Nabe ohne weitere Details gezeichnet werden. Die Normbezeichnung erfolgt wie beim Keilprofil, doch mit dem Unterschied, dass das **Symbol für die Kerbverzahnung** einzutragen ist (Bild 2).

Bild 2

- **Welle**

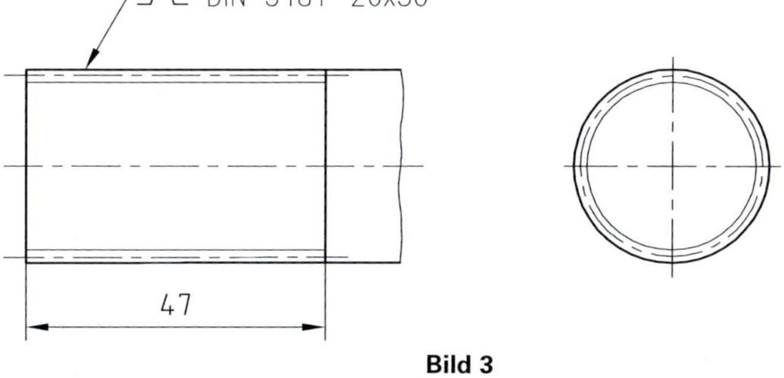

Bild 3

- **Nabe**

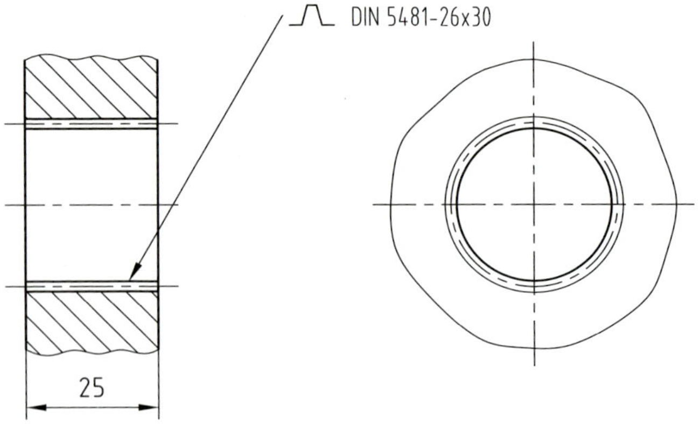

Bild 1

- **Verbindung**

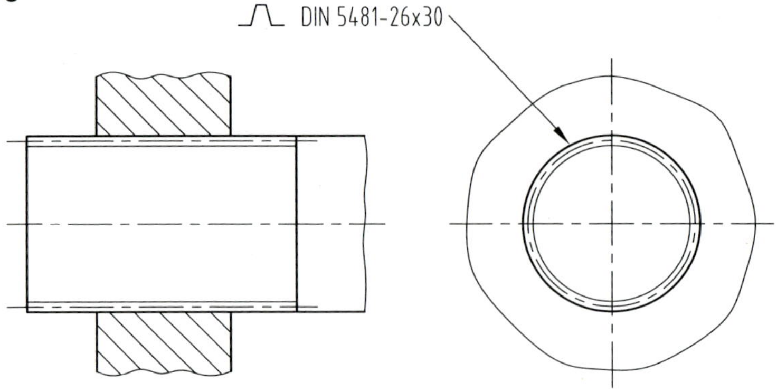

Bild 2

9.4.6 Polygonverbindungen

Polygonverbindungen sind nach **DIN 32711** festgelegt und dienen der Übertragung von Drehmomenten. Diese Profile sind geeignet für feste und/oder lösbare Verbindungen, jedoch nicht als Mitnehmerverbindungen, die unter Last in der Längsachse verschoben werden sollen (Bild 3).

In der Bezeichnung bedeuten:

A Wellenprofil
B Nabenprofil
P Polygon
3 dreiseitig
G gleich dick

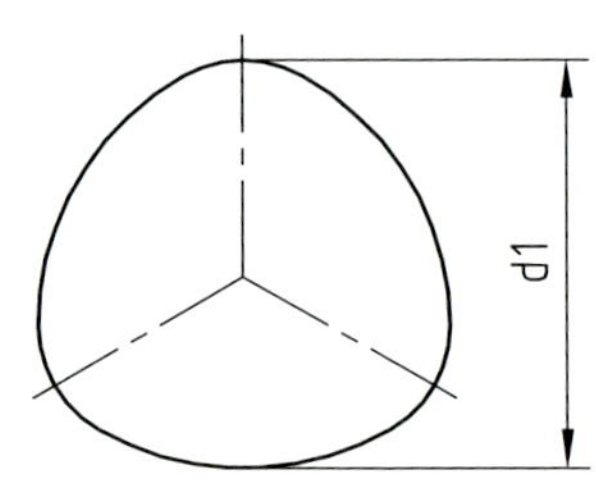

Wellenprofil A P3G

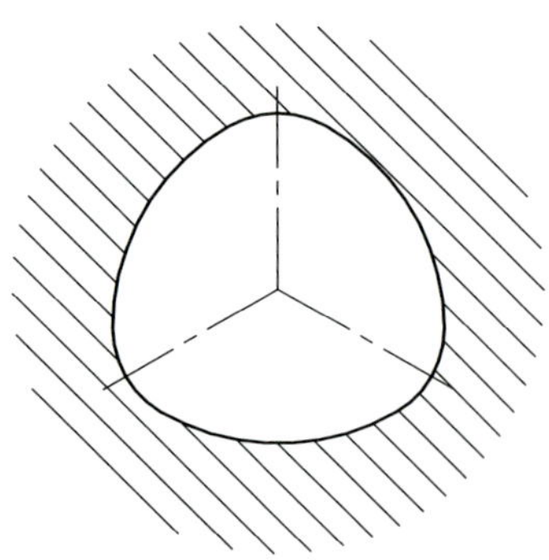

Nabenprofil B P3G

Bild 3

9.4.6.1 Zeichenfolge für die Darstellung des Polygonprofils

- Nenngröße des Polygonprofils laut Tabellenbuch festlegen = d_1 (Bild 3, Seite 222)
- drei um 120° versetzte Mittellinien (Achsen) zeichnen und Kreise mit dem Durchmesser d_2 und d_3 auftragen (Bild 1a)
- Kreisbogenradien R_1 und R_2 der Tabelle entnehmen, für beide Kreisbögen gelten die gleichen Einsatzpunkte
- Kreisbogen mit R_2 von jeder Achse aus tangierend mit d_2 abschlagen (Bild 1b)
- Kreisbogen mit R_1 von jeder Achse aus tangierend mit d_3 abschlagen (Bild 1c)
- Polygonprofil mit breiter Volllinie ausziehen

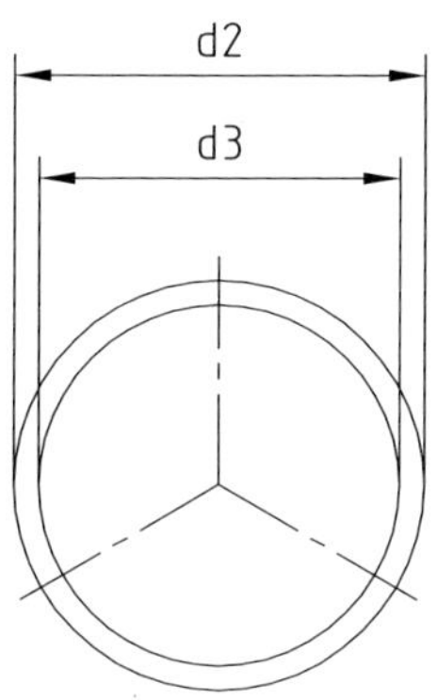

Bild 1a

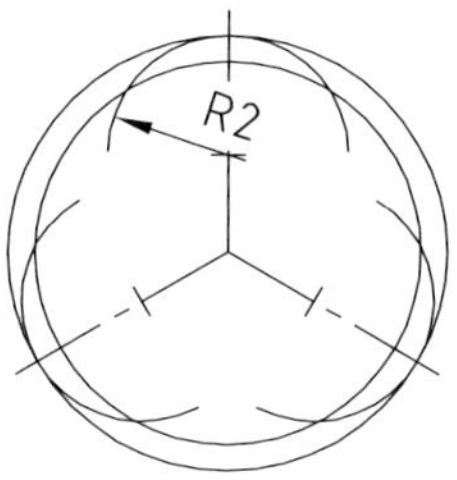

Bild 1b

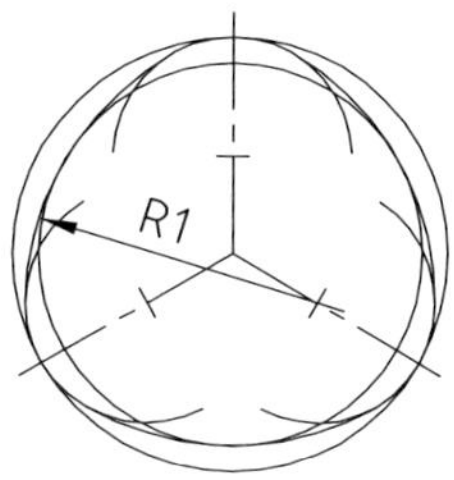

Bild 1c

9.4.6.2 Bemaßung von Polygonprofilen

Für die Maßangabe von Polygonprofilen wird die vereinfachte Form nach Bild 2 empfohlen.

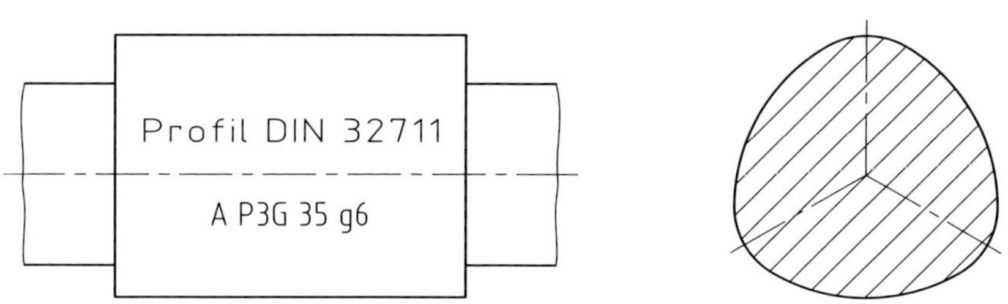

Bild 2

ZÜ 9.3 Darstellung von Mitnehmerverbindungen

Lernziel: *Zeichnen und Bemaßen von Welle-Nabe-Verbindungen*

ZÜ 9.3A Darstellung eines Wellenendes mit Lagersitz und Passfedernut

Zeichne und bemaße auf einem A4-Blatt in Querformat nach unten stehender Vorlage ein **Wellenende mit Lagersitz** und Passfedernut aus dem Werkstoff **S185.**

Das Wellenende ist so darzustellen, dass das Gewinde und die Passfedernut im Ausbruch bzw. im Schnitt liegen. Stirnseitig liegt ein Gewinde M10 mit einer nutzbaren Gewindelänge von 15 mm. Die Passfeder ist 22 mm lang und hat einen Randabstand von 3,5 mm.

Die Wellensicherungsnut zur Lagerfixierung ist im Detail Z darzustellen und zu bemaßen. Der Lagersitz ∅55h6 und der Wellendurchmesser 40h6 sind mit einem Mittenrauwert von *Ra* 0,8, alle nicht gekennzeichneten Oberflächen mit einem Mittenrauwert von ***Ra*** **3,2** zu fertigen.

Die ermittelten Höchst- und Mindestmaße der ISO-Toleranzangaben sind in die Abmaßtabelle einzutragen.

Für alle nicht tolerierten Maße ist die Allgemeintoleranz **mittel** anzuwenden.

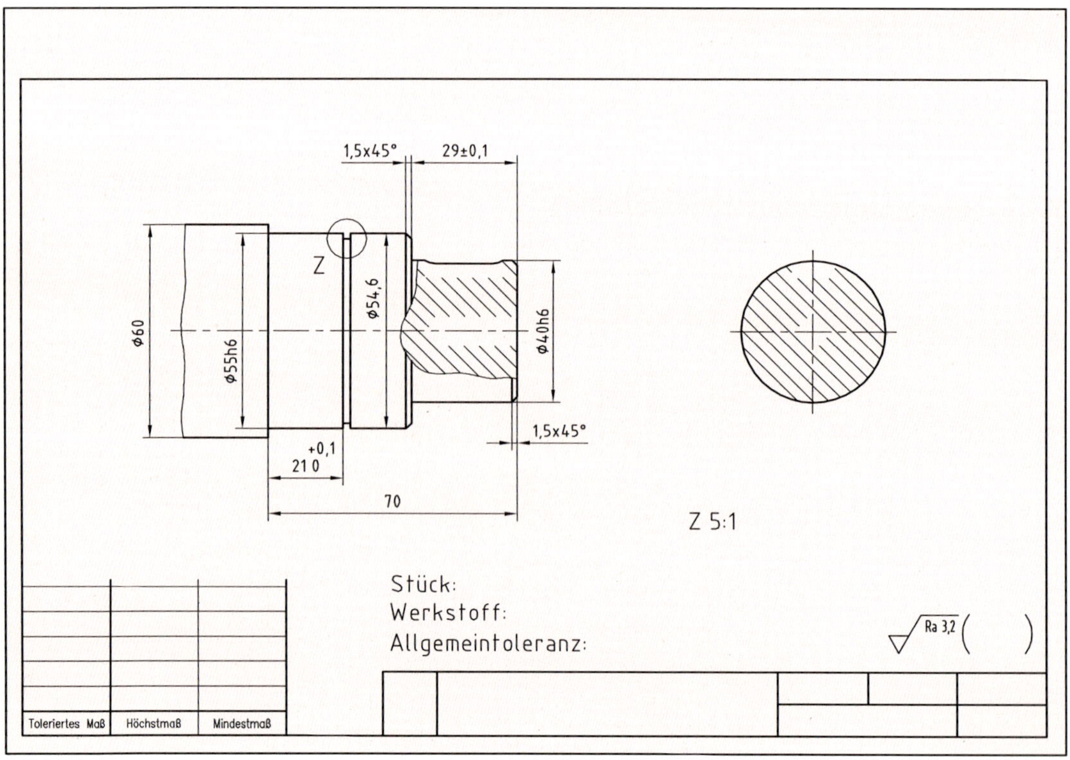

ZÜ 9.3B Darstellung einer Welle-Nabe-Verbindung mit Passfeder

Zeichne auf einem A4-Blatt in Hochformat nach unten stehender Vorlage die Zusammenbauzeichnung einer **Welle-Zahnrad-Verbindung** mit Passfeder.

Die Abmessungen der **Welle** sind **ZÜ 9.3A**, die Abmessungen des **Stirnrades mit Passfedernut** sind **ZÜ 9.1A** zu entnehmen.

Die Zeichnung ist so zu gestalten, dass das Gewinde und die Passfedernut ausgebrochen und das Zahnrad geschnitten dargestellt ist.

Das Zahnrad ist gegen axiale Verschiebung mit einer Sechskantschraube M10×20-3.6, einem Federring mit Form A und einer Druckscheibe aus dem Werkstoff **S185** gesichert.

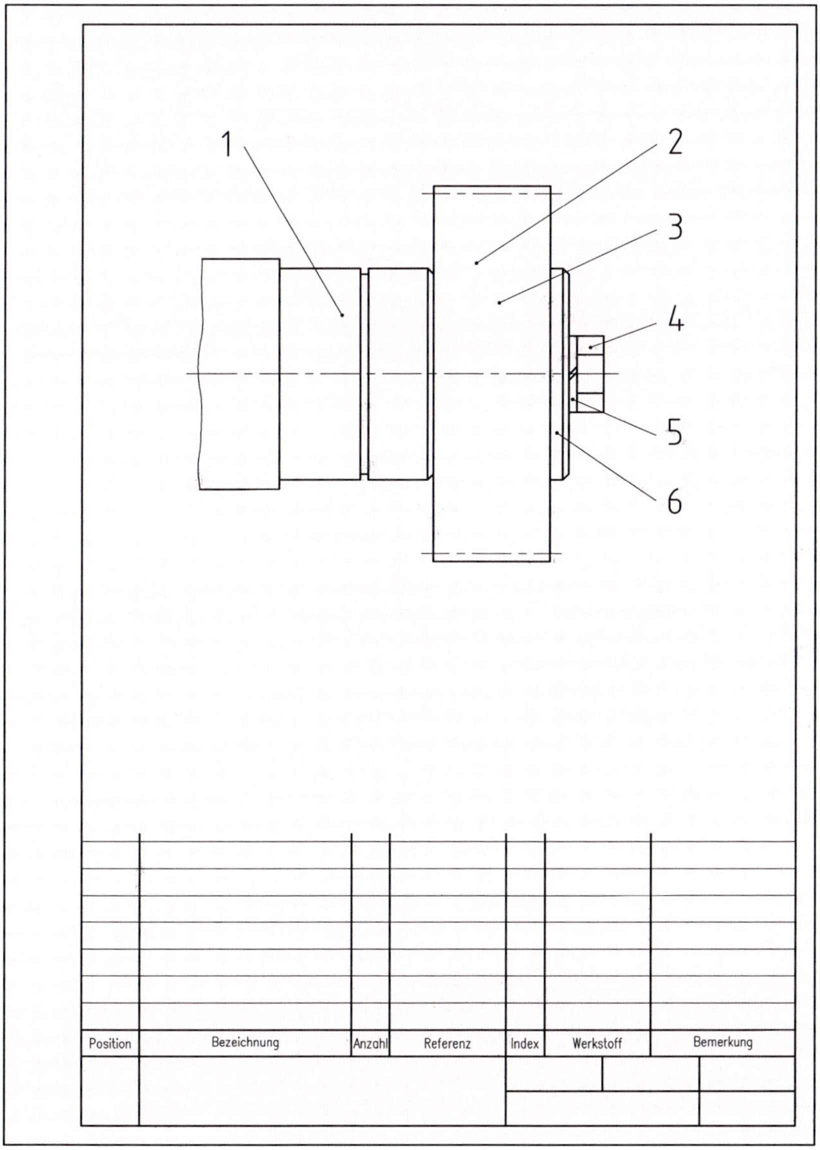

Alle nicht gegebenen Maße und Werte können **frei gewählt** werden bzw. sind einem Tabellenbuch zu entnehmen.

Das Schriftfeld **und** die Stückliste sind vollständig auszufüllen.

Zusatzaufgabe:

Zeichne und bemaße auf einem A4-Blatt in Hochformat die **Druckscheibe** (Position 6). Alle nicht gegebenen Maße können **frei gewählt** werden.

ZÜ 9.3C Darstellung eines Wellenendes

Zeichne und bemaße auf einem A4-Blatt in Hochformat nach unten stehender Vorlage das **Wellenende** mit Lagersitz und Passfedernut aus dem Werkstoff **S185**.

Die Welle soll ausgebrochen gezeichnet werden, um das Gewinde und die Passfedernut zu zeigen.

Der Wellensicherungsring zur Lagerfixierung ist im Detail Z darzustellen und zu bemaßen. Der Lagersitz dient zur Aufnahme eines Rillenkugellagers DIN 625-6206-2Z. Die Passfeder ist 22 mm lang und hat einen Randabstand von 3,5 mm.

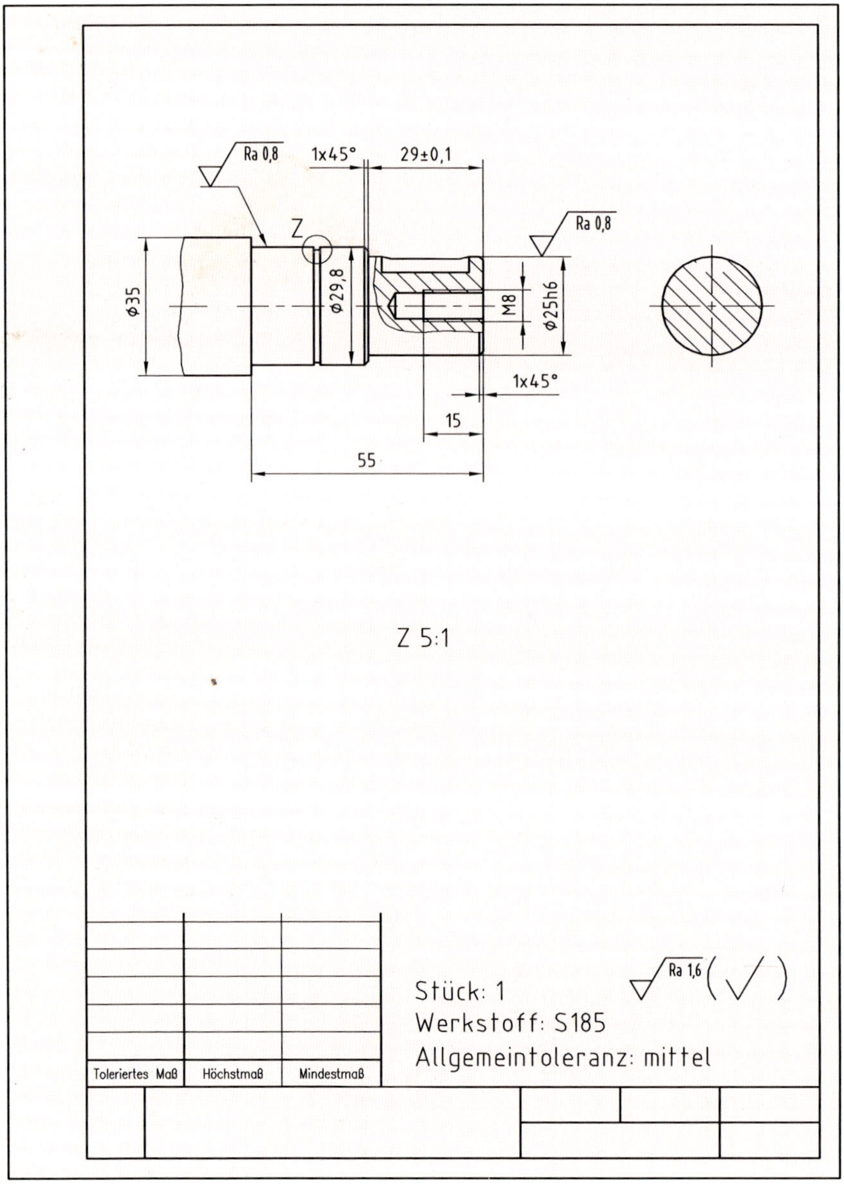

Alle nicht gegebenen Maße und Werte können **frei gewählt** werden bzw. sind einem Tabellenbuch zu entnehmen.

Die ermittelten Höchst- und Mindestmaße der ISO-Toleranzangaben sind in die Abmaßtabelle einzutragen.

Alle nicht gekennzeichneten Oberflächen sind mit einem Mittenrauwert von ***Ra* 1,6** zu fertigen.

Für alle nicht tolerierten Maße ist die Allgemeintoleranz **mittel** anzuwenden.

ZÜ 9.3D Darstellung einer Keilriemenscheibenverbindung

Zeichne auf einem A4-Blatt in Hochformat nach unten stehender Vorlage die Zusammenbauzeichnung einer **Welle-Riemenscheibe-Verbindung** mit Passfeder. Die Abmessungen der Welle sind **ZÜ 9.3C** zu entnehmen.
Die Keilriemenscheibe für Schmalkeilriemen SPA nach DIN 7753 hat eine Nabenbreite von 30 mm, eine Scheibenbreite von 20 mm und ist beidseitig mit 1×45° gefast. Die Übergänge zur Riemenlauffläche sind mit einem Radius von 0,5 mm zu runden. Die weiteren Abmessungen sind einem Tabellenbuch zu entnehmen.
Die **Riemenscheibe** aus dem Werkstoff **AlMgSi1** ist gegen axiale Verschiebung mit einer Sechskantschraube M8×20–3.6, einem Federring (Form A) und einer Druckscheibe aus dem Werkstoff **S185** gesichert. Die Nabenbohrung ∅25H7 ist mit einem Mittenrauwert *Ra* 0,8, alle anderen Oberflächen sind mit einem Mittenrauwert von *Ra* **1,6** zu fertigen.
Für alle nicht tolerierten Maße ist die Allgemeintoleranz **mittel** anzuwenden.
Das Schriftfeld **und** die Stückliste sind vollständig auszufüllen.

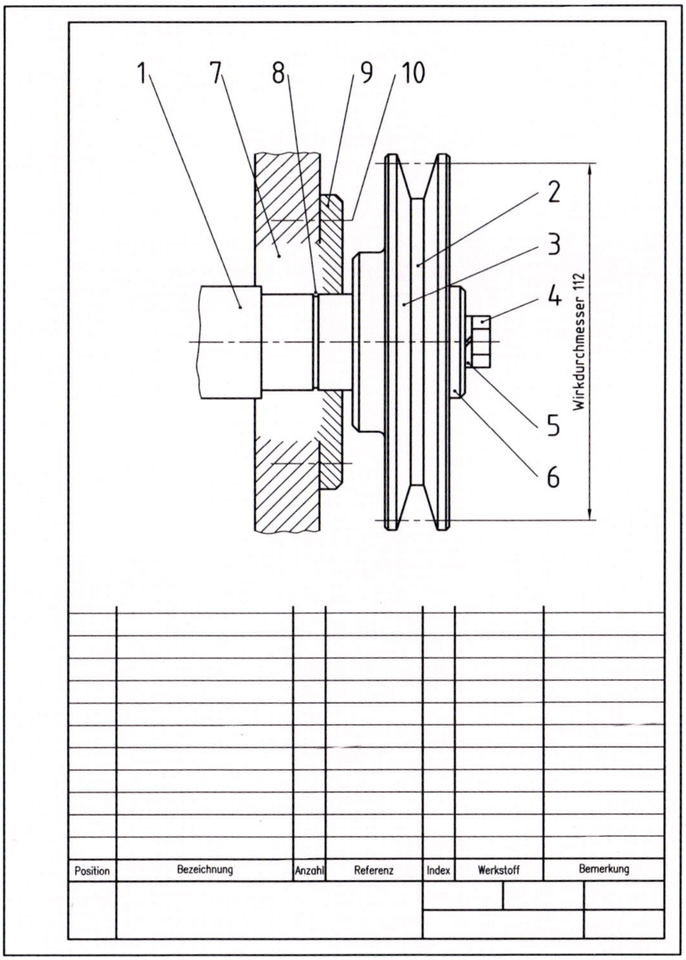

Zusatzaufgabe:

Zeichne und bemaße auf einem A4-Blatt in Querformat die **Keilriemenscheibe** (Position 2) nach Angaben laut **ZÜ 9.3D**.
Zeichne und bemaße auf einem A4-Blatt in Hochformat die **Druckscheibe** (Position 6).

Zeichne und bemaße auf einem A4-Blatt in Hochformat die **Lagerabdeckung** (Position 9) aus dem Werkstoff **S185**.

Alle nicht gegebenen Maße können **frei gewählt** werden. Die ermittelten Höchst- und Mindestmaße der ISO-Toleranzangaben sind in die Abmaßtabelle einzutragen. Alle nicht gekennzeichneten Oberflächen sind mit einem Mittenrauwert von ***Ra* 1,6** zu fertigen.

Für alle nicht tolerierten Maße ist die Allgemeintoleranz **mittel** anzuwenden.

ZÜ 9.3E Darstellung einer Kreissägewelle

Zeichne auf einem A3-Blatt in Querformat nach unten stehender Vorlage die Zusammenbauzeichnung einer **Kreissägewelle**.

Die Konstruktion soll so ausgeführt werden, dass die Fertigung der Einzelbauteile möglichst praxisnahe erfolgen kann. Die Befestigung des Gehäuserohres (Position 1) erfolgt mit Bügelhalter und ist in der zeichnerischen Ausführung nicht zu berücksichtigen. Das Schriftfeld **und** die Stückliste sind vollständig auszufüllen.

Die nachstehenden Maße und Angaben bilden die Grundlage der Konstruktion:

- **Gehäuserohr** aus dem Werkstoff **S235JR** – Außendurchmesser 105 mm, Wandstärke 15 mm, Länge 300 mm
- **Rillenkugellager** nach DIN 625-6208-2Z – rechts als Festlager, links als Loslager ausgeführt
- **zweireihige Riemenscheibe** für Schmalkeilriemen SPA mit Mitnehmer und Befestigung
- **Welle** aus dem Werkstoff **C35** – hat am linken Ende zur Befestigung des 5 mm breiten Sägeblattes mit einer Bohrung von ∅30H7 ein Gewinde M24–LH
- **Lagerabdeckungen** aus dem Werkstoff **S185** – befestigt mit vier Zylinderschrauben mit Innensechskant M6×12 nach DIN 7984
- **Sägeblattspannflansch** aus dem Werkstoff **S185** – muss hinterdreht werden!

Zusatzaufgabe:

Erstelle die Fertigungszeichnung für das **Gehäuserohr**, für die **Welle**, die **Riemenscheibe**, die **Druckscheibe**, die **Lagerabdeckungen** und den **Sägeblattspannflansch** mit allen zur Herstellung erforderlichen Details, Maßen und Fertigungsangaben.

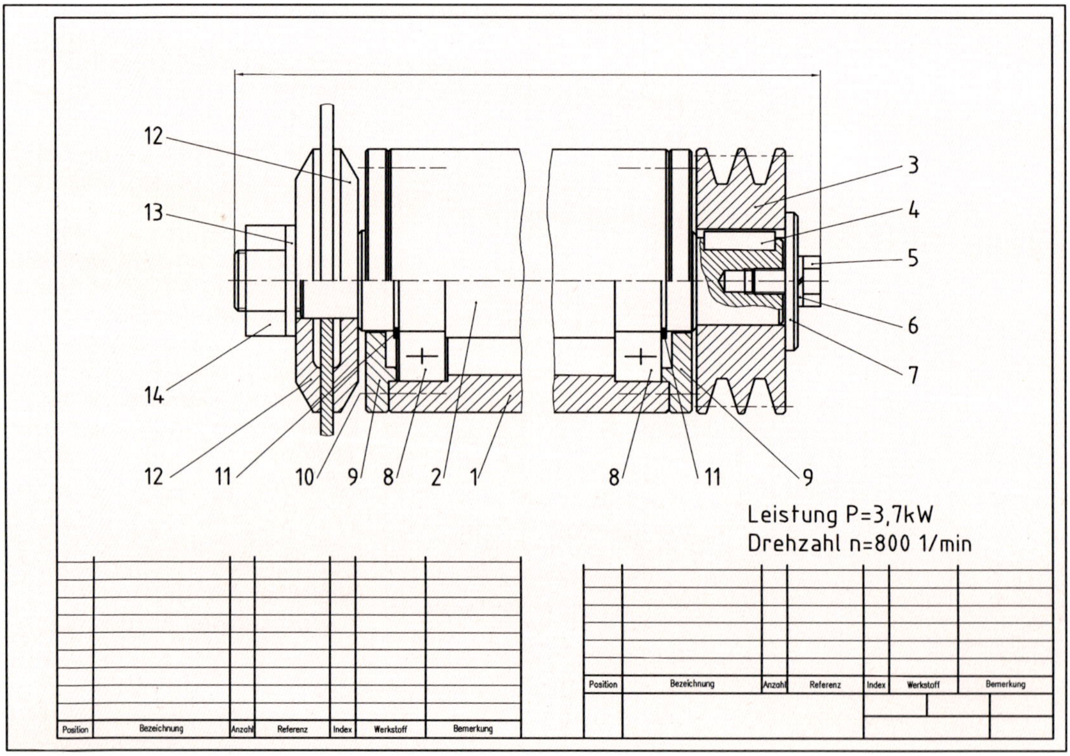

9.5 Darstellung von Stiftverbindungen

9.5.1 Allgemeines

Stifte werden im Maschinen-, Apparate-, Werkzeug- und Vorrichtungsbau zur Herstellung lösbarer Verbindungen angewendet.
Von der Form her unterscheidet man **Zylinderstifte**, **Kegelstifte** und **Kerbstifte**. Die Wahl der Stiftform richtet sich nach den Anforderungen die an die Verbindung gestellt werden, z. B. Genauigkeitsgrad der Lagesicherung, Häufigkeit der Lösung, Gefahr der Selbstlösung usw.
Die Stiftabmessungen sind einem Tabellenbuch zu entnehmen, wobei die **Stiftlänge** von der Dicke der zu verbindenden Bauteile und der **Stiftdurchmesser** von der Größe der Querkraft (Schubkraft) abhängig ist. Bei größeren Kräften ist zur Bestimmung des Stiftdurchmessers die Berechnung auf Abscherung zu empfehlen.
Da die Aufgabe der Stifte vorwiegend in der Zentrierung von zwei oder mehreren Bauteilen liegt, müssen bei der Fertigung die Bauteile gemeinsam gebohrt und eventuell auch gemeinsam gerieben werden. Dies ist in der Fertigungszeichnung durch die Textierung, z. B. **Position 1 mit Position 2 gemeinsam gebohrt und gerieben**, zu vermerken.
Die Darstellung der Stifte erfolgt entsprechend ihrem Aussehen. Die Normbezeichnung ist in der Stückliste der Zusammenbauzeichnung anzugeben.

9.5.2 Zylinderstifte

Zylinderstifte – auch als Passstifte bezeichnet – sind nach **ÖNORM EN ISO 8734** festgelegt und werden in durchgehärteter Ausführung (Form A) und einsatzgehärteter Ausführung (Form B) angeboten.
Zylinderstiftverbindungen sollten nicht öfter gelöst werden, da bei jedem Austreiben die Güte der Passung abnimmt.

Form	Darstellung	Toleranz-klasse	gibt mit Bohrung H7	Normbezeichnung
A	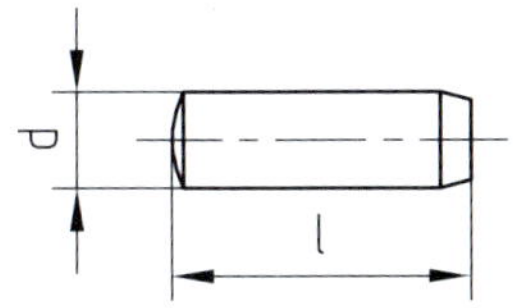	m6	Übergangs-passung	Zylinderstift ÖNORM EN ISO 8734-d×l-A-St
B	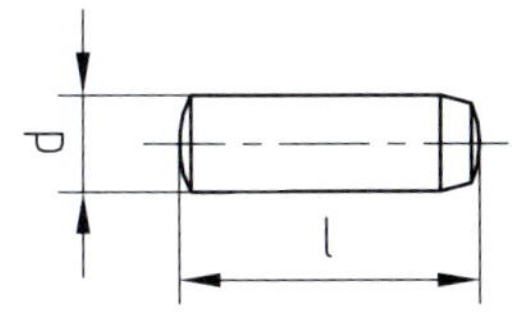	m6	Übergangs-passung	Zylinderstift ÖNORM EN ISO 8734-d×l-B-St

Beachte:
- Die Passlänge des Stiftes in der Aufnahmebohrung des zu verbindenden Bauteiles soll ungefähr seinem Durchmesser entsprechen (Bild 1, Seite 230).
- Die Demontage von Zylinderstiften erfordert eine Durchgangsbohrung.
- Bei dicken Bauteilen kann zur Verminderung der Reibarbeit die Aufnahmebohrung nach der Passstelle vergrößert werden (Bild 2, Seite 230).
- Um bei symmetrischen Bauteilen nur eine Zusammenbauvariante zu garantieren, soll ein Passstift maßlich versetzt angeordnet werden (Bild 3, Seite 230).

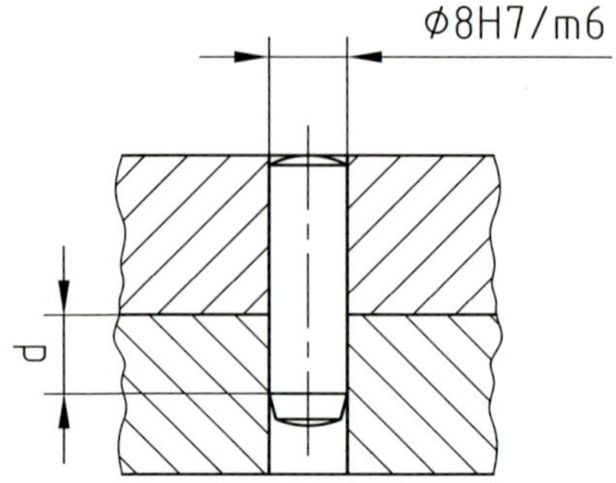

Bild 1

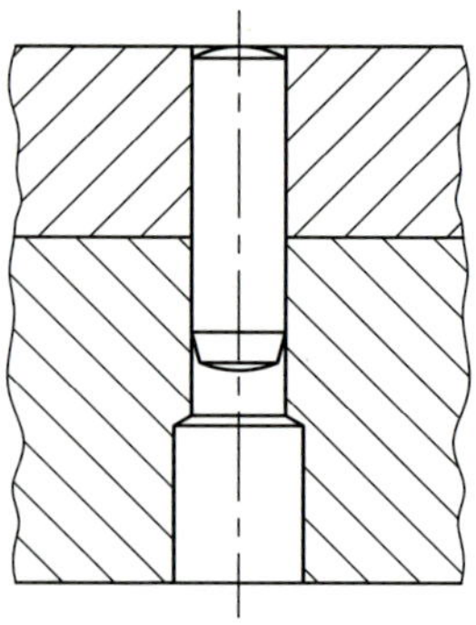

Bild 2

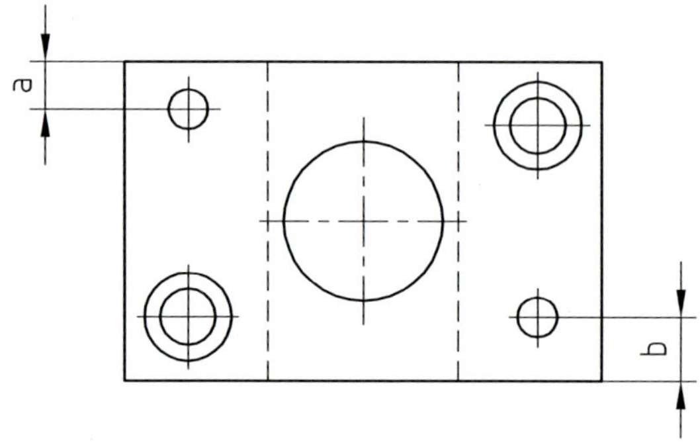

Bild 3

9.5.2.1 Spannstifte (Spannhülsen)

Spannstifte sind nach **ÖNORM EN ISO 8752** genormt. Die in Längsrichtung geschlitzten, hohlen Zylinderstifte aus Federstahl haben einen um ca. 0,2 mm bis 0,5 mm größeren Außendurchmesser als ihr Nennmaß. Der Längsschlitz kann gerade oder gewellt ausgeführt sein (Bild 4).

Der Spannstift wird mit der gefasten Seite in die nicht geriebene und meist auch nicht gesenkte Bohrung eingetrieben, wobei durch die Federspannung ein fester Sitz erreicht wird. Die Lage des Schlitzes (Einbaulage) wird durch die Beanspruchungsrichtung bestimmt (Bild 5).

Spannstifte haben keine so hohe Zentriergenauigkeit wie Zylinderstifte.

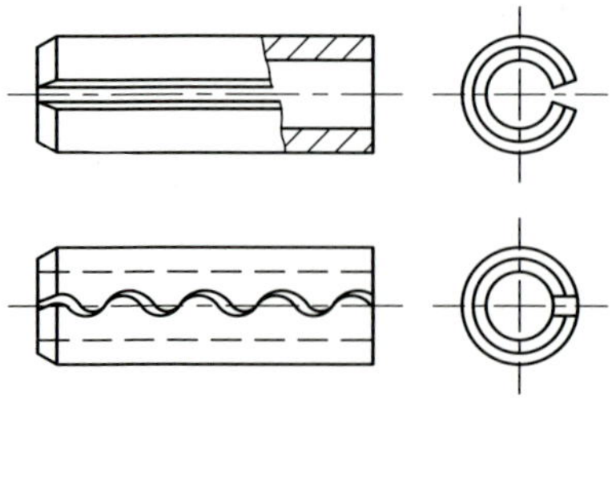

Bild 4

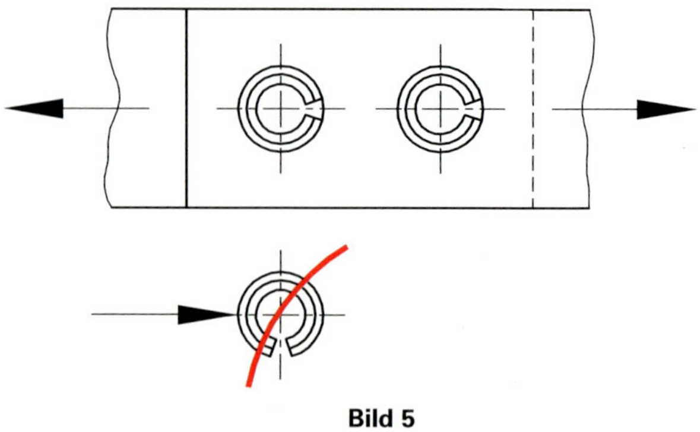

Bild 5

9.5.3 Kegelstifte

Kegelstiftverbindungen (Bild 1) sind arbeitsaufwendiger und erfordern meist eine Durchgangsbohrung. Sie können aber im Gegensatz zu Zylinderstiftverbindungen beliebig oft gelöst werden.

Kegelstifte mit Innengewinde (Bild 2) oder mit Gewindeansatz können auch in Grundlöcher eingebaut werden, wobei das Lösen der Stifte mit einer Schraube oder Mutter erfolgt. Die Herstellung der kegeligen Bohrung (Neigung 1:50) ist mit fertigungsbedingten Ungenauigkeiten verbunden und ergibt daher eine geringere Zentriergenauigkeit als eine Zylinderstiftverbindung.

Die unterschiedlichen Bauformen und Normbezeichnungen sind einem Tabellenbuch zu entnehmen.

Kegelstift

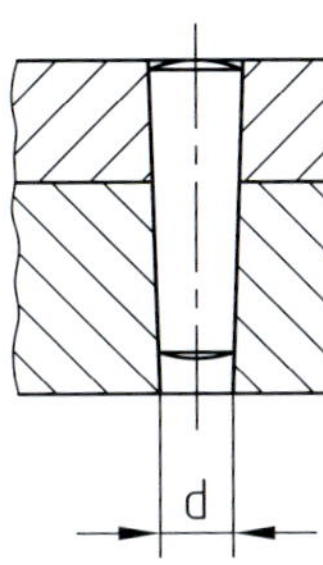

Bild 1

Kegelstift mit Innengewinde

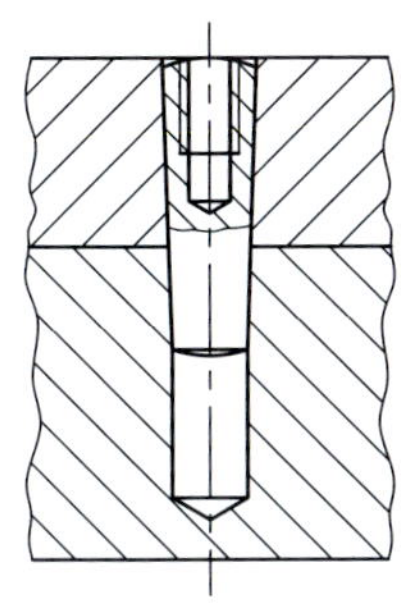

Bild 2

9.5.4 Kerbstifte

Kerbstifte besitzen am Umfang drei um 120° versetzte Längskerben, deren Kerbwulste beim Einschlagen in die Bohrung einen festen Sitz ergeben. Anwendung finden die Kerbstifte bei Verbindungen, die selten gelöst werden und keine besondere Zentriergenauigkeit erfordern (Bild 3).

Die unterschiedlichen Bauformen und Normbezeichnungen sind einem Tabellenbuch zu entnehmen.

Passkerbstift **Knebelkerbstift** **Kegelkerbstift**

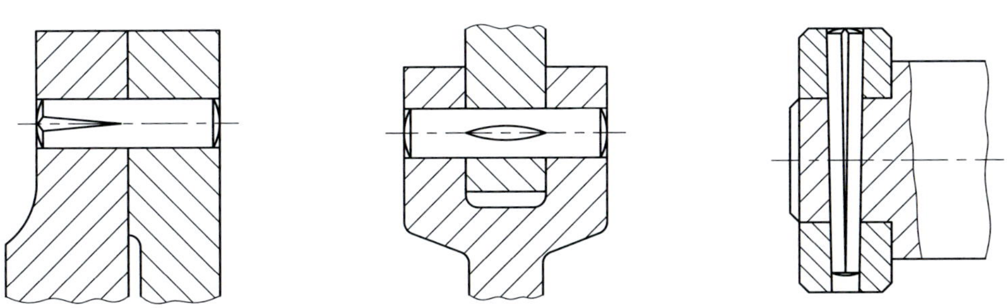

Bild 3

9.5.4.1 Kerbnägel

Mit Kerbnägeln werden gering beanspruchte Teile, wie Rohrschellen, Typenschilder usw., einfach und schnell befestigt (Bild 1). Der Nachteil der Kerbnägel liegt darin, dass sie nur **einmal** verwendet werden können.

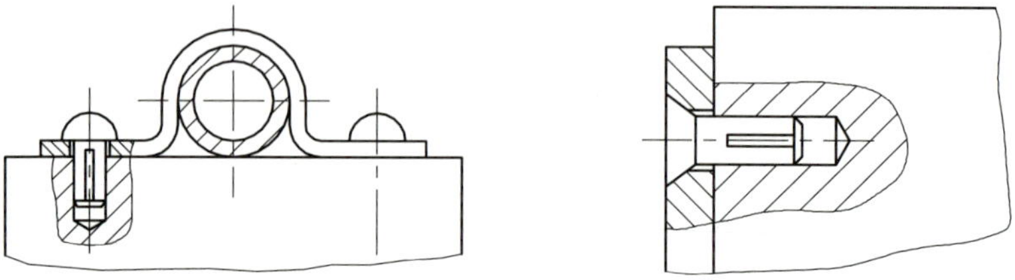

Bild 1

9.6 Darstellung von Bolzenverbindungen

9.6.1 Allgemeines

Bolzen sind „kurze Achsen", die meist zwei oder mehrere bewegliche Maschinenteile miteinander verbinden. Zur axialen Sicherung werden je nach Anforderung Splinte, Sicherungsringe, Sicherungsscheiben, Muttern oder Achshalter verwendet. Für Bolzenverbindungen sollen nach Möglichkeit genormte Bolzen nach **ÖNORM EN 22340** und **ÖNORM EN 22341** verwendet werden. Bei größeren Belastungskräften ist zur Bestimmung des Bolzendurchmessers eine Berechnung auf Abscherung zu empfehlen.

Die unterschiedlichen Bauformen und Normbezeichnungen sind einem Tabellenbuch zu entnehmen.

9.6.2 Bolzen ohne Kopf

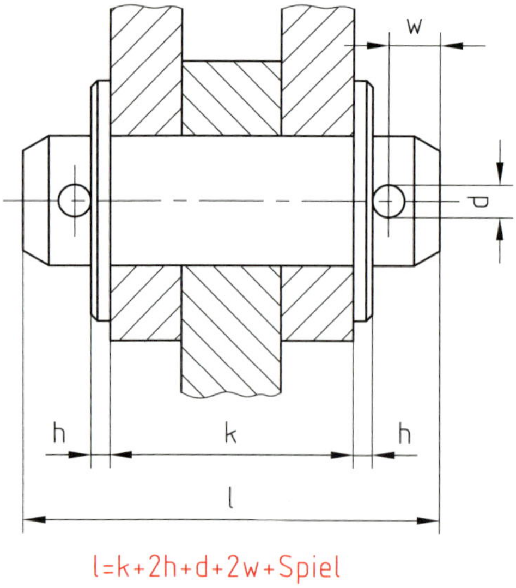

Bild 2

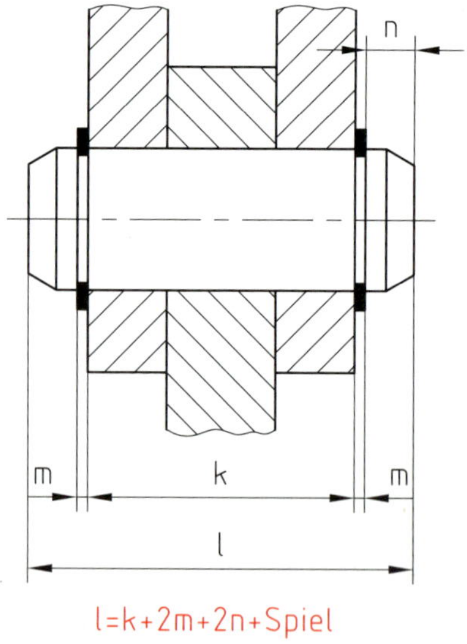

Bild 3

9.6.3 Bolzen mit Achshalter

Bolzen ab einem Durchmesser von ca. 40 mm werden vielfach durch Achshalter nach **DIN 15058** gegen Verschieben und Verdrehen gesichert. Der Achshalter ist so anzuordnen, dass die Befestigungsschrauben durch den Achsdruck **nicht belastet** werden (Bild 1).

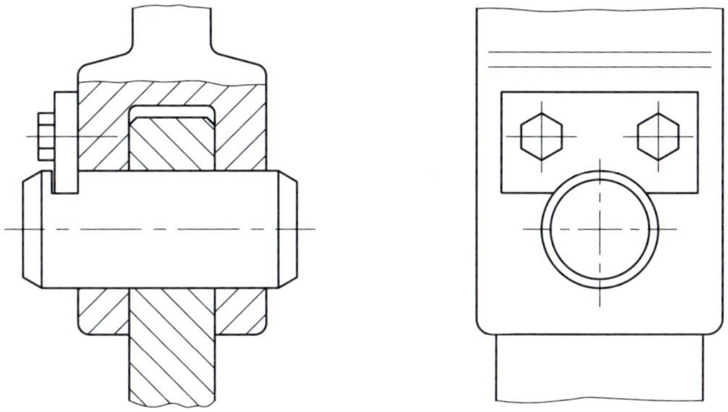

Bild 1

9.6.4 Bolzen mit Kopf

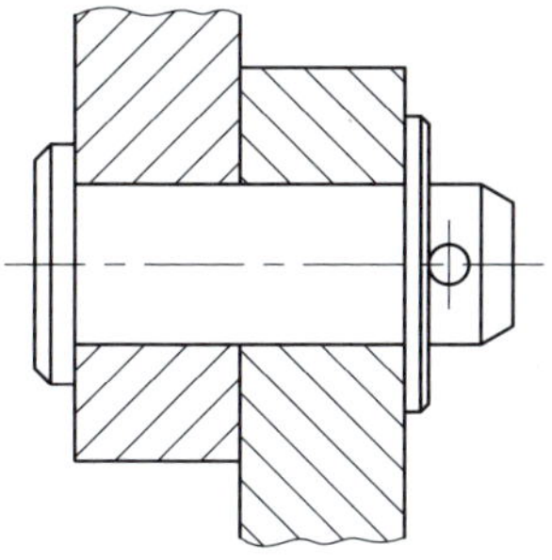

Bild 2

9.6.5 Bolzen mit Gewindezapfen

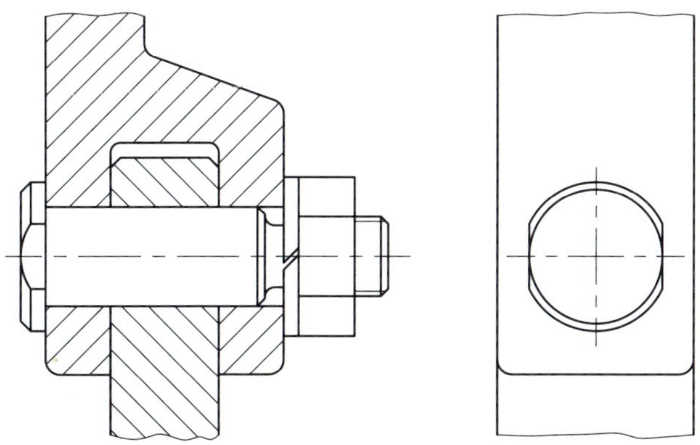

Bild 3

ZÜ 9.4 Darstellung von Stift- und Bolzenverbindungen

Lernziel: *Zeichnen und Bemaßen von Stift- und Bolzenverbindungen*

ZÜ 9.4A Darstellung einer Anschlagschiene

Zeichne und bemaße auf einem A4-Blatt in Hochformat nach unten stehender Vorlage eine **Anschlagschiene** mit Stiftverbindung.

Die Vorderansicht ist so zu gestalten, dass die Verschraubung, die Zylinderstifte und die zwei zylindrischen Senkungen in der Schnittebene liegen.

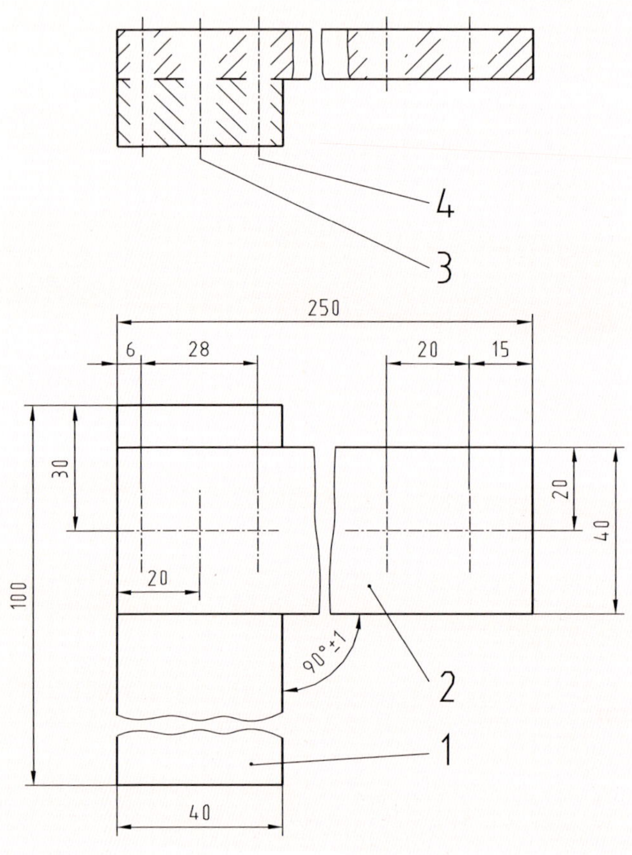

Die Schenkel sind aus **blankgezogenem Flachstahl** ÖNORM EN 10278 mit den Maßen 40×16 mm bzw. 40×12 mm. Sie sind mit einer Zylinderschraube mit Innensechskant nach DIN 7984-M8×20-8.8 verschraubt.

Die Winkellage der beiden Schenkel wird durch zwei Zylinderstifte nach ÖNORM EN ISO 8734-6×20-B fixiert.

Am waagrechten Schenkel befinden sich zwei oben liegende Senkungen nach ÖNORM M 1807-2-M8-R1 für Zylinderschrauben mit Innensechskant EN ISO 4762.

Für alle nicht tolerierten Maße ist die Allgemeintoleranz **mittel** anzuwenden.

Das Schriftfeld **und** die Stückliste sind vollständig auszufüllen.

ZÜ 9.4B Darstellung von Bolzenverbindungen

Zeichne auf einem A4-Blatt in Hochformat die beiden **Bolzenverbindungen** nach Abschnitt 9.6.3 und 9.6.5 in der Vorder- und Seitenansicht. Die **Verbindung nach 9.6.3** erfolgt mit einem Bolzen von 20 mm Durchmesser, die Klemmlänge beträgt 32 mm. Der Achshalter wird mit zwei Sechskantschrauben befestigt. Die **Verbindung nach 9.6.5** erfolgt durch einen Bolzen mit Gewindezapfen DIN 1445-16h11x35x55-St. Die Klemmlänge beträgt 38 mm, alle anderen Maße sind für beide Darstellungen **frei** zu wählen.

ZÜ 9.4C Darstellung einer Gelenkverbindung

Zeichne auf einem A3-Blatt in Querformat nach unten stehender Vorlage eine **Gelenkverbindung** aus dem **Werkstoff E335** in der Vorderansicht und Draufsicht.

Der **Bolzen** (Position 3) nach ÖNORM EN 22341 hat einen Durchmesser von 20 mm und ist mit einer Scheibe und einem Splint zu sichern. Die Klemmlänge beträgt 45 mm.

Der **Plattenhalter** (Position 1) ist mit zwei **Zylinderschrauben** (Position 6) mit Innensechskant DIN 7984–M10×35 an der 20 mm starken Platte befestigt.

Die **Gabel** (Position 2) hat rechts ein metrisches Gewinde M24×1,5 mit einer nutzbaren Gewindelänge von 25 mm.

Alle nicht gegebenen Maße und Werte sind **frei** zu wählen.

Das Schriftfeld **und** die Stückliste sind vollständig auszufüllen.

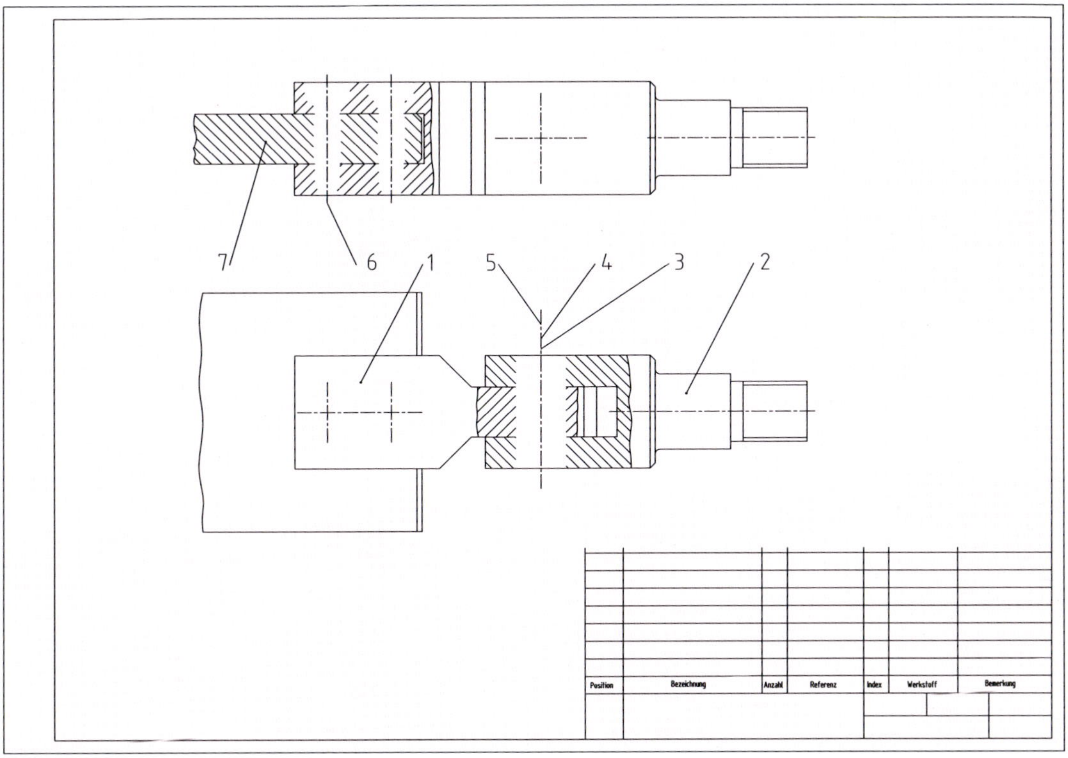

ZÜ 9.4D Darstellung der Einzelteile zur Gelenkverbindung

Zeichne auf einem A4-Blatt in Hochformat den **Plattenhalter** und auf einem A4-Blatt in Querformat die **Gabel** als Fertigungszeichnung mit allen zur Herstellung notwendigen Details, Maßen und Fertigungsangaben.

9.7 Darstellung von Federn

9.7.1 Allgemeines

Federn sind Maschinenelemente, die sich unter Belastung elastisch verformen. Sie werden entweder **detailgetreu** nach den allgemeinen Zeichenregeln oder **vereinfacht** nach **ÖNORM EN ISO 2162-1** dargestellt.

9.7.2 Vereinfachte Darstellung

In der **vereinfachten Darstellung** wird der Federkörper durch **breite** Volllinien, welche die Merkmale der jeweiligen Federart wiedergeben, dargestellt.

Gewickelte Federn aus Draht sind mit **breiten** Volllinien – die der Drahtachse entsprechen – zu zeichnen. Weicht der Drahtquerschnitt von der Kreisform ab oder ist die Feder mit der Wickelrichtung „links" ausgeführt, so ist dies besonders zu kennzeichnen (Bild 1).

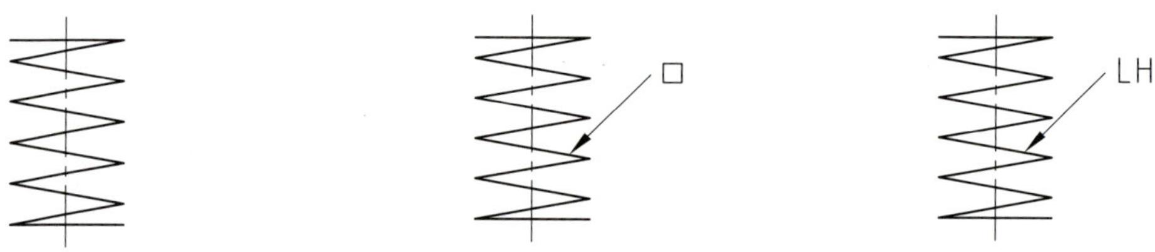

runder Drahtquerschnitt
Wickelrichtung rechts

quadratischer Drahtquerschnitt
Wickelrichtung rechts

Wickelrichtung links
(**LH** steht für **left hand**)

Bild 1

9.7.2.1 Schraubendruckfedern

Benennung	**Zeichnerische Darstellung** **Ansicht**	**Schnitt**	**vereinfacht**
Zylindrische Schrauben-druckfeder	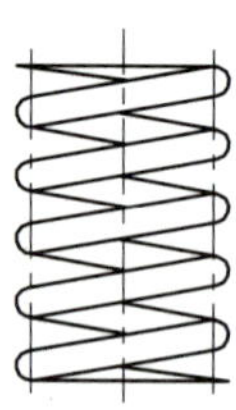	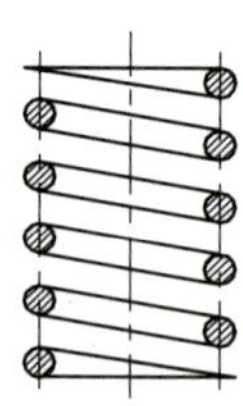	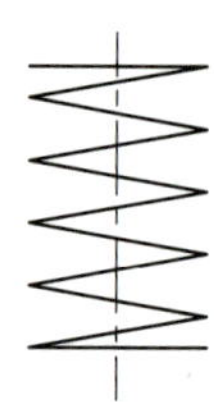
Zylindrische Schrauben-druckfeder mit quadratischem Drahtquerschnitt		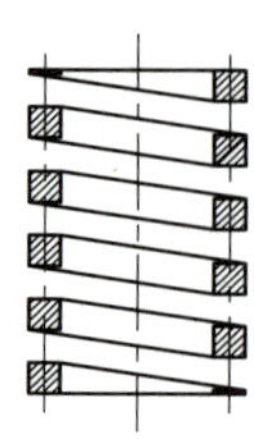	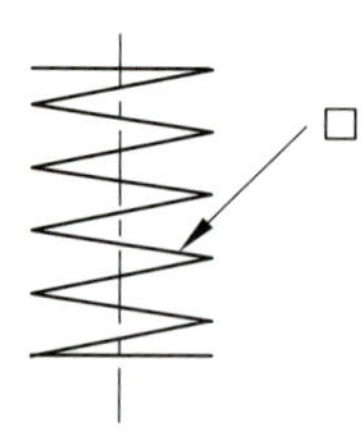

9.7.2.2 Schraubenzugfedern

Benennung	**Zeichnerische Darstellung** **Ansicht**	**Schnitt**	**vereinfacht**
Zylindrische Schrauben-zugfeder	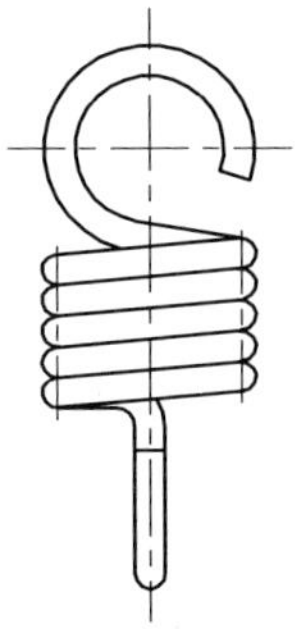	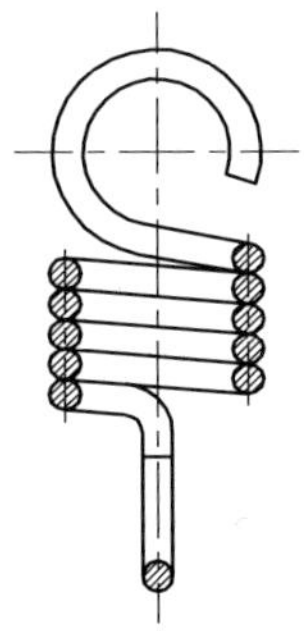	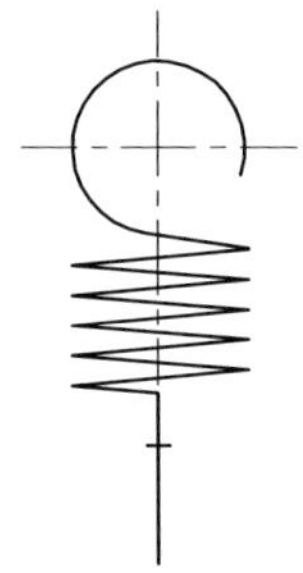

9.7.2.3 Schraubendrehfedern, Drehstabfedern

Benennung	**Zeichnerische Darstellung** **Ansicht**	**Schnitt**	**vereinfacht**
Zylindrische Schrauben-drehfeder	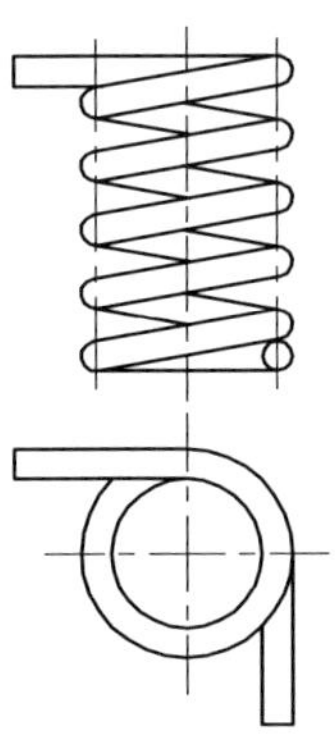	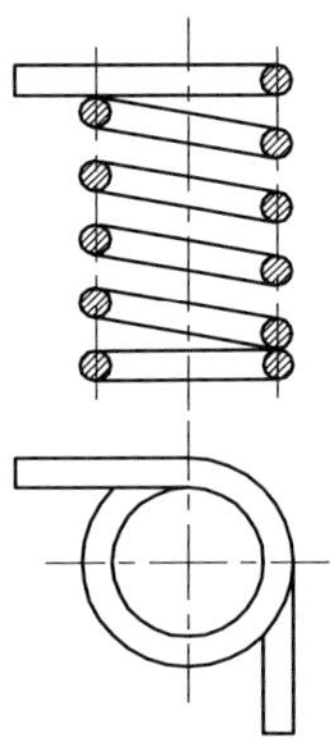	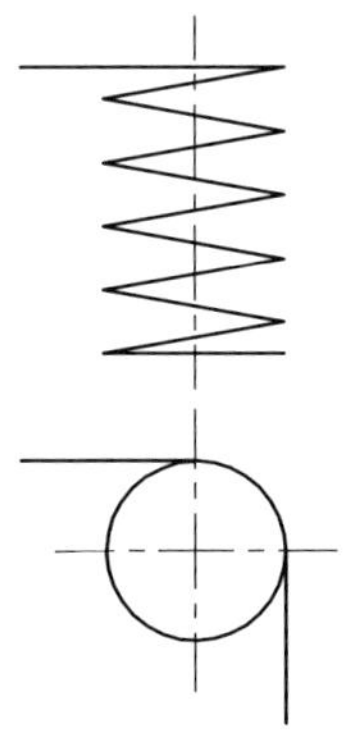
Drehstabfeder mit rundem Querschnitt	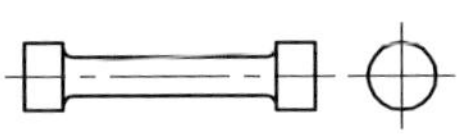		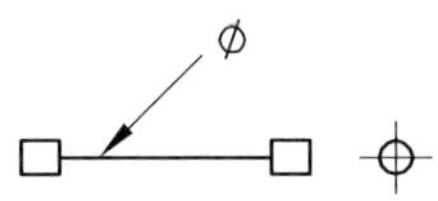

9.7.2.4 Tellerfedern

Benennung	Zeichnerische Darstellung Ansicht	Schnitt	vereinfacht
Tellerfeder einfach	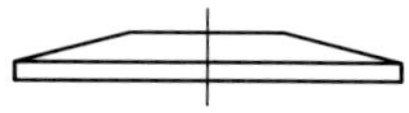	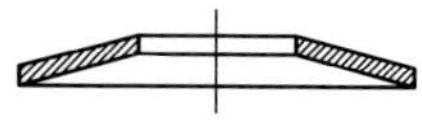	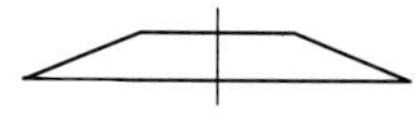
Tellerfederpaket gleichsinnig geschichtet	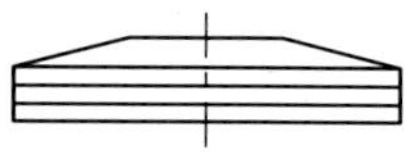	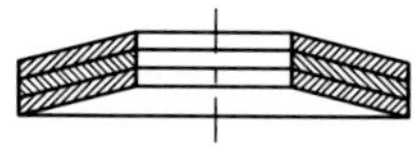	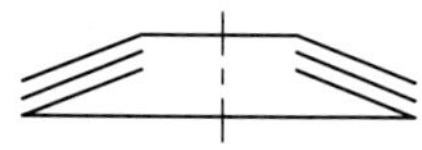
Tellerfederpaket wechselsinnig geschichtet	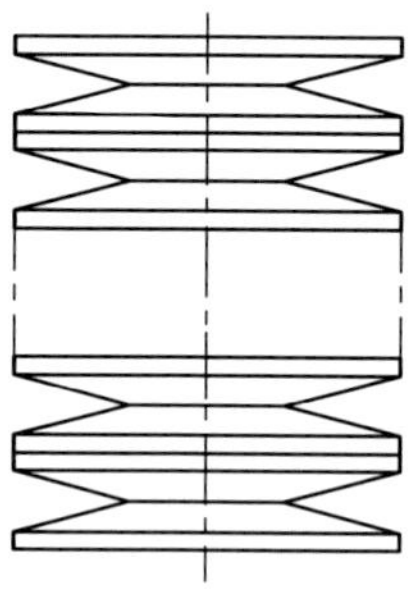	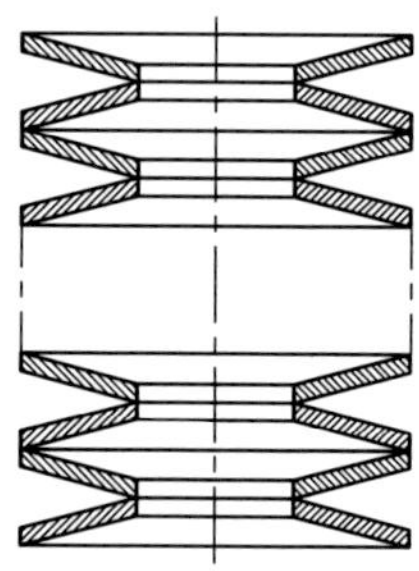	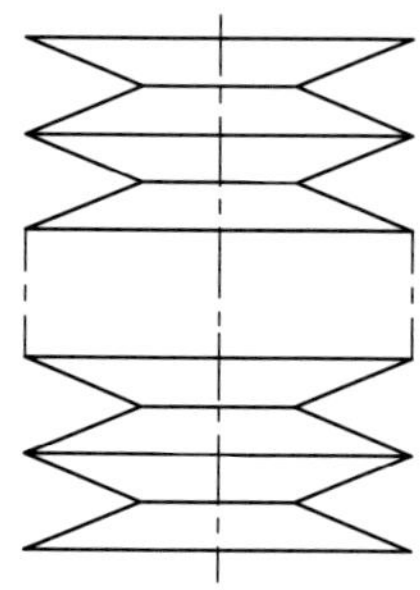

9.7.2.5 Blattfedern

Benennung	Zeichnerische Darstellung Ansicht	vereinfacht
geschichtete Blattfeder ohne Augen	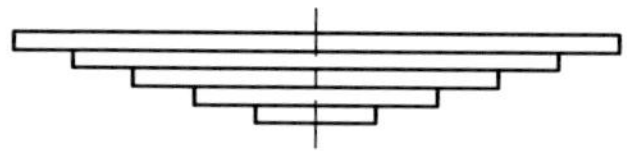	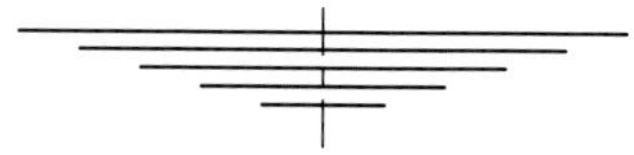
geschichtete Blattfeder mit Augen	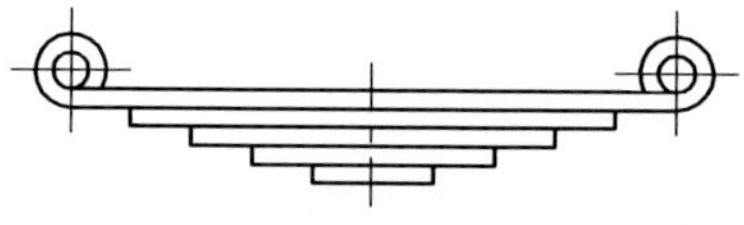	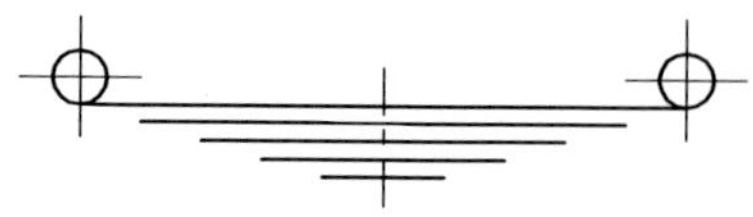

10 Bemaßung sich wiederholender Formelemente

10.1 Allgemeines

Bei Werkstücken, die Formelemente mit gleichen Teilungen aufweisen, können die Bauteile selbst, aber auch die Längen- und Winkelmaße der Teilungen vereinfacht dargestellt werden. Damit ergibt sich neben einer übersichtlicheren Bemaßung noch zusätzlich ein verringerter Zeichenaufwand.

Die nachfolgenden Darstellungen sind bemaßungstechnisch unvollständig, da jeweils die Bohrungsdurchmesser, Materialstärken und Gesamtmaße fehlen. Es sind nur die Maße angegeben, die die Teilung betreffen.

10.2 Längsteilungen

Bei **Werkstücken mit gleicher Bohrungsteilung** sind längere Maßketten (mehr als drei Teilungen) laut **ÖNORM A 6065–1** nach Bild 1 einzutragen. Neben dem Randabstand und dem Abstand der Bohrungen wird die Anzahl der Löcher und der Summenabstand aller Bohrungen angegeben. Die nicht gezeichneten Bohrungen werden nur durch ihre Symmetrieachsen angedeutet.

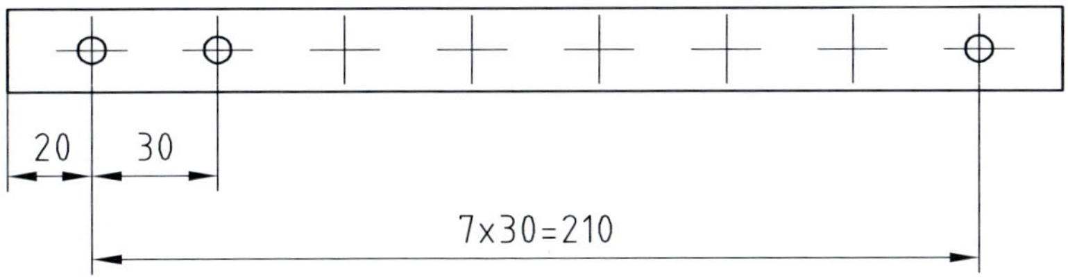

Bild 1

Aneinander gereihte Summenmaße sind immer von einer Bezugskante ausgehend anzuordnen. Bei dieser Art der Bemaßung, die auch für **Werkstücke mit ungleicher Bohrungsteilung** angewendet wird, sind der Beginn der Maßlinie mit einem kleinen Kreis und die Abstände der einzelnen Bohrungsmittelpunkte durch Pfeile darzustellen. Die angegebenen Maßzahlen entsprechen jeweils der Gesamtlängenangabe (Bild 2).

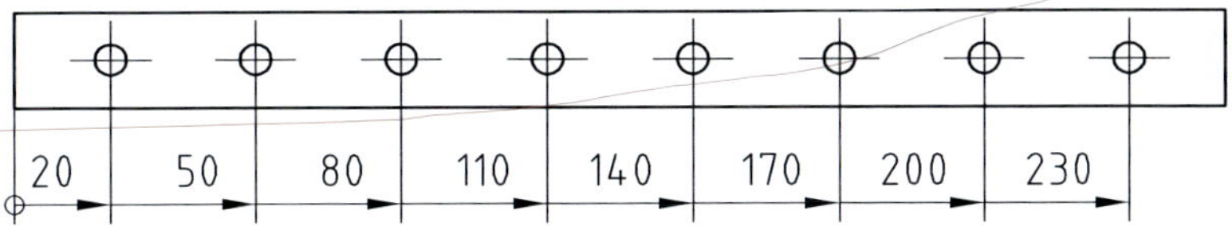

Bild 2

Zusätzlich zu den obigen vereinfachten Darstellungen kann auch noch das Werkstück mit Hilfe von Bruchkanten verkürzt gezeichnet werden. **Durch diese vereinfachte Darstellung darf kein Detail des Werkstückes „herausgeschnitten" werden** (Bild 3).

Bild 3

10.3 Kreisteilungen

Auch bei der Bemaßung von Kreisteilungen sind die Maße ähnlich wie bei Längsteilungen einzutragen.

Bei **Werkstücken mit gleichen Teilungen** auf demselben Lochkreisdurchmesser ist über dem Teilungsmaß die Anzahl der Lochteilungen und das Teilungsmaß anzugeben (Bild 1).

Werkstücke mit ungleichen Teilungen auf demselben Lochkreisdurchmesser werden nach Bild 2 bemaßt. Dabei ist auch eine geschlossene Maßkette zulässig.

Eine weitere Bemaßungsvariante zeigt Bild 3. Hier ist der Beginn der Maßlinien mit einem kleinen Kreis und die Winkelbegrenzung durch Pfeile darzustellen.

Die angegebenen Winkelmaße entsprechen jeweils der Gesamtwinkelangabe.

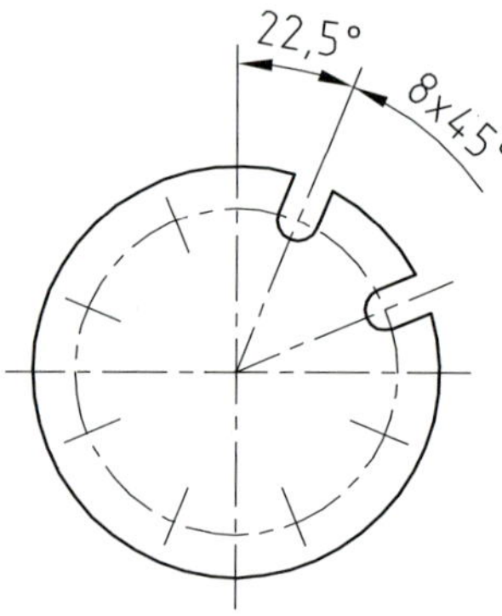

Bild 1

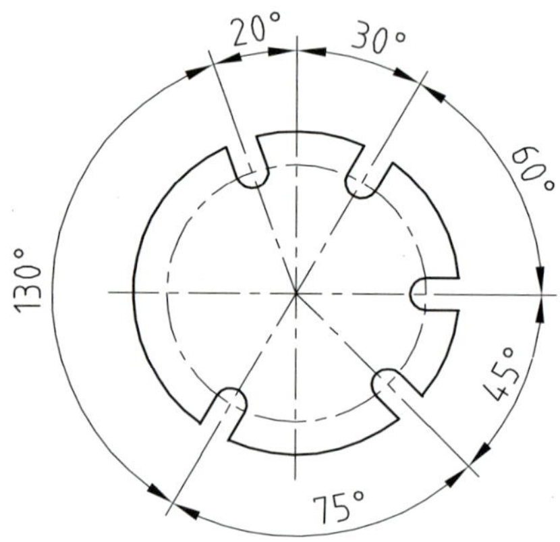

Bild 2

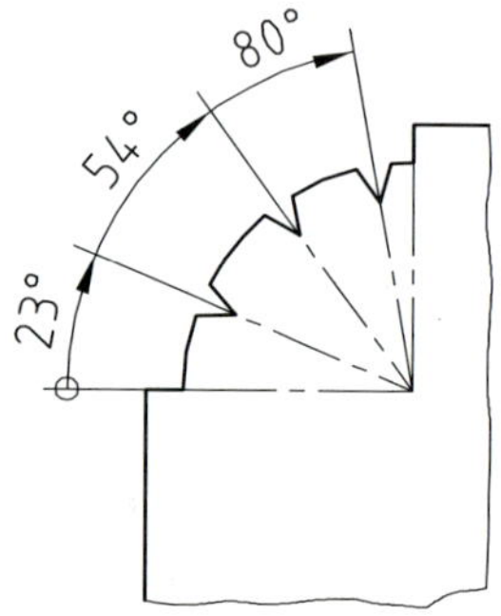

Bild 3

10.4 Flanschverbindungen

Flansche sind nach **ÖNORM EN 1092** genormt und dienen der Verbindung von Rohrleitungen mit den zum Rohrleitungssystem gehörenden Bauteilen und Armaturen.

Nach der **Bauart** unterscheidet man die feste und die lose Flanschverbindung.

Die **feste Flanschverbindung** ist an Rohren, Armaturen oder anderen Bauteilen angegossen, angeschweißt oder befestigt bzw. aufgeschraubt.

Die **lose Flanschverbindung** besteht aus einem Ring oder aus verschraubten Ringabschnitten und ist auf dem Rohrschaft beliebig drehbar.

Nach der **Form** unterteilt man in ovale, dreieckige, quadratische und runde Flansche mit zwei, vier, acht oder mehr Verschraubungsbohrungen.

10.4.1 Darstellung der Flansche

Da Flansche – bis auf die Sonderausführung des Blindflansches – Hohlkörper sind, werden diese in Schnittdarstellung gezeichnet. Die folgenden Abbildungen zeigen verschiedene Flansche und berücksichtigen nur spezielle Darstellungsdetails (Bild 1).

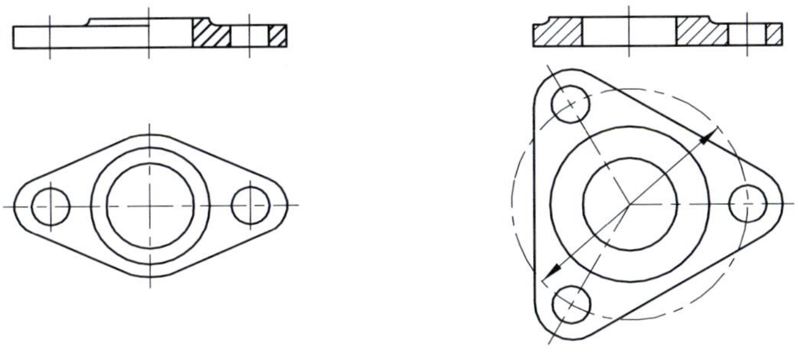

Bild 1

Beim Vierlochflansch liegen die Verschraubungsbohrungen praxisbedingt **nicht** auf den Mittelachsen (Bild 2).

Durch die Lage der Bohrungen nach Bild 3 (Draufsicht) wird das Einsetzen der Schrauben bei gegossenen Armaturen ermöglicht und die Korrosion der Schraubelemente durch Kondenswasser und Undichtheiten bei liegenden Rohrleitungen weitgehend vermieden.

Für die Darstellung der Vorderansicht (Bild 3) **werden die Bohrungen gedanklich um 45° gedreht und so gezeichnet, als wären sie in der Schnittebene.**

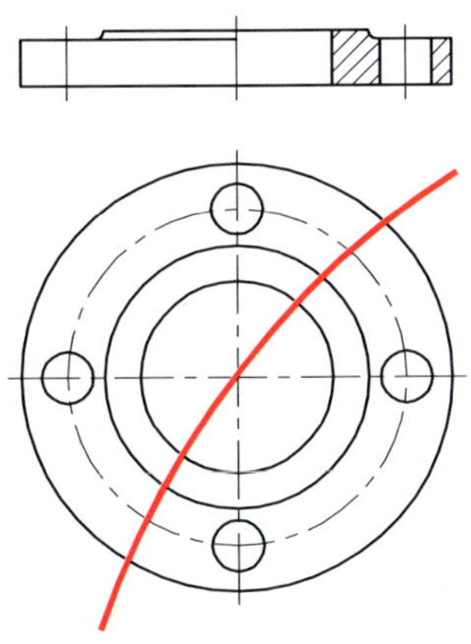

Bild 2

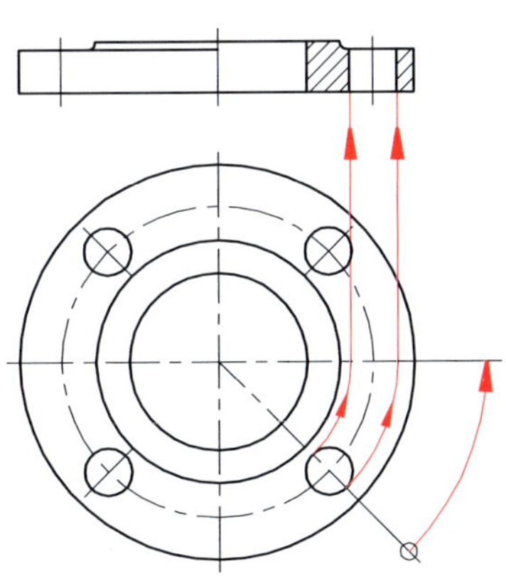

Bild 3

10.4.2 Bemaßung der Flansche

Grundsätzlich werden Flasche nach den normgemäß festgelegten Zeichenregeln bemaßt. Daher sind in der Folge **nur die Besonderheiten** bei der Bemaßung von Flanschen aufgezeigt:

- Bei Flanschen mit zwei Bohrungen (Laschenflansch, ovaler und ellipsenförmiger Flansch) ist der Lochabstand anzugeben (Bild 1).
- Bei Flanschen mit mehr als zwei Löchern liegen die Verschraubungsbohrungen auf einem Lochkreis, der mit **schmaler** Strich-Punktlinie auszuziehen ist. Die Lage der einzelnen Bohrungen wird durch radial verlaufende Mittellinien gekennzeichnet (Bild 2). Diese können bei kurzen Ausführungen auch mit **schmaler** Volllinie ausgezogen werden.
- Bei regelmäßiger Kreisteilung sind sowohl der Teilungswinkel als auch die Anzahl der Bohrungen anzugeben (Bild 3).
- Die Bohrungen quadratischer Flansche können entweder mit dem Lochkreisdurchmesser oder mit Lochabständen bemaßt werden (Bild 4 und 5).

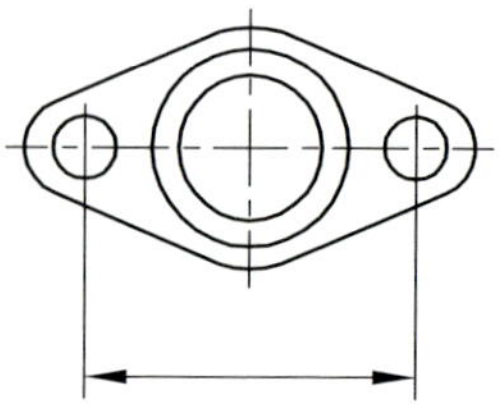

Bild 1

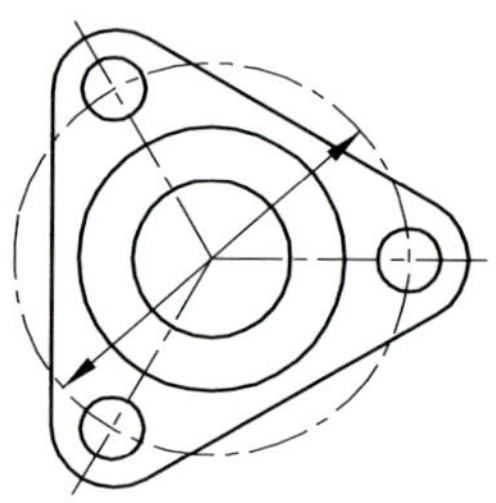

Bild 2

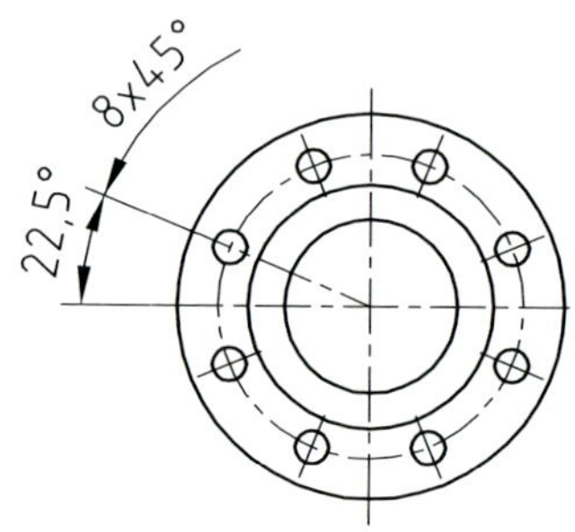

Bild 3

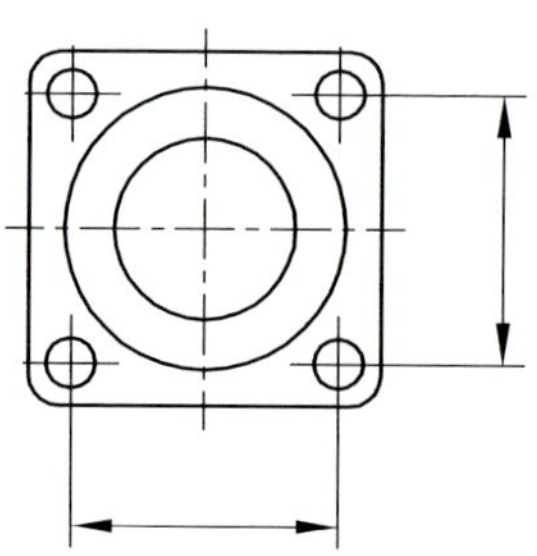

Bild 4

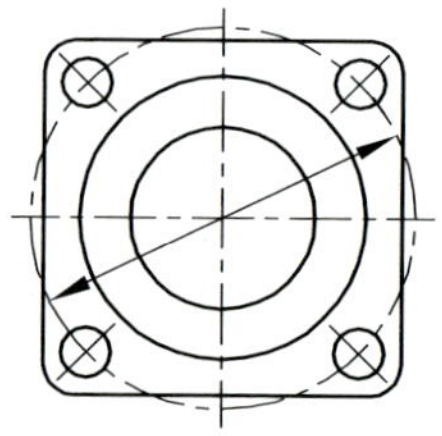

Bild 5

10.4.3 Vereinfachte Darstellung von Flanschen

Grundsätzlich können symmetrische Werkstücke **vereinfacht** dargestellt werden, indem man **nur eine Hälfte der Ansicht** zeichnet. Zur Kennzeichnung dieser Darstellungsart zieht man am Anfang und am Ende der Symmetrielinie (Abschnitt 3.4.1) zwei kurze parallele, mit **schmaler** Linie gezeichnete Querstriche (Bild 1, Seite 243).

Es ist auch möglich, nur den Lochkreisdurchmesser und die Schraubenbohrungen in die Zeichenebene zu drehen (Bild 2, Seite 243) und zu bemaßen (Bild 3, Seite 243).

Die gebräuchlichste Art der vereinfachten Darstellung von Flanschen oder flanschähnlichen Verbindungsflächen ist das **Umlegen** der Flanschhälfte in die Zeichenebene. Dadurch kann eine zusätzliche Ansicht eingespart werden, da nunmehr Lage und Maße der Bohrungen eindeutig gegeben sind (Bild 3).

In der geklappten Darstellung werden die Flanschhälfte und die Bohrungen mit **schmaler** Volllinie, der Lochkreisdurchmesser und die Symmetrielinie der Schraubenlöcher mit **schmaler** Strich-Punktlinie gezeichnet.

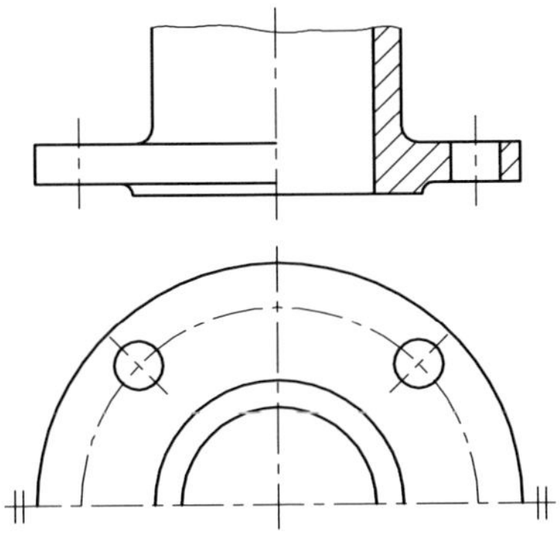

Bild 1

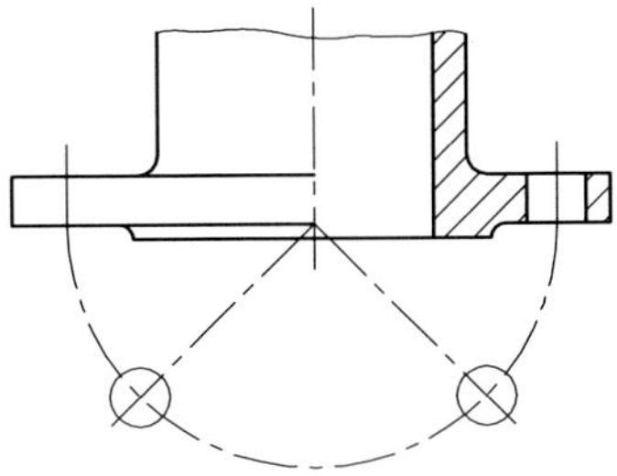

Bild 2

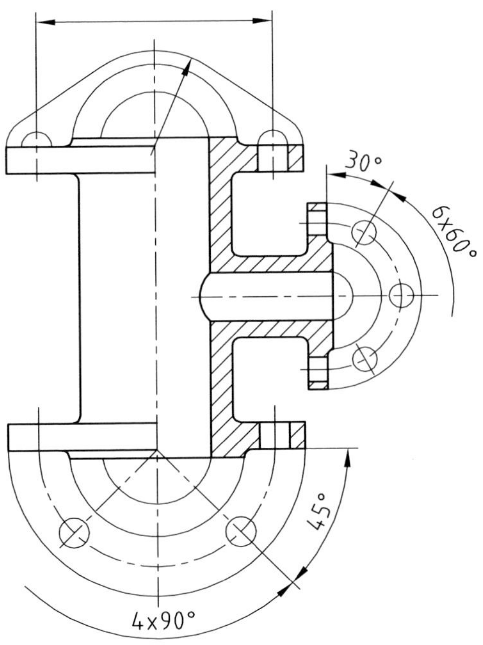

Bild 3

ZÜ 10 Darstellung sich wiederholender Formelemente

Lernziel: *Zeichnen und Bemaßen sich wiederholender Formelemente*

ZÜ 10.1 Darstellung eines Übergangsflansches

Zeichne und bemaße auf einem A4-Blatt in Hochformat nach unten stehender Vorlage den Halbschnitt eines **Übergangsflansches** aus dem Werkstoff **GJL-150**.

Es ist vorteilhaft, den oberen und den unteren Flansch je zur Hälfte in die Zeichenebene zu klappen, so dass eine zusätzliche Ansicht eingespart werden kann.

Der **obere** ovale Flansch hat eine Länge von 108 mm, eine Breite von 70 mm und zwei Bohrungen mit ∅11.

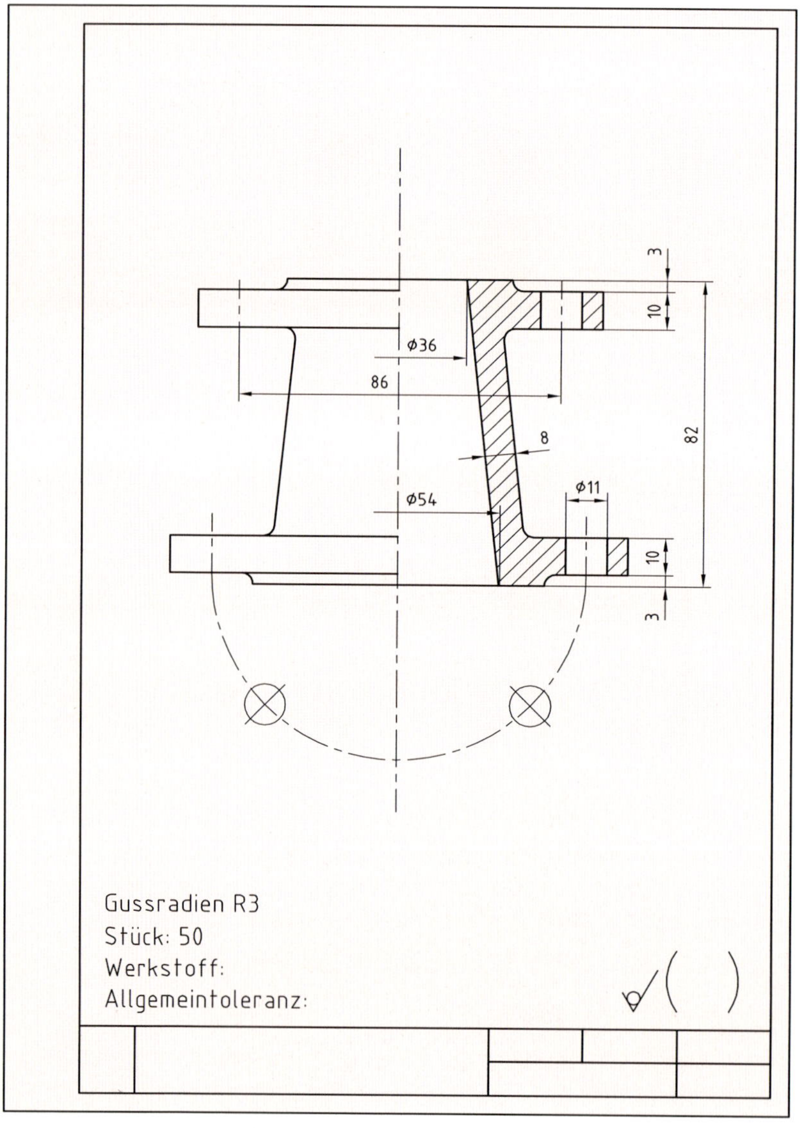

Der **untere** Flansch hat einen Außendurchmesser von 122 mm, einen Lochkreisdurchmesser von 100 mm und vier Schraubenbohrungen.

Das Außenmaß der oberen Dichtfläche ist ∅60 mm, das der unteren ∅78 mm.

Die Dichtflächen sind mit einem Mittenrauwert von ***Ra* 3,2** zu fertigen, alle restlichen Oberflächen bleiben **unbearbeitet**.

Für alle nicht tolerierten Maße ist die Allgemeintoleranz **mittel** anzuwenden.

ZÜ 10.2 Darstellung eines Anschraubflansches

Zeichne und bemaße auf einem A4-Blatt in Hochformat nach unten stehender Vorlage den Halbschnitt eines **Anschraubflansches** aus dem Werkstoff **GJL-150**.

Es ist vorteilhaft, den oberen und den unteren Flansch je zur Hälfte in die Zeichenebene zu klappen, so dass eine zusätzliche Ansicht eingespart werden kann.

Der **obere** Anschraubflansch mit ∅66 und einem Lochkreisdurchmesser von 45 mm hat vier Gewindegrundlöcher M10 mit einer nutzbaren Gewindelänge von 15 mm.

Der **untere** Flansch hat einen Außendurchmesser von 134 mm, einen Lochkreisdurchmesser von 104 mm und sechs regelmäßig angeordnete Schraubenbohrungen.

Das Außenmaß der unteren Dichtfläche ist ∅76.

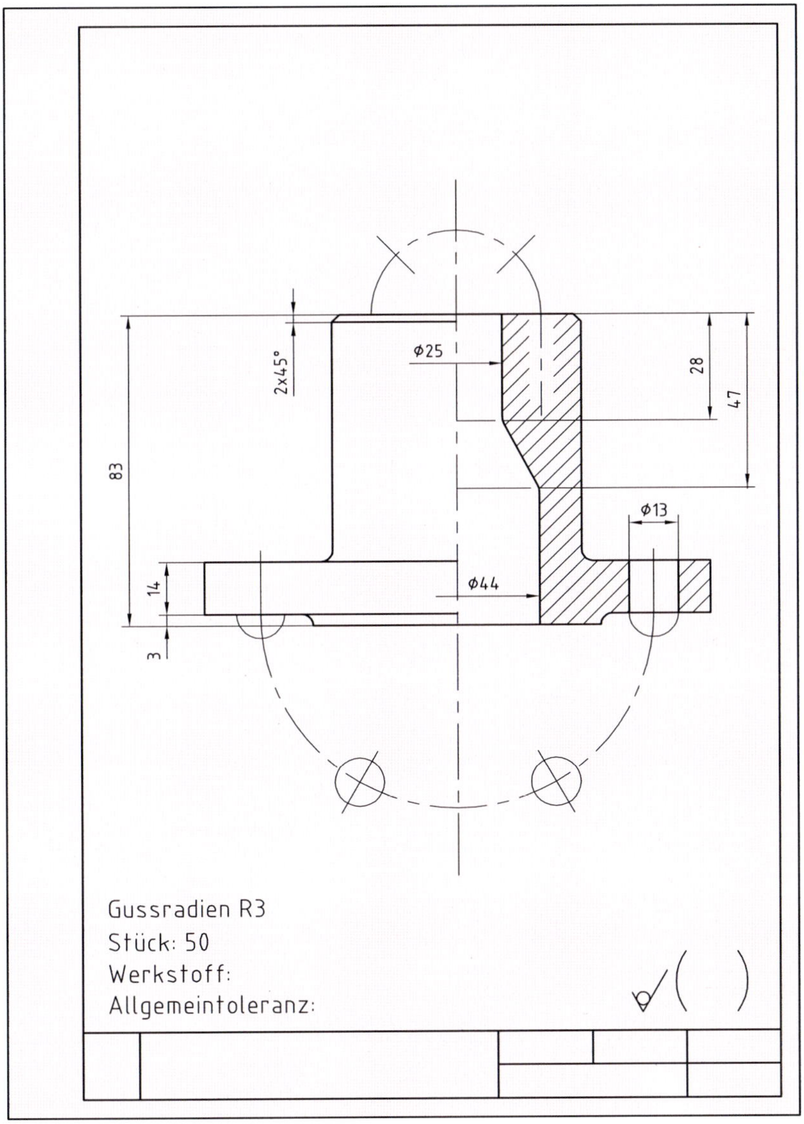

Die Dichtflächen sind mit einem Mittenrauwert von ***Ra* 3,2** zu fertigen, alle restlichen Oberflächen bleiben **unbearbeitet**.

Für alle nicht tolerierten Maße ist die Allgemeintoleranz **mittel** anzuwenden.

11 Darstellung fluidtechnischer Schaltpläne

11.1 Allgemeines

Schaltpläne dienen der Veranschaulichung von Funktionsabläufen und zur Darstellung des Zusammenhanges von Anlagenteilen einer Steuerung.

Während in technischen Zeichnungen alle für die Fertigung eines Werkstückes erforderlichen Maße und Angaben mit der Wirklichkeit übereinstimmen, werden in Schaltplänen alle **Schaltplanelemente** sowie die zugehörigen Verbindungsleitungen **nicht maßstabgetreu** und auch nicht ihrer **tatsächlichen Lage** entsprechend gezeichnet.

Die Darstellung und Bezeichnung der in der Fluidtechnik verwendeten Bauteile sowie der pneumatischen und hydraulischen Schaltpläne erfolgt nach **ÖNORM EN ISO 4014** und **ÖNORM EN ISO 4013**. Die Sinnbilder der verschiedenen Ventilausführungen, Ansteuerungsmöglichkeiten, Antriebselemente usw. können einem Tabellenbuch entnommen werden.

11.2 Zeichnerische Gestaltung eines Schaltplanes

Die Funktion eines Schaltplanes wird durch Symbole dargestellt, wobei die gezeichneten Elemente inklusive der dazugehörenden Verbindungen idealisiert werden. Um trotzdem die Lesbarkeit der Pläne für jedermann zu garantieren, sind bei der Darstellung von Schaltplänen grundsätzliche Gestaltungskriterien einzuhalten.

11.3 Aufbau eines fluidtechnischen Schaltplanes

Die wichtigste Voraussetzung für die Lesbarkeit und die Verständlichkeit eines Schaltplanes ist eine übersichtliche Gestaltung, die durch eine Gliederung der Anlage in waagrecht liegende Funktionsebenen und in senkrecht getrennte Steuerketten erfolgt (Bild 1).

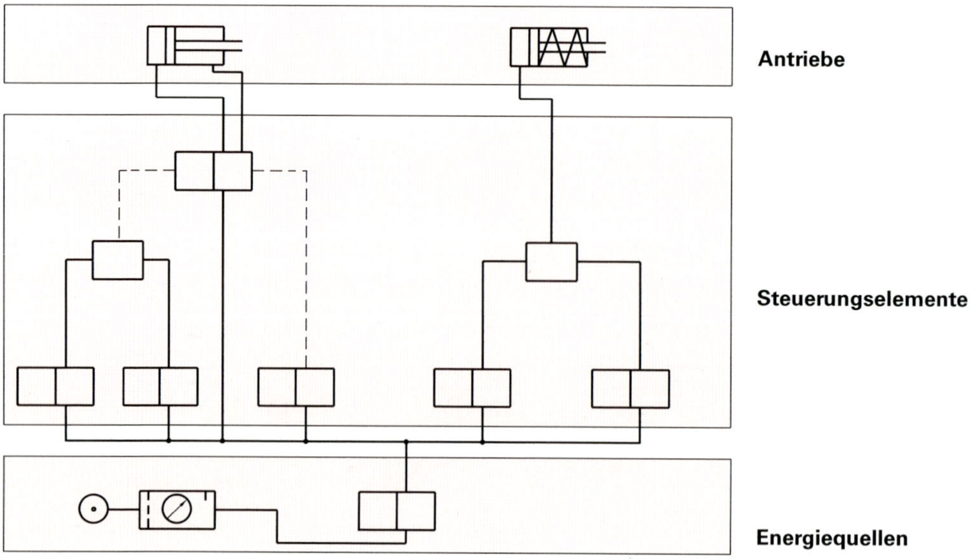

Bild 1

11.3.1 Richtlinien für die Anordnung der Bauelemente

- Die **Steuerketten** werden in der Reihenfolge der Betätigung **nebeneinander** gezeichnet.
- Die **Elemente einer Steuerkette** werden in der **Reihenfolge des Energieflusses von unten nach oben** angeordnet.
- **Gleichartige Elemente** einer Steuerkette werden in **gleicher Höhe** gezeichnet.
- Die einzelnen Bauteile und Elemente werden in **Ruhestellung** (Ausgangsstellung) dargestellt.
- **Alle Leitungen** werden rechtwinkelig und nach Möglichkeit kreuzungsfrei gezeichnet und direkt an die Bauglieder angebunden.

11.3.2 Darstellung und Bezeichnung von Leitungen

Grundsätzlich wird für die Gestaltung von fluidtechnischen Schaltplänen die **breite** Volllinie angewendet. Ausnahmen sind lediglich die Steuer- und Leckölleitung, die mit **breiter** Strichlinie, und die Umrahmung von Baugruppen, die mit **schmaler** Strich-Punktlinie gezeichnet werden. Die Bezeichnung der Leitungen erfolgt mit dem Außendurchmesser und der Wandstärke z. B. ∅8×1.

Arbeitsleitung | **Steuerleitung Leckölleitung** | **Leitungs-verbindung** | **Leitungs-kreuzung**

Bild 1

11.3.3 Darstellung der Bauelemente

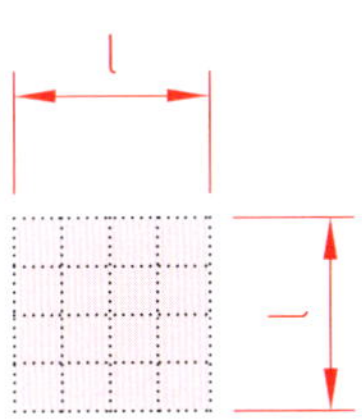

In der Folge werden die wichtigsten Schaltplanelemente – eingepasst in ein für alle Bauteile anzuwendendes Rastersystem – dargestellt. Es wird eine quadratische Ausgangsgröße mit einer Seitenlänge von l = 12 mm oder ähnlich empfohlen, wobei darauf zu achten ist, dass die gewählte Seitenlänge durch vier teilbar sein soll (Bild 2).

Bild 2

- **Funktionssymbole**

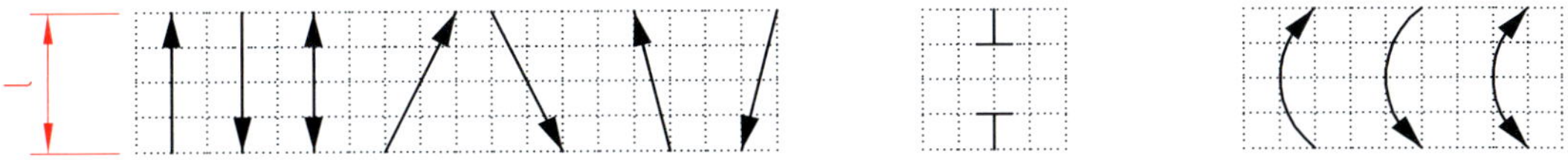

Weg und Richtung des Volumsstromes | **Unterbrechung** | **Anzeige der Drehrichtung**

- **Ventile**

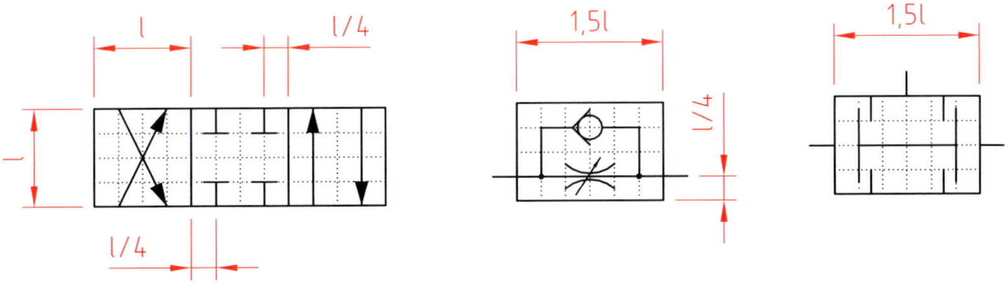

- **Ventilbetätigung**

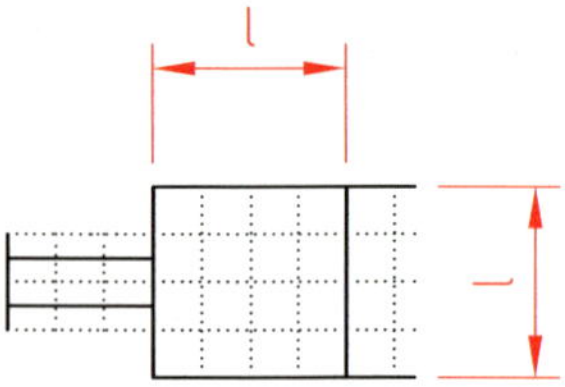

mechanische Betätigung

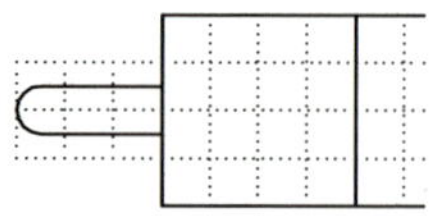

Stößel

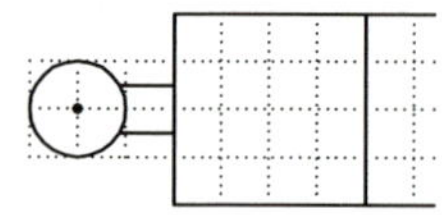

Tastrolle

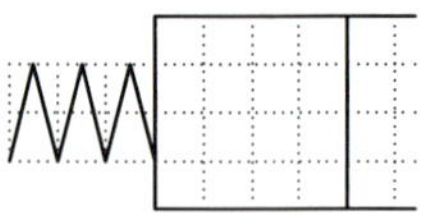

Feder

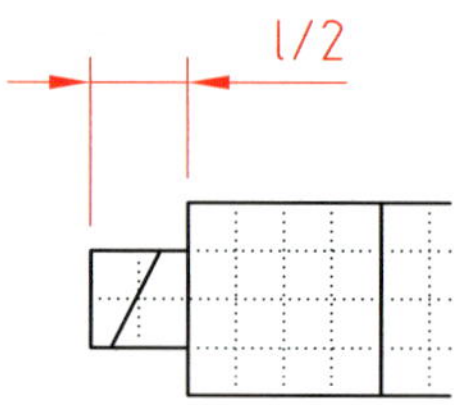

Verstellelement einfach

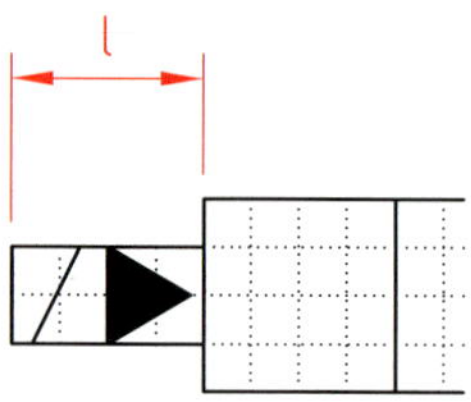

Verstellelement doppelt

- **Zylinder**

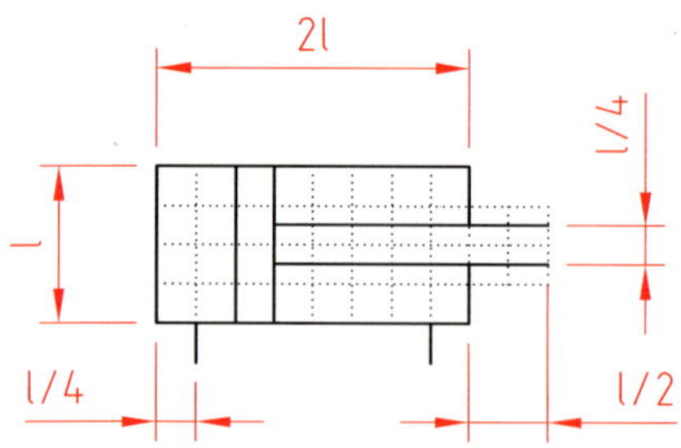

doppelt wirkender Zylinder

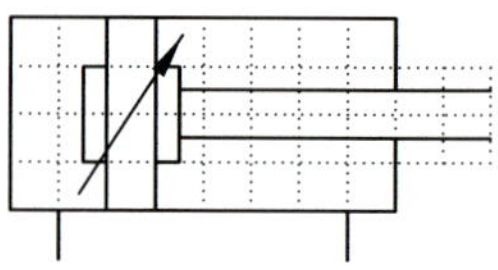

doppelt wirkender Zylinder mit Endlagendämpfung

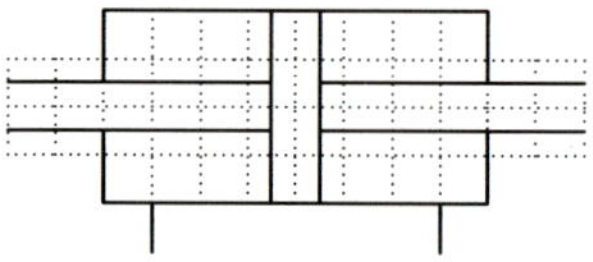

doppelt wirkender Zylinder mit zwei Kolbenstangen

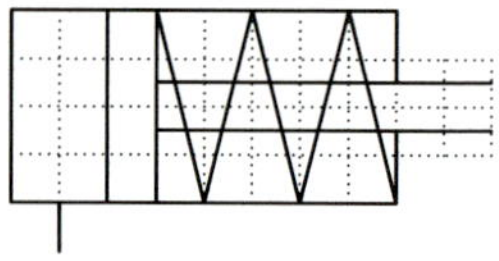

einfach wirkender Zylinder

- **Energieübertragung**

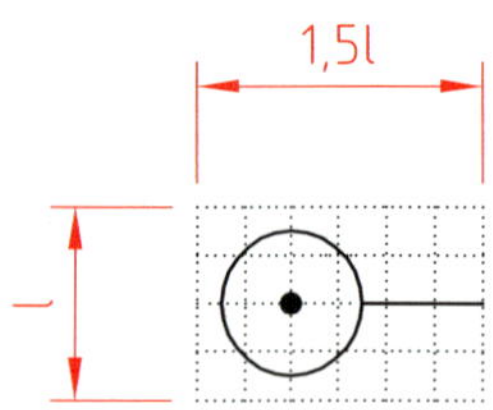

allgemeine Druckquelle

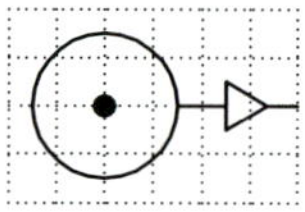

pneumatische Druckquelle

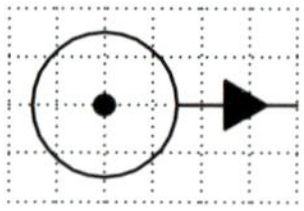

hydraulische Druckquelle

- **Energieumformungseinheit**

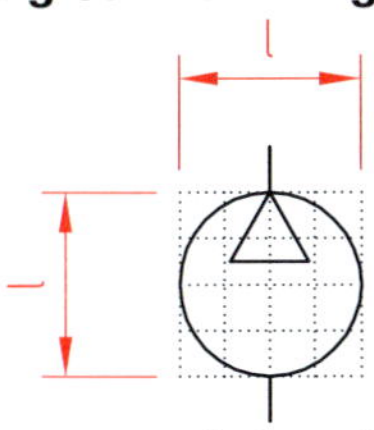

Luftverdichter

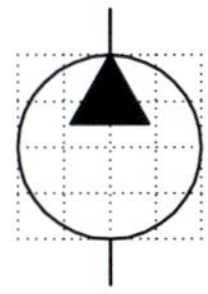

Hydropumpe

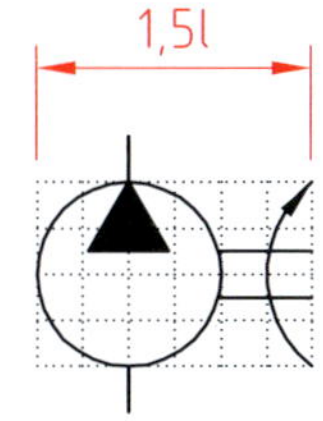

Hydropumpe mit verstellbarem Volumsstrom

- **Aufbereitungsgeräte**

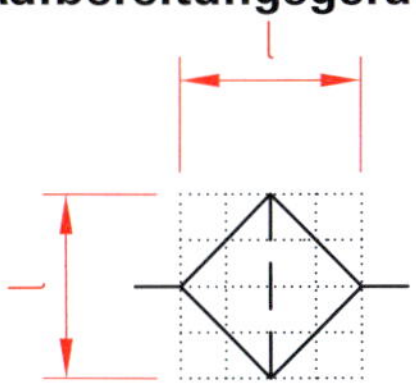

Filter

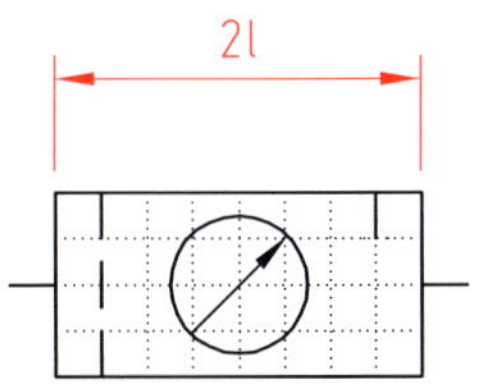

Wartungseinheit

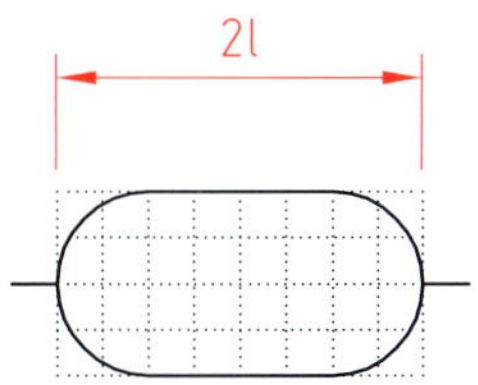

Druckbehälter

- **Anzeige**

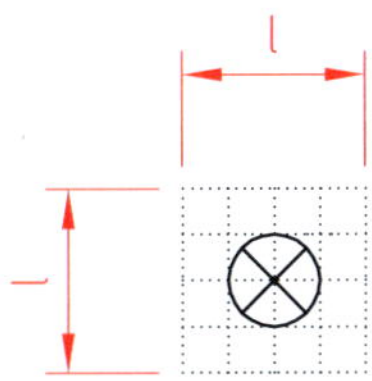

Druckanzeige allgemein

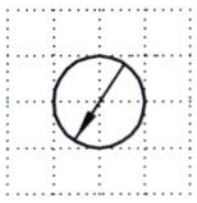

Manometer

11.4 Kennzeichnungsschlüssel für Bauteile

Der Kennzeichnungsschlüssel für die Bauteile fluidtechnischer Schaltpläne soll in einem **Rahmen** stehen, wobei die Rahmengröße entsprechend den erforderlichen Eintragungen zu zeichnen ist. Die Kennzeichnung ist nach folgendem Schema vorzunehmen (Bild 1):

- **Anlagen-Nummer.** Sie wird in Ziffern – beginnend mit 1 – angegeben und ist von der Schaltkreis-Nummer durch einen Bindestrich zu trennen. Die Anlagen-Nummer ist nur dann erforderlich, wenn der Schaltplan ein Gesamtwerk oder eine umfangreiche Produktionsreihe darstellt.
- **Schaltkreis-Nummer.** Sie besteht aus Ziffern und beginnt vorzugsweise (für alle Zubehörteile, die der Druckversorgung dienen) mit Null. Jede einzelne Steuerkette erhält eine fortlaufende Nummer, die Bauteile der einzelnen Steuerketten jedoch gleiche Nummerierung.
- **Bauteil-Bezeichnung.** Sie wird mit Großbuchstaben angegeben und zwar für

Pumpen, Kompressoren	P	Signalaufnehmer	S
Antriebe	A	Ventile	V
Antriebsmotoren	M	jedes andere Bauteil	Z

- **Bauteil-Nummer.** Sie besteht aus Ziffern – beginnend mit 1 – wobei jedes Bauteil im gleichen Schaltkreis fortlaufend nummeriert wird. Bei nur **einem** Antrieb (Zylinder) oder nur **einem** Ventil entfällt die Bauteil-Nummer.

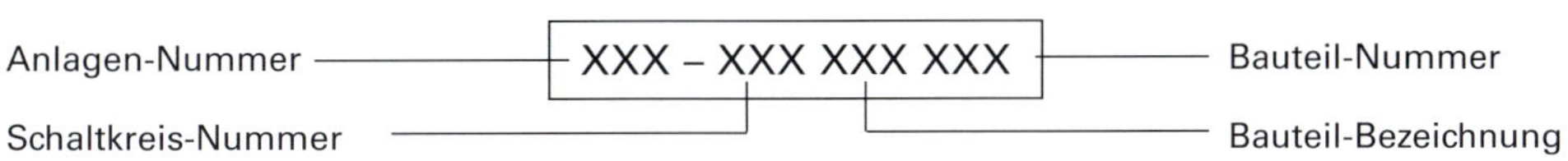

Bild 1

11.5 Bezeichnung der Anschlüsse

Bedeutung	Kennzeichnung mit Zahlen (vorwiegend für Pneumatik)	Kennzeichnung mit Buchstaben (vorwiegend für Hydraulik)
Druckanschlüsse	1	P
Arbeitsanschlüsse	2, 4 ...	A, B ...
Steuerleitungen	12, 14 ...	Z, Y ...
Entlüftungen	3, 5 ...	
Rücklaufleitungen		T
Lekageleitungen		L

Tabelle 11.1

Die Bezeichnung der Anschlüsse erfolgt immer neben den Verbindungsstellen im rechten Rasterteil der Ventile (Bild 1).

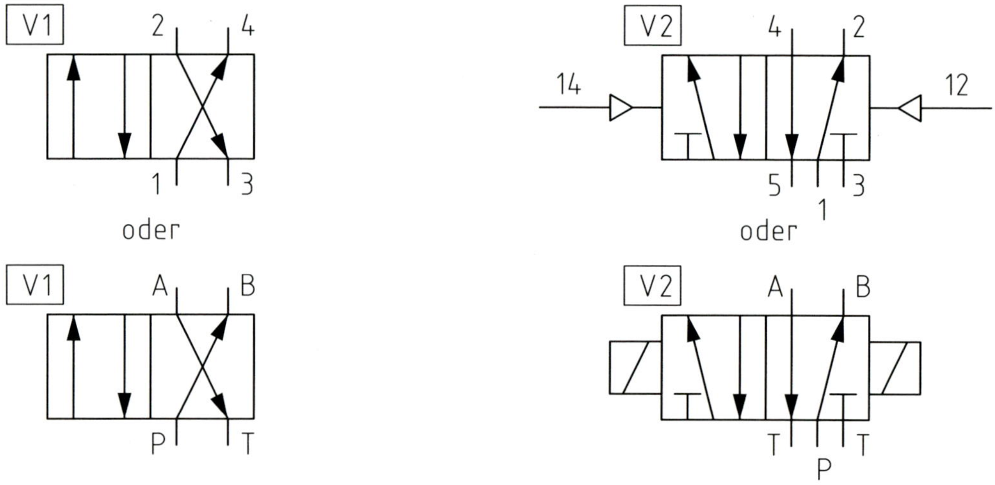

Bild 1

ZÜ 11 Darstellung fluidtechnischer Schaltpläne

Lernziel: *Zeichnerische Umsetzung fluidtechnischer Steuerungsprobleme*

ZÜ 11.1 Erstellen eines pneumatischen Schaltplanes

Vorgabe:

Durch Betätigung der Ventile V2 ODER V3 fährt die Kolbenstange des doppelt wirkenden Pneumatikzylinders aus und kehrt nach dem Loslassen der Taste wieder in die Ausgangslage (hintere Endlage) zurück.

Aufgabenstellung:

Diese Steuerung ist so umzubauen, dass die Kolbenstange nach Erreichen der vorderen Endlage **selbsttätig** in die hintere Endlage (Ausgangslage) zurückfährt.

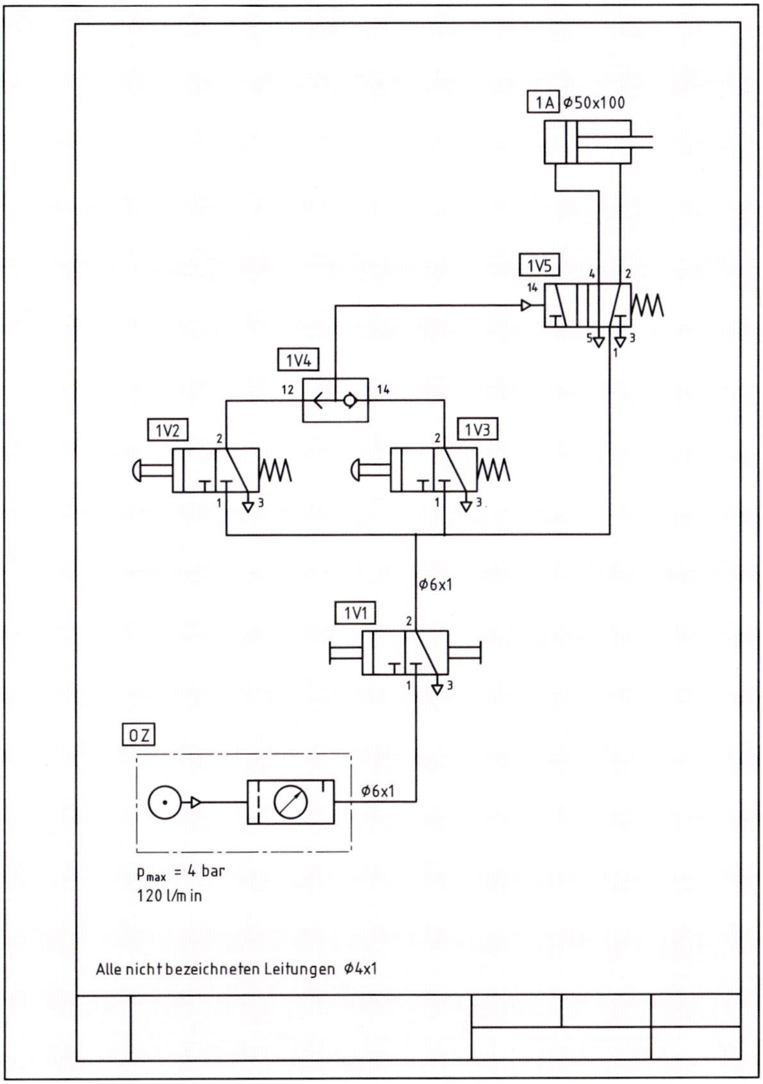

ZÜ 11.2 Erstellen eines hydraulischen Schaltplanes

Vorgabe:

Durch Betätigung des Hauptsteuerventils V2 fährt die Kolbenstange eines doppelt wirkenden Hydraulikzylinders mit ziehender Last aus. Auf der Kolbenstangenseite des Zylinders ist, um ein unkontrolliertes Absacken der Last zu verhindern, ein Druckbegrenzungsventil mit einem Gegenhaltedruck von 30 bar eingebaut.

Aufgabenstellung:

Diese Anlage soll aus Sicherheitsgründen beim Ausfahren auf eine Zweihandbetätigung (UND-Steuerung) umgebaut werden.

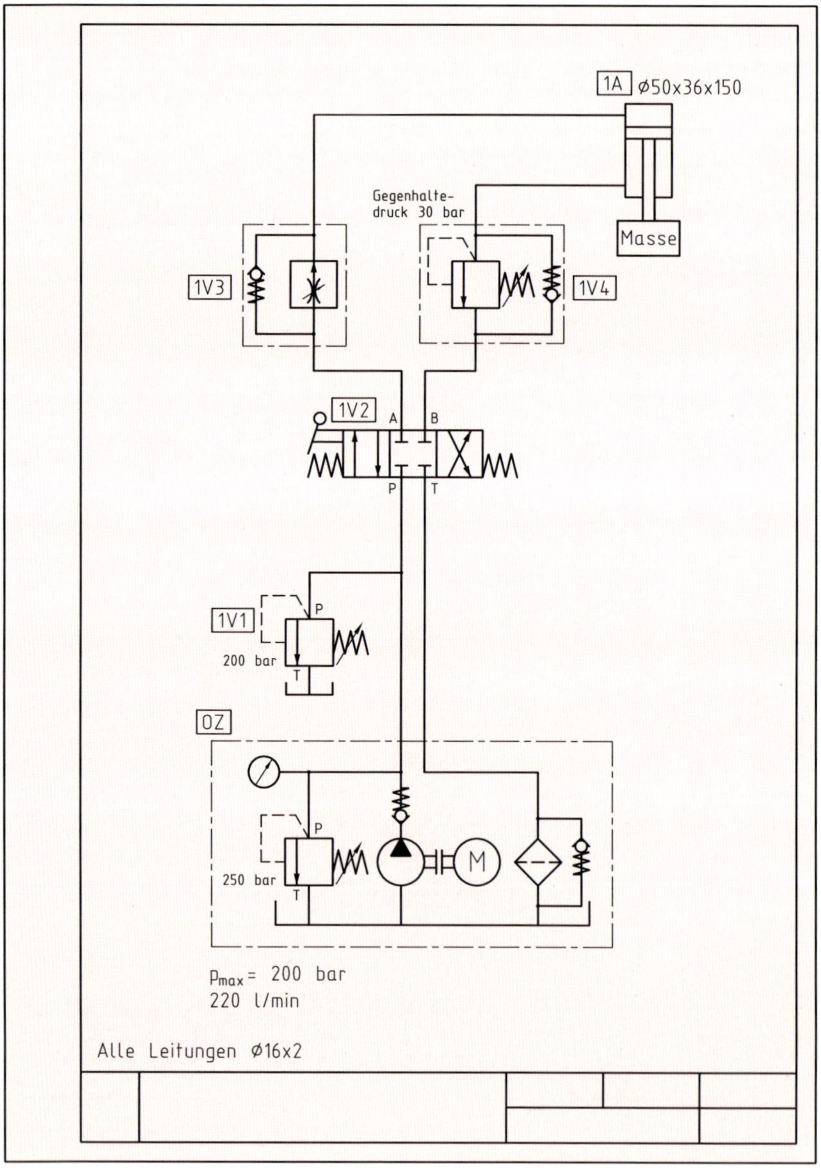

12 Darstellung von unlösbaren Verbindungen

12.1 Schweißverbindungen

12.1.1 Allgemeines

Die durch Schweißen hergestellten Konstruktionen, wie Maschinenteile, Konsolen, Fachwerke usw., werden in technischen Zeichnungen nach **ÖNORM EN 22553** entweder **detailgetreu** oder **symbolisch** dargestellt.

Die folgende Auflistung umfasst alle Kriterien, die notwendig sind, um Art und Ausführung einer Schweißverbindung zeichnerisch einwandfrei zu bestimmen:

- Nahtart
- Nahtquerschnitt
- Nahtlänge
- Form der Nahtoberfläche
- Schweißverfahren
- Bewertungsgruppe
- Schweißposition
- Zusatzwerkstoff

Abhängig von den an eine Schweißverbindung gestellten Anforderungen sind in eine Zeichnung nur jene Angaben einzutragen, die für die Durchführung einer technisch einwandfreien Schweißung erforderlich sind.

12.1.2 Schweißtechnische Begriffe

Der Bereich, in dem die zu verbindenden Teile aufeinander treffen, wird als **Stoß** oder **Schweißstoß** bezeichnet. Nach Bild 1 unterscheidet man:

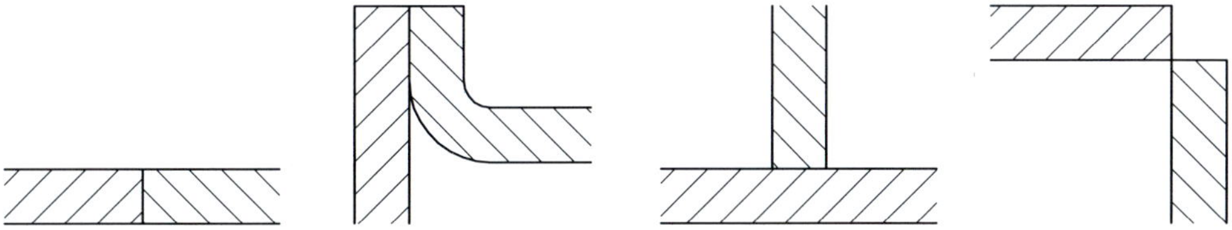

Stumpfstoß **Stirnstoß** **T-Stoß** **Eckstoß**

Bild 1

Die **Schweißnaht** verbindet die Teile am Schweißstoß. Sie setzt sich aus dem Zusatzwerkstoff und dem aufgeschmolzenen Grundwerkstoff zusammen (Bild 2).

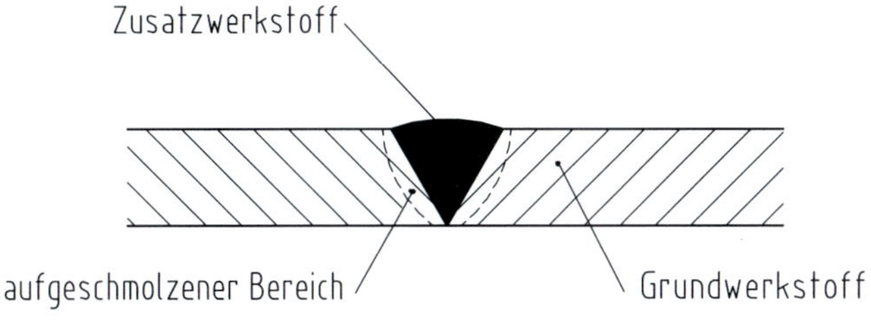

Bild 2

12.1.3 Detailgetreue Darstellung von Schweißnähten

Die Darstellung und Bemaßung der Einzelheiten einer Schweißverbindung, wie Lage der Naht, Nahtlänge, Nahtquerschnitt usw., erfolgen im Wesentlichen nach den allgemeinen Zeichen- und Bemaßungsregeln. Spezielle Zeichendetails ergeben sich nur bei der Darstellung der Schweißnaht und des Nahtquerschnittes.

Die **Schweißnaht** wird mit freihändig gezeichneten Bögen angedeutet. Diese symbolisieren die Schuppung der Nahtoberfläche und sind mit **schmaler** Volllinie und in einem Abstand von ca. 3 mm zu zeichnen. Die Bogenlänge ergibt sich aus der Projektion der Schweißnaht.

Der **Nahtquerschnitt** ist sowohl in der Ansicht als auch in der Schnittdarstellung geschwärzt zu zeichnen (Bild 1).

Zusätzliche Angaben über das **Schweißverfahren** oder den **Zusatzwerkstoff** sind in Textform in der Nähe des Schriftfeldes einzutragen.

Der Nahtquerschnitt einer Kehlnaht wird vorzugsweise durch die **Nahtdicke *a*** oder durch die **Schenkellänge *z*** festgelegt. Eines dieser beiden Maße ist in der Zeichnung anzugeben (Bild 2).

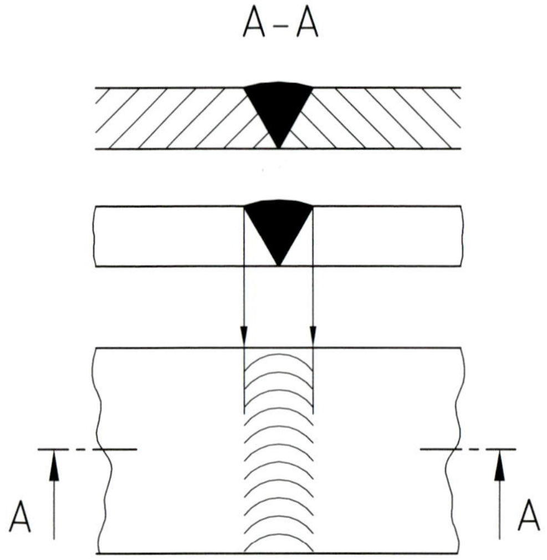

Bild 1

Zusammenhang von ***a*** und ***z***

$$z = a \times \sqrt{2}$$

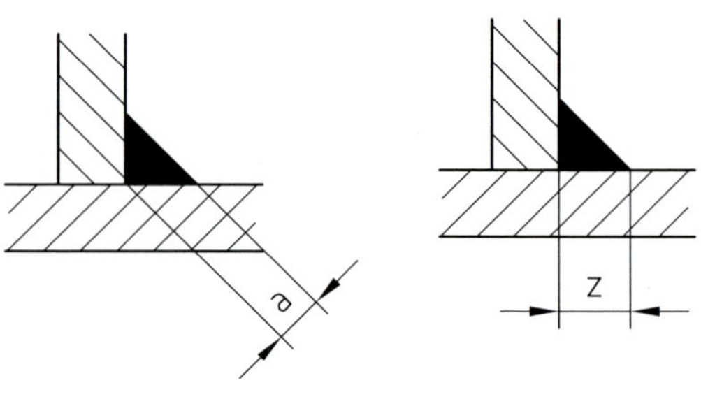

Bild 2

Unterbrochene und versetzte Schweißnähte sind zu bemaßen (Bild 3).

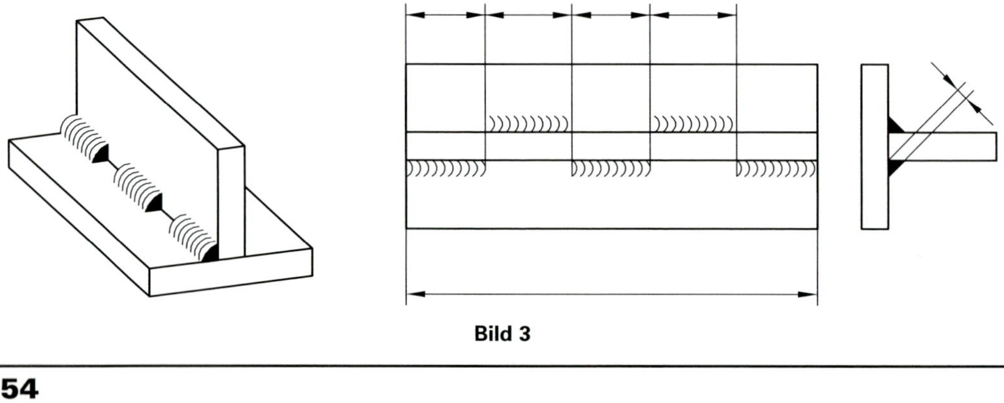

Bild 3

Verdeckte Schweißnähte werden wie verdeckte Körperkanten durch eine Strichlinie angedeutet, das Zeichnen der Schuppungsbögen ist nicht erforderlich (Bild 1).

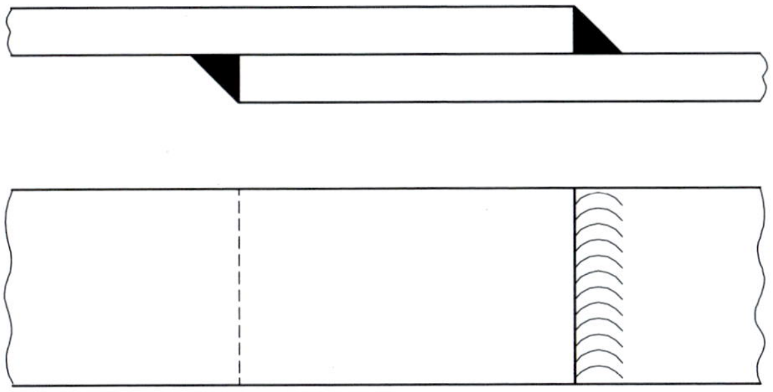

Bild 1

12.1.4 Symbolische Darstellung von Schweißnähten

Bei der symbolischen Darstellung von Schweißnähten wird der Nahtverlauf nicht mit Schuppungsbögen gezeichnet, sondern durch **Symbole** und **Texteintragungen** beschrieben.

12.1.4.1 Bezugszeichen

Das Bezugszeichen setzt sich aus **Pfeillinie, Bezugs-Volllinie** und **Bezugs-Strichlinie** zusammen (siehe auch Abschnitt 12.1.5). Für ergänzende Angaben ist die Bezugs-Volllinie am Ende mit einer **Gabel** zu erweitern (Bild 2).

Bezugszeichen sind mit **schmaler** Linie zu zeichnen und so einzutragen, dass die Bezugslinie parallel zur Unterkante der Zeichnung verläuft.

Die symbolischen Eintragungen und Beschriftungen entsprechen der Bemaßungsgröße der Zeichnung.

Die **Bezugs-Strichlinie** (siehe Abschnitt 12.1.5) wird mit einem Abstand von 1 mm unterhalb der **Bezugs-Volllinie** gezeichnet. Bei Schweißnähten, die beidseitig ausgeführt werden (z. B. Doppel-Kehlnaht), **entfällt** die Bezugs-Strichlinie.

Die Richtmaße für die Darstellung eines Bezugszeichens sind aus Bild 3 ersichtlich. Die Länge der Bezugslinie (ca. 20 mm) wird vom erforderlichen Platzbedarf für die Eintragung des Schweißnahtsymbols und der Nahtmaße bestimmt.

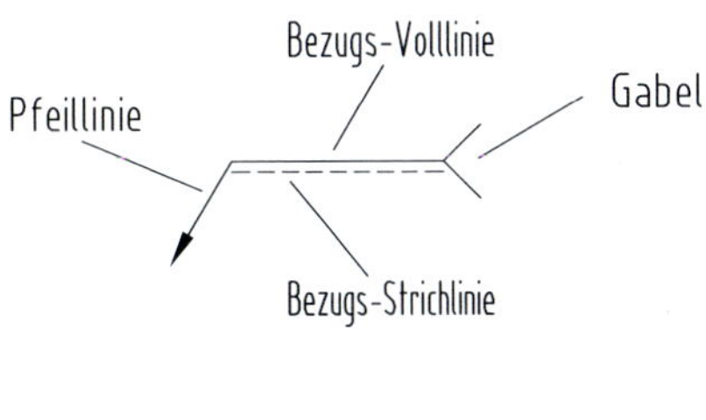

Bild 2

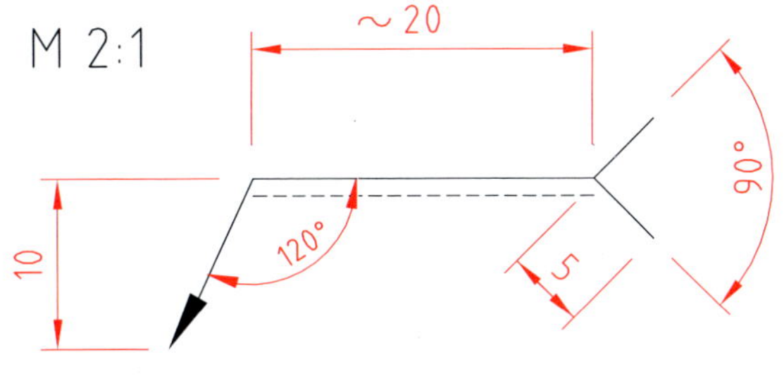

Bild 3

Bild 4

Soll in einer Zeichnung lediglich dargestellt werden, dass die Naht geschweißt oder gelötet wird, das heißt, dass **keinerlei Angaben** über **Schweißverfahren** oder **Qualitätskriterien** verlangt werden, so genügt das Eintragen eines vereinfachten Bezugszeichens (Bild 4).

12.1.4.2 Beziehung zwischen Pfeillinie und Stoß

Die Pfeillinie des Bezugszeichens zeigt mit ihrer Spitze **direkt** auf den Schweißstoß. Es spielt dabei keine Rolle, ob das Bezugszeichen von links oder rechts oder von oben oder unten am Stoß angesetzt wird (Bild 1).

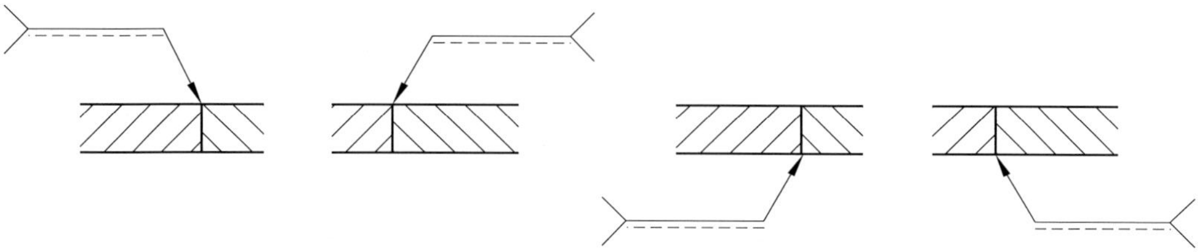

Bild 1

Entsprechend der Anordnung des Bezugszeichens wird die Seite, an der die Pfeilspitze auf den Stoß zeigt, als **Pfeilseite** und die gegenüberliegende als **Gegenseite** bezeichnet (Bild 2).

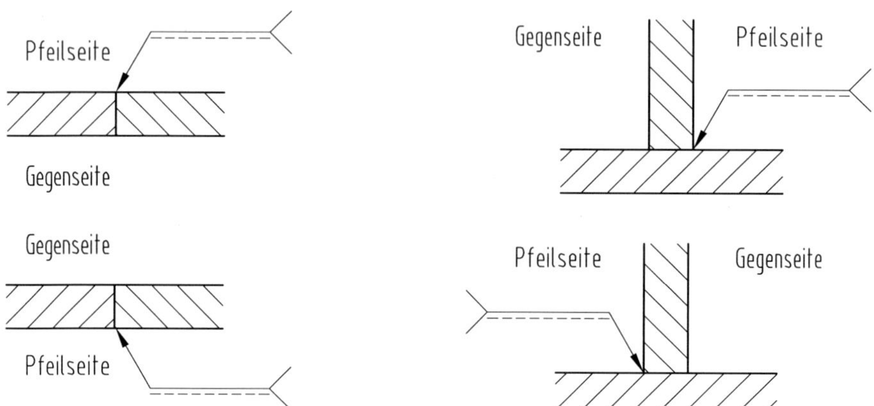

Bild 2

12.1.4.3 Symbole für die Art der Schweißnaht

Die verschiedenen Schweißnahtarten werden durch Symbole dargestellt, die der jeweiligen Nahtform bildlich angenähert sind (Tabelle 12.1, Seite 257).

Die Symbole sind mit einer Mindestgröße von 3,5 mm in der Mitte und **direkt** auf die **Bezugs-Volllinie** oder **Bezugs-Strichlinie** zu zeichnen (Bild 3).

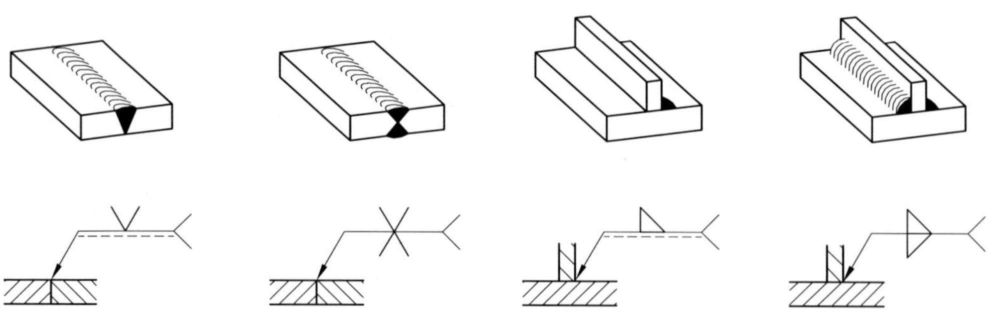

V-Naht **X-Naht** **Kehlnaht** **Doppel-Kehlnaht**

Bild 3

Benennung	Symbol	Darstellung	Benennung	Symbol	Darstellung
I-Naht		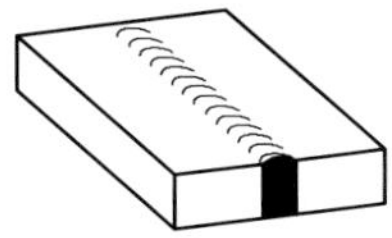	HY-Naht		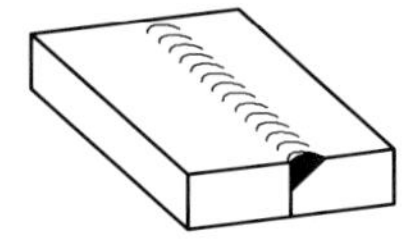
V-Naht		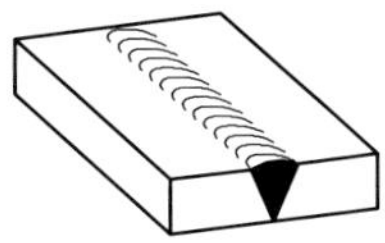	X-Naht		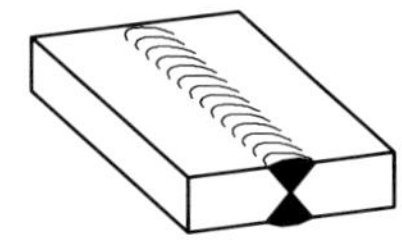
HV-Naht		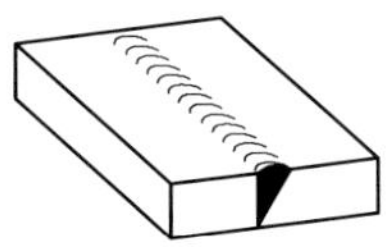	Kehlnaht		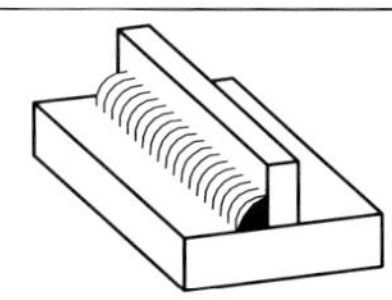
Y-Naht		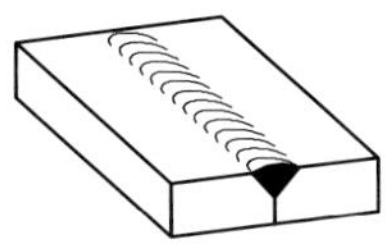	Doppel-Kehlnaht	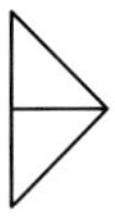	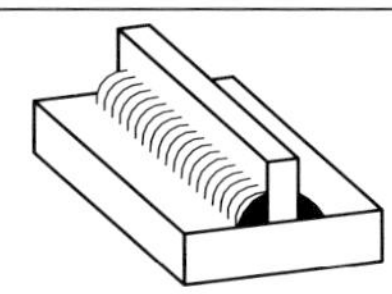

Tabelle 12.1

12.1.4.4 Zusatzsymbole

Im Regelfall werden keine besonderen Anforderungen an die Form der Nahtoberfläche gestellt. Ist jedoch ein besonderes Aussehen gefordert, so ist das Schweißnahtsymbol durch ein **Zusatzsymbol** zu ergänzen (Tabelle 12.2). Die Größe des Zusatzsymbols ist auf die Größe des Schweißnahtsymbols abzustimmen (Bild 1).

Form der Nahtoberfläche	Zusatzsymbol
flach	—
konvex (gewölbt)	
konkav (hohl)	
kerbfrei	

Tabelle 12.2

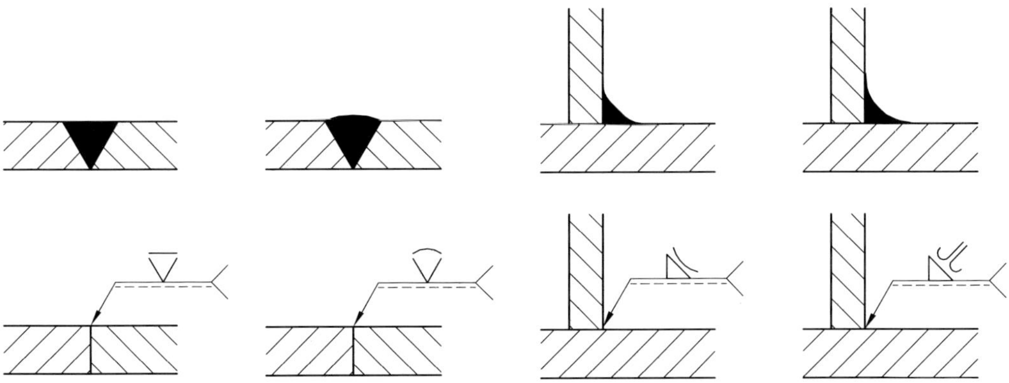

flache V-Naht **konvexe V-Naht** **konkave Kehlnaht** **kerbfreie Kehlnaht**

Bild 1

12.1.4.5 Bemaßung der Schweißnaht

Das auf der Bezugslinie angeschriebene Schweißnahtsymbol kann bei Bedarf durch zusätzliche Angaben erweitert werden. Normgemäß wird der Nahtquerschnitt immer an der linken Seite des Symbols und die Nahtlänge rechts vom Symbol eingetragen (Bild 1).

Der **Nahtquerschnitt** wird wie bei der bildlichen Schweißnahtdarstellung durch die **Nahtdicke *a*** oder durch die **Schenkellänge *z*** angegeben und in gleicher Schriftgröße wie die Zeichnungsbemaßung eingetragen (Bild 2).

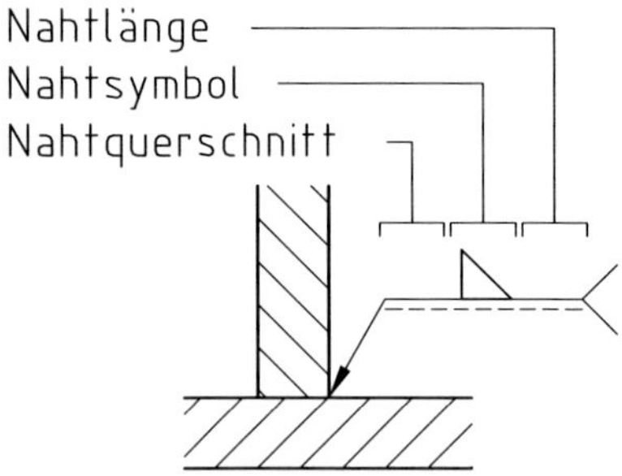

Bild 1

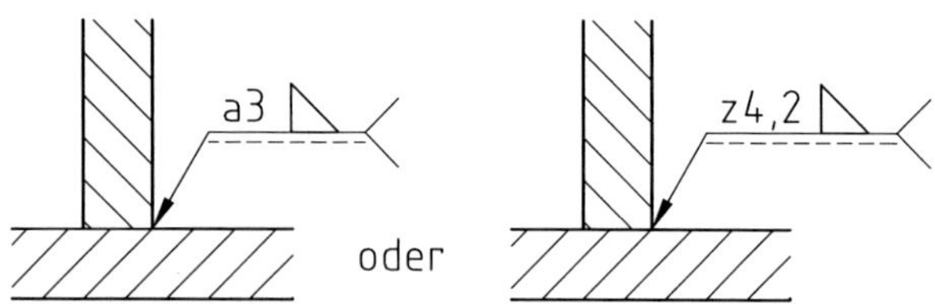

Bild 2

Die Angabe der **Schweißnahtlänge** ist nur dann erforderlich, wenn die Naht **nicht** über die gesamte Stoßlänge verläuft.

In allen Fällen von **unterbrochenen Schweißverbindungen** sind die Anzahl der Einzelnähte, die Schweißnahtlänge, der Nahtabstand und wenn erforderlich auch der Abstand vom Werkstückrand bis zum Nahtbeginn (Vormaß) in die Zeichnung einzutragen (Bild 3).

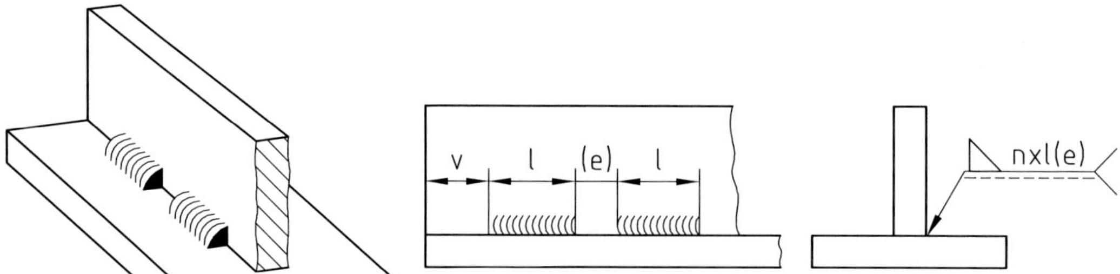

n Anzahl der Einzelnähte
l Länge der Einzelnähte
(*e*) Nahtabstand
v Vormaß

Bild 3

Die symbolische Darstellung einer Kehlnaht mit einer Nahtdicke von 4 mm und drei 200 mm langen Einzelschweißnähten mit einem Nahtabstand von jeweils 50 mm zeigt Bild 4.

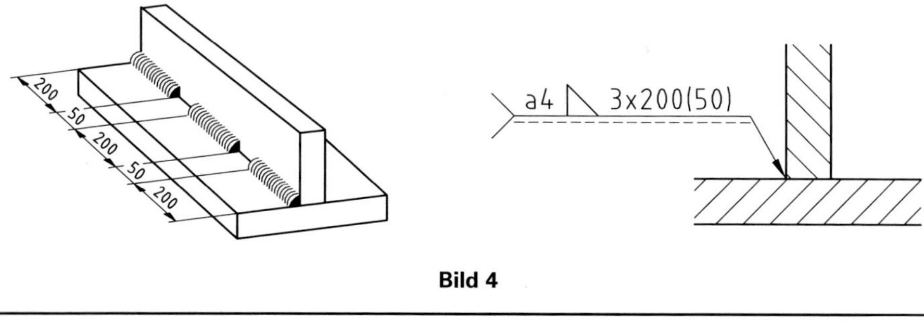

Bild 4

12.1.5 Lage der Schweißnaht

Die Lage der Schweißnaht wird am Stoß eindeutig durch die Platzierung des Schweißnahtsymbols auf der **Bezugs-Volllinie** oder **Bezugs-Strichlinie** bestimmt.

> **Merke:**
> Ist das **Nahtsymbol auf der Bezugs-Volllinie** aufgesetzt, so ist die **Schweißnaht auf der Pfeilseite** auszuführen.
> Ist das **Nahtsymbol auf der Bezugs-Strichlinie** aufgesetzt, so ist die **Schweißnaht auf der Gegenseite** auszuführen.

Daher gibt es für jede Naht zwei Varianten der Symboleintragung (Bild 1).

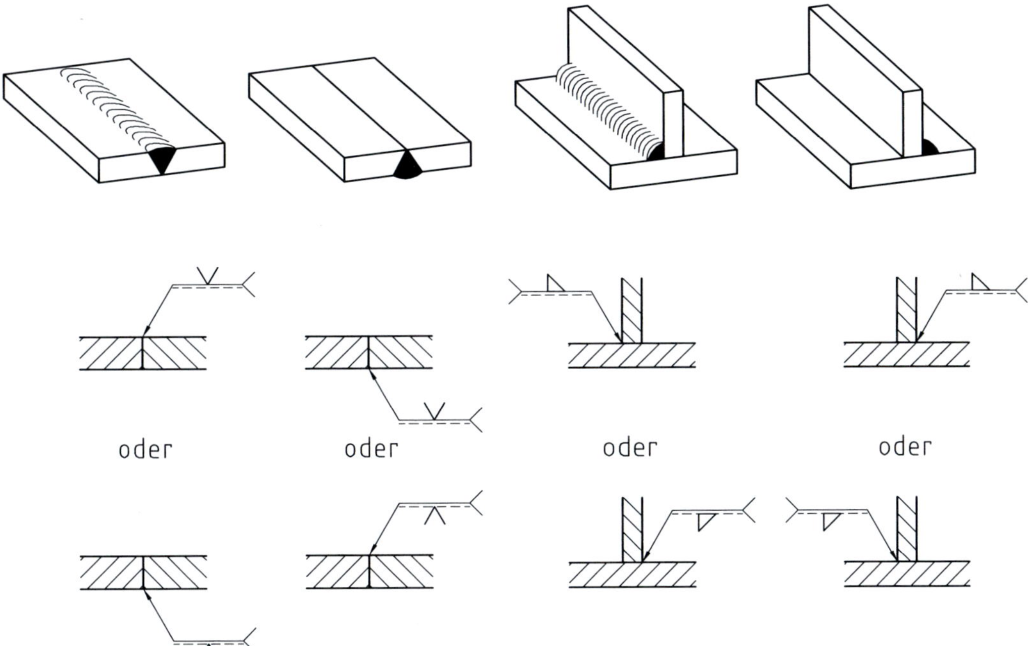

Bild 1

12.1.5.1 Ringsum-Naht

Zur Kennzeichnung von Schweißnähten, die um den gesamten Teil herumgeführt werden, ist an der Knickstelle des Bezugszeichens ein Kreis mit einem Durchmesser von ca. 3 mm einzutragen (Bild 2). Die Angabe der Nahtlänge entfällt.

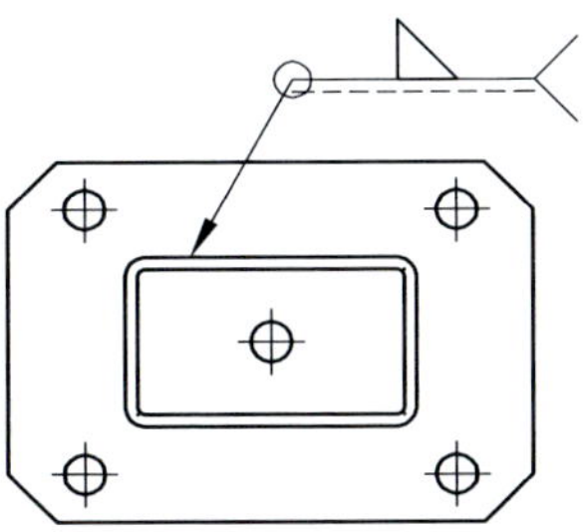

Bild 2

12.1.5.2 Baustellennaht

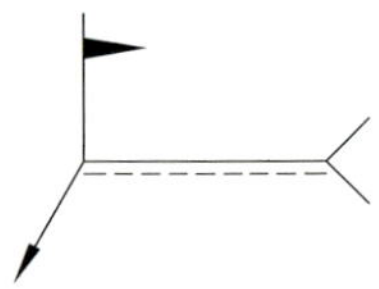

Zur Kennzeichnung von Schweißnähten, die auf der Baustelle auszuführen sind, ist das Bezugszeichen mit einer **Fahne** zu erweitern (Bild 1).

Bild 1

12.1.6 Ergänzende Angaben

Angaben für spezielle Anforderungen an eine Schweißverbindung werden der Gabel des Bezugszeichens angefügt.

Die einzelnen Angaben sind durch einen Schrägstrich zu trennen und in Maßzahlengröße in folgender Reihe einzutragen:

- **Schweißverfahren ÖNORM EN ISO 4063**
- **Bewertungsgruppe ÖNORM EN ISO 5817**
- **Schweißposition ÖNORM EN ISO 6947**
- **Zusatzwerkstoff ÖNORM EN ISO 2560**

Bild 2 zeigt die symbolische Darstellung einer Schweißverbindung mit umfassenden ergänzenden Angaben.

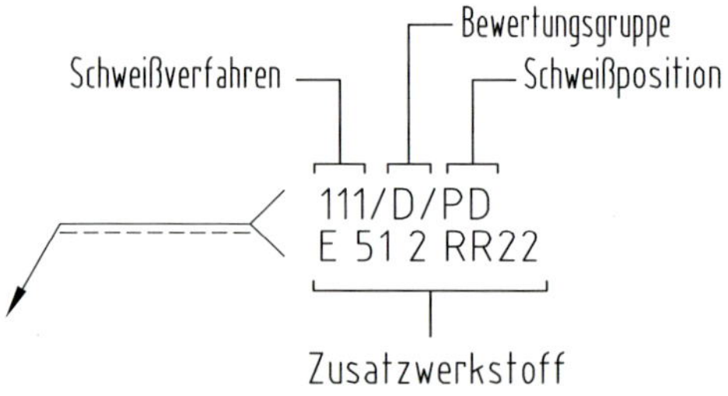

Bild 2

12.1.6.1 Schweißverfahren

Das Schweißverfahren wird in der Gabel des Bezugszeichens durch eine Ordnungsnummer angegeben. Nachstehende Tabelle 12.3 zeigt die Ordnungsnummern der wichtigsten Schweißverfahren.

12.1.6.2 Bewertungsgruppe

Für lichtbogengeschweißte Verbindungen an Stahl wird die Unregelmäßigkeit der Schweißnaht nach Tabelle 12.4 in drei Bewertungsgruppen unterteilt:
Unregelmäßigkeiten können sein: Risse, Porosität, Einschlüsse, Bindefehler, Einbrandkerben und Nahtüberhöhung.
Die Grenzwerte zur Bewertung und Klassifizierung der Unregelmäßigkeiten sind der ÖNORM EN ISO 5817 zu entnehmen.

Schweißverfahren	**Ordnungsnummer**
Lichtbogenhandschweißen	111
Metall-Inertgasschweißen (MIG)	131
Metall-Aktivgasschweißen (MAG)	135
Wolfram-Inertgasschweißen (WIG)	141
Gasschweißen mit Sauerstoff und Azetylen	311

Tabelle 12.3

Bewertungsgruppe	**Symbol**
hoch	B
mittel	C
niedrig	D

Tabelle 12.4

12.1.6.3 Schweißposition

Die Schweißposition wird durch die Lage der Naht im Raum und durch die Schweißrichtung festgelegt (Tabelle 12.5).

Benennung	Kurz-zeichen	Beispiele für Arbeitspositionen		
Wannenposition	PA	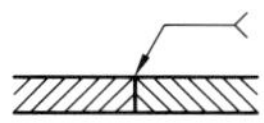	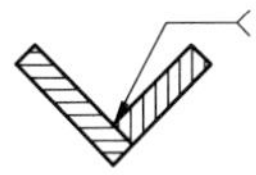	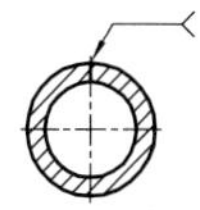
Horizontal-Vertikalposition	PB		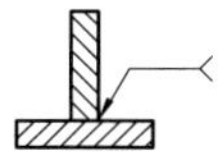	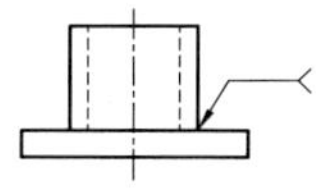
Querposition	PC	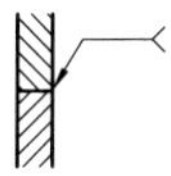	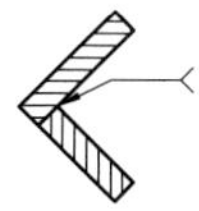	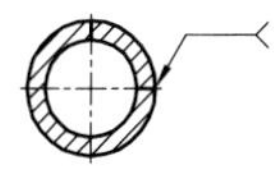
Horizontal-Überkopfposition	PD		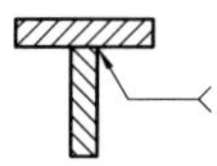	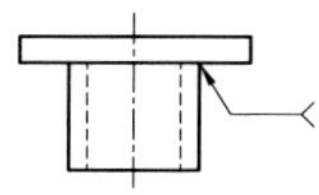
Überkopfposition	PE	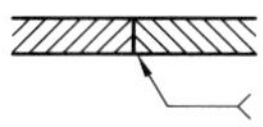	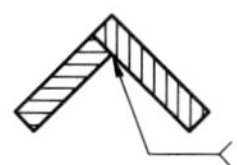	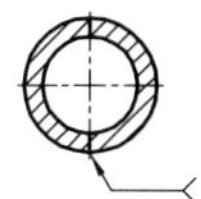
Steigposition	PF	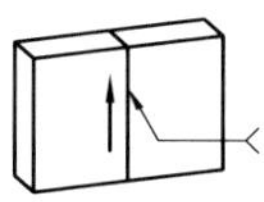	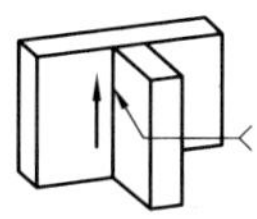	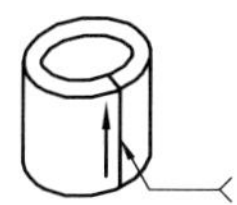
Fallposition	PG	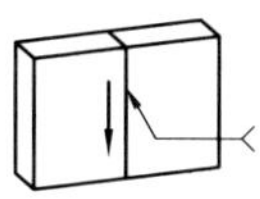	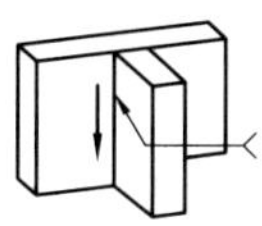	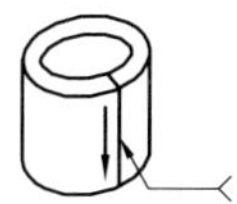

Tabelle 12.5

12.1.6.4 Zusatzwerkstoff

Die Normbezeichnungen der Schweißzusatzwerkstoffe sind einem Tabellenbuch zu entnehmen.

12.1.7 Schweißfolge, Schweißrichtung

Die **Schweißfolge** bezeichnet die Reihenfolge, in der die Nähte bei einer Schweißkonstruktion auszuführen sind. Dabei wird dem jeweiligen Schweißstoß eine Ordnungszahl zugewiesen.

Die **Schweißrichtung** wird durch einen zusätzlichen Pfeil festgelegt (Bild 1).

Bild 2 zeigt die normgerechte Bezeichnung von Schweißnahtverbindungen.

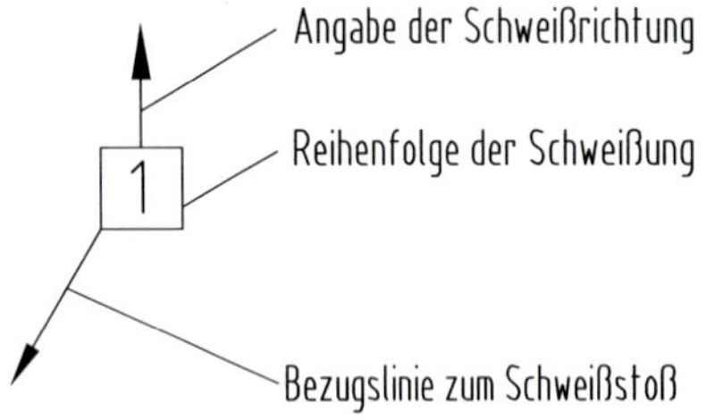

Bild 1

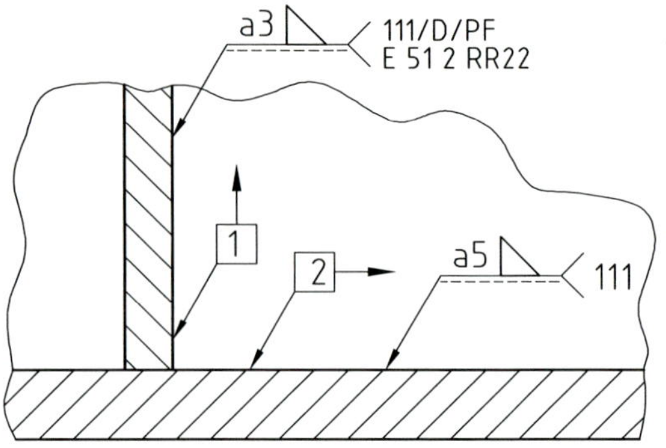

Bild 2

12.1.8 Vereinfachte Schweißnahtbezeichnung

Um mehrmalige Wiederholungen aufwendiger Schweißnahtangaben zu vermeiden, darf eine vereinfachte Eintragung angewendet werden. Dadurch wird der Zeichenaufwand verringert und die Nahtkennzeichnung übersichtlicher.

Zur Vereinfachung ist die Gabel des Bezugszeichens nach Bild 3 zu schließen und mit einem Kennbuchstaben zu versehen. Diese vereinfachte Eintragung ist in der Nähe des Schriftfeldes zu erläutern.

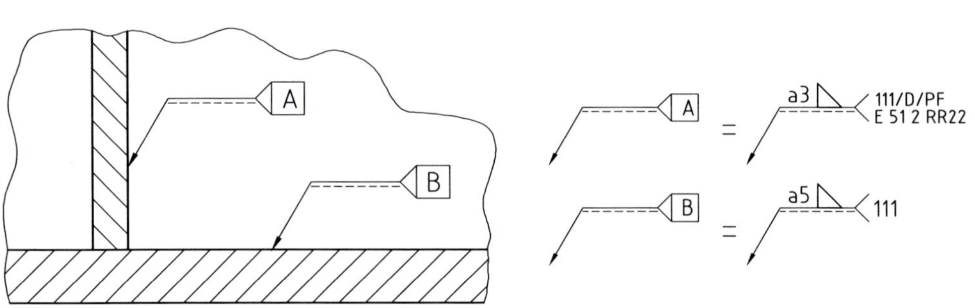

Bild 3

12.1.9 Allgemeintoleranzen für Schweißkonstruktionen

In technischen Zeichnungen sind die Allgemeintoleranzen für Schweißkonstruktionen nach **ÖNORM EN ISO 13920** einzutragen.
Die anzuwendende Norm ist immer in Verbindung mit der Toleranzklasse anzugeben. Dabei unterscheidet man bei Längen- und Winkelmaßen die Klassen A, B, C, D und bei Form- und Lagetoleranzen die Klassen E, F, G, H.
Die Kennzeichnung der Allgemeintoleranz in technischen Zeichnungen erfolgt durch Eintragung von z. B. ÖNORM EN ISO 13920-C (wenn **nur** Längen- und Winkelmaße toleriert sind) oder durch ÖNORM EN ISO 13920-G (wenn **nur** Form und Lage toleriert sind) oder durch ÖNORM EN ISO 13920-CG (wenn Allgemeintoleranzen für **beide** Bereiche toleriert sind).

12.2 Lötverbindungen

Lötverbindungen werden wie Schweißverbindungen nach **ÖNORM EN 22553** dargestellt. Die symbolische Kennzeichnung erfolgt mit dem Bezugszeichen, dem Angaben über die Ausführung der Lötverbindung angefügt werden können. Die Ordnungsnummern für das anzuwendende Lötverfahren sind Tabelle 12.6 zu entnehmen und in die Gabel des Bezugszeichens einzutragen (Bild 1).

Lötverfahren	**Ordnungs-nummern**
Hart-, Weich-, Fugenlöten	9
Weichlöten	94
Fugenlöten	97
Flammhartlöten	912
Flammweichlöten	942
Kolbenweichlöten	952

Tabelle 12.6

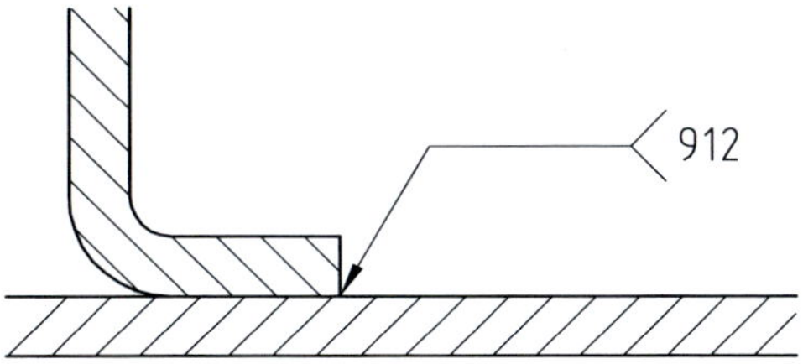

Bild 1

12.3 Klebeverbindungen

Klebeverbindungen werden durch eine Bezugslinie mit dem Vermerk „geklebt" gekennzeichnet (Bild 2). Ergänzende Angaben zur Klebeverbindung, wie Klebstoff, Verarbeitungsrichtlinien usw., sind in der Nähe des Schriftfeldes einzutragen.

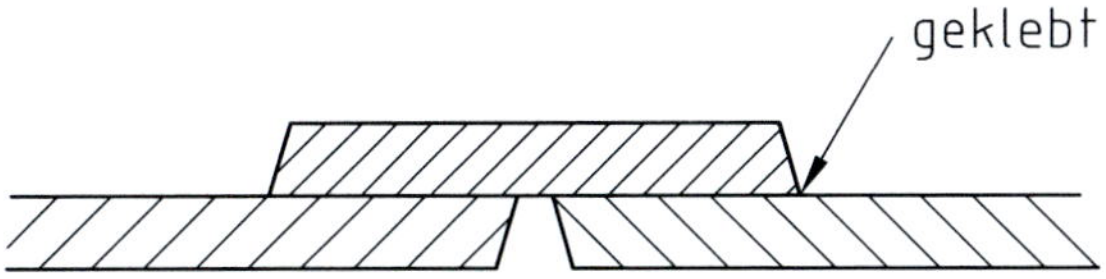

Bild 2

ZÜ 12 Darstellung von Schweißverbindungen

Lernziel: *Zeichnen und Bemaßen von Schweißverbindungen*
Eintragen von Schweißsymbolen in Fertigungszeichnungen

ZÜ 12.1 Darstellung einer Anschlagkonsole

Zeichne und bemaße auf einem A3-Blatt in Querformat nach unten stehender Vorlage die **Anschlagkonsole** aus dem Werkstoff **S235JR**.

Die Anschlagkonsole setzt sich aus einer Grundplatte, einer Anschlagplatte und einem Steg zusammen und wird durch Metall-Aktivgasschweißen gefügt.

Der Steg wird auf der Grundplatte mit einer Kehlnaht (*a* = 5) mit zwei 25 mm langen Einzelnähten bei einem Nahtabstand von 20 mm verschweißt. Alle anderen Nähte werden durchgehend ausgeführt.

Die entsprechenden Schweißnahtangaben und der Elektrodenwerkstoff sind in die Fertigungszeichnung einzutragen.

Für alle Maße ist die Allgemeintoleranz C anzuwenden.

Das Schriftfeld **und** die Stückliste sind vollständig auszufüllen.

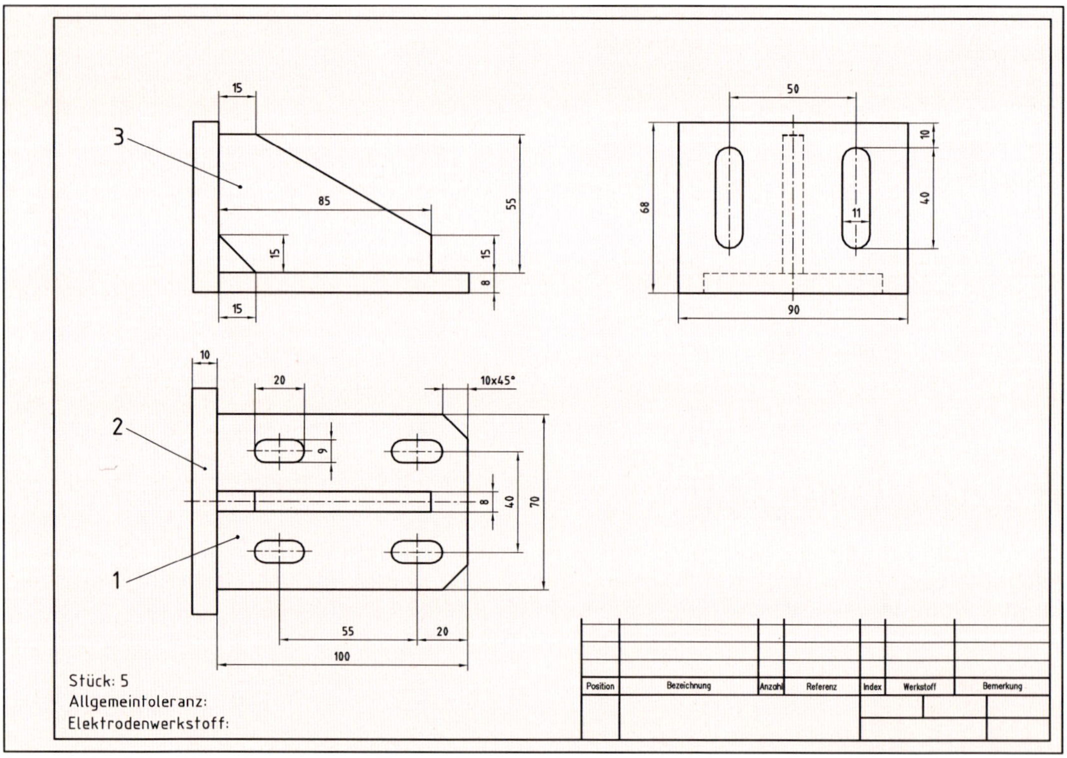

ZÜ 12.2 Darstellung einer Wandkonsole

Zeichne und bemaße auf einem A3-Blatt in Querformat nach unten stehender Vorlage die **Wandkonsole** aus dem Werkstoff **S235JR**.

Die Konsole setzt sich aus einer Grundplatte, einer Auflageplatte und zwei Stegen zusammen und wird durch Metall-Aktivgasschweißen gefügt. Alle Nähte werden durchgehend verschweißt.

Die entsprechenden Schweißnahtangaben und der Elektrodenwerkstoff sind in die Fertigungszeichnung einzutragen.

Für alle Maße ist die Allgemeintoleranz C anzuwenden.

Das Schriftfeld **und** die Stückliste sind vollständig auszufüllen.

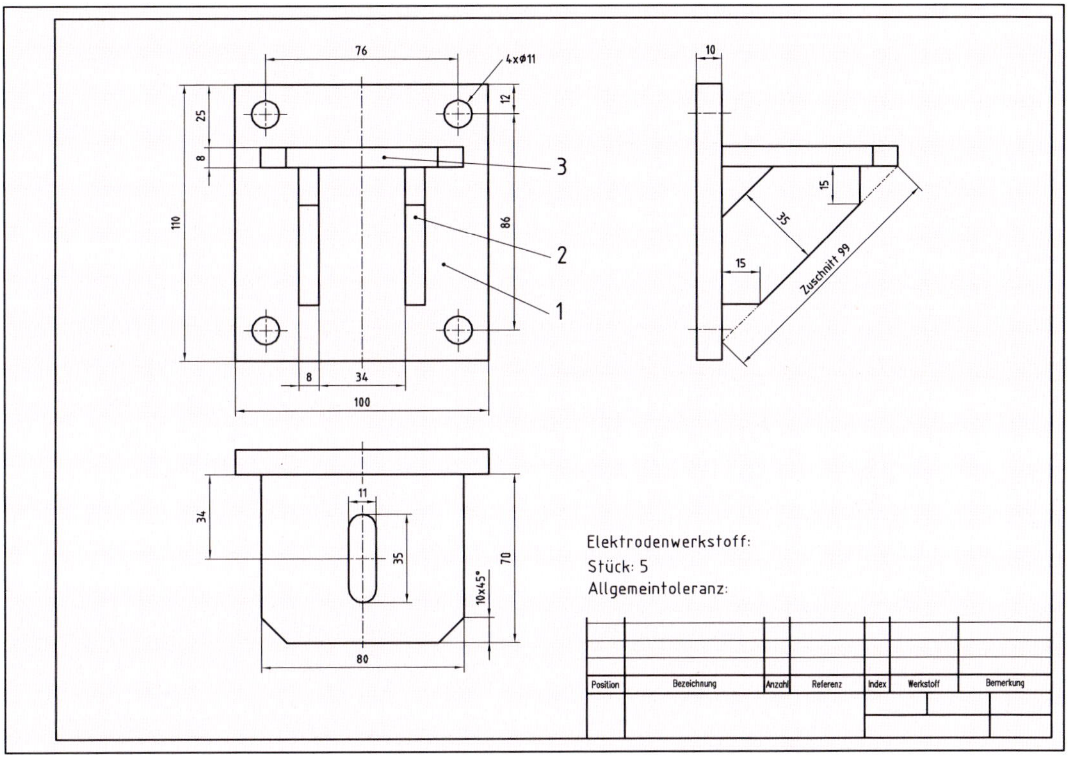

ZÜ 12.3 Darstellung eines Balkenhalters

Zeichne und bemaße auf einem A3-Blatt in Querformat nach unten stehender Vorlage den **Balkenhalter** aus dem Werkstoff **S235JR**.

Der Halter setzt sich aus einer Wandplatte, einem Halter nach ÖNORM EN 10279-U100 und einem Steg zusammen und wird durch Metall-Aktivgasschweißen gefügt.

Der Halter wird an der Wandplatte mit einer Ringsum-Naht verschweißt, die anderen Nähte werden durchgehend ausgeführt.

Die entsprechenden Schweißnahtangaben und der Elektrodenwerkstoff sind in die Fertigungszeichnung einzutragen.

Für alle Maße ist die Allgemeintoleranz C anzuwenden.

Das Schriftfeld **und** die Stückliste sind vollständig auszufüllen.

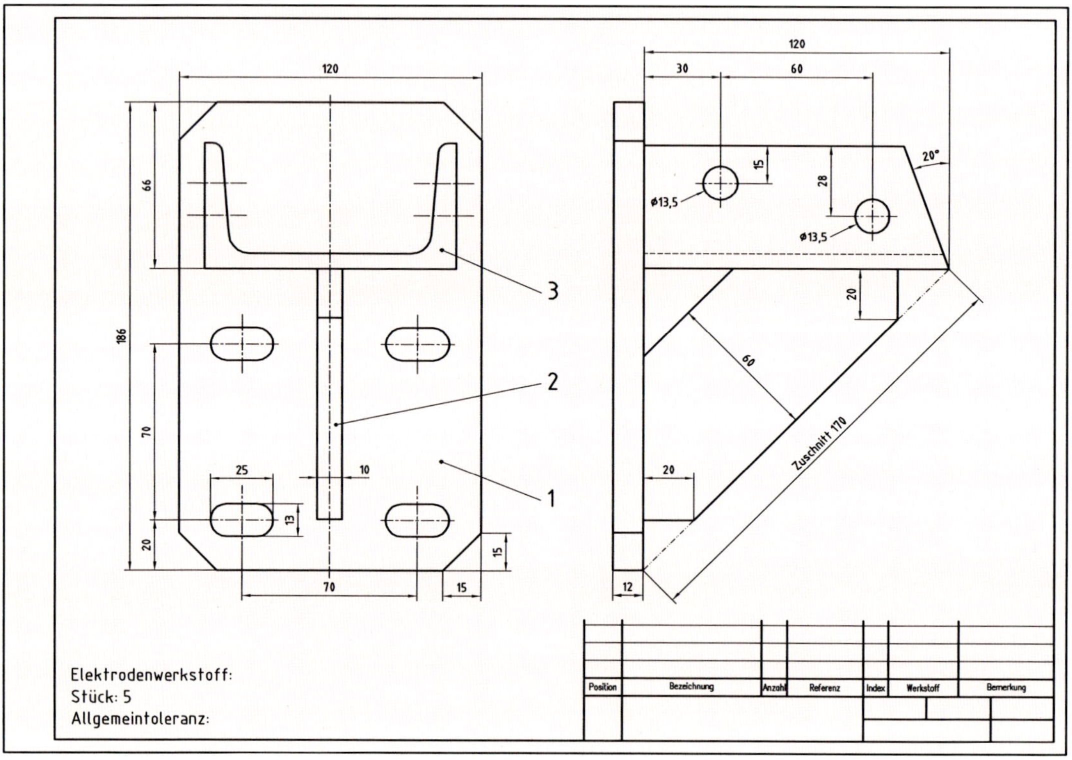

ZÜ 12.4 Darstellung eines Säulenfußes

Zeichne und bemaße auf einem A4-Blatt in Hochformat nach unten stehender Vorlage den **Säulenfuß** aus dem Werkstoff **S235JR**.

Der Säulenfuß setzt sich aus einer Grundplatte, einer Säule und zwei Steifen zusammen und wird durch Lichtbogenhandschweißung gefügt.

Die Säule ist auf der Grundplatte mit einer Ringsum-Naht zu verschweißen, dabei sind die beiden Steifen im Bereich dieser Schweißnaht abzuschrägen.

Die entsprechenden Schweißnahtangaben und der Elektrodenwerkstoff sind in die Fertigungszeichnung einzutragen.

Für alle Maße ist die Allgemeintoleranz C anzuwenden.

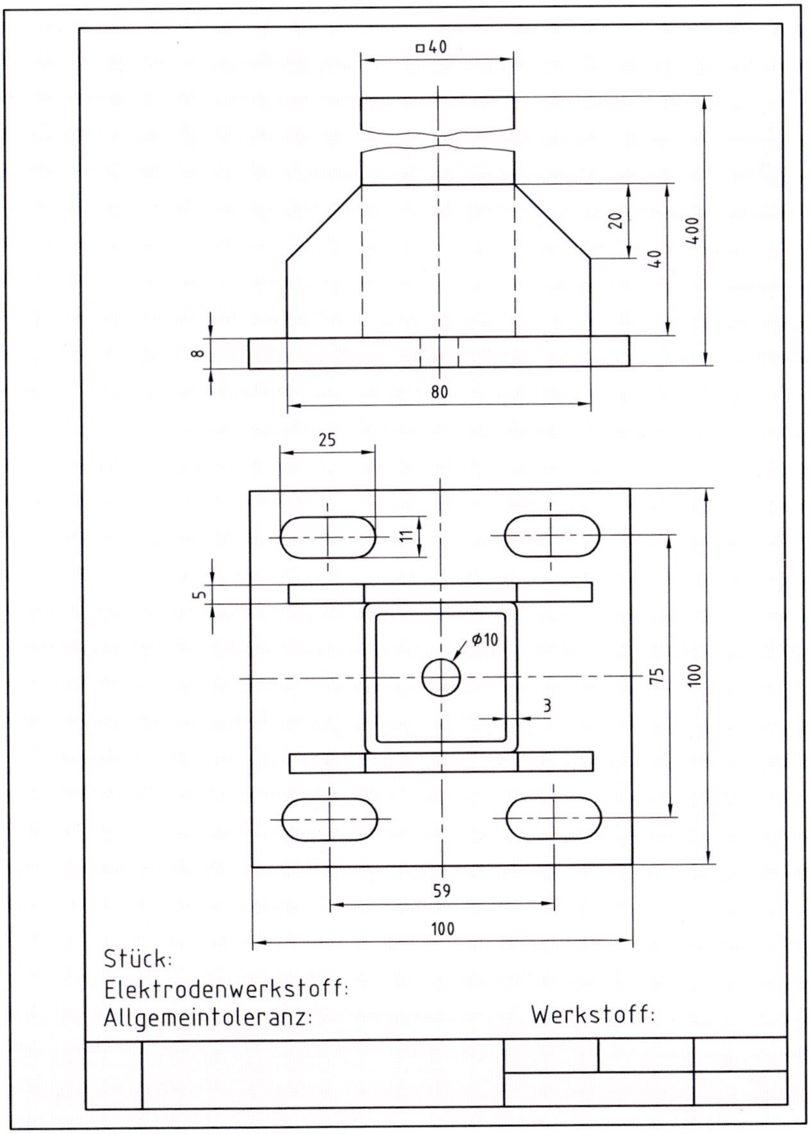

ZÜ 12.5 Darstellung eines Säulenfußes mit Gewindeeinsatz

Zeichne und bemaße auf einem A4-Blatt in Hochformat nach unten stehender Vorlage die **Säule** aus dem Werkstoff **S235JR** im Maßstab 1:2.

Die Säule setzt sich aus einer Grundplatte, einer Säule, drei Steifen und einem Gewindeeinsatz mit Innengewinde M24 zusammen. Die Einzelteile werden durch Lichtbogenhandschweißung gefügt.

Die entsprechenden Schweißnahtangaben und der Elektrodenwerkstoff sind in die Fertigungszeichnung einzutragen.

Für alle Maße ist die Allgemeintoleranz C anzuwenden.

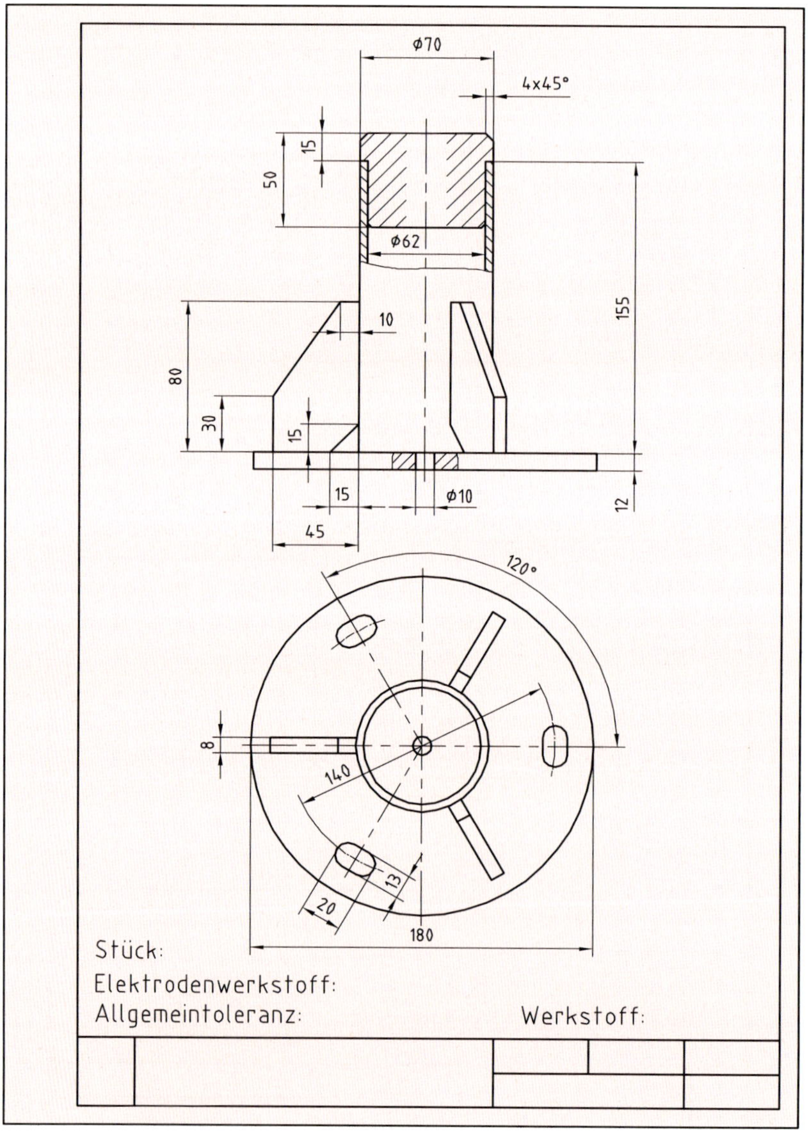

13 Stahlbauzeichnungen

13.1 Allgemeines

Bauteile aus dem Stahlhochbau, Stahlleichtbau, Brücken- und Kranbau werden in technischen Zeichnungen nach **bautechnischen Normen** dargestellt. Diese berücksichtigen branchenübliche Fachausdrücke, Darstellungsarten und Bemaßungsvarianten, die teilweise sehr **stark von den allgemeinen technischen Zeichenregeln** abweichen. In diesem Abschnitt werden diese Besonderheiten des Stahlbaues anhand praktischer Beispiele aufgezeigt.

Die nachstehenden Darstellungen sind nicht vollständig bemaßt, sondern enthalten nur die im entsprechenden Abschnitt besprochenen Detailmaße.

13.2 Begriffe

- Unter **Werkstattzeichnung** versteht man im Stahlbau eine Fertigungszeichnung. Die Einzelteile des Bauwerkes werden meist in zusammengebautem Zustand dargestellt.
- Unter **Position** versteht man die Einzelteile aus denen sich ein Bauteil oder eine Baugruppe zusammensetzt. Zur Identifizierung erhält jeder Einzelteil eine Positionsnummer.
- Unter **Bauteil** versteht man einen Teilbereich des gesamten Bauwerkes, der sich auf Grund konstruktiver oder werkstattmäßiger Gegebenheiten ergibt.
- Unter **Bauwerk** versteht man die Summe aller Bauteile.

13.3 Bezeichnung von Profilen und Blechen

In Werkstattzeichnungen erhalten die **Form- und Profilstähle** immer ihre Normbezeichnung. Dieser Angabe wird vielfach die **Schnittlänge** und die **Positionsnummer** angefügt.
Die Normbezeichnung ist von der Länge durch einen Bindestrich zu trennen und in gleicher Schriftgröße wie die Maßzahlen auszuführen. Für die Positionsnummer ist eine größere Schrifthöhe zu wählen. Kommt ein Einzelteil in einer Darstellung mehrmals vor, so genügt es, diesen Einzelteil nur mit der entsprechenden, aber in eckiger Klammer geschriebenen Positionsnummer zu benennen (Bild 1). Alle Angaben müssen von unten oder von rechts lesbar sein und werden dem Einzelteil mit einer Bezugslinie zugeordnet. Wird die Bezeichnung in Profilrichtung eingetragen, so kann die Bezugslinie entfallen (Bild 2).
Die Bezeichnung von **Blechen** erfolgt durch Angabe der **Dicke**, der **Länge** und der **Breite**, vielfach auch in Kombination mit der Positionsnummer.

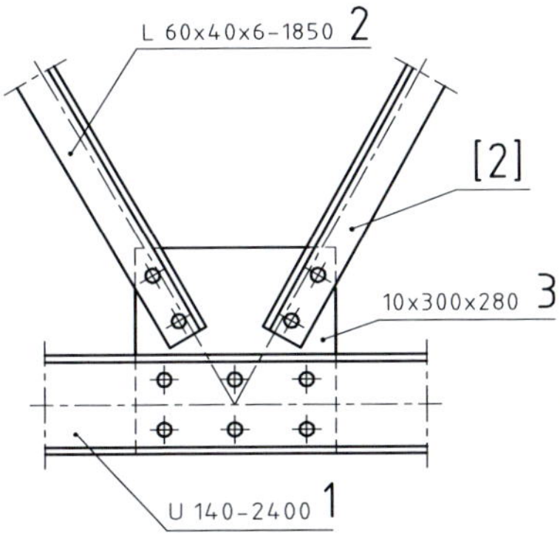

Bild 1

oder

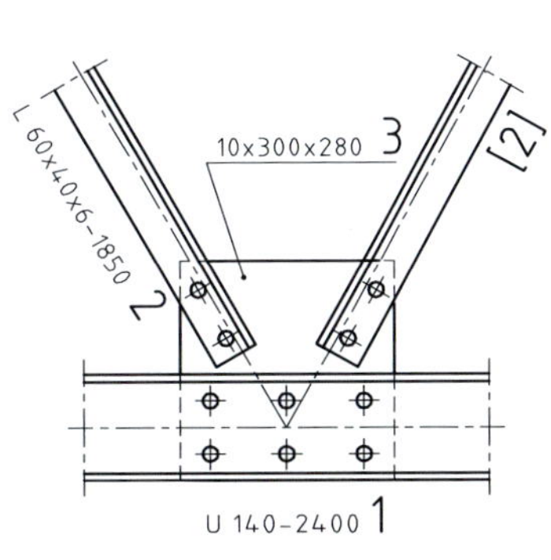

Bild 2

Normbezeichnungen häufig verwendeter Form- und Profilstähle

Benennung	Bezeichnung Symbol	Bezeichnung Angabe	Bedeutung
runder Querschnitt Rohr	⌀	d d × t	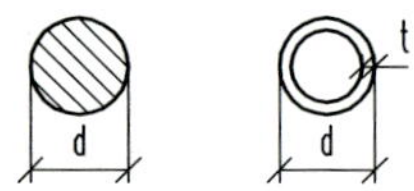
quadratischer Querschnitt quadratisches Rohr	□	b b × t	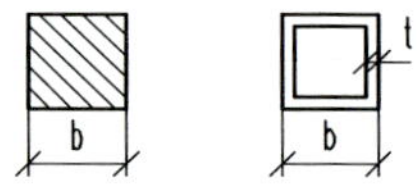
rechteckiger Querschnitt rechteckiges Rohr	▭	b × h b × h × t	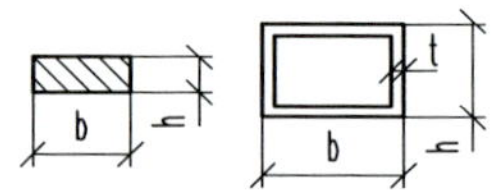
sechseckiger Querschnitt sechseckiges Rohr	⬡	s s × t	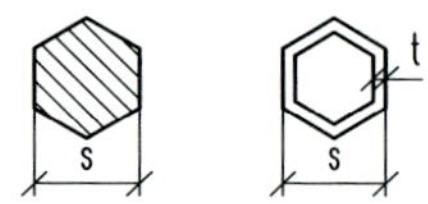
gleich- oder ungleich-schenkeliger Winkel T-Profil I-Profil U-Profil	L T I U	z. B. L 60 × 40 × 5 z. B. T 60 z. B. I 140 z. B. U 100	

Tabelle 13.1

13.4 Maßeintragung in Stahlbauzeichnungen

Die Bauteile einer Werkstattzeichnung müssen grundsätzlich so bemaßt sein, dass alle Werkstatt- und Montagearbeiten ohne Rückfragen ausgeführt werden können.

Als Maßbegrenzung werden im Stahlbau **schräge** Striche mit einer Länge von ca. 2,5 mm und einer Neigung von 45° gesetzt. Diese sind mit **schmaler** Volllinie von links unten nach rechts oben und jeweils in Leserichtung zu zeichnen (Bild 1).

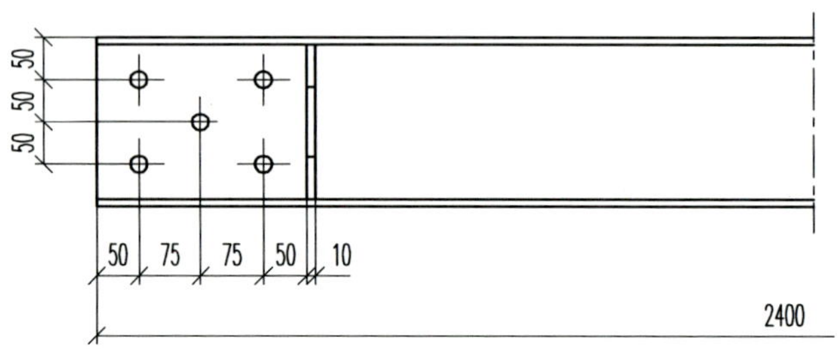

Bild 1

Zum Unterschied von der Bemaßung im allgemeinen Maschinenbau sind Stahlbauteile mit einer **geschlossenen Maßkette** zu bemaßen, wobei die Summe der Einzelmaße die Gesamtlänge ergibt (Bild 1).

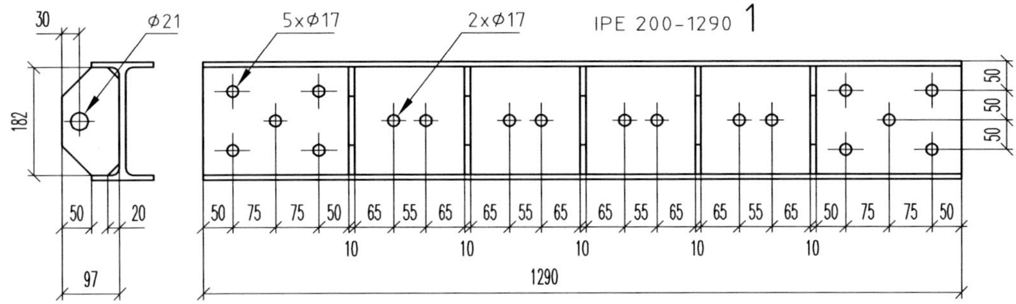

Bild 1

Bei gleichen Lochabständen genügt es, die Anzahl der Teilungen in Verbindung mit dem Gesamtmaß anzugeben (Bild 2).

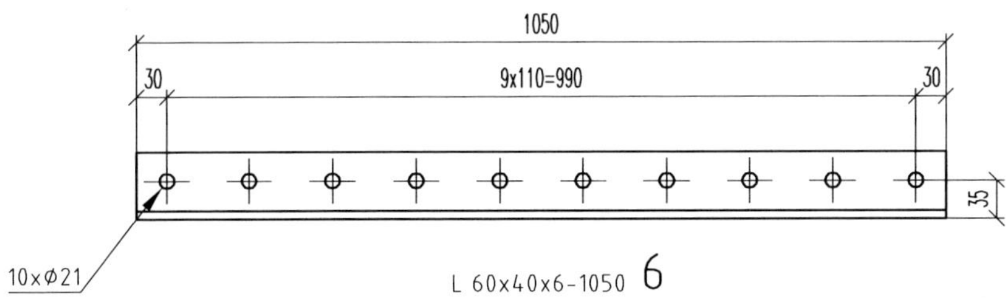

Bild 2

Produktionsbedingt kann es erforderlich sein, die Bemaßung der Stege und der Bohrungen in getrennten Maßketten anzugeben (Bild 3).

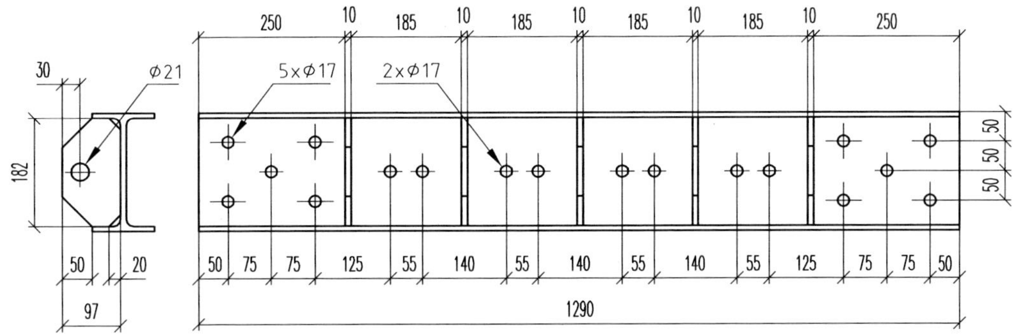

Bild 3

Auf eine geschlossene Maßkette kann verzichtet werden, wenn aus fertigungstechnischen Gründen die Bemaßung von einer Bezugslinie oder Bezugsfläche ausgeht (Bild 1).

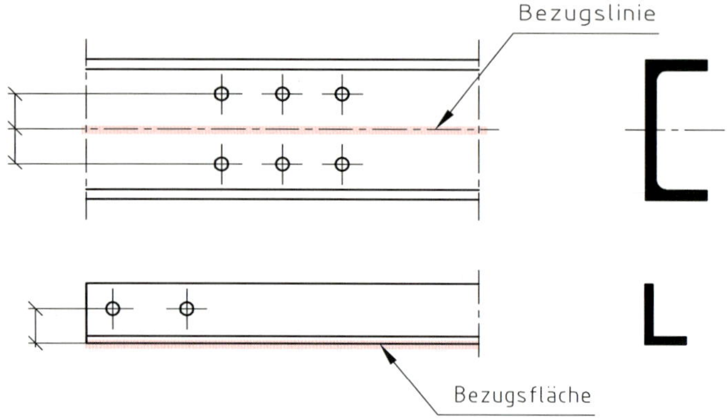

Bild 1

Bei Profilstößen dürfen die Maßketten über die Profilenden hinaus zu den anschließenden Positionen geführt werden (Bild 2).

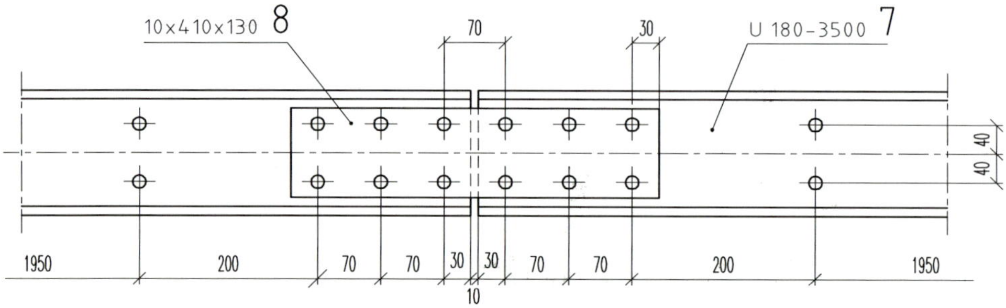

Bild 2

13.5 Ansichten, Schnitte und Details

Ein Bauteil wird meist in der Vorder-, Seiten- und Draufsicht dargestellt, wobei die aussagekräftigste Ansicht als **Hauptansicht** bezeichnet wird (Bild 1, Seite 273). Erfolgt die Anordnung der Ansichten **nicht** nach der Normalprojektion, so wird die Blickrichtung auf den Bauteil durch einen **Pfeil** festgelegt und mit **Großbuchstaben** bezeichnet (A, B und C in Bild 2, Seite 273). Die zugehörigen Ansichten können beliebig angeordnet werden, sind aber mit den entsprechenden Großbuchstaben zu kennzeichnen.

Sind für die eindeutige Darstellung und Bemaßung zusätzliche Schnitt- und Detaildarstellungen erforderlich, so sind diese möglichst in der Hauptansicht anzugeben. **Schnitte werden mit Kleinbuchstaben** und **Details mit Großbuchstaben** bezeichnet.

Wird nur ein Teilbereich geschnitten, so ist die Schnittdarstellung mit einer Bruchlinie zu begrenzen (b-b und C in Bild 2, Seite 273).

Bei der Darstellung von Schnitt- und Ansichtsebenen werden nur die zur Ebene gehörenden und unmittelbar anschließenden Teile gezeichnet.
Ansichts-, Schnitt- und Detailbezeichnungen sowie Maßstäbe sind über die betreffende Darstellung zu schreiben.

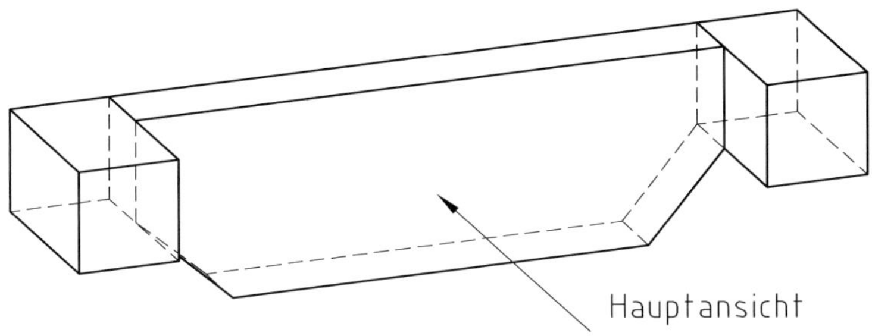

Bild 1

Bild 2 zeigt die Darstellung des obigen Bauteiles mit den zugehörenden Ansichten und Schnitten im Maßstab 1:2.

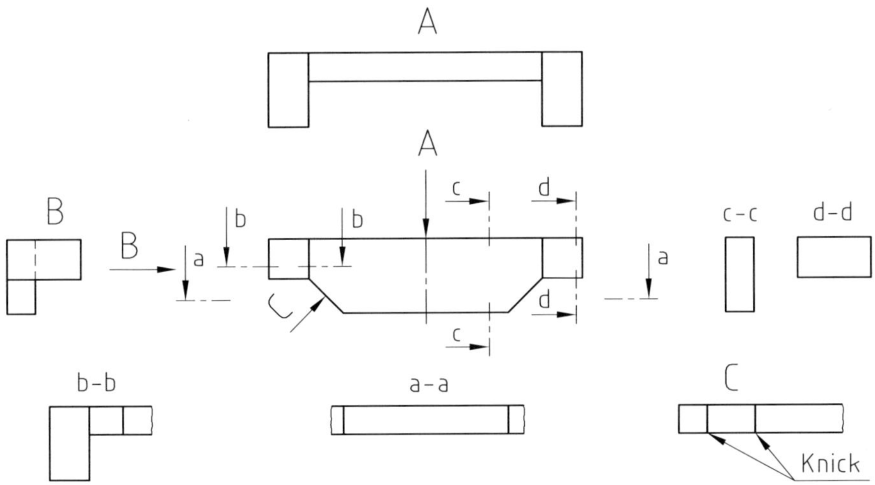

Bild 2

- **Darstellung eines Details**

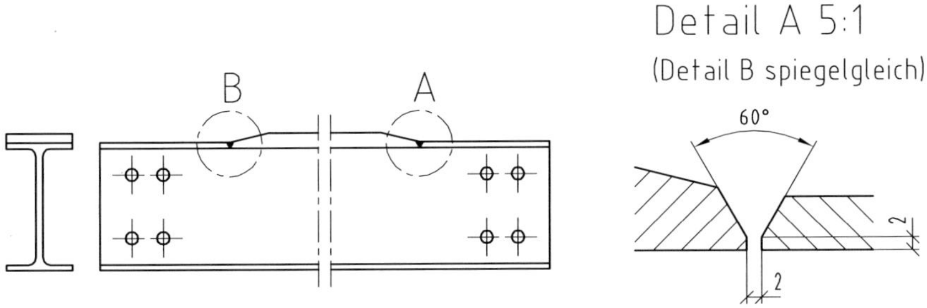

Bild 3

13.6 Darstellung von Stahlbauteilen

Die Bauteile sind möglichst in ihrer **Gebrauchslage** darzustellen, z. B. Stützen senkrecht und Brückenträger waagrecht. Lange Teile wie Träger, Stützen und dergleichen können unterbrochen und zusammengeschoben dargestellt werden, wenn die Zwischenbereiche keine konstruktiven Aussagen enthalten (Bild 1).

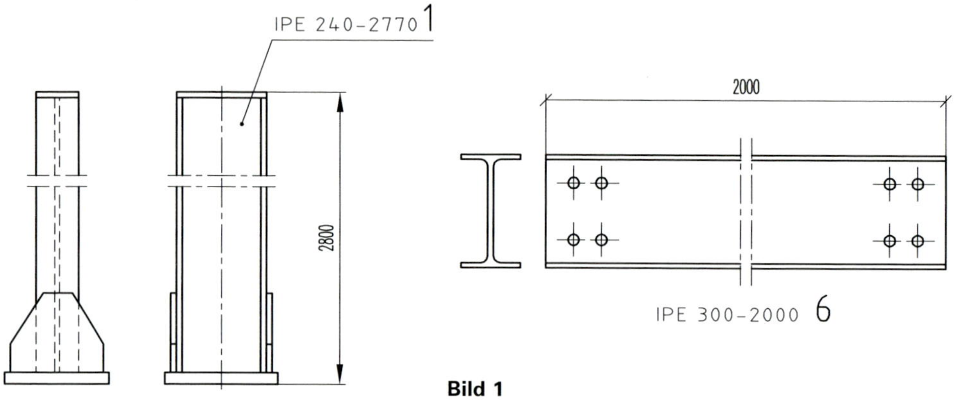

Bild 1

Sich wiederholende gleiche Lochgruppen, Anschlussteile, Aussteifungen und dergleichen müssen nicht **mehrmals** vollständig dargestellt und bemaßt werden; es genügt eine einmalige Angabe, wobei die Anzahl der Wiederholungen zu vermerken ist (Bild 2).

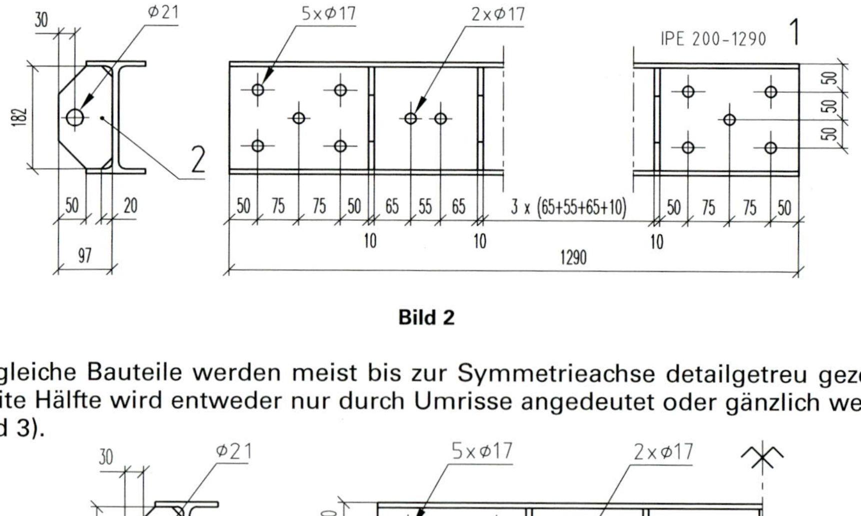

Bild 2

Spiegelgleiche Bauteile werden meist bis zur Symmetrieachse detailgetreu gezeichnet. Die zweite Hälfte wird entweder nur durch Umrisse angedeutet oder gänzlich weggelassen (Bild 3).

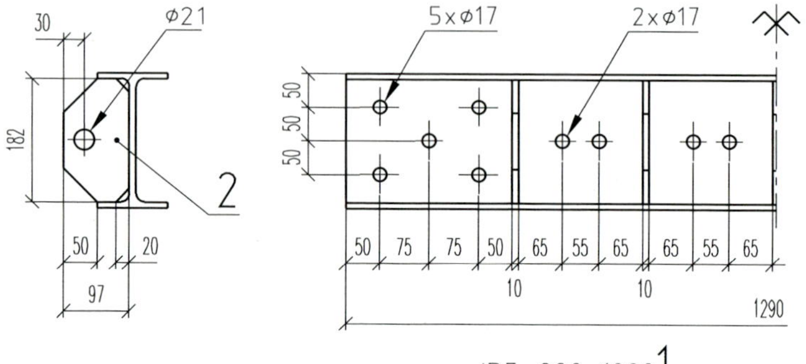

Bild 3

Die Symmetrieachse ist mit einem Symbol (Bild 1) oder mit dem Wortlaut **„Symmetrieachse“** zu kennzeichnen (Bild 2).
Die zeichnerische Darstellung des Symmetriesymbols erfolgt nach Bild 1 und ist mit **breiter** Volllinie auszuführen. Es wird, wie in Bild 3, Seite 274 außerhalb des geschnittenen Bauteiles direkt auf die Mittellinie gesetzt.

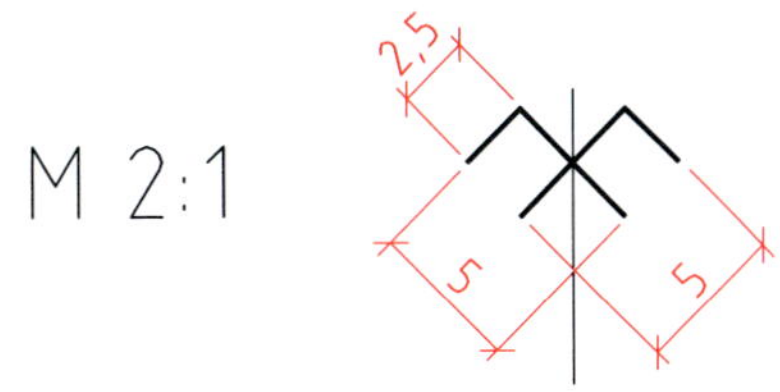

Bild 1

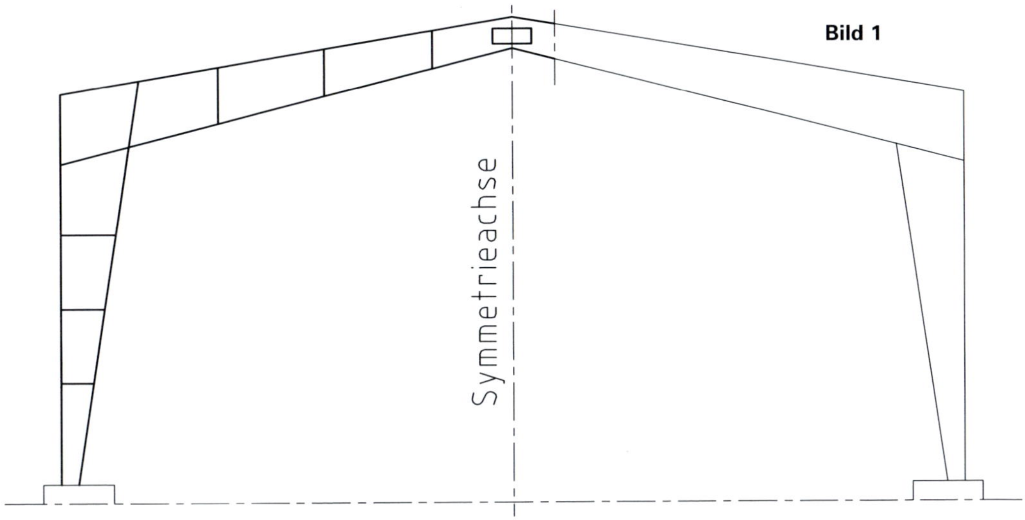

Bild 2

Bauteile, die schräg zu einer Schnittebene verlaufen, werden in der Schnittdarstellung nicht gezeichnet (Bild 3).

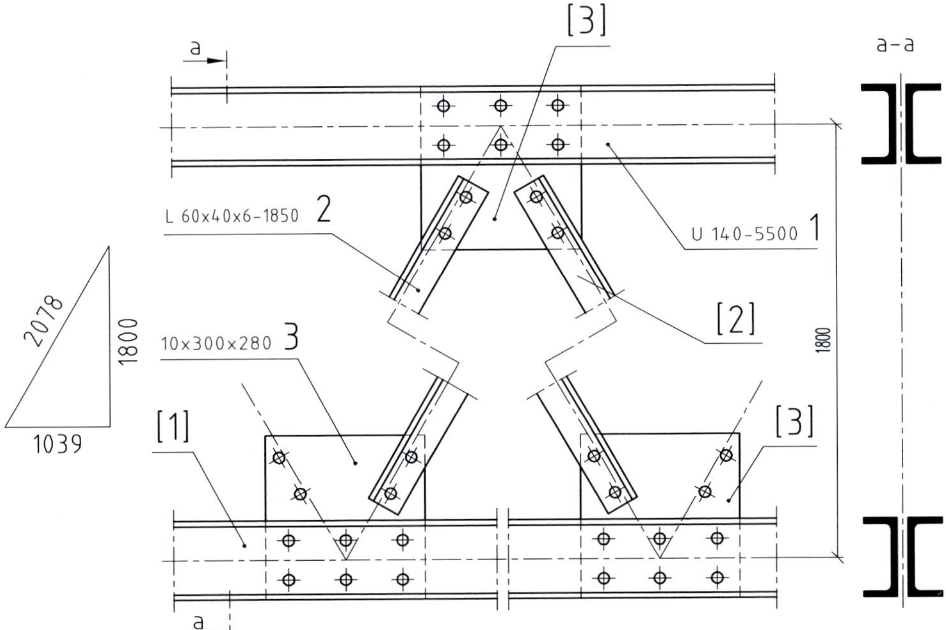

Bild 3

Nicht zur Zeichnung gehörende Anschlussteile (Bild 1, Position 3) können, sofern diese Anschlussmaße enthalten, mit **schmalen** Linien angedeutet werden (Bild 1).

Profile und Bleche sind in der Schnittdarstellung bis zu einem Maßstab von 1:10 **voll geschwärzt** und bei größeren Maßstäben, entsprechend der Darstellungsart für Schnitte, schraffiert zu zeichnen. Aneinander stoßende, geschwärzte Teile sind mit Fugen zu trennen (Bild 2). Profilrundungen werden meist nicht gezeichnet.

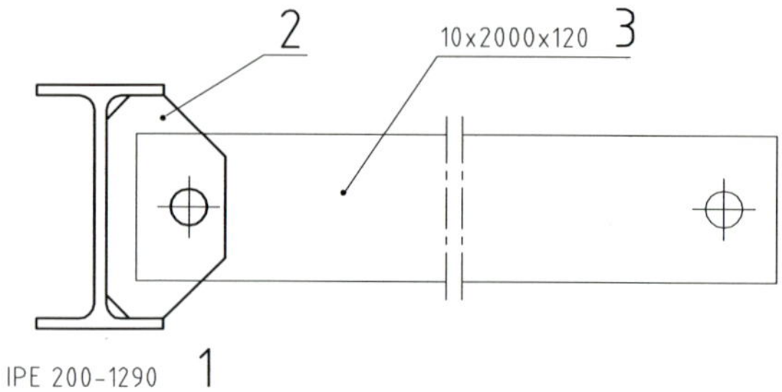

Bild 1

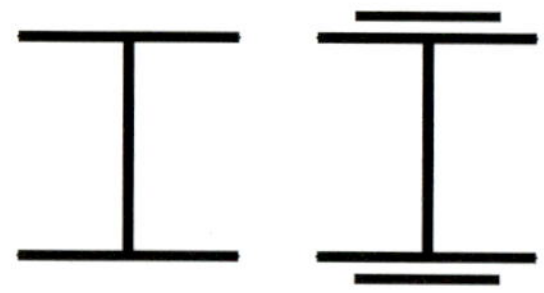

Bild 2

13.7 Fügetechniken im Stahlbau

Zum Fügen einzelner Stahlbauteile werden **lösbare** Verbindungen (Verschraubungen usw.) und **nicht lösbare** Verbindungen (Schweiß-, Löt-, Klebe- und Nietverbindungen usw.) angewendet. Die Darstellung der Verbindungen erfolgt durch Symbole, die mit **breiter** Volllinie gezeichnet werden.

13.7.1 Vereinfachte Darstellung von Bohrungen

	Symbole für Bohrungen normal zur Achsrichtung			
	nicht gesenkt	Senkung auf der Vorderseite	Senkung auf der Rückseite	Senkung auf beiden Seiten
in der Werkstätte gebohrt und eingebaut				
in der Werkstätte gebohrt und auf der Baustelle eingebaut	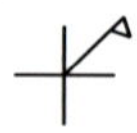		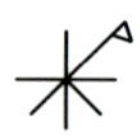	
auf der Baustelle gebohrt und eingebaut			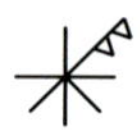	

Tabelle 13.2

Der Bohrungsdurchmesser wird mit einer Bezugslinie dem Symbol angefügt (Bild 1).

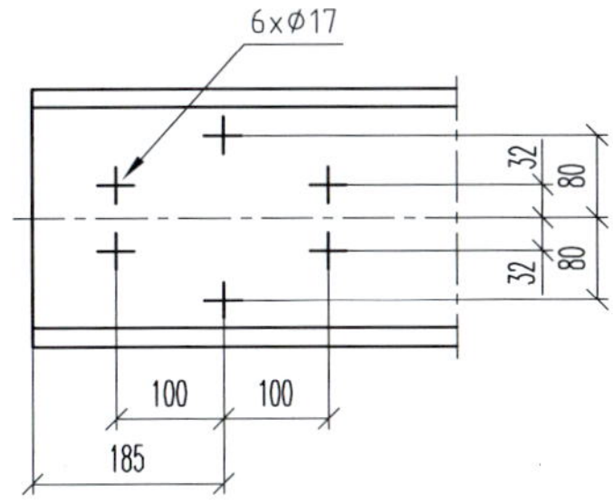

Bild 1

Symbole für Bohrungen parallel zur Achsrichtung	nicht gesenkt	Senkung auf einer Seite	Senkung auf beiden Seiten
in der Werkstätte gebohrt	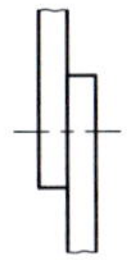	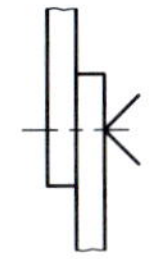	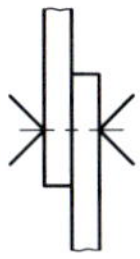
auf der Baustelle gebohrt	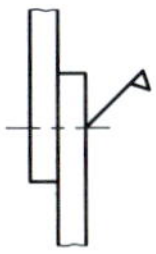	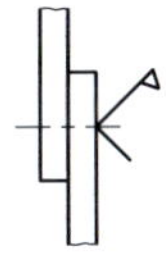	

Tabelle 13.3

13.7.2 Vereinfachte Darstellung von Schraub- und Nietverbindungen

Symbol für eingebaute Schrauben oder Nieten parallel zur Achsrichtung	nicht gesenkt	Senkung auf einer Seite	Lageangabe der Mutter
in der Werkstätte eingebaut	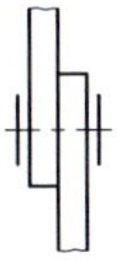		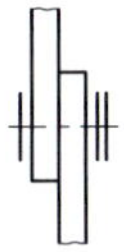
auf der Baustelle eingebaut	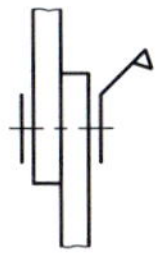	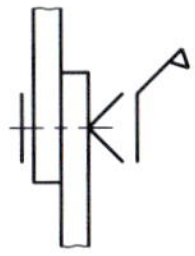	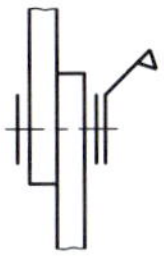
auf der Baustelle gebohrt und eingebaut	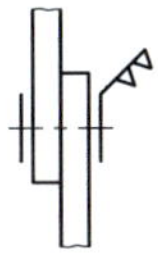	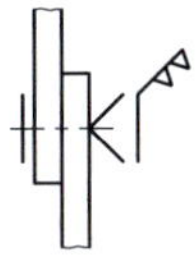	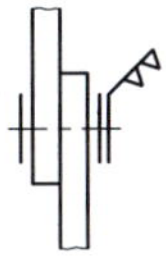

Tabelle 13.4

Die **Normbezeichnung** des Verbindungselementes erfolgt bei der vereinfachten Darstellung mittels Bezugslinie und Bezugspfeil. Bei **Nietverbindungen** wird dem Schaftdurchmesser des geschlagenen Nietes der Buchstabe **„N"** vorangesetzt (Bild 1).

Für Gruppen gleicher Bohrungen, Schraub- oder Nietverbindungen genügt eine einmalige Angabe an einem außen liegenden Element (Bild 1 und Bild 2).

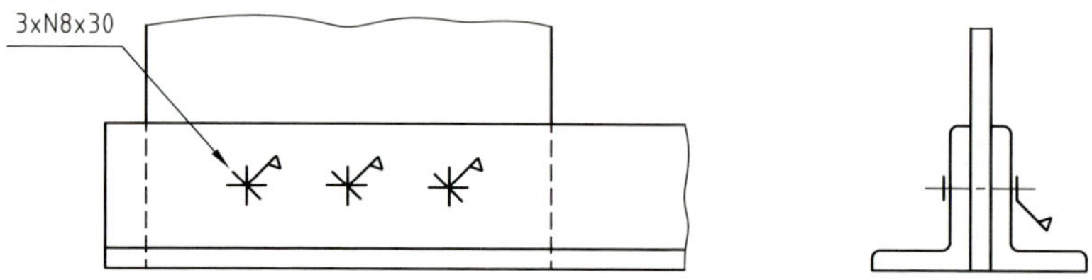

Bild 1

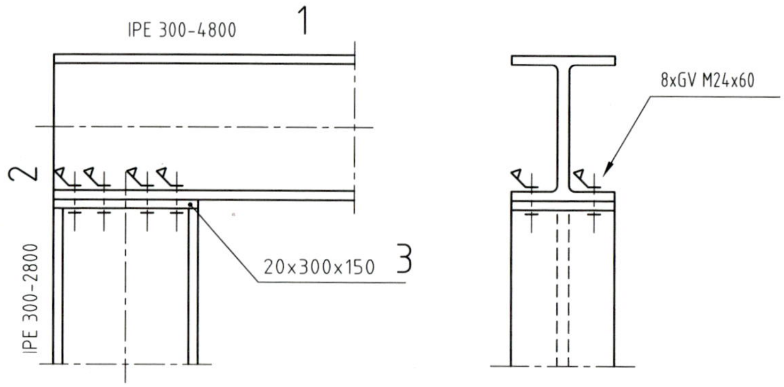

Bild 2

13.8 Darstellung von Stahlfachwerken

Fachwerke sind tragende Konstruktionen aus Form- und Profilstählen. Die Fachwerkstreben werden durch Schrauben, Schweißen oder Nieten miteinander verbunden. Die einzelnen Streben laufen zu einem Knoten zusammen und werden vom Knotenblech aufgenommen.

Es ist zu beachten, dass die Schwerlinien von zusammenlaufenden Streben einen gemeinsamen Schnittpunkt aufweisen (Bild 1, Seite 279).

Die **Lage der Schwerlinien x – x** oder **y – y** für die gängigen Profile sind einem Tabellenbuch zu entnehmen.
Werden die Streben verschraubt oder genietet, so sind die Bohrungen in einem bestimmten Abstand von der Bezugsfläche anzuordnen. Dieser Abstand wird als **Anreißmaß** (Wurzelmaß) bezeichnet. Die entsprechenden Werte sind einem Tabellenbuch zu entnehmen.

Der Übersicht wegen muss jede Werkstattzeichnung neben den konstruktiven Darstellungen und Details ein bemaßtes **Systemnetz** des gesamten Fachwerkes enthalten. Die einzelnen Fachwerkstäbe werden durch **breite** Volllinien, die den **Schwerlinien** entsprechen, dargestellt. Die angegebenen Maße stimmen mit dem theoretischen Abstand vom jeweiligen Schwerlinienschnittpunkt überein (Bild 1).

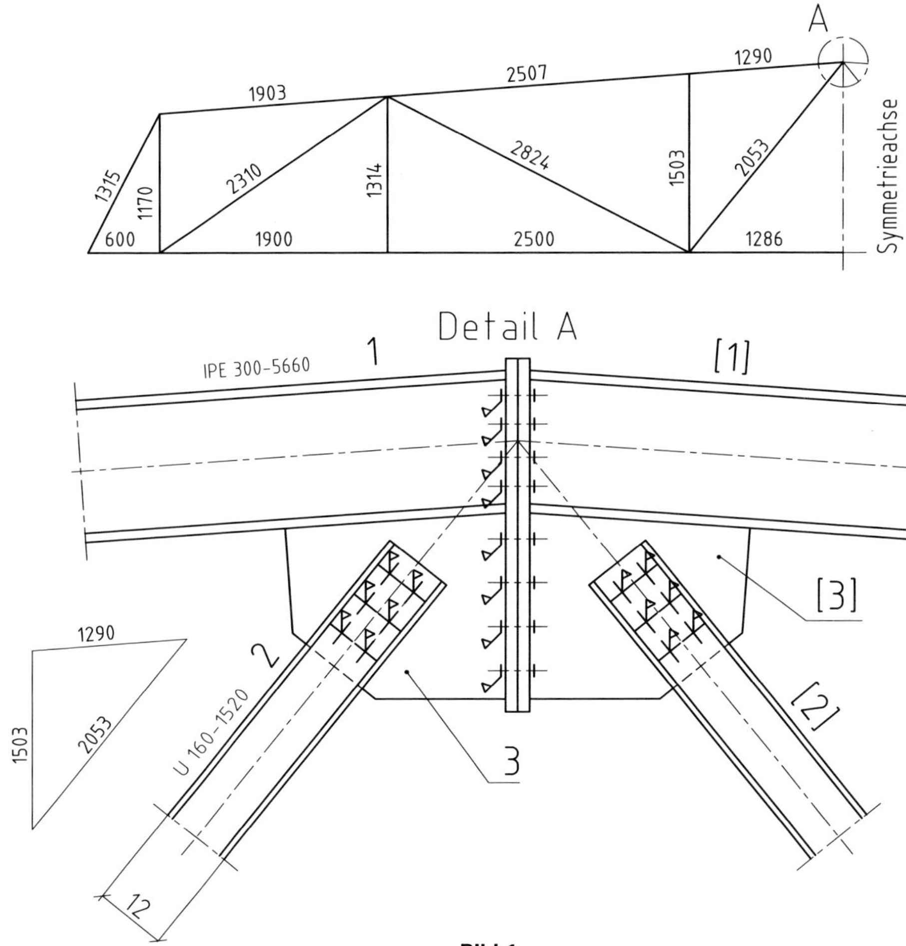

Bild 1

ZÜ 13 Darstellung von lösbaren und unlösbaren Verbindungen im Stahlbau

Lernziel: *Zeichnen und Bemaßen von Stahlbauzeichnungen*
Eintragen von Schweißsymbolen in Werkstattzeichnungen

ZÜ 13.1 Darstellung einer Kranlaufkatze

Zeichne auf einem A3-Blatt in Querformat nach unten stehender Vorlage die Zusammenbauzeichnung der **Kranlaufkatze** für einen I-Träger ÖNORM EN 10024-120-S235JR, wobei alle Details der rechten Laufrolle im Vollschnitt ersichtlich sein sollen.

Für die Darstellung der Zusammenbauzeichnung ist die Berücksichtigung der Abmessungen nach **ZÜ 13.2** erforderlich.

Die 8 mm dicken **Seitenbleche** (Position 12) haben zueinander einen Abstand von 82 mm und die Außenmaße 210 × 180 mm. Die zwei Durchgangsbohrungen ∅16 für die Lagerbolzen (Position 4) mit einem Mittenabstand von 105 mm sind vom oberen Rand 24 mm entfernt. Der senkrechte Mittenabstand zu den zwei ∅12 mm Bohrungen für die Haltebolzen (Position 10) beträgt 60 mm, der zur ∅20-Mittelbohrung 136 mm.

Die Lagerbolzen, die Haltebolzen und der Trägervierkant (Position 11) sind jeweils mit einer Scheibe (Position 7) und einer Kronenmutter (Position 8) am Stahlblech verschraubt und durch einen Splint (Position 9) gesichert.

Für die Aufnahme des Gehänges hat der Trägervierkant mittig liegend eine Durchgangsbohrung von ∅17.

Alle nicht gegebenen Abmessungen können **frei gewählt** oder einem Tabellenbuch entnommen werden.

Das Schriftfeld **und** die Stückliste (auf einem eigenen Blatt) sind vollständig auszufüllen.

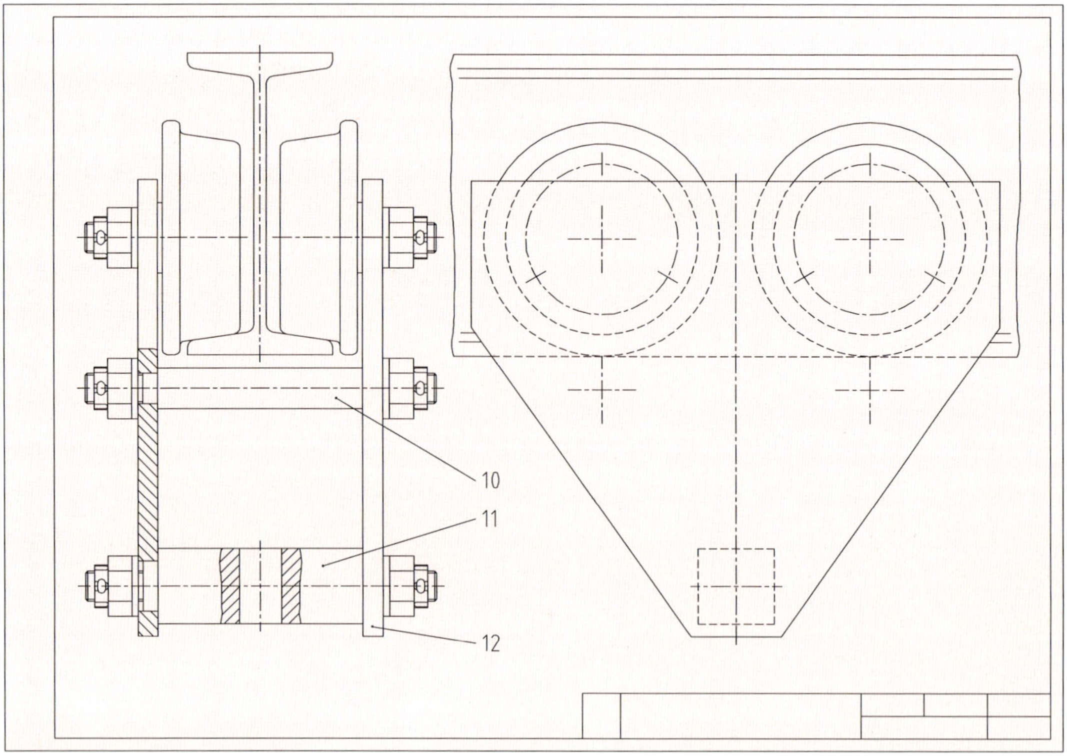

ZÜ 13.2 Darstellung der Einzelteile der Kranlaufkatze

Zeichne und bemaße die **Einzelteile** der Kranlaufkatze (Position 1, Position 3, Position 4, Position 5, Position 10, Position 11 und Position 12) nach unten stehender Beschreibung und mit allen zur Herstellung notwendigen Maßen und Fertigungsangaben.

Der konstruktive Zusammenhang und die zusätzlich erforderlichen Abmessungen sind **ZÜ 13.1** zu entnehmen.

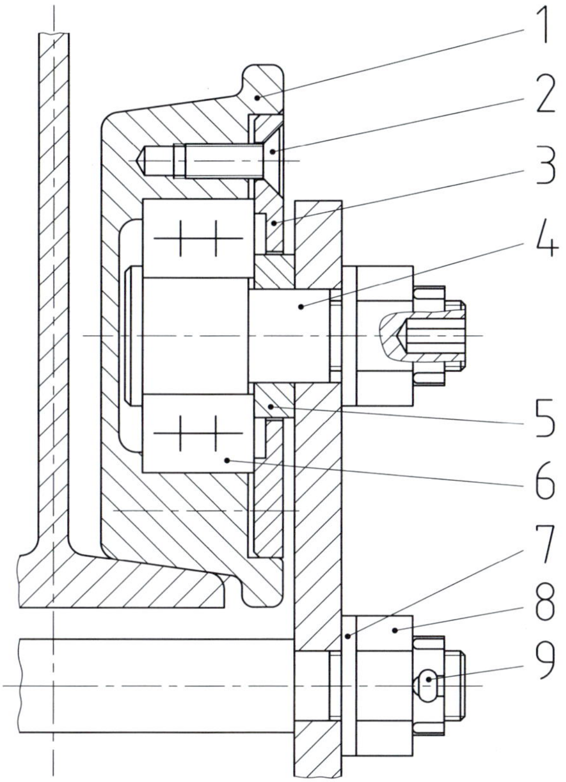

- **Laufrolle** (Position 1) aus dem Werkstoff **GJS-400**, Außendurchmesser 94 mm, Breite 33 mm
- **Lagerabdeckung** (Position 3) aus dem Werkstoff **10S20**, Außenmaße ∅76×5, klemmt mit drei M6-Senkschrauben mit Innensechskant das Schrägkugellager
- **Lagerbolzen** (Position 4) aus dem Werkstoff **10S20**, Außenmaße ∅24×60, zum Gegenhalten beim Festziehen der Kronenmutter hat der Bolzen an der Stirnseite einen 6 mm langen Innensechskant SW6
- **Distanzring** (Position 5) aus dem Werkstoff **10S20** – Breite 7 mm
- **zweireihiges Schrägkugellager** nach DIN 628-3204 (Position 6), als Festlager ausgeführt
- **Haltebolzen** (Position 10) aus dem Werkstoff **10S20**, Außenmaße ∅16×140, beidseitig ein Gewinde M12×23
- **Trägervierkant** (Position 11) aus dem Werkstoff **10S20**, Außenmaße 30 × 30 × 140 mm, beidseitig ein Gewinde M12×23 mit anschließender Andrehung ∅19,8×6

In die Fertigungszeichnungen sind die entsprechenden Oberflächenangaben einzutragen.

Für alle nicht tolerierten Maße ist die Allgemeintoleranz **mittel** anzuwenden.

Alle nicht gegebenen Abmessungen sind den konstruktiven Gegebenheiten anzupassen und können **frei gewählt** oder einem Tabellenbuch entnommen werden.

ZÜ 13.3 Darstellung einer Knotenblechverbindung

Zeichne und bemaße auf einem A4-Blatt in Querformat nach unten stehender Vorlage die **Knotenblechverbindung** aus dem Werkstoff **S235JR** im Maßstab 1:5.

Die Knotenverbindung wird durch Metall-Aktivgasschweißen gefügt und setzt sich aus einem Träger nach ÖNORM EN 10279-U240-5500, zwei Streben nach ÖNORM EN 10056 L 120 × 80 × 10 und dem Knotenblech 10 × 600 × 500 mm zusammen.

Die Schweißverbindung Träger – Knotenblech wird in der Werkstätte, die Verbindungen Knotenblech – Streben auf der Baustelle ausgeführt.

Die entsprechenden Schweißnahtangaben, der Elektrodenwerkstoff und der Hinweis zur Baustellennaht sind in die Werkstattzeichnung einzutragen.

Für alle Maße ist die Allgemeintoleranz C anzuwenden.

Das Schriftfeld ist vollständig auszufüllen.

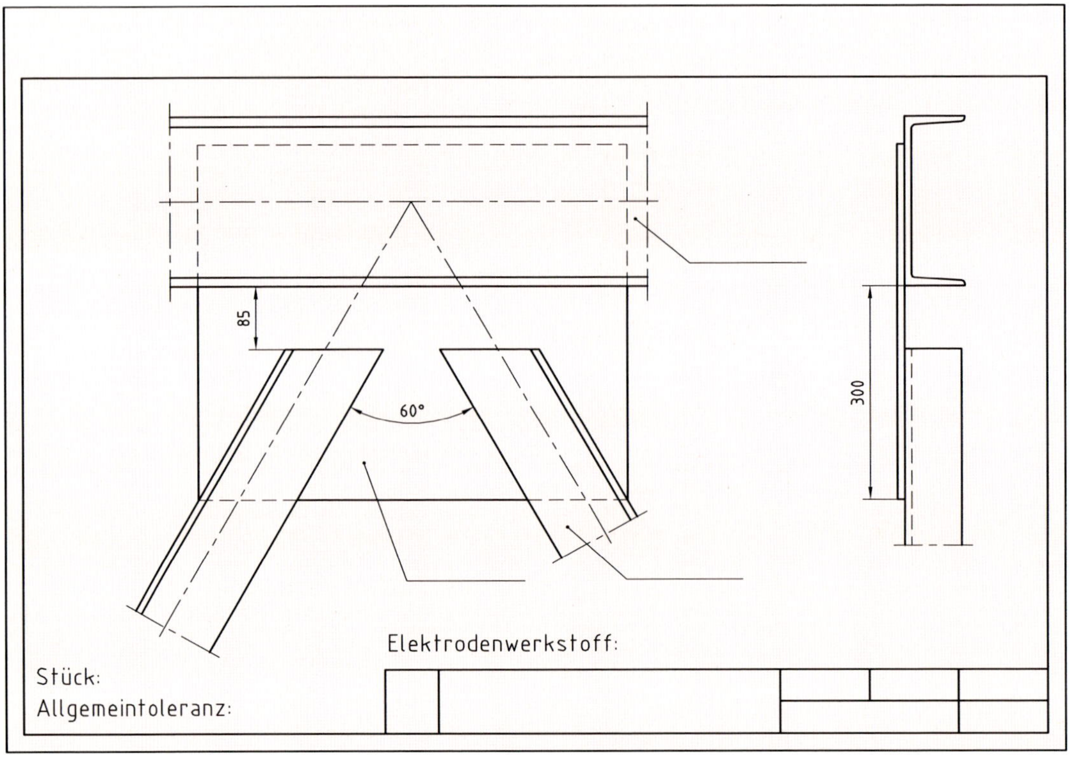

ZÜ 13.4 Darstellung eines Maschinenunterbaurahmens

Zeichne und bemaße auf einem A3-Blatt in Querformat nach unten stehender Vorlage den **Maschinenunterbaurahmen** im Maßstab 1:5. Die Werkstattzeichnung soll die Vorderansicht, Seitenansicht und Draufsicht der Konstruktion zeigen.

Der Unterbaurahmen wird durch Metall-Aktivgasschweißen gefügt und setzt sich aus folgenden Bauteilen zusammen:

Position 1:	2 Stück	ÖNORM EN 10279-U200-S235JR	Länge 800 mm
Position 2:	4 Stück	ÖNORM EN 10279-U200-S235JR	Länge 960 mm
Position 3:	4 Stück	Auflageplatten 25 × 170 × 170-S235JR	mit Gewinde M24
Position 4:	4 Stück	Auflageplatten 25 × 170 × 170-S235JR	mit Bohrung ∅30

Die beiden U-Formstähle (Position 1) sind, jeweils eingerückt um 15 mm vom Ende der U-Formstähle (Position 2), zu verschweißen. Die U-Formstähle (Position 2) sind in einem Abstand von 50 mm voneinander mit den Stahlplatten zu fügen.

Die Stahlplatten sind mit einem Lochabstand von 1000 ±1 × 760 ±1 symmetrisch anzuordnen und mit den Formstählen zu fügen.

In der Werkstattzeichnung ist zur Kontrolle der Rechtwinkligkeit die Diagonale von Lochmitte zu Lochmitte als Legende anzugeben. Ebenso sind die entsprechenden Schweißnahtangaben und der Elektrodenwerkstoff einzutragen.

Es ist die Allgemeintoleranz C anzuwenden.

Das Schriftfeld ist auszufüllen. Auf die Stückliste kann verzichtet werden, wenn die einzelnen Positionen nach Abschnitt 13.3 bezeichnet werden.

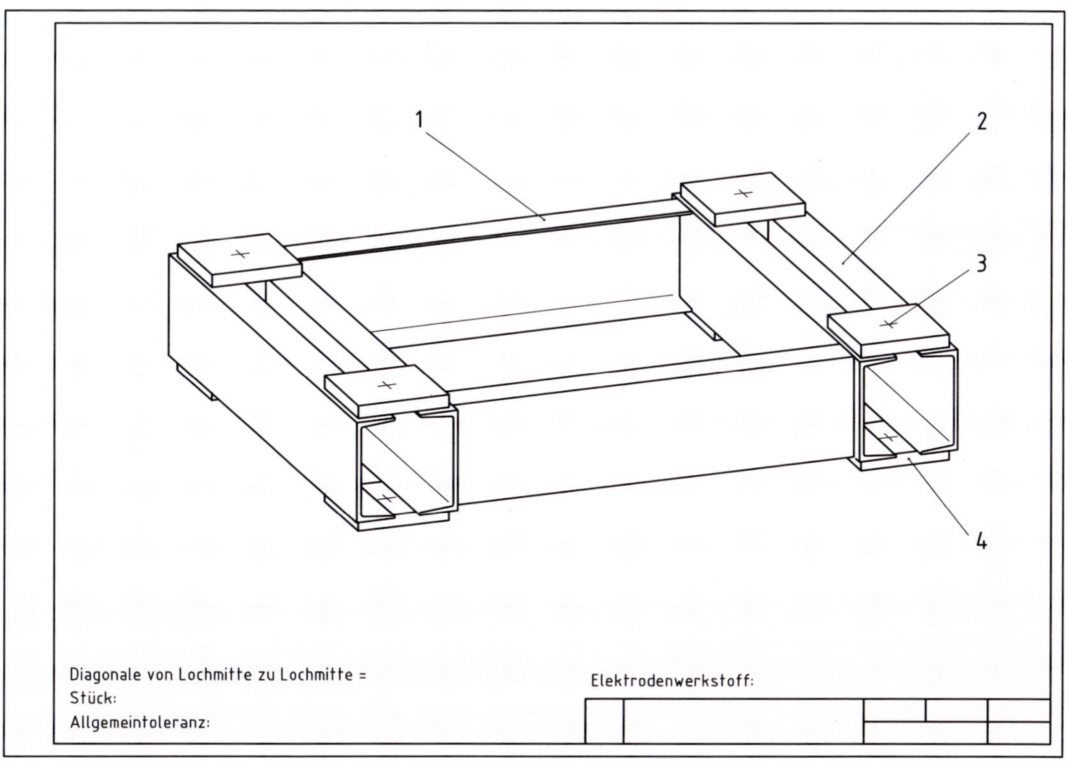

14 Koordinatenbemaßung

14.1 Allgemeines

Für Werkstücke, die auf CNC-gesteuerten Werkzeugmaschinen gefertigt werden, ist laut **ÖNORM A 6065-5** die **Bemaßung mit Koordinaten** vorzunehmen. Dazu sind Kenntnisse der CNC-Programmerstellung eine unbedingte Voraussetzung.

Die Maßeintragung kann je nach Form des Werkstückes und den zu bemaßenden Details nach dem **kartesischen** und/oder dem **polaren Koordinatensystem** erfolgen.

14.2 Kartesisches Koordinatensystem

Beim kartesischen System gehen die drei Achsen X, Y und Z vom Koordinaten-Nullpunkt (Ursprung) aus und stehen zueinander im rechten Winkel. Ist die Lage der Achsen nicht eindeutig bestimmt, so sind die Achsrichtungen mit den **Großbuchstaben X, Y und Z** zu bezeichnen (Bild 1).

Jeder Koordinatenpunkt ist durch die Angabe des Normalabstandes von den Achsen bestimmt. Daher ist das **kartesische System** zu wählen, wenn die Koordinatenpunkte eines Werkstückes durch die Angabe des Normalabstandes zu den Achsen gegeben sind.

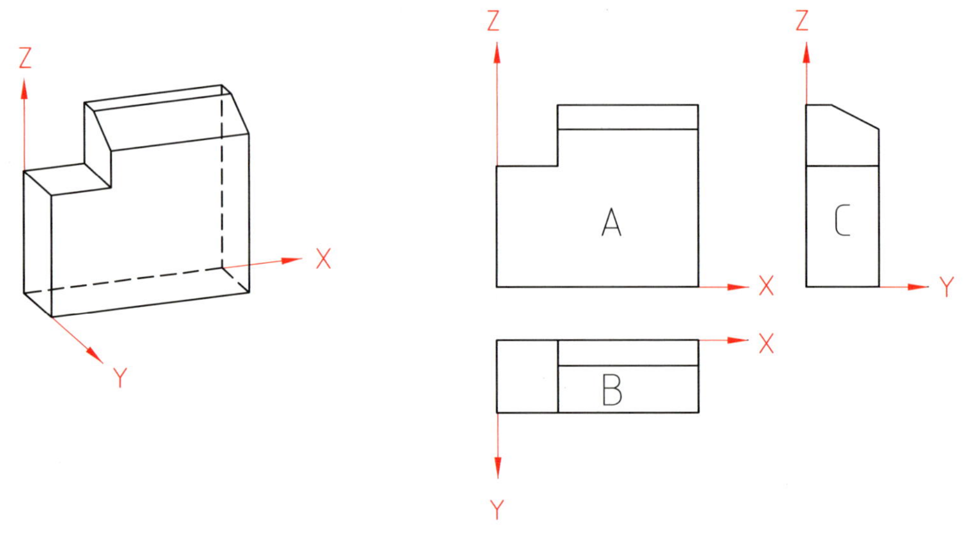

Bild 1

Der **Koordinaten-Nullpunkt** ist der für das Bemaßungssystem festgelegte Schnittpunkt der Koordinatenachsen. Die Maßeintragung erfolgt im Wesentlichen wie die traditionelle Bemaßung mit Maßhilfslinie, Maßlinie und Maßpfeil.

Neu ist das Symbol der Maßlinienbegrenzung am Nullpunkt. Der Maßpfeil wird hier **durch einen Kreis mit 2 mm Durchmesser** (Ursprungskreis), der mit **schmaler** Volllinie zu zeichnen ist, ersetzt. Ebenso neu ist die Angabe des **0-Maßes** auf Höhe der Maßhilfslinie (Bild 1, Seite 285).

Wenn die Bemaßung nicht mit Maßzahlen, sondern mit Positionsnummern vorgenommen wird, so sind auch die beiden Koordinaten-Nullpunkte durch eine Positionsnummer zu ersetzen (Bild 2).

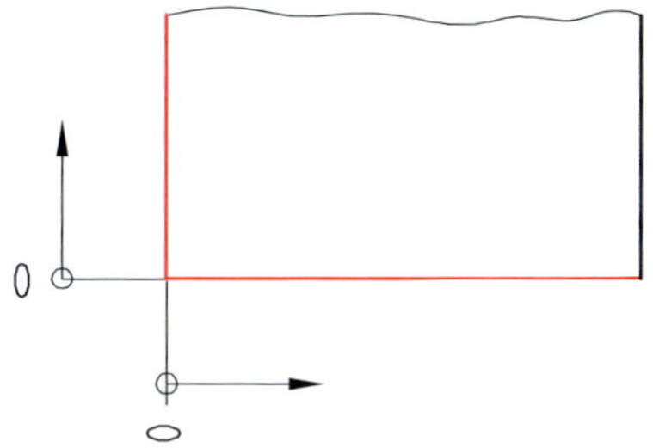

Bild 1

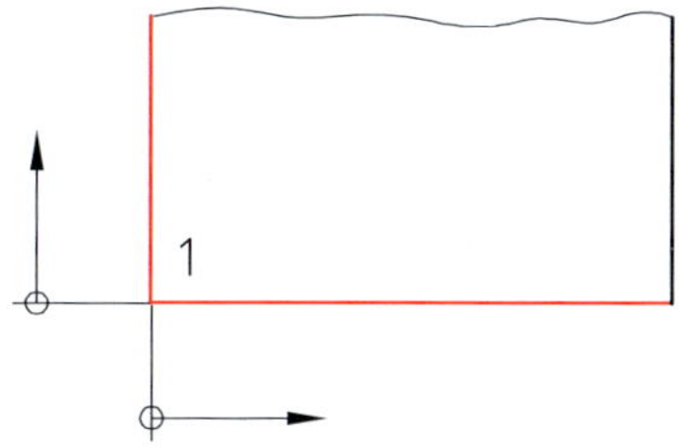

Bild 2

Bei der Bemaßung eines Werkstückes mit mehreren voneinander unabhängigen Maßgruppen kann es erforderlich sein, innerhalb eines **Koordinaten-Hauptsystems** ein **Koordinaten-Nebensystem** zu wählen. In diesem Fall sind für beide Systeme die Koordinatenachsen mit X_1 und Y_1 bzw. X_2 und Y_2 zu bezeichnen.

Zur eindeutigen Klärung des Zusammenhanges der beiden Systeme sind die Lage des Koordinaten-Nullpunktes und der Drehwinkel des Nebensystems gegenüber dem Hauptsystem anzugeben. Die Bemaßungsdetails beider Systeme sind dann mit Positionsnummern festzulegen.

In der nachfolgenden Darstellung sind die Positionsnummern 1.1 bis 1.4 funktionell dem Hauptsystem und die Positionsnummern 2.1 bis 2.3 dem Nebensystem zugeordnet (Bild 3).

Die Positionsnummern sind das **Bindeglied** zwischen Maßtabelle und Zeichnung. Sie setzen sich aus der Nummer des Koordinaten-Nullpunktes und der Zählnummer des entsprechenden Koordinatensystems zusammen.

Die erste Ziffer der Positionsnummer bezeichnet den Koordinaten-Nullpunkt, die zweite die Zählnummer.

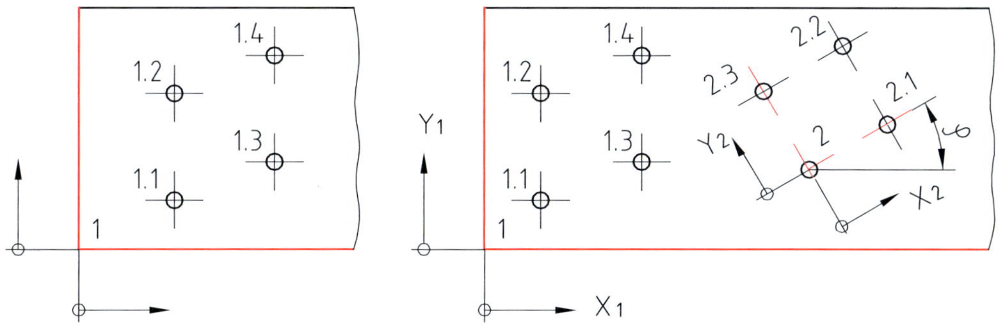

Hauptsystem **Haupt- und Nebensystem**

Bild 3

14.3 Polares Koordinatensystem

Wenn auf Grund der Werkstückform das polare Koordinatensystem gewählt wird, so sind die Koordinaten eines Punktes mit dem **Leitstrahl *R*** (Radius) und dem **Polarwinkel** φ (phi) anzugeben (Bild 1). Der Polarwinkel geht von der waagrechten Achse aus, ist gegen den Uhrzeigersinn gerichtet und hat immer einen positiven Wert.

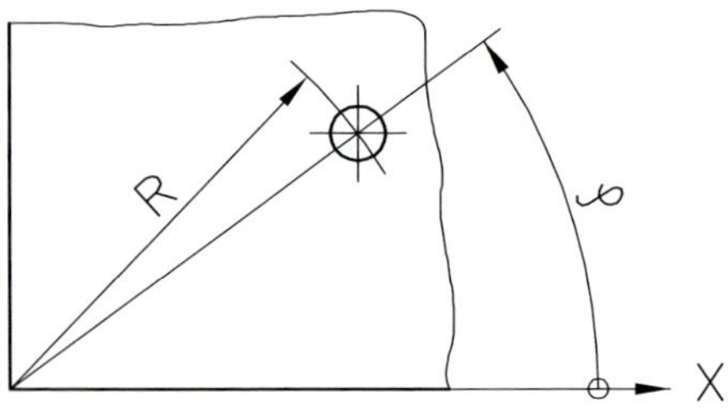

Bild 1

14.4 Bezugselemente

Voraussetzung für jede Koordinatenbemaßung ist die Festlegung des Zusammenhanges zwischen Koordinatensystem und Bezugselementen.

Abhängig von der Form des zu fertigenden Bauteiles können als Maßbezugselemente beliebige Flächen, Mittellinien, Bohrungsmittelpunkte, Stirnseiten von Wellen oder andere funktionsbedingte Werkstückdetails gewählt werden (Bild 2). Im Schnittpunkt der Maßbezugselemente liegt der Koordinaten-Nullpunkt.

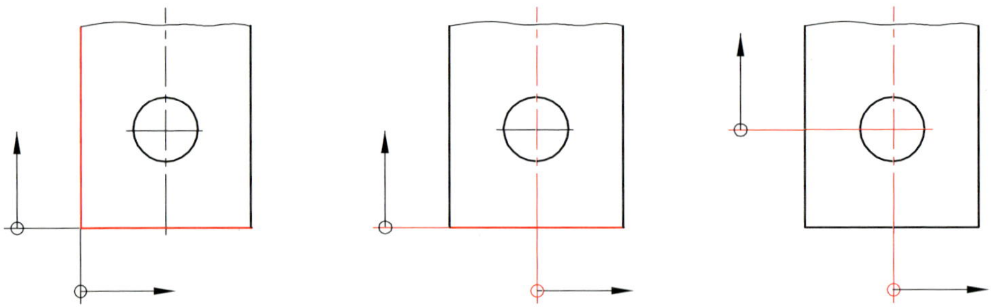

zwei Bezugsflächen **Bezugsfläche – Symmetrielinie** **Mittellinie – Mittellinie**

Bild 2

Die Berücksichtigung einer wirtschaftlichen CNC-Programmerstellung erfordert den **Werkstück-Nullpunkt** mit dem **Koordinaten-Nullpunkt** gleichzusetzen. Damit können die Fertigungsmaße direkt von der Zeichnung in das CNC-Programm übernommen werden (Bild 4).

Die Darstellung des Werkstück-Nullpunktes erfolgt durch zwei Kreise, die mit einem Durchmesser von 3 mm und 6 mm und mit **schmaler** Volllinie zu zeichnen sind (Bild 3). Das **rechte untere Viertel** des inneren Kreises wird voll geschwärzt.

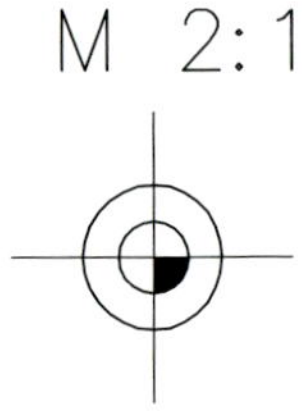

Bild 3

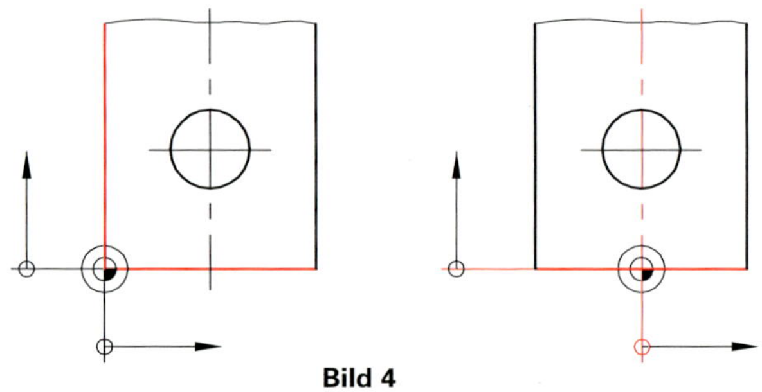

Bild 4

Fertigungsbedingt kann es erforderlich sein, **zusätzliche Werkstück-Nullpunkte** festzulegen. Dies trifft sowohl bei Drehteilen mit beidseitiger Bearbeitung (Bild 1) als auch bei Frästeilen zu, die zur Weiterbearbeitung umgespannt werden müssen. Gleiches gilt bei Anwendung von CNC-Unterprogrammen zur Herstellung sich wiederholender Formen (Bild 2). Die Abstände der Nullpunkte zueinander sind maßlich festzulegen.

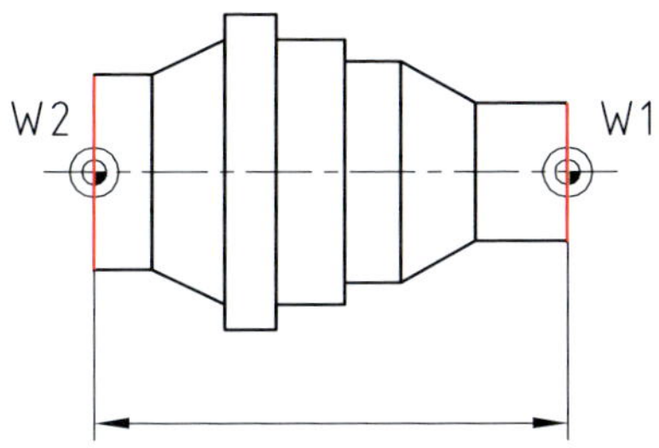

Bild 1

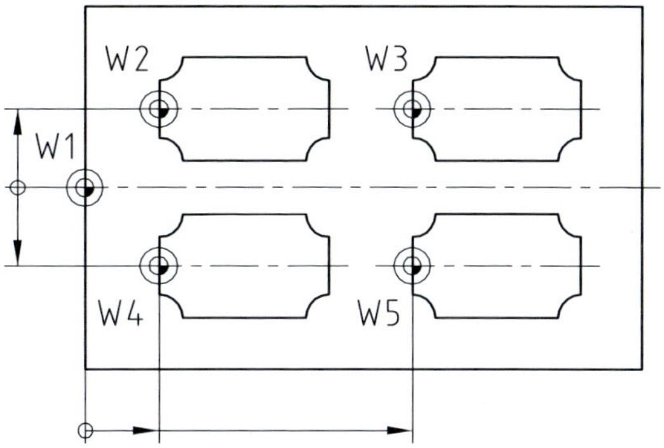

Bild 2

14.5 Maßeintragung mittels Koordinaten

Die **Koordinatenbemaßung** kann erfolgen:

- durch Bezugsbemaßung mit einem Pfeil (Stufenbemaßung)
- durch Bezugsbemaßung mit steigender Bemaßung (Maßkette)
- durch vereinfachte Bezugsbemaßung
- mit Hilfe von Tabellen

Bei der **Bezugsbemaßung mit einem Pfeil** gehen alle Maße vom gleichen Bezugselement aus. Ist die Zuordnung der Pfeile eindeutig, müssen die Maßlinien nicht bis zu den Koordinatenachsen gezogen werden. Die Maßzahlen sind nach den üblichen Bemaßungsregeln zu schreiben (Bild 3).

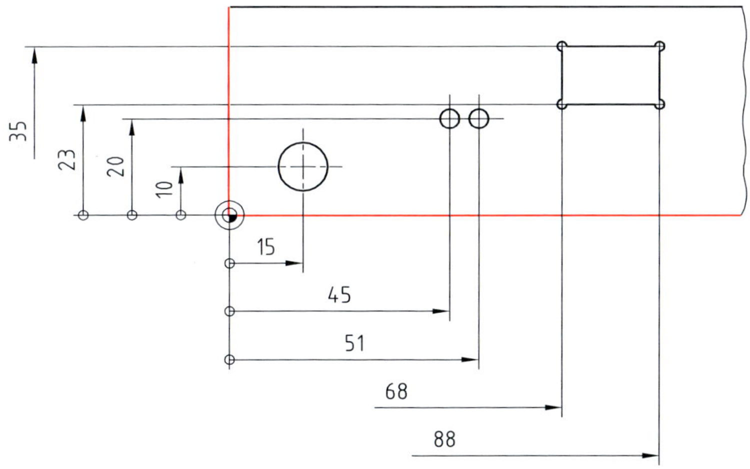

Bild 3

Bei der **Bezugsbemaßung mit steigender Bemaßung** werden alle Maßpfeile ausgehend vom Koordinaten-Nullpunkt auf einer **gemeinsamen Maßlinie** eingetragen. Die Maßzahlen zeigen jeweils die Gesamtlänge an und liegen auf der Höhe der entsprechenden Maßhilfslinien (Bild 1).

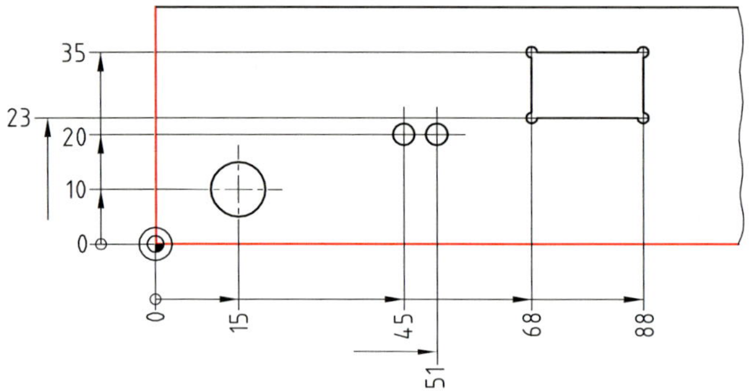

Bild 1

Es darf auch **vereinfacht** (ohne Maßlinienbegrenzung) gezeichnet werden, wenn die Maße eindeutig durch Pfeile gekennzeichnet sind und in der Ansicht nur ein Koordinaten-Nullpunkt liegt (Bild 2).

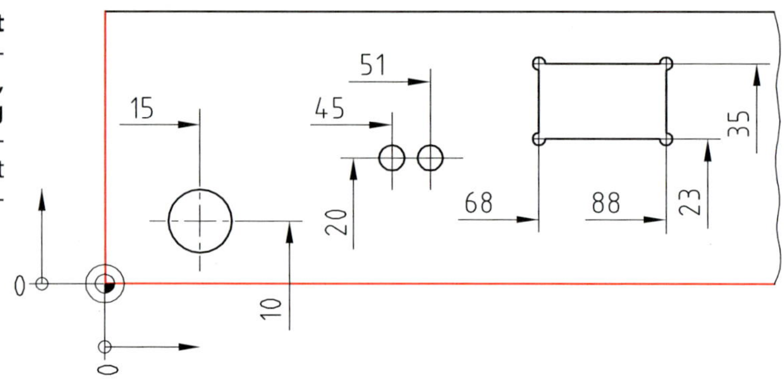

Bild 2

Bei der **Bemaßung mit Hilfe von Tabellen** werden die Koordinatenpunkte mit Positionsnummern nummerisch aufgelistet. Alle für die Fertigung des Werkstückes (Bild 3) erforderlichen Angaben werden in eine Tabelle eingetragen (Tabelle 14.1, Seite 289). Diese Form der Maßeintragung ist sehr übersichtlich und erleichtert die Erstellung von CNC-Programmen.

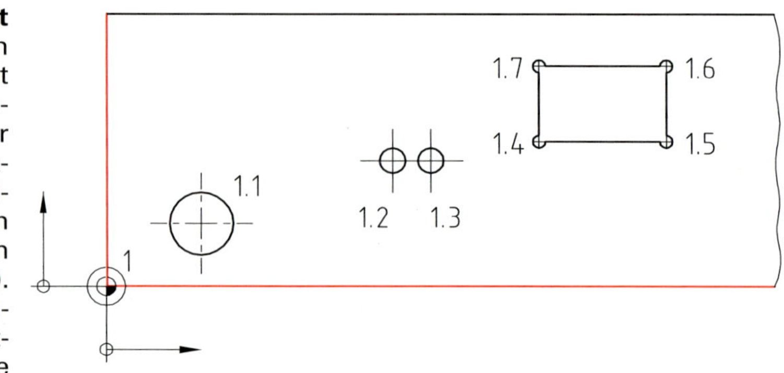

Bild 3

Koordinaten-Nullpunkt	Positions-nummer	Koordinaten X-Werte	Y-Werte	Durch-messer	Anmerkungen
1	1	0	0		alle Ausnehmungen durchgehend
1	1.1	15	10	10	
1	1.2	45	20	4	
1	1.3	51	20	4	
1	1.4	68	23	2	
1	1.5	88	23	2	
1	1.6	88	35	2	
1	1.7	68	35	2	

Tabelle 14.1

Für schwierig zu bemaßende Maschinen- und Bauteile (Bild 1), vor allem aber wenn mehrere Koordinaten-Nullpunkte verwendet werden, ist vorwiegend die tabellarische Art der Bemaßung zu wählen (Tabelle 14.2).

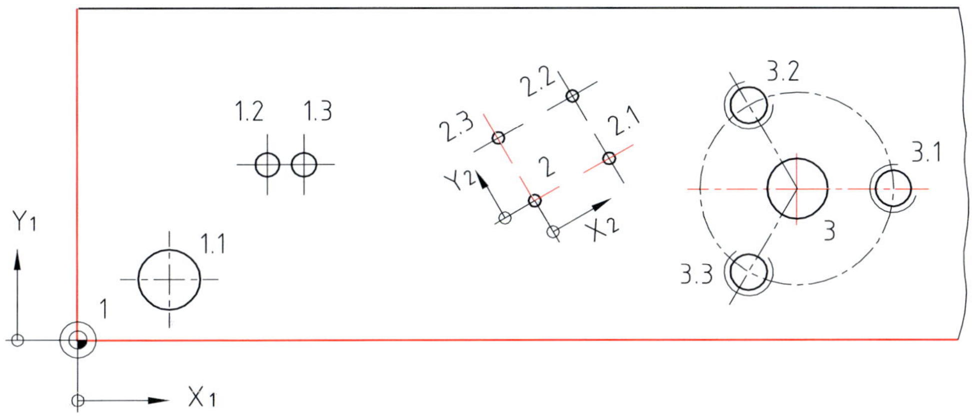

Bild 1

Koordinaten-Nullpunkt	Pos. Nr.	Koordinaten X	Y	Z	R	φ	Durch-messer	Anmerkungen
1	1	0	0					alle Bohrungen durchgehend
1	1.1	15	10				10	
1	1.2	30	29				4	
1	1.3	36	29				4	
1	2	75	23			30°	2	
1	3	118	25				10	
2	2.1	14	0				2	
2	2.2	14	12				2	
2	2.3	0	12				2	
3	3.1				16	0°	M8	
3	3.2				16	120°	M8	
3	3.3				16	240°	M8	

Tabelle 14.2

Hinweise für praxisbezogene Bemaßung:
Kreistaschen, Rechtecktaschen und Bohrbilder werden mit einem Bearbeitungszyklus programmiert. Die entsprechenden Maße sind in der Fertigungszeichnung anzugeben (Bild 1).

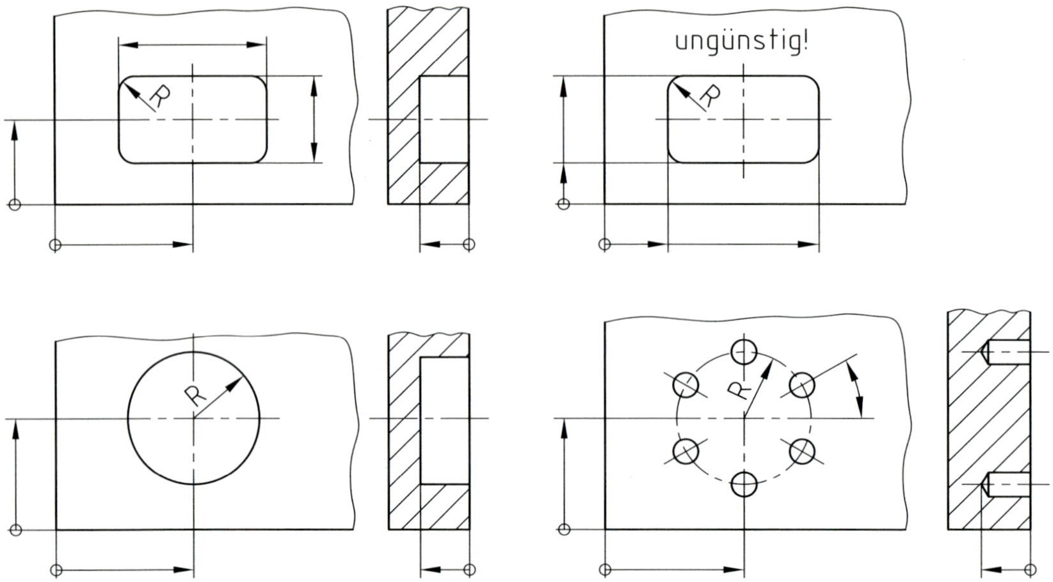

Bild 1

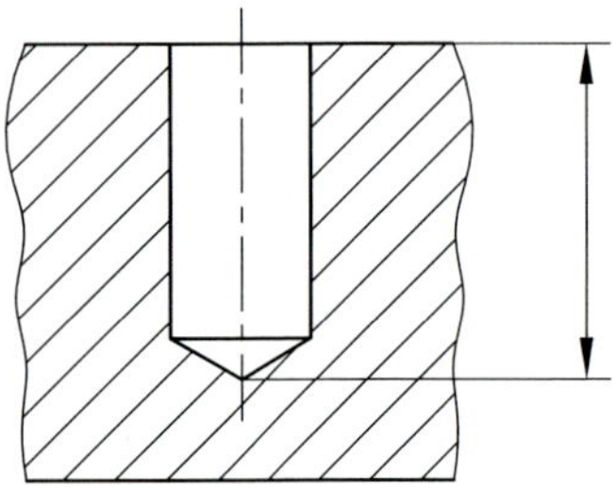

Bild 2

Grundlöcher, die mit einem Spiralbohrer oder NC-Anbohrer gefertigt werden, sind bis zur Spitze zu bemaßen (Bild 2). Dies ist erforderlich, weil die Bohrwerkzeuge an der Querschneide vermessen sind.

Dadurch vermeidet man beim Anfahren der Startposition eine Kollision des Werkzeuges mit dem Werkstück.

ZÜ 14 Darstellung von Werkstücken mit Koordinatenbemaßung

Lernziel: *Anwenden CNC-gerechter Bemaßung an Dreh- und Frästeilen*

ZÜ 14.1 Darstellung von Einlegeplatten mit CNC-Bemaßung

Zeichne und bemaße auf einem A4-Blatt in Hochformat nach unten stehender Vorlage die zwei **Einlegeplatten**. Die **konventionell bemaßten Maschinenteile** sind in eine CNC-gerechte Bemaßung umzuzeichnen, wobei der Werkstück-Nullpunkt in der **linken unteren Werkstückecke** anzunehmen ist.

Beachte, dass auch die Außenkonturen gefräst werden!

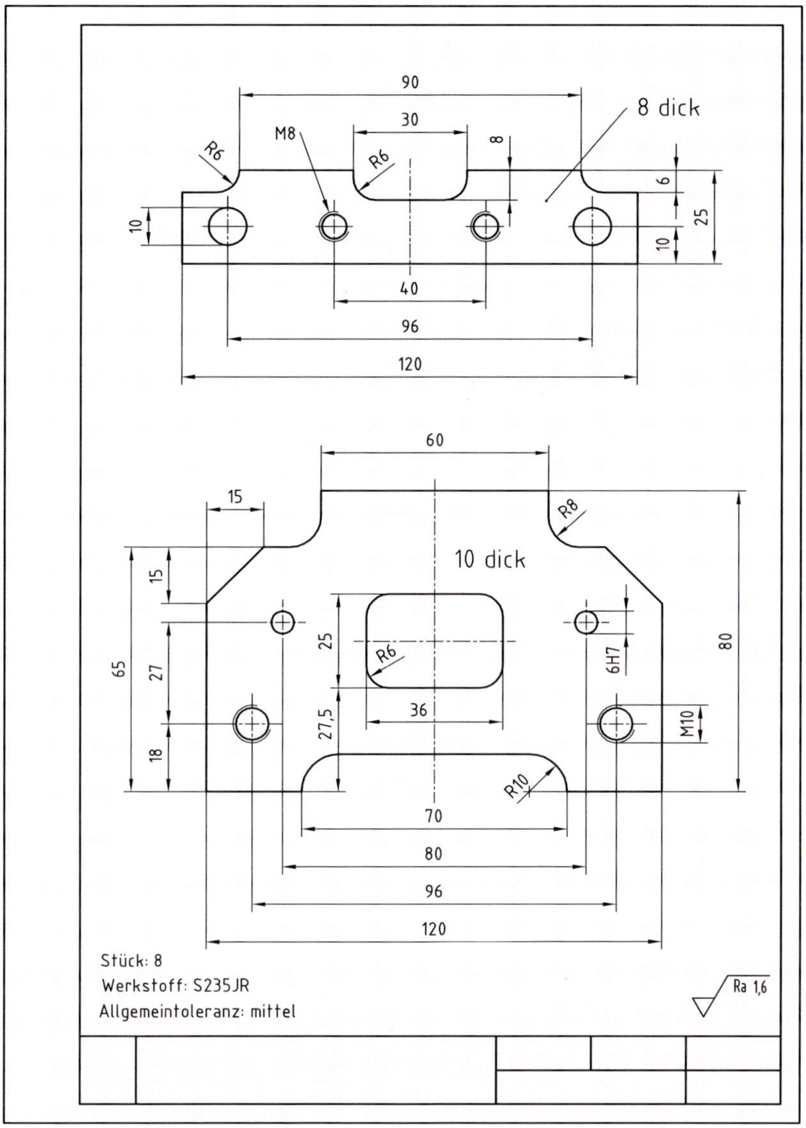

Zusatzaufgabe:

Zur Vertiefung der Thematik **„CNC-gerechte Bemaßung"** kann der Werkstück-Nullpunkt im Schnittpunkt der Basislinie mit der senkrechten Symmetrielinie des Werkstückes oder auch an einer anderen Stelle festgelegt werden.

ZÜ 14.2 Darstellung von Zentrieraufnahmen mit CNC-Bemaßung

Zeichne und bemaße auf einem A4-Blatt in Hochformat nach unten stehender Vorlage die zwei Zentrieraufnahmen. Die **konventionell bemaßten Werkstücke** sind in eine CNC-gerechte Bemaßung umzuzeichnen, wobei die Werkstück-Nullpunkte im **Zentrum der linken und rechten Stirnfläche** anzunehmen sind.

Zusatzaufgabe:

Zur Vertiefung der Thematik „CNC-gerechte Bemaßung" kann der Werkstück-Nullpunkt **nur an einer der beiden Stirnflächen** gewählt werden.

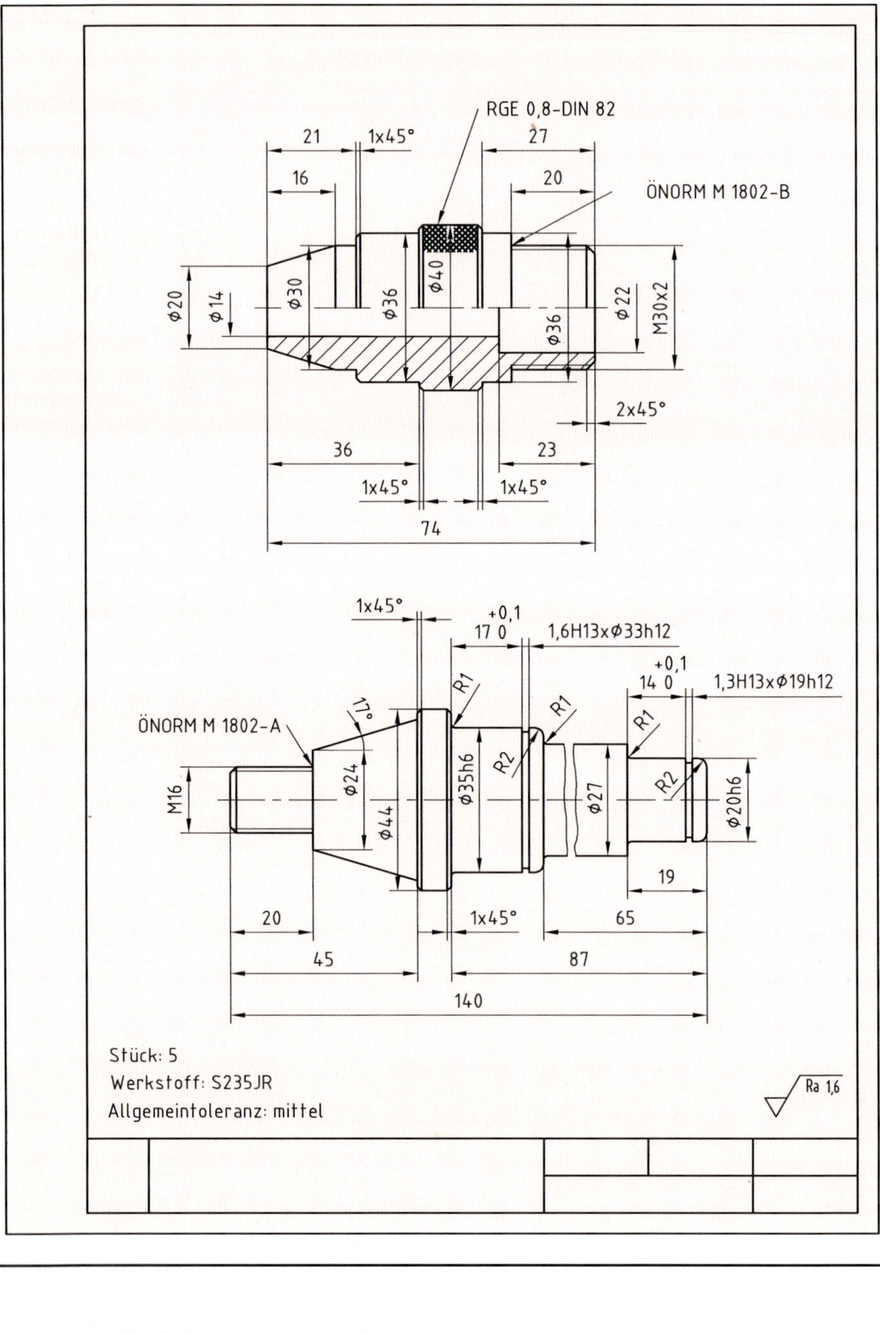

ZÜ 14.3 Darstellung einer Spannplatte mit CNC-Bemaßung

Zeichne und bemaße auf einem A4-Blatt in Querformat nach unten stehender Vorlage die **Spannplatte**. Der **konventionell bemaßte Bauteil** ist in eine CNC-gerechte Bemaßung umzuzeichnen, wobei der Werkstück-Nullpunkt in der **linken unteren Ecke** anzunehmen ist.

Beachte, dass auch die Außenkonturen gefräst werden!

Zusatzaufgabe:

Abhängig von den Details am Werkstück kann der Werkstück-Nullpunkt auch an anderen bemaßungsorientierten Punkten angenommen werden.

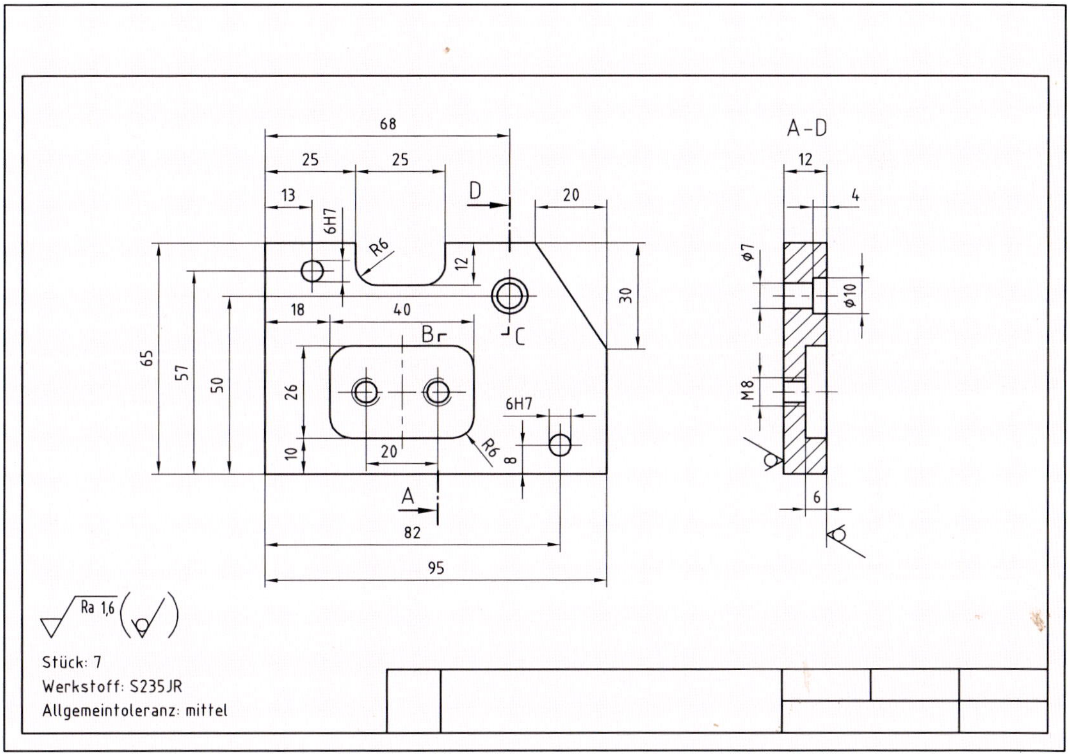

ZÜ 14.4 Darstellung einer Arretierplatte mit CNC-Bemaßung

Zeichne und bemaße auf einem A4-Blatt in Querformat nach unten stehender Vorlage die **Arretierplatte**. Der **konventionell bemaßte Bauteil** ist in eine CNC-gerechte Bemaßung umzuzeichnen, wobei der Werkstück-Nullpunkt in der **Mitte der linken Stirnseite** anzunehmen ist.

Beachte, dass auch die Außenkonturen gefräst werden!

Zusatzaufgabe:

Abhängig von den Details am Werkstück kann der Werkstück-Nullpunkt auch an anderen bemaßungsorientierten Punkten angenommen werden.

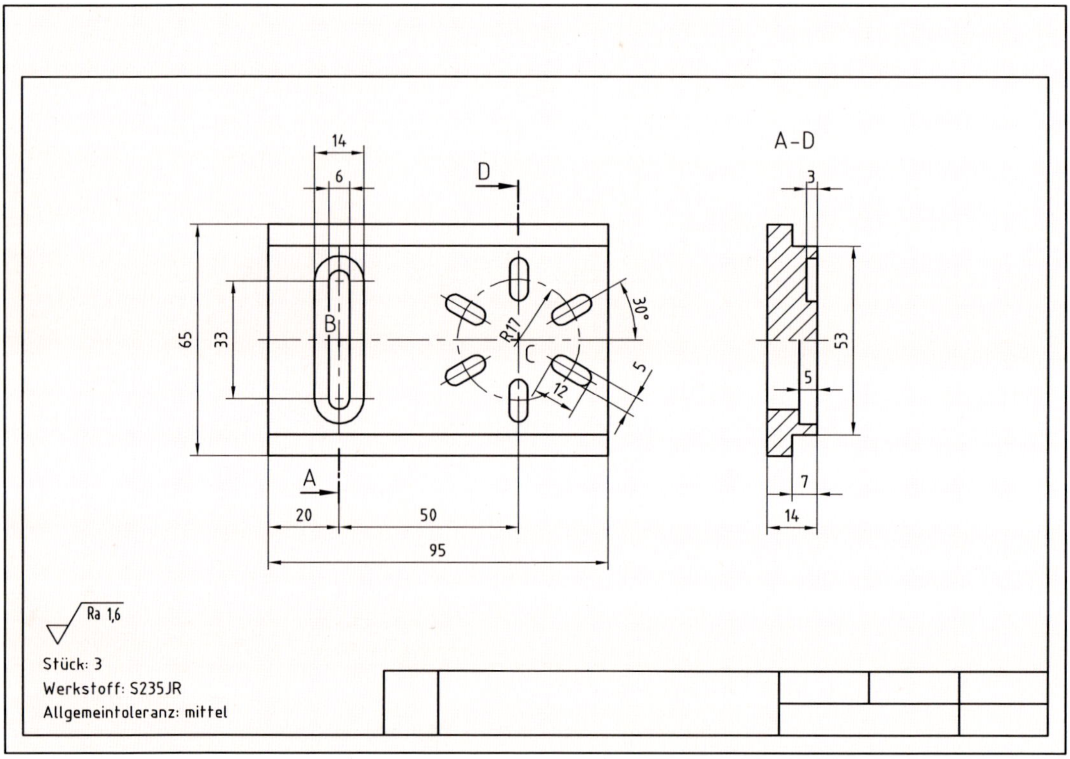

15 Darstellung von Rohrleitungen

15.1 Allgemeines

Rohre dienen der Zu- und Ableitung von flüssigen und gasförmigen Stoffen und können je nach Anforderung starr oder flexibel ausgeführt sein. Da sich Rohrleitungssysteme immer aus Rohren und Verbindungs-, Übergangs- und Anschlusselementen zusammensetzen, ist eine **detailgetreue** Darstellung kaum möglich. In technischen Zeichnungen werden daher Rohrleitungssysteme mit den zugehörigen Anlagen und Armaturen nach **ÖNORM EN ISO 6412 Teil 1 bis Teil 3 vereinfacht** dargestellt.

15.2 Darstellung und Bemaßung von Rohren und Bögen

Grundsätzlich können Rohrleitungssysteme in **Normalprojektion** oder in **isometrischer Darstellung** gezeichnet werden. Bei beiden Methoden werden Rohre und Bögen unabhängig von ihrem Werkstoff und Durchmesser in der **Längsachse** mit einer breiten Volllinie (sinngemäß einer **Fließlinie**) dargestellt. Zum leichteren Verständnis der Leitungsführung wird bei der Normalprojektion ein **quer zur Achse** liegendes Rohr mit einem Punkt dargestellt. Der gezeichnete Linienzug entspricht immer der Mittellinie des Rohres.

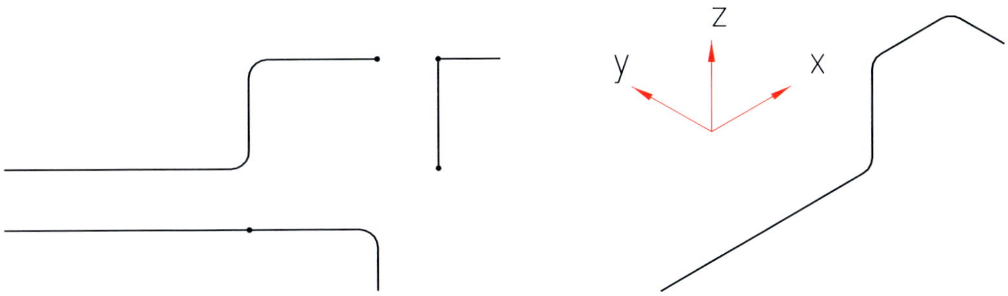

Normalprojektion **isometrische Darstellung**

Bild 1

Bögen müssen nicht wie in Bild 1 mit Rundungen gezeichnet sein, sondern dürfen auch **eckig** dargestellt werden, wenn dabei die Rohrführung eindeutig und übersichtlich bleibt. **Alle folgenden Darstellungen zeigen nur eckige Rohrführung.**

15.2.1 Bemaßung von Rohrdurchmessern

Die Dimensionsbezeichnung der Rohre und Bögen erfolgt durch die **Nennweite** mit der Kurzbezeichnung ***DN*** (**D**iameter **N**ominal ≅ Innendurchmesser des Rohres) oder durch Angabe des **Rohraußendurchmessers** in Verbindung mit der **Wandstärke** (Bild 2).

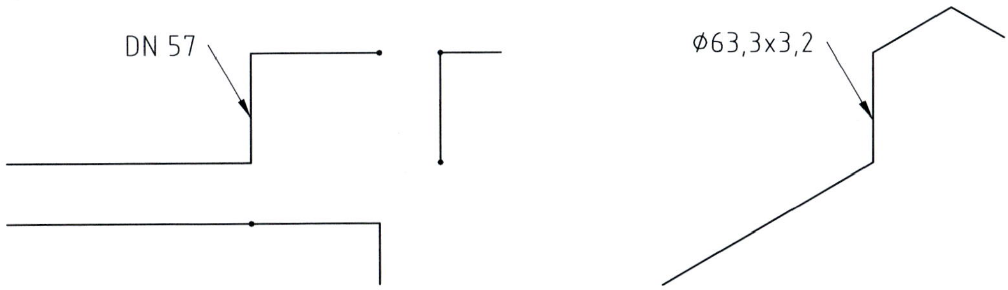

Normalprojektion **isometrische Darstellung**

Bild 2

15.2.2 Bemaßung von Rohrlängen

Die **Bemaßung von Rohrleitungen** erfolgt bei der Normalprojektion nach den üblichen Bemaßungsregeln und im Allgemeinen von Mitte zu Mitte der Rohre.

Bei der **isometrischen Darstellung** werden die Einzelrohre in der Ansicht gekennzeichnet oder nummeriert und die Rohrmaße tabellarisch oder in einer Legende aufgelistet.

Zur Identifizierung der Einzelrohre, aber auch wegen der Übersichtlichkeit werden alle markanten Punkte, wie Beginn und Ende des Leitungssystems, sowie alle Richtungsänderungen oder Verbindungsstellen mit Positionsnummern belegt. Punkte, die von anderen Punkten verdeckt sind, werden in Klammer angegeben (Bild 1).

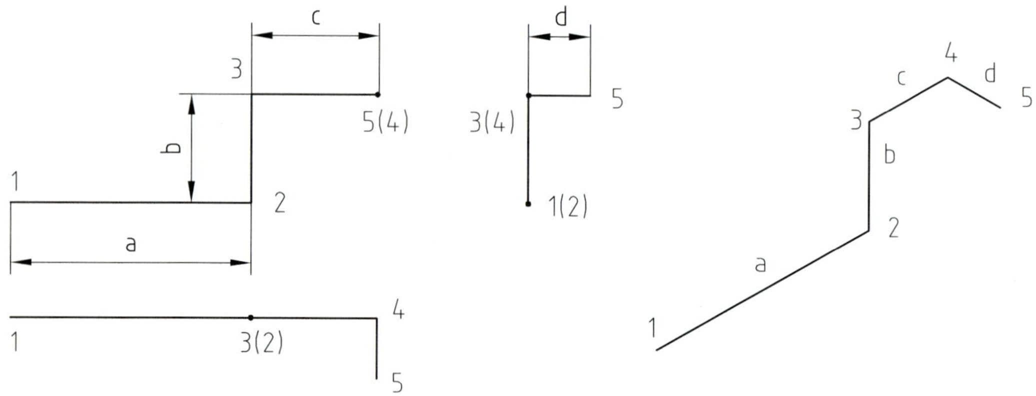

Normalprojektion

isometrische Darstellung

Bild 1

15.2.3 Bemaßung von Winkeln und Radien bei Rohren

Winkelbögen mit 90° und genormte Radien von Verbindungselementen und Bögen werden **nicht bemaßt**.

Alle von den Koordinatenachsen abweichenden Winkelmaße und spezielle Biegeradien von Rohren werden bei der Normalprojektion nach den allgemeinen Zeichenregeln bemaßt. Bei der isometrischen Darstellung kann die Veranschaulichung des Winkels von Rohren durch Hilfsprojektionsebenen unterstützt werden (Bild 2).

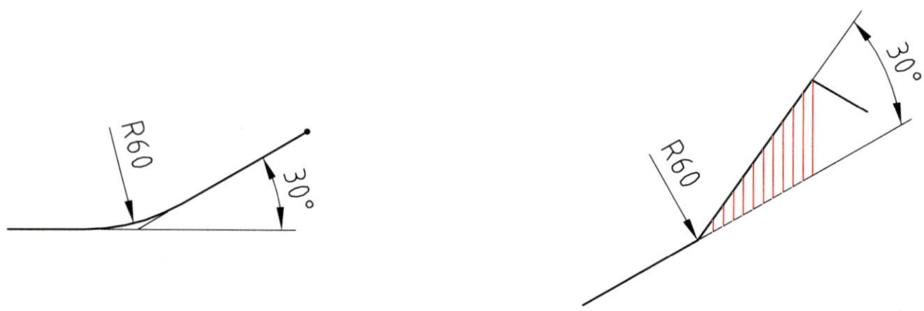

Normalprojektion

isometrische Darstellung

Bild 2

15.2.4 Höhenangabe von Rohrleitungen

Die **Angabe der Leitungshöhen** erfolgt von einem **festgesetzten Nullniveau** aus und bezieht sich im Allgemeinen auf die **Rohrmitte** (Bild 1). Aus bautechnischen Gründen kann es erforderlich sein, die Höhenangabe auf die Rohrunterseite bzw. Rohroberseite zu beziehen. Die zeichnerische Darstellung erfolgt in diesen Fällen nach Bild 2.

Bild 1

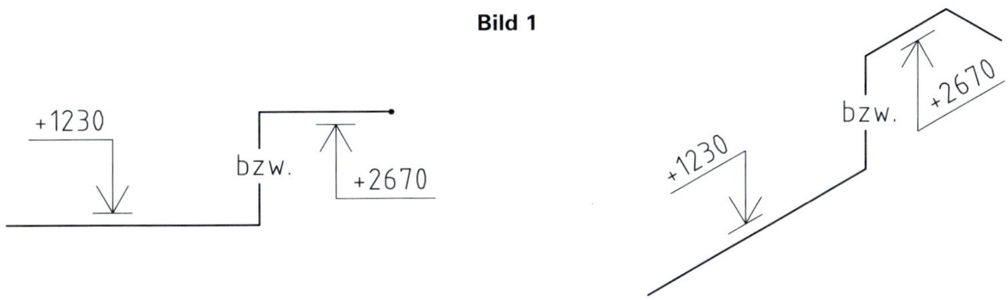

Normalprojektion **isometrische Darstellung**

Bild 2

15.2.5 Neigungsangabe von Rohrleitungen

Geringe Leitungsneigungen und Gefälle werden oberhalb der Fließlinie durch ein Neigungssymbol in Verbindung mit der Neigungsangabe in **Grad**, als **Neigungswert 1:x** oder in **Prozenten** angegeben (Bild 3). Die Leitung wird **neigungslos** gezeichnet, doch ist zu beachten, dass die Neigungsrichtung des Symbols mit der tatsächlichen Neigung des Rohres übereinstimmt. Es ist von Vorteil, die Neigung auf ein gegebenes Niveau zu beziehen.

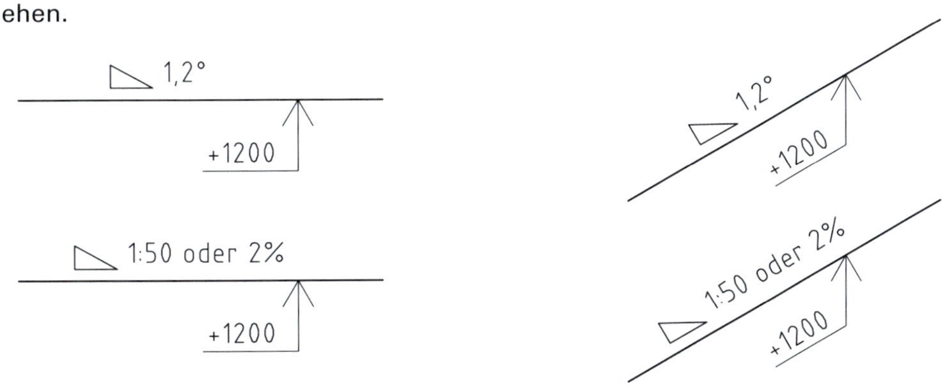

Normalprojektion **isometrische Darstellung**

Bild 3

15.3 Darstellung von Leitungskreuzungen

Um die Übersichtlichkeit der Leitungsführung bei sich kreuzenden Rohren zu gewährleisten, ist es von Vorteil, die Fließlinie des dahinter liegenden Rohres im Kreuzungsbereich mit einem beidseitigen Abstand von ca. 2 mm zu unterbrechen (Bild 1). Ist die Lage der sich kreuzenden Rohre gleichgültig, so dürfen die Kreuzungsstellen auch ohne Unterbrechung gezeichnet werden (Bild 2).

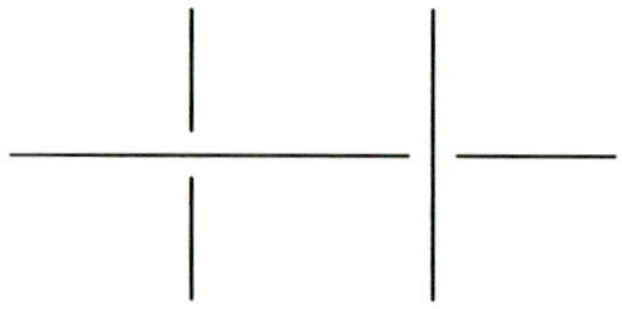

Normalprojektion

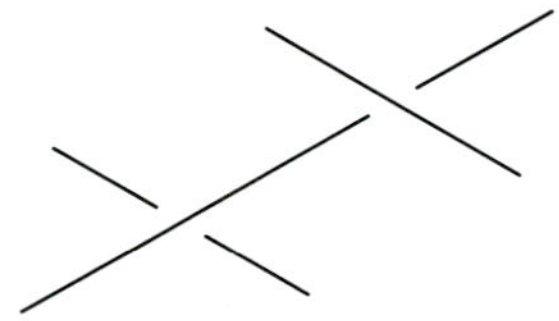

isometrische Darstellung

Bild 1

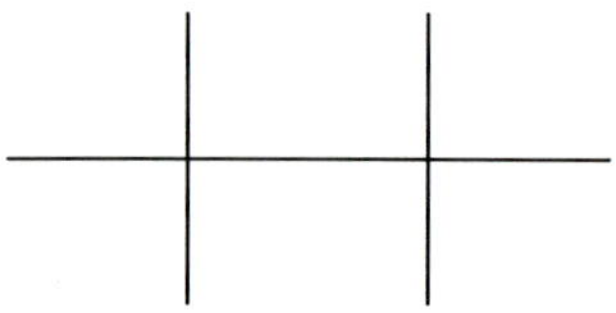

Normalprojektion

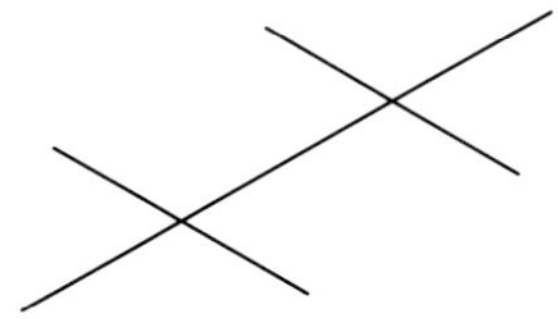

isometrische Darstellung

Bild 2

15.4 Darstellung von Leitungsverbindungen

Die **Verbindungsstellen** von Rohrleitungssystemen, deren Einzelteile durch Schweißen oder andere Verfahren unlösbar gefügt sind, werden durch einen Punkt mit einem Durchmesser von ca. 2 mm dargestellt (Bild 3).

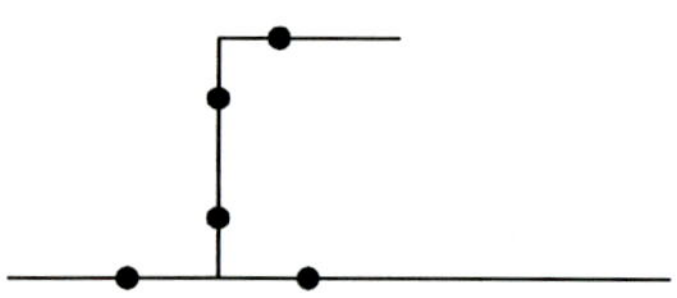

Normalprojektion

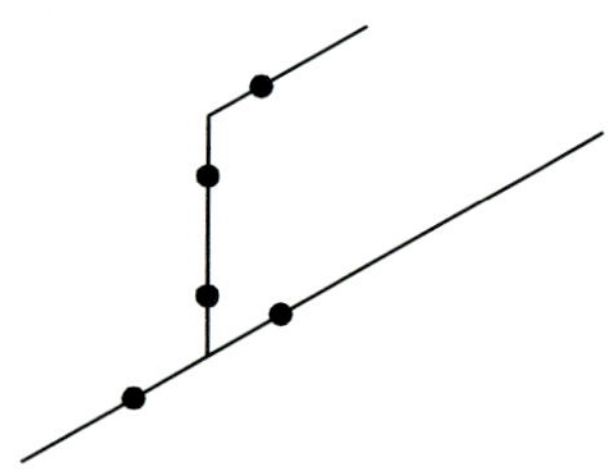

isometrische Darstellung

Bild 3

Lösbare Verbindungsstellen, bei denen die Art der Rohrverbindung nicht festgelegt ist, werden durch ein allgemeines Symbol, das heißt mit einem kurzen Querstrich, gekennzeichnet (Bild 4).

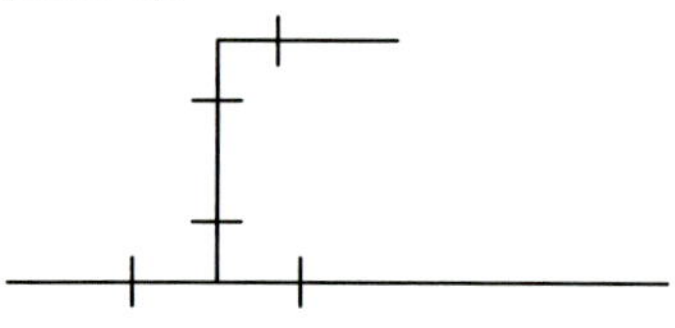

Normalprojektion

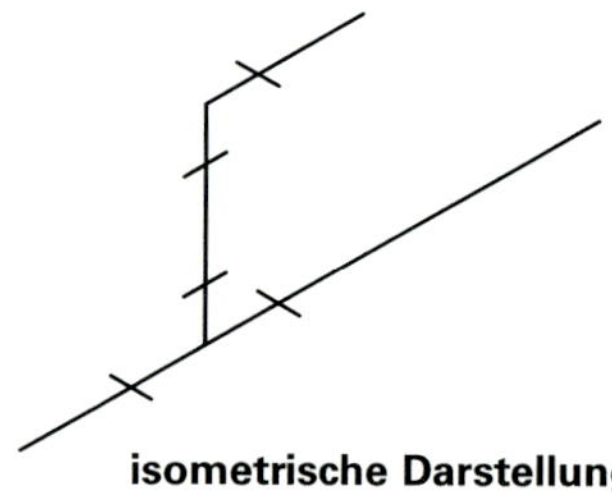

isometrische Darstellung

Bild 4

15.5 Darstellung von Zubehörteilen

Armaturen und sonstige Rohrleitungsteile werden durch grafische Symbole mit **breiter** Volllinie dargestellt. Tabelle 15.1 zeigt die am häufigsten verwendeten Armaturen und die entsprechenden Symbole für beide Darstellungsarten.

Benennung	Normal-projektion	Isometrische Darstellung	Benennung	Normal-projektion	Isometrische Darstellung
Absperrorgan allgemein Absperrorgan geflanscht Absperrorgan geschweißt	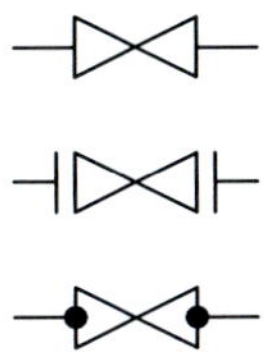	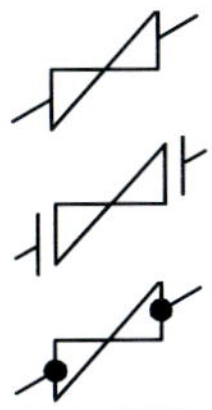	Druckminder-ventil		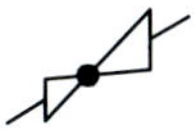
			Rückschlag-ventil		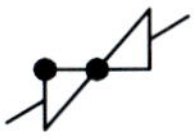
Reduzierung	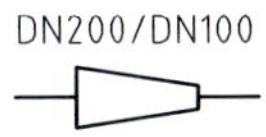	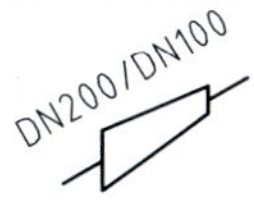	Rückschlag-klappe		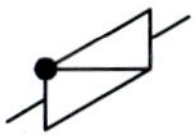
Absperr-schieber		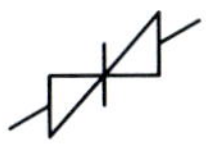	Wellrohr-kompensator	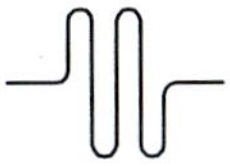	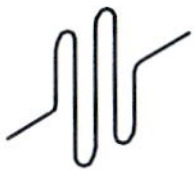
Dreiweg-armatur	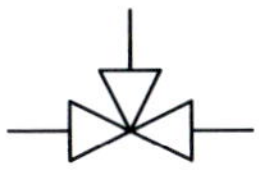		Sprinklerdüse		

Tabelle 15.1

Die Zubehörteile **Hänger und Stützen** werden auch durch grafische Symbole dargestellt. Tabelle 15.2 zeigt die mit **breiter** Volllinie zu zeichnenden Symbole für **Hänger**. Bei Verwendung als **Stützen** werden dieselben grafischen Symbole in umgekehrter Anordnung dargestellt.

Benennung	Normal-projektion	Isometrische Darstellung	Benennung	Normal-projektion	Isometrische Darstellung
allgemein		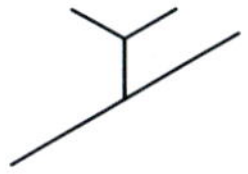	geführt		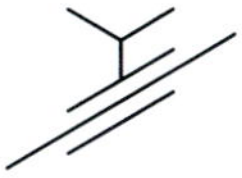
als Fixpunkt		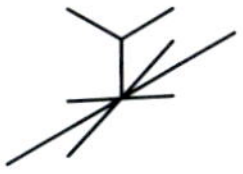	gleitend		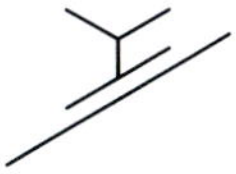

Tabelle 15.2

Eine besondere Verbindungstechnik – neben dem Fügen durch Rohrverschraubung und Schweißen – ist die **Flanschverbindung**. Bei der Normalprojektion werden Flansche, unabhängig von ihrer Art und Größe, in der Vorderansicht (V) durch zwei Kreise, in der Rückansicht (R) durch einen Kreis, in der Seitenansicht (S) durch eine Linie und bei Flanschverbindungen durch zwei parallele Linien dargestellt. Die Anzahl der Flanschbohrungen wird durch Kreuze mit **breiter** Volllinie versinnbildlicht (Bild 1, Seite 300).

Bei der isometrischen Darstellung wird der Flansch mit einer Linie und die Flanschverbindung mit zwei parallelen, **breiten** Volllinien mit einer Länge von ca. 10 mm gezeichnet (Bild 1).

Normalprojektion **isometrische Darstellung**

Bild 1

15.6 Angrenzende Apparate

Angrenzende Apparate, wie Behälter, Maschinen usw., die nicht zur Rohrleitung selbst gehören, werden durch deren Umrisse in **schmaler** Strich-Zweipunktlinie dargestellt (Bild 2).

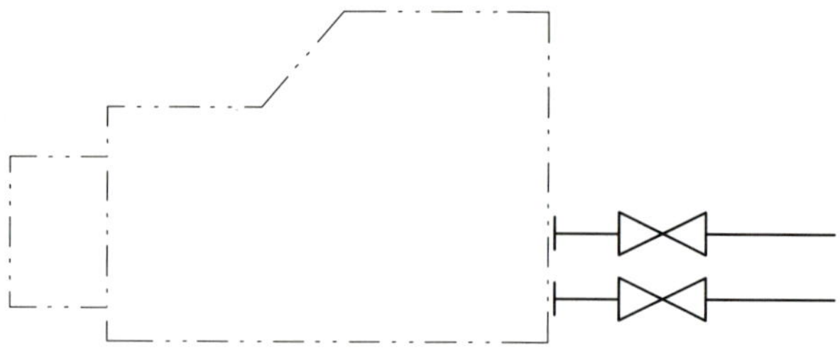

Bild 2

15.7 Darstellung der Strömungsrichtung (Fließrichtung)

Bei der Darstellung eines Rohrleitungssystems ist es eine funktionsbedingte Notwendigkeit, die Strömungsrichtung des bewegten Mediums zu kennzeichnen. Die Festlegung erfolgt durch einen **Pfeil** direkt auf einer Fließlinie oder in der Nähe eines grafischen Symbols für ein Absperrorgan (Bild 3).

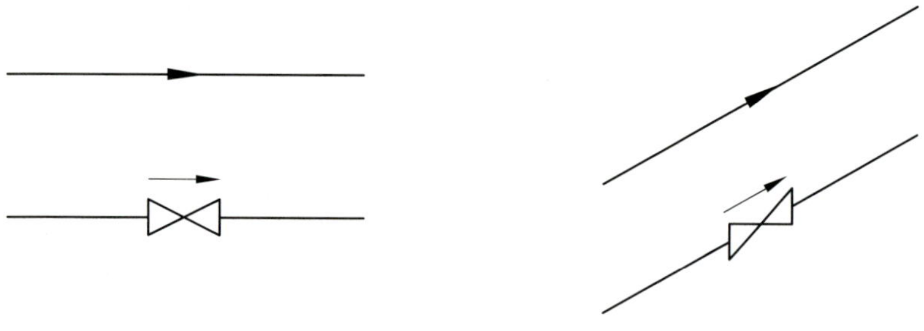

Normalprojektion **isometrische Darstellung**

Bild 3

15.8 Darstellung von Rohrleitungssystemen

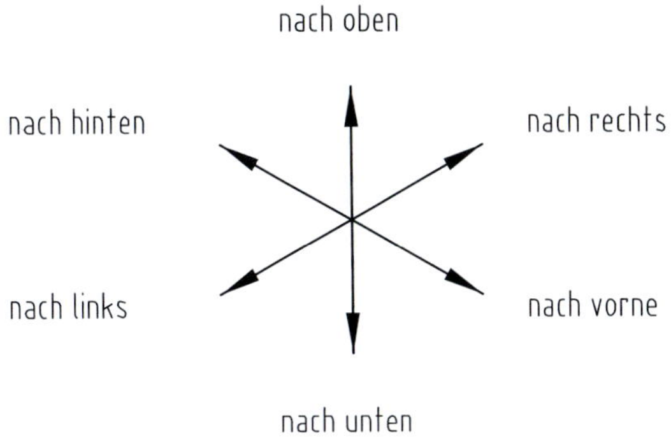

Bild 1

Bei der Darstellung von einzelnen Rohrteilen oder einfachen Rohrverbindungen hat sowohl die Normalprojektion als auch die isometrische Darstellung ihre Berechtigung. Wenn aber **komplexe Leitungsverbindungen** oder **Leitungssysteme** gezeichnet werden sollen, wird die **isometrische Darstellung** bevorzugt. Obwohl bei der Isometrie nur eine Ansicht gezeichnet wird, verdeutlicht diese Darstellungsart den Zu-sammenhang der einzelnen Leitungsabschnitte wesentlich klarer und eindeutiger als die Normalprojektion. Bei der isometrischen Darstellung werden alle Leitungsteile die **parallel zu den Koordinatenachsen** verlaufen ohne weitere Angaben parallel zur jeweiligen Achse gezeichnet. Die Richtung der Leitungsführung beim 30°-Raster entspricht der in der Installationsbranche üblichen Zeichentechnik (Bild 1 und Bild 1, Seite 303).

15.8.1 Ermittlung von Rohrlängen

Für die zeichnerische Darstellung eines **Leitungssystems** ist es völlig gleichgültig, in welcher Verbindungstechnik die Einzelrohre zusammengebaut werden. Für Detailzeichnungen jedoch ergeben sich – abhängig von der Verbindungstechnik – deutliche Längenunterschiede, die bei der Fertigung der einzelnen Rohrstücke berücksichtigt werden müssen. Die **Abschlagmaße** für Verbindungselemente und Armaturen sind den Montagehinweisen der entsprechenden Herstellerfirmen zu entnehmen.
Die tatsächlichen Rohrlängen entsprechen nie dem rechnerischen Mitte-Mitte-Maß, da für Verbindungs- und Anschlusselemente Abzüge und für die Fügetechnik der Rohre entweder Zuschläge oder Abzüge einzukalkulieren sind. So ist beispielsweise bei der Spiegelschweißung von Kunststoffrohren für jede Naht ein Schweißzuschlag einzurechnen, um **nach erfolgter Fügetechnik** das erwünschte Mitte-Mitte-Maß *MM* zu erhalten. Umgekehrt ist bei der Schweißung von Stahlrohren für jede Naht ein Schweißspalt einzukalkulieren, um eine Durchschweißung zu ermöglichen. Die Ermittlung der genauen Rohrlängen bei Schweißverbindungen von Stahlrohren erfolgt nach Bild 2.

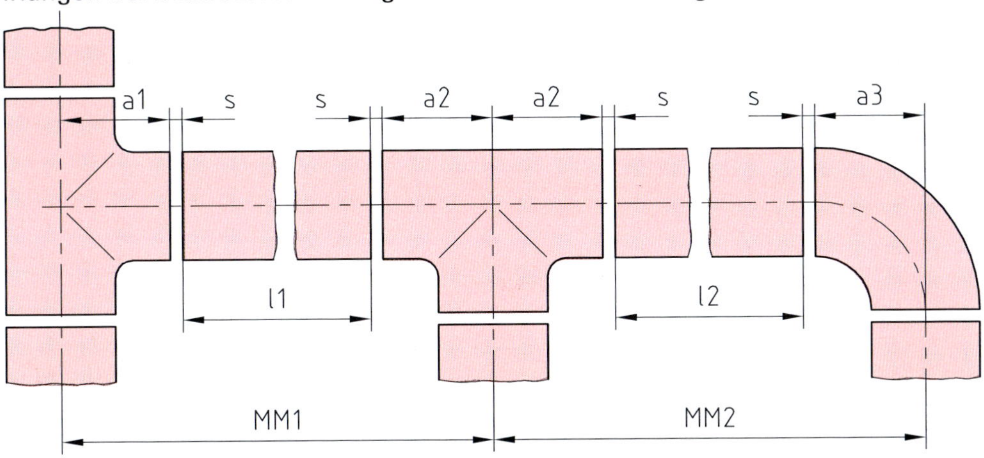

Rohrlänge $l_1 = MM_1 - (a_1 + a_2 + 2s)$ Rohrlänge $l_2 = MM_2 - (a_2 + a_3 + 2s)$

Bild 2

Bei der **Verbindung mit Gewinderohren** hat sich in der Praxis die ***z*-Maß-Methode** durchgesetzt. Grundlagen dieser Fügetechnik sind ein einheitliches Messen von Mitte zu Mitte der Rohrachsen, maßgenau geschnittene Gewinde und das *z*-Maß. Die *z*-Maße sind einem Katalog für Tempergussfittings zu entnehmen.

Unter *z*-Maß versteht man den Abstand zwischen dem eingebauten Rohrende und der Achse eines Fittings oder Rohres. Bei einer Muffenverbindung ist das *z*-Maß der Abstand zwischen den Enden der zwei eingebauten Rohre.

Die Ermittlung der Rohrlängen für ein aus Gewinderohren gefügtes Leitungssystem erfolgt nach Bild 1.

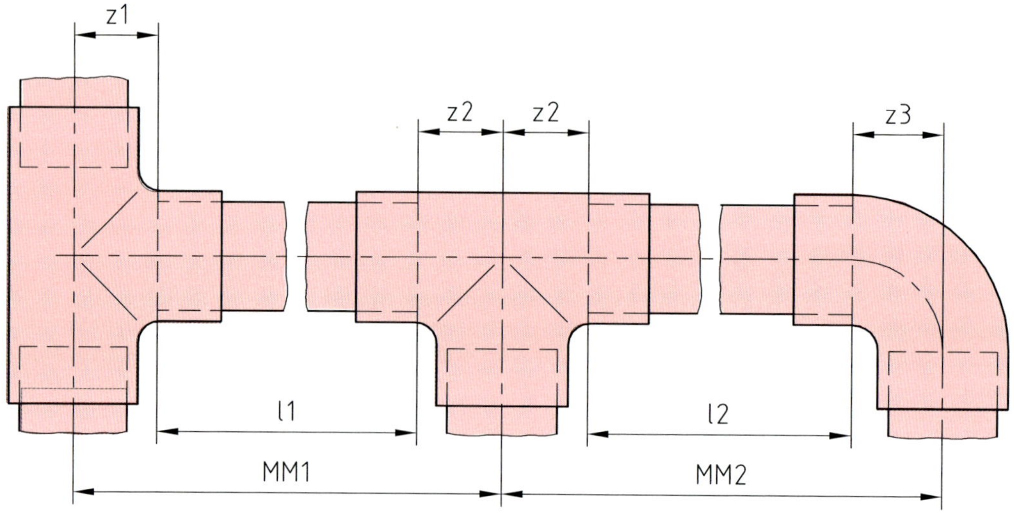

Rohrlänge $l_1 = MM_1 - (z_1 + z_2)$ Rohrlänge $l_2 = MM_2 - (z_2 + z_3)$

Bild 1

15.8.2 Ermittlung von Rohrlängen eines Leitungssystems

Voraussetzungen für eine effiziente Planung und Vorfertigung nach oben erwähnter *z*-Maß-Methode sind die Festlegung des verwendeten Leitungswerkstoffes mit der entsprechenden Fügetechnik, die genaue Abklärung der Leitungsführung, die baulichen Gegebenheiten sowie Kenntnisse der Abmessungen von Einrichtungen, Apparaten, Armaturen usw.

Diese Kriterien bilden die Grundlage für die isometrische Darstellung, die zwar nicht maßstabgetreu, aber doch dem tatsächlichen Leitungsverlauf und der Lage der eingebauten Armaturen, Anschlüsse und Ausläufe entspricht. Um die Übersichtlichkeit dieser Darstellung zu gewährleisten, werden die Einzelrohre nummeriert und in einer Rohrleitungstabelle aufgelistet. Aus dieser sind nicht nur die Mitte-Mitte-Abstände, sondern auch die tatsächlichen Rohrlängen nach Abzug der *z*-Maße, die Rohrdimensionen und alle für die Fertigung erforderlichen Maße abzulesen.

Folgende isometrische Darstellung (Bild 1, Seite 303) zeigt die Leitungsführung von Kalt- und Warmwasser in einem Badezimmer mit Brause, Waschtisch und Bidet.

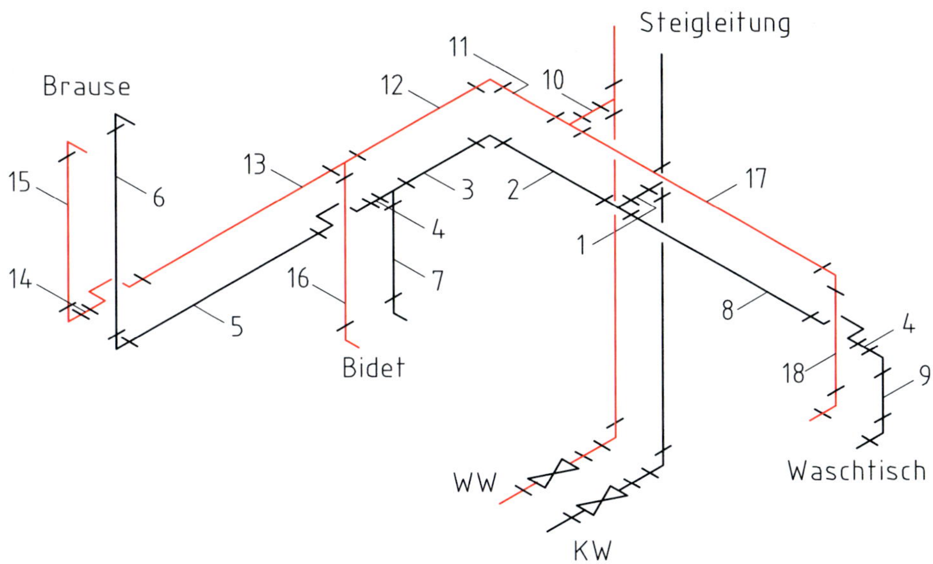

Bild 1

Rohrleitungen in mm						
Bez.	***MM***	**Σ *z-M***	***Rl***	***DN***	**Stk.**	
1	120	36	84	20	1	KW
2	550	36	514	20	1	KW
3	575	33	542	20	1	KW
4	150	49	101	15	2	KW
5	850	49	801	15	1	KW
6	500	30	470	15	1	KW
7	550	33	517	15	1	KW
8	825	52	773	15	1	KW
9	100	30	70	15	1	KW
10	120	36	84	20	1	WW
11	400	36	364	20	1	WW
12	725	33	692	20	1	WW
13	850	49	801	15	1	WW
14	150	49	101	15	1	WW
15	350	30	320	15	1	WW
16	700	33	667	15	1	WW
17	975	33	942	15	1	WW
18	250	30	220	15	1	WW

Fittings – verzinkt				
Form	**Nr.**	***DN***	**Stk.**	***z-M***
Winkel	90	20	2	18
Winkel	90	15	10	15
T-Stück	130	20/20/15	2	18/18/18
T-Stück	130	20/15/15	2	15/18/15
Überbogen	85	15	3	34

Abkürzungen

MM Mitte-Mitte-Maß
Σ *z-M* Summe der z-Maße
Rl Rohrlänge
DN Innendurchmesser des Rohres
KW Kaltwasser
WW Warmwasser

16 Körperschnitte und Durchdringungen

16.1 Allgemeines zu Körperschnitten

Von einem **Körperschnitt** spricht man, wenn prismatische, pyramidenförmige, zylindrische, kegelige oder kugelförmige Werkstücke durch eine **ebene Fläche**, die so genannte Schnittebene, geteilt werden. Durch diese Trennung entsteht am Körper eine zusätzliche Fläche, die als **Schnittfläche** bezeichnet wird.

Vorzugsweise wird zur Konstruktion dieser Schnittfläche eine unter 45° geneigte **Projektionshilfslinie** verwendet. Sie liegt genau im Schnittpunkt der Projektionslinien aus Draufsicht und Seitenansicht und bildet somit den geometrischen Zusammenhang zwischen diesen beiden Ansichten (Bild 1).

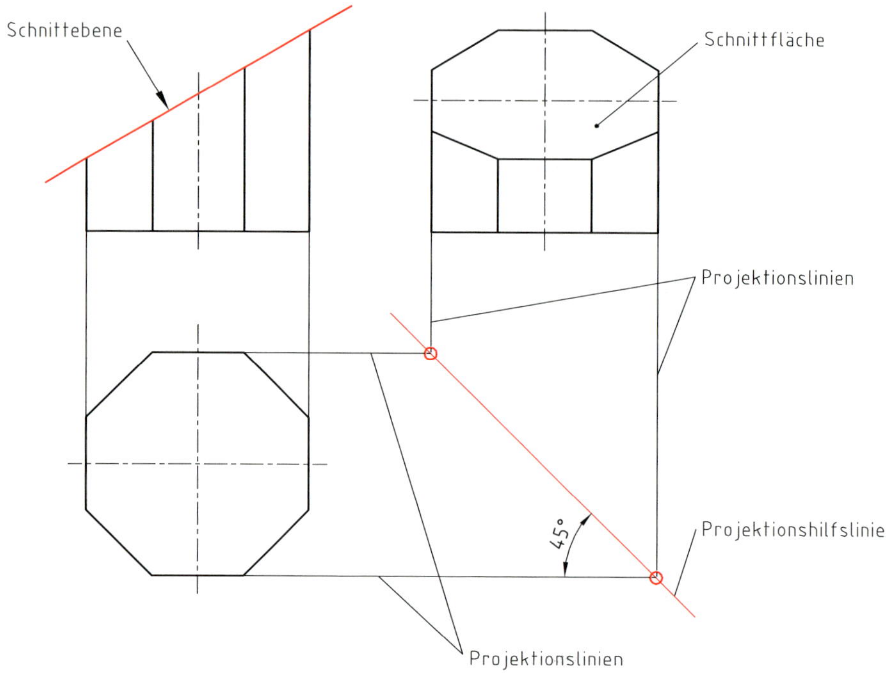

Bild 1

Grundsätzlich können Schnittebenen in allen drei Ansichten und in beliebiger Lage angeordnet werden. Im Folgenden werden jedoch nur Körperschnitte behandelt, deren **Schnittebenen normal zur Projektionsebene** liegen. Dabei ist es von Vorteil, wenn die Darstellung der Körper so erfolgt, dass die **Schnittebene in der Vorderansicht** liegt.

16.2 Methoden der Schnittflächenkonstruktion

Da Werkstücke konstruktionsbedingt sehr unterschiedlich gestaltet sein können, ergeben sich verschiedene Möglichkeiten der Konstruktion von Schnittflächen. Meistens wird die **Mantellinienkonstruktion** oder die **Scheibenschnittmethode** angewendet.

Die **Mantellinienkonstruktion** bietet sich an, wenn die Mantellinien des Körpers **Geraden** sind, und vor allem, wenn eine Abwicklung der Körperoberfläche zu zeichnen ist. Daher wird zur Ermittlung der Schnittfläche an Körpern vorwiegend diese Konstruktionsart angewendet.

Das Prinzip der Mantellinienkonstruktion besteht darin, mit Hilfe waagrechter und senkrechter Projektionslinien gegebene Punkte in die anderen Ansichten zu projizieren (z. B. die Punkte der Draufsicht in Bild 1). Die Umlenkung der Projektionslinien erfolgt durch die Projektionshilfslinie oder durch die Schnittebene selbst. Die Schnittpunkte der Projektionslinien ergeben in der Seitenansicht die gesuchten Schnittflächenpunkte.

Für die Konstruktion der Schnitthöhe bleibt es gleichgültig, von welchem Punkt ausgegangen und in welcher Reihenfolge oder Richtung gezeichnet wird. Immer schließt sich eindeutig und nachvollziehbar der **„Rundumlauf"** eines Punktes und ergibt im Schnittpunkt der Projektionslinien einen Konstruktionspunkt der gesuchten Schnittfläche (Bild 1).

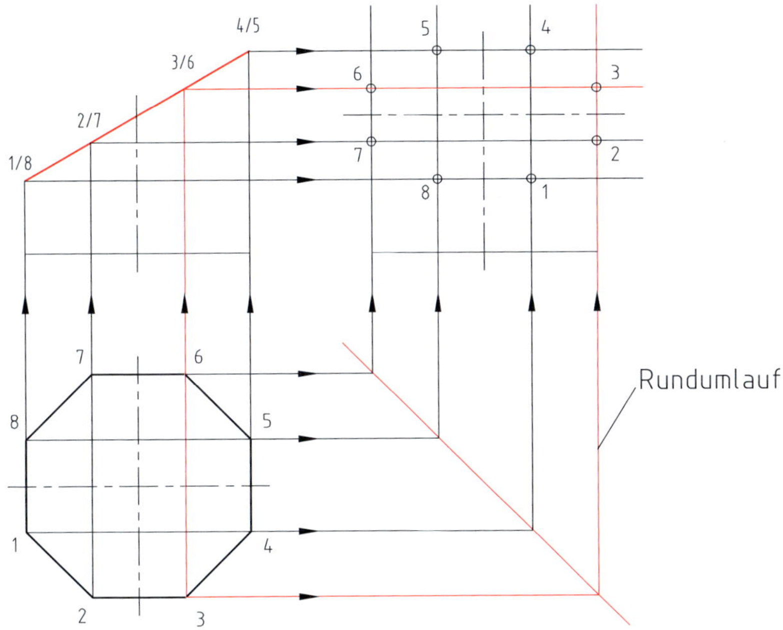

Bild 1

Die **Scheibenschnittmethode** bietet sich bei Ermittlung von Körperschnitten an **kugeligen** Werkstücken und bei der Konstruktion von Durchdringungspunkten an. Dabei wird der Körper in beliebig viele parallel oder rechtwinklig zur Körperachse liegende Scheiben geschnitten.

16.3 Darstellung von Körperschnitten

In der Folge werden, abhängig von der Grundform des Werkstückes, die wichtigsten Konstruktionsvarianten an praxisbezogenen Beispielen aufgezeigt. Der Zeichenablauf wird stets durch folgende Arbeitsschritte bestimmt:

- Vorzeichnen des Grundkörpers in den erforderlichen Ansichten sowie Einzeichnen der Schnittebene und der Projektionshilfslinie
- Konstruieren der Schnittflächenpunkte durch Projektion und Umlenkung der gegebenen Körperpunkte
- Ausarbeiten der Körperschnittdarstellung

16.3.1 Körperschnitte an prismatischen Werkstücken

Die Stellung des Prismas ist auf Grund der Körperform vorgegeben. Um unnötige Zeichenarbeit zu vermeiden, wird der Körper so gesetzt, dass die Schnittebene normal zur Vorderansicht liegt.

Konstruktionsfolge:

Zunächst zeichnet man die Grundform des Körpers in allen drei Ansichten sowie die Schnittebene und die unter 45° zu den Hauptachsen liegende Projektionshilfslinie (Bild 1).

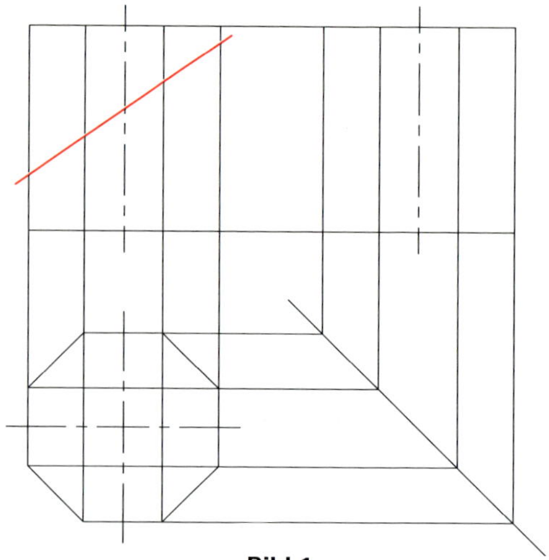

Bild 1

Ausgangslage für die Konstruktion der Schnittfläche ist jene Ansicht, in der man den Querschnitt des Werkstückes erkennen kann.

Daher ist im vorliegenden Beispiel von der Draufsicht auszugehen und in dieser Darstellung auch die Nummerierung der Eckpunkte vorzunehmen.

Nunmehr werden die in der Draufsicht liegenden Punkte 1 bis 8 senkrecht nach oben zur Vorderansicht und umgelenkt durch die Schnittebene in die Seitenansicht projiziert. Dieselben Punkte werden auch waagrecht in Richtung Projektionshilfslinie und umgelenkt durch diese nach oben zur Seitenansicht projiziert. Die Schnittpunkte dieser Projektionslinien ergeben in der Seitenansicht die Eckpunkte der gesuchten Schnittfläche.

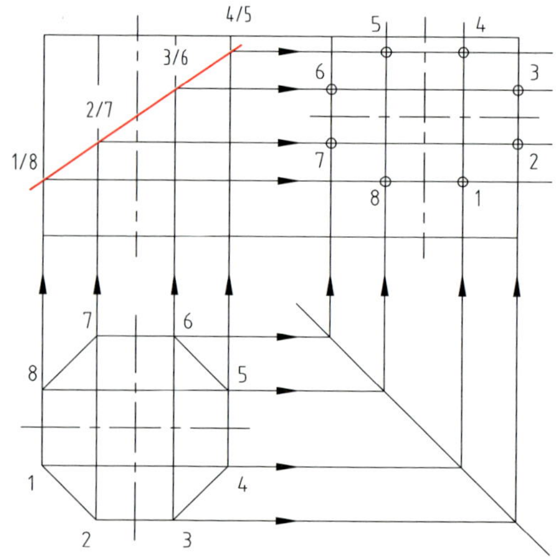

Bild 2

Der „Rundumlauf" aller gesuchten Punkte lässt sich eindeutig nachvollziehen, wobei die Reihenfolge der Punktermittlung keine Rolle spielt (Bild 2).

Letztlich werden die ermittelten Konstruktionspunkte in Reihenfolge der Nummerierung geradlinig zur gesuchten Schnittfläche verbunden (Bild 3).

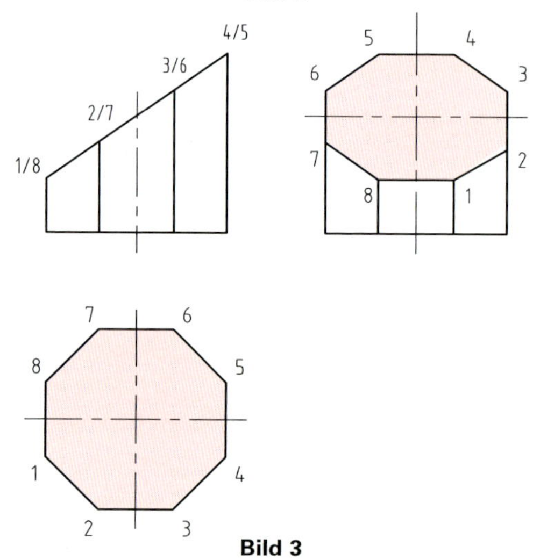

Bild 3

16.3.2 Körperschnitte an pyramidenförmigen Werkstücken

Diese Körper sind gekennzeichnet durch eine ebene Grundfläche und durch die von den Basispunkten der Grundfläche zu einer gemeinsamen Spitze verlaufenden Kanten. Dabei kann die Spitze des Körpers an beliebiger Stelle innerhalb oder außerhalb der Basisfläche liegen.

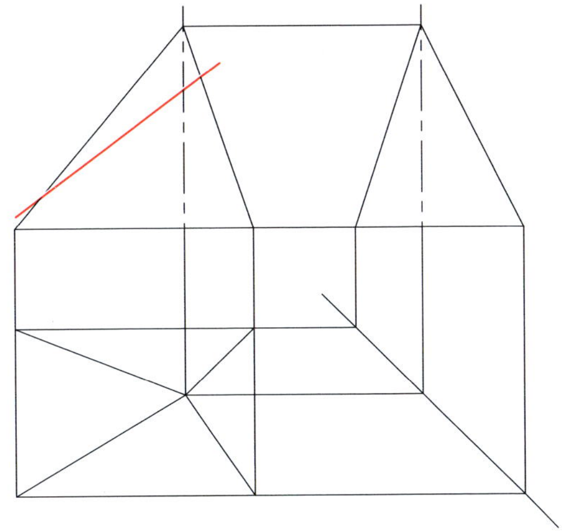

Bild 1

Konstruktionsfolge:

Zunächst zeichnet man die Grundform des Werkstückes in allen drei Ansichten sowie die Schnittebene und die Projektionshilfslinie. Da die Stellung des Körpers durch die Basisfläche bestimmt ist, bleibt nur zu beachten, dass die Schnittebene normal zur Vorderansicht liegt (Bild 1).

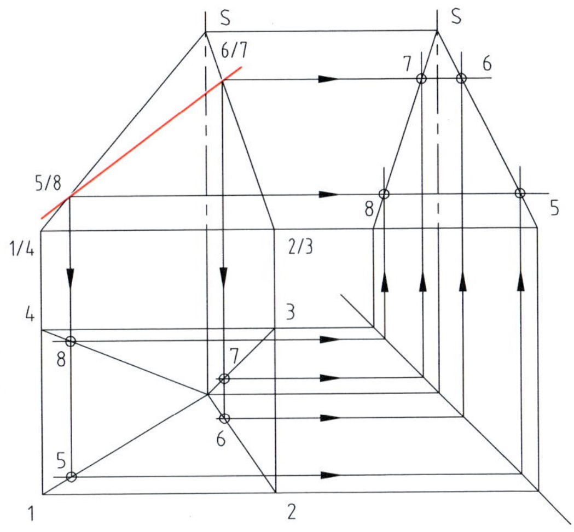

Bild 2

Ausgangsbasis für die Ermittlung der Schnittfläche ist im vorliegenden Beispiel die Vorderansicht, da sowohl in der Draufsicht als auch in der Seitenansicht eine Schnittfläche zu konstruieren ist.

Die eigentliche Konstruktion der Schnittfläche ergibt sich nahezu von selbst, da alle Punkte der Schnittfläche auf den Kanten von den Basispunkten zur Spitze liegen müssen. Somit muss man nur die Schnittflächenpunkte der Vorderansicht in die Seitenansicht und dieselben Punkte in die Draufsicht projizieren. Alle Schnittpunkte mit den zur Spitze verlaufenden Kanten ergeben Konstruktionspunkte für die Schnittflächen. Wiederum ist der „Rundumlauf“ der Punkte deutlich zu erkennen (Bild 2).

Letztlich werden die ermittelten Konstruktionspunkte in Reihenfolge der Nummerierung geradlinig zur Schnittfläche verbunden (Bild 3).

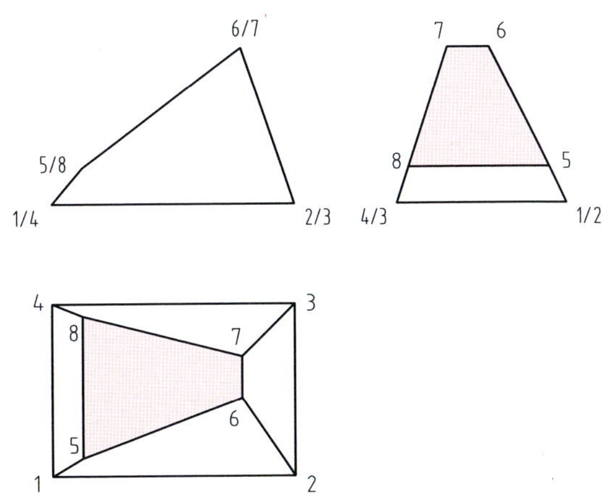

Bild 3

16.3.3 Körperschnitte an zylindrischen Werkstücken

Die bisher behandelten Schnitte wurden an Körperformen mit einer geradlinig begrenzten Grundfläche vorgenommen. Nun ist die Basisfläche rund und damit fehlt eine wesentliche Voraussetzung für die Konstruktion der Schnittfläche. Den Mangel an Punkten umgeht man durch Festlegung von **Hilfspunkten**.

Am einfachsten lässt sich dies durch Teilung des Mantelumfanges in zwölf gleich lange Strecken bewerkstelligen, was entweder mit dem Zirkel oder mit Hilfe eines 60°igen Zeichendreieckes ausgeführt werden kann.

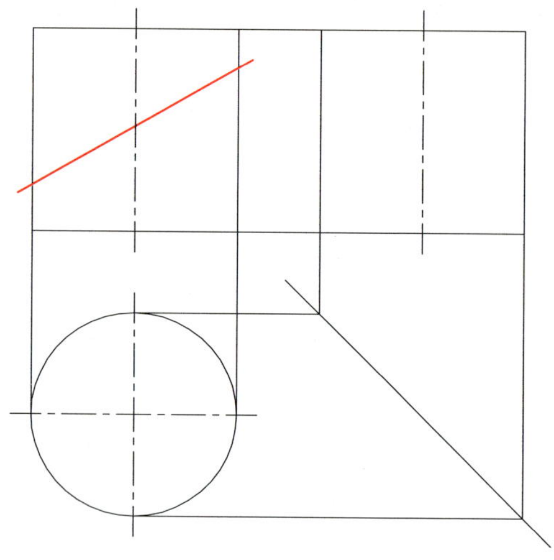

Bild 1

Konstruktionsfolge:

Zunächst zeichnet man den Grundkörper in den erforderlichen Ansichten sowie die Schnittebene und die Projektionshilfslinie. Das Werkstück steht senkrecht, und zwar so, dass die Schnittebene normal zur Vorderansicht liegt (Bild 1).

Nun wird der Mantelumfang in der Draufsicht in gleich lange, geradzahlige Abschnitte unterteilt.

Anschließend projiziert man die auf diese Weise ermittelten Hilfspunkte 1 bis 12 senkrecht nach oben zur Vorderansicht und umgelenkt durch die Schnittebene in die Seitenansicht. Dieselben Punkte werden auch waagrecht in Richtung Projektionshilfslinie und, umgelenkt durch diese, nach oben in die Seitenansicht projiziert. Die Schnittpunkte dieser Projektionslinien sind die Konstruktionspunkte der gesuchten Schnittfläche (Bild 2).

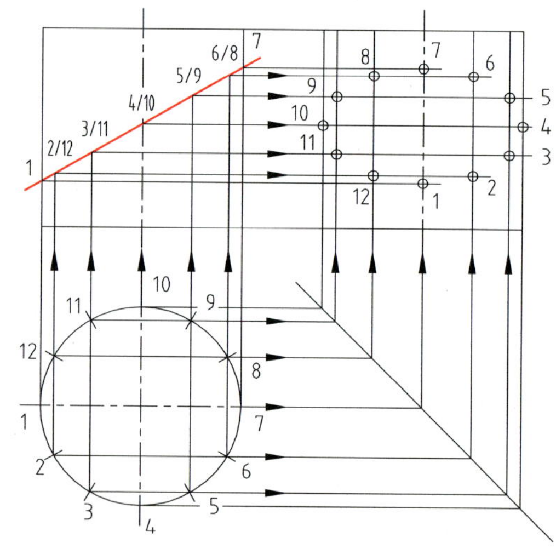

Bild 2

Schließlich werden die Schnittflächenpunkte mit einem Kurvenlineal verbunden und zur Ellipse ausgezogen (Bild 3).

Liegt die Schnittebene genau im Winkel von 45°, kann man sich die Konstruktion ersparen, da die Projektion dieser Schnittfläche genau einem Kreis entspricht.

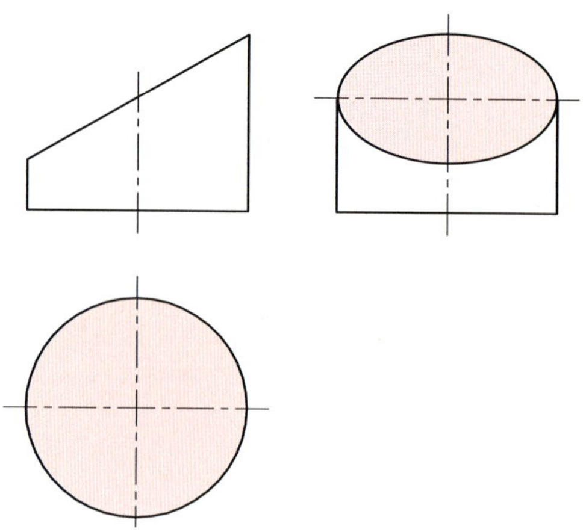

Bild 3

16.3.4 Körperschnitte an kegeligen Werkstücken

Diese Körper sind gekennzeichnet durch eine kreisrunde, ebene Basisfläche und eine zur Spitze zusammenlaufende Mantelfläche. Dabei kann die Spitze des Körpers an beliebiger Stelle innerhalb oder außerhalb der Basisfläche liegen.

Konstruktionsfolge:

Zunächst zeichnet man den Grundkörper in den erforderlichen Ansichten sowie die Schnittebene und die Projektionshilfslinie. Die Schnittebene liegt normal zur Vorderansicht.

Die schon vorgegebenen Schnittflächenpunkte 1 bis 3 der Vorderansicht ergeben sich in den anderen Ansichten zwangsläufig, da die Punkte 1 und 3, die in der Vorderansicht am Umriss liegen, in der Seitenansicht auf der senkrechten Körperachse und in der Draufsicht auf der waagrechten Mittellinie liegen müssen. Ebenso müssen die beiden Punkte 2, die in der Vorderansicht auf der Körperachse liegen, in der Seitenansicht am Umriss und in der Draufsicht auf der senkrechten Mittellinie liegen. Somit ist die Schnittfläche in ihren Umrissen festgelegt (Bild 1).

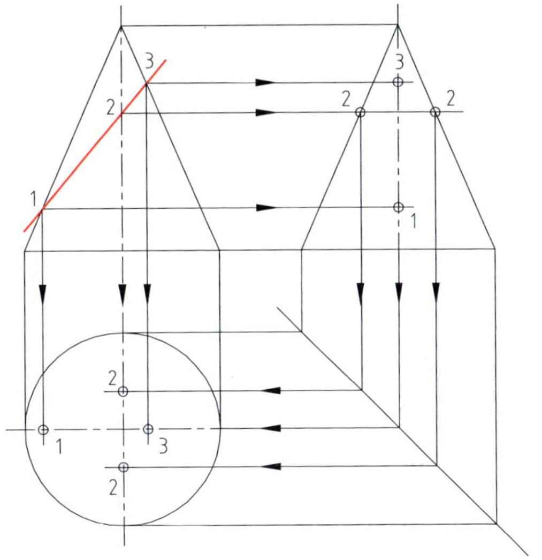

Bild 1

Zur Ermittlung von zusätzlichen Schnittflächenpunkten wird die Scheibenschnittmethode angewendet.

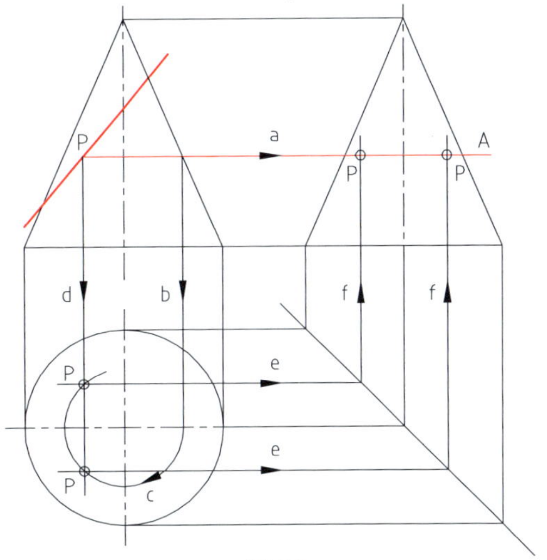

Bild 2

Grundsätzlich können, abhängig von der geforderten Zeichengenauigkeit, beliebig viele Schnittebenen gelegt werden. Zur besseren Übersicht wird in Bild 2 nur eine **Schnittebene *A*** gewählt. So kann die Ermittlung der Schnittflächenpunkte *P* in der Seitenansicht und in der Draufsicht nach der Konstruktionsfolge a bis f deutlich nachvollzogen werden.

Schließlich werden die Schnittflächenpunkte mit einem Kurvenlineal verbunden und zur Ovalform ausgezogen (Bild 3).

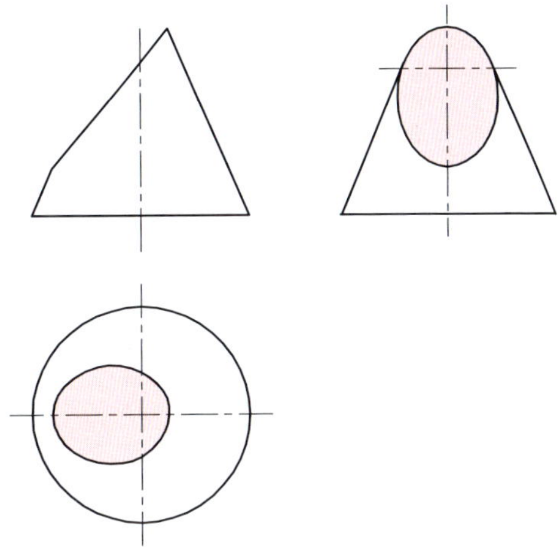

Bild 3

16.3.5 Körperschnitte an Kugeln

Jeder Schnitt durch ein kugeliges Werkstück ergibt als Schnittfläche einen Kreis. Liegt die Schnittebene parallel zu einer der Projektionsebenen, so stimmt die Schnittfläche mit der wahren Größe überein, alle anderen Schnitte zeigen in der Projektion eine Ellipse.

Die Ermittlung der Schnittflächenpunkte erfolgt nach der Scheibenschnittmethode. Vielfach genügen die vier sich von selbst ergebenden Scheibenschnittebenen an der Ein- und Austrittsstelle der Schnittebene an der Kugel und den beiden Schnittpunkten mit den zwei Hauptachsen. Bei Bedarf können zusätzlich beliebig viele weitere Schnitte gelegt werden.

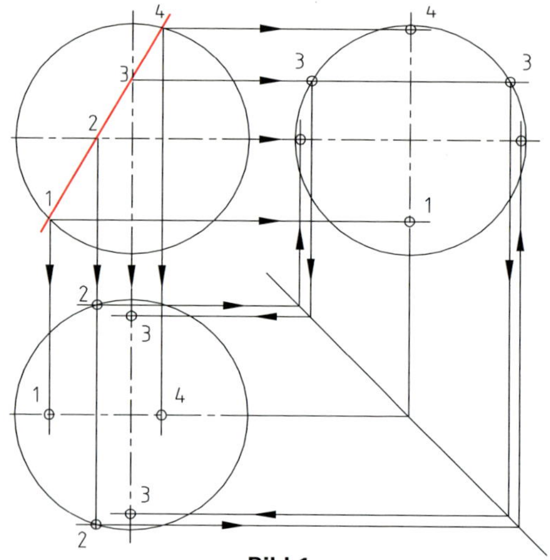

Bild 1

Konstruktionsfolge:

Zunächst zeichnet man die Kugel in allen drei Ansichten sowie die Schnittebene und die Projektionshilfslinie.

Nunmehr werden die sich in der Vorderansicht ergebenden Schnittflächenpunkte 1 bis 4 nummeriert. Die Punkte, die in der Vorderansicht am Umriss liegen, müssen in der Seitenansicht auf der senkrechten und in der Draufsicht auf der waagrechten Körperachse liegen. Ebenso müssen die Punkte, die in der Vorderansicht auf der senkrechten Körperachse liegen, in der Seitenansicht am Umriss und in der Draufsicht auf der senkrechten Mittellinie liegen. Desgleichen müssen alle Punkte, die in der Vorderansicht auf der waagrechten Körperachse liegen, in der Draufsicht am Umriss und in der Seitenansicht auf der waagrechten Mittellinie liegen. Damit ist die Schnittfläche in ihren Umrissen festgelegt (Bild 1).

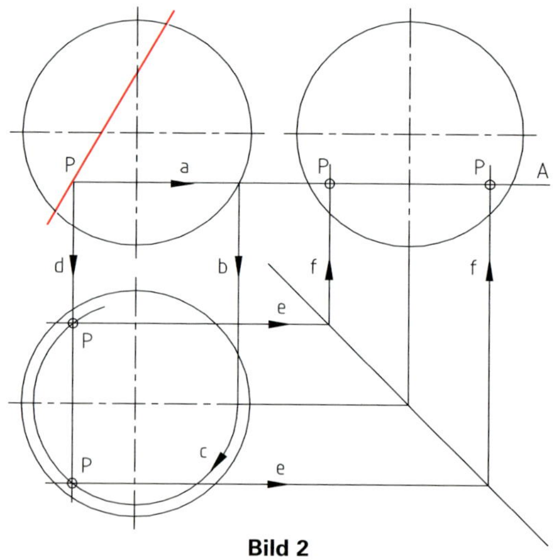

Bild 2

Erfordert die Darstellung der Schnittfläche noch weitere Konstruktionspunkte, so werden diese nach Bild 2 ermittelt. Die Konstruktionsfolge ist gleich wie bei kegeligen Körperschnitten (Bild 2, Seite 309).

Schließlich werden die Schnittflächenpunkte mit einem Kurvenlineal verbunden und zur Ellipse ausgezogen (Bild 3).

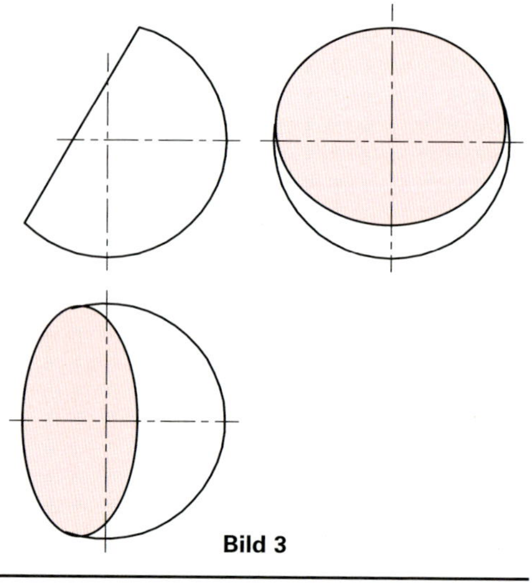

Bild 3

16.4 Allgemeines zu Durchdringungen

Von einer **Durchdringung** spricht man, wenn ein Körper in einen anderen eindringt (Bild 1) oder diesen durchdringt oder wenn durch Bearbeitung in einem Werkstück ein Hohlraum entsteht.

An den Übergangsstellen von einem Körper in einen anderen entstehen **Durchdringungslinien** oder **Bearbeitungskurven**.

Diese sind immer **geradlinig begrenzt,** wenn die Körper an den Durchdringungsstellen geradlinig begrenzt sind, und bilden immer **Kurven,** wenn die Körper an den Durchdringungsstellen gewölbte Flächen aufweisen.

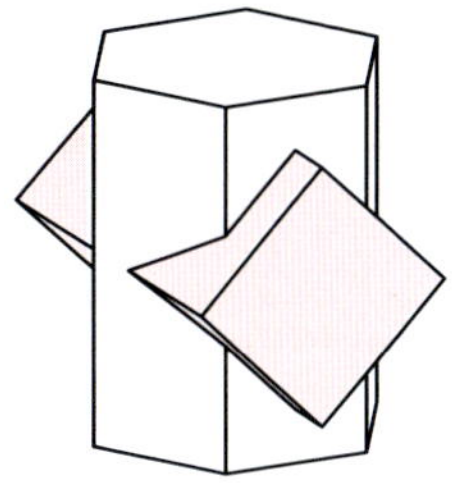

Bild 1

16.4.1 Durchdringung von prismatischen Werkstücken

Im Wesentlichen erfolgt die Konstruktion der Durchdringung von prismatischen Werkstücken wie die Ermittlung der Schnittfläche bei prismatischen Werkstücken.

Grundsätzlich ist es gleichgültig, in welcher Lage die Durchdringung dargestellt wird, doch sollte der durchdringende Körper **normal** zu einer der Hauptebenen liegen.

Konstruktionsfolge:

Zunächst werden die drei Ansichten des Grundkörpers und des durchdringenden Körpers sowie die Projektionshilfslinie gezeichnet.

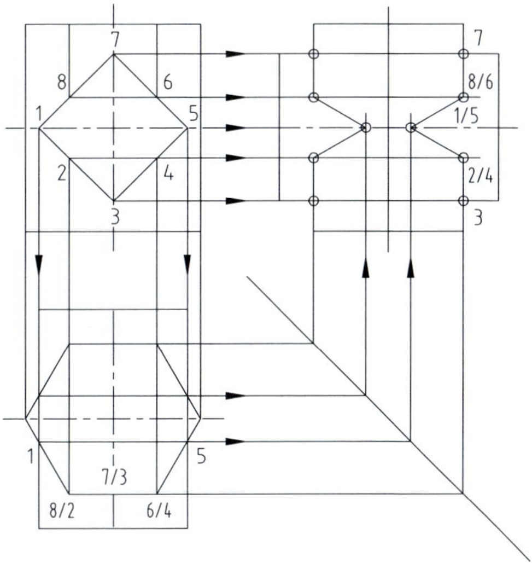

Bild 2

Ausgangsbasis für die Ermittlung der Durchdringungspunkte ist immer jene Ansicht, in der die Querschnittsform des durchdringenden Körpers liegt (im vorliegenden Beispiel die Vorderansicht).

Nunmehr werden in dieser Ansicht die Durchdringungspunkte nummeriert. Die Punkte 2, 3, 4 und 6, 7, 8 in der Vorderansicht ergeben zur Seitenansicht projiziert zwangsläufig schon sechs Durchdringungspunkte am Grundkörper. Die Punkte 1 und 5 der Vorderansicht werden in die Draufsicht projiziert und ergeben dort mit dem Grundkörper Schnittpunkte. Diese werden über die Projektionshilfslinie in die Seitenansicht umgelenkt und ergeben die beiden noch fehlenden Durchdringungspunkte in der Seitenansicht (Bild 2).

Letztlich werden die so ermittelten Durchdringungspunkte **geradlinig** verbunden (Bild 3).

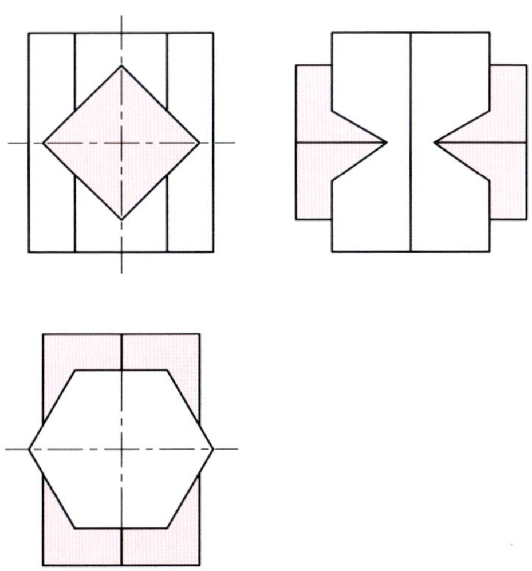

Bild 3

16.4.2 Durchdringung von pyramidenförmigen Werkstücken

Die Durchdringung von pyramidenförmigen Werkstücken erfolgt grundsätzlich wie bei den prismatischen Körpern.

Da der durchdringende Körper zwei waagrechte Ebenen aufweist, bietet sich bei dieser Darstellung die **Scheibenschnittmethode** an, da jeder waagrechte Schnitt durch den Grundkörper ebenso wie die Basisfläche ein Quadrat ergibt.

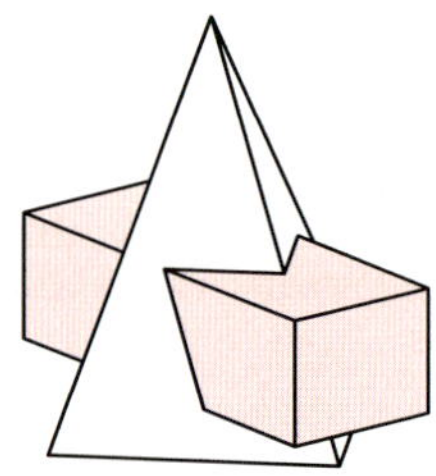

Bild 1

Konstruktionsfolge:

Zunächst werden die drei Ansichten des Grundkörpers und des durchdringenden Körpers sowie die Projektionshilfslinie gezeichnet.

Die Nummerierung der Durchdringungspunkte erfolgt in jener Ansicht, in der die Querschnittsform des durchdringenden Körpers erkennbar ist (Punkte 1 bis 4 in der Vorderansicht). Nun werden die beiden Quadratflächen, die sich nach der Scheibenschnittmethode durch die **Schnittebenen *A* und *B*** ergeben, in die Draufsicht projiziert.

Da die Durchdringungspunkte 3 und 4 auf der Schnittfläche *A* liegen, brauchen diese Punkte nur von der Vorderansicht in die Draufsicht projiziert zu werden. Die Schnittpunkte der Projektionslinien mit dem Quadrat der Schnittebene *A* in der Draufsicht sind die Durchdringungspunkte.

Dasselbe gilt für die Punkte 1 und 2, die auf der Schnittebene *B* liegen müssen. Alle ermittelten Punkte in der Draufsicht können durch Umlenkung über die Projektionshilfslinie in die Seitenansicht übertragen werden und ergeben dort mit den Projektionslinien aus der Vorderansicht die Durchdringungspunkte in der Seitenansicht (Bild 2).

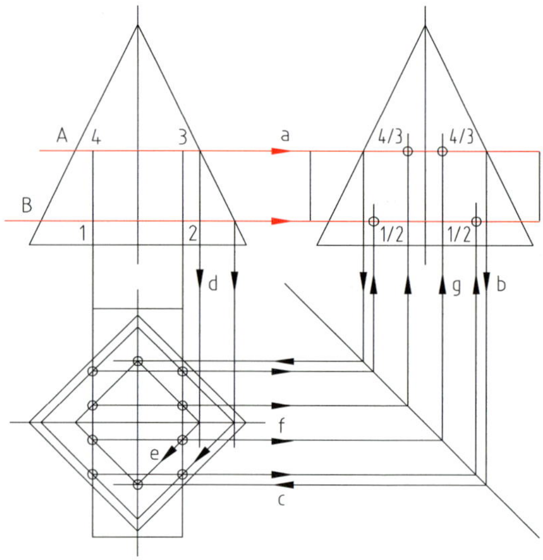

Bild 2

Nun werden die konstruierten Durchdringungspunkte sowohl in der Draufsicht als auch in der Seitenansicht **geradlinig** verbunden (Bild 3).

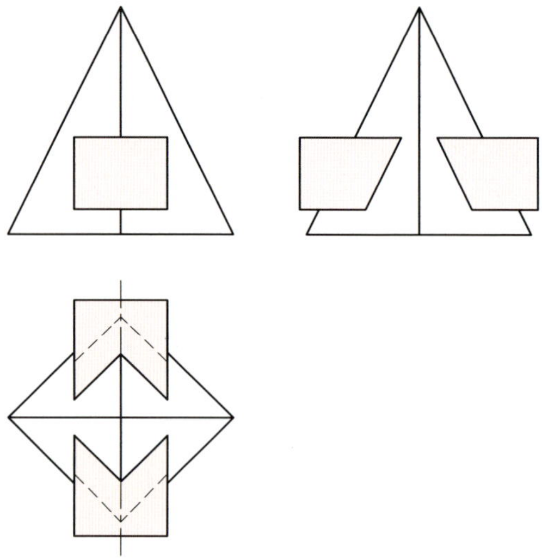

Bild 3

16.4.3 Durchdringung von zylindrischen Werkstücken

Die Durchdringung von zylindrischen Werkstücken erfolgt wie bei der Ermittlung der Schnittfläche von Zylindern.

Grundsätzlich ist es gleichgültig, in welcher Lage die Durchdringung dargestellt wird, der durchdringende Körper sollte jedoch normal zu einer der Hauptebenen liegen.

Konstruktionsfolge:

Zunächst werden die drei Ansichten des Grundkörpers und des durchdringenden Körpers sowie die Projektionshilfslinie gezeichnet.

Da in diesem Beispiel der durchdringende Körper normal zur Seitenansicht liegt, beginnt in dieser Ansicht die Ermittlung der Durchdringungspunkte. Wegen des Fehlens der erforderlichen Konstruktionspunkte hilft man sich wieder durch die Teilung des Körperumfanges in gleich lange, geradzahlige Abschnitte (Abschnitt 16.3.3). Die so festgelegten Hilfspunkte werden nummeriert, nach unten in Richtung Projektionshilfslinie gezeichnet und in die Draufsicht umgelenkt. Die dabei entstehenden Schnittpunkte am Umfang des Grundkörpers werden nun weiter in die Vorderansicht projiziert und ergeben dort, mit den Projektionslinien der Hilfspunkte aus der Seitenansicht die Durchdringungspunkte (Bild 2). Um die Darstellung zu vereinfachen, ist nur der „Rundumlauf" des Punktes 5 verdeutlicht.

Schließlich werden diese Punkte mit einem Kurvenlineal verbunden und ergeben so die Durchdringungskurven zwischen den beiden Körpern (Bild 3).

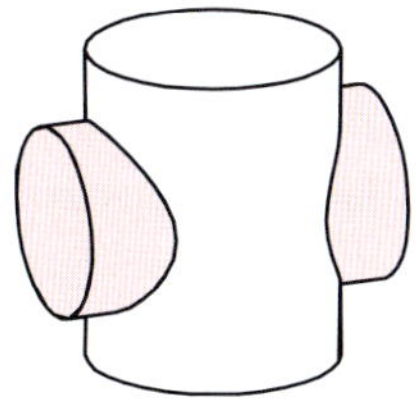

Bild 1

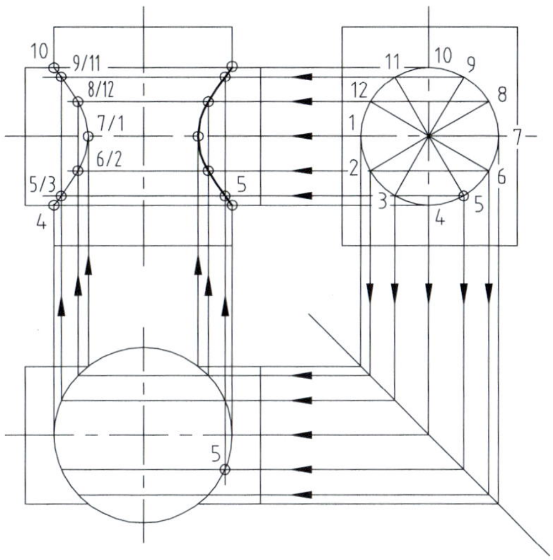

Bild 2

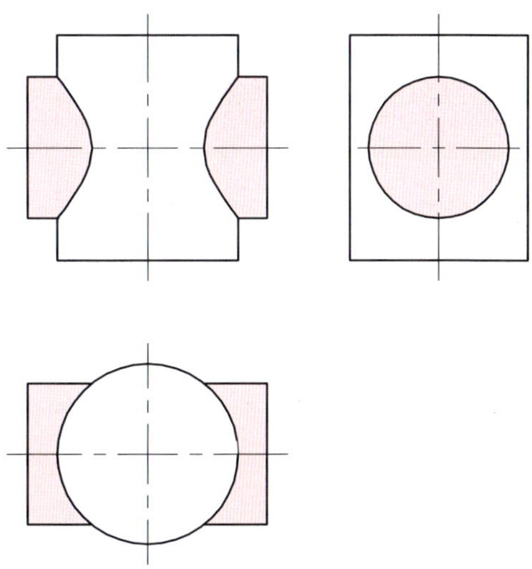

Bild 3

16.4.4 Durchdringung von kegeligen Werkstücken

Bei Durchdringung von kegeligen Körpern bietet sich immer die **Scheibenschnittmethode** an, da jeder waagrechte Schnitt in der Draufsicht einen Kreis ergibt und folglich meist zwei oder mehr Durchdringungspunkte feststehen.

Konstruktionsfolge:

Zunächst werden die drei Ansichten des Grundkörpers und des durchdringenden Körpers sowie die Projektionshilfslinie gezeichnet.

Da in diesem Beispiel der durchdringende Körper normal zur Seitenansicht liegt, beginnt in dieser Ansicht die Konstruktion der Durchdringungspunkte mit der Nummerierung 1 bis 4. Die Punkte 2 und 4 ergeben sich zwangsläufig, da sie in der Vorderansicht am Umriss und in der Draufsicht auf der waagrechten Mittellinie liegen müssen. Die Punkte 1 und 3 werden in der angegebenen Buchstabenfolge a bis f projiziert und ergeben sowohl in der Vorderansicht als auch in der Draufsicht Durchdringungspunkte (Bild 1).

Zur genaueren Bestimmung des Kurvenverlaufes der Durchdringung werden in der Seitenansicht beliebig angelegte Schnittebenen *A* und *B* gezeichnet. Die Ermittlung der Durchdringungspunkte 5 und 6 auf diesen Ebenen ergibt sich aus der Konstruktionsfolge a bis f wie in Bild 1.

Um die Übersichtlichkeit zu bewahren, sind in Bild 2 nur die Konstruktionslinien zur Bestimmung der zusätzlichen Durchdringungspunkte 5 und 6 eingezeichnet.

Schließlich werden die ermittelten Durchdringungspunkte mit dem Kurvenlineal verbunden und ergeben so die Durchdringungskurven zwischen den beiden Körpern (Bild 3).

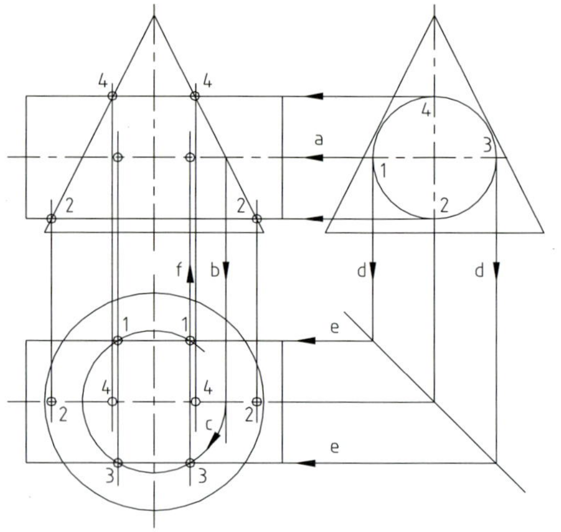

Bild 1

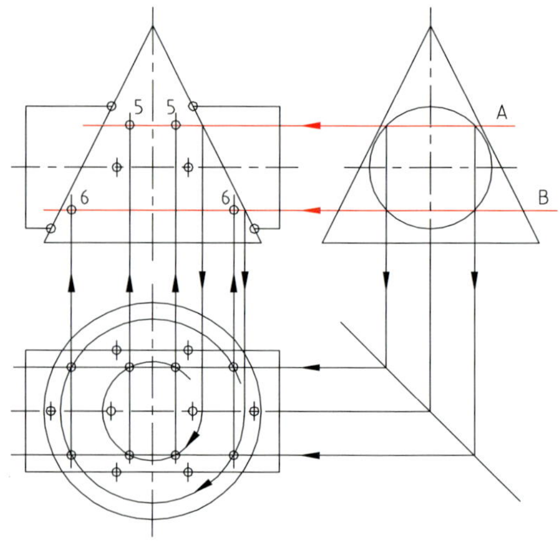

Bild 2

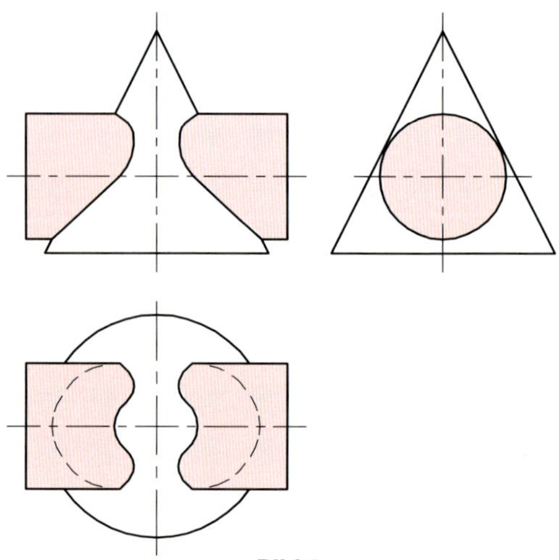
Bild 3

ZÜ 16 Übungen zu Körperschnitten und Durchdringungen

Lernziel: *Ermitteln der Schnittfläche bei Körperschnitten*
Ermitteln der Durchdringungskurven bei Körperdurchdringungen

ZÜ 16.1 Darstellung von Körperschnitten bei gegebener Schnittebene

Zeichne aus den unten stehenden Vorlagen einen beliebigen **Körperschnitt** in drei Ansichten auf einem A4-Blatt in Hochformat.

Die **erste Zeile** in den Vorlagen gibt die Maße des Körpers ***K*** an, die entweder Durchmesser × Höhe oder Schlüsselweite × Höhe entsprechen.

Die **zweite Zeile** gibt jeweils die Höhe ***H*** der Schnittebene an, bei der diese den Körperumriss durchdringt. Beide Höhen werden von der Basisfläche aus gemessen.

Die Blattverteilung für die Lage der drei Ansichten ergibt sich aus den markierten Basispunkten in der Draufsicht mit 50 × 190 mm und der Seitenansicht mit 135 × 135 mm, jeweils gemessen vom **linken und oberen** Zeichenflächenrand.

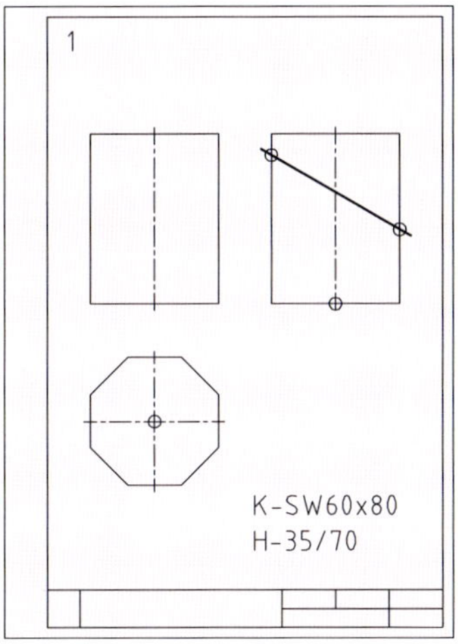

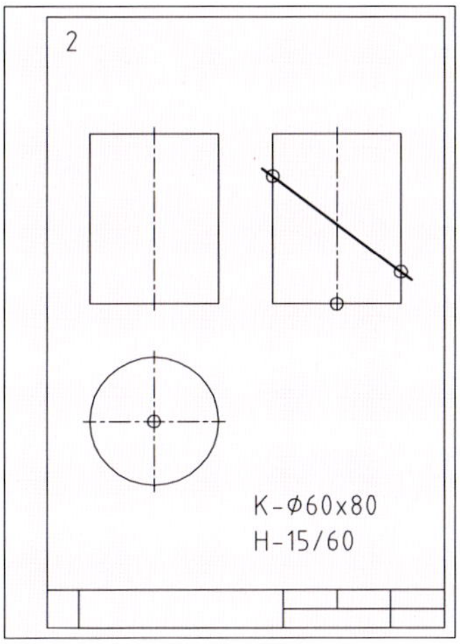

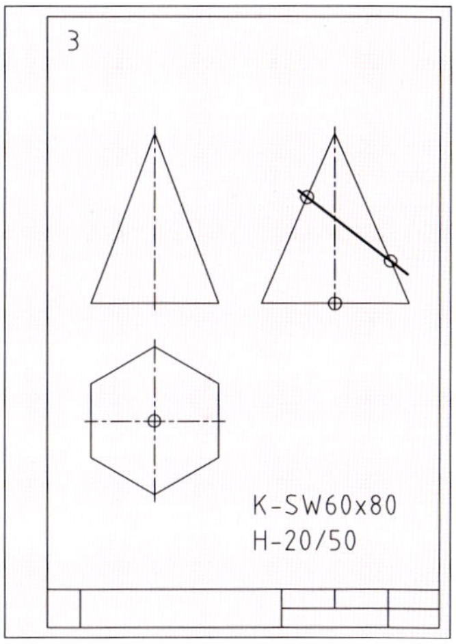

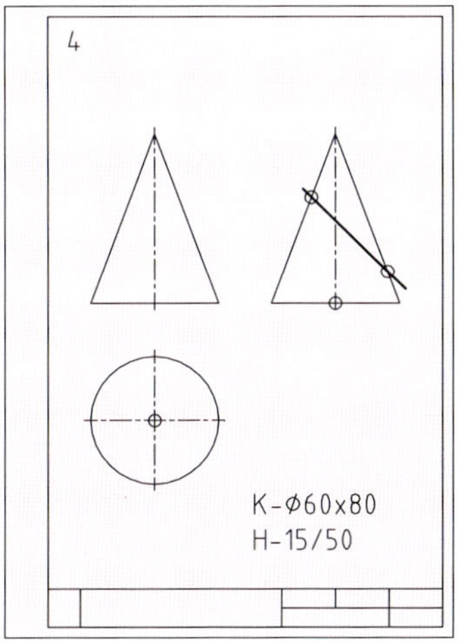

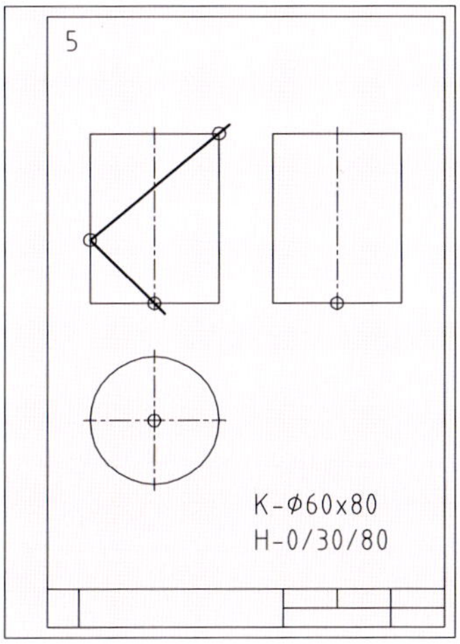

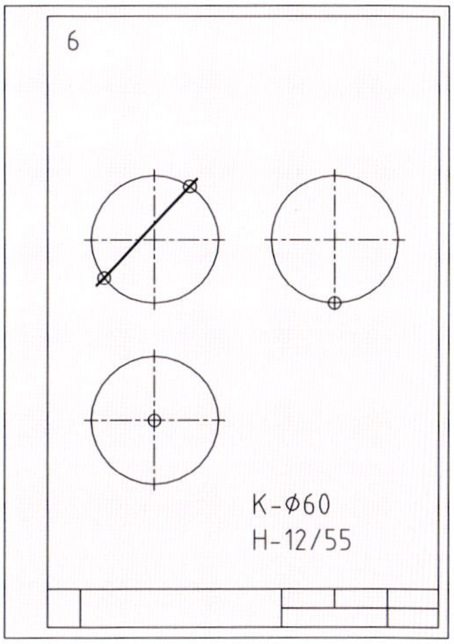

ZÜ 16.2 Darstellung von Körperdurchdringungen

Zeichne aus den unten stehenden Vorlagen eine beliebige Körperdurchdringung in drei Ansichten auf einem A4-Blatt in Hochformat.

Die **erste Zeile** in den Vorlagen gibt die Maße des Grundkörpers ***GK*** an, die entweder Durchmesser × Höhe oder Schlüsselweite × Höhe entsprechen.

Die **zweite Zeile** gibt die Maße des Durchdringungskörpers ***DK*** an, die entweder dem Durchmesser × Länge oder Schlüsselweite × Länge entsprechen.

Die Blattverteilung für die Lage der drei Ansichten ergibt sich aus den markierten Basispunkten in der Draufsicht mit 50 × 190 mm und der Seitenansicht mit 135 × 135 mm, jeweils gemessen vom **linken und oberen** Zeichenflächenrand.

Die Lage des **symmetrisch** durchdringenden Körpers wird durch die **Markierung in der Vorderansicht** gekennzeichnet.

Bei den Übungen 3 und 5 liegt die Oberkante des Durchdringungskörpers in der Mitte der Höhe des Grundkörpers.

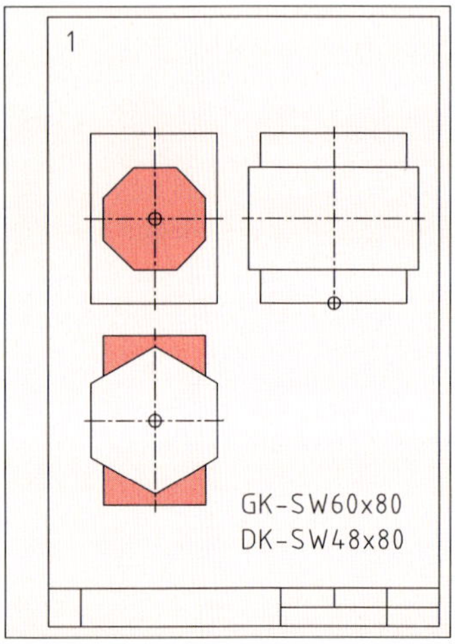

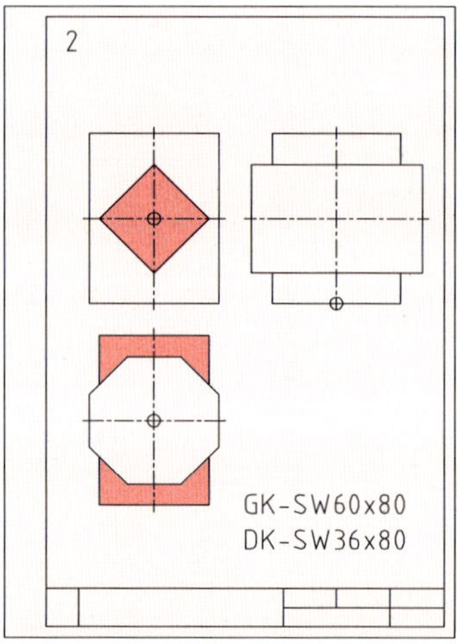

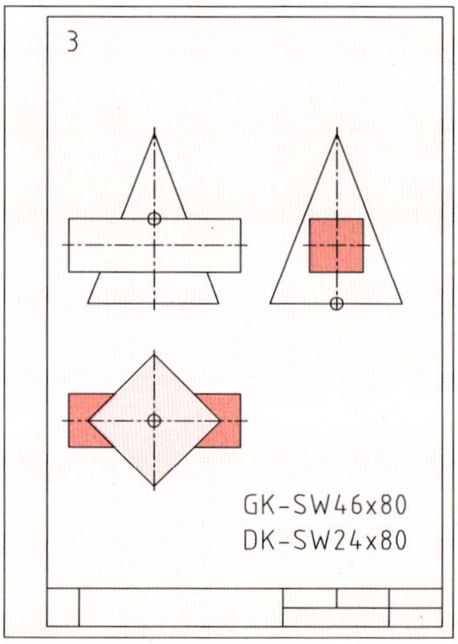

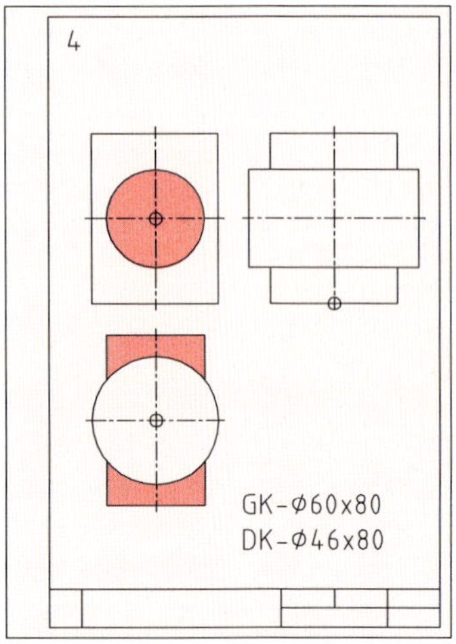

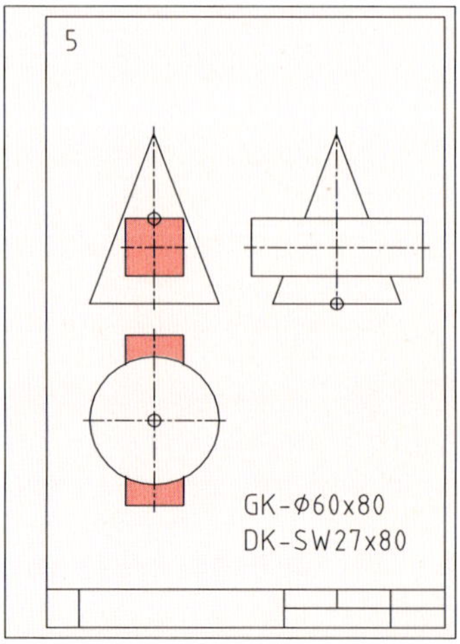

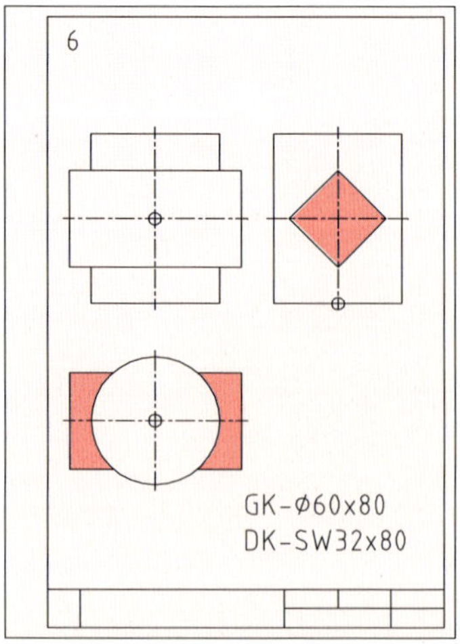

ZÜ 16.3 Darstellung von Verschneidungskurven bei Bohrungen

Zeichne auf einem A4-Blatt in Querformat nach unten stehender Vorlage die Vollschnittdarstellung einer **Bohrbuchse**.

Der zylindrische Grundkörper mit dem Außendurchmesser von 60 mm und einer Länge von 100 mm hat eine axiale Durchgangsbohrung mit ∅30.

Mit einem stirnseitigen Abstand von jeweils 30 mm liegt rechts eine radial liegende Durchgangsbohrung mit ∅30 und links eine, bis in die Längsbohrung des Körpers reichende Bohrung mit ∅22.

Für die Konstruktion der Verschneidungsbögen sollen die Übergangspunkte aus den beiden Schnittdarstellungen ermittelt werden. Die Kurven können mit einem Kurvenlineal oder freihändig ausgezogen werden.

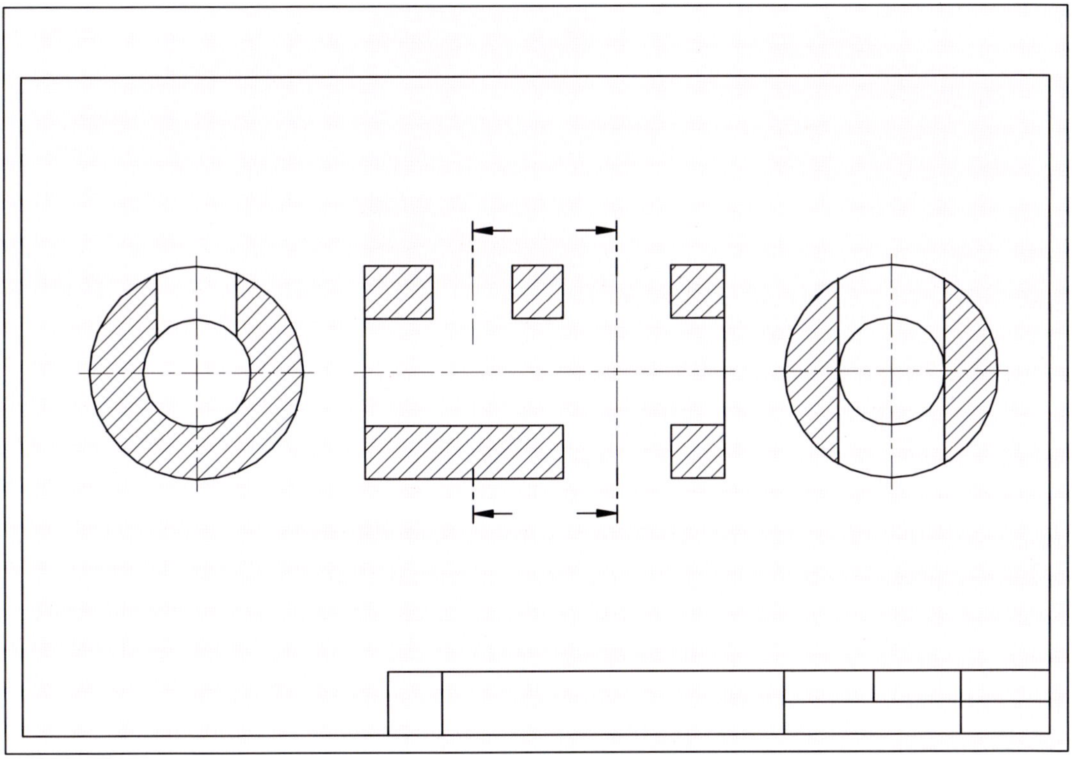

17 Abwicklung von Blechkörpern

17.1 Allgemeines

Zur Fertigung von eckigen oder runden Blechkörpern, wie Entlüftungskanäle, Fülltrichter, Ziergegenstände usw., müssen diese zeichnerisch abgewickelt werden. Das heißt, man schneidet den Körper gedanklich entlang einer beliebigen Trennlinie auf und breitet die den Körper umschließenden Flächen in einer Ebene aus. Eine zeichnerisch so dargestellte Werkstückoberfläche bezeichnet man als **Abwicklung**.

Im Allgemeinen besteht eine Abwicklung aus Mantel-, Grund- und Deckfläche, wobei je nach Anforderung nicht immer alle Flächen gezeichnet werden müssen. Die Berührungslinien zwischen den einzelnen Flächen werden als Biegelinien bezeichnet und sind mit **schmaler** Volllinie auszuführen (Bild 1).

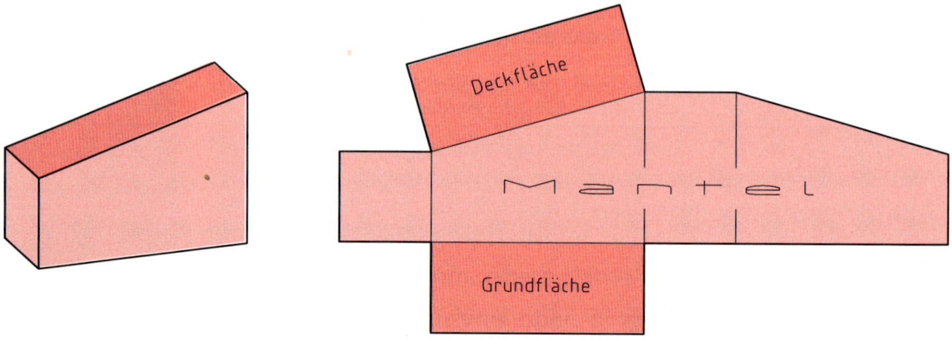

Bild 1

In der Praxis ist es vielfach erforderlich, für die Verbindung an den Nahtstellen des Körpers Zugaben vorzusehen. Das Maß der Zugabe ist abhängig vom Werkstoff, von der Materialstärke, der Art der Verbindung (Falzen, Bördeln, Kleben, Löten, Schweißen), vom Verwendungszweck, von der Beanspruchung usw.

17.1.1 Grundregeln für die Ermittlung einer Abwicklung

- Zum Abwickeln der Körperformen werden jene Ansichten benötigt, aus denen die wahren Größen entnommen oder mit dem Zirkel übertragen werden können. Meist sind dies die Vorderansicht oder die Draufsicht, oft genügt auch nur die Hälfte der Draufsicht.
- Abwicklungen von Körpern mit ebenen Oberflächen sind immer geradlinig begrenzt.
- Bei symmetrischen Werkstücken genügt das Zeichnen der halben Mantelansicht – zur Verdeutlichung wird das Symmetriesinnbild eingetragen.

17.2 Abwicklung prismatischer Werkstücke

Wie bei der Ermittlung von Körperschnitten und Durchdringungen werden immer zuerst die Körper in den erforderlichen Ansichten vorgezeichnet und die Eckpunkte nummeriert. Daher wird im Folgendem nicht näher darauf eingegangen.

Konstruktionsvorgang der Abwicklung:

Zur Konstruktion der Mantelfläche ist es vorteilhaft, die Unterkante der Abwicklung **auf gleicher Höhe** wie die Unterkante der Vorderansicht zu zeichnen. Dadurch können alle Höhenmaße direkt aus der Vorderansicht in die Abwicklung projiziert werden (Bild 1, Seite 319).

Die Länge der Mantelfläche entspricht dem Umfang der Draufsicht und setzt sich im vorliegenden Beispiel aus sechs gleich langen Strecken zusammen. Diese werden mit dem Zirkel von der Draufsicht abgenommen und auf die Mantelbasislinie übertragen. Die senkrechten Biegelinien von diesen Basispunkten ergeben mit den Höhenlinien aus der Vorderansicht Schnittpunkte. Diese sind Eckpunkte der Mantelfläche und werden geradlinig miteinander verbunden.

Zur Ermittlung der wahren Größe der Deckfläche wird diese **parallel zur Schnittebene** (nach oben) in die Zeichenebene gedreht (Punkte 1′ bis 6′). Nun werden auch die auf der Schnittebene liegenden Eckpunkte **im rechten Winkel** zur Schnittebene in die Zeichenfläche projiziert. Durch Übertragen des **Abstandes *a*** aus der Draufsicht ergeben sich zwangsläufig die Eckpunkte der Deckfläche. Die geradlinige Verbindung dieser Punkte zeigt die Deckfläche in ihrer **wahren Größe**.

Zur Vervollständigung der Abwicklung wird die Grundfläche von der Draufsicht an beliebiger Stelle der Unterkante der Mantelfläche übertragen. Ebenso wird die wahre Deckfläche durch Parallelverschieben und Übertragen mit dem Zirkel an entsprechender Stelle der Mantelfläche übertragen.

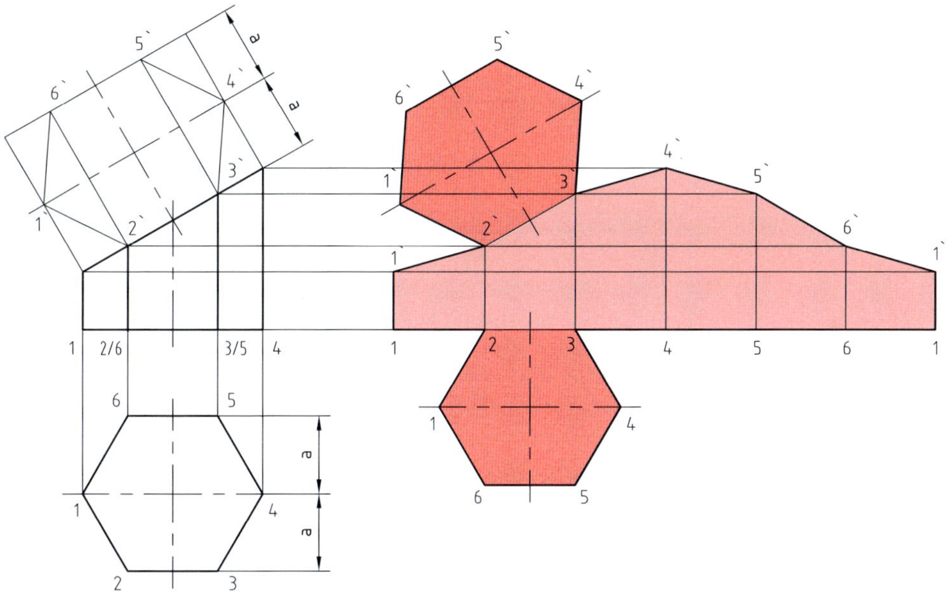

Bild 1

17.3 Abwicklung pyramidenförmiger Werkstücke

Pyramidenförmige Körper können entweder durch Umklappen der Seitenflächen um die Kanten der Grundfläche oder durch Ermittlung der wahren Längen der Seitenkanten abgewickelt werden.

Bei der **Methode durch Umklappen der Seitenflächen** (Bild 1, Seite 320) müssen zuerst Vorderansicht, Draufsicht und Seitenansicht des Körpers gezeichnet werden. Für die Ermittlung der Abwicklung wird zunächst die Grundfläche gezeichnet und die vier Seitenflächen an die entsprechenden Grundflächenkanten angehängt.

Durch die Schrägstellung der Seitenfläche entspricht die **Körperhöhe** in der Vorder- und Seitenansicht **nicht der wahren Länge der Seitenflächenhöhe**. Daher sind zur Ermittlung der tatsächlichen Seitenflächen die **Strecken *e* und *f*** als Seitenflächenhöhe einzusetzen. Die Deckfläche kann an einer beliebige Oberkante der Seitenflächen angehängt werden.

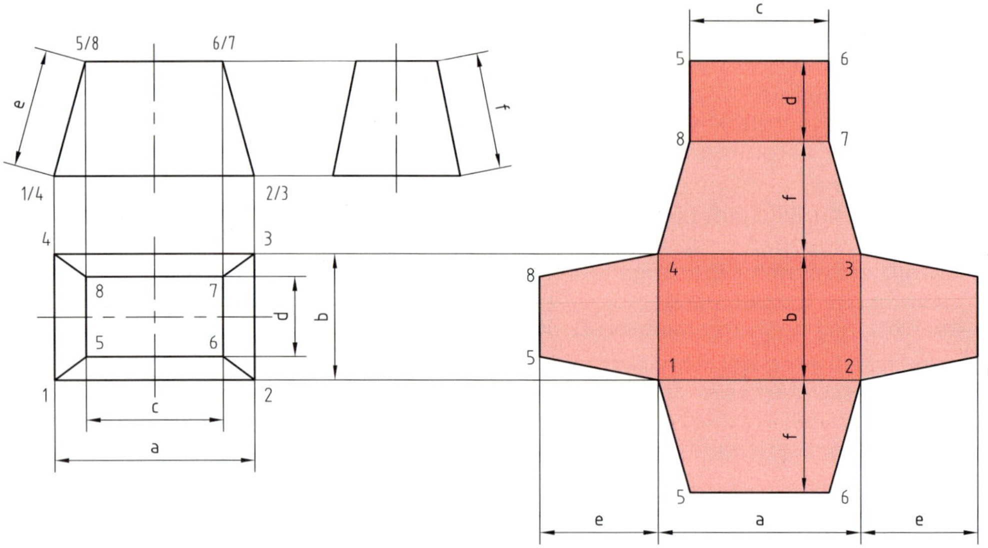

Bild 1

Bei der **Abwicklung mit Hilfe der wahren Länge** einer Seitenkante des Grundkörpers sind nur zwei Ansichten erforderlich (Bild 2). Der Konstruktionsablauf beginnt in der Draufsicht, wobei die Strecke $S-1$ in die Ebene von S gedreht und zur Vorderansicht projiziert wird und an der Basis den Punkt P_1 ergibt. Die Strecke $P_1 - S$ ist die wahre Länge der vier Eckkanten des Grundkörpers (volle Pyramide). Die Strecke $P_1 - P_2$ ist die wahre Länge der **Seitenkanten** des pyramidenförmigen Körpers.

Die Ermittlung der Mantelfläche erfolgt durch Auftragen der Kreisbögen WL_1 und WL_2 mit folgender Übertragung der Basiskanten des Körpers auf den Kreisbogen von WL_1. Die Verbindungslinien dieser abgeschlagenen Punkte mit S ergeben die Seitenflächen, die durch den Kreisbogen WL_2 begrenzt werden. Die Deck- und die Basisfläche werden an beliebiger Stelle angehängt.

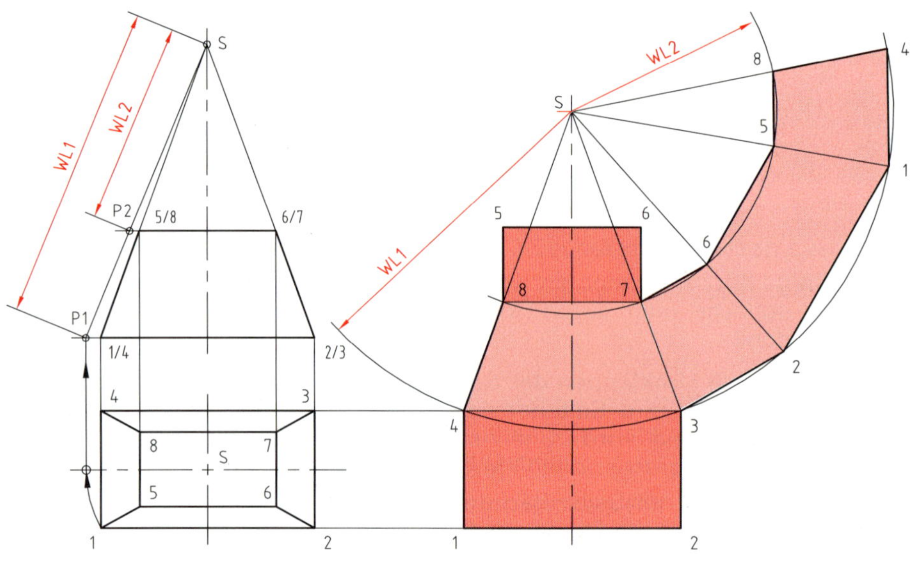

Bild 2

17.4 Abwicklung zylindrischer Werkstücke

Die Abwicklung eines **geraden Zylinders** erfordert keine konstruktive Ermittlung und wird daher nicht gezeichnet. Die Mantelfläche ist ein Rechteck, dessen Länge dem **Mantelumfang** und die Breite der **Höhe des Zylinders** entspricht. Die Deck- und die Grundfläche sind gleich große Kreisflächen.

Der Konstruktionsvorgang bei der Abwicklung eines **schrägen Zylinders** erfolgt grundsätzlich gleich wie beim schrägen Prisma. Der einzige Unterschied liegt in der fehlerhaften Übertragung des Körperumfanges auf die Mantelbasislinie.

Bei **geradlinig begrenzten Körpern** entsprechen die von der Draufsicht auf die Mantelbasislinie übertragenen Körperkanten dem **tatsächlichen Maß des Körperumfanges**.

Bei **runden Formen** sind die übertragenen Einzelstrecken in Wirklichkeit Bögen (übertragen werden aber Geraden). Daher entsprechen die übertragenen Teilstrecken **nicht der tatsächlichen Länge des Körperumfanges**.

Dieser Fehler wird am einfachsten dadurch vermieden, dass man **nicht die Einzelstrecken überträgt,** sondern den **Körperumfang errechnet** und diesen durch Streckenteilung in maßgenaue Einzelstrecken zerlegt (Bild 1).

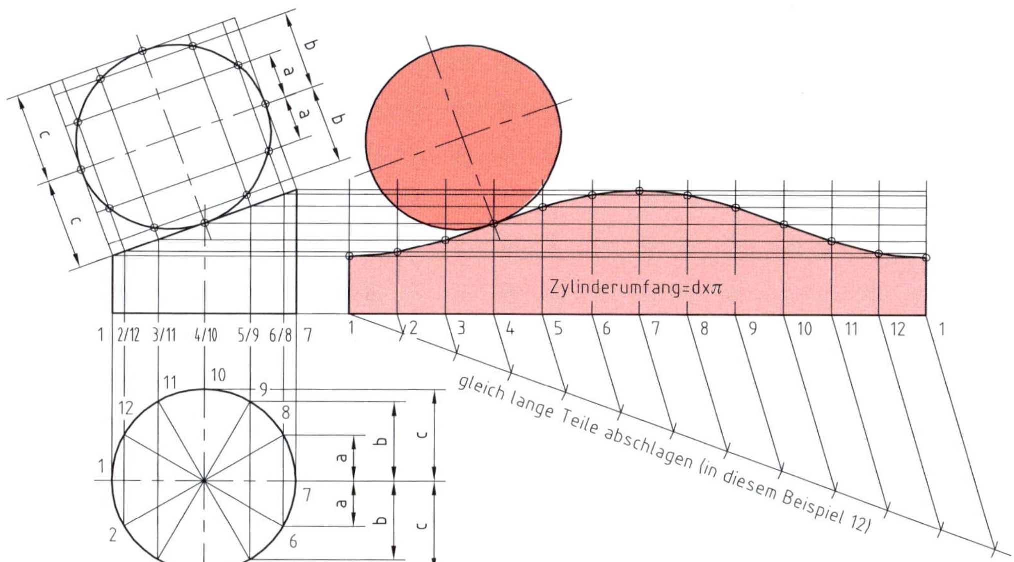

Bild 1

Aus Platzgründen, aber auch um den Zeichenaufwand zu verringern, kann die zweite Mantelhälfte, da sie keine zusätzlichen Einzelheiten zeigt, eingespart werden. Ebenso kann auch auf die Draufsicht verzichtet werden, wenn die halbe Draufsicht entweder in die Vorderansicht oder an die Vorderansicht (siehe ZÜ 17.2) gezeichnet wird.

17.5 Abwicklung kegeliger Werkstücke

Die Abwicklung des Mantels von kegeligen Körpern hat immer die Grundform eines Kreisausschnittes.

Bei **geraden Kegeln** kann auf eine Konstruktion der Abwicklung verzichtet werden, wenn stattdessen der Bogenwinkel des Kreisausschnittes nach der Formel $\boldsymbol{\alpha = 180° \times D : L_1}$ errechnet wird.

Die Abwicklung des **Kegelmantels** ergibt sich somit durch Auftragen des Kreisbogens mit dem Radius L_1 und des Bogenwinkels α.

Die Abwicklung des **Kegelstumpfmantels** ergibt sich ebenso durch Auftragen des Kreisbogens mit dem Radius L_1 und des Bogenwinkels α, wobei jedoch durch Auftragen des Kreisbogens mit dem Radius L_2 der Kreisausschnitt entsprechend beschnitten wird (Bild 1).

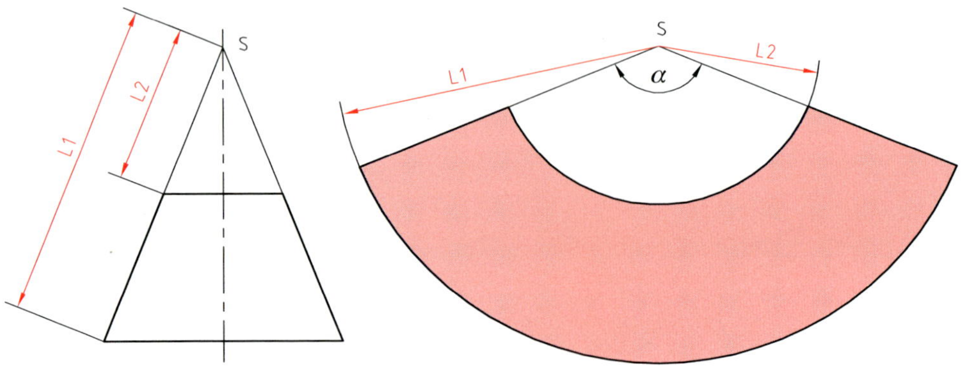

Bild 1

Die Abwicklung des Mantels von schrägen oder schräg geschnittenen Kegeln erfolgt mit Hilfe der Mantellinienkonstruktion.

ZÜ 17 Übungen zu Abwicklungen

Lernziel: *Zeichnen von Abwicklungen eckiger und runder Körper*

ZÜ 17.1 Abwicklung eines Pyramidenstumpfes durch Ermitteln der wahren Kantenlängen

Zeichne auf einem A4-Blatt in Hochformat nach unten stehender Vorlage die Vorderansicht und die Draufsicht eines geraden **Pyramidenstumpfes** mit der Grundfläche 52 × 35 mm und einer Höhe von 35 mm. Die Höhe der vollen Pyramide beträgt 70 mm.

Konstruiere die wahren Längen WL_1 und WL_2 als Basis für die Ermittlung der vier Seitenflächen.

Vervollständige die Abwicklung durch Anfügen der Deckfläche, Kennzeichnung der Eckpunkte und Eintragen der Biegelinien.

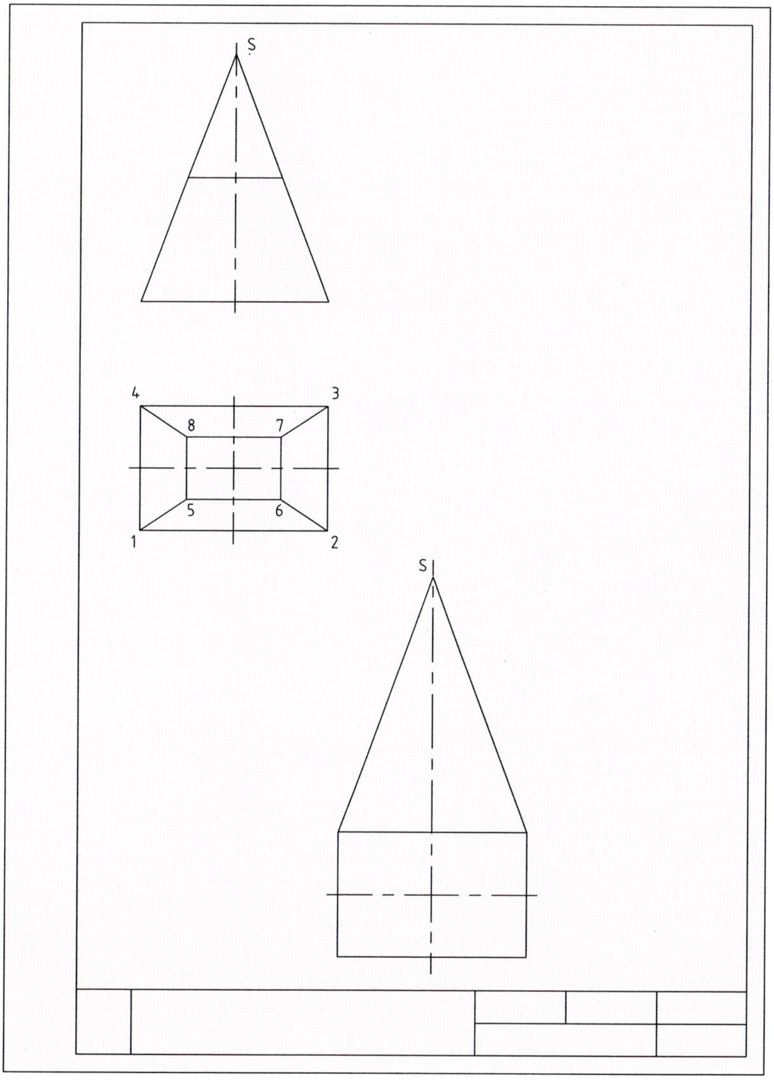

ZÜ 17.2 Abwicklung einer Rohreinzapfung

Zeichne auf einem A4-Blatt in Querformat nach unten stehender Vorlage die Vorderansicht und die Abwicklung einer **Rohreinzapfung** ohne Nahtzugabe. Die Maße der beiden Rohrteile betragen ∅40 × 65 und ∅40 × 45 – an der Mittellinie gemessen.

Der Einlaufwinkel beträgt 60°, wobei sich die beiden Rohrmittellinien in einer Bodenhöhe von 22 mm schneiden.

Eine zweite Ansicht ist nicht erforderlich, wenn die Draufsicht (zur Hälfte) im rechten Winkel **direkt** an die Vorderansicht in die Zeichenebene geklappt wird.

Es ist von Vorteil, wenn die Basislinie des Grundkörpers der Basislinie der Abwicklung entspricht, so dass alle Höhen der Einzapfung in die Abwicklung des Grundkörpers projiziert werden können.

Die Höhen für die Abwicklung der Einzapfung können von der Vorderansicht abgenommen werden.

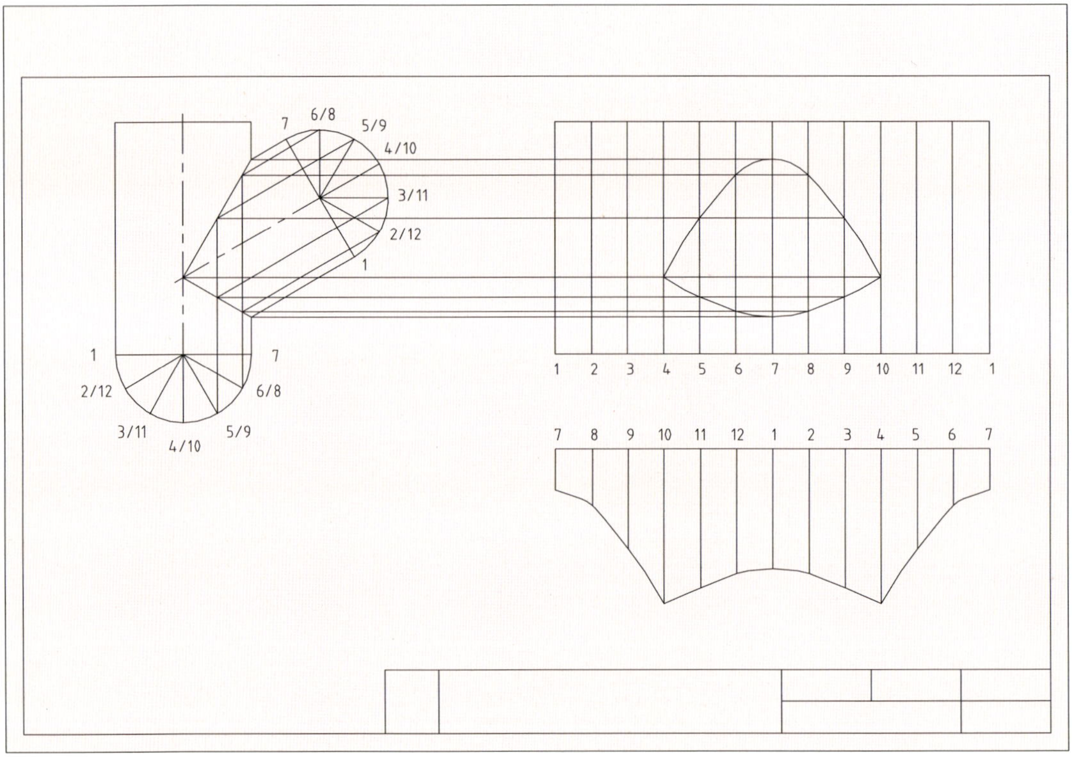

ZÜ 17.3 Darstellung eines Überganges von „eckig" nach „rund"

Zeichne auf einem A4-Blatt in Hochformat nach unten stehender Vorlage die Vorderansicht, die Draufsicht und die Abwicklung eines **Übergangskörpers** mit dem quadratischen Ansatz 50 × 50 × 8 mm auf ∅32 und einer Gesamthöhe von 50 mm. Es ist keine Nahtzugabe vorzusehen.

Konstruiere die wahren **Längen *WL–A*$_1$** (ist auch *WL–A*$_4$) **und *WL–A*$_2$** (ist auch *WL–A*$_3$) als Basis für die Ermittlung der Mantelfläche.

Die Ermittlung der Abwicklung beginnt mit der Darstellung des Dreieckes *A–B–*4.

Durch Abschlagen von *WL–A*$_4$ vom Einsatzpunkt *A* und *B* und Abschlagen der Umfangsteilung von der Draufsicht ergeben sich die Punkte 3 und 5 der Abwicklung usw.
Vervollständige die Abwicklung durch Anfügen der vier Basisteile, Kennzeichnung der Eckpunkte und Eintragen der Biegelinien.

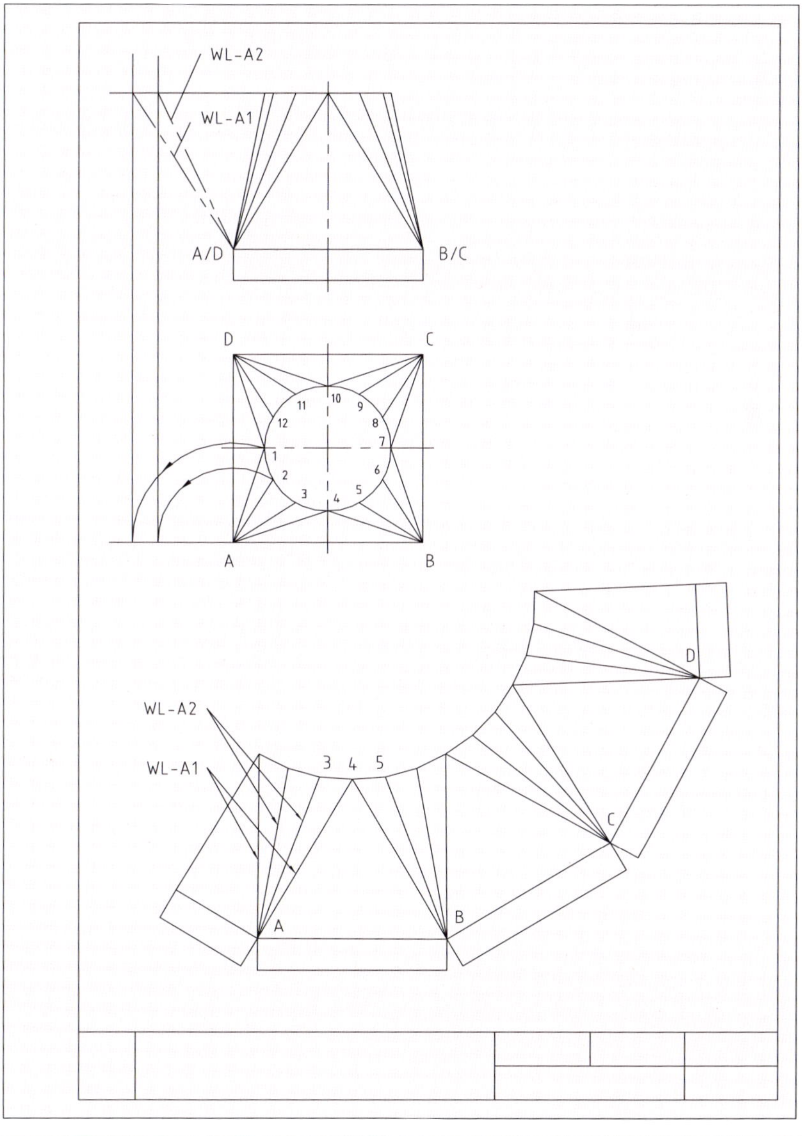

ZÜ 17.4 Abwicklung eines Rohrknies (Teil des Regenrohres)

Zeichne auf einem A4-Blatt in Querformat nach unten stehender Vorlage die Vorderansicht und Abwicklung eines 120° abgewinkelten **Rohrknies** mit ∅40 × 35, ∅40 × 55 und ∅40 × 35 (jeweils an der Mittellinie gemessen).

Eine zweite Ansicht ist nicht erforderlich, wenn die Draufsicht (zur Hälfte) **direkt** an die Vorderansicht gezeichnet wird.

Die Naht der Endteile ist bei Punkt 1, beim mittleren Teil ist die Naht aus technischen Gründen bei Punkt 7.

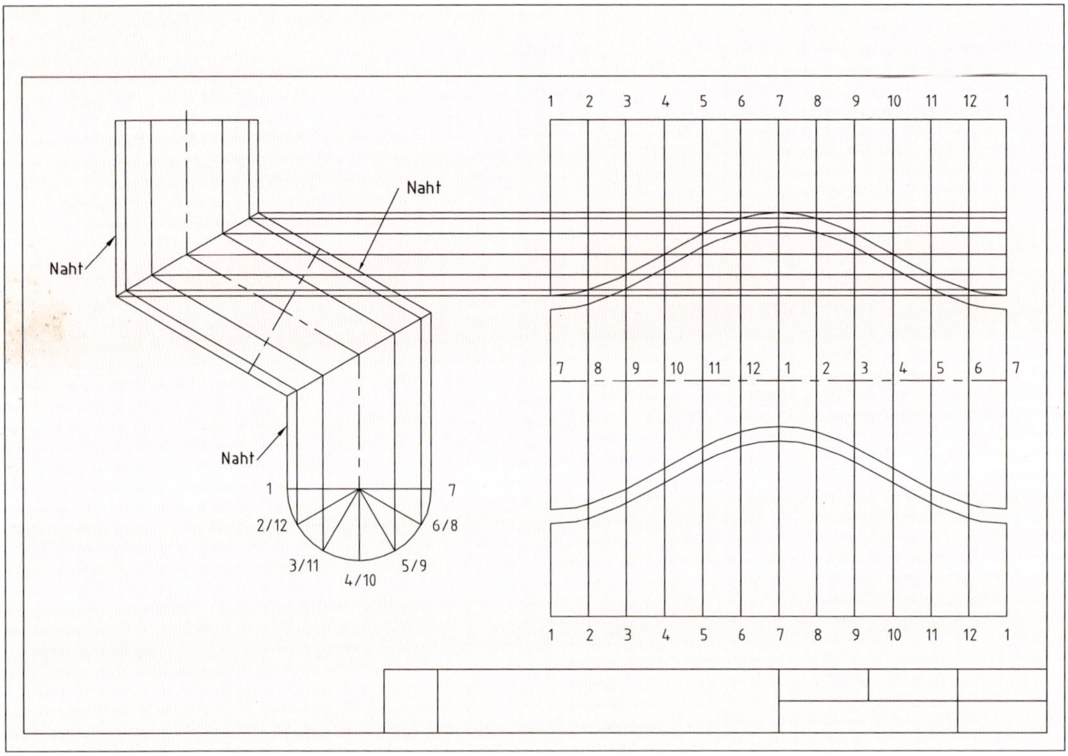

18 Projektarbeiten

Nach den nunmehr erarbeiteten Grundlagen und den entsprechenden Übungen für eine normgerechte Darstellung von technischen Zeichnungen bietet dieser Abschnitt dem Metallbautechniker und angehenden Maschinenbauingenieur erste Möglichkeiten sich mit Entwürfen und einfachen Konstruktionen von Stahlbaugruppen, Spannvorrichtungen sowie Schneid- und Biegewerkzeugen zu beschäftigen.

Um den Lernenden den Zugang zu genannten Themen zu erleichtern, werden diese bewusst aus dem unmittelbaren Berufsalltag gewählt, wobei grundsätzlich die Machbarkeit und Funktionalität, aber auch die Wirtschaftlichkeit, die Verwendung von Normteilen und Werkzeugnormalien sowie die Sicherheit beim Einsatz der projektierten Baugruppen im Vordergrund stehen.

Selbstverständlich können gegebene Hinweise nur Anregungen und Hilfestellung sein und sollen in keiner Weise konstruktive Vorgaben oder Richtlinien zu den Projektaufgaben darstellen.

Die teilweise vorgegebenen Abmessungen und Werkstoffangaben sind ebenfalls beispielhaft zu sehen und sollen helfen, eventuelle Anfangschwierigkeiten beim Entwurf der einzelnen Projektarbeiten zu überwinden.

ZÜ 18.1 Ausdrehapparat

Lernziel: *Entwerfen und Konstruieren eines Ausdrehapparates sowie Erstellen von Zusammenbau- und Fertigungszeichnungen*

Der im Bild 1 (Seite 329) dargestellte Ausdrehapparat zur Aufnahme von Werkzeugen mit 12 mm Schaftdurchmesser setzt sich aus den Bauteilen **Steilkegelschaft** nach ÖNORM ISO 297-A40AT4, **Schlittenaufnahme, Schlitten, Führungsleiste, Spindel** und **Spindelmutter** zusammen. Alle Bauteile sind aus dem Werkstoff **C45** zu fertigen.

Die **Schlittenaufnahme** mit einem Durchmesser von 79 mm und einer Bauhöhe von 63 mm – einschließlich des 25 mm langen Gewindezapfen M28×1,5 – ist im Steilkegelschaft verschraubt und gegen Lösen durch Kleben gesichert. Der zylindrische Grundkörper ist symmetrisch auf eine Breite von 63 mm gefräst.

Die mittig liegende Schwalbenschwanzführung mit einer kleinsten Breite von 33 mm ist 9 mm tief. Der Platzbedarf für den Einbau der Spindel wird durch Fräsung einer zentrischen liegenden rechteckigen Tasche mit 60 × 25 mm und einer Tiefe von 21 mm geschaffen.

Gemessen von der Stirnfläche der Schlittenaufnahme liegt parallel zur Schwalbenschwanzführung in einem Abstand von 21 mm eine Plansenkung mit Durchmesser 22 mm und 1,5 mm Tiefe mit anschließender 16 mm Bohrung für die Lagerung der Spindel.

In halber Höhe der Schwalbenschwanzführung liegen drei Bohrungen M5 mit einem Mittenabstand von 17 mm. Die mittlere Gewindebohrung dient der Aufnahme eines Gewindestiftes zur Fixierung des Schlittens während der Bearbeitungsphase. Die Gewindestifte mit Sicherungsmutter nach ÖNORM EN ISO 4035 in den beiden äußeren Bohrungen drücken auf die Führungsleiste und ermöglichen somit die Einstellung der Passung der Schwalbenschwanzführung.

Der **Schlitten** hat bei einem Durchmesser von 79 mm eine Höhe von 38,5 mm und ist ebenfalls wie die Schlittenaufnahme auf eine Breite von 63 mm gefräst. Die Stirnfläche des Ausdrehapparates hat eine Fase mit 2 × 45°. Die beidseitigen 20°-Abflachungen enden an der Stirnfläche des Ausdrehapparates mit einer Breite von 43 mm.

Die 8,5 mm hohe Schwalbenschwanzführung liegt außermittig, um an einer Seite die 2 mm breite Führungsleiste aufzunehmen.

Die in Richtung Schwalbenschwanzführung liegende Werkzeugaufnahmebohrung hat von der Stirnfläche einen Achsabstand von 14 mm, die drei stirnseitigen Bohrungen einen Achsabstand von jeweils 23 mm. Alle Aufnahmebohrungen sind mit ∅12H6 gefertigt und gratfrei gefast.

Die mittlere der drei Werkzeugaufnahmebohrungen ist um die Kopfhöhe der Mutterbefestigungsschraube tiefer als die beiden anderen.

Zum Klemmen der Werkzeuge werden M8-Gewindestifte mit Innensechskant verwendet. Die **Spindel** hat ein metrisches Feingewinde M10×1. Zur Fixierung gegen axiale Verschiebung ist ein entsprechender Passstift zu verwenden, wobei sich die Lage der Passstiftbohrung aus der Lage der Nut in der Spindel ergibt.

Die **Spindelmutter** mit den Abmessungen 22 × 20 × 25 mm und einer Rundumfasung von 2×30° an der Einbauseite ist mit einer M5-Zylinderschraube mit Innensechskant am Schlitten befestigt.

Zentrisch im Schlitten ist zur Aufnahme der Mutter eine 5 mm tiefe Tasche mit den Abmessungen 22 × 20 mm zu fräsen.

Alle nicht angegebenen Maße können frei gewählt oder einem Tabellenbuch entnommen werden.

Die sechs Gewindestifte des Ausdrehapparates sind in der Darstellung nach Bild 1 (Seite 329) zeichnerisch vernachlässigt.

Aufgaben:
Erstelle die Zusammenbauzeichnung des Ausdrehapparates mit übersichtlichen Positionsnummern, mit Schriftfeld, vollständig ausgefüllter Stückliste und allen für die Funktion des Ausdrehapparates erforderlichen Details.

Erstelle die Fertigungszeichnungen der Einzelpositionen mit allen für ihre Herstellung erforderlichen Maßen und sonstigen Angaben.

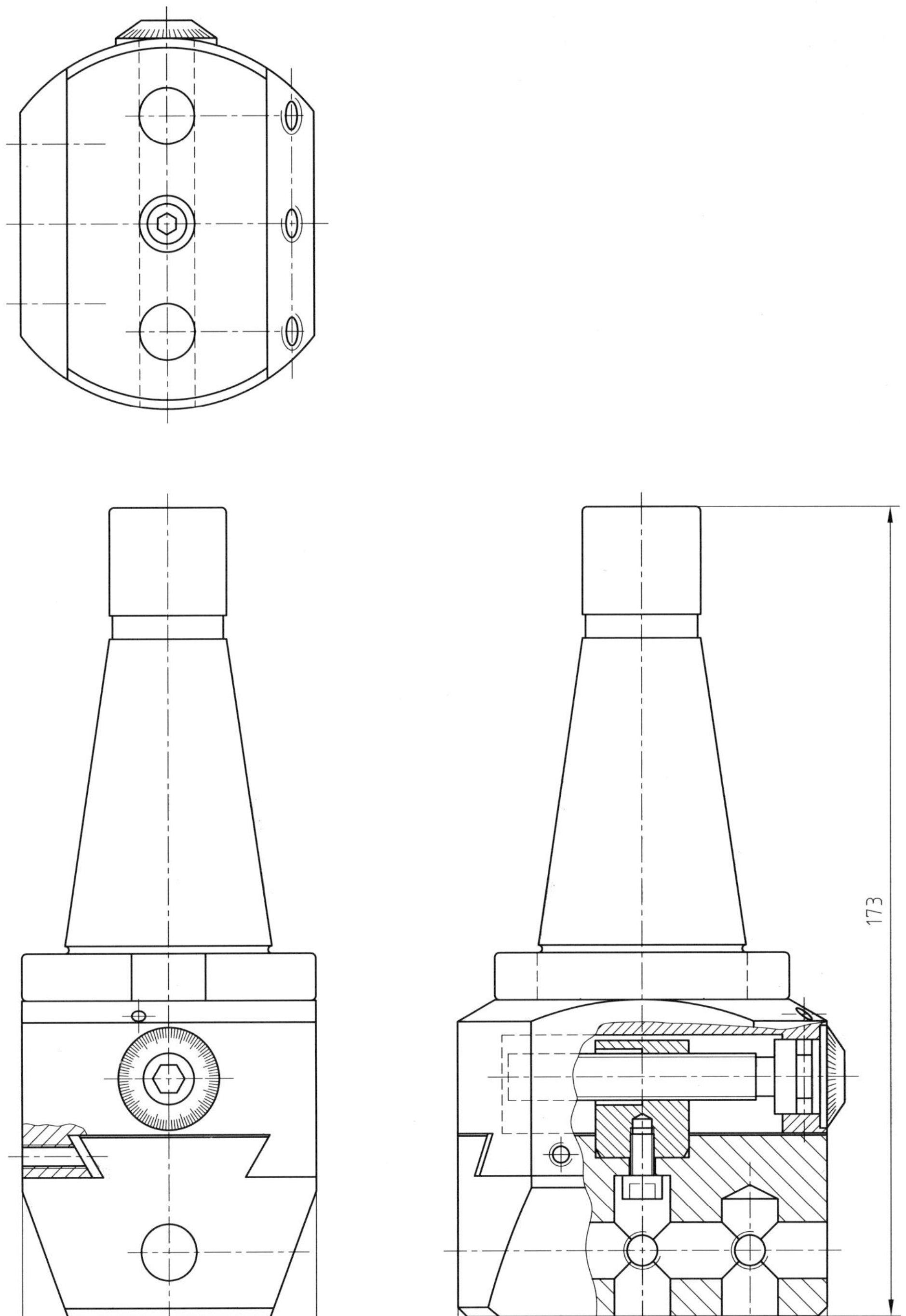

Bild 1

ZÜ 18.2 Zufuhrrollenbahn

Lernziel: *Entwerfen und Konstruieren einer Zufuhrrollenbahn sowie Erstellen von Zusammenbau- und Fertigungszeichnungen*

Zur Bearbeitung von längeren Metallprofilen soll für eine Standkreissäge eine Zufuhrrollenbahn konstruiert werden. Die Tischhöhe der Metallkreissäge beträgt 950 mm.

Die Zufuhrrollenbahn setzt sich aus den Baueinheiten **Rollenbahn** und den beiden **Standfüßen** zusammen (Bild 1).

Die **Rollenbahn** hat eine Länge von 1640 mm, eine Breite von 370 mm und sieben kugelgelagerte Laufrollen. Für die Laufrollen und zur Aufnahme der Kugellager (Bild 3, Seite 331) wird ein Stahlrohr ∅60,3×5 verwendet. Die erste bzw. letzte Rolle hat einen Randabstand von 70 mm, die anderen sind gleichmäßig auf die verbleibende Länge verteilt.

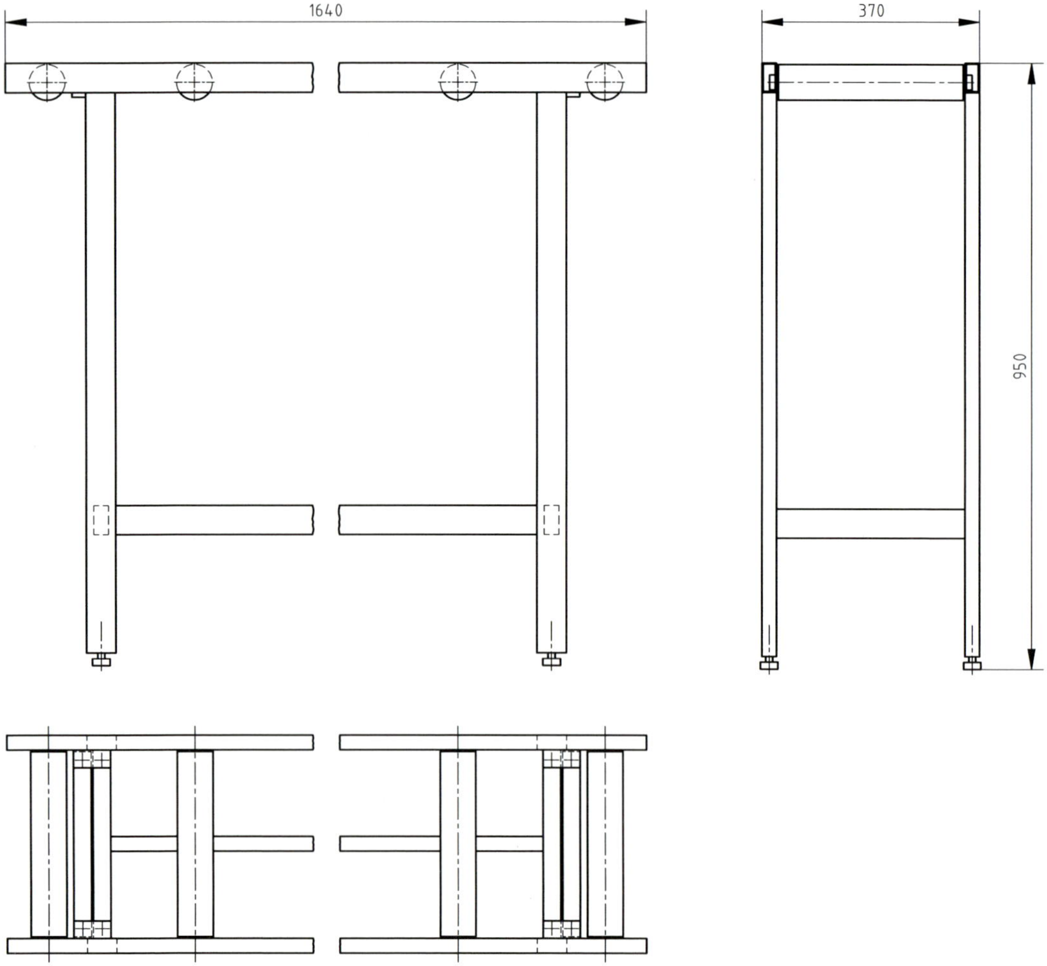

Bild 1

Die beiden seitlichen Formrohre haben das Profilmaß 50×25×2 und werden durch zwei Verbindungsstreben aus Flachstahl 30×8 miteinander verschraubt. Dazu erhält jedes der beiden Formrohre zwei unten bündig angeschweißte Laschen (Bild 2) mit je einer Bohrung für die Verbindungsstreben und einer zur Befestigung der Standfüße.

Die beiden **Standfüße** bestehen aus je zwei Formrohren 50×25×2, die in **Bodennähe** mit einer hochgestellten Querstrebe gleicher Dimension und **oben bündig** mit einem 320 mm langem Flachstahl 30×8 miteinander verschweißt sind. Die Standfüße sollen ca. 50 mm höhenverstellbar sein. Die Verschraubung der Standfüße mit der Rollenbahn erfolgt an den Laschen der Rollenbahnformrohre direkt neben den beiden Verbindungsstreben der Rollenbahn (Bild 2).

Zur Erhöhung der Standfestigkeit sind die beiden Standfüße in Längsrichtung der Zufuhrrollenbahn durch Verschrauben eines hochgestellten Profilrohres 50×25×2 von Querstrebe zu Querstrebe zu versteifen.

Sämtliche Verbindungen erfolgen mit M10-Sechskantschrauben.

Alle nicht angegebenen Maße können frei gewählt oder einem Tabellenbuch entnommen werden.

Aufgaben:
Erstelle die Zusammenbauzeichnung der Zufuhrrollenbahn mit übersichtlichen Positionsnummern, mit Schriftfeld, vollständig ausgefüllter Stückliste und allen für die Funktion der Zufuhrrollenbahn erforderlichen Details.

Erstelle die Fertigungszeichnungen der Einzelpositionen mit allen für ihre Herstellung erforderlichen Maßen und sonstigen Angaben.

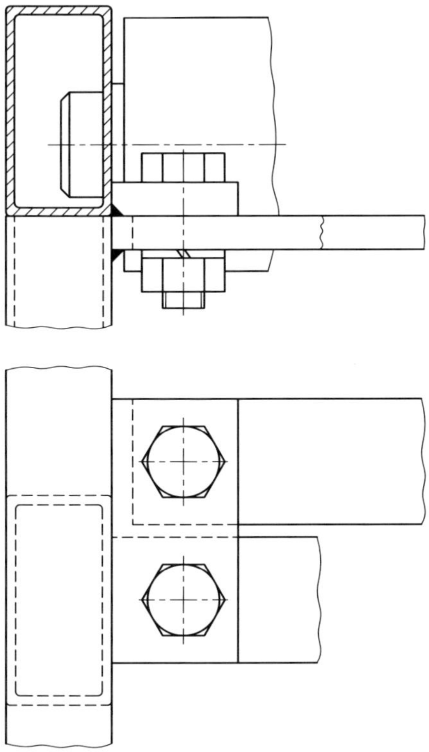

Bild 2

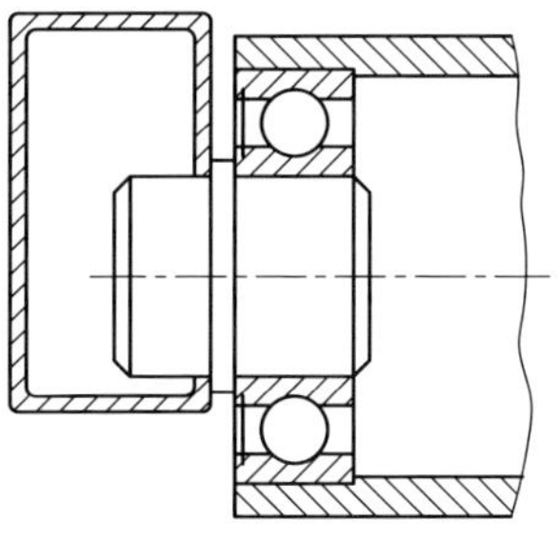

Bild 3

ZÜ 18.3 Spannvorrichtung

Lernziel: *Entwerfen und Konstruieren einer Spannvorrichtung sowie Erstellen von Zusammenbau- und Fertigungszeichnungen*

Auf einer CNC-Maschine sollen die fünf Bohrungen des **Zylinderdeckels** aus der **ZÜ 8.1B** gefertigt werden. Hierfür ist eine **Spannvorrichtung** nach Bild 1 (Seite 333) zu konstruieren. Dabei ist durch Einbau von Spannstiften Vorsorge zu treffen, dass die Bearbeitungsrichtung nur von der Deckelinnenseite erfolgen kann.

Durch Drehen des Exzenters sollen beide Zylinderdeckel mit der Spannleiste an die jeweils zwei **Haltestifte** gedrückt werden, um eine Dreipunktzentrierung zu garantieren. Nach dem Lösen des Hebels drücken die zwei Schraubenfedern die Spannleiste wieder in die Ausgangslage zurück.

Zur Befestigung der Vorrichtung hat die **Grundplatte** aus dem Werkstoff **S235JR** und der Größe 260 × 150 × 12 mm zwei mit Innensechskantschrauben M8×16 gefügte Auflageleisten mit den Maßen 150 × 32 × 20 mm, die zur Hälfte nach außen vorstehen und somit durch Spanner am Maschinentisch festgehalten werden können.

Die beiden großen Bohrungen in der Grundplatte müssen das Freibohren der Zylinderdeckelbohrungen gewährleisten.

Die zwei zylindrischen Schraubenfedern 1×8×40,5 werden einerseits von einem mit der Grundplatte verschraubten 12 mm hohen **Federhalter** und andererseits von der Spannleiste mit den Maßen 176 × 27 × 12 mm aufgenommen.

Die **Spannleiste** – mit dem Profil nach Bild 2 (Seite 333) – ist an der Grundplatte so zu verschrauben, dass ein Verschiebeweg von 4 mm in Richtung der Federn gewährleistet ist.

Der **Exzenterbolzen** ist in der Grundplatte gelagert und wird in axialer Richtung mit Bewegungsspiel gesichert. Der Exzenter am Bolzen muss bei einer Vierteldrehung die Spannleiste um ca. 3 mm in Richtung Zylinderdeckel bewegen. Die Drehung des Exzenterbolzens erfolgt mit einem Kegelgriff nach DIN 99-L125, der mit dem Bolzen durch einen Spannstift fixiert ist.

Alle nicht angegebenen Maße können frei gewählt oder einem Tabellenbuch entnommen werden.

Aufgaben:
Erstelle die Zusammenbauzeichnung der Spannvorrichtung mit übersichtlichen Positionsnummern, mit Schriftfeld, vollständig ausgefüllter Stückliste und allen für die Funktion der Spannvorrichtung erforderlichen Details.

Erstelle die Fertigungszeichnungen der Einzelpositionen mit allen für ihre Herstellung erforderlichen Maßen und sonstigen Angaben.

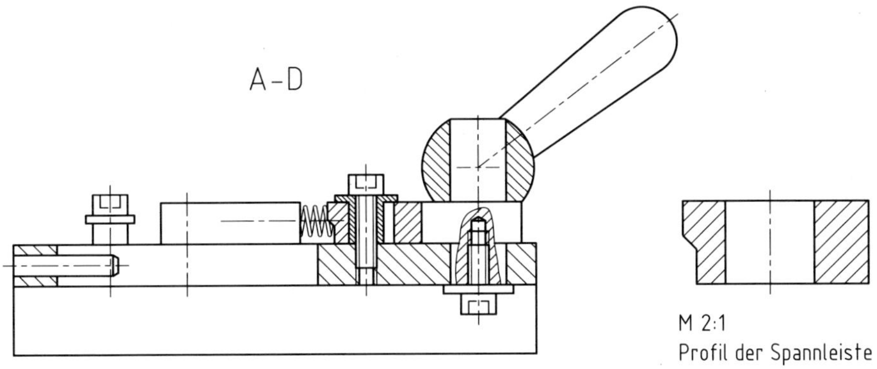

Bild 2

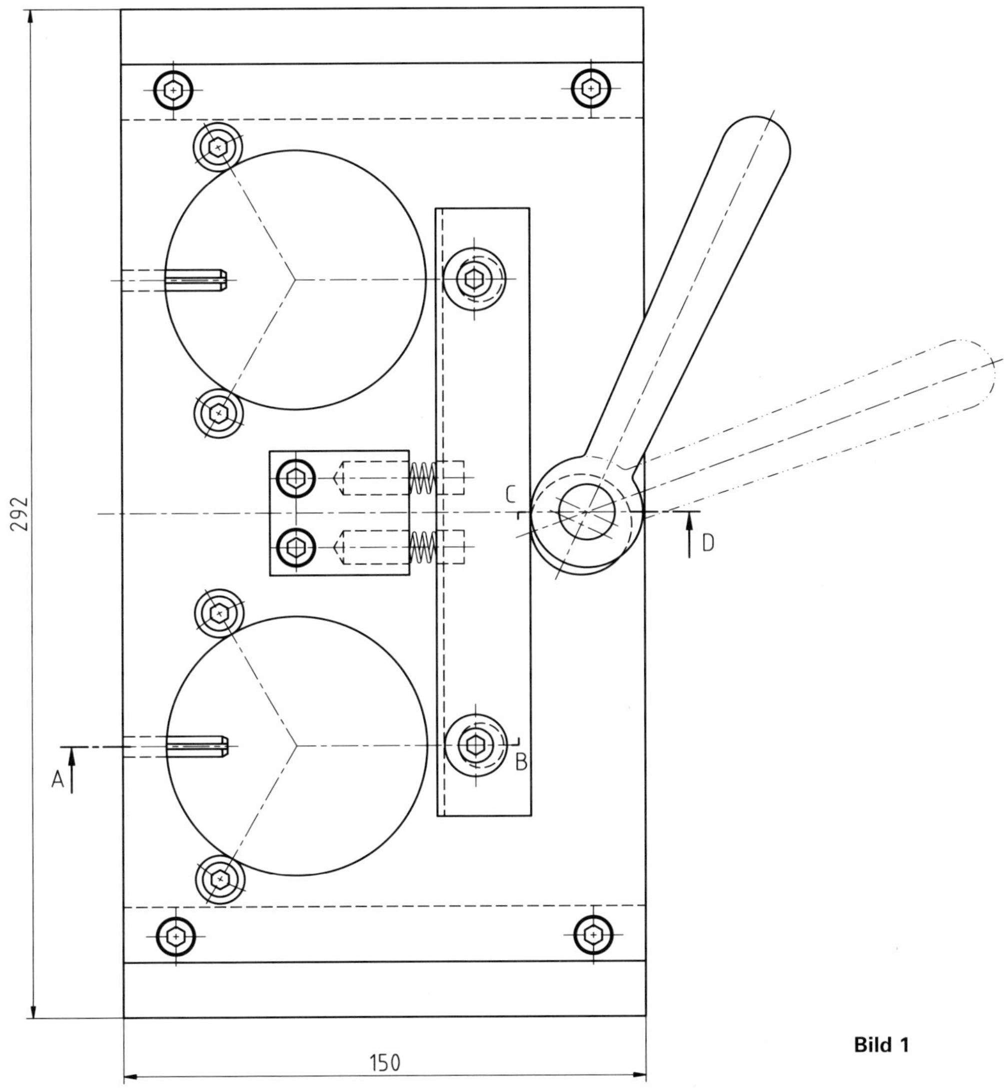

Bild 1

ZÜ 18.4 Wandschwenkkran

Lernziel: *Entwerfen und Konstruieren eines Wandschwenkkranes sowie Erstellen von Zusammenbau- und Werkstattzeichnungen*

Der **Wandschwenkkran** für die Kranlaufkatze nach **ZÜ 13.1** soll bei einer Schwenkarmlänge von 2800 mm für eine maximale Last von 10 kN ausgelegt werden.

Der Kran besteht aus den Baugruppen **Schwenkarm**, **Wandkonsole** und **Gleitlagerung**.

Der Schwenkarm (Bild 1) setzt sich aus einem Formrohr 100×100×6, einem I-Träger ÖNORM EN 10024-120-S235JR zur Aufnahme der Laufkatze und einem Zugstab mit den Maßen 50×12, der am I-Träger und zusätzlich am Formrohr verschweißt wird, zusammen. Am Ende des I-Profils verhindern Laufkatzenstopper aus Winkelstahl L-30×20×3 das Ausfahren der Laufkatze.

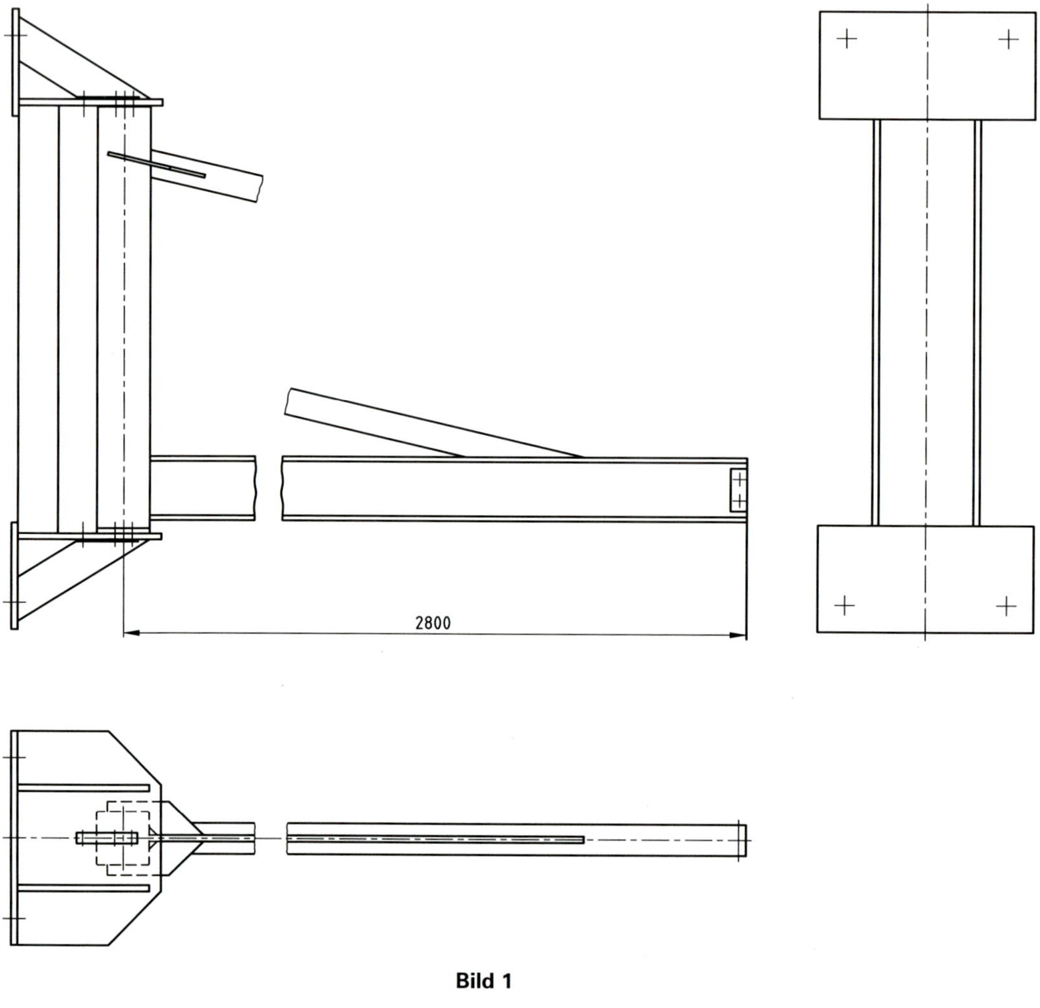

Bild 1

Die **Wandkonsole** ist als Schweißkonstruktion auszuführen, wobei der obere mit dem unteren Wandwinkel durch ein 800 mm langes U-Profil ÖNORM EN 10279-U200-S235JR verbunden ist. Die 12 mm starken Wandplatten mit 400 × 200 mm werden durch Kehlnähte mit den um 20 mm eingerückten Trägerplatten von 400 × 270 mm verschweißt. Die Stabilität der Wandkonsole wird durch zwei Steifen erhöht. Die Befestigungsbohrungen mit ∅30 haben einen Lochabstand von 1060 × 300 mm.

Die obere und untere **Gleitlagerung** (Bild 2) erfolgt durch Gleitlagerbuchsen nach DIN ISO 4379-C65×70×60Y-CuSn8P, die in Stahlbuchsen mit Bund eingepresst sind. Die Stahlbuchsen werden mit dem Formrohr verschweißt. Die Lagerzapfen mit den Maßen ∅65×80 aus blankem Rundstahl werden mit einem Bolzenhalter aus Flachstahl 20×4, der mit der Trägerplatte verschraubt ist, gegen Verdrehung gesichert.

Schraubensicherungen sind **unbedingt erforderlich**!

Die Axialkräfte werden von der unteren Gleitlagerung durch eine 5 mm dicke Anlaufscheibe aus dem Werkstoff **CuZn31Si1** aufgenommen.

Alle nicht angegebenen Maße können frei gewählt oder einem Tabellenbuch entnommen werden.

Aufgaben:
Erstelle die Zusammenbauzeichnung des Wandschwenkkranes mit übersichtlichen Positionsnummern, mit Schriftfeld, vollständig ausgefüllter Stückliste und allen für die Funktion des Wandschwenkkranes erforderlichen Details.

Erstelle die Fertigungszeichnungen der Einzelpositionen mit allen für ihre Herstellung erforderlichen Maßen und sonstigen Angaben.

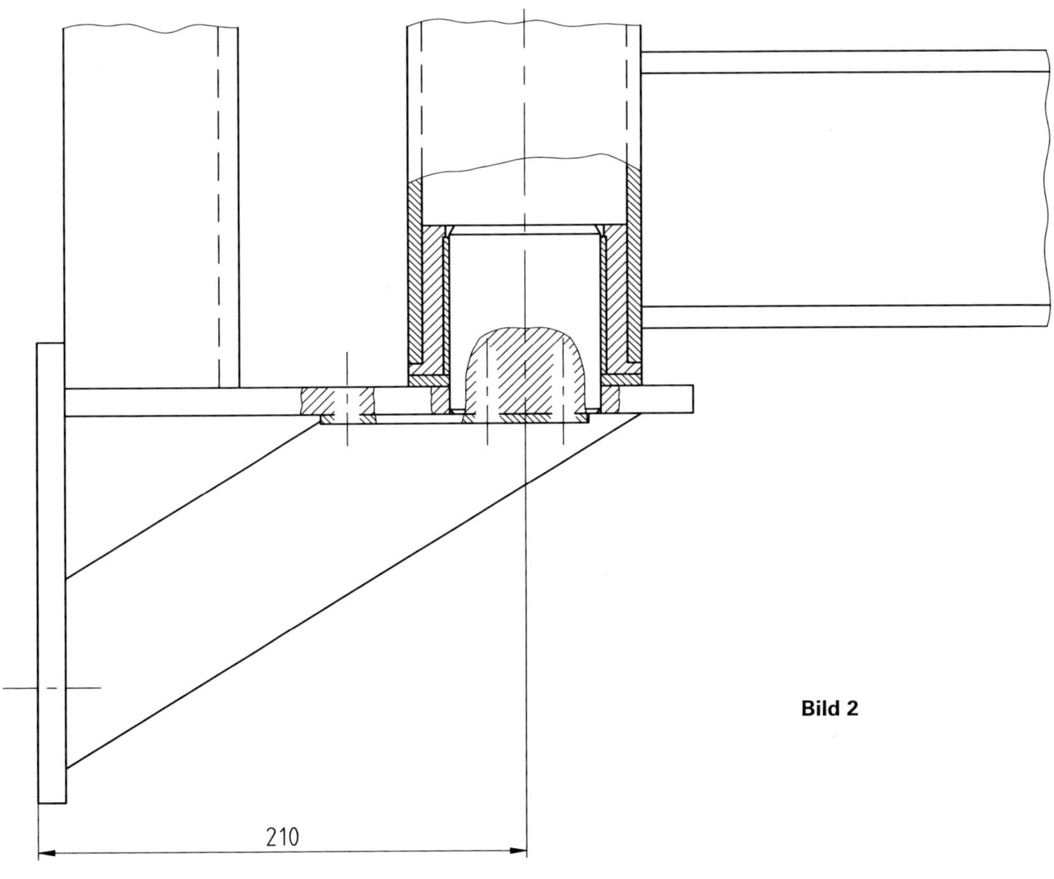

Bild 2

ZÜ 18.5 Folgeschneidwerkzeug

Lernziel: *Entwerfen und Konstruieren eines Folgeschneidwerkzeuges sowie Erstellen von Zusammenbau- und Fertigungszeichnungen*

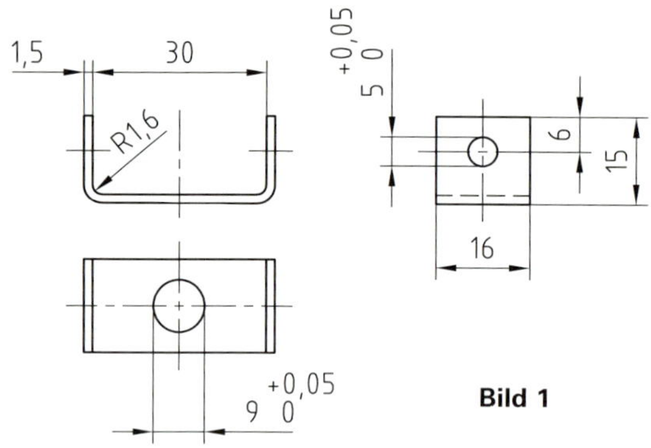

Bild 1

Zur Befestigung von Deckenelementen sind **Haltebügel** aus dem Werkstoff **S275JR** nach Bild 1 zu fertigen.
Die Herstellung der Bügel erfolgt aus einem Endlosband, wobei in einem **Folgeschneidwerkzeug** die Anfertigung der Platine sowie die Streifenzerkleinerung und mit einem **Biegewerkzeug** (ZÜ 18.6) die Abkantung der Platine erfolgt.
Der Aufbau des **Folgeschneidwerkzeuges** mit Stempelführungsplatte ist in Bild 2 (Seite 337) ersichtlich.

Die **Kopfplatte** mit den Abmessungen 122 × 98 × 24 mm und dem Werkstoff **E295** hat ein Gewinde M20×1,5 zur Aufnahme des Einspannzapfens mit einem Zapfendurchmesser von 32 mm nach DIN ISO 10242-1.

Die **Druckplatte** ist 4 mm dick, aus dem Werkstoff **C45+H**, gehärtet und angelassen auf 60 + 4 HRC.

Die **Stempelführungsplatte** mit eingefräster **Öltasche** zur Schmierung der Stempel und die **Stempelhalteplatte** haben eine Höhe von 19 mm und sind aus dem Werkstoff **C45**.

Die **Zwischenlage** ist 2,5 mm dick, aus dem Werkstoff **E295** und hat an der Einlaufseite des Endlosstreifens ein verschraubtes Einlaufblech.

Die **Schneidplatte** aus dem Werkstoff **X100CrMoV5** hat die Abmessungen 98 × 98 × 19 mm, ist gehärtet und angelassen auf 60 + 4 HRC.

Die **Grundplatte** ist aus dem Werkstoff **E295** und misst 138 × 98 × 19 mm.

Konstruktiv ist zu beachten, dass der Einspannzapfen, die zwei Lochstempel und die beiden Suchstifte als Werkzeugnormalien zugekauft werden können. Die Aufnahme der Lochstempel und der Suchstifte in der Stempelhalteplatte erfolgt durch eine 60°-Senkung.

Der Umgrenzungsstempel und der Streifenzerkleinerer (erleichtert die Entsorgung des Reststreifens) werden an der Druckplatte mittels Zylinderschrauben mit Innensechskant verschraubt. Als Schraubenkopfsenkungen hiefür dienen Durchgangsbohrungen in der Kopfplatte.

Der Umgrenzungsstempel mit zwei gefederten Auswerfern wird mit M10-Schrauben festgehalten (Detail Z, Seite 337). Die Kopf-, Druck- und Stempelhalteplatten sind mit vier M6-Schrauben verbunden, die Stempelführungsplatte, Zwischenlage, Schneid- und Grundplatte werden durch vier Passstifte geführt und ebenfalls mit vier Schrauben zusammengehalten.

Alle nicht angegebenen Maße können frei gewählt oder einem Tabellenbuch entnommen werden.

Ablauf des Folgeschnittes:

In der ersten Station des Folgeschnittes werden die drei Bohrungen gefertigt, anschließend zentrieren zwei Suchstifte den durch eine Vorschubeinheit transportierten Schnittstreifen, dann erfolgt der Umgrenzungsschnitt und letztlich die Streifenzerkleinerung.

Die Platine sowie die Anordnung der Stempel und Suchstifte sind aus dem Streifenbild ersichtlich (Bild 3, Seite 337).

Aufgaben:

Erstelle die Zusammenbauzeichnung des Folgeschneidwerkzeuges mit übersichtlichen Positionsnummern, mit Schriftfeld, vollständig ausgefüllter Stückliste und allen für die Funktion des Folgeschneidwerkzeuges erforderlichen Details.

Erstelle die Fertigungszeichnungen der Einzelpositionen mit allen für ihre Herstellung erforderlichen Maßen und sonstigen Angaben.

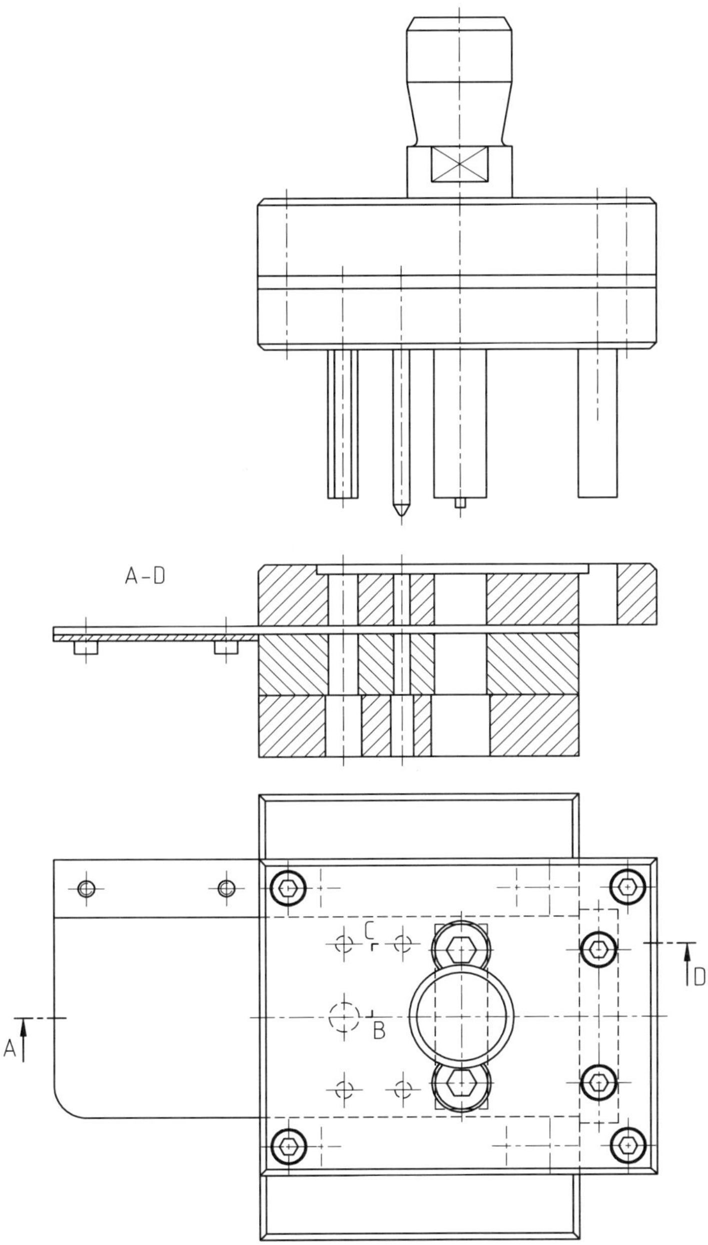

Bild 2

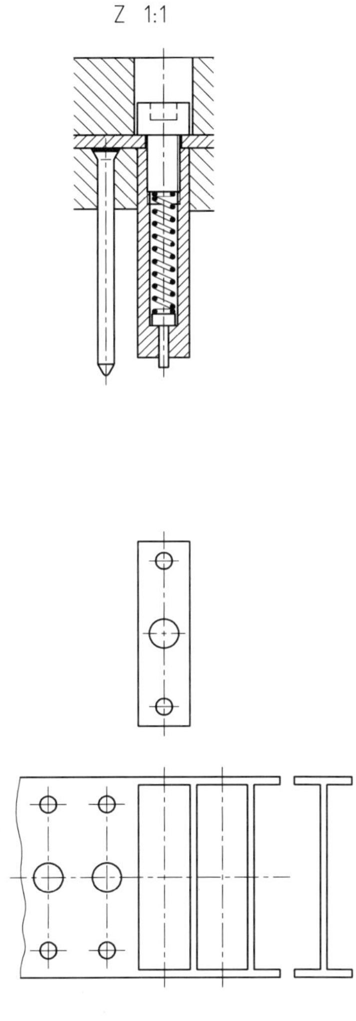

Bild 3

ZÜ 18.6 Biegewerkzeug

Lernziel: *Entwerfen und Konstruieren eines Biegewerkzeuges sowie Erstellen von Zusammenbau- und Fertigungszeichnungen*

Die mit einem Folgeschneidwerkzeug gestanzte Platine soll zum Haltebügel nach Bild 1 der ZÜ 18.5 gebogen werden. Dazu ist eine einfache Biegevorrichtung zu konstruieren, die den zwischen den Zentrierblechen eingelegten Ausschnitt nach dem Biegevorgang sowohl aus dem Biegebacken als auch aus dem Biegestempel mittels Auswerfer frei drückt.

Der Aufbau der Biegevorrichtung ist in Bild 1 (Seite 339) ersichtlich.

Die **Grundplatte** des Biegewerkzeuges aus dem Werkstoff **S235JR** mit den Abmessungen 104 × 58 × 18 mm ist mit dem Biegebacken aus dem Werkstoff **X42Cr13** diagonal verschraubt und verstiftet.
Der **Biegebacken** aus dem Werkstoff **X42Cr13** und den Abmessungen 78 × 48 × 32 mm hat zur Aufnahme der nach oben drückenden, gefederten Auswerferplatte eine 33 mm breite und 15 mm tiefe Ausnehmung. Die Einziehkanten sind mit *R* 1 abzurunden und zu polieren.
Die beiden Zentrierbleche zur Aufnahme der Platine sind aus dem Werkstoff **S235JR** und werden mit Senkschrauben am Biegebacken verschraubt.
Die beiden Schraubenfedern 1×8×28,5 drücken die 10 mm dicke Auswerferplatte nach oben und werden dabei von Zylinderschrauben mit Innensechskant geführt und im Federweg begrenzt.

Der **Biegestempel** aus dem Werkstoff **X42Cr13** mit den Abmessungen 48 × 30 × 40 mm ist an der Biegekante mit *R* 1,6 abzurunden. Die Ausnehmung zur Aufnahme der nach unten drückenden Abdruckplatte ist 18 mm breit und 15 mm tief.
Der Einspannzapfen mit Durchmesser 20 mm nach DIN ISO 10242-1 und einem Gewinde von M16×1,5 ist mit dem Biegestempel verschraubt. Der Federweg der im Zentrum liegenden Schraubenfeder 1×12,5×24 wird von den zwei Zylinderschrauben mit Innensechskant begrenzt.
Der Biegebacken und der Biegestempel werden auf 59 + 4 HRC gehärtet und angelassen.

Alle nicht angegebenen Maße können frei gewählt oder einem Tabellenbuch entnommen werden.

Aufgaben:

Erstelle die Zusammenbauzeichnung des Biegewerkzeuges mit übersichtlichen Positionsnummern, mit Schriftfeld, vollständig ausgefüllter Stückliste und allen für die Funktion des Biegewerkzeuges erforderlichen Details. Erstelle die Fertigungszeichnungen der Einzelpositionen mit allen für ihre Herstellung erforderlichen Maßen und sonstigen Angaben.

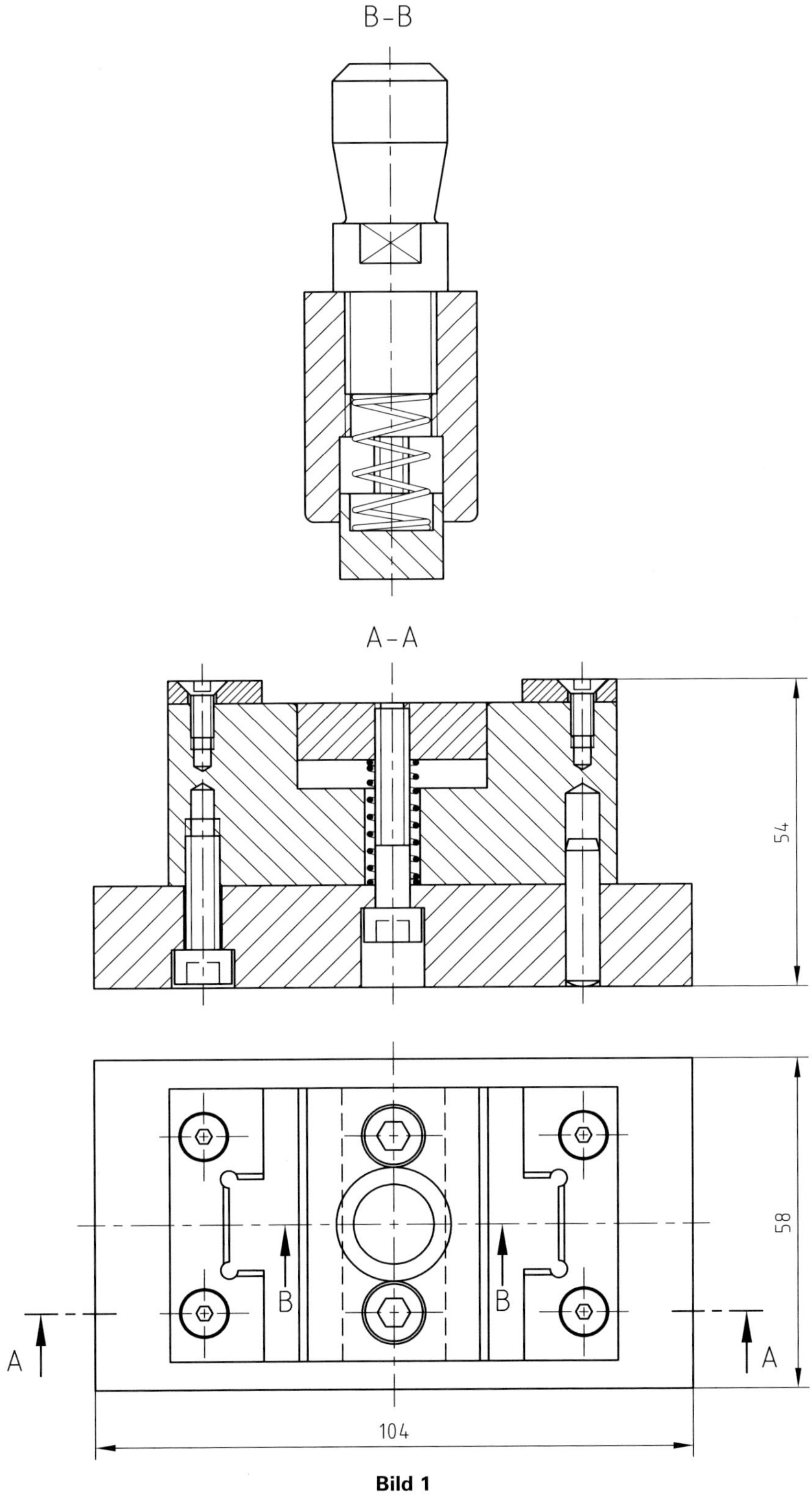

Bild 1

ZÜ 18.7 Gitterrosttreppe mit Podest

Lernziel: *Entwerfen und Konstruieren einer Gitterrosttreppe mit Podest sowie Erstellen von Zusammenbau- und Werkstattzeichnungen*

Vom Notausgang im Hinterhof eines Lagerhauses soll eine verzinkte **Gitterrosttreppe** mit Podest (Bild 1, Seite 341) für den Abgang auf den 0,9 m tiefer liegenden Betonboden gefertigt werden.

Bei der Konstruktion der Treppe sind die Vorschriften der zutreffenden Bauordnung bezüglich Geländerhöhe und Geländeröffnungen usw. zu beachten!

Die Treppe setzt sich aus den Bauteilen **Treppenwange**, zwei **Geländerabschnitte**, vier **Steher**, vier **Normtreppenroste** und einem **Maßgitterrost** zusammen. Als Auflage der Treppe dienen die vier Steher unterhalb der Podestfläche und die beiden Enden der Treppenwangen.

Die **Treppenwangen** werden aus kaltgeformtem Stahlleichtprofil U-65/160/65/6 nach ÖNORM EN 10162 aus dem Werkstoff **S235JR** gefertigt und verschweißt.

Die beiden **Geländerabschnitte** haben eine Bauhöhe von 100 cm und sind dem einfachen Zweck der Treppe entsprechend nur mit einem Untergurt aus Profilrohr 40×20×2, senkrechten Gitterstäben aus Flachstahl 30×6 und einem Handlauf mit Flachstahl 40×10 auszuführen. Die zwei Geländerabschnitte werden an der rechten vorderen Podestecke durch Blindnietmuttern mit 90°-Senkung gefügt.

Die **Steher** bestehen jeweils aus einer 8 mm dicken Grundplatte die im Betonfundament verschraubt wird, dem tragenden Profilrohr 60×60×4 und einer Deckplatte zur Verschraubung mit der Treppenwange.

Als Treppenstufen sind **Normtreppenroste** mit DIN-Lochung (Bild 2, Seite 341) und den Außenmaßen 270 × 1000 × 30 mm, Maschenweite 31×31, Tragstabstärke 2 mm in rutschhemmender Riffelung vorzusehen. Der Stufenauftritt soll 270 mm betragen.

Das **Podest** mit Maßgitterrost 1200 × 990 × 30 mm, in sonst gleicher Ausführung wie die Stufen, liegt in einem mit der Wange verschweißten gleichschenkeligen Winkelstahlrahmen nach ÖNORM EN 10056-30×30 aus S235JO.

Die Normtreppenroste und der Podestrost werden zugekauft.

Alle Bauteile werden verzinkt, daher muss die Konstruktion der Steher und des Geländers im Hohlprofilbereich verzinkungsgerecht, das heißt mit Entlüftungsbohrungen ausgeführt werden. Für den Transport und die Verzinkung der Wange ist im Bereich der Auftrittsstufe eine Querverbindung erforderlich.

Die Verschraubungen an der Wange sind mit M12-Sechskantschrauben auszuführen.

Alle nicht angegebenen Maße können frei gewählt oder einem Tabellenbuch entnommen werden.

Aufgaben:

Erstelle die Zusammenbauzeichnung der Gitterrosttreppe mit übersichtlichen Positionsnummern, mit Schriftfeld, vollständig ausgefüllter Stückliste und allen für die Funktion der Gitterrosttreppe mit Podest erforderlichen Details.

Erstelle die Fertigungszeichnungen der Einzelpositionen mit allen für ihre Herstellung erforderlichen Maßen und sonstigen Angaben.

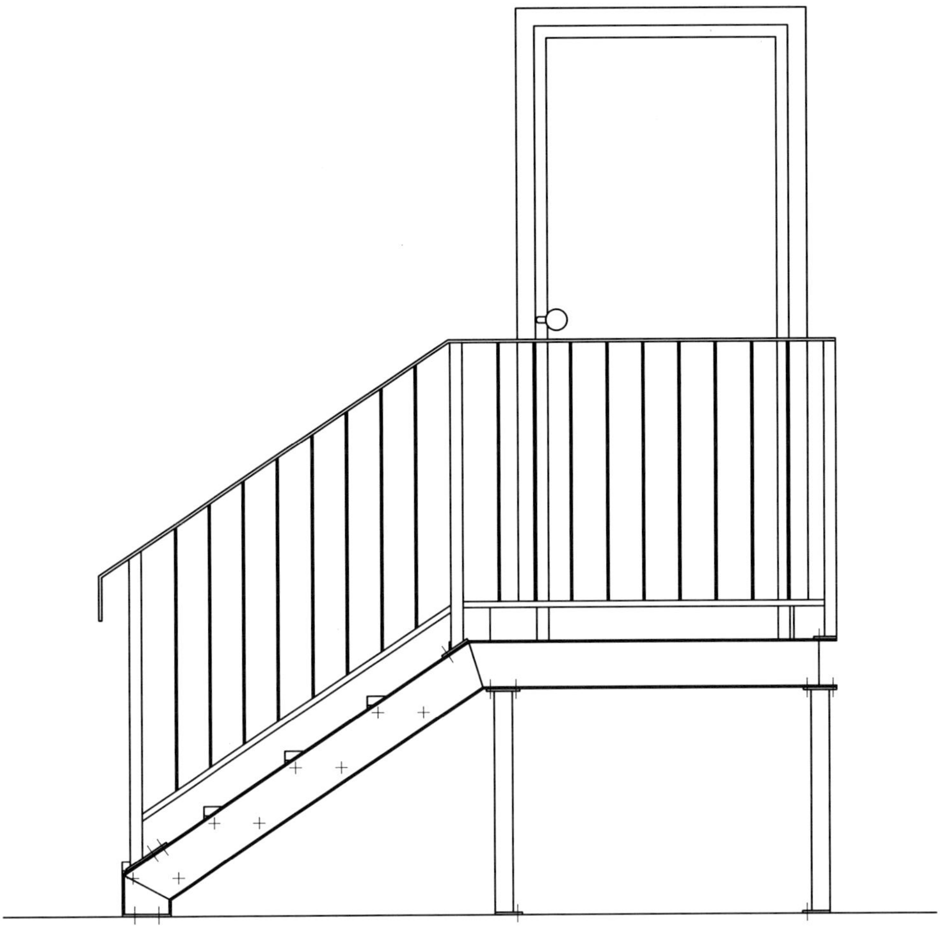

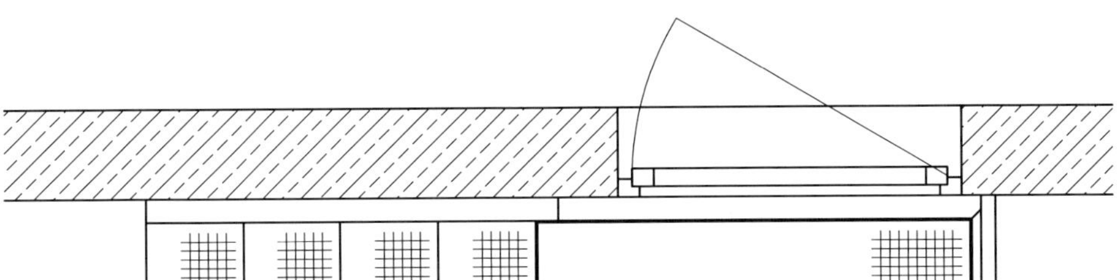

Bild 1

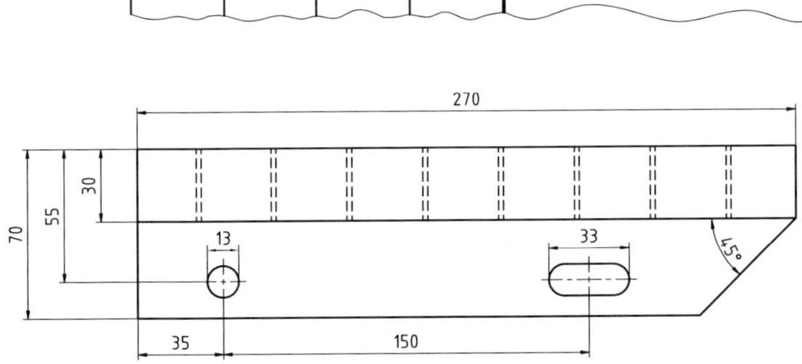

Bild 2

ZÜ 18.8 Gastgartenlaterne

Lernziel: *Entwerfen und Konstruieren einer Gastgartenlaterne*
Anfertigen der erforderlichen Zusammenbau- und Fertigungszeichnungen
Erstellen der Kostenkalkulation für Material und Fertigung

Der Gastgarten eines Restaurants soll mit neun stationären Laternen nach Skizze des Auftraggebers ausgeleuchtet werden. Die Laternenkörper sollen mit dem Laternensteher verschraubt sein, damit sie bei Erfordernis abmontiert werden können.

Die elektrotechnische Ausstattung und der elektrische Anschluss bleiben hier unberücksichtigt, da diese Arbeiten von einem konzessionierten Fachunternehmen durchgeführt werden.

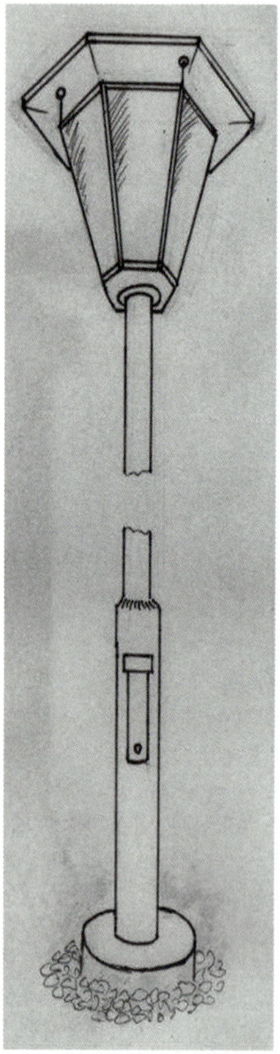

Die bildliche Darstellung soll nur zur konstruktiven Anregung und zum Verständnis des Themas der Projektarbeit beitragen.

Die Gartenlaterne besteht aus dem **Laternenkörper**, dem **Laternensteher** und der **Abdeckung** für den Kabelübergang.

Der **Laternenkörper** hat bei sonst freier Konstruktion die Grundform eines regelmäßigen sechseckigen Pyramidenstumpfes. Die sechs Ornamentglasscheiben haben eine gleichschenklige Trapezform mit folgenden Maßen:

Untere Kante 120 mm, obere Kante 175 mm, Höhe 360 mm.

Die Scheiben sollen von oben eingeschoben werden, dürfen nur unten aufliegen und müssen aber trotzdem knapp eingepasst sein. Sie sollen ohne besondere Werkzeuge oder sonstige Hilfen austauschbar sein.

Die Abdeckung des Laternenkörpers kann beliebig konzipiert werden, muss aber jedenfalls nach außen hin abfallend sein.

Der Laternenkörper ist auf einem Gewinderohr mit Nennweite 2½″ verschraubt und soll am höchsten Punkt 3,2 m über Boden messen.

Da die Standorte der Laternen vorgegeben sind, bietet sich das Eingießen der **Laternensteher** in Betonsockeln an. Um die Stabilität des Stehers an der Übergangsstelle im Betonsockel zu verbessern, soll der untere Bereich des Stehers ein ca. 100 cm langes 4″-Rohr sein, das mit dem oberen Rohr verschweißt ist. Auf einer Höhe mit Oberkante ca. 80 cm ist im unteren Rohr eine Öffnung mit 80 x 300 mm für den Kabelübergang auszuarbeiten. Die zugehörige **Abdeckung** ist der Rundung des Stehers anzupassen und misst 100 x 340 mm. Zur Befestigung dieser Abdeckung wird sie oben wassergeschützt in eine kleine Überdachung eingeführt und unten verschraubt.

Aus ökonomischen Gründen sind künstlerische Gestaltung und sonstige Ausschmückungen einzuschränken.

Die gesamte Konstruktion ist zu verzinken.

Aufgaben:

Entwerfen und Skizzieren einer Gastgartenlaterne. Erstellen der Zusammenbauzeichnung mit Schriftfeld, vollständig ausgearbeiteter Stückliste und allen für die Funktion erforderlichen Details. Erstellen der Fertigungszeichnungen der Einzelpositionen mit allen zur Herstellung erforderlichen Abmessungen und sonstigen Angaben.

ZÜ 18.9 Baumschutz mit Gitterrost

Lernziel: *Entwerfen und Konstruieren eines Baumschutzes mit Gitterrost*
Anfertigen der erforderlichen Zusammenbau- und Werkstattzeichnungen
Erstellen der Kostenkalkulation für Material und Fertigung

Im Gehsteigbereich einer Wohnstraße soll zum Schutz der frisch gepflanzten Bäume ein in Gitterrosten eingesetzter Baumschutz montiert werden.

Die Gitterroste liegen in einer rechteckigen Betoneinfassung auf Straßenniveau. Zur Auflage der Gitterroste dient ein nach innen stehender Winkelstahlrahmen mit den Außenmaßen von 2035 x 1845 mm aus dem Profil 45 x 45 x 5 mm. Dieser verzinkte Rahmen wird der Baufirma zur Verfügung gestellt und bündig mit der Oberkante in die Betoneinfassung eingegossen.

Der Naturboden innerhalb des Gitterrostbereiches liegt ca. 20 cm unter Niveau.

Die bildliche Darstellung soll nur zur konstruktiven Anregung und dem sofortigen Verständnis des Themas der Projektarbeit beitragen.

Die Gesamtkonstruktion setzt sich zusammen aus sechs **Gitterrosten**, den **Gitterrosthalterungen**, den **Auflageträgern** und dem **Baumschutz**.

Die verzinkten **Gitterroste** haben das Maß 1000 x 600 x 40 mm. An zwei dieser Gitterroste ist auf einer Schmalseite eine halbkreisförmige Ausnehmung mit Radius 300 mm vorzunehmen.

Grundsätzlich ist eine kippfreie Begehung der Gitterroste zu garantieren. Daher sind neben der Auflage der Gitterroste im einbetonierten Winkelstahlrahmen in seiner Längsrichtung zwei nach oben stehende T-Stähle als zusätzliche **Auflageträger** vorzusehen. Bei Erfordernis können in Querrichtung zwei profilmäßig gleiche T-Stähle links und rechts von der runden Ausnehmung angeordnet werden.

Die Auflagefläche der Gitterroste muss bei den T-Stählen und dem Rahmenwinkelstahl auf **gleicher** Höhe liegen.

Zur Fixierung der Roste sind für jedes Gitter mindestens zwei **Gitterrosthalterungen** vorzusehen.

Der in die runde Gitterausnehmung eingesetzte **Baumschutz** besteht aus gleichmäßig am Umfang verteilten ca. zwei Meter langen Rundstabstählen mit einem Durchmesser von ca. 18 mm. Diese sind als Rundkäfig angeordnet und müssen so dimensioniert sein, dass sie genau in die Ausnehmung der beiden Gitterroste passen. Für den Zusammenhalt der Stäbe sorgen innenliegende Flachstahlreifen. Der Baumschutz muss in zwei Hälften teilbar sein, da dieser erst nach der Bepflanzung in die Ausnehmung gestellt, zusammengefügt und dann fixiert werden kann.

Aufgaben:

Entwerfen und Skizzieren des Baumschutzes mit Gitterrost. Erstellen der Zusammenbauzeichnung mit Schriftfeld, vollständig ausgearbeiteter Stückliste und allen für die Funktion erforderlichen Details. Erstellen der Fertigungszeichnungen der Einzelpositionen mit allen zur Herstellung erforderlichen Abmessungen und sonstigen Angaben.

ZÜ 18.10 Schwenkbare Laufrollenkonsole

Lernziel: *Entwerfen und Konstruieren einer schwenkbaren Laufrollenkonsole*
Anfertigen der erforderlichen Zusammenbau- und Fertigungszeichnungen
Erstellen der Kostenkalkulation für Material und Fertigung

In einer Werkstätte sollen für eine Metallkreissäge vier schwenkbare **Laufrollenkonsolen** als Materialzulaufunterlage an die Wand montiert werden. Aus Sicherheitsgründen sollen die in Arbeitsstellung in den Raum stehenden Schwenkarme nach ihrer Verwendung an die Wand geschwenkt werden können.

Die Darstellungen sollen nur zur konstruktiven Anregung und zum Verständnis des Themas der Projektarbeit beitragen.

Die Laufrollenkonsole besteht aus dem **Schwenkarm**, der höhenverstellbaren **Laufrolle** und der **Wandplattenhalterung**.

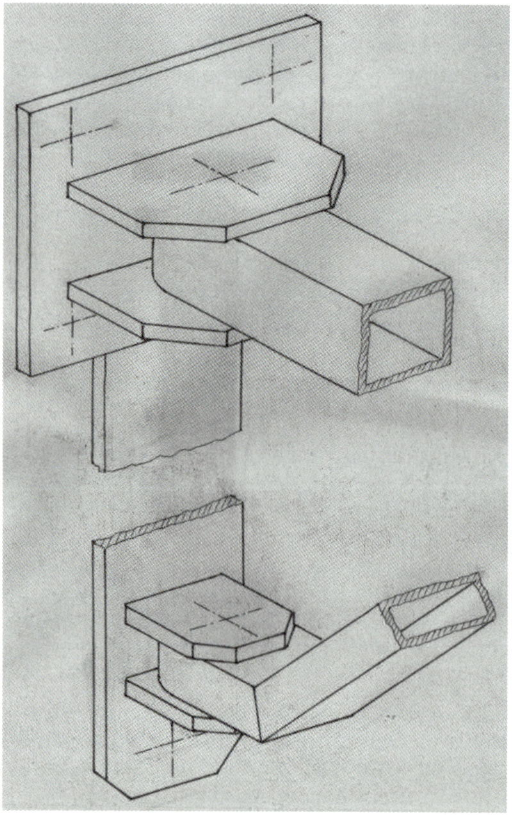

Der als Formrohrkonstruktion ausgeführte **Schwenkarm** ist so zu gestalten, dass er sowohl in Arbeitsstellung, als auch rechts an die Wand gedreht fixiert werden kann. Die zwei Feststellungen des Schwenkarmes sind konstruktiv im oberen Bereich der Wandplatte zu integrieren.

Die kugelgelagerte **Laufrolle** aus Stahl muss in Arbeitsstellung ca. 300 mm von der Wand entfernt sein und eine Auflagenlänge von 350 mm haben. Die an der Formrohrkonstruktion aufgesetzte Laufrolle mit beidseitigen Anlaufborden muss ca. 30 mm höhenverstellbar sein.

Die **Wandplatte** dient der Aufnahme der Lagerung für die Formrohrkonstruktion und ist mit Metallspreizdübeln an der Betonwand verschraubt.

Die Laufrollenkonsole ist feuerverzinkt auszuführen, wobei auf verzinkungsgerechte Konstruktion der Bauteile zu achten ist.

Aufgaben:

Entwerfen und Skizzieren einer Laufrollenkonsole. Erstellen der Zusammenbauzeichnung mit Schriftfeld, vollständig ausgearbeiteter Stückliste und allen für die Funktion erforderlichen Details. Erstellen der Fertigungszeichnungen der Einzelpositionen mit allen zur Herstellung erforderlichen Abmessungen und sonstigen Angaben.

ZÜ 18.11 Forststraßenschranke

Lernziel: *Entwerfen und Konstruieren einer Forststraßenschranke*
Anfertigen der erforderlichen Zusammenbau- und Fertigungszeichnungen
Erstellen der Kostenkalkulation für Material und Fertigung

Eine Forststraße soll mit einer manuell zu bedienenden Forststraßenschranke für den allgemeinen Verkehr gesperrt werden. Die Anlage besteht aus dem **Schrankenbalken**, dem **Gegengewicht**, dem **Pfosten** mit der **Schrankenlagerung** und dem **Auflagerpfosten** mit der **Verriegelung**.

Die bildliche Darstellung soll nur zur konstruktiven Anregung und zum Verständnis des Themas der Projektarbeit beitragen.

Der **Schrankenbalken** soll in der waagrechten Lage ca. 90 cm über dem Straßenniveau liegen. Der **Pfosten** mit der **Schrankenlagerung** und der **Auflagerpfosten** mit der **Verriegelung** sind mit Schwerlastanker auf den bereits vorbereiteten Betonfundamenten zu verschrauben. Diese beiden Betonfundamente mit einem Mittenabstand von 3,8 m und den Abmessungen von 50 x 50 cm liegen auf gleicher Ebene und 15 cm unter dem Forststraßenniveau. Nach Montage der Bauteile wird auf Straßenniveau aufgeschüttet.

Der Schrankenbalken soll zum Gewichtsausgleich ein **Gegengewicht** in Form eines verschließbaren Blechbehälters mit Kiesfüllung erhalten. Mittig im Balken ist eine vom Auftraggeber beigestellte Verbotstafel mit der Aufschrift „Forststraße" anzubringen.

Der **Auflagerpfosten** dient dem Fixieren und Versperren des Schrankenbalkens. Um dem Verlust der Verriegelung vorzugreifen, ist diese flexibel mit der festen Stütze zu verbinden. Es ist darauf zu achten, dass die Versperrung wettergeschützt platziert ist.

Die gesamte Konstruktion ist feuerverzinkt auszuführen, wobei besonders auf verzinkungsgerechte Konstruktion der Bauteile zu achten ist.

Aufgaben:

Entwerfen und Skizzieren einer Forststraßenschranke. Erstellen der Zusammenbauzeichnung mit Schriftfeld, vollständig ausgearbeiteter Stückliste und allen für die Funktion erforderlichen Details. Erstellen der Fertigungszeichnungen der Einzelpositionen mit allen zur Herstellung erforderlichen Abmessungen und sonstigen Angaben.

ZÜ 18.12 Stauschieber

Lernziel: *Entwerfen und Konstruieren eines Stauschiebers*
Anfertigen der erforderlichen Zusammenbau- und Fertigungszeichnungen
Erstellen der Kostenkalkulation für Material und Fertigung

Der im Bild dargestellte **Stauschieber** zur Regulierung einer Bewässerungsanlage soll durch einen neuen, ca. 4 m weiter nach hinten versetzten Schieber ersetzt werden. Dabei sind die beiden Schieberblattführungen aus U-Profil mit den Maßen 50 x 38 x 5 mm so eingegossen, dass bei hochgeschraubtem Schieberblatt die Führung des Schiebers gewährleistet bleibt. Die lichte Weite der Bachführung beträgt 900 mm und die Höhe von der Bachsohle bis zur Betonoberkante 1000 mm.

Die bildliche Darstellung soll nur zur konstruktiven Anregung und zum Verständnis des Themas der Projektarbeit beitragen.

Die Konstruktion besteht aus dem **Schieberblatt**, dem **Querträger**, der **Trapezgewindespindel**, dem **Handrad** mit **Spindelmutter** und **Spindelschutzrohr** und der **Drehsperre**.

Das **Schieberblatt** mit einer Höhe von 500 mm ist aus einem den Schieberblattführungen angepassten Stahlrahmen mit Verblechung auszuführen. Der Schieberhub muss mindestens 700 mm betragen. Dichtheit am Grund und in den Führungen ist nicht gefordert.

Die zweigängige **Trapezgewindespindel** wird mittels **Handrad** mit **Spindelmutter** bewegt und ist mit einem **Spindelschutzrohr** gegen Beschädigungen und Umwelteinflüsse zu schützen. Um eine willkürliche Betätigung des Handrades auszuschließen, muss dieses mit einer abnehmbaren **Drehsperre** gesichert sein.

Der **Querträger** dient der Aufnahme der Drehvorrichtung und ist mit den beiden oben vorstehenden Schieberblattführungen verbunden.

Die gesamte Konstruktion ist zu verzinken und muss für Service- bzw. Wartungsarbeiten zerlegbar sein.

Aufgaben:

Entwerfen und Skizzieren eines Stauschiebers. Erstellen der Zusammenbauzeichnung mit Schriftfeld, vollständig ausgearbeiteter Stückliste und allen für die Funktion erforderlichen Details. Erstellen der Fertigungszeichnungen der Einzelpositionen mit allen zur Herstellung erforderlichen Abmessungen und sonstigen Angaben.

ZÜ 18.13 Fußgängerbrücke

Lernziel: *Entwerfen und Konstruieren einer Fußgängerbrücke*
Anfertigen der erforderlichen Zusammenbau- und Fertigungszeichnungen
Erstellen der Kostenkalkulation für Material und Fertigung

Die Fußgängerbrücke über einen Wildbach (siehe Bild) im Naturschutzgebiet entspricht nicht mehr den sicherheitstechnischen Anforderungen. Daher soll sie durch eine neue Fußgängerbrücke in Stahlkonstruktion mit einer Nutzbreite von 1,80 m ersetzt werden. Die betonierten höhengleichen Brückenwiderlager liegen 20 cm unter Wegniveau und haben eine lichte Weite von 4,20 m. Die aufliegende Brückenunterkonstruktion ist an den Widerlagern zu fixieren.

Bei der Konstruktion der Brücke sind die Vorschriften der geltenden Bauordnung einzuhalten.

Die Brücke besteht aus der **Brückenunterkonstruktion**, den **rutschfesten Gitterrosten** und den **Brückengeländern**.

Die Fußgängerbrücke soll bei überwiegender Verwendung von Normteilen in verschraubter Konstruktion gestaltet sein.

Zur Dimensionierung der **Brückenunterkonstruktion** wird mit einer Gewichtsbelastung von 10 Personen gerechnet, die belastungsmäßig in der Brückenmitte angenommen werden.

Die eingelegten verzinkten **Gitterroste** müssen aus sicherheitstechnischen Gründen fixiert, aber auch gegen eventuellen Vandalismus geschützt werden.

Bei den beiden **Brückengeländern** ist besonders auf eine stabile Ausführung und sichere Befestigung zu achten. Als verbindlich gelten die Empfehlungen der **ÖNORM B 5371** bezüglich Höhe des Geländers, Mindestmaße der Pfostenabstände, kindersichere Ausführung usw.

Die Fußgängerbrücke ist feuerverzinkt auszuführen, daher sind verzinkungstechnische Erfordernisse bei der Gestaltung der Bauteile zu beachten.

Aufgaben:

Entwerfen und Skizzieren einer Fußgängerbrücke. Erstellen der Zusammenbauzeichnung mit Schriftfeld, vollständig ausgearbeiteter Stückliste und allen für die Funktion erforderlichen Details. Erstellen der Fertigungszeichnungen der Einzelpositionen mit allen zur Herstellung erforderlichen Abmessungen und sonstigen Angaben.

ZÜ 18.14 Klappbare Treppenrampe

Lernziel: *Entwerfen und Konstruieren einer klappbaren Treppenrampe*
Anfertigen der erforderlichen Zusammenbau- und Fertigungszeichnungen
Erstellen der Kostenkalkulation für Material und Fertigung

Über eine vierstufige Treppe mit einem Auftritt von 290 mm und einer Stufenhöhe von 190 mm soll nachträglich eine klappbare Treppenrampe und ein feststehendes Geländer montiert werden.

Die bildliche Darstellung soll nur zur konstruktiven Anregung und zum Verständnis des Themas der Projektarbeit beitragen.

Die Treppenrampe besteht aus dem **Wandwinkel**, der klappbaren **Treppenrampe** und dem **Treppengeländer**.

Der **Wandwinkel** mit angeschweißten Bändern ist an der Betonwand verschraubt.

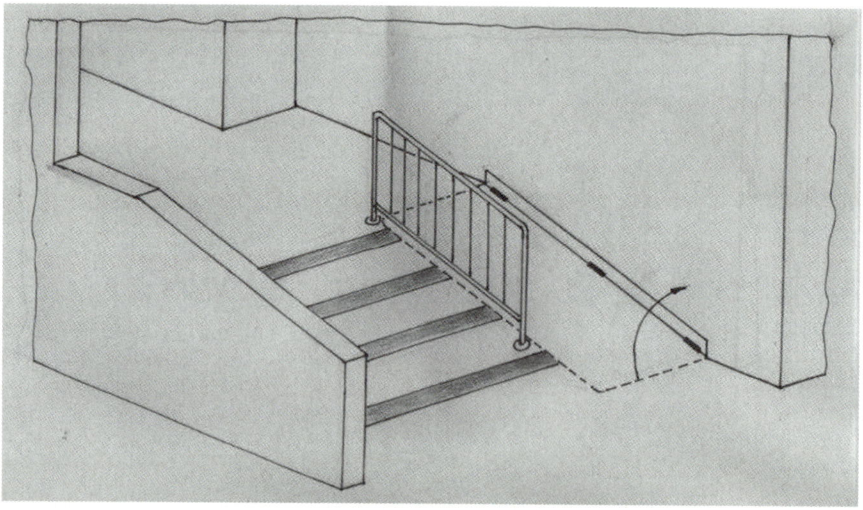

Die klappbare **Treppenrampe** ist in stehender Position an der Wand gegen Umklappen zu sichern und auch zu versperren. Aus sicherheitstechnischen Gründen ist die 85 cm breite Rampe an den Ecken stark abzurunden und mit einem Handgriff zum Auf- und Niederklappen auszustatten.

Um dem Rampenbenutzer mehr Sicherheit zu gewähren, wird das feststehende **Treppengeländer** knapp an der Treppenrampe montiert. Die Gestaltung des Geländers bezüglich Höhe, Pfostenkonstruktion, Pfostenabstände, zusätzlichen Handlaufes, Befestigung usw. ist frei auszuführen.

Die Vorschriften der entsprechenden Landesbauordnung und die Richtlinien der ÖNORM B 5371 sind einzuhalten.

Die gesamte Konstruktion ist feuerverzinkt auszuführen, daher sind verzinkungstechnische Erfordernisse bei der Gestaltung der Bauteile zu beachten.

Aufgaben:

Entwerfen und Skizzieren einer klappbaren Treppenrampe. Erstellen der Zusammenbauzeichnung mit Schriftfeld, vollständig ausgearbeiteter Stückliste und allen für die Funktion erforderlichen Details. Erstellen der Fertigungszeichnungen der Einzelpositionen mit allen zur Herstellung erforderlichen Abmessungen und sonstigen Angaben.

ZÜ 18.15 Spindeltreppe

Lernziel: *Entwerfen und Konstruieren einer Spindeltreppe*
Anfertigen der erforderlichen Zusammenbau- und Fertigungszeichnungen
Erstellen der Kostenkalkulation für Material und Fertigung

Für eine Lagerhalle soll eine möglichst platzsparende Treppe, also eine Spindeltreppe, in das obere Geschoß führen. Der ausgesparte Durchbruch in der Geschoßdecke misst 1,85 m im Durchmesser, die Geschoßhöhe von der unteren zur oberen Fußbodenoberkante beträgt 2,98 m. Aus bautechnischen Gründen soll der Drehwinkel der Spindeltreppe 360° betragen und die Stufenhöhe mit maximal 200 mm angenommen werden.

Zu beachten ist, dass die Treppenmaße laut ÖNORM B 5371 sowie die allgemeinen bautechnischen Vorschriften einzuhalten sind.

Die **Spindeltreppe** besteht aus dem **Stahlspindelrohr**, den **Treppenstufen**, dem **Austrittspodest** und dem **Treppengeländer**.

Das **Stahlspindelrohr** mit der aufgeschweißten und im Boden verschraubten Standplatte hat einen Durchmesser von ca. 140 mm.

Die Bemessung der **Treppenstufen** erfolgt nach der Schrittmaßregel, wobei der Auftritt bei dieser Treppe mit 260 mm und die nutzbare Treppenlaufbreite mit 730 mm angenommen wird.

Das **Austrittspodest** bei der Spindeltreppe ist mit drei Stufenauftritten zu planen. Die Treppenstufen und das Austrittspodest bestehen aus rutschsicherem Stahlblech.

Die geforderte stabile Ausführung und die Details des **Treppengeländers** können beliebig gestaltet werden. Als Bedingungen sind lediglich ein runder Handlauf und eine Pfostenkonstruktion gefordert.

Die Spindeltreppe ist feuerverzinkt auszuführen, daher sind verzinkungstechnische Erfordernisse bei der Gestaltung der Bauteile zu beachten.

Aufgaben:

Entwerfen und Skizzieren einer Spindeltreppe. Erstellen der Zusammenbauzeichnung mit Schriftfeld, vollständig ausgearbeiteter Stückliste und allen für die Funktion erforderlichen Details. Erstellen der Fertigungszeichnungen der Einzelpositionen mit allen zur Herstellung erforderlichen Abmessungen und sonstigen Angaben.

19 Anhang

19.1 Im Buch zitierte Normen

Norm	Titel	Seite
DIN 82	Rändel	180 ff.
DIN 99	Kegelgriffe	332
DIN 332	Zentrierbohrungen 60°	177
DIN 435	Scheiben, vierkantig, keilförmig für I-Träger	109
DIN 471	Sicherungsringe für Wellen	116
DIN 509	Freistiche – Formen, Maße	190
DIN 625	Wälzlager, Rillenkugellager	209, 226, 228
DIN 628	Wälzlager, Radial-Schrägkugellager	281
DIN 711	Wälzlager, Axial-Rillenkugellager	210
DIN 720	Wälzlager, Kegelrollenlager	210
DIN 1445	Bolzen mit Kopf und Gewindezapfen	234
DIN 3760	Radial-Wellendichtringe	209
DIN 3771	Fluidtechnik, O-Ringe	176
DIN 5481	Kerbverzahnnaben- und Kerbverzahnwellen – Profile	221 ff.
DIN 6885	Mitnehmerverbindungen ohne Anzug, Passfedern	214, 216
DIN 6888	Mitnehmerverbindungen ohne Anzug, Scheibenfedern	217
DIN 7753	Schmalkeilriemen für den Maschinenbau	227
DIN 7984	Zylinderschrauben mit Innensechskant mit niedrigem Kopf	145, 209, 234
DIN 7990	Sechskantschrauben für Stahlkonstruktionen	109
DIN 15058	Hebezeuge, Achshalter	233
DIN 32711	Welle-Nabe-Verbindung – Polygonprofil P3G	222 ff.
DIN ISO 4379	Gleitlager – Buchsen aus Kupferlegierungen	335
DIN ISO 10242	Werkzeuge der Stanztechnik	336, 338
DIN ISO 15787	Wärmebehandelte Teile aus Eisenwerkstoffen	148
ÖNORM A 2137	Grafitminen für mechanische Zeichenstifte	4
ÖNORM A 6065-1	Maßeintragung für allgemeine Anwendungen	45, 239
ÖNORM A 6065-2	Angabe von Passungen und Toleranzen	119
ÖNORM A 6065-5	Bemaßung durch Koordinaten	284
ÖNORM C 2545	Metallische Überzüge, technisches Verchromen	172
ÖNORM DIN 3975	Begriffe und Bestimmungsgrößen für Zylinder-Schneckengetriebe	198
ÖNORM EN 1092	Flansche und ihre Verbindungen	240
ÖNORM EN 10024	Warmgewalzte I-Profile mit geneigten inneren Flanschflächen	280, 334
ÖNORM EN 10056	Gleichschenklige und ungleichschenklige Winkel aus Stahl	282, 340
ÖNORM EN 10162	Kaltprofile aus Stahl	340
ÖNORM EN 10278	Blankstahlerzeugnisse – Maße und Grenzabmaße	234
ÖNORM EN 10279	Warmgewalzter U-Profilstahl	266, 283, 335
ÖNORM EN 22340	Bolzen ohne Kopf	232
ÖNORM EN 22341	Bolzen mit Kopf	232, 235
ÖNORM EN 22553	Schweißen und verwandte Prozesse	253, 263
ÖNORM EN 22768-1	Allgemeintoleranzen für Längen- und Winkelmaße	118
ÖNORM EN 22768-2	Allgemeintoleranzen für Form und Lage	124
ÖNORM EN 27434	Gewindestifte mit Schlitz und Spitze	183
ÖNORM EN ISO 128-20	Grundlagen der Darstellung von Linien	20, 87
ÖNORM EN ISO 216	Endformate der A- und B-Reihe	5
ÖNORM EN ISO 225	Bemaßung von Schrauben und Muttern	101
ÖNORM EN ISO 1101	Form- und Lagetolerierung in technischen Zeichnungen	124
ÖNORM EN ISO 1302	Angabe der Oberflächenbeschaffenheit in der technischen Produktdokumentation	132
ÖNORM EN ISO 2162-1	Vereinfachte Darstellung von Federn	236
ÖNORM EN ISO 2203	Darstellung von Zahnrädern	191, 198
ÖNORM EN ISO 2560	Schweißzusätze zum Lichtbogenhandschweißen von Stählen	260
ÖNORM EN ISO 2692	Form- und Lagetolerierung – Maximum-Material-Bedingung	131
ÖNORM EN ISO 3098-2	Beschriftungen von technischen Zeichnungen: Lateinische Schriftzeichen, Ziffern und Zeichen	11, 48, 62

19.2 Stichwortverzeichnis